今すぐ使えるかんたん

Word & Excel

完全ガイドブック

困った
解決&
便利技

Imasugu Tsukaeru Kantan Series
Word and Excel Kanzen Guide book
AYURA + Gijutsu-Hyoron sha Henshubu

技術評論社

本書の使い方

- 本書は、Word&Excel の操作に関する質問に、Q&A 方式で回答しています。
- 目次やインデックスの分類を参考にして、知りたい操作のページに進んでください。
- 画面を使った操作の手順を追うだけで、Word&Excel の操作がわかるようになっています。

クエスチョンの分類を示しています。

クエスチョンのタイトルは具体的な質問や疑問を表しています。

クエスチョンという単位ごとに、パソコンの機能や操作について解説しています。

クエスチョンに対する回答を簡潔に表しています。複数の回答を表示する場合もあります。

特長 1

質問は、読者の方から実際に寄せられたものを参考に作成されています！

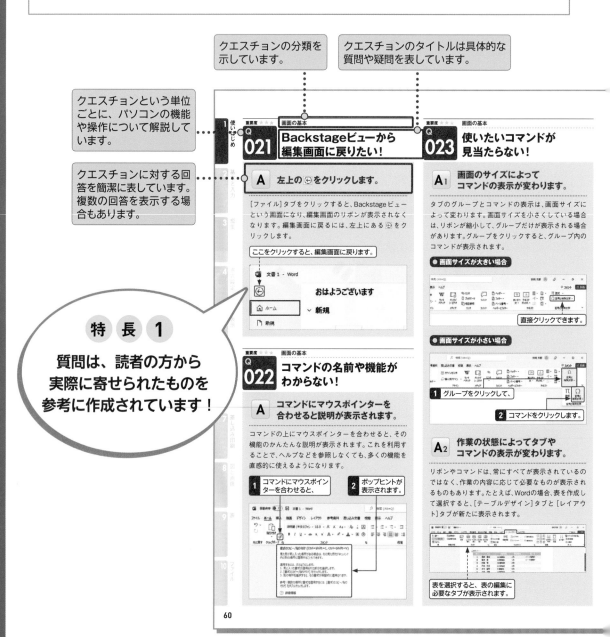

『この操作を知らないと
困る』という意味で、各
クエスチョンで解説して
いる操作を3段階の「重要
度」で表しています。

重要度 ★ ★ ★
重要度 ★ ★ ★
重要度 ★ ★ ★

参照するQ番号を示して
います。

目的の操作が探しやすい
ように、ページの両側に
インデックス（見出し）を
表示しています。

操作の基本的な流れ以外
は、このように番号がな
い記述になっています。

利用できないバージョンが
ある場合に示しています。

番号付きの記述で、操作
の順番が一目瞭然です。

画面の基本

Q 024
画面左上に並んでいる
アイコンは何？

A 上書き保存と
クイックアクセスツールバーです。

Word 2019／Excel 2019までのバージョンでは、左
上に［上書き保存］とクイックアクセスツールバー
が表示されています。
クイックアクセスツールバーは、よく使う機能をコマ
ンドとして登録しておくことができる領域です。ク
リックするだけで、その機能を利用できるので、タブか
ら探すよりも効率的です。初期設定では、［上書き保存］
、［元に戻す］、［繰り返し］の3つのコマンドの
ほか、［タッチ／マウスモードの切り替え］も表示
されます。なお、［繰り返し］は操作によっては［やり直
し］に変わります。
Word 2021／Excel 2021／Microsoft 365では［上書
き保存］と［自動保存］が表示されています。以前
のバージョンにあったクイックツールバーは、初期設定

では表示されません。表示させたり、コマンドを追加す
ることもできます。また、［自動保存］をオンにすると、
OneDriveへ保存されます。　　　参照▶Q 025, Q 026, Q 389

Word 2019／Excel 2019以前は
この3つが表示されます。

Word 2021／Excel 2021では
この2つだけが表示されます。

画面の基本　⊗2019 ⊗2016

Q 025
画面左上にクイックアクセス
ツールバーがない！

A ［リボンの表示オプション］から
表示させます。

Word 2021／Excel 2021／Microsoft 365の初期設定
では、画面左上にクイックアクセスツールバーが表示され
なくなりました。表示するには、下の手順で表示します。

● クイックアクセスツールバーの表示

1 ［リボンの表示オプション］を
クリックして、

2 ［クイックアクセスツールバーを
表示する］をクリックします。

また、この手順で表示すると、クイックアクセスツール
バーはリボンの下に表示されます。リボンの上に移動す
るには、［クイックアクセスツールバーのユーザー設定］
をクリックして、［リボンの上に表示］をクリックします。

● クイックアクセスツールバーの移動

1 ［クイックアクセスツールバーの
ユーザー設定］をクリックして、

2 ［リボンの上に表示］をクリックします。

パソコンの基本操作

● 本書の解説は、基本的にマウスを使って操作することを前提としています。
● お使いのパソコンのタッチパッド、タッチ対応モニターを使って操作する場合は、各操作を次のように読み替えてください。

① マウス操作

▼ クリック（左クリック）

クリック（左クリック）の操作は、画面上にある要素やメニューの項目を選択したり、ボタンを押したりする際に使います。

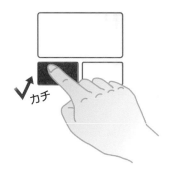

マウスの左ボタンを1回押します。

タッチパッドの左ボタン（機種によっては左下の領域）を1回押します。

▼ 右クリック

右クリックの操作は、操作対象に関する特別なメニューを表示する場合などに使います。

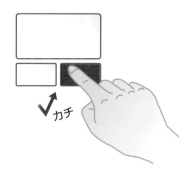

マウスの右ボタンを1回押します。

タッチパッドの右ボタン（機種によっては右下の領域）を1回押します。

▼ ダブルクリック

ダブルクリックの操作は、各種アプリを起動したり、ファイルやフォルダーなどを開く際に使います。

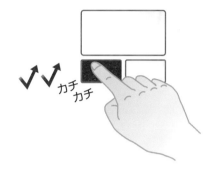

マウスの左ボタンをすばやく2回押します。

タッチパッドの左ボタン（機種によっては左下の領域）をすばやく2回押します。

▼ ドラッグ

ドラッグの操作は、画面上の操作対象を別の場所に移動したり、操作対象のサイズを変更する際などに使います。

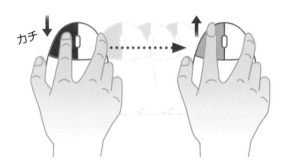

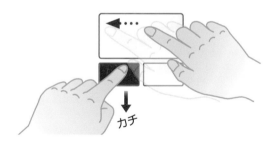

マウスの左ボタンを押したまま、マウスを動かします。目的の操作が完了したら、左ボタンから指を離します。

タッチパッドの左ボタン（機種によっては左下の領域）を押したまま、タッチパッドを指でなぞります。目的の操作が完了したら、左ボタンから指を離します。

ホイールの使い方

ほとんどのマウスには、左ボタンと右ボタンの間にホイールが付いています。ホイールを上下に回転させると、Web ページなどの画面を上下にスクロールすることができます。そのほかにも、Ctrl を押しながらホイールを回転させると、画面を拡大／縮小したり、フォルダーのアイコンの大きさを変えることができます。

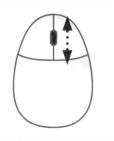

② 利用する主なキー

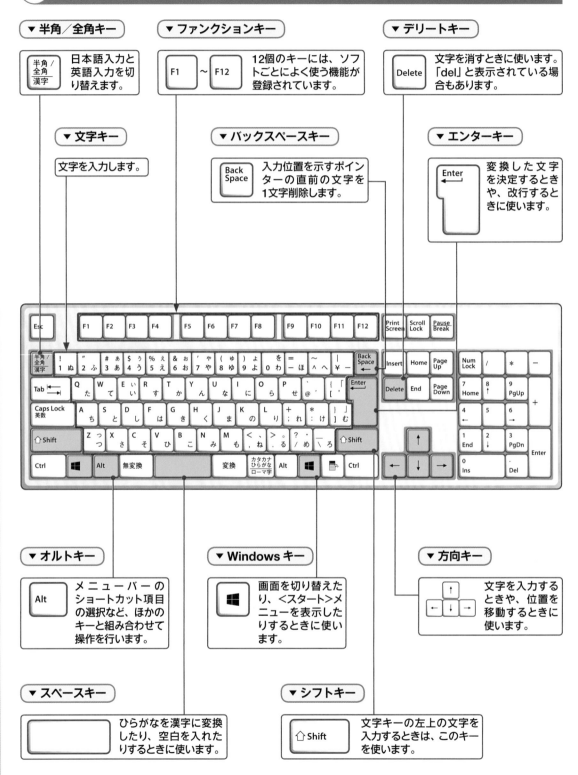

▼ 半角／全角キー

| 半角／全角／漢字 | 日本語入力と英語入力を切り替えます。 |

▼ ファンクションキー

| F1 ～ F12 | 12個のキーには、ソフトごとによく使う機能が登録されています。 |

▼ デリートキー

| Delete | 文字を消すときに使います。「del」と表示されている場合もあります。 |

▼ 文字キー

文字を入力します。

▼ バックスペースキー

| Back Space | 入力位置を示すポインターの直前の文字を1文字削除します。 |

▼ エンターキー

| Enter | 変換した文字を決定するときや、改行するときに使います。 |

▼ オルトキー

| Alt | メニューバーのショートカット項目の選択など、ほかのキーと組み合わせて操作を行います。 |

▼ Windows キー

| ⊞ | 画面を切り替えたり、＜スタート＞メニューを表示したりするときに使います。 |

▼ 方向キー

文字を入力するときや、位置を移動するときに使います。

▼ スペースキー

ひらがなを漢字に変換したり、空白を入れたりするときに使います。

▼ シフトキー

| ⇧Shift | 文字キーの左上の文字を入力するときは、このキーを使います。 |

③ タッチ操作

▼ タップ

画面に触れてすぐ離す操作です。ファイルなど何かを選択するときや、決定を行う場合に使用します。マウスでのクリックに当たります。

▼ ダブルタップ

タップを2回繰り返す操作です。各種アプリを起動したり、ファイルやフォルダーなどを開く際に使用します。マウスでのダブルクリックに当たります。

▼ ホールド

画面に触れたまま長押しする操作です。詳細情報を表示するほか、状況に応じたメニューが開きます。マウスでの右クリックに当たります。

▼ ドラッグ

操作対象をホールドしたまま、画面の上を指でなぞり上下左右に移動します。目的の操作が完了したら、画面から指を離します。

▼ スワイプ／スライド

画面の上を指でなぞる操作です。ページのスクロールなどで使用します。

▼ フリック

画面を指で軽く払う操作です。スワイプと混同しやすいので注意しましょう。

▼ ピンチ／ストレッチ

2本の指で対象に触れたまま指を広げたり狭めたりする操作です。拡大（ストレッチ）／縮小（ピンチ）が行えます。

▼ 回転

2本の指先を対象の上に置き、そのまま両方の指で同時に右または左方向に回転させる操作です。

Word＆Excelの使いはじめの「こんなときどうする？」

第2章 ▶ Wordの基本と入力の「こんなときどうする？」 ———————————— 65

‖文字の入力

‖文字の変換

特殊な文字の入力

日付や定型文の入力

第3章 編集の「こんなときどうする？」 ——————— 93

文字や段落の選択

移動／コピー

検索／置換

文章校正

コメント

変更履歴

第4章　書式設定の「こんなときどうする？」 ……… 121

段落の書式設定

スタイル

第5章 表示の「こんなときどうする？」………149

第6章　印刷の「こんなときどうする？」 …………………… 163

|| 印刷方法

第7章 差し込み印刷の 「こんなときどうする？」 ┈┈┈┈┈┈┈┈┈┈┈┈ 173

|| 文書への差し込み

|| はがきの宛名

第8章 図と画像の「こんなときどうする？」 ……… 199

‖テキストボックス

‖アイコン

‖SmartArt

‖画像

表の計算

罫線

表のデザイン

Excelの表の利用

第10章 ファイルの「こんなときどうする？」 …………… 241

ファイルの操作

ほかのアプリの利用

OneDriveでの共同作業

Excelの基本と入力の「こんなときどうする？」 …………… 261

数値の入力

第12章 編集の「こんなときどうする？」 293

‖ワークシートの操作

‖データの検索／置換

第13章　書式設定の「こんなときどうする？」 …………………… 321

文字列の書式設定

表の書式設定

条件付き書式

第14章　計算の「こんなときどうする？」 349

数式の入力

条件分岐

日付や時間の計算

‖ データの検索と抽出

‖ 文字列の操作

第16章 ▶ グラフの「こんなときどうする？」 ……………………………… 403

グラフの作成

グラフ要素の編集

もとデータの変更

軸の書式設定

グラフの書式

データベースの「こんなときどうする？」 427

第18章 ▶ 印刷の
「こんなときどうする？」………………… 457

第19章 ファイルの
「こんなときどうする？」 …………… 473

ブックの保存

ファイルの作成

第20章 アプリの連携・共同編集の「こんなときどうする？」……… 487

Word&Excelの使いはじめの 「こんなときどうする?」

重要度 ★★★　概要

Q 001

Wordってどんなソフト？

A さまざまな用途に対応した文書を作成できるワープロソフトです。

「Word」はマイクロソフトが開発・販売している文書作成ソフト（ワープロソフト）です。Word以外にもワープロソフトは各社から発売されていますが、Wordは世界中でもっとも多くの人に利用されている代表的なワープロソフトです。

Wordは、ビジネスの統合パッケージである「Office」に含まれているほか、単体でも販売されています。

Wordでは、用途や目的に応じた文書を作成できる機能が豊富に用意されています。

文字入力を支援してくれる機能はもちろん、フォント・文字サイズ・文字色、太字・斜体・下線、囲み線、文字の効果などによって、文字を多彩に修飾できます。そのほか、レイアウト機能も豊富に用意されているので、さまざまな種類の文書を作成可能です。

また、イラストや画像の挿入、図形の描画、表の作成などで、見栄えのよい文書を作成することができます。

参照▶Q 003

> タイトルロゴを作成することができます。

> 文字の色やサイズを変更することができます。

> 表を作成したり、表の計算機能を利用することができます。

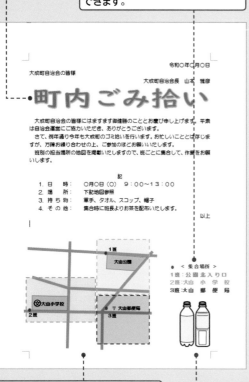

> 図形描画機能を利用して地図などを作成することができます。

> イラストや写真を取り込むことができます。

Q 002

Excelってどんなソフト？

A 集計表や表形式の書類を作成するための表計算ソフトです。

「Excel」は、マイクロソフトが開発・販売している表計算ソフトです。Excel以外にも表計算ソフトは各社から発売されていますが、Excel はもっとも多くの人に利用されている代表的な表計算ソフトです。

Excelは、ビジネスの統合パッケージである「Office」に含まれているほか、単体でも販売されています。

「表計算ソフト」は、表のもとになるマス目（セル）に数値や計算式（数式）を入力して、データの集計や分析を

したり、表形式の書類を作成したりするためのソフトウェアです。膨大なデータの集計をかんたんに行うことができ、データの変更に合わせて、数式の計算結果も自動的に更新されるため、手作業で計算し直す必要はありません。

数式や関数を利用して、複雑な計算や面倒な処理を自動で行ったり、表のデータをもとにしてグラフを作成したり、高度な分析を行ったりすることもできます。

また、Excelでは、表のデザインや文字を変更して見栄えのする表を作成でき、数式や関数を利用して、複雑な計算や面倒な処理をかんたんに求めることができます。

さらに、画像やアイコンなどを挿入したり、SmartArtを利用して複雑な図表を作成することもできます。

参照 ▶ Q 003

データを集計し、数値の計算や並べ替えができます。

表のスタイルを選ぶだけで、見栄えのよい表を作ることができます。

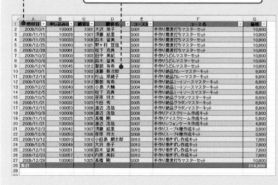

表の数値を使ってグラフを作成し、データを可視化することができます。

ワードアートやSmartArtを使ってチラシや報告書を作ることも可能です。

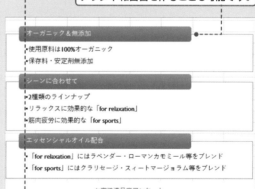
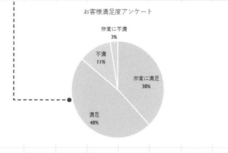

使いはじめ 1
基本と入力 2
編集 3
書式設定 4
表示 5
印刷 6
差し込み印刷 7
図と画像 8
表 9
ファイル 10

1

使いはじめ

2 基本と入力

3 編集

4 書式設定

5 表示

6 印刷

7 差し込み印刷

8 図と画像

9 表

10 ファイル

重要度 ★★★　概要　❌2019 ❌2016

Q 003 Word 2021／Excel 2021を使いたい！

 A Word 2021／Excel 2021または Office 2021をインストールします。

Word／Excel を利用するには、Word 2021／Excel 2021単体またはOffice 2021のパッケージを購入して、パソコンにインストールする必要があります。新

たにパソコンを購入する場合は、Word／Excelなどの Office 製品があらかじめインストール（プリインストール）されているパソコンを選ぶと、すぐに利用することができます。

Office 2021のパッケージは3種類あり、それぞれに含まれているソフトウェアの種類が異なります。Word／Excel はどの製品にも含まれているので、それ以外に使用したいソフトを基準にして選ぶとよいでしょう。なお、Office 2021を動作させるために必要な環境は左下の表のとおりです。

● Office 2021 を動作させるために必要な環境

構成要素	必要な環境
対応OS	Windows 10、Windows 11
コンピューターおよびプロセッサ（CPU）	1.1GHz以上、2コア
ハードディスクの空き容量	4GB以上の空き容量
メモリ	4GB
ディスプレイ	1280×768の画面解像度

● 主な Office 2021 製品に含まれているソフトの構成

	Office Home and Business	Office Personal	Office Professional
Word	●	●	●
Excel	●	●	●
Outlook	●	●	●
PowerPoint	●	−	●
Publisher	−	−	●
Access	−	−	●
OneNote	●	●	●

重要度 ★★★　概要　❌2016

Q 004 Office 2021にはどんな種類があるの？

 A 大きく分けて 4種類の製品があります。

家庭やビジネスで利用できるOffice 2021には、大きく分けて、「Office Personal」「Office Home and Business」「Office Professional」「Microsoft 365 Personal」の4種類があります。ライセンス形態やインストールできるデバイス、OneDriveの容量などが異なります。

● それぞれのOfficeの特徴

	Office Personal／Office Professional	Office Home and Business	Microsoft 365 Personal
ライセンス形態	永続ライセンス	永続ライセンス	サブスクリプション（月または年ごとの支払い）
インストールできるデバイス	2台のWindowsパソコン	2台のWindowsパソコン／Mac	Windowsパソコン、Mac、タブレット、スマートフォンなど台数無制限
OneDrive	5GB	5GB	1TB
最新バージョンへのアップグレード	Office 2021以降のアップグレードはできない	Office 2021以降のアップグレードはできない	常に最新版にアップグレード

使いはじめ 1

基本と入力 2

編集 3

書式設定 4

表示 5

印刷 6

差し込み印刷 7

図と画像 8

表 9

ファイル 10

Q 005

Word 2021／Excel 2021 の購入方法を知りたい！

A ダウンロード版か、店頭で販売される POSAカードを購入しましょう。

パッケージ製品のMicrosoft 365 Personal、Office Personal、Office Home and Business、単体のExcel 2021は、「ダウンロード版」と「POSAカード」（ポサカード）の2種類の形態で販売されています。

ダウンロード版はインターネットで販売される商品です。マイクロソフトのWebサイトなどで購入し、ダウンロードしてインストールします。

POSAカードは店頭で販売される商品です。支払い時にレジを通すことで、POSAカードに記載されたプロダ

クトキーが有効になります。パソコンにインストールする際に、マイクロソフトのWebサイトでプロダクトキーを入力してダウンロードし、インストールします。

● Officeのダウンロードページ

マイクロソフトのWebサイト（https://www.office.com/）にアクセスしてダウンロードします。

Q 006

Word 2021／Excel 2021 を試しに使ってみたい！

A Microsoft 365試用版が無料で 1か月間利用できます。

Word 2021／Excel 2021を購入する前に、試しに使ってみたいという場合は、Microsoft 365の試用版を1か月間無料で利用することができます。試用版を利用する際にクレジットカードの情報が必要です。試用期間終了後は、翌月からの料金月額1,284円が自動的に課金されますが、試用期間中であれば、いつでもキャンセルすることができます。

● Microsoft 365試用版のダウンロードページ

「https://products.office.com/ja-jp/try/」にアクセスして、［1か月間無料で試す］をクリックします。

Q 007

Word／Excelを使うのに Microsoftアカウントは必要？

A Officeをインストールして ライセンス認証を行うには必要です。

Office 2013以降のバージョンやMicrosoft 365をインストールしてライセンス認証を行うには、Microsoftアカウントが必要です。また、マイクロソフトがインターネット上で提供しているOneDriveやWord Online／Excel Onlineなどのサービスを利用する場合も必要です。Microsoftアカウントは、「https://signup.live.com/」にアクセスして取得することができます。

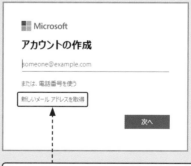

「https://signup.live.com/」にアクセスして、［新しいメールアドレスを取得］をクリックします。

1 使いはじめ
2 基本と入力
3 編集
4 書式設定
5 表示
6 印刷
7 差し込み印刷
8 図と画像
9 表
10 ファイル

重要度 ★★★ 概要

Q 008
使用しているOfficeの情報を確認するには？

A アカウント画面で確認できます。

パソコンにインストールされているOffice製品の情報は、Officeのバージョンによって異なります。
バージョンは、[ファイル]タブの[アカウント]をクリックすると表示される[アカウント]画面で確認できます。[Wordのバージョン情報]または[Excelのバー

ジョン情報]をクリックすると、詳細が表示されます。ライセンス認証が済んでいるかどうかも同じ画面で確認できます。

> ここで製品情報が確認できます。

重要度 ★★★ 概要

Q 009
Word／Excelを常に最新の状態にしたい！

A 通常は自動的に更新されます。

Office製品のプログラムは、製品の不具合などを改良して、常に更新が行われています。通常は、自動的に更新プログラムがダウンロードされて、インストールされるように設定されています。自動更新が有効になっているかどうか、現在のプログラムは最新のものかどうかは、[ファイル]タブの[アカウント]をクリックすると表示される[アカウント]画面で確認できます。
[Office更新プログラム]で「この製品は更新されません」と表示されている場合は、[更新オプション]をクリックして、[更新を有効にする]をクリックします。
「更新プログラムは自動的にダウンロードされインストールされます」という表示になっていればOKです。

最新のものか確認したい場合は、[今すぐ更新]をクリックします。最新の場合は「最新の状態です」と表示され、更新データがある場合は更新が始まります。

1 「この製品は更新されません。」と表示された場合は、ここをクリックして、

2 [更新を有効にする]をクリックします。

3 ここをクリックして、

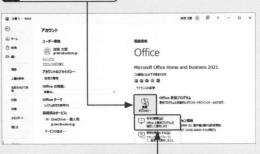

4 [今すぐ更新]をクリックします。

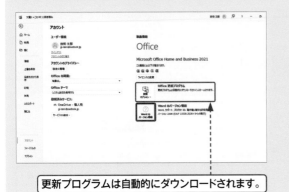

> 更新プログラムは自動的にダウンロードされます。

Q 010
Word／Excelを起動するには？

使いはじめ 1

基本と入力 2

編集 3

書式設定 4

表示 5

印刷 6

差し込み印刷 7

図と画像 8

表 9

ファイル 10

A₁ Windows 11ではスタートメニュー（すべてのアプリ）から起動します。

Windows 11でWord／Excelを起動するには、[スタート]をクリックして、[ピン留め済み]に[Word]または[Excel]が表示されていればクリックします。なければ、[すべてのアプリ]をクリックして、一覧から起動します。

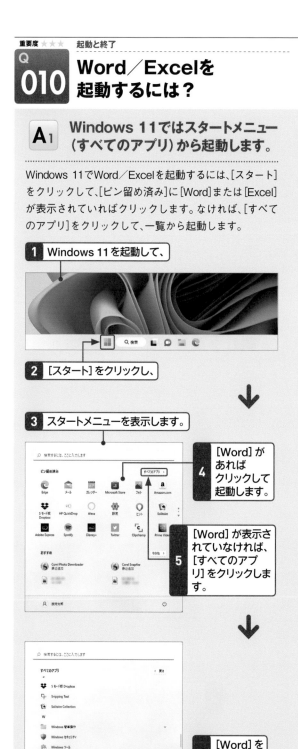

1 Windows 11を起動して、

2 [スタート]をクリックし、

3 スタートメニューを表示します。

4 [Word]があればクリックして起動します。

5 [Word]が表示されていなければ、[すべてのアプリ]をクリックします。

6 [Word]をクリックすると、

A₂ Windows 10ではスタートメニューから起動します。

Windows 10でWordを起動するには、[スタート]をクリックして、表示されるメニューから[Word]または[Excel]をクリックします。

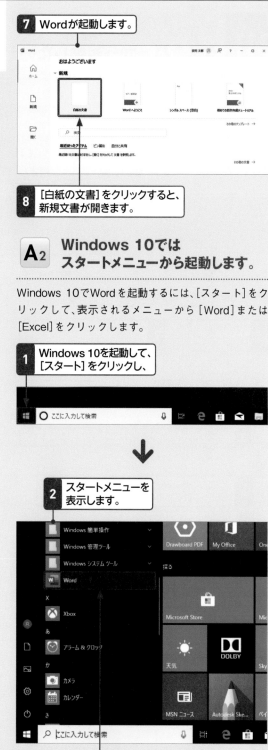

7 Wordが起動します。

8 [白紙の文書]をクリックすると、新規文書が開きます。

1 Windows 10を起動して、[スタート]をクリックし、

2 スタートメニューを表示します。

3 [Word]をクリックすると、Wordが起動します。

1 使いはじめ

2 基本と入力

3 編集

4 書式設定

5 表示

6 印刷

7 差し込み印刷

8 図と画像

9 表

10 ファイル

重要度 ★ ★ ★　起動と終了

Q 011 Word／Excelを タスクバーから起動したい！

A タスクバーに アイコンを表示します。

タスクバーにアイコンを登録しておくと、クリックするだけですぐにWord／Excelを起動できます。登録するには、起動したWord／Excelのアイコンを利用する方法と、スタートメニューのアイコンを利用する方法があります。いずれもアイコンを右クリックして、[タスクバーにピン留めする]をクリックします。このピン留めをやめたい場合は、タスクバーのアイコンを右クリックして、[タスクバーからピン留めを外す]をクリックします。

参照▶Q 010

● 起動したWordのアイコンから登録する

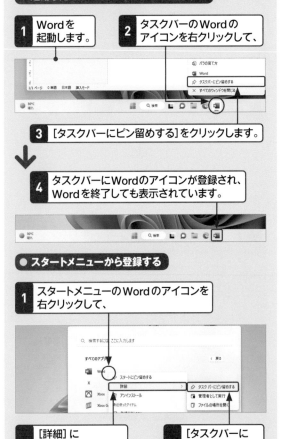

1 Wordを 起動します。

2 タスクバーのWordの アイコンを右クリックして、

3 [タスクバーにピン留めする]をクリックします。

4 タスクバーにWordのアイコンが登録され、 Wordを終了しても表示されています。

● スタートメニューから登録する

1 スタートメニューのWordのアイコンを 右クリックして、

2 [詳細]に マウスポインターを 合わせ、

3 [タスクバーに ピン留めする]を クリックします。

重要度 ★ ★ ★　起動と終了

Q 012 Word／Excelを デスクトップから起動したい！

A デスクトップにショートカット アイコンを作成します。

デスクトップにショートカットアイコンを作成すると、アイコンをダブルクリックするだけでかんたんにWord／Excelを起動できます。

Windowsのバージョンによって若干操作が異なります。Windows 11ではスタートメニュー（または[すべてのアプリ]）の[Word]または[Excel]を右クリックして、[ファイルの場所を開く]をクリックします。選択されている[Word]または[Excel]を右クリックして、[その他のオプションを表示]をクリックしてメニューを開きます。Windows 10ではスタートメニューの[Word]または[Excel]を右クリックして、[その他]→[ファイルの場所を開く]をクリックし、選択されている[Word]または[Excel]を右クリックしてメニューを表示します。

表示されたメニューから、以下の手順でショートカットアイコンを作成します。

1 メニューが表示されます。

2 [送る]にマウスポインターを 合わせて、

3 [デスクトップ（ショートカット作成）]を クリックすると、

4 デスクトップにWordの ショートカットアイコンが 作成されます。

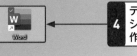

使いはじめ 1
基本と入力 2
編集 3
書式設定 4
表示 5
印刷 6
差し込み印刷 7
図と画像 8
表 9
ファイル 10

重要度 ★★★ 起動と終了

Q 013 Word／Excelの作業を終了したい！

A 画面右上の
[閉じる]をクリックします。

1つの文書やブックのみを開いている場合は、ウィンドウの右上にある[閉じる]× をクリックすると、文書やブックが閉じるとともにWord／Excelが終了します。

複数の文書やブックを開いている場合は、タスクバーのアイコンを右クリックして、[すべてのウィンドウを閉じる]をクリックします。

このとき、保存されていない文書やブックがある場合は、確認メッセージが表示されます。 参照▶Q014

● 1つの文書やブックの場合

[閉じる]をクリックします。

● 複数の文書の場合

1 アイコンを右クリックして、	**2** [すべてのウィンドウを閉じる]をクリックします。

文書やブックを閉じたいが、Word／Excel自体はそのまま起動しておきたいという場合は、[ファイル]タブをクリックして[閉じる]をクリックします。

重要度 ★★★ 起動と終了

Q 014 終了時に「保存しますか？」と聞かれた！

A 文書やブックを保存するかどうかを選択します。

現在編集中の文書やブックを保存していないまま、画面右上の[閉じる]× をクリックしたり、複数の文書やブックですべてのウィンドウを閉じようとしたりすると、確認のメッセージが表示されます。

文書やブックを保存するのであれば、[保存]をクリックすると上書き保存されます。保存しないときは[保存しない]を、終了を取りやめるときは[キャンセル]をクリックして編集を続けます。

一度も保存してない文書やブックでは、[名前を付けて保存]画面が表示された場合は名前を付けて保存します。[この変更内容を保存しますか]画面が表示された場合は、名前を入力します。保存先を標準の「OneDrive」からほかの場所に変更したいときは[その他のオプション]をクリックすると、[名前を付けて保存]画面が表示されます。

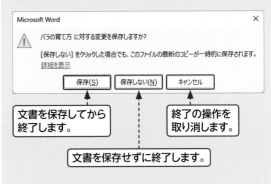

文書を保存してから終了します。		終了の操作を取り消します。
	文書を保存せずに終了します。	

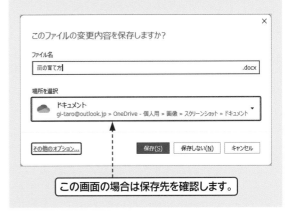

この画面の場合は保存先を確認します。

1 使いはじめ
2 基本と入力
3 編集
4 書式設定
5 表示
6 印刷
7 差し込み印刷
8 図と画像
9 表
10 ファイル

重要度 ★★★　画面の基本

Q 015

リボンやタブって何？

A 操作に必要なコマンドが
表示されるスペースです。

「タブ」は、Word／Excelの機能を実行するためのもので、Word／Excelのバージョンによって異なります。Word 2021の初期設定では11（または10）個、Excel2021の初期設定では10個（あるいは9個）のタブが配置されています。そのほかのタブは、作業に応じ

て新しいタブとして表示されます。それぞれのタブには、目的別にコマンドがグループ分けされており、コマンドをクリックして直接機能を実行したり、メニューやダイアログボックスなどを表示して機能を実行したりします。

タブの集合体を「リボン」といいます。各コマンドが表示されているリボン部分は、非表示にすることもできます。

以下に、WordとExcelのリボン、およびWordとExcelで共通のタブの主な機能を紹介します。

なお、本書では各名称について、下図のように使い分けています。

参照▶Q 023

● Word

● Excel

● Word／Excelに共通するタブの主な機能

タ　ブ	主な機能
ファイル	文書やブックの情報、新規作成や保存、印刷などファイルに関する操作や、Word／Excelの操作に関する各種オプション機能などが搭載されています。
ホーム	文字書式や文書・セルの書式設定、文字配置の変更やデータの表示形式の変更、コピー／切り取りや貼り付け、検索／置換など利用頻度が高い機能が搭載されています。
挿入	画像や図形、アイコン、3Dモデル、SmartArtなどを挿入したり、各種グラフやテキストボックスを作成したりする機能が搭載されています。
描画	指やデジタルペン、マウスを使って、文書やワークシートに直接描画したり、描画を図形に変換したり、数式に変換したりする機能が搭載されています。
校閲	スペルチェック、語句の検索、言語の翻訳などの文章校正や、アクセシビリティチェック、コメントの挿入、変更履歴の記録や文書の比較、文書やワークシートへの編集の制限など文書やブックの共有に関する機能が搭載されています。
表示	文書やワークシートの表示モードの切り替えや表示倍率の変更、ルーラーやグリッド線の表示、ウィンドウの分割／切り替えなど、表示に関する機能が搭載されています。
ヘルプ	［ヘルプ］作業ウィンドウを表示したり、マイクロソフトにフィードバックを送信したり、動画でWord／Excelの使い方を閲覧したりする機能が搭載されています。

Q 016 バージョンによって できることは違うの？

A 新機能の違いはありますが、 基本の操作は同じです。

Word／Excelのバージョンアップによって、より使いやすく便利な機能が追加されますが、当然ながらその機能は以前のバージョンでは使えません。また、追加された機能（コマンド）やタブの数など表示が異なる場合もあります。

特にMicrosoft 365の画面は常に新しい機能にアップデートされるので、画面構成や見た目も変更されます。ただし、基本的な機能や操作方法は同じです。ここではWordのタブを例にバージョンの違いを見てみましょう。

参照 ▶ Q 015

● Word 2016の［ホーム］タブ

● Word 2019の［ホーム］タブ

● Word 2021の［ホーム］タブ

● Microsoft 365 Personalの［ホーム］タブ

1 使いはじめ
2 基本と入力
3 編集
4 書式設定
5 表示
6 印刷
7 差し込み印刷
8 図と画像
9 表
10 ファイル

重要度 ★ ★ ★　画面の基本

Q 017 リボンは小さくならないの？

A タブ（名前）だけの表示にします。

リボンの表示方法は、バージョンによって表示やコマンド名が若干異なります。タブのみを表示させる（コマンド部分を非表示にする）には、Ctrl + F1 を押すか、Word 2021／Excel 2021ではリボン右端の［リボンの表示オプション］∨ をクリックして、［タブのみを表示する］をクリックします。Word 2019／Excel 2019

● Word 2019／Excel 2019以前の場合

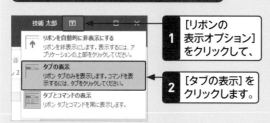

1 ［リボンの表示オプション］をクリックして、

2 ［タブの表示］をクリックします。

以前では画面上の［リボンの表示オプション］団 をクリックして［タブの表示］をクリックします。

● Word 2021／Excel 2021の場合

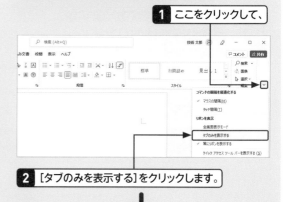

1 ここをクリックして、

2 ［タブのみを表示する］をクリックします。

3 タブのみの表示になりました。

重要度 ★ ★ ★　画面の基本

Q 018 リボンがなくなってしまった！

A 全画面表示になっています

もとの表示に戻すには、Word 2021／Excel 2021では画面上部の … をクリックして、リボン右端の［リボンの表示オプション］∨ をクリックし、［常にリボンを

● Word 2019／Excel 2019以前の場合

1 ［リボンの表示オプション］をクリックして、

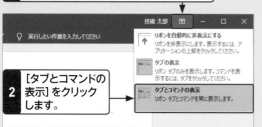

2 ［タブとコマンドの表示］をクリックします。

表示する］をクリックします。Word 2019／Excel 2019以前では画面上部の［リボンの表示オプション］団 をクリックして［タブとリボンの表示］をクリックします。　　　　参照▶Q 017

● Word 2021／Excel 2021の場合

1 ここをクリックします。

2 ここをクリックして、

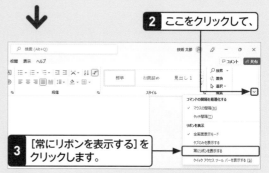

3 ［常にリボンを表示する］をクリックします。

Q 019 タブの左端にある [ファイル]は何？

A ファイル管理に関連するメニューを表示します。

[ファイル]タブをクリックすると、ファイルを開く／閉じる、新規、保存、印刷など、ファイル操作に関するメニューが表示されます。クリックすると、メニューに関する設定や詳細内容が右側に表示されます。この画面を「Backstageビュー」といいます。

画面はWord 2021の例ですが、ソフトやバージョンそれぞれで項目などが若干異なります。

新規 参照▶Q 030	情報 参照▶Q 395	印刷 参照▶第6章

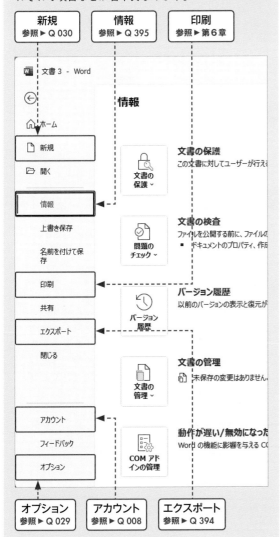

オプション 参照▶Q 029	アカウント 参照▶Q 008	エクスポート 参照▶Q 394

Q 020 最初の画面がいつもと違う！

A 起動時や2度目以降、作業中では画面が異なります。

Word／Excelを初めて起動したときと、2度目に起動したときでは画面が異なります。また、[ファイル]タブの画面も異なります。

初めて起動した場合は、白紙の文書や空白のブックまたはテンプレートを選んで新しく文書を作成する画面ですが、2回目以降は作成した文書か、新規文書の作成かを選ぶようになります。

また、Word 2021／Excel 2021ではメニューに[ホーム]が追加されて、この画面で新規文書（またはテンプレート）を選んだり、作成した文書を選んだりすることができます。

なお、[最近使ったアイテム]には作業したファイルが順に表示されるのでクリックするだけで文書を開くことができます。　　　　　　　　　　　　　　　参照▶Q 375

● Word 2021の起動時画面

● Word2019の起動時画面

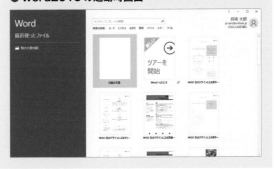

重要度 ★ ★ ★　画面の基本

Q 021 Backstageビューから編集画面に戻りたい!

A 左上の ← をクリックします。

[ファイル]タブをクリックすると、Backstage ビューという画面になり、編集画面のリボンが表示されなくなります。編集画面に戻るには、左上にある ← をクリックします。

ここをクリックすると、編集画面に戻ります。

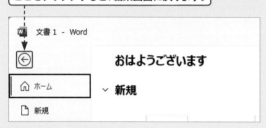

重要度 ★ ★ ★　画面の基本

Q 022 コマンドの名前や機能がわからない!

A コマンドにマウスポインターを合わせると説明が表示されます。

コマンドの上にマウスポインターを合わせると、その機能のかんたんな説明が表示されます。これを利用することで、ヘルプなどを参照しなくても、多くの機能を直感的に使えるようになります。

1 コマンドにマウスポインターを合わせると、

2 ポップヒントが表示されます。

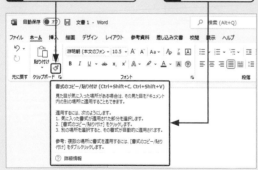

重要度 ★ ★ ★　画面の基本

Q 023 使いたいコマンドが見当たらない!

A1 画面のサイズによってコマンドの表示が変わります。

タブのグループとコマンドの表示は、画面サイズによって変わります。画面サイズを小さくしている場合は、リボンが縮小して、グループだけが表示される場合があります。グループをクリックすると、グループ内のコマンドが表示されます。

● **画面サイズが大きい場合**

直接クリックできます。

● **画面サイズが小さい場合**

1 グループをクリックして、

2 コマンドをクリックします。

A2 作業の状態によってタブやコマンドの表示が変わります。

リボンやコマンドは、常にすべてが表示されているのではなく、作業の内容に応じて必要なものが表示されるものもあります。たとえば、Wordの場合、表を作成して選択すると、[テーブルデザイン]タブと[レイアウト]タブが新たに表示されます。

表を選択すると、表の編集に必要なタブが表示されます。

基本と入力　2
編集　3
書式設定　4
表示　5
印刷　6
差し込み印刷　7
図と画像　8
表　9
ファイル　10

重要度 ★★★　画面の基本

Q 024
画面左上に並んでいる アイコンは何？

A 上書き保存と
クイックアクセスツールバーです。

Word 2019／Excel 2019までのバージョンでは、左上に[上書き保存]🖫とクイックアクセスツールバーが表示されています。

クイックアクセスツールバーは、よく使う機能をコマンドとして登録しておくことができる領域です。クリックするだけで、その機能を利用できるので、タブから探すよりも効率的です。初期設定では、[上書き保存]🖫、[元に戻す]🔄、[繰り返し]🔃の3つのコマンドのほか、[タッチ／マウスモードの切り替え]🖱も表示されます。なお、[繰り返し]は操作によっては[やり直し]🔁に変わります。

Word 2021／Excel 2021／Microsoft 365では[上書き保存]🖫と[自動保存]のみが表示されています。以前のバージョンにあったクイックツールバーは、初期設定では表示されません。表示させたり、コマンドを追加することもできます。また、[自動保存]をオンにすると、OneDriveへ保存されます。　参照▶Q 025, Q 026, Q 389

> Word 2019／Excel 2019以前は この3つが表示されます。

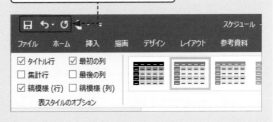

> Word 2021／Excel 2021では この2つだけが表示されます。

重要度 ★★★　画面の基本　❌2019 ❌2016

Q 025
画面左上にクイックアクセス ツールバーがない！

A [リボンの表示オプション]から
表示させます。

Word 2021／Excel 2021／Microsoft 365の初期設定では、画面左上にクイックアクセスツールバーが表示されなくなりました。表示するには、下の手順で表示します。

● **クイックアクセスツールバーの表示**

> **1** [リボンの表示オプション]をクリックして、
> **2** [クイックアクセスツールバーを表示する]をクリックします。

また、この手順で表示すると、クイックアクセスツールバーはリボンの下に表示されます。リボンの上に移動するには、[クイックアクセスツールバーのユーザー設定]をクリックして、[リボンの上に表示]をクリックします。

● **クイックアクセスツールバーの移動**

> **1** [クイックアクセスツールバーのユーザー設定]をクリックして、

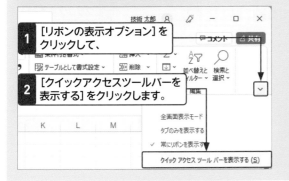

> **2** [リボンの上に表示]をクリックします。

重要度 ★★★ 画面の基本

Q 026 よく使うコマンドを常に表示させておきたい！

A クイックアクセスツールバーにコマンドを登録します。

コマンドのなかでも特に使用頻度が高いものは、クイックアクセスツールバーに登録しておくと、タブで機能を探すよりも効率的です。コマンドは複数登録できます。コマンドを登録するには、以下の3つの方法があります。登録するコマンドに応じて選択するとよいでしょう。なお、クイックアクセスツールバーが表示されていない場合は、Q 025を参照して表示します。ここでは、クイックアクセスツールバーを画面の上に移動しています。

参照▶Q 025

● メニューから登録する

1 [クイックアクセスツールバーのユーザー設定] をクリックして、

2 表示させたいコマンド（ここでは [開く]）をクリックすると、コマンドが登録されます。

● コマンドの右クリックから登録する

1 登録したいコマンドを右クリックして、

2 [クイックアクセスツールバーに追加] をクリックすると、コマンドが登録されます。

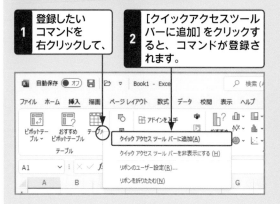

● メニューにないコマンドを登録する

1 [クイックアクセスツールバーのユーザー設定] をクリックして、

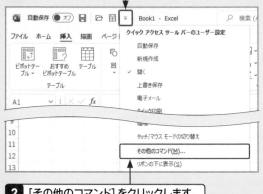

2 [その他のコマンド] をクリックします。

3 [リボンにないコマンド] を選択して、

4 表示させたいコマンド（ここでは [上付き]）をクリックし、

5 [追加] をクリックします。

6 [OK] をクリックすると、

7 コマンドが登録されます。

使いはじめ 1
基本と入力 2
編集 3
書式設定 4
表示 5
印刷 6
差し込み印刷 7
図と画像 8
表 9
ファイル 10

重要度 ★★★　画面の基本

Q 027 登録したコマンドを削除したい！

A₁ コマンドを右クリックして削除します。

クイックアクセスツールバーに登録したコマンドを削除するには、コマンドを右クリックして［クイックアクセスツールバーから削除］をクリックします。

1 削除したいコマンドを右クリックして、

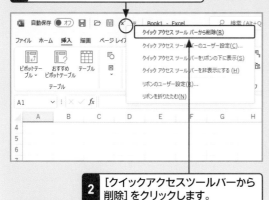

2 ［クイックアクセスツールバーから削除］をクリックします。

A₂ ［Wordのオプション］または［Excelのオプション］ダイアログボックスで削除します。

［Wordのオプション］または［Excelのオプション］ダイアログボックスの［クイックアクセスツールバー］を表示して、登録されているコマンドをクリックし、［削除］をクリックします。

1 ［Excelのオプション］ダイアログボックスを表示して、［クイックアクセスツールバー］をクリックします。

2 削除したいコマンドをクリックして、

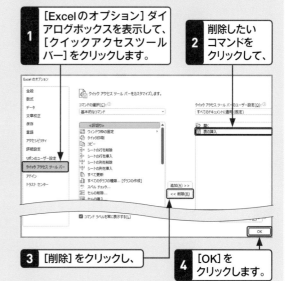

3 ［削除］をクリックし、

4 ［OK］をクリックします。

重要度 ★★★　画面の基本

Q 028 目的の機能をすばやく探したい！

A 実行したい操作に関するキーワードを入力して検索します。

Word 2021／Excel 2021の画面の上部には［検索］ボックスが、Word 2019／Excel 2019以前では、タブの右側に［何をしますか］と表示された入力欄が搭載されています。実行したい操作に関するキーワードを入力すると、キーワードに関連する項目が一覧で表示されるので、使用したい機能をすぐに見つけることができます。

1 ［検索］ボックスをクリックして、

2 実行したい操作に関するキーワードを入力すると、

3 キーワードに関連する項目が一覧で表示されるので、使用したい機能をクリックします。

Q 029 オプションはどこで設定するの？

A [Wordのオプション]または [Excelのオプション]を利用します。

WordやExcelの基本的な機能の設定は、[Wordのオプション]または [Excelのオプション]で行います。設定項目はグループに分けられており、ここではWordの項目を紹介しますが、ExcelではWordの[表示]がなく、[数式]と [データ]があるなど、一部項目が異なるものの、オプション項目を設定するという役割は同じです。[詳細設定]では編集の設定や表示、印刷などの設定を行います。[リボンのユーザー設定]ではリボンに表示するコマンドのカスタマイズ、[クイックアクセスツールバー]では表示するコマンドアイコンのカスタマイズを行うことができます。

> **1** [ファイル] タブをクリックして、Backstageビューを表示します。

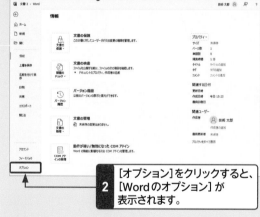

> **2** [オプション]をクリックすると、[Wordのオプション] が表示されます。

● 全般

> 画面表示など基本的なオプションを設定できます。

● 表示

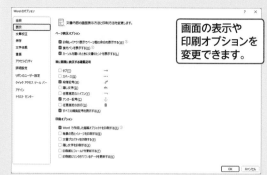

> 画面の表示や印刷オプションを変更できます。

● 文章校正

> 文章の校正や書式設定のオプションを変更できます。

● 保存

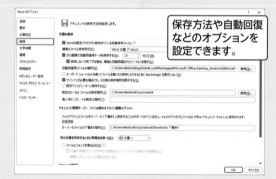

> 保存方法や自動回復などのオプションを設定できます。

● 詳細設定

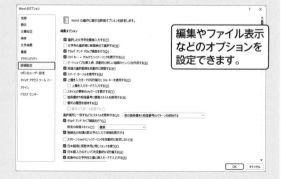

> 編集やファイル表示などのオプションを設定できます。

第**2**章

Wordの基本と入力の「こんなときどうする?」

使いはじめ

2 基本と入力

3 編集

4 書式設定

5 表示

6 印刷

7 差し込み印刷

8 図と画像

9 表

10 ファイル

重要度 ★★★　文字の入力

Q 030

新しい文書はどこで作成するの？

A ［ファイル］タブの［新規］から作成します。

Wordを起動して［白紙の文書］をクリックすると、「文書1」という名前の新規文書が作成されます。文書を編集中に新しく文書を作成したい場合は、［ファイル］タブをクリックして、［新規］をクリックし、［白紙の文書］をクリックします。

このほかに、テンプレートから選択することもできます。テンプレートとは、定型書式の文書（ひな型）という意味で、請求書やビジネスレターなどを作る際に、テンプレートから自分用に変更して利用できるので、一から作成するよりも手間が省けます。

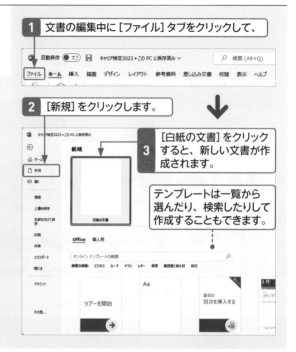

1 文書の編集中に［ファイル］タブをクリックして、

2 ［新規］をクリックします。

3 ［白紙の文書］をクリックすると、新しい文書が作成されます。

テンプレートは一覧から選んだり、検索したりして作成することもできます。

重要度 ★★★　文字の入力

Q 031

ショートカットキーは使えるの？

A Alt を押すと、使用可能なショートカットキーを確認できます。

Wordの操作性を向上するのに欠かせないのが、ショートカットキーです。Wordでは機能コマンドのほとんどにショートカットキーが割り当てられており、Alt を押

すとタブ（一部のコマンド含む）に割り当てられているキーが表示されます。キーを押すと、指定されたタブに切り替わります。さらに、各タブでのショートカットキーは、［ホーム］タブが Alt ＋ H 、［挿入］タブは Alt ＋ N というように割り当てられています。

また、よく使う Ctrl ＋ C （コピー）、Ctrl ＋ V （貼り付け）などはWordのバージョンが変わっても同じです。

巻末に「ショートカットキー一覧」を掲載していますので、併せて参考にしてください。

Alt を押すと、各タブに割り当てられたショートカットキーが表示されます。

Alt ＋ H を押すと、［ホーム］タブに割り当てられたショートカットキーが表示されます。

使いはじめ 1
基本と入力 2
編集 3
書式設定 4
表示 5
印刷 6
差し込み印刷 7
図と画像 8
表 9
ファイル 10

重要度 ★ ★ ★ 　文字の入力

032

ローマ字入力とかな入力を切り替えたい！

A 入力モードで切り替えます。

日本語入力には、キーボードの英字キーをローマ字読みで押す「ローマ字入力」と、かな字のキーをそのまま押す「かな入力」があります。[入力モード]を右クリックして、[かな入力（オフ）]（ローマ字入力）／[かな入力（オン）]（かな入力）に切り替えます。

● Windows 11の場合

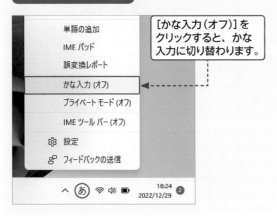

[かな入力（オフ）]をクリックすると、かな入力に切り替わります。

● Windows 10の場合

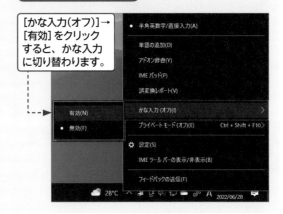

[かな入力（オフ）]→[有効]をクリックすると、かな入力に切り替わります。

重要度 ★ ★ ★ 　文字の入力

033

日本語を入力したいのに英字が入力される！

A 入力モードを切り替えます。

Microsoft IMEの日本語入力モードでは、「ひらがな」「全角カタカナ」「全角英数字（全角のアルファベットと数字）」「半角カタカナ」「半角英数字（半角のアルファベットと数字）」を選択できます。

入力モード	入力例	アイコンの表示
ひらがな	あいうえお	あ
全角カタカナ	アイウエオ	カ
全角英数字	ａｉｕｅｏ	Ａ
半角カタカナ	ｱｲｳｴｵ	ｶ
半角英数字	aiueo	A

日本語（ひらがな）と英字をかんたんに切り替えるには、[入力モード]のアイコンをクリックします。
[入力モード]のアイコンは、「ひらがな」の場合は あ、「半角英数字」の場合は A が表示され、クリックするたびに切り替えられます。
また、キーボードの 半角/全角 を押しても日本語と英字を切り替えられます。

1 [入力モード]を右クリックして、

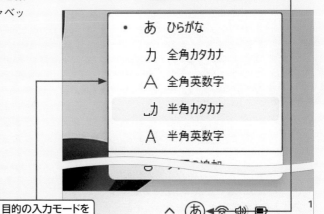

- あ ひらがな
  カ 全角カタカナ
  Ａ 全角英数字
  ｶ 半角カタカナ
  A 半角英数字

2 目的の入力モードをクリックします。

1 使いはじめ

2 基本と入力

3 編集

4 書式設定

5 表示

6 印刷

7 差し込み印刷

8 図と画像

9 表

10 ファイル

重要度 ★★★　文字の入力

Q 034 入力モードをすばやく切り替えたい！

A キー操作でも、入力モードを切り替えることができます。

入力中にすばやく入力モードを切り替えるには、キーボードを利用するとよいでしょう。Word では［ひらがな］モードであっても、ほかのアプリを利用するときは、基本的には［半角英数字］モードになります。そんなときもすぐ切り替えられるように積極的にキーを使いましょう。キーによる入力モードの切り替える方法

は、表のとおりです。　　　　　　　　　　参照▶Q 033

キー操作	入力モードの切り替え
カタカナ / ひらがな	［ひらがな］モードに切り替えます。
半角 / 全角	［半角英数字］モードのときには［ひらがな］モードに切り替えます。［半角英数字］モード以外のときには［半角英数字］モードに切り替えます。
無変換	［ひらがな］［全角カタカナ］［半角カタカナ］の順にモードを切り替えます。
Shift ＋ 無変換	［全角英数字］モードと［半角英数字］モードを切り替えます。

重要度 ★★★　文字の入力

Q 035 アルファベットの小文字と大文字を切り替えたい！

A Shift を押しながらアルファベットを入力します。

Shift を押しながらアルファベットを入力すると、現在のモードとは逆の文字が入力されます。通常は、小文字が入力されますが、Shift を押しながらアルファベットを入力すれば、大文字になります。
Shift ＋ Caps を押すと、このモードが切り替えられ、Shift を押さなくても大文字が入力されます（小文字は Shift を押しながら入力）。
パソコンのキーボードに［A］ランプまたは［Caps Lock］ランプがある場合、このモードが有効になるとランプ

が点灯します。また、ステータスバーに表示するように設定することもできます。　　　参照▶Q 036, Q 043

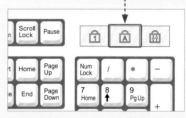

［入力モード］が［半角英数］の状態でアルファベットのキーを押すと、小文字のアルファベットが入力できます。

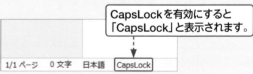

CapsLockを有効にすると「CapsLock」と表示されます。

1/1 ページ　　0 文字　　日本語　　CapsLock

重要度 ★★★　文字の入力

Q 036 アルファベットが常に大文字になってしまう！

A Shift ＋ Caps を押します。

Shift ＋ Caps を押すと、アルファベットの大文字が入力できます。気づかないうちにこのキーを押してしまい、大文字入力の状態にしてしまうことがあります。このとき、Shift を押しながらアルファベットのキーを押す

と、小文字が入力されるようになります。
再度 Shift ＋ Caps を押すと、もとの状態に戻ります。
　　　　　　　　　　参照▶Q 035

使いはじめ 1
基本と入力 2
編集 3
書式設定 4
表示 5
印刷 6
差し込み印刷 7
図と画像 8
表 9
ファイル 10

重要度 ★★★ 文字の入力

Q 037 読みのわからない漢字を入力したい!

A [IMEパッド]を利用して、手書き入力します。

人名や地名、難解な言葉など、読みのわからない漢字を入力するには、[IMEパッドー手書き]を利用します。
[入力モード]を右クリックして、[IMEパッド]をクリックすると、[IMEパッド]を表示できます。
[手書き]をクリックして、手書き入力領域にマウスでなぞったり、タッチパネルの場合はペンを利用したりして文字を書きます。候補一覧が表示されるので目的の漢字をクリックして、[Enter]をクリックすると、カーソル位置に入力できます。

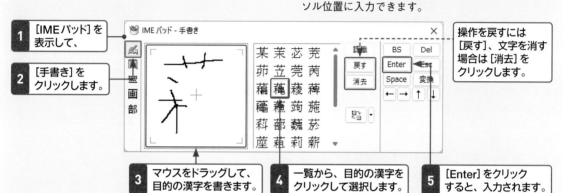

1 [IMEパッド]を表示して、

2 [手書き]をクリックします。

3 マウスをドラッグして、目的の漢字を書きます。

4 一覧から、目的の漢字をクリックして選択します。

5 [Enter]をクリックすると、入力されます。

操作を戻すには[戻す]、文字を消す場合は[消去]をクリックします。

重要度 ★★★ 文字の入力

Q 038 部首や画数から目的の漢字を探したい!

A [IMEパッド]を利用して、部首や画数から目的の漢字を探します。

難しい漢字や読みが浮かばない漢字などを入力する場合、漢字自体がわかっていれば、[IMEパッドー部首]や[IMEパッドー総画数]を利用して、部首や総画数から入力することができます。
部首から漢字を探す場合には[部首]をクリックして、部首の画数を指定すると、該当する漢字が表示されます。また、画数から漢字を探す場合には[総画数]をクリックして、総画数を指定すると、該当する漢字が表示されます。漢字をクリックして、[Enter]をクリックすると、カーソル位置に入力できます。　参照▶Q 037

● IMEパッド-部首

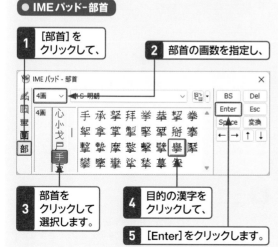

1 [部首]をクリックして、

2 部首の画数を指定し、

3 部首をクリックして選択します。

4 目的の漢字をクリックして、

5 [Enter]をクリックします。

● IMEパッド-総画数

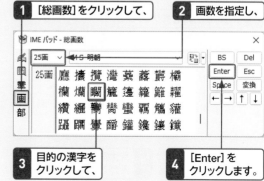

1 [総画数]をクリックして、

2 画数を指定し、

3 目的の漢字をクリックして、

4 [Enter]をクリックします。

Q 039 旧字体や異体字を入力したい！

A [IMEパッド]を利用します。

一般に、旧字体とは「沢」に対する「澤」などのように以前使われていた字体で、異体字とは標準の字体と同じ意味や発音を持ち、表記に差異がある文字のことです。Wordでは、これらを異体字としてまとめて扱っています。

通常の漢字変換で候補として表示されるものもありますが、難しい字や読みがわからない場合は[IMEパッド]から探して入力できます。[IMEパッド]で検索した文字を右クリックして、[異体字の挿入]をクリックします。

なお、[異体字の挿入]がグレーアウト（選択できない状態）の漢字は、異体字がないということです。

参照▶Q 037, Q 038

1 [IMEパッド]を表示して、

2 漢字候補を表示します。

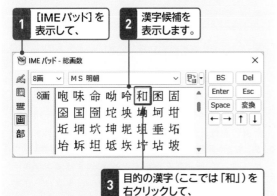

3 目的の漢字（ここでは「和」）を右クリックして、

4 [異体字の挿入]をクリックし、

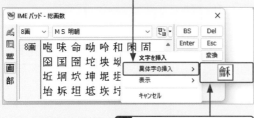

5 異体字をクリックすると、入力できます。

Q 040 キーボードを使わずに文字を入力したい！

A [IMEパッド]のソフトキーボードから、マウスで文字を入力できます。

[IMEパッド-ソフトキーボード]を利用すると、デスクトップにキーボードが表示されます。マウスでソフトキーボード上のキーをクリックすることによって、文字を入力できます。

[IMEパッド-ソフトキーボード]を表示するには、[IMEパッド]を表示して、[ソフトキーボード]をクリックします。

参照▶Q 037

1 [ソフトキーボード]をクリックします。

2 [配列の切り替え]から目的のキー配列をクリックして選択すると、

3 選択したキー配列が表示されます。

4 キーをクリックして、

5 [Enter]をクリックすると入力できます。

Q 041 小さい「っ」や「ゃ」を 1文字だけ入力したい！

A Ｌまたは Ｘ を押してから 「つ」「や」などを入力します。

ローマ字入力で、小さい「っ」「ゃ」などを単独で入力するには、Ｌまたは Ｘ を押してから「つ」「や」などを入力します。

● 小さい「っ」の入力

 または

● 小さい「ゃ」の入力

 または

Q 042 半角スペースを すばやく入力したい！

A ひらがな入力モードで Shift ＋ Space を押します。

日本語の文章を入力しているときでも、半角スペースを入れたい場合があります。半角英数モードにしなくても、ひらがな入力モードのまま Shift ＋ Space を押すと半角のスペースを入力できます。半角スペースには「・」の編集記号が表示されます。編集記号が表示されない場合は、[ホーム]タブの[編集記号の表示／非表示] をクリックします。

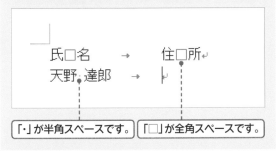

「・」が半角スペースです。　「□」が全角スペースです。

Q 043 入力すると前にあった文字が 消えてしまった！

A 上書きモードになっています。

文字入力には、「挿入モード」（文字の挿入）と「上書きモード」（上書き入力）があります。通常は「挿入モード」でカーソルの位置から文字を挿入し、もとにあった文字は右方向へ順に送られます。

すでに入力してある文字の左側にカーソルを移動して、文字を入力し始めると、もとの文字が1文字ずつ消えて入力した文字に上書きされてしまうのは、文字入力が「上書きモード」になっています。「挿入モード」に切り替えましょう。

モードの切り替えるには、Insert を押す方法と、ステータスバーで「上書きモード」をクリックする方法があります。ステータスバーにモードの表示がされていない場合は、下の方法で表示させます。クリックするたびに、「上書きモード」と「挿入モード」が切り替わります。入力の際に確認するとよいでしょう。

1 ステータスバーを右クリックして、

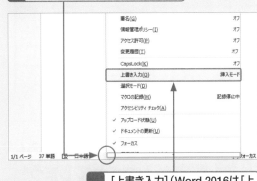

2 ［上書き入力］（Word 2016は［上書きモード］）をクリックします。

クリックするたびにモードが切り替わります。

1 使いはじめ
2 基本と入力
3 編集
4 書式設定
5 表示
6 印刷
7 差し込み印刷
8 図と画像
9 表
10 ファイル

重要度 ★★★　文字の入力

Q 044 数字キーを押しているのに数字が入力できない!

A NumLock を押して、NumLockをオンにします。

NumLock (Number Lock) がオフになっていると、テンキーの数字を入力できなくなります。

キーボードの種類によって異なりますが、NumLock (あるいは数字キーロックの「1」)にランプが付いている場合は、NumLock を押すとNumLockがオン (ランプが点灯)になり、テンキーからの数字入力ができるようになります。

キーボードにNumLockのランプが付いていない場合でも、数字が入力できないときには NumLock を押すと入力できるようになります。

> NumLockが点灯していると、数字キー (テンキー) が使用できます。

> キーボードによっては、このような数字キーロックもあります。

重要度 ★★★　文字の入力

Q 045 文字キーを押しているのに数字が入力されてしまう!

A NumLock を押して、NumLockをオフにします。

ノートパソコンのようにテンキーのないパソコンでは、NumLock がオンになっていると、数字キーとして割り当てられているキー (J K L など)を押した際、割り当てられている数字が入力されます。

数字ではなく、キーに本来割り当てられている文字を入力したい場合には、NumLock を押してNumLock をオフにします。

参照 ▶ Q 044

重要度 ★★★　文字の入力

Q 046 句読点を「,。」で入力したい!

A 入力設定の [句読点] で指定します。

句読点は「、。」が一般的ですが、公文書などでは「,。」の組み合わせも使われています。いちいち入力し直さずにスムーズに入力するには、入力設定を変更します。

入力モードを右クリックして、[設定]をクリックします。[全般]をクリックして表示される [入力設定]画面で[句読点]をクリックして、「,。」のセットを選択します。このほかに「,．」「、．」の組み合わせも指定できます。

> 1 入力モードを右クリックして、

> 2 [設定]をクリックします。

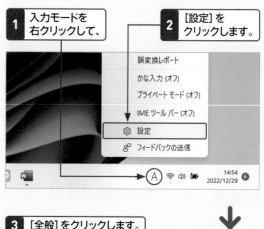

> 3 [全般]をクリックします。

> 4 ここで[,。]をクリックします。

使いはじめ 1
基本と入力 2
編集 3
書式設定 4
表示 5
印刷 6
差し込み印刷 7
図と画像 8
表 9
ファイル 10

Q 047 入力した文字の数を確認したい！

A [文字カウント]ダイアログボックスを利用します。

Wordには文字数や単語数を数えてくれる「文字カウント」機能があります。ステータスバーに「○○文字」あるいは「○○単語」と表示されています（バージョンによって異なります）。

ただし、ステータスバーに表示されるのは日本語の文字数ではなく、単語数（半角の英語、数字、記号の単語数と日本語の文字数）になるため、正確な文字数ではありません。この数字をクリックするか、[校閲]タブの[文字カウント]をクリックすると[文字カウント]ダイアログボックスが表示されます。ここで、文書内の文字数や、スペースを含める／含まない文字数、段落数などを確認できます。また、文書内の範囲を選択すると、「選択した文字数／総文字数」が表示されます。

> ステータスバーに単語数（文字数）が表示されます。

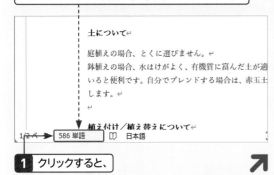

1 クリックすると、

2 [文字カウント]ダイアログボックスが表示されます。

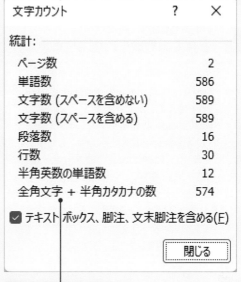

文字カウント	? ✕
統計:	
ページ数	2
単語数	586
文字数 (スペースを含めない)	589
文字数 (スペースを含める)	589
段落数	16
行数	30
半角英数の単語数	12
全角文字 + 半角カタカナの数	574

☑ テキスト ボックス、脚注、文末脚注を含める(F)

[閉じる]

3 文字数を確認します。

● 選択範囲の文字数

> 選択した文字数と全体数が表示されます。

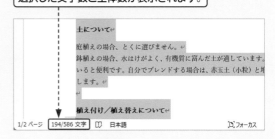

Q 048 直前に編集していた位置に戻りたい！

A Shift＋F5 を押します。

直前に編集していた位置にカーソルを移動するには、Shift＋F5 を押します。

たとえば、文字を入力してから、数ページ先の位置をクリックしてカーソルを移動した場合、再度入力していた位置に戻りたいというときに利用します。

また、この位置は文書を保存したときにも記憶されます。このため、保存して閉じた文書を開いたときにShift＋F5 を押せば、最後に編集した位置にすぐに移動することができます。

Shift＋F5 は3つ前までの編集位置を記憶しているので、連続して押すと3つ前までの位置に戻り、もう一度押すと現在の位置に戻ります。

なお、複数のWord文書を開いているとき、直前の編集位置がほかの文書の場合は、その文書に切り替わります。

重要度★★★　文字の入力　2021 2019 2016

Q 049 しゃべって音声入力したい！

A Microsoft 365では音声入力機能を利用できます。

キーボードがない、キーを入力できないなど直接入力ができない場合、Microsoft 365では音声入力(ディクテーション)を使うことができます。

利用するには、Microsoft 365サブスクリプションでサインインし、マイクを利用できる状態にします。Wordの新しい文書または既存の文書を開き、[ホーム]タブの[ディクテーション]をクリックします。

聞き取りの準備を待ち、◉が表示されたら開始できます。マイクに向かって話すと、聞き取られた言葉が入力されていきます。◉をクリックすると、入力を中断し、🎙をクックすると再開します。

事前に⚙をクリックして、以下の設定を確認しておくとよいでしょう。

- 話し手の言語を指定する
- 句読点の自動導入を有効にする
- 機密の語句をフィルター処理する

なお、この機能はWindows 10以降で利用でき、それ以前のWindows及び旧Office 365はサポートされていません。

マイクの設定は、スタートメニューの[設定]をクリックして、[プライバシーとセキュリティ]で[マイクへのアクセス]をオンにします。

1 Microsoft 365のWordを起動して、新規画面を表示します。

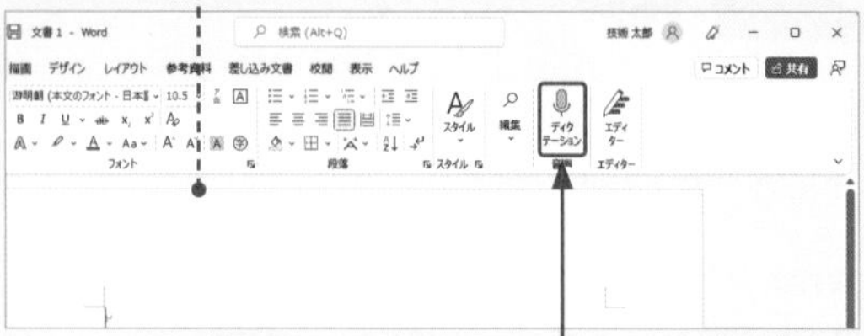

2 [ホーム]タブの[ディクテーション]をクリックします。

3 この状態になったら、話をします。

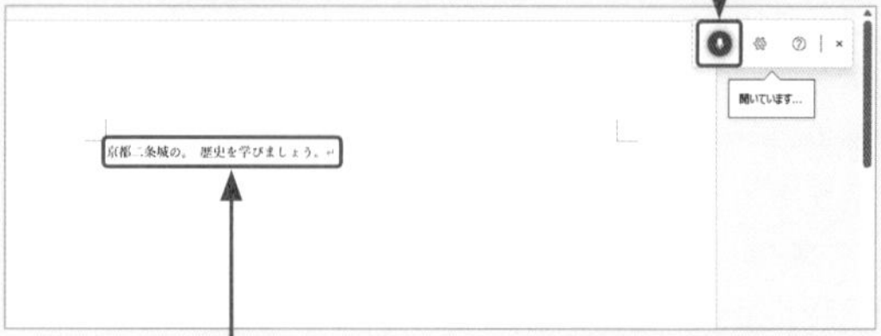

4 文字として入力されます。

5 ◉をクリックすると中断します。

6 ここをクリックすると、再開できます。

● マイクの設定

ここをオンにします。

● 設定画面

言語を選べます。

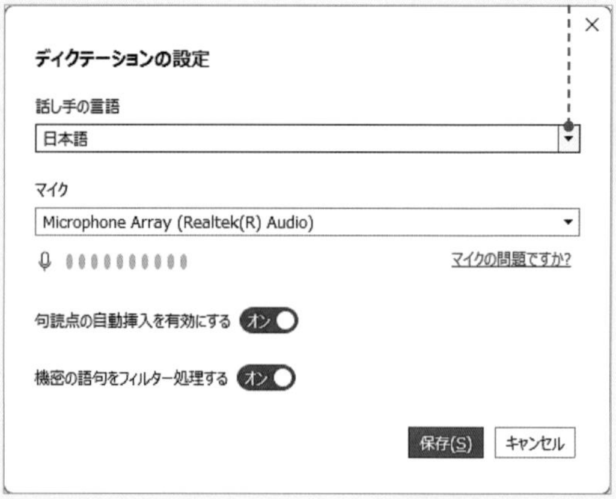

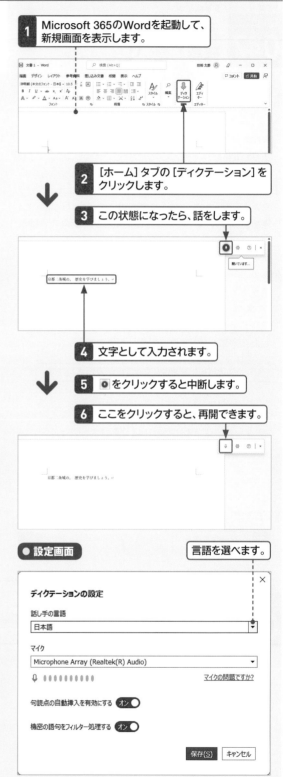

Q 050 漢字を入力したい！

A 読みをひらがなで入力して、漢字に変換します。

漢字を入力するには、ローマ字入力またはかな入力でひらがなを入力して、Space を押します。

目的の漢字に変換されない場合は、再度 Space を押して、変換候補を表示します。↓ または Space を押して目的の漢字に移動し、Enter を押して入力します。

変換候補の最後に［単漢字］が表示される場合は、クリックすると、一般的な変換候補以外の漢字が表示されます。

参照▶Q 060, Q 061

1 「やまざき」と読みを入力して、Space を押します。

2 目的の漢字（山先）ではないので、再度 Space を押します。

3 変換候補の一覧が表示されます。

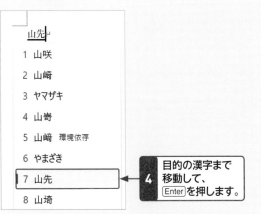

4 目的の漢字まで移動して、Enter を押します。

Q 051 カタカナやアルファベットに一発で変換したい！

A ファンクションキーを利用します。

キーボードの上の列にある F1 〜 F12 をファンクションキーといい、各キーにさまざまな機能が割り当てられています。

入力した読みのひらがなを選択して F7 を押すと、全角カタカナに変更できます。このように、カタカナやアルファベットに変換するには F6 〜 F10 を利用します。

ファンクションキー	変換される文字
F6	ひらがな
F7	全角カタカナ
F8	半角カタカナ
F9	全角英数字
F10	半角英数字

なお、F9 あるいは F10 を押してアルファベットに変換するときは、キーを押すたびに「小文字」→「先頭だけ大文字」→「大文字」の順に切り替わります。

「Word」の単語を例にすると、下記のように順に変換されます。

英字を変換する場合は、入力モードを「ひらがな」にしておく必要があります。

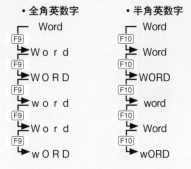

使いはじめ 1

基本と入力 2

編集 3

書式設定 4

表示 5

印刷 6

差し込み印刷 7

図と画像 8

表 9

ファイル 10

重要度 ★ ★ ★　文字の変換

Q 052 予測入力って何？

A 読みから該当しそうな文字を候補として表示する機能です。

読みの文字を入力し始めると、その読みに合った変換候補が表示されます。これは過去に入力・変換した文字列などが自動的に表示される「予測入力」というMicrosoft IMEの機能です。Tabを押して文字を選択し、Enterを押すと入力できます。無視してそのまま入力を続けると、候補は消えます。入力予測機能はオフにすることもできます。

参照▶Q 053

文字を入力し始めると、予測候補が表示されます。

重要度 ★ ★ ★　文字の変換

Q 053 予測入力を表示したくない！

A [予測入力]をオフにします。

予測入力は、入力履歴を利用したMicrosoft IMEの機能ですが、予測候補の表示をオフにすることができます。入力モードを右クリックして、[設定]をクリックすると表示される[Microsoft IME]画面で[全般]を開き、[予測入力]の文字数ボックスをクリックして[オフ]にします。

なお、読みの文字を入力し始めると表示される予測候補は、初期設定では1文字目で表示されるようになっています。この文字数は5文字まで変更することができます。

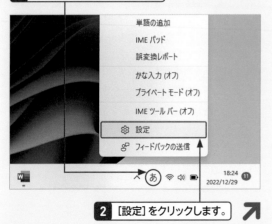

1 入力モードを右クリックして、

2 [設定]をクリックします。

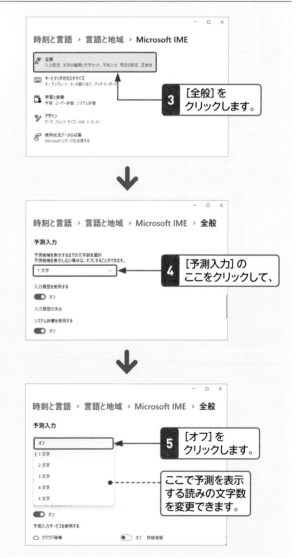

3 [全般]をクリックします。

4 [予測入力]のここをクリックして、

5 [オフ]をクリックします。

ここで予測を表示する読みの文字数を変更できます。

Q 054 文節を選んで変換したい!

A ←や→を押して、
文節を移動します。

複数の文節を一度に変換すると、一部の文節だけ意図
したものと違う漢字に変換される場合があります。そ
の場合は←や→を押すと文節を移動できます。←や→
で移動した文節には、太い下線が引かれるので、Space
を押して再度変換します。
以下の例では、「申しあげます」と変換された文節を「申
し上げます」に変換し直します。

1 Space を押して変換し、

御礼申しあげます↵

2 ←や→を押して目的の文節を移動します。

御礼申しあげます↵

3 Space を押して目的の文字に変換します。

御礼申し上げます↵
1 申しあげます
2 申し上げます
3 申上げます
4 もうしあげます
5 モウシアゲマス

Q 055 文節の区切りを変更したい!

A Shift を押しながら
←や→を押します。

入力した文字列を変換するときに、文節の区切りがう
まく行われなかった場合には、文節の区切りを変更し
ます。Shift を押しながら←や→を押すと、文節の区切
り位置が1文字ずつ移動します。Space を押して文節単
位で正しい文字に変換します。

「明日は山車で」と変換したいのに、文節が
異なる位置で変換されています。

明日裸足で↵

1 ←や→を押して目的の文節に移動し、

2 Shift を押しながら←や→を押して
文節の区切りを変更します。

明日はだしで↵

3 変換の必要な文節に移動して、Space を押し、
目的の文字に変換します。

明日は山車で↵
1 だしで
2 出しで
3 山車で
4 出汁で
5 ダシで
6 ダシデ

Q 056

確定した文字を
変換し直したい！

A 変換し直す文字にカーソルを
置いて、変換 を押します。

変換を確定した文字を別の文字に変換し直すには、変更したい文字にカーソルを移動するか、その文字を選択して、変換 を押します。変換候補が表示されるので、目的の漢字を選択します。

1 変換し直す文字を選択します。

水やりについて↵
鉢植えの場合、鉢土の表面が乾いたらたっぷりと水やりをします。↵
庭植えの場合、下記 など雨が少なく乾燥する時期にはたっぷりと水やりをしま

2 変換 を押して、候補一覧から
変換後の文字を選択します。

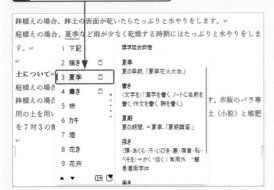

Q 057

変換候補の表示を
すばやく切り替えたい！

A Shift ＋ ↑ ／ ↓ を押します。

変換候補がたくさんある場合に、スクロールバーをドラッグしたり、↓ を押したりして順に見ていきますが、最初の一覧に目的の文字がないとわかった場合は、すぐに次の候補を表示させたいものです。Shift ＋ ↓ を押すと、次の一覧が表示されます。前の候補一覧に戻りたい場合は Shift ＋ ↑ を押します。

Q 058

変換候補を
一覧表示させたい！

A 候補一覧をページ単位で
移動することができます。

文字の変換を行うために、読みを入力して Space を2回押すと、候補が表示されます。このとき、数が多ければ1ページに最大9つの候補が表示されます。目的の候補を探すには、矢印キーや Space を押して移動します。
大量の候補があるときは、ページの最後まで行って次ページに移動します。
このとき、候補の下にある ［戻る］▲ ／ ［次へ］▼ をクリックすると、戻る／次ページに移動します。これはキーボードの PageUp ／ PageDown を押しても同じです。
また、候補右下の ［テーブルビュー］⊞ をクリックすると、候補が横長に一覧で表示されるので、一目で探すことができます。

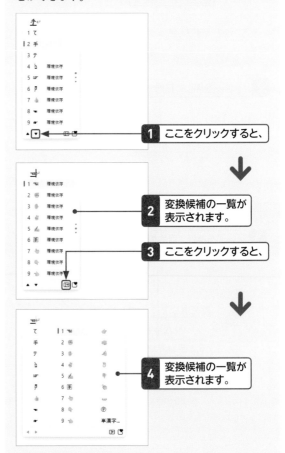

1 ここをクリックすると、

2 変換候補の一覧が
表示されます。

3 ここをクリックすると、

4 変換候補の一覧が
表示されます。

使いはじめ 1

基本と入力 2

編集 3

書式設定 4

表示 5

印刷 6

差し込み印刷 7

図と画像 8

表 9

ファイル 10

重要度 ★★★　文字の変換

Q 059 確定した文字の種類を変更したい！

A [文字種の変換]をクリックして、目的の文字種を選択します。

ひらがなやカタカナ、漢字などに変換して確定したあとから、文字種を変更するには、種類を変更したい文字列を選択して、[ホーム]タブの[文字種の変換]をクリックし、目的の文字種を選択します。

変換する文字の種類は、半角、全角、カタカナ、ひらがなのほかに、文の先頭文字を大文字にする、すべてを大文字／小文字にする、各単語の先頭文字を大文字にする、大文字と小文字を入れ替えるなどの変換が可能です。確定した文字列を入力し直さなくても、すばやく変換できるので便利です。

1 対象の文字列を選択して、

花の女王といわれるバラ。庭で咲いていたら素敵ですが、美しく育てるのは少々難しいようです。↵
バラには多種多様な種類や系統がありますが、木立ちのブッシュローズ、半つるのシュラブローズ、つる性のつるバラ、ミニバラなどに分かれます。↵
気に入ったバラを見つけて、育て方を学んでいきましょう。↵

↗

2 [ホーム]タブの[文字種の変換]をクリックし、

3 目的の文字種を選択すると、

⬇

4 文字種が変換されます。

花の女王といわれるバラ。庭で咲いていたら素敵ですが、美しく育てるのは少々難しいようです。↵
バラには多種多様な種類や系統がありますが、木立ちのブッシュローズ、半つるのシュラブローズ、つる性のつるバラ、ミニバラなどに分かれます。↵
気に入ったバラを見つけて、育て方を学んでいきましょう。↵

重要度 ★★★　文字の変換

Q 060 環境依存って何？

A パソコンやソフトの環境によっては表示されない文字のことです。

Wordで文字列を変換する際に、候補によっては「環境依存」と表示される場合があります。これは、一般に「環境依存文字」と呼ばれる特殊文字で、パソコンのOSやアプリなどの環境によって表示されなかったり、表示されてもフォントの変更などの編集ができなかったりする場合があります。環境依存文字はほかのパソコンで表示や印刷ができない可能性があるので、使用する場合は注意が必要です。

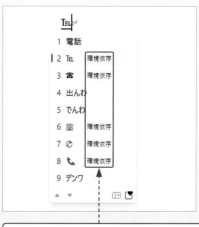

「環境依存」の表示がある文字は、ほかの環境では表示や印刷ができない場合があります。

1 使いはじめ

2 基本と入力

3 編集

4 書式設定

5 表示

6 印刷

7 差し込み印刷

8 図と画像

9 表

10 ファイル

重要度 ★ ★ ★　文字の変換

Q 061 変換候補に［単漢字］と表示された！

A 単漢字辞書の候補を表示します。

Wordでの文字変換は、一般的な候補が表示され、読みによっては表示される変換候補がない場合があります。Microsoft IMEには、「単漢字辞書」が用意されていて、表示される候補以外にも、単漢字の候補がある場合に、単漢字辞書からの候補を探すように促しています。［単漢字］は候補一覧の最後に表示されます。

ここでは、「はる」を変換しています。

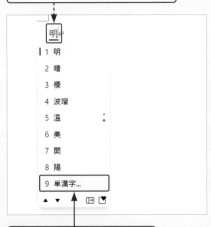

1 ［単漢字］をクリックすると、

2 単漢字の候補が表示されます。

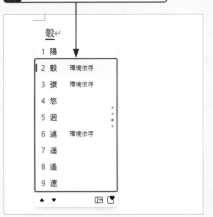

重要度 ★ ★ ★　文字の変換

Q 062 郵便番号から住所を入力したい！

A 変換候補一覧から［住所に変換］を選択します。

Wordでは、日本語入力モードの［ひらがな］で郵便番号を入力して変換すると、該当する住所が変換候補に表示されます。これは、Microsoft IMEの「郵便番号辞書」による変換機能です。［半角英数］や［全角英数］などの入力モードでは、この機能は利用できません。また、すでに入力した郵便番号を選択して 変換 を押すと、同様に変換候補に表示されます。この逆に、住所を入力して変換すると、郵便番号が表示されます。

1 郵便番号を入力して、

2 Space を2回押して変換すると、

3 住所が候補に表示されます。クリックすると、

4 住所を入力できます。

Q 063
変換候補一覧に
特定の単語を表示させたい！

A 単語をユーザー辞書に
登録します。

組織名や部署名など頻繁に入力して変換する単語、変わった名前で変換しにくい文字などは、毎回変換操作をするのは面倒です。また、辞書に登録されていない単語は候補に表示されません。こういうときは、変換せずに済むように自分用のユーザー辞書に登録しましょう。

登録した単語は、予測候補や変換候補に表示されるので、入力がかんたんにできます。また、毎回使う挨拶文なども登録しておくと便利です。

登録するには、[入力モード]を右クリックして、[単語の追加]をクリックすると表示される[単語の登録]ダイアログボックスを利用します。

なお、この機能はMicrosoft IMEの機能のため、ほかのOfficeアプリで変換する場合にも利用できます。

以前のMicrosoft IMEを利用している場合は、[校閲]タブの[日本語入力辞書への単語登録]▥ をクリックしても[単語の登録]ダイアログボックスを表示できます。

● 登録した単語の表示

1 読みを入力すると、

2 単語が候補に表示されます。

1 [入力モード]を右クリックして、

2 [単語の追加]を
クリックします。

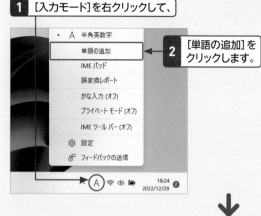

3 [単語の登録]ダイアログボックスが表示されます。

4 登録したい単語を入力します。

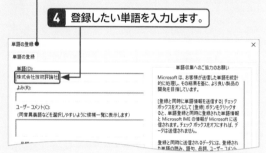

5 よみを入力して、

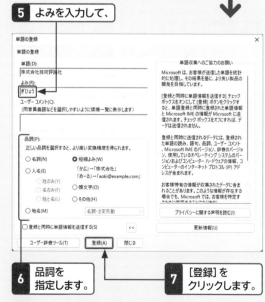

6 品詞を
指定します。

7 [登録]を
クリックします。

8 ほかにも登録する場合は同様に操作し、
最後は[閉じる]をクリックします。

1 使いはじめ
2 基本と入力
3 編集
4 書式設定
5 表示
6 印刷
7 差し込み印刷
8 図と画像
9 表
10 ファイル

重要度 ★★★ 文字の変換

Q 064 文の先頭の小文字が大文字に変換されてしまう！

A₁ オートコレクト機能で、設定を変更します。

日本語入力モードで英字を入力する際に、文頭のアルファベットを小文字で入力しても大文字に変換されてしまうのは、文字や数字などの入力を支援するオートコレクト機能が働いているためです。

この機能を無効にするには、[ファイル]タブの[オプション]をクリックして[Wordのオプション]を表示し、[文書校正]の[オートコレクトのオプション]をクリックします。表示される[オートコレクト]ダイアログボックスの[オートコレクト]タブで、文頭のアルファベットの小文字を大文字に変換しないように設定します。

1 [Wordのオプション]を表示します。

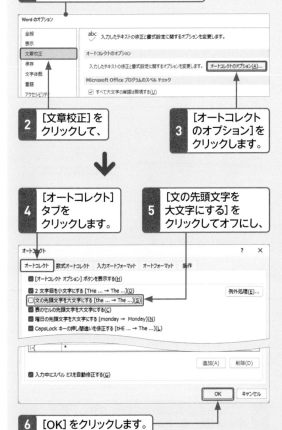

2 [文章校正]を
クリックして、

3 [オートコレクト
のオプション]を
クリックします。

4 [オートコレクト]
タブを
クリックします。

5 [文の先頭文字を
大文字にする]を
クリックしてオフにし、

6 [OK]をクリックします。

A₂ [オートコレクトのオプション]でもとに戻します。

小文字で入力した英字が自動的に大文字に変換された場合、その文字にマウスポインターを合わせると薄い が表示されるので、マウスポインターを合わせて[オートコレクトのオプション] をクリックし、[元に戻す−大文字の自動設定]をクリックするともとに戻ります。また、ここで[文の先頭文字を自動的に大文字にしない]を選択すると、オートコレクト機能の設定を変更できます。[オートコレクトオプションの設定]を選択すると、左下図の[オートコレクト]ダイアログボックスを表示できます。

1 小文字で入力して Enter を押すと、

株式会社技術評論社↵

住所：東京都新宿区市谷左内町 21-13↵

tel|

2 大文字に変換されてしまいます。文字にマウス
ポインターを、合わせて、 をクリックします。

株式会社技術評論社↵

住所：東京都新宿区市谷左内町 21-13↵

Tel|

3 ここをクリックして、

株式会社技術評論社↵

住所：東京都新宿区市谷左内町 21-13↵

Tel|

4 [元に戻す-大文字の自動設定]を
クリックすると、小文字に変換されます。

株式会社技術評論社↵

住所：東京都新宿区市谷左内町 21-13↵

Tel|

↩ 元に戻す(U) - 大文字の自動設定
　文の先頭文字を自動的に大文字にしない(S)
⯆ オートコレクト オプションの設定(C)...

使いはじめ 1

基本と入力 2

編集 3

書式設定 4

表示 5

印刷 6

差し込み印刷 7

図と画像 8

表 9

ファイル 10

重要度 ★★★　文字の変換

Q 065 (c)と入力すると ©に変換されてしまう!

A オートコレクト機能で自動的に変換されないように設定を変更します。

初期設定では、「(c)」は©、「(r)」は® に自動的に変換されるようになっています。この設定を変更するには、[オートコレクト]ダイアログボックスの [オートコレクト]タブで、[入力中に自動修正する]をクリックしてオフにします。

参照▶Q 064

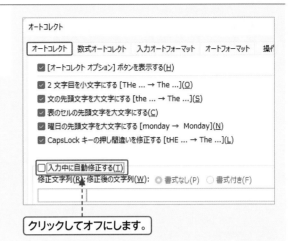

クリックしてオフにします。

重要度 ★★★　文字の変換

Q 066 「' '」が「' '」になってしまう!

A オートコレクト機能で自動的に変換されないように設定を変更します。

初期設定では、「' '」を入力すると、自動的に「' '」に変換されるようになっています。[オートコレクト]ダイアログボックスの [入力オートフォーマット]タブで、[左右の区別がない引用符を、区別がある引用符に変更する]をクリックしてオフにすると無効にできます。

参照▶Q 064

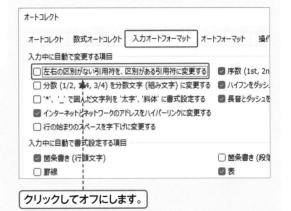

クリックしてオフにします。

重要度 ★★★　文字の変換

Q 067 「-」を連続して入力したら 罫線になった!

A オートコレクト機能で自動的に変換されないように設定を変更します。

初期設定では、「-(ハイフン)」や「−(マイナス)」を続けて入力して改行すると、自動的に罫線に変換されるようになっています。この設定を無効にするには、[オートコレクト]ダイアログボックスの [入力オートフォーマット]タブで、[罫線]をクリックしてオフにします。

参照▶Q 064

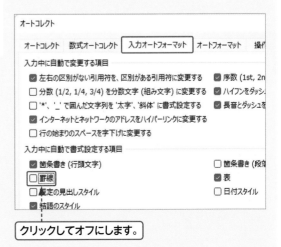

クリックしてオフにします。

Q 068 ①や②などの丸囲み数字を入力したい!

A 数字を入力して、変換します。

英数モード以外で1、2など、数字を入力して Space で変換すると、変換候補一覧に①、②などの丸囲み数字が表示されるので、かんたんに入力できます。なお、丸囲み数字は環境依存文字であり、変換できるのは「50」までです。 参照▶Q 060

1 数字を入力して、Space を2回押すと、

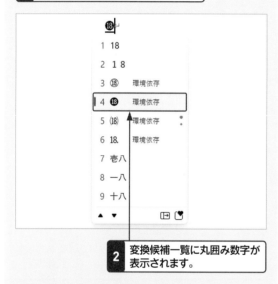

2 変換候補一覧に丸囲み数字が表示されます。

Q 069 51以上の丸囲み数字を入力したい!

A 囲い文字を利用して、丸囲み数字を作ります。

Wordで丸囲み数字に変換できるのは「50」までです。「51」以上の数字は、丸囲み数字に変換できません。この場合は、入力した半角2桁の数字を「囲い文字」にします。なお、3桁以上の数字や、全角2文字を囲い文字にすることはできません。 参照▶Q 068, Q 070

Q 070 ○や□で囲まれた文字を入力したい!

A 囲い文字を利用します。

㊙や�55などのように文字や半角2桁の数字を○や□で囲うには、[囲い文字] を利用します。
入力した半角2桁の数字、あるいは全角1文字を選択して、[ホーム] タブの [囲い文字] をクリックし、[囲い文字] ダイアログボックスで指定します。
なお、[囲い文字] ダイアログボックスの [文字] ボックスに、文字を直接入力することもできます。

1 文字を選択して、

2 [ホーム] タブの [囲い文字] をクリックします。

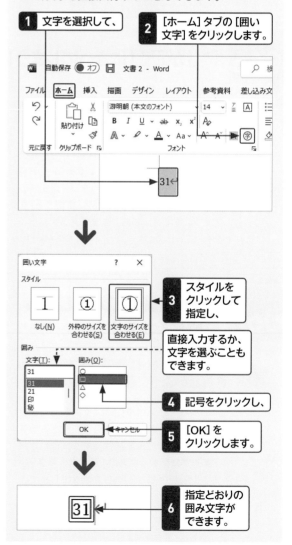

3 スタイルをクリックして指定し、

直接入力するか、文字を選ぶこともできます。

4 記号をクリックし、

5 [OK] をクリックします。

6 指定どおりの囲み文字ができます。

Q 071

文字を罫線で囲みたい！

A 囲み線を利用します。

強調させたい文字や、Enter のようにキーを罫線で囲む
には、「囲み線」を使います。囲みたい文字を選択して、
[ホーム]タブの[囲み線]をクリックします。
あるいは、[囲み線]をクリックしてから文字を入力す
ることで、文字を囲むことができます。この場合は、入
力が終わったら、再度[囲み線]をクリックして、囲み線
のモードをオフにします。

1 囲み線を付けたい文字を選択して、
2 [ホーム]タブの[囲み線]をクリックします。

はじめに←
花の女王といわれるバラ。庭で咲いていたら素敵です

3 文字に囲み線が付きます。

はじめに←
花の女王といわれるバラ。庭で咲いていたら素敵です
が、美しく育てるのは少々難しいようです。←

Q 072

「株式会社」を
株式
会社のように入力したい！

A 組み文字を利用します。

「組み文字」とは、株式
会社やキ ロなどのような、複数の字を組み
合わせた文字のことです。文字やフォントを指定する
だけで、かんたんに組み文字に変換できます。
組み文字にしたい文字を6文字まで選択し、[ホーム]タ
ブの[拡張書式]をクリックして、[組み文字]をクリッ
クします。
[組み文字]ダイアログボックスで、組み文字のフォン
トやサイズを指定します。組み文字の大きさは、基本的
には通常の文字サイズの半分くらいにします。
なお、株式
会社などは、辞書に記号として登録されているの
で、変換時に Space を2回押して、[記号]を選択して入
力することもできます。

1 文字を選択して、
2 [拡張書式]をクリックし、

株式会社技術評

123 縦中横(T)...
組み文字(M)...
割注(W)...
文字の均等割り付け(I)...
文字の拡大/縮小(C)

3 [組み文字]をクリックします。

4 必要であればフォントを選択して、

組み文字

対象文字列 (最大 6 文字)(T):	株式会社	プレビュー
フォント(F):	HG正楷書体-PRO	株式
サイズ(S):	8 pt	会社

5 サイズを選択し、

解除(R)　すべて適用(A)...　すべて解除(V)...　OK　キャンセル

6 [OK]をクリックすると、

7 組み文字に変換されます。

株式
会社技術評論社←

重要度 ★ ★ ★ 特殊な文字の入力

Q 073 メールアドレスが青字に なって下線が付いた!

A ハイパーリンクが 設定されていますが、解除できます。

メールアドレスやホームページのURLなどを入力して Enter を押すと、文字が青色になり、下線が付きます。これは、ハイパーリンクといい、Ctrl を押しながらクリックすると、メールの送信画面やそのホームページ画面が表示できる仕組みです。印刷する際など不要な場合は、リンクを解除しましょう。解除するには、]ハイパーリンクを右クリックして、[ハイパーリンクの削除]をクリックします。Word 2016の場合は、ハイパーリンクの末尾にカーソルを移動して、BackSpace を押します。入力時にハイパーリンクを設定したくない場合は、[オートコレクト]ダイアログボックスの[オートフォーマット]タブで、[インターネットとネットワークのアドレスをハイパーリンクに変更する]をクリックしてオフにします。 参照▶Q 064

1 ハイパーリンクを右クリックして、

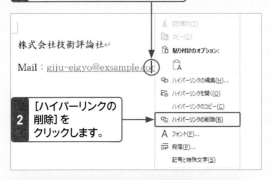

2 [ハイパーリンクの 削除]を クリックします。

● [オートコレクト] ダイアログボックスで設定する

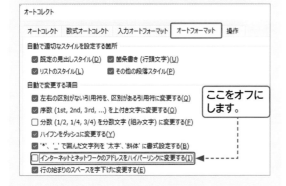

ここをオフに します。

重要度 ★ ★ ★ 特殊な文字の入力

Q 074 ルート記号を含む数式を 入力したい!

A 数式ツールを利用します。

数式を入力するには、[挿入]タブの [数式]をクリックして表示される [数式]タブを利用します。さまざまな数式の構造が用意されていて、種類を選ぶと文書内に数式フィールドとして挿入されます。

1 [挿入]タブで [数式]の左側を クリックします。

2 [数式] タブの [べき乗根]をクリックして、

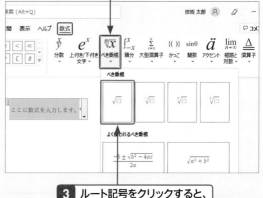

3 ルート記号をクリックすると、

4 数式フィールドに「$\sqrt{\ }$」が挿入されます。

5 数式を入力します。

$$\sqrt{9} = \sqrt{3^2} = 3$$

ここをクリックすると、位置や形式を変更できます。

使いはじめ 1
基本と入力 2
編集 3
書式設定 4
表示 5
印刷 6
差し込み印刷 7
図と画像 8
表 9
ファイル 10

重要度 ★★★ 特殊な文字の入力

Q 075 文書に手書きで文字を書き込みたい！

A [描画]タブの[描画ツール]を利用します。

[描画]タブの[描画ツール]にあるペンツールを利用すると、マウスやデジタルペンを使って手書きしたり、マーカーを引いたりできます。また、ペンの種類や色

1 [描画]タブをクリックして、

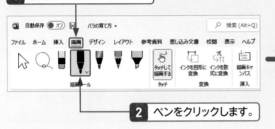

2 ペンをクリックします。

を変更したり、ペンを追加したりすることもできます。Word 2016では[校閲]タブの[インクの開始]をクリックすると、[描画]タブと同様の[ペン]タブが表示されます。なお、[描画]タブが表示されていない場合は、[Wordのオプション]画面の[リボンのユーザー設定]をクリックし、[描画]をクリックしてオンにします。

参照▶Q 076

3 画面上に文字を書きます。

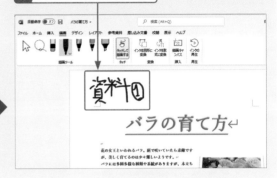

重要度 ★★★ 特殊な文字の入力

Q 076 ペンの種類を変更したい！

A ペンをクリックして、ペンの太さや色を指定します。

1 ペンをクリックして、

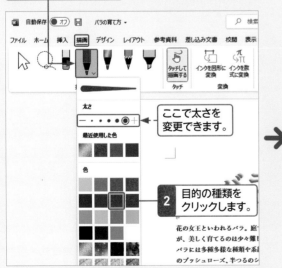

ここで太さを変更できます。

2 目的の種類をクリックします。

ペンの種類は、ペン（灰色）とペン（レインボー）、鉛筆書き、蛍光ペンがあります。バージョンによっては、ペン（銀河）、アクションペンが利用できる場合もあります。ペンをクリックして、もう一度ペンをクリックすると、太さや色を変更できるメニューが表示されるので、目的に合ったペンの種類を選びましょう。

ペンをクリックすると、[タッチして描画する]がオンになります。文字の入力が終わったら、[タッチして描画する]をクリックすると、入力が解除になります。

3 指定した種類で文字を入力できます。

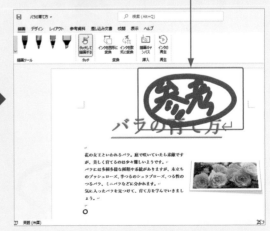

Q 077 書き込んだ文字を消したい！

A [消しゴム]を利用します。

描画ツールのペンで入力した文字を消したい場合、[消しゴム]をクリックして、文字の上をクリック、あるいはドラッグします。この場合、文字のすべてが消えてしまいますが、一部を残したい（一部を消したい）場合は、[消しゴム]をクリックして、再度[消しゴム]をクリックすると表示されるメニューから[消しゴム（ポイント）]をクリックします。文字をクリックすると、その点（ポイント）のみが消されます。太さを選べば細かい点や太い範囲を消すことができます。

1 [消しゴム]をクリックして、

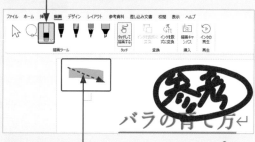

2 文字の上をドラッグすると、

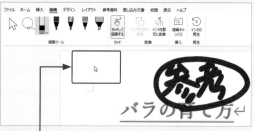

3 文字が消えます。

[消しゴム（ポイント）]の太さも選択できます。

Q 078 ふりがなを付けたい！

A [ルビ]で、ふりがなの文字列や書式を設定します。

目的の文字列を選択して、[ホーム]タブの[ルビ]　をクリックすると表示される[ルビ]ダイアログボックスで、ふりがなの内容や書式などを設定します。
[対象文字列]に選択した文字列が表示されるので、[ルビ]にふりがなを入力します。一般的な単語であれば、あらかじめ正しいふりがなが入力されていますが、特殊な単語の場合は入力したり、修正したりします。なお、ふりがなを付けると行間が広がってしまう場合は、行間を調整します。

参照▶Q 172

1 ふりがなを付ける文字列を選択して、　**2** [ルビ]をクリックします。

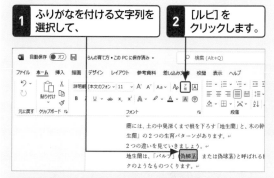

3 ふりがなの内容や書式などを設定して、　**4** [OK]をクリックします。

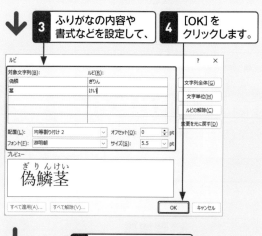

5 ふりがなが付きます。

を見ていきましょう。
「バルブ」（偽鱗茎、または偽球茎）と呼ばれる根や

Q 079 ふりがなを編集したい！

中央揃え、左揃え、右揃えなどに変えてもよいでしょう。
オフセットは、文字とふりがなの行間隔のことです。
狭すぎるとふりがなが文字にくっついてしまうので、
サイズとともに調整します。　　　　　参照▶Q 078

A [ルビ]で調整を行います。

設定済みのふりがなを編集したい場合は、対象の文字
列を選択して［ホーム］タブの［ルビ］をクリックし
ます。［ルビ］ダイアログボックスでふりがなの内容、配
置、フォント、サイズなどを変更できます。
熟語などが複数の対象に分かれてしまった場合は、［文
字列全体］をクリックすると、1つの文字列に変更でき
ます。逆に、1文字ずつにふりがなを付けたい場合は
［文字単位］をクリックします。
文字列に対してふりがなをどのように配置させるかは
［配置］で設定できます。通常は均等に割り付けますが、

3 文字列を合体してふりがなが付けられます。

1 ふりがなが間違っていたら修正します。

2 [文字列全体]をクリックすると、

● 配置とオフセットの変更

1 文字列を合体してふりがなが付けられます。

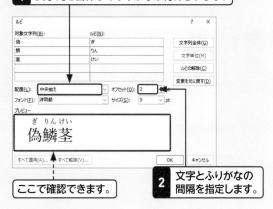

ここで確認できます。

2 文字とふりがなの間隔を指定します。

Q 080 ふりがなを削除したい！

A [ルビ]ダイアログボックスの [削除]をクリックします。

ふりがなを削除したい場合は、ふりがなを設定した文
字列を選択して、［ホーム］タブの［ルビ］をクリック
し、［ルビ］ダイアログボックスを表示します。
［ルビの削除］をクリックして［OK］をクリックすると、
ふりがなの設定が解除されます。

1 [ルビの解除]をクリックして、

2 [OK]を]クリックします。

使いはじめ
基本と入力
編集
書式設定
表示
印刷
差し込み印刷
図と画像
表
ファイル

重要度 ★★★　日付や定型文の入力

Q 081 現在の日付や時刻を入力したい！

A [日付と時刻]ダイアログボックスを利用します。

日付や時刻を文書中に入力するには、[挿入]タブにある[日付と時刻]をクリックして、日付と時刻の入力形式を選択します。なお、時刻の表示は、カレンダーの種類を[グレゴリオ暦](西暦)にした場合に利用できます。

1 [挿入]タブの[日付と時刻]をクリックすると、

2 [日付と時刻]ダイアログボックスが表示されます。

3 言語とカレンダーの種類を選択して、

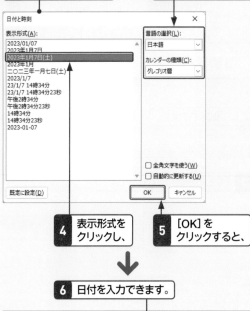

4 表示形式をクリックし、

5 [OK]をクリックすると、

6 日付を入力できます。

重要度 ★★★　日付や定型文の入力

Q 082 日付が自動的に更新されるようにしたい！

A [日付と時刻]ダイアログボックスで設定します。

[日付と時刻]ダイアログボックスで、[自動的に更新する]をクリックしてオンにしてから[OK]をクリックすると、文書を開いたときに自動的に現在の日付(時刻)に更新されます。　　　　　　　　**参照▶Q 081**

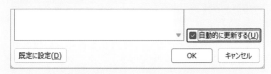

重要度 ★★★　日付や定型文の入力

Q 083 本日の日付をかんたんに入力したい！

A 年号を入力すると、日付を入力できます。

現在の元号や年号を入力して確定すると、本日の日付がポップアップ表示されます。これは、予測入力機能の1つで、[Enter]または[Tab]を押すと、表示されている本日の日付が自動的に入力されます。

1 「令和」と入力して確定すると、

2 本日の日付が表示されるので、

3 [Enter]を押すと、本日の日付が入力されます。

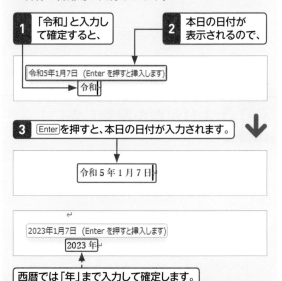

西暦では「年」まで入力して確定します。

Q 084 定型のあいさつ文を かんたんに入力したい！

A [あいさつ文]ダイアログボックス を利用します。

[挿入]タブの[あいさつ文]から[あいさつ文の挿入]を クリックして、表示される[あいさつ文]ダイアログボック スで、さまざまな定型のあいさつ文を入力することが できます。

1 [挿入]タブの[あいさつ文]をクリックして、

2 [あいさつ文の挿入]をクリックします。

3 月を指定して、

4 目的のあいさつ文を クリックして選択し、

5 [OK]をクリックします。

6 指定したあいさつ文が入力されます。

拝啓↵
早春の候、貴社ますますご清祥のこととお慶び申し上げます。平素は格別のご高配を賜り、厚く御礼申し上げます。↵

敬具↵

Q 085 あいさつ文で使う表現を かんたんに入力したい！

A [起こし言葉]や[結び言葉]を 利用します。

あいさつ文における、出だしの「さて」「ところで」など を起こし言葉、最後の「お元気でご活躍ください。」「ご 自愛のほど祈ります。」などを結び言葉といいます。 起こし言葉は[起こし言葉]で、結び言葉は[結び言葉] で入力できます。それぞれの設定画面は、[挿入]タブの [あいさつ文]をクリックして選択します。

● 起こし言葉の挿入

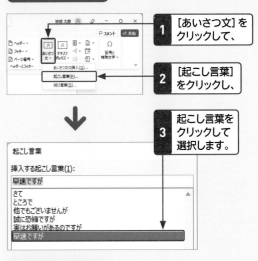

1 [あいさつ文]を クリックして、

2 [起こし言葉] をクリックし、

3 起こし言葉を クリックして 選択します。

起こし言葉

挿入する起こし言葉(I):

早速ですが

さて
ところで
他でもございませんが
誠に恐縮ですが
実はお願いがあるのですが
早速ですが

● 結び言葉の挿入

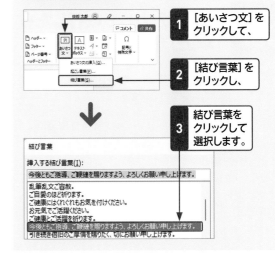

1 [あいさつ文]を クリックして、

2 [結び言葉]を クリックし、

3 結び言葉を クリックして 選択します。

結び言葉

挿入する結び言葉(I):

今後ともご指導、ご鞭撻を賜りますよう、よろしくお願い申し上げます。

乱筆乱文ご容赦。
ご自愛のほど祈ります。
ご健康にはくれぐれもお気を付けください。
お元気でご活躍ください。
ご健康とご活躍を祈ります。
今後ともご指導、ご鞭撻を賜りますよう、よろしくお願い申し上げます。
引き続き倍旧のご厚情を賜りたく、切にお願い申し上げます。

1 使いはじめ
2 基本と入力
3 編集
4 書式設定
5 表示
6 印刷
7 差し込み印刷
8 図と画像
9 表
10 ファイル

1 使いはじめ
2 基本と入力
3 編集
4 書式設定
5 表示
6 印刷
7 差し込み印刷
8 図と画像
9 表
10 ファイル

重要度 ★★★

日付や定型文の入力

Q086 「拝啓」を入力して改行したら「敬具」が入力された！

A 入力オートフォーマットで設定を変更します。

初期設定では、「拝啓」などの頭語を入力すると、「敬具」などの結語が右揃えで自動的に挿入されるようになっています。
頭語を入力しても結語が挿入されないようにするには、[オートコレクト]ダイアログボックスの [入力オートフォーマット]タブで、[頭語に対応する結語を挿入する]をクリックしてオフにします。　　　　参照▶Q 064

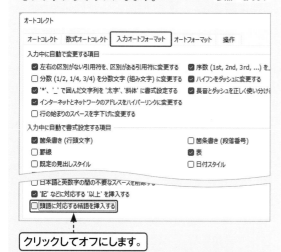

クリックしてオフにします。

重要度 ★★★

日付や定型文の入力

Q087 「記」を入力して改行したら「以上」が入力された！

A 入力オートフォーマットで設定を変更します。

2つ目以降の段落に「記」と入力すると、「記」が中央揃えとなり、次の行に「以上」が右揃えで挿入されます。
この設定を無効にするには、[オートコレクト]ダイアログボックスの [入力オートフォーマット]タブで['記'などに対応する'以上'を挿入する]をクリックしてオフにします。

参照▶Q 086

重要度 ★★★

日付や定型文の入力

Q088 文書の情報を自動で入力したい！

A [文書のプロパティ]を利用します。

文書の情報は、[ファイル]タブの [情報]の右側に表示されます。直接入力するか、[プロパティ]→[詳細プロパティ]をクリックして、表示されるプロパティ画面で登録します。カーソルを移動して [挿入]タブの[クイックパーツの表示]→[文書のプロパティ]から項目をクリックします。また、ヘッダーやフッターに挿入したい場合は [ヘッダー／フッター]タブの [文書のプロパティ]から項目を選びます。情報は、プレースホルダーに代入されます。

● 詳細プロパティ

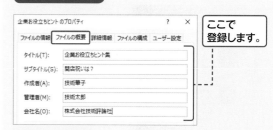

ここで登録します。

● 情報の入力

1 [挿入]タブの [クイックパーツの表示]をクリックして、

2 [文書のプロパティ]をクリックし、

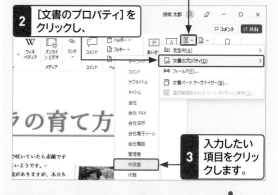

3 入力したい項目をクリックします。

4 情報フィールドに入力されます。

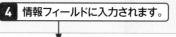

第**3**章

編集の
「こんなときどうする?」

1 使いはじめ
2 基本と入力
3 編集
4 書式設定
5 表示
6 印刷
7 差し込み印刷
8 図と画像
9 表
10 ファイル

重要度 ★★★　文字や段落の選択

Q 089 行と段落の違いって何？

A 画面上の1行が「行」、改行から改行までが「段落」です。

画面上に表示されている1行を「行」といいます。段落記号 ← の次の文章から、次の段落記号までのひとまとまりを「段落」といいます。文字の配置や箇条書きなどは、段落ごとに設定できます。段落に設定する書式のこと

を「段落書式」といいます。

← などの編集記号は、［ホーム］タブの［編集記号の表示／非表示］ ← をクリックすると表示できます。

任意の位置で Shift ＋ Enter を押すと、「改行」↓ が表示されます。これは、段落内の改行となります。

参照▶Q 116

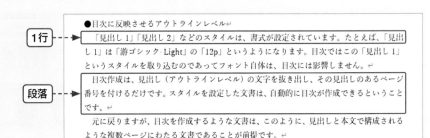

●目次に反映させるアウトラインレベル ←

1行 → 「見出し 1」「見出し 2」などのスタイルは、書式が設定されています。たとえば、「見出し 1」は「游ゴシック・Light」の「12p」というようになります。目次ではこの「見出し 1」というスタイルを取り込むのであってフォント自体は、目次には影響しません。←

段落 → 目次作成は、見出し（アウトラインレベル）の文字を抜き出し、その見出しのあるページ番号を付けるだけです。スタイルを設定した文書は、自動的に目次が作成できるということです。←

元に戻りますが、目次を作成するような文書は、このように、見出しと本文で構成されるような複数ページにわたる文書であることが前提です。←

重要度 ★★★　文字や段落の選択

Q 090 単語をかんたんに選択したい！

A 単語にマウスポインターを移動してダブルクリックします。

選択したい単語の文字列にマウスポインターを移動してダブルクリックすると、単語が選択されます。

1 選択したい単語の文字列の中にマウスポインターを移動して、ダブルクリックすると、

スタイルは、［ホーム］タブの「スタイル」グルプにある「見出し 1」「見出し 2」などを指定すこのスタイルは、文書の構成（見出し、小見出し通常は、「標準」になっていて、すべての文章こに、「見出し 1」や「見出し 2」などを設定す

↓

2 単語が選択されます。

スタイルは、
プにある「見出
このスタイ
通常は、「標準」になっていて、すべての文章
こに、「見出し 1」や「見出し 2」などを設定す

游明朝 (本 ∨) 12 ∨ A˘ A˘
B I U ∠ ∨ A ∨

重要度 ★★★　文字や段落の選択

Q 091 離れた場所にある文字列を同時に選択したい！

A Ctrl を押しながら、文字列を選択します。

文字列をドラッグして選択し、2番目以降は Ctrl を押しながらドラッグすると、複数の離れた文字列を選択できます。単語の場合は、Ctrl を押しながらダブルクリックすると、続けて選択できます。

1 最初の文字列を選択して、

スタイルは、［ホーム］タブの「スタイル」グルー
プにある 見出し 1 「見出し 2」などを指定すれば設定されます。←
このスタイルは、文書の構成（見出し、小見出し、本文などの様子）となります。←
通常は、「標準」になっていて、すべての文章が同じレベルになっています。ここに、「見出し 1」や「見出し 2」などを設定することで、←
←
「見出し 1」
「本文」

2 2番目以降の文字列は、Ctrl を押しながらドラッグして選択します。

↓

スタイルは、［ホーム］タブの「スタイル」グルー
プにある「見出し 1」「見出し 2」などを指定すれば設定されます。←
このスタイルは、文書の構成（見出し、小見出し、本文などの様子）となります。←
通常は、「標準」になっていて、すべての文章が同じレベルになっています。ここに、見出し 1 や「見出し 2」などを設定することで、←
←
見出し 1
「本文」

使いはじめ 1
基本と入力 2
編集 3
書式設定 4
表示 5
印刷 6
差し込み印刷 7
図と画像 8
表 9
ファイル 10

重要度 ★★★　文字や段落の選択

Q 092 四角い範囲を選択したい！

A 　Alt を押しながら、四角い範囲をドラッグします。

箇条書きの項目部分などに書式を設定したい場合に、1つずつドラッグして選択するよりも、固まりで選択できると便利です。このようなときは、Alt を押しながら、選択したい項目部分を左上からドラッグすると、四角の範囲で選択可能になります。

1 Alt を押して、範囲の左上にマウスカーソルを移動し、

1.作 成 文 書：目次を作成する文書を開きます。↵
2.挿 入 位 置：目次を入れたい位置にカーソルを移動しま
3.目次の選択：[参考資料] タブの [目次] をリックしま
4.デ ザ イ ン：目次のデザインを選択します（[自動作成の
5.目次の完成：目次が作成されました。↵

2 そのまま選択したい範囲をドラッグします。

1.作 成 文 書：目次を作成する文書を開きます。↵
2.挿 入 位 置：目次を入れたい位置にカーソルを移動しま
3.目次の選択：[参考資料] タブの [目次] をリックしま
4.デ ザ イ ン：目次のデザインを選択します（[自動作成の
5.目次の完成：目次が作成されました。↵

重要度 ★★★　文字や段落の選択

Q 093 文をかんたんに選択したい！

A 　選択したい文の中で、Ctrl を押しながらクリックします。

1つの文（センテンス、日本語であれば「。（句点）」で終わる文字列）をかんたんに選択するには、マウスポインターを選択したい文の中に移動して、Ctrl を押しながらクリックします。

1 選択したい文の中にマウスポインターを移動して、Ctrl を押しながらクリックすると、

●目次に反映させるアウトラインレベル
「見出し 1」「見出し 2」などのスタイルは、書式が設定されています。たとえば、「見出し 1」は「游ゴシック Light」の「12p」というようになります。目次ではこの「見出し 1」というスタイルを取り込むのであってフォント自体は、目次には影響しません。
目次作成は、見出し（アウトラインレベル）の文字を抜き出し、その見出しのあるページ番号を付けるだけです。スタイルを設定した文書は、自動的に目次が作成できるということです。

2 文が選択されます。

●目次に反映させるアウトラインレベル
「見出し 1」「見出し 2」などのスタイルは、書式が設定されています。たとえば、「見出し 1」は「游ゴシック Light」の「12p」というようになります。目次ではこの「見出し 1」というスタイルを取り込むのであってフォント自体は、目次には影響しません。
目次作成は、見出し（アウトラインレベル）の文字を抜き出し、その見出しのあるページ番号を付けるだけです。スタイルを設定した文書は、自動的に目次が作成できるということです。

重要度 ★★★　文字や段落の選択

Q 094 段落をかんたんに選択したい！

A 　選択したい段落をすばやく3回クリックします。

選択したい段落にマウスポインターを移動して、ダブルクリックのようにすばやく3回クリック（トリプルクリック）すると、段落が選択できます。クリックがゆっくりでは、段落を選択できない場合があります。

1 選択したい段落にマウスポインターを移動して、3回クリックすると、

ると、この構成がわかります。↵
●目次に反映させるアウトラインレベル
「見出し 1」「見出し 2」などのスタイルは、書式が設定されています。たとえば、「見出し 1」は「游ゴシック Light」の「12p」というようになります。目次ではこの「見出し 1」というスタイルを取り込むのであってフォント自体は、目次には影響しません。
目次作成は、見出し（アウトラインレベル）の文字を抜き出し、その見出しのあるページ番号を付けるだけです。スタイルを設定した文書は、自動的に目次が作

2 段落が選択されます。

ると、この構成がわ
●目次に反映させる
「見出し 1」「見出し 2」などのスタイルは、書式が設定されています。たとえば、「見出し 1」は「游ゴシック Light」の「12p」というようになります。目次ではこの「見出し 1」というスタイルを取り込むのであってフォント自体は、目次には影響しません。
目次作成は、見出し（アウトラインレベル）の文字を抜き出し、その見出しのあるページ番号を付けるだけです。スタイルを設定した文書は、自動的に目次が作

1 使いはじめ
2 基本と入力
3 編集
4 書式設定
5 表示
6 印刷
7 差し込み印刷
8 図と画像
9 表
10 ファイル

重要度 ★★★　文字や段落の選択

Q 095 ドラッグ中に単語単位で選択されてしまう!

A [Wordのオプション]で設定を行います。

ドラッグして文字列を選択する際に、選択していないのに単語単位で選択される場合は、1文字単位で選択できるようにします。[ファイル]タブの[オプション]をクリックして、[Wordのオプション]を開き、[詳細設定]で[文字列の選択時に単語単位で選択する]をクリックしてオフにします。

なお、この設定を行っても、ダブルクリックしたときは単語単位で選択できます。

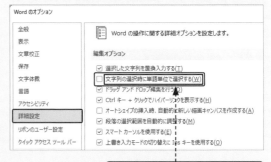

ここをクリックしてオフにします。

重要度 ★★★　文字や段落の選択

Q 096 行をかんたんに選択したい!

A 行の左余白をクリックします。

1行だけを選択するには、行の左余白にマウスポインターを合わせて、形になったらクリックします。複数行を選択する場合には、選択したい先頭の行にマウスポインターを合わせて、選択したい最後の行までドラッグします。

● 1行だけの選択

●目次に反映させるアウトラインレベル
「見出し 1」「見出し 2」などのスタイルは、書式が設定されています。たとえば、「見出し 1」は「游ゴシック Light」の「12p」というようになります。目次ではこの「見出し 1」というスタイルを取り込むのであってフォント自体は、目次には影響しません。
目次作成は、見出し(アウトラインレベル)の文字を抜き出し、その見出しのあるページ番号を付けるだけです。スタイルを設定した文書は、自動的に目次が作

選択する行の左余白をクリックします。

● 複数行の選択

●目次に反映させるアウトラインレベル
「見出し 1」「見出し 2」などのスタイルは、書式が設定されています。たとえば、「見出し 1」は「游ゴシック Light」の「12p」というようになります。目次ではこの「見出し 1」というスタイルを取り込むのであってフォント自体は、目次には影響しません。
目次作成は、見出し(アウトラインレベル)の文字を抜き出し、その見出しのあるページ番号を付けるだけです。スタイルを設定した文書は、自動的に目次が作成できるということです。
元に戻りますが、目次を作成するような文書は、このように、見出しと本文で構

選択したい最初の行の左余白から最後の行までドラッグします。

重要度 ★★★　文字や段落の選択

Q 097 文書全体をかんたんに選択したい!

A Ctrl + A を押します。

Ctrl + A を押すと、文書全体を選択できます。この操作は、Windows自体やほかのアプリケーションでも共通です。
また、次のような方法でも文書全体を選択できます。

- [ホーム]タブの[編集]から[選択]をクリックして、[すべて選択]をクリックします。
- 文書の左余白にマウスポインターを合わせて形になったら、Ctrlを押しながらクリックします。
- 文書の左余白にマウスポインターを合わせて形になったら、トリプルクリック(すばやく3回クリック)します。

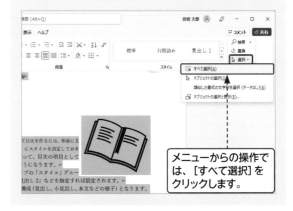

メニューからの操作では、[すべて選択]をクリックします。

Q 098 文字列をコピーしてほかの 場所に貼り付けたい！

A ［コピー］と［貼り付け］を 利用します。

文字列をコピーするには、コピーしたい文字列を選択して、［ホーム］タブの［コピー］をクリックします。コピーした文字列を貼り付けるには、貼り付けたい位置にカーソルを移動して、［ホーム］タブの［貼り付け］をクリックします。

キー操作では、Ctrl＋Cを押すと「コピー」、Ctrl＋Vを押すと「貼り付け」ができます。

1 コピーする文字列を選択して、

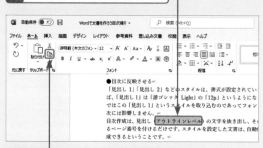

2 ［コピー］をクリックします。

3 文字列を貼り付ける位置にカーソルを移動し、

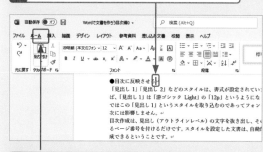

4 ［貼り付け］の上部をクリックすると、

5 文字列が貼り付けられます。

Q 099 文字列を移動したい！

A ［切り取り］と［貼り付け］を 利用します。

対象の文字列を選択し、［ホーム］タブにある［切り取り］をクリックして切り取ります。次に、切り取った文字列を貼り付けたい位置にカーソルを移動して、［貼り付け］をクリックします。

キー操作では、Ctrl＋Xを押すと「切り取り」、Ctrl＋Vを押すと「貼り付け」ができます。　参照▶Q 102

1 移動したい文字列を選択して、

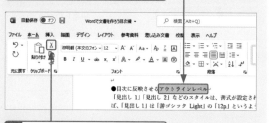

2 ［切り取り］をクリックすると、

3 選択した文字列が切り取られます。

4 目的の位置にカーソルを移動して、

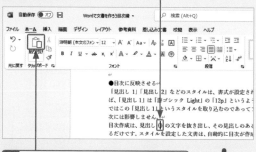

5 ［貼り付け］の上部をクリックすると、

6 文字列が貼り付けられます。

もとの文字列はなくなります。

使いはじめ 1
基本と入力 2
編集 3
書式設定 4
表示 5
印刷 6
差し込み印刷 7
図と画像 8
表 9
ファイル 10

1 使いはじめ
2 基本と入力
3 編集
4 書式設定
5 表示
6 印刷
7 差し込み印刷
8 図と画像
9 表
10 ファイル

重要度 ★ ★ ★ 　移動／コピー

Q 100 以前にコピーしたデータを 貼り付けたい！

A Officeクリップボードを 利用します。

コピーや移動用に切り取ったデータを一時的に保管しておく場所がクリップボードです。クリップボードを表示しておくと、任意の位置に何度でも貼り付けることができます。Officeのクリップボード（Officeクリップボード）には、24個までのデータを格納できます。
なお、Windowsに用意されたクリップボードは、一度に1つのデータしか保管できません。新たなデータがクリップボードに格納されると、それまでのデータは破棄されてしまいます。　　　　参照▶Q 098, Q 099

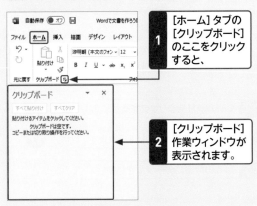

1 [ホーム] タブの [クリップボード] のここをクリックすると、

2 [クリップボード] 作業ウィンドウが表示されます。

3 コピーや切り取りしたデータが保管され、表示されます。

4 データを挿入したい位置にカーソルを置いて、

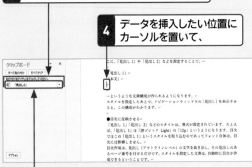

5 目的のデータをクリックすると、

6 選択したデータが挿入されます。

● Office クリップボードの操作

[クリップボード] 作業ウィンドウは、ドラッグすれば、自由なところに配置できます。

[クリップボード] 作業ウィンドウを閉じます。

クリップボードにあるデータをすべて破棄します。

データを右クリックするか、▼ をクリックすると、貼り付けや削除を行えます。

クリップボードにあるデータをすべて貼り付けます。

データを処理したアプリケーションのアイコンが表示されます。

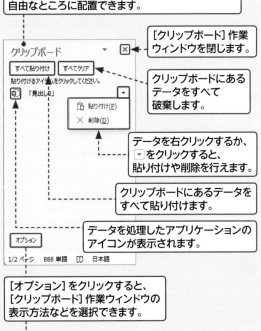

[オプション] をクリックすると、[クリップボード] 作業ウィンドウの表示方法などを選択できます。

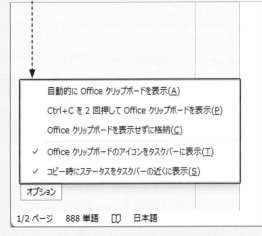

Q 101
文字列を貼り付けると
アイコンが表示された！

A 貼り付け方法を指定できる
[貼り付けのオプション]です。

コピーや移動などで貼り付けを行うと、貼り付け先の
すぐ下に [貼り付けのオプション] 📋(Ctrl) が表示され、
クリックすることで貼り付け方法を選択できます。貼
り付ける際に [ホーム] タブの [貼り付け] の下の部
分をクリックしても、同様に貼り付ける方法が選択で
きます。
貼り付け方法は貼り付ける対象によって異なります
が、主に以下のものがあります。　参照▶Q 098, Q 099

📝[元の書式を保持]
　コピーや切り取り時の書式が維持されて貼り付けら
　れます。
📋[書式を結合]
　貼り付け先の書式と貼り付け前の書式が両方維持さ
　れて貼り付けられます。
📋[図]
　図として貼り付けられます。
📋[テキストのみ保持]
　書式を無視してテキストのみ貼り付けられます。コ
　ピー、切り取り時に画像などが含まれていても、テキ
　ストだけが貼り付けられます。
[既定の貼り付けの設定]
　既定の貼り付け方法を設定できます。

1 [貼り付け] をクリックすると表示される
[貼り付けのオプション]をクリックして、

2 貼り付け方法（ここでは[書
式を結合]）を選択すると、

3 選択した方法で、貼り付けが行われます。

Q 102
マウスを使って文字列を
移動／コピーしたい！

A 文字列を
ドラッグ＆ドロップします。

移動したい範囲を選択して、目的の位置にドラッグ＆ド
ロップします。コピーしたいときには、Ctrl を押しなが
ら同様にドラッグ＆ドロップします。このとき、マウス
ポインターの形は、移動が ▨、コピーが ▨ になります。
なお、この操作で移動／コピーした内容はクリップ
ボードに格納されません。同じ内容を繰り返し貼り付
けたい場合は、コピーは [コピー] をクリックするか
Ctrl + C を押し、切り取りは [切り取り] をクリックす
るか Ctrl + X を押すことで実行します。

● 移動する場合

1 移動する文字列を選択して、

2 移動する位置にドラッグ＆ドロップすると、

もとの文字列はなくなります。

3 選択した文字列
が移動します。

● コピーする場合

1 コピーする文字列を選択して、

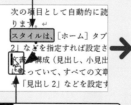

2 コピーする位置にCtrl
を押しながらドラッグ
＆ドロップすると、

3 選択した文字列が
コピーされます。

使いはじめ 1
基本と入力 2
編集 3
書式設定 4
表示 5
印刷 6
差し込み印刷 7
図と画像 8
表 9
ファイル 10

重要度 ★★★　検索／置換

Q103 文字列を検索したい！

A [ナビゲーション]作業ウィンドウ を利用します。

特定の文字列を検索するには、[ホーム]タブの[編集] から[検索]をクリックするか、Ctrl + F を押して、画面 の左側に表示される[ナビゲーション]作業ウィンド ウを利用します。

[ナビゲーション]作業ウィンドウの検索ボックスに、 検索したい文字列を入力して、Enter を押すと、文字列 の検索が実行され、ウィンドウの下部に結果が表示さ れます。また、文書内では該当する文字列が黄色のマー カーで強調表示されます。

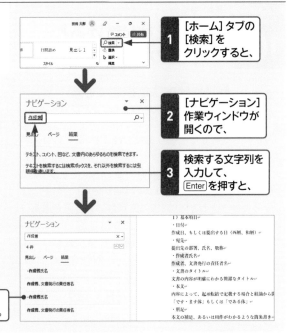

1 [ホーム]タブの [検索]を クリックすると、

2 [ナビゲーション] 作業ウィンドウが 開くので、

3 検索する文字列を 入力して、 Enter を押すと、

4 文字列が検索され、 結果が表示されます。

重要度 ★★★　検索／置換

Q104 検索の[高度な検索]って 何？

A 検索オプションを利用して、 検索を絞り込むことができます。

[ホーム]タブの[検索]の をクリックするか、[ナビ ゲーション]作業ウィンドウの検索ボックス横の をクリックして、[高度な検索]を選択すると、[検索と置 換]ダイアログボックスが表示されます。この画面で は、検索した対象を強調表示にしたり、検索する場所を 選択したりできます。

また、[オプション]をクリックすると、大文字と小文字 を区別する、完全に一致する文字列のみを検索するな ど、検索する条件を絞り込む指定ができます。

参照▶Q 105〜Q 109

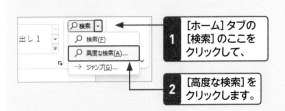

1 [ホーム]タブの [検索]のここを クリックして、

2 [高度な検索]を クリックします。

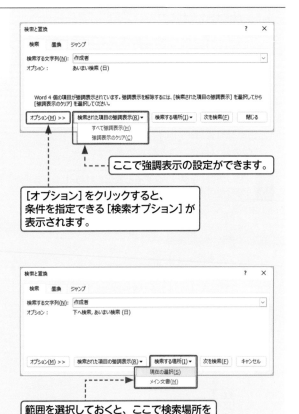

ここで強調表示の設定ができます。

[オプション]をクリックすると、 条件を指定できる[検索オプション]が 表示されます。

範囲を選択しておくと、ここで検索場所を 指定できます。

Q 105 「○○」で始まって「××」で終わる文字を検索したい！

A ワイルドカードで検索条件を指定します。

ワイルドカードとは不特定な文字列の代用となる半角文字の記号のことで、「*（アスタリスク）」や「?」などが利用されます。「*」は任意の文字列の代用、「?」は任意の1文字の代用となります。

ワイルドカードを利用すると、たとえば「有＊料」という文字列を検索すれば、「有」と「料」で囲まれた文字列が検索されることになります。

ワイルドカードを利用して検索するには、[検索と置換]ダイアログボックスの[オプション]をクリックして、[検索オプション]を表示し、[ワイルドカードを使用する]をクリックしてオンにします。

参照 ▶ Q 104

1 ワイルドカードを使った検索文字列を入力して、　**2** [検索オプション]を表示します。

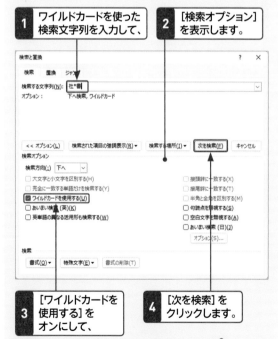

3 [ワイルドカードを使用する]をオンにして、　**4** [次を検索]をクリックします。

5 該当する文字列が検索されます。

Q 106 特定の範囲を検索したい！

A 最初に検索範囲を選択してから検索します。

通常の検索操作は、文書全体を対象に実行されます。範囲を指定したい場合や、探している語句の位置がおおよそわかっている場合などは、範囲を選択してから検索するとよいでしょう。

参照 ▶ Q 103

1 検索対象範囲をドラッグして選択します。

↓

2 [ホーム]タブの[検索]をクリックして、ナビゲーションウィンドウを表示します。

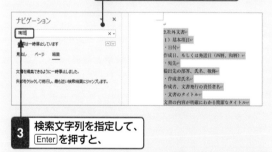

3 検索文字列を指定して、Enter を押すと、

↓

4 指定した範囲内を対象に検索が行われ、結果が表示されます。

1 使いはじめ
2 基本と入力
3 編集
4 書式設定
5 表示
6 印刷
7 差し込み印刷
8 図と画像
9 表
10 ファイル

重要度 ★★★　検索／置換

Q 107 大文字と小文字を区別して検索したい！

A 検索のオプションを設定します。

大文字、小文字を区別して検索したい場合は、検索文字列に大文字、小文字を区別して入力しておく必要があります。

検索の初期設定では、半角と全角、大文字と小文字などを区別しない「あいまい検索」が行われるようになっています。そのため、大文字と小文字が区別されずに、すべて該当する文字が結果として表示されます。

条件を設定するには、[検索と置換]ダイアログボックスで[オプション]をクリックして、[検索オプション]

を表示します。その後[あいまい検索]をクリックしてオフにし、[大文字と小文字を区別する]をクリックしてオンにします。　　　　参照▶Q 104

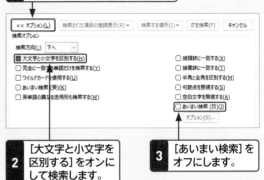

1 [オプション]をクリックして、[検索オプション]を表示します。

2 [大文字と小文字を区別する]をオンにして検索します。

3 [あいまい検索]をオフにします。

重要度 ★★★　検索／置換

Q 108 ワイルドカードの文字を検索したい！

A 検索のオプションでワイルドカード使用を無効にします。

「＊」や「？」などのワイルドカードを使った検索を行っている場合では、これらの文字自体を検索することはできません。検索するには、[検索と置換]ダイアログボックスの[オプション]をクリックして、[ワイルドカードを使用する]をクリックしてオフにします。

参照▶Q 104, Q 105

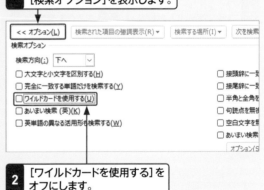

1 [オプション]をクリックして、[検索オプション]を表示します。

2 [ワイルドカードを使用する]をオフにします。

重要度 ★★★　検索／置換

Q 109 蛍光ペンを引いた箇所だけ検索したい！

A 検索オプションの書式で蛍光ペンを検索対象にします。

書式を条件に加えて検索することもできます。蛍光ペンで強調している文字を検索するには、[検索と置換]ダイアログボックスの[検索する文字列]欄にカーソルを置き、[検索オプション]の[書式]から[蛍光ペン]

を指定します。　　　　参照▶Q 104, Q 161

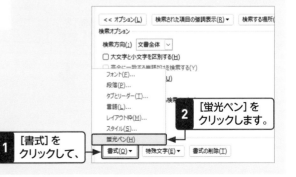

1 [書式]をクリックして、

2 [蛍光ペン]をクリックします。

重要度 ★ ★ ★　検索／置換

Q 110 文字列を置換したい！

A [検索と置換]ダイアログボックスの [置換]タブを利用します。

特定の文字列を別の文字列に置換するには、[ホーム]タブの[置換]をクリックする（または[Ctrl]＋[H]を押す）と表示される[検索と置換]ダイアログボックスの[置換]タブを利用します。

置換操作は、[次を検索]をクリックして1つ1つ確認しながら置換していくか、[すべて検索]をクリックして一括で置換するかを選択できます。

> [ホーム]タブの[置換]をクリックすると、[検索と置換]ダイアログボックスの[置換]タブが表示されます。

● 確認しながら置換する場合

> **1** 置換したい文字列と置換後の文字列を入力して、
> **2** [次を検索]をクリックすると、

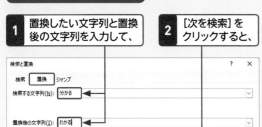

> **3** 置換したい文字列が検索されます。

> **4** [置換]をクリックすると、

> **5** 置換が実行され、
>
> 置換しない場合は[次を検索]で次の文字列へ移動します。
>
> **6** 次の文字列が検索されます。

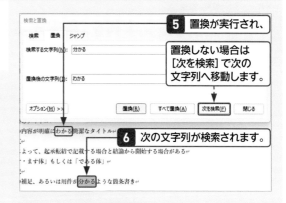

● 一括で置換する場合

> **1** 置換する文字列と置換後の文字列を入力して、
> **2** [すべて置換]をクリックすると、

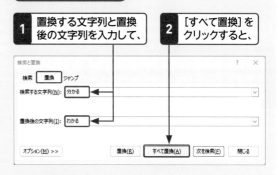

> **3** 置換が実行され確認メッセージが表示されるので、[OK]をクリックします。

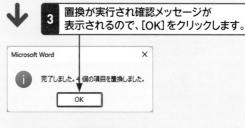

● オプションを利用する

> アルファベットや数字の置換では、[オプション]で大文字と小文字や、半角と全角の区別もできます。

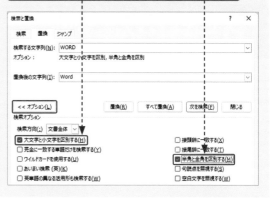

1 使いはじめ
2 基本と入力
3 編集
4 書式設定
5 表示
6 印刷
7 差し込み印刷
8 図と画像
9 表
10 ファイル

重要度 ★★★　検索／置換

Q 111 選択した文字列を[検索する文字列]に指定したい!

A 検索する文字列を選択してから、検索を行います。

検索する文字列を都度入力するのは面倒ですし、入力ミスで違う文字列を検索してしまう場合もあります。文書内の検索したい文字列を選択して、[ホーム]タブの [検索]をクリックする(またはCtrl+Fを押す)と、ナビゲーションウィンドウの検索ボックスに文字列が入力されます。

1 目的の文字列を選択して、

2 Ctrl+Fを押します。

3 選択した文字列が検索の対象になり、

4 Enterを押すと、検索が実行されます。

重要度 ★★★　検索／置換

Q 112 余分なスペースをすべて削除したい!

A スペースを無入力状態に置換します。

[検索と置換]ダイアログボックスの[置換]タブで、[検索する文字列]にスペースを入力して、[置換後の文字列]に何も入力せずに置換すれば、スペースを削除できます。
[検索オプション]で[あいまい検索]をクリックしてオンにすると全角も半角も区別されずに検索され、[すべて置換]をクリックすれば一括で置換できます。ただし、英語など単語の区切りとしてのスペースがある文書などでは、半角と全角のそれぞれについて、[次を

検索]をクリックして1つずつ確認しながら置換しましょう。
参照▶Q 110

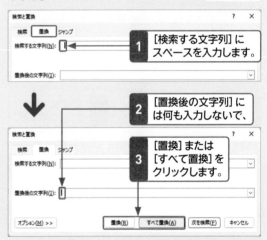

1 [検索する文字列]にスペースを入力します。

2 [置換後の文字列]には何も入力しないで、

3 [置換]または[すべて置換]をクリックします。

重要度 ★★★　検索／置換

Q 113 誤って文字列をすべて置換してしまった!

A [ホーム]タブの[元に戻す]をクリックします。

誤って文字列を置換してしまった場合は、すぐに[ホーム]タブの[元に戻す]をクリックして置換前の状態に戻します。置換後に別の編集操作をした場合でも、[元に戻す] ⤺ の ˅ をクリックして、置換前までさかの

ぼって取り消すことは可能です。
ただし、編集の内容によっては取り消せない場合もあるため、置換する場合は、操作の前にいったんファイルを保存しておくことをおすすめします。

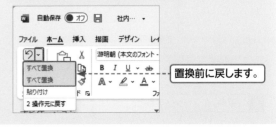

置換前に戻します。

使いはじめ 1
基本と入力 2
編集 3
書式設定 4
表示 5
印刷 6
差し込み印刷 7
図と画像 8
表 9
ファイル 10

重要度 ★★★ 検索／置換

Q 114 特定の文字列を削除したい！

A 対象の文字列を無入力状態に置換します。

[検索と置換] ダイアログボックスの [置換] タブで [検索する文字列] に削除したい文字列を入力して、[置換後の文字列] に何も入力せずに、[置換] をクリックします。ただし、必要な文字列まで削除してしまう恐れがあるので、[次を検索] をクリックしながら1つずつ置換しましょう。　　　　　　　　　　　　　　参照▶Q110

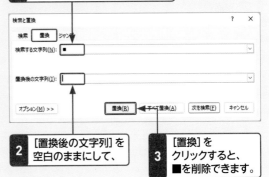

1 [検索と置換] ダイアログボックスの [置換] タブで、[検索する文字列] に「■」を入力します。

2 [置換後の文字列] を空白のままにして、

3 [置換] をクリックすると、■を削除できます。

重要度 ★★★ 検索／置換

Q 115 特定の書式を別の書式に変更したい！

A 変更前の書式と、変更後の書式を条件に指定して置換します。

置換操作では、文字列だけでなく、書式自体の置換を行うことができます。検索する前の書式を検索条件にして、置換後の書式を設定することで、書式を変更することができます。記事の見出しなど、複数の固定された書式を一括で変更する場合に便利です。

[検索と置換] ダイアログボックスの [置換] タブで [オプション] をクリックして、[あいまい検索] をクリックしオフにしておきます。置換前や置換後の書式では、フォントの種類やサイズ、色のほか、段落やスタイルなどでも指定できます。設定されているフォントが不明な場合、検索文字列を選択して右クリックし、[フォント] をクリックすると表示される [フォント] ダイアログボックスで設定されている書式を確認できます。参照▶Q110

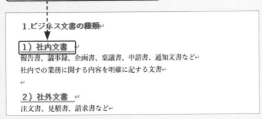

この文字列の書式を変更します。

1 [ホーム] タブの [置換] をクリックして、[検索と置換] ダイアログボックスの [置換] タブを表示します。

2 [オプション] をクリックして、

3 [あいまい検索] をオフにします。

4 [検索する文字列] にカーソルを置いて、

5 [書式] をクリックし、

6 [フォント] をクリックします。

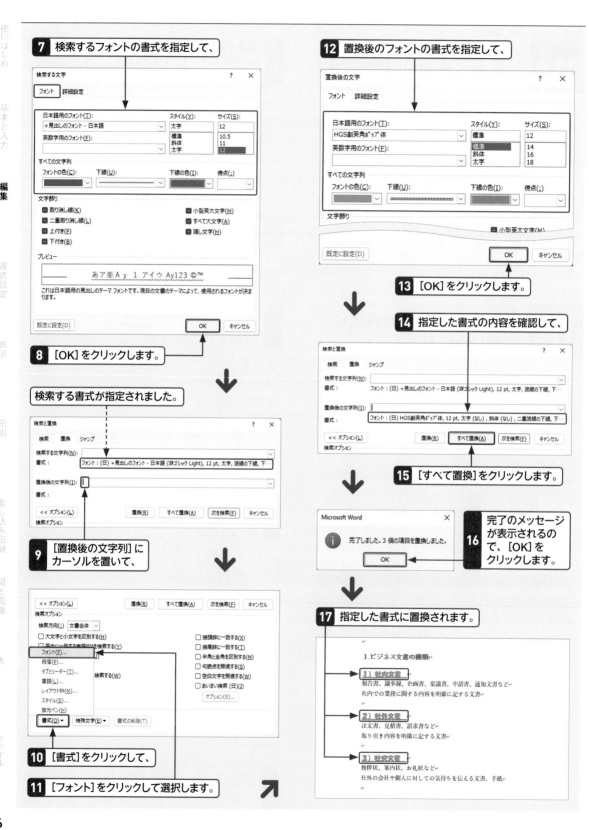

7 検索するフォントの書式を指定して、

検索する文字
フォント　詳細設定

日本語用のフォント(T):
+見出しのフォント - 日本語
英数字用のフォント(F):

スタイル(Y):
太字
標準
斜体
太字

サイズ(S):
12
10.5
11
12

すべての文字列
フォントの色(C):　　下線(U):　　下線の色(I):　　傍点(:)

文字飾り
□ 取り消し線(K)　　　　　　　□ 小型英大文字(M)
□ 二重取り消し線(L)　　　　　□ すべて大文字(A)
□ 上付き(P)　　　　　　　　　□ 隠し文字(H)
□ 下付き(B)

プレビュー

あア亜Ａｙ　1　アイウ Ay123 ©™

これは日本語用の見出しのテーマ フォントです。現在の文書のテーマによって、使用されるフォントが決まります。

既定に設定(D)　　　　　　　　OK　　　キャンセル

8 [OK]をクリックします。

検索する書式が指定されました。

検索と置換
検索　置換　ジャンプ
検索する文字列(N):
書式：　フォント：(日) +見出しのフォント - 日本語 (游ゴシック Light), 12 pt, 太字, 波線の下線, 下…

置換後の文字列(I):
書式：

<< オプション(L)　　　置換(R)　すべて置換(A)　次を検索(F)　キャンセル
検索オプション

9 [置換後の文字列]に
カーソルを置いて、

<< オプション(L)　　　置換(R)　すべて置換(A)　次を検索(F)　キャンセル
検索オプション
検索方向(:)　文書全体
□ 大文字と小文字を区別する(H)　　　　□ 接頭辞に一致する(X)
□ 完全に一致する単語だけを検索する(Y)　□ 接尾辞に一致する(T)
　フォント(F)…　　　　　　　　　　　　□ 半角と全角を区別する(M)
　段落(P)…　　　　　　　　　　　　　　□ 句読点を無視する(S)
　タブとリーダー(T)…　　検索する(W)　　□ 空白文字を無視する(W)
　言語(L)…　　　　　　　　　　　　　　□ あいまい検索 (日)(J)
　レイアウト枠(M)…
　スタイル(S)…　　　　　　　　　　　　オプション(S)…
　蛍光ペン(H)
　書式(O)▼　特殊文字(E)▼　書式の削除(T)

10 [書式]をクリックして、

11 [フォント]をクリックして選択します。

12 置換後のフォントの書式を指定して、

置換後の文字
フォント　詳細設定

日本語用のフォント(T):
HGS創英角ﾎﾟｯﾌﾟ体
英数字用のフォント(F):

スタイル(Y):
標準
標準
斜体
太字

サイズ(S):
12
14
16
18

すべての文字列
フォントの色(C):　　下線(U):　　下線の色(I):　　傍点(:)

文字飾り
□ 小型英大文字(M)

既定に設定(D)　　　　　　　　OK　　　キャンセル

13 [OK]をクリックします。

14 指定した書式の内容を確認して、

検索と置換
検索　置換　ジャンプ
検索する文字列(N):
書式：　フォント：(日) +見出しのフォント - 日本語 (游ゴシック Light), 12 pt, 太字, 波線の下線, 下…

置換後の文字列(I):
書式：　フォント：(日) HGS創英角ﾎﾟｯﾌﾟ体, 12 pt, 太字 (なし), 斜体 (なし), 二重波線の下線, 下…

<< オプション(L)　　　置換(R)　すべて置換(A)　次を検索(F)　キャンセル
検索オプション

15 [すべて置換]をクリックします。

Microsoft Word　　　　　　　　×
ⓘ　完了しました。3 個の項目を置換しました。
OK

16 完了のメッセージ
が表示されるの
で、[OK]を
クリックします。

17 指定した書式に置換されます。

1.ビジネス文書の種類

1）社内文書
報告書、議事録、企画書、稟議書、申請書、通知文書など
社内での業務に関する内容を明確に記する文書

2）社外文書
注文書、見積書、請求書など
取り引き内容を明確に記する文書

3）社交文書
挨拶状、案内状、お礼状など
社外の会社や個人に対しての気持ちを伝える文書、手紙

使いはじめ 1
基本と入力 2
編集 3
書式設定 4
表示 5
印刷 6
差し込み印刷 7
図と画像 8
表 9
ファイル 10

重要度 ★★★ 　検索／置換

Q 116 改行↓を段落↵に変換したい！

A 特殊文字の検索を利用して一括で置換します。

インターネット上の記事などWord以外の文書を読み込んだとき、文末に↓と↵の2つの記号が混在している場合があります。Wordでは、↵は「段落記号」、↓は「改行（任意指定の行区切り）」で区別しています。

Enterを押すと↵が入力され、Shift＋Enterを押すと↓が入力されます。

↓をすべて↵に変換するには手順のように特殊文字として置換します。

1 [検索と置換]ダイアログボックスの[置換]タブで、[検索する文字列]にカーソルを置きます。

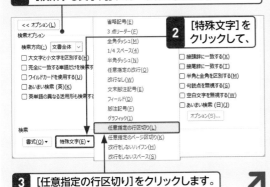

2 [特殊文字]をクリックして、

3 [任意指定の行区切り]をクリックします。

4 [置換後の文字列]にカーソルを置いて、

5 [特殊文字]をクリックし、[段落記号]をクリックします。

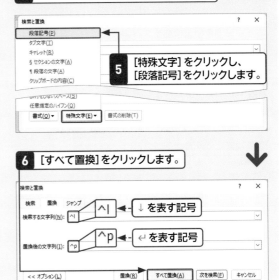

6 [すべて置換]をクリックします。

↓ を表す記号
↵ を表す記号

重要度 ★★★ 　文章校正

Q 117 赤や青の下線が表示された！

A 自動文章校正や自動スペルチェック機能が働いています。

文章を入力していると、文字の下に赤の波線や青の二重下線が自動的に表示されることがあります。これはWordの自動文章校正機能や自動スペルチェック機能によるもので、文法上の誤りや表記のゆれ（発音や意味が同じ単語に異なる文字表記が使われていること）、スペルミスなどを指摘してくれています。

指摘された部分を修正したり、あるいは無視したりすると、これらの波線は消えます。

参照▶Q 118～Q 120

重要度 ★★★ 　文章校正

Q 118 赤や青の波線を表示したくない！

A [Wordのオプション]の[文章校正]で設定を変更します。

[Wordのオプション]の[文章校正]の[例外]で[この文書のみ、結果を表す波線を表示しない]をクリックしてオンにすると、赤の波線が表示されません。

同様に、[この文書のみ、文章校正の結果を表示しない]をクリックしてオンにすると、青の二重線が表示されません。　参照▶Q 029

ここをクリックしてオンにします。

1 使いはじめ

2 基本と入力

3 編集

4 書式設定

5 表示

6 印刷

7 差し込み印刷

8 図と画像

9 表

10 ファイル

重要度 ★★★　文章校正

Q 119 波線が引かれた箇所を かんたんに修正したい！

A ショートカットメニューから 修正候補を選択します。

波線部分を右クリックすると、ショートカットメニューに文章校正機能やスペルチェック機能による修正候補が表示されます。目的の修正候補を選択して、修正します。

1 青の二重下線部分を 右クリックすると、

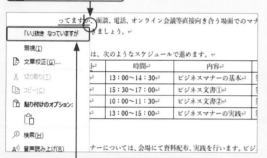

2 「い」抜きが指摘されています。 クリックすると、

3 正しく修正され、 線が消えました。

4 スペルミスを指摘した 波線部分を 右クリックすると、

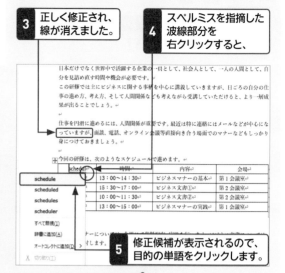

5 修正候補が表示されるので、 目的の単語をクリックします。

6 選択内容が反映され、 波線が消えました。

重要度 ★★★　文章校正

Q 120 波線や下線が引かれた 箇所を修正したくない！

A 修正候補を無視します。

赤の波線や青の二重下線は印刷されるわけではないので、修正の必要がなければ、そのまま放置してもかまいません。
波線や二重下線が表示されていても、その文書の中において正しい表記である場合は、右クリックして［無視］を選択すると線が消えます。［すべて無視］をクリックすると、同じ語句に対するチェックが解除されます。また、赤線や青線が引かれている語句を辞書に登録すると、以降の文章校正でその語句がチェックされないようになります。

1 二重下線部分を右クリックすると、

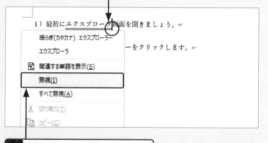

2 揺らぎが指摘されています。 ［無視］をクリックすると、

3 線が消えます。

Q 121 まとめて文章校正したい！

A [スペルチェックと文章校正]を利用します。

[校閲]タブの[スペルチェックと文章校正]をクリックすると、チェックする対象によって、スペルの場合は[スペルチェック]、文法や誤字の場合は[文章校正]作業ウィンドウが開きます。スペルチェックでは、作業ウィンドウに表示される対象を順にまとめて修正することができます。

スペルチェックや校正では、表示される候補をクリックして修正したり、[無視][すべて無視]をクリックして無視したり、特別な用語の場合は[辞書に追加](Word 2016では[追加])をクリックして登録したりします。表記ゆれがある場合は、[表記ゆれチェック]ダイアログボックスが表示されます。

1 [校閲]タブをクリックして、

2 [スペルチェックと文章校正]をクリックすると、

3 [文章校正]作業ウィンドウが開きます。

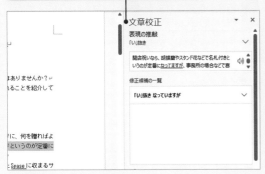

● 文章校正の修正

● スペルチェックの修正

● 単語の登録

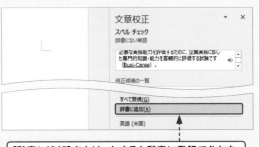

[辞書に追加]をクリックすると辞書に登録できます。

● 表記ゆれチェック

1 使いはじめ
2 基本と入力
3 編集
4 書式設定
5 表示
6 印刷
7 差し込み印刷
8 図と画像
9 表
10 ファイル

1 使いはじめ
2 基本と入力
3 編集
4 書式設定
5 表示
6 印刷
7 差し込み印刷
8 図と画像
9 表
10 ファイル

重要度 ★★★ 文章校正

Q 122 誰にでも見やすい文書か確認したい！

A アクセシビリティチェックを利用します。

アクセシビリティとはどんな人にも利用できるものという意味で、視覚や聴覚に障がいのある方にもわかりやすい文書になっているかどうか、誰にでも読みやすい文書になっているかどうかをチェックする機能です。具体的には、文書に画像が挿入されている場合、画像の説明文を代替テキストにして、代替テキストを読む順番に画像を行内に設定しておく、文字サイズを読みやすい大きさにするというような項目があります。つまり、広く多くの方に読んでもらう文書を作成する場合などに利用する機能です。

エラーが表示されたら、エラーの内容に沿って解決します。作業ウィンドウの横に［アクセシビリティチェック］🗔 が用意されているので、すぐにクリックして確認することができます。

なお、Word 2021／Microsoft 365では、［校閲］タブに［アクセシビリティチェック］が配置されていますが、Word 2019以前でも［ファイル］タブの［情報］の［ドキュメント検査］内に用意されています。

なお、チェックできるファイル形式はWord文書（Office形式）のみで、PDFなどはサポートされません。

1 作成した文書を開き、［校閲］タブをクリックします。

2 ［アクセシビリティチェック］の上部をクリックします。

3 ［アクセシビリティ］作業ウィンドウが表示されて、検索結果が表示されます。

4 ここをクリックすると、

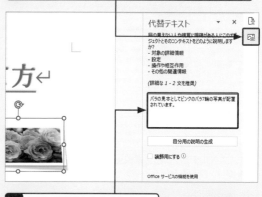

5 エラー内容が表示されます。

● エラーを修正する

1 ［代替テキスト］をクリックすると、［代替テキスト］作業ウィンドウが表示されるので、

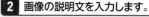

2 画像の説明文を入力します。

3 画像の配置を［行内］に配置します。

4 ［アクセシビリティチェック］をクリックすると、

5 エラーがないことが確認できます。

使いはじめ 1
基本と入力 2
編集 3
書式設定 4
表示 5
印刷 6
差し込み印刷 7
図と画像 8
表 9
ファイル 10

重要度 ★★★ 文章校正

Q 123 カタカナ以外の表記ゆれも チェックしたい!

A 漢字やかなの表記ゆれのチェックを 有効にします。

カタカナに関する表記ゆれだけでなく、漢字やかなの表記ゆれもチェックしたい場合には、[Wordのオプション]の[文章校正]の[Wordのスペルチェックと文章校正]内の[設定]をクリックして、表示される[文書構成の詳細設定]ダイアログボックスで設定を変更します。そのあと、[校閲]タブの[表記ゆれチェック] をクリックして、表記ゆれのチェックをします。

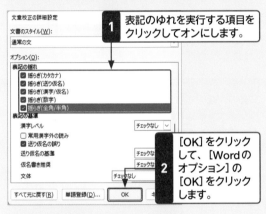

1 表記のゆれを実行する項目をクリックしてオンにします。

2 [OK]をクリックして、[Wordのオプション]の[OK]をクリックします。

3 [校閲]タブの[表記ゆれチェック] をクリックします。

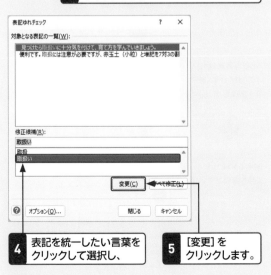

4 表記を統一したい言葉をクリックして選択し、

5 [変更]をクリックします。

重要度 ★★★ コメント

Q 124 内容に関するメモを 付けておきたい!

A 吹き出しにコメントを入力します。

文書作成の際にあとで確認するためのメモ、複数人で作成する場合にほかの人への意見などは、文書と別にコメントとして残すことができます。Word 2019／2016ではコメントを入力するとコメントが登録されます。Word 2021ではコメントを入力後に[投稿] ✓ をクリックして投稿する必要があります。

1 コメントを付けたい文字列 (または位置)を選択して、

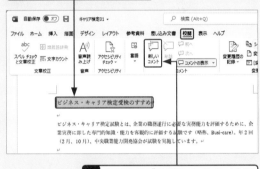

2 [校閲]タブの[新しいコメント]をクリックします。

3 コメント欄が表示されるので、コメントを入力して、

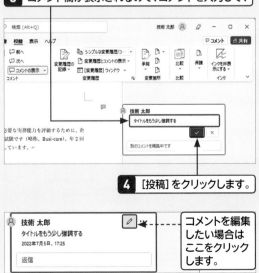

4 [投稿]をクリックします。

コメントを編集したい場合はここをクリックします。

1 使いはじめ

2 基本と入力

3 編集

4 書式設定

5 表示

6 印刷

7 差し込み印刷

8 図と画像

9 表

10 ファイル

重要度 ★★★ コメント

Q 125 コメントを削除したい!

A コメントの [スレッドの削除] を クリックします。

Word 2021では、コメントを入力中の場合は [下書きのキャンセル] × をクリックします。投稿済みのコメントを削除するには [その他の操作] … をクリックして、[スレッドの削除] をクリックします。Word 2019／2016では、コメントを右クリックして [コメントの削除] をクリックします。

文書内のコメントをすべて削除したい場合は、いずれのバージョンでも、[校閲] タブの [削除] をクリックして [ドキュメント内のコメントを削除] をクリックします。

● Word 2021の場合

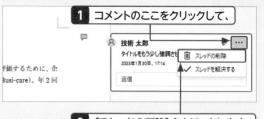

1 コメントのここをクリックして、

2 [スレッドの削除] をクリックします。

● Word 2019／2016の場合

重要度 ★★★ コメント

Q 126 コメントに返信したい!

A [返信] 欄に入力します。

文書の作成を複数で行う場合など、意見交換や指示等をコメントでやり取りができます。ほかの人がコメントを投稿した文書を、別の人が開き、投稿されたコメントを確認します。Word 2021では投稿されたコメント欄に [返信] 欄が表示されているので、返信用のコメントを入力して [投稿] をクリックします。Word 2019／2016ではコメント内の [返信] をクリックすると、返信欄が表示されるので入力します。

● Word 2021の場合

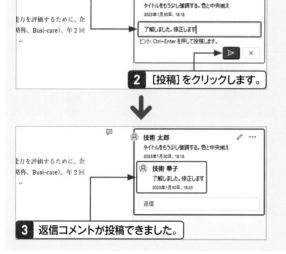

1 ここにコメントを入力して、

2 [投稿] をクリックします。

3 返信コメントが投稿できました。

● Word 2019／2016の場合

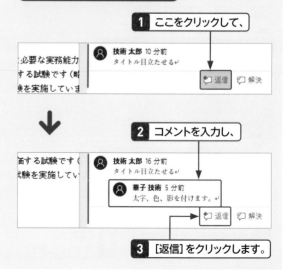

1 ここをクリックして、

2 コメントを入力し、

3 [返信] をクリックします。

1 使いはじめ
2 基本と入力
3 編集
4 書式設定
5 表示
6 印刷
7 差し込み印刷
8 図と画像
9 表
10 ファイル

重要度 ★★★　コメント

Q 127 校閲者別にコメントを表示したい！

A [変更履歴とコメントの表示]で、表示方法を選択します。

文書を複数人で編集する場合、Word 2019／2016ではユーザーごとに色分けされるため見やすいという利点があります。Word 2021では全ユーザーが同じ色のため、名前で判別することになります。初期設定では全校閲者（ユーザー）のコメントを表示しますが、表示させたい校閲者のみをオンにして（表示させない校閲者をオフにする）、表示表示することが可能です。ただし、返信で投稿したコメントは表示されません。

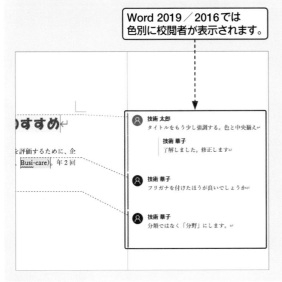

Word 2019／2016では色別に校閲者が表示されます。

1 [変更履歴とコメントの表示]をクリックして、

2 [特定のユーザー]をクリックし、

3 表示する人以外をクリックしてオフにします。

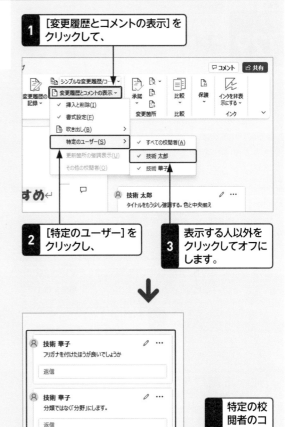

4 特定の校閲者のコメントのみ表示されます。

重要度 ★★★　コメント

Q 128 コメントを表示させたくない！

A コメントの表示をオフにします。

コメント自体を表示させたくない場合は、[校閲]タブの[コメントの表示]をクリックしてオフにします。このとき、コメントがある位置には □ が表示されるので、クリックすればコメントを表示することができます。

また、Word 2021ではコメントの表示に、文書の横に並べる（字形）方法と、コメント作業ウィンドウ（リスト）で表示する方法を選べます。[コメントの表示]の □ をクリックして、[字形]または[リスト]をクリックします。

ここをクリックすると、表示形式を変更できます。

重要度 ★★★　コメント

Q 129 コメントを印刷したい!

A コメントを印刷対象にします。

通常の印刷では、コメントは印刷されません。
コメントを印刷するには[ファイル]タブの[印刷]を
クリックして、印刷設定画面を表示します。[すべての
ページを印刷]をクリックし、[変更履歴/コメントの
印刷]をクリックしてオンにします。[印刷]をクリック
すると、印刷レイアウトの画面表示のまま、文書とコ
メントがいっしょに印刷されます。なお、[校閲]タブの
[変更履歴/コメントの表示]で[特定のユーザー]で
表示する校閲者を指定している場合は、その校閲者の
コメントのみが印刷されます。　**参照▶Q 127**

> **1** 印刷したいコメントを
> すべて表示しておきます。

> **2** [ファイル]タブをクリックして、

> **3** [印刷]をクリックします。

> **4** [すべてのページを
> 印刷]をクリックし、

> **5** [変更履歴/コメントの
> 印刷]をクリックして
> オンにします。

重要度 ★★★　変更履歴

Q 130 変更内容を記録しておきたい!

A 変更履歴を記録します。

変更履歴とは、たとえば書式の変更や文字列の挿入/
削除など、どこをどのように変更したのか編集の経緯
がわかるように記録/表示される機能です。[校閲]タ
ブの[変更履歴の記録]をクリックすると記録が開始
されます。
以降に行った編集作業の履歴が記録されます。変更履
歴の記録のオン/オフは、[変更履歴の記録]の上部を
クリックすると切り替えることができます。
なお、手順**1**の[変更内容の表示]で[シンプルな変更
履歴/コメント]を選択していると、手順**3**のような変
更内容は表示されません。

> **1** [すべての変更履歴/コメント]を選択して、

> **2** [変更履歴の記録]の上部をクリックすると、
> 記録が開始されます。

> **3** 変更を行うと、吹き出し表示領域に
> 変更内容の記録が表示されます。

> 文字を削除すると取り消し線、文字を
> 追加すると挿入した文字に下線が付きます。

> **4** 変更履歴を終わらせる場合は、
> 再度[変更履歴の記録]の上部をクリックします。

使いはじめ 1

基本と入力 2

編集 3

書式設定 4

表示 5

印刷 6

差し込み印刷 7

図と画像 8

表 9

ファイル 10

重要度 ★★★　変更履歴

Q 131 変更結果を確定したい！

A 変更履歴を承諾します。

現在の変更結果の状態をもとに戻す必要がないときには、[承諾] をクリックして、変更履歴を承諾すれば、選択した変更履歴が削除されます。

細かな修正の変更履歴がたくさん表示されると、だんだん煩雑になってくるので、確実な修正は確定し、あとからもとに戻す可能性がある変更履歴のみを残しておきましょう。なお、[承諾] の下をクリックすると、[この変更を反映させる] [すべての変更を反映] [すべての変更を反映し、変更の記録を停止] などの操作を選択できます。

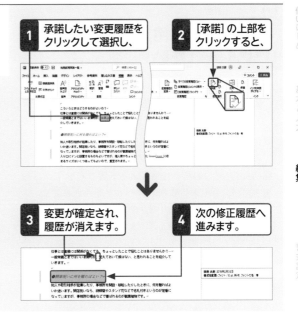

1 承諾したい変更履歴をクリックして選択し、

2 [承諾] の上部をクリックすると、

3 変更が確定され、履歴が消えます。

4 次の修正履歴へ進みます。

重要度 ★★★　変更履歴

Q 132 文書を比較してどこが変わったのか知りたい！

A [校閲] タブの [比較] で比較結果を表示します。

[比較] を使うと、元になった文書とそれに手を加えた文書とを比較することができます。

結果を比較した文書には、変更部分が表示された「比較結果文書」と「元の文書」「変更された文書」が表示され、さらに変更履歴ウィンドウにはメイン文書の変更とコメントが表示されます。

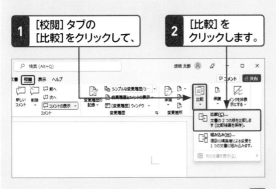

1 [校閲] タブの [比較] をクリックして、

2 [比較] をクリックします。

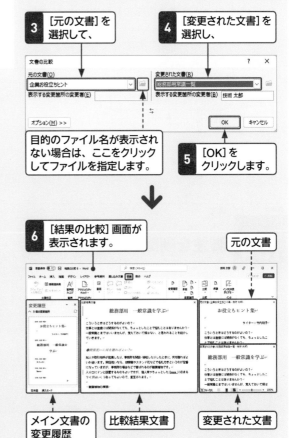

3 [元の文書] を選択して、

4 [変更された文書] を選択し、

目的のファイル名が表示されない場合は、ここをクリックしてファイルを指定します。

5 [OK] をクリックします。

6 [結果の比較] 画面が表示されます。

元の文書

メイン文書の変更履歴

比較結果文書

変更された文書

1 使いはじめ

2 基本と入力

3 編集

4 書式設定

5 表示

6 印刷

7 差し込み印刷

8 図と画像

9 表

10 ファイル

重要度 ★★★　脚注

Q 133 欄外に用語説明を入れたい!

A 脚注を挿入します。

脚注とは、用語や人物の説明、文章内容の背景解説などを欄外に記述しておくためのものです。脚注を入れる場所は、文書の内容や性格によって異なりますが、「該当ページ末」「節末」「章末」「巻末」などさまざまです。

[参考資料]タブにある[脚注の挿入]を使うと、基本的には該当ページ末に挿入されます。「節末」「章末」「巻末」などにまとめて脚注を入れる場合には、文末脚注機能を利用します。

脚注を挿入すると、脚注番号が付きます。文書内で先頭から順に連番になるため、脚注を挿入したあとで、その位置より前の位置に脚注を挿入すると、連番は自動で調整されます。

なお、下図のように脚注内容を自動表示するには、

● 脚注内容の自動表示

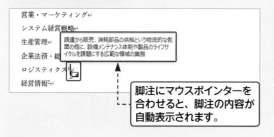

脚注にマウスポインターを合わせると、脚注の内容が自動表示されます。

[Wordのオプション]の[表示]で[カーソルを置いたときに文書のヒントを表示する]をクリックしてオンにしておきます。　　参照▶Q 029

1 脚注を付けたい位置にカーソルを置いて、

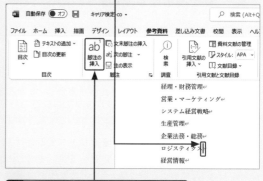

2 [参考資料]タブの[脚注の挿入]をクリックします。

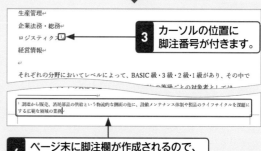

3 カーソルの位置に脚注番号が付きます。

4 ページ末に脚注欄が作成されるので、内容を入力して書式などを設定します。

重要度 ★★★　脚注

Q 134 脚注を削除したい!

A 脚注番号を削除します。

脚注を入れた位置と脚注そのものには、自動で番号が振られます。脚注を削除するには、脚注内容ではなく、脚注番号を選択して[Delete]を押して削除します。複数の脚注を設定した場合は、削除した番号以降は繰り上がります。　　参照▶Q 133

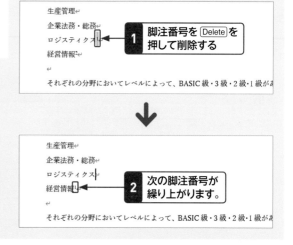

1 脚注番号を[Delete]を押して削除する

2 次の脚注番号が繰り上がります。

Q 135 文書内の図や表に 通し番号を付けたい！

A [図表番号の挿入]で 図表番号を挿入します。

[参考資料]タブの[図表番号の挿入]では文書内の図や写真、表などのオブジェクトにキャプション（番号やタイトル）を付けることができます。既定では、ラベル名は「図」「表」ですが、新しく作成することもできます。なお、番号は順に「1」から付けられます。

1 オブジェクトを選択して、

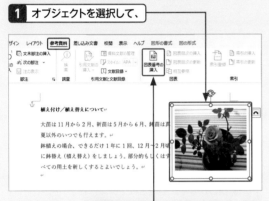

2 [参考資料]タブの [図表番号の挿入]をクリックし、

3 ラベル名（ここでは新規に「写真」を作成）や位置、キャプションを指定して、

ここで新しいラベル名を作成できます。

4 [OK]を クリックします。

5 キャプションが 挿入されます。

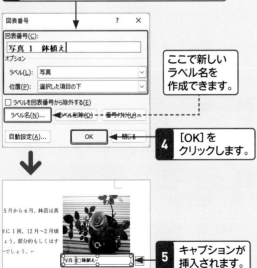

Q 136 引用文献を かんたんに入力したい！

A [引用文献の挿入]で 引用文献を登録します。

頻繁に利用する引用文献を登録しておくと、引用文献をかんたんに入力できるようになります。

1 目的の位置にカーソルを置いて、

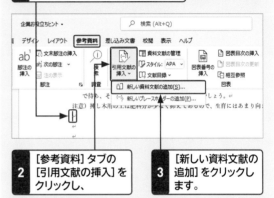

2 [参考資料]タブの [引用文献の挿入]を クリックし、

3 [新しい資料文献の 追加]をクリックします。

4 必要事項を入力して、

5 [OK]をクリックすると、引用文献が登録されます。

6 挿入したい位置にカーソルを置いて、 [引用文献の挿入]をクリックし、

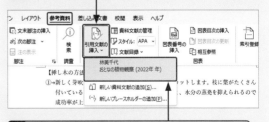

7 登録された引用文献を選択すれば入力できます。

使いはじめ 1

基本と入力 2

編集 3

書式設定 4

表示 5

印刷 6

差し込み印刷 7

図と画像 8

表 9

ファイル 10

Q 137 目次を作りたい!

A [参考資料]タブの [目次]を利用します。

目次を作成するには、目次に入れたい見出しに、見出し用のスタイルを設定しておく必要があります。スタイルの設定には、[ホーム]タブの[スタイル]から選ぶ、アウトライン表示でアウトラインレベルを設定する、[参考資料]タブの[テキストの追加]でレベルを設定する方法があります。

[参考資料]タブの[目次]をクリックして、使いたい目次のレイアウトを選択するだけで、自動的に目次を作成できます。ページの移動などがあった場合は、あとから目次を更新できます。

また、目次を削除したい場合は、[参考資料]タブの[目次]をクリックして、[目次の削除]をクリックします。

参照▶Q 139

● 目次を作成する

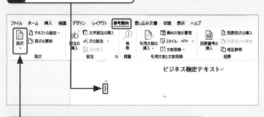

1 目次を挿入する位置にカーソルを置いて、

2 [参考資料]タブの[目次]をクリックし、

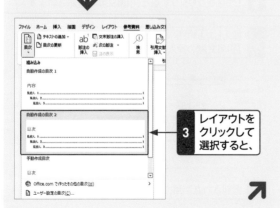

3 レイアウトをクリックして選択すると、

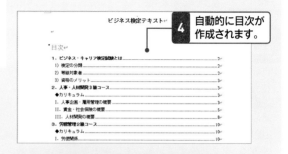

4 自動的に目次が作成されます。

● アウトライン表示で見出しを設定する

● 見出しレベルを設定する

1 見出しレベルが適用されていなければ、見出しの行にカーソルを置いて、

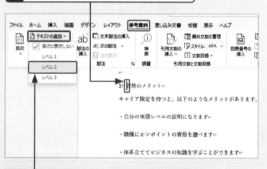

2 [参考資料]タブの[テキストの追加]をクリックして、レベルをクリックすると、

3 レベルが設定されます。

Q 138 索引を作りたい！

A [参考資料]タブの [索引]を利用します。

索引を作成するには、最初に必要な索引項目をすべて
登録して、そのあとで索引の形式を指定します。
索引にしたい文字列を選択して、[参考資料]タブの[索
引登録]をクリックすると、索引項目と読みが自動的に
入力されます。索引はアルファベット順、五十音順に並
べられるので、ここで読みが間違っていると、正しい索
引が作成できないので確認が必要です。なお、登録の順
番はページの最初から順に指定しなくても、途中で前
のページに戻ったりしてもかまいません。
索引の項目をすべて登録したら、索引の形式（レイアウ
ト）を指定すると、索引が作成できます。参照▶Q 139

● 索引語を登録する

1 索引語を選択して、

2 [参考資料]タブの [索引登録]をクリックします。

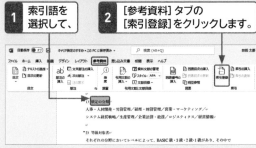

3 索引語と読みが自動入力されるので、確認して、

4 [登録]をクリックします。

5 登録された索引の情報フィールドが挿入されます。

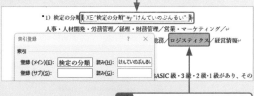

6 そのまま次の索引項目を選択します。

7 [索引登録]画面をクリックすると、次に選択した索引項目と読みが入力されるので、

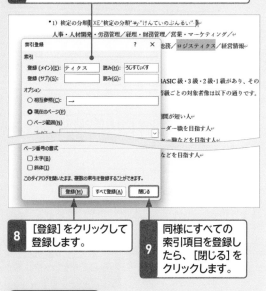

8 [登録]をクリックして登録します。

9 同様にすべての索引項目を登録したら、[閉じる]をクリックします。

● 索引を作成する

1 索引を作成する位置にカーソルを置き、

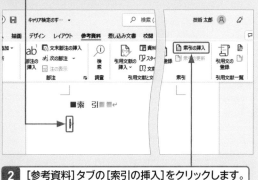

2 [参考資料]タブの[索引の挿入]をクリックします。

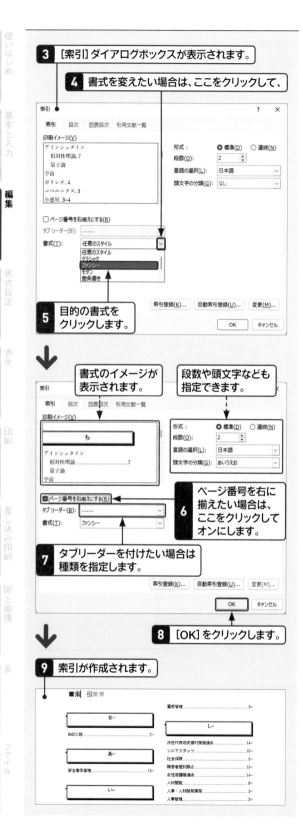

3 [索引]ダイアログボックスが表示されます。

4 書式を変えたい場合は、ここをクリックして、

5 目的の書式を
クリックします。

↓

書式のイメージが
表示されます。

段数や頭文字なども
指定できます。

6 ページ番号を右に
揃えたい場合は、
ここをクリックして
オンにします。

7 タブリーダーを付けたい場合は
種類を指定します。

8 [OK]をクリックします。

↓

9 索引が作成されます。

Q 139 目次や索引が本文とずれてしまった！

A 目次や索引を更新します。

目次や索引を作成後に文書を追加したり、編集したりした結果、目次や索引のページ番号がずれてしまった場合には、それぞれの更新を行います。全体あるいはページ番号のみの更新ができます。

目次の更新は[参考資料]タブの[目次の更新]、索引の更新は[索引の更新]をクリックして行います。

● 目次を更新する

1 [目次の更新]をクリックして、

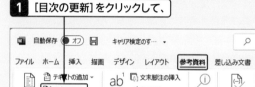

↓

2 いずれかの更新方法をオンにして、

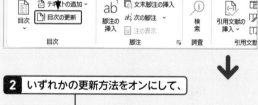

3 [OK]をクリックします。

● 索引を更新する

[索引の更新]をクリックすると、
自動的に更新されます。

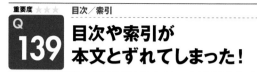
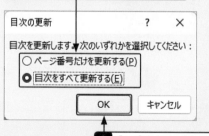

第4章

書式設定の「こんなときどうする?」

1 使いはじめ
2 基本と入力
3 編集
4 書式設定
5 表示
6 印刷
7 差し込み印刷
8 図と画像
9 表
10 ファイル

重要度 ★★★　文字の書式設定

Q 140 「pt（ポイント）」って どんな大きさ？

A 1pt＝約0.35mmです。

「pt」は文字の大きさ（フォントサイズ）や図形のサイズ などを表す単位です。1ptは約0.35mmです。

重要度 ★★★　文字の書式設定

Q 141 できるだけ大きな文字を 入力したい！

A ［フォントサイズ］ボックスに、 直接サイズを入力します。

［ホーム］タブの［フォントサイズ］ボックスの・をク リックして選択できる文字サイズは、最大72ptです。 72pt以上の大きさの文字サイズや、文字サイズ一覧に 表示されていない文字サイズを指定するには、［フォン トサイズ］ボックスに目的の文字サイズを直接入力し ます。

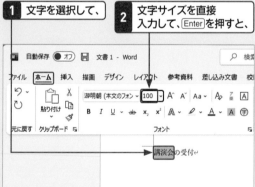

1 文字を選択して、
2 文字サイズを直接 入力して、Enterを押すと、

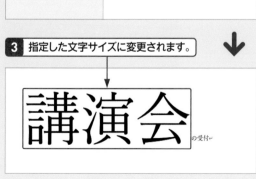

3 指定した文字サイズに変更されます。

講演会の受付

重要度 ★★★　文字の書式設定

Q 142 文字サイズを 少しだけ変更したい！

A1 ［ホーム］タブの［フォントの拡大］、 ［フォントの縮小］を利用します。

文字サイズは［フォントサイズ］ボックスから変更で きますが、大きさをいろいろ試したい場合など、選択を 繰り返す必要があるので面倒です。文字列を選択した まま、［フォントの拡大］、［フォントの縮小］をクリック すれば、［フォントサイズ］ボックスの数値の順に1ラン クずつ大きく（小さく）することができます。

参照▶Q 141

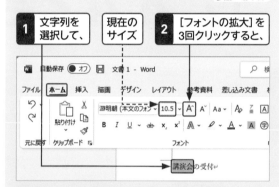

1 文字列を 選択して、
現在の サイズ
2 ［フォントの拡大］を 3回クリックすると、

3 3ランク大きくなりました。

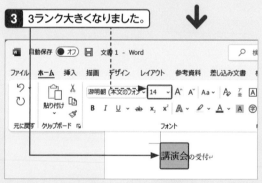

A2 キーボードで1ptずつ 大きく（小さく）できます。

文字列を選択して、Ctrl＋］を押すと1pt（ポイント） ずつ大きくなり、Ctrl＋［を押すと1ptずつ小さくなり ます。
また、文字を選択しないで、Ctrl＋］（Ctrl＋［）を押す と、カーソルのある位置から、次に入力する文字のサイ ズが1pt大きく（小さく）なります。

Q 143

文字サイズを変更したら行間が広がってしまった！

A　行間を変更します。

Wordの既定フォントである「游明朝」「游ゴシック」は、文字サイズを大きくすると行間が広がってしまうことがあります。この種のフォントは、文字上下の隙間が大きいフォントであることが要因で、フォントサイズを大きくすると、1行の幅に収まらなくなり、2行分の間隔に広がってしまいます。最初に文書全体の行間を設定しておくか、あとから行間を設定し直すような対処が必要になります。行間の変更方法については、Q172で紹介します。

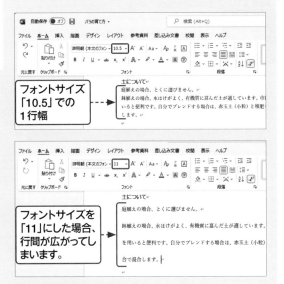

フォントサイズ「10.5」での1行幅

フォントサイズを「11」にした場合、行間が広がってしまいます。

Q 144

文字を太字や斜体にしたい！

A　[ホーム]タブの[太字]や[斜体]を利用します。

文字を太くするには、文字列を選択して[ホーム]タブの[太字]、斜体ならば[斜体]をクリックします。文字を選択すると表示されるミニツールバーも利用できます。取り消すには、文字列を選択してオンになっているB やI をクリックしてオフにします。

● 太字を設定する

1 文字を選択して、　**2** [太字]をクリックすると、

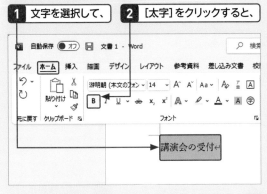

3 文字が太くなります。

講演会の受付

● 斜体を設定する

1 文字を選択して、　**2** [斜体]をクリックすると、

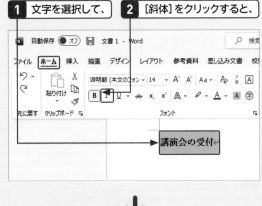

3 斜体になります。

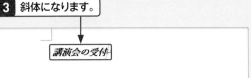

Q 145 文字に下線を引きたい！

A ［下線］を利用します。

文字に下線を引くには、文字列を選択して［ホーム］タブ［下線］をクリックします。右横の・をクリックすると、線種の一覧が表示されるので、目的の線種を選択できます。この下線の色は変更することも可能です。

下線を取り消すには、文字列を選択してオンになっている［下線］ ⊔ をクリックしてオフにします。

参照 ▶ Q 146

● 下線を引く

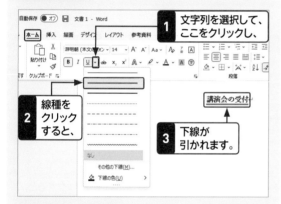

● 下線の色を変える

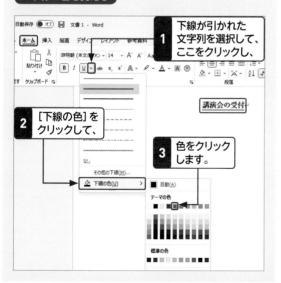

Q 146 下線の種類を変更したい！

A ［下線］から
［その他の下線］を選択します。

［ホーム］タブの［下線］の・をクリックして、［その他の下線］を選択して表示される［フォント］ダイアログボックスで、下線の線種や色などの細かな設定を変更できます。

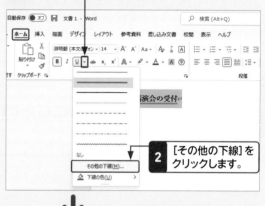

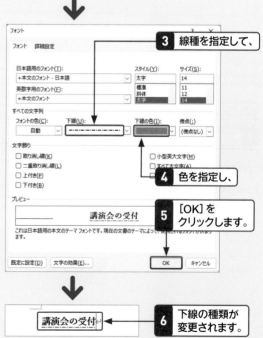

使いはじめ 1
基本と入力 2
編集 3
書式設定 4
表示 5
印刷 6
差し込み印刷 7
図と画像 8
表 9
ファイル 10

重要度 ★★★　文字の書式設定

Q147 文字に取り消し線を引きたい！

A [取り消し線]を利用します。

取り消し線を引く場合は、文字列を選択して［ホーム］タブの［取り消し線］をクリックします。もとに戻すには、文字列を選択して、オンになっている［取り消し線］ <kbd>abc</kbd> をクリックします。

二重取り消し線を引きたい場合は、取り消し線を引いた文字列を選択して、右クリックし［フォント］を選択する（または［フォント］グループ右下にある <kbd>⤡</kbd> をクリックする）と表示される［フォント］ダイアログボックスで指定します。

● 取り消し線を引く

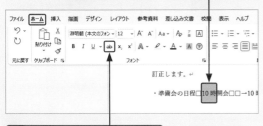

1 取り消し線を引く文字列を選択して、

2 ［取り消し］をクリックします。

3 文字列に取り消し線が引かれます。

・準備会の日程□~~10 時~~開会□□→10 時 30 分開会↵

● 二重取り消し線を引く

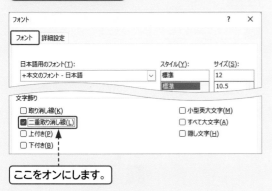

ここをオンにします。

重要度 ★★★　文字の書式設定

Q148 上付き文字や下付き文字を設定したい！

A ［上付き］や［下付き］を利用します。

上付き文字は通常の文字より上部に、下付き文字は下部に配置される添え字です。設定するには、文字列を選択して［ホーム］タブの［上付き］／［下付き］をクリックするか、［フォント］ダイアログボックスの［フォント］タブで［上付き］／［下付き］をクリックしてオンにします。なお、この設定をしたまま次の文字を入力すると、上付き／下付きで入力されてしまうので、必ず［ホーム］タブの <kbd>x²</kbd> ／ <kbd>x₂</kbd> をクリックしてオフにしておきます。このような操作が必要になるため、上付きや下付きは、文章の入力が済んでから設定するほうがよいでしょう。

● 上付き文字にする

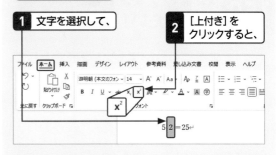

1 文字を選択して、

2 ［上付き］をクリックすると、

3 上付き文字になります。

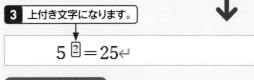

$5^2 = 25$↵

● 下付き文字にする

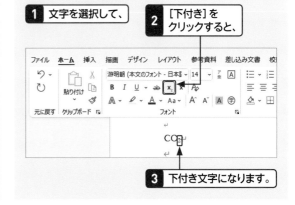

1 文字を選択して、

2 ［下付き］をクリックすると、

3 下付き文字になります。

1 使いはじめ
2 基本と入力
3 編集
4 書式設定
5 表示
6 印刷
7 差し込み印刷
8 図と画像
9 表
10 ファイル

重要度 ★★★　文字の書式設定

Q149 フォントの種類を変更したい！

A [フォント]ボックスでフォントを変更します。

フォントの種類を変更するには、文字列を選択して、[ホーム]タブの [フォント]ボックスの ・ をクリックします。フォント一覧が表示されるので、そこから目的のフォントを選択します。

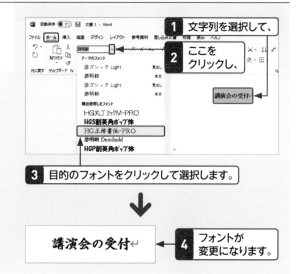

1 文字列を選択して、

2 ここをクリックし、

3 目的のフォントをクリックして選択します。

講演会の受付

4 フォントが変更になります。

重要度 ★★★　文字の書式設定

Q150 標準のフォントを変更したい！

A 標準にしたいフォントを既定として設定します。

Wordの初期設定（標準）のフォントは「游明朝」の「10.5」ptです。変更するには、[ホーム]タブの [フォント]グループの右下にある ⤓ をクリックして [フォント]ダイアログボックスを表示します。[フォント]タブでフォントを変更して、[既定に設定]をクリックします。確認メッセージが表示されるので、いずれかを選び [OK]をクリックすると、標準のフォントを変更できます。
なお、手順❹の「Normal テンプレート」とはWord文書のことで、新しく開く文書はこのフォントが既定になります。

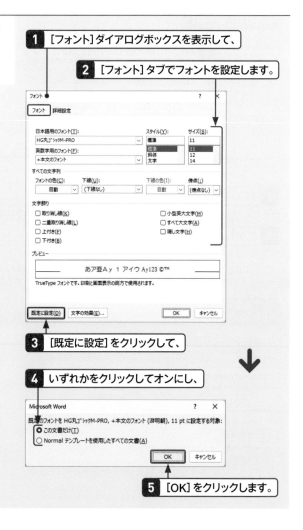

1 [フォント]ダイアログボックスを表示して、

2 [フォント]タブでフォントを設定します。

3 [既定に設定]をクリックして、

4 いずれかをクリックしてオンにし、

5 [OK]をクリックします。

Q 151 文字に色を付けたい！

A [フォントの色]を利用します。

文字列を選択して[ホーム]タブの[フォントの色]の
⌄ をクリックすると、[テーマの色]と[標準の色]から
文字に色を設定できます。
また、[その他の色]をクリックすれば、さらに多くの色
を選択できます。

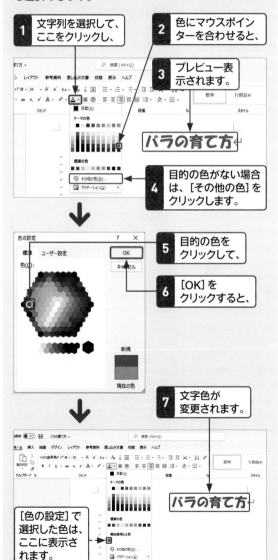

1 文字列を選択して、ここをクリックし、

2 色にマウスポインターを合わせると、

3 プレビュー表示されます。

4 目的の色がない場合は、[その他の色]をクリックします。

5 目的の色をクリックして、

6 [OK]をクリックすると、

7 文字色が変更されます。

[色の設定]で選択した色は、ここに表示されます。

Q 152 上の行と文字幅が揃わない！

A 等幅フォントを利用します。

フォントには、文字によって字間が異なるプロポー
ショナルフォント（たとえば「MS P明朝」）と、常に一
定の幅で表現される等幅フォント（たとえば「MS明
朝」）があります。文字幅を揃えるには、等幅フォント
を利用しましょう。　　　　　　　　　　**参照▶Q 149**

Q 153 離れた文字に一度に同じ書式を設定したい！

A Ctrlを押しながら文字列を選択します。

Ctrl を押しながら複数の文字列を選択して、選択した
状態のままでフォントやフォントサイズなどさまざま
な書式を一度に設定することができます。

参照▶Q 091

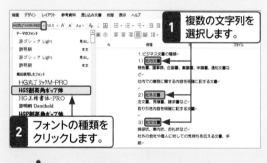

1 複数の文字列を選択します。

2 フォントの種類をクリックします。

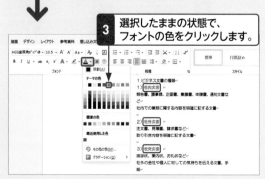

3 選択したままの状態で、フォントの色をクリックします。

1 使いはじめ
2 基本と入力
3 編集
4 書式設定
5 表示
6 印刷
7 差し込み印刷
8 図と画像
9 表
10 ファイル

重要度 ★★★　文字の書式設定

Q 154 指定した幅に文字を均等に配置したい！

A 均等割り付けを設定します。

指定した幅の中に文字列を均等に配置することを、均等割り付けといいます。文字列を選択して、[ホーム]タブの[均等割り付け]をクリックします。このとき、段落記号 ↵ を含めずに選択するようにします。

表示される[文字の均等割り付け]ダイアログボックスで、文字列の幅(文字数)を指定すると、その幅に文字列が均等に配置されます。取り消す場合は、文字を選択して、[文字の均等割り付け]ダイアログボックスの[解除]をクリックします。　　　　　参照▶Q 156

1 段落記号を含めずに文字列を選択して、

2 [均等割り付け]をクリックします。

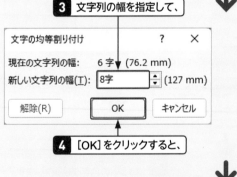

3 文字列の幅を指定して、

文字の均等割り付け　　　　　? ✕
現在の文字列の幅：　6 字 (76.2 mm)
新しい文字列の幅(I)：[8字　] ▲▼ (127 mm)
[解除(R)]　　[OK]　　[キャンセル]

4 [OK]をクリックすると、

5 指定した幅の中に均等に配置されます。

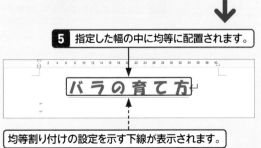

均等割り付けの設定を示す下線が表示されます。

重要度 ★★★　文字の書式設定

Q 155 複数行をまとめて均等に配置したい！

A 行を選択してから[文字の均等割り付け]を利用します。

複数行をまとめて均等割り付けにする場合は、複数行をブロックで選択して、[ホーム]タブの[拡張書式] ⊼∨ をクリックし、[文字の均等割り付け]を利用します。このとき、通常の行選択ではなく、Alt を押しながらブロックで選択する必要があります。[ホーム]タブの[文字の均等割り付け]は段落幅で割り付けられてしまうので、必ず[拡張書式]の[文字の均等割り付け] ⊼∨ を使います。　　　　　参照▶Q 092

1 先頭にカーソルを移動して、Alt を押しながらブロックの右下までドラッグして選択します。

2 [ホーム]タブの[拡張書式]をクリックして、

3 [文字の均等割り付け]をクリックします。

4 文字列の幅を指定して、

文字の均等割り付け　　　　　? ✕
現在の文字列の幅：　5 字 (18.2 mm)
新しい文字列の幅(I)：[7字　] ▲▼ (29.1 mm)
[解除(R)]　　[OK]　　[キャンセル]

5 [OK]をクリックします。

6 複数行を一度に配置できます。

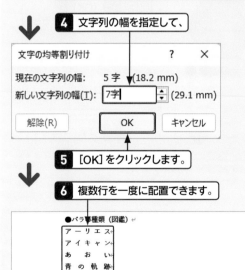

使いはじめ 1
基本と入力 2
編集 3
書式設定 4
表示 5
印刷 6
差し込み印刷 7
図と画像 8
表 9
ファイル 10

重要度 ★★★ 文字の書式設定

Q 156 行全体に文字が割り付けられてしまった！

A 段落記号を選択範囲に入れないようにします。

均等割り付けを行う文字列を選択するときに、段落記号← まで選択すると段落全体への均等割り付けになってしまいます。必ず文字列のみを選択するか、[ホーム]タブの[拡張書式] の[文字の均等割り付け]をクリックしましょう。　　　参照▶Q 154, Q 155

> 段落記号まで選択すると、段落全体に均等割り付けされてしまいます。

重要度 ★★★ 文字の書式設定

Q 157 書式だけをコピーしたい！

A [書式のコピー／貼り付け]を利用します。

文字列を選択して、[ホーム]タブの[書式のコピー／貼り付け]をクリックすると、マウスポインターが に変わります。この状態で、目的の文字列を選択すると、

書式だけがコピーされます。
なお、[書式のコピー／貼り付け]をダブルクリックすると、Esc を押して解除するまで繰り返し書式コピーが行えます。

1 目的の文字列を選択して、

2 [書式のコピー／貼り付け]をクリックします。

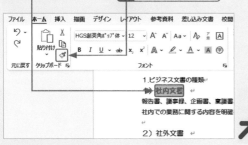

3 コピーした書式を適用したい文字列をドラッグして選択すると、

4 書式が適用されます。

重要度 ★★★ 文字の書式設定

Q 158 書式だけを削除したい！

A [ホーム]タブの[すべての書式をクリア]をクリックします。

設定した書式を取り消して、標準状態に戻したい場合には、文字列を選択して、[ホーム]タブの[すべての書式をクリア] をクリックするか、Ctrl + Shift + N を押します。標準では、フォントが「游明朝」の10.5ptで、両端揃えになっています。

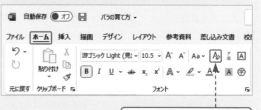

> 設定した書式を解除します。

1 使いはじめ
2 基本と入力
3 編集
4 書式設定
5 表示
6 印刷
7 差し込み印刷
8 図と画像
9 表
10 ファイル

重要度 ★★★　文字の書式設定

Q 159 英数字の前後に空白が 入らないようにしたい！

A 日本語と英数字の間隔の 自動調整をオフにします。

英数字前後の空白をなくすには、[ホーム] タブの [段落] グループ右下にある ⑤ をクリックすると表示される [段落] ダイアログボックスの [体裁] タブで、[日本語と英字の間隔を自動調整する] と [日本語と数字の間隔を自動調整する] をクリックしてオフにします。

> 英字の前後、数字の前後に空白が入っています。

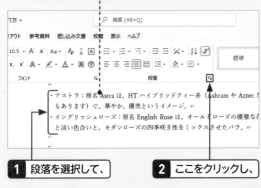

1 段落を選択して、　**2** ここをクリックし、

↗

3 [段落] ダイアログボックスの [体裁] タブをクリックします。

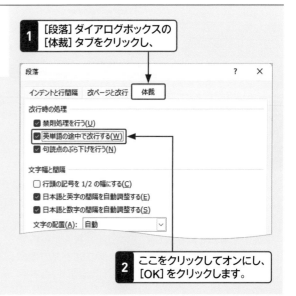

4 この2つの項目をクリックしてオフにし、[OK] をクリックすると、

↓

5 英数字の前後の空白がなくなります。

> ・アストラ：原名Astraは、HTハイブリッドティー系（AshramやAztecなどもあります）で、華やか、優美というイメージ。↵
> ・イングリッシュローズ：原名English Roseは、オールドローズの優雅な花形と淡い色合いと、モダンローズの四季咲き性をミックスさせたバラ。↵

重要度 ★★★　文字の書式設定

Q 160 英単語の途中で 改行したい！

A [段落] ダイアログボックスの [体裁] タブで設定します。

英単語が1行内に収まらない場合などは、単語前で自動的に改行されます。[段落] ダイアログボックスの [体裁] タブで、[英単語の途中で改行する] をオンにすると、英単語の途中で改行されるようになります。

なお、1つの単語だということを示すために、Ctrl + Shift + ⑤ を押して、間にハイフンを挿入するとよいでしょう。英文の場合は [レイアウト] タブの [ハイフネーション] をクリックして [自動] をクリックすると、自動的にハイフンが挿入されるようになります。　参照 ▶ Q 159

1 [段落] ダイアログボックスの [体裁] タブをクリックし、

2 ここをクリックしてオンにし、[OK] をクリックします。

Q 161 蛍光ペンを引いたように文字を強調したい！

A [ホーム]タブの [蛍光ペンの色]を利用します。

蛍光ペンを利用するには、強調したい文字列を選択して、[ホーム]タブの[蛍光ペンの色]の をクリックし、色を選択します。

1 目的の文字列を選択して、

2 ここをクリックし、

3 色を選択すると、

↓

4 文字列が選択した色で塗られます。

> 蛍光ペンの色を濃くする場合は、フォントの色を薄い種類にすると文字が読みやすくなります。

● あとから文字列を選択する

文字列を選択せずに[蛍光ペンの色]をクリックすると、マウスポインターが に変わり、Escを押して解除するまで繰り返し文字列を選択できます。

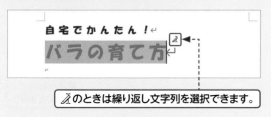

> のときは繰り返し文字列を選択できます。

Q 162 文字に網をかけたい！

A [ホーム]タブの [文字の網かけ]を利用します。

文字の網掛けは、文字列の強調に使います。1色で印刷する場合など、蛍光ペンを利用できないときに利用すると便利です。　参照▶Q 161

1 文字列を選択して、[ホーム]タブの [文字の網かけ]をクリックします。

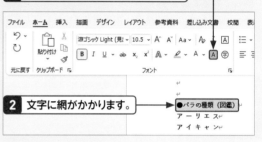

2 文字に網がかかります。

Q 163 文字と文字の間隔を狭くしたい！

A [フォント]ダイアログボックスの [詳細設定]タブで設定します。

文字の間隔を狭めるには、[ホーム]タブの[フォント]グループの右下にある をクリックすると表示される[フォント]ダイアログボックスを利用します。[詳細設定]タブにある[文字間隔]で[狭く]を選択して、[間隔]で数値を指定します。数値が大きいと文字が重なってしまうので、結果を見ながら調整します。

1 [文字間隔]を [狭く]にして、

2 間隔を指定し、 [OK]をクリックします。

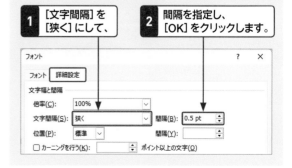

1 使いはじめ
2 基本と入力
3 編集
4 書式設定
5 表示
6 印刷
7 差し込み印刷
8 図と画像
9 表
10 ファイル

重要度 ★★★ 段落の書式設定

Q 164 段落とは？

A 段落記号←間の 文章のかたまりです。

段落は、冒頭から ← までの1行〜数行の文章で、最初の段落を1段落（目）といいます。最後の ← の次の行から ← までの文章が2段落（目）というようになります。

Wordでの文字の配置や箇条書きなどの書式は、段落を対象に設定されることが多いので行と段落の違いは理解しておきましょう。

また、箇条書きなどの場合、箇条書き1つが1段落となりますが、複数の箇条書きを1つの段落とさせたい場合があります。こういうときは、段落内で改行させておくことが可能です。これを「改行」（Wordでは任意の行区切り）といい、Shift+Enter を押すことで設定でき、↓ が表示されます。

参照▶Q 089, Q 116

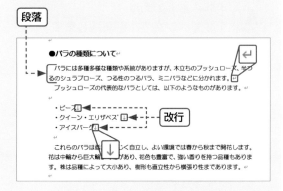

重要度 ★★★ 段落の書式設定

Q 165 段落の前後の間隔を 変えたい！

A [段落]ダイアログボックスを 利用します。

長文の文書や手紙などで話題を変えたい場合、段落の間を少しあけることで、読む側が一呼吸おけるようになります。段落の間隔を変更する方法の1つは [ホーム] タブの [行と段落の間隔] ≡・ をクリックして [段落前に間隔を追加]／[段落後に間隔を追加]をクリック

します。このとき、既定で「12」ptの間隔があきます（この追加を解除するには [段落前に間隔を削除]／[段落後に間隔を削除]をクリックします）。この間隔があきすぎの場合は、2つ目の方法として [段落] ダイアログボックスの [インデントと行間隔] タブの [間隔] で数値を変更します。

また、文書全体に同じ段落間隔を設定するには、[デザイン] タブの [段落の間隔] を利用することもできます。

4 段落前の間隔が広がりました。

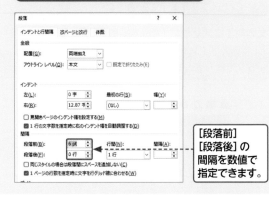

● [段落]ダイアログボックスを利用する

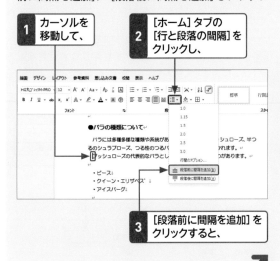

1 カーソルを移動して、

2 [ホーム] タブの [行と段落の間隔] をクリックし、

3 [段落前に間隔を追加] をクリックすると、

[段落前] [段落後] の間隔を数値で指定できます。

Q 166 段落の先頭を下げたい！

A インデントを設定します。

「インデント」とは、段落や行の先頭の位置を下げることです。インデントを設定したい段落にカーソルを移動して、ルーラーのインデントマーカーを使って、インデントを設定します。

段落の先頭を下げる（字下げ）には、先頭にカーソルを移

1 字下げする先頭にカーソルを置きます。

動して、[1行目のインデント] ▽ をドラッグします。
なお、字下げの字数を正確にしたい場合は、[段落]ダイアログボックスを表示して[インデント]の[最初の行]を[字下げ]にし、幅に文字数を指定します。

参照▶Q 169, Q 204

2 ▽ [1行目のインデント]をドラッグすると、

3 自由に先頭の位置を下げられます。

Q 167 段落の2行目以降を下げたい！

A ぶら下げインデントを設定します。

段落が項目とその説明文などの場合、2行目以降を項目の文字数分下げると項目部分が目立つようになります。その場合は、設定したい段落を選択して、[ぶら下げインデント] △ をドラッグします。

1 段落内にカーソルを置いて、

2 ぶら下げインデントをドラッグすると、

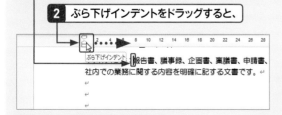

なお、ぶら下げインデントの文字数を正確にしたい場合は、[段落]ダイアログボックスを表示して[インデント]の[最初の行]を[ぶら下げ]にし、幅に文字数を指定します。

参照▶Q 169, Q 204

3 2行目以降の行が字下げされます。

● [段落]ダイアログボックスを利用する

1 使いはじめ
2 基本と入力
3 編集
4 書式設定
5 表示
6 印刷
7 差し込み印刷
8 図と画像
9 表
10 ファイル

重要度 ★★★　段落の書式設定

Q 168 段落全体の位置を下げたい!

A 左インデントを設定します。

段落全体の先頭位置を下げたい場合は、左インデント
を利用します。段落を選択して、[左インデント]□ を
下げたい位置までドラッグします。

また、[ホーム]タブの[インデントを増やす]亘 をクリッ
クしても段落を1文字ずつ下げることができます。挿入

したインデントを減らしたいときは、[ホーム]タブの[イ
ンデントを減らす]亘 をクリックします。

参照 ▶ Q 169, Q 204

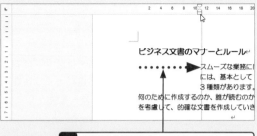

3 段落の先頭がすべて字下げされます。

1 段落にカーソルを置いて、

2 [左インデント]□ をドラッグします。

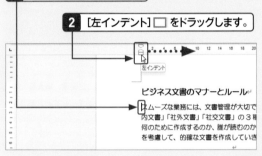

● [ホーム]タブから設定する

クリックすると、1文字ずつ増減します。

重要度 ★★★　段落の書式設定

Q 169 インデントマーカーを1文字分ずつ移動させたい!

A グリッド線の間隔を1文字に設定します。

インデントマーカーを1文字ずつ移動させるには、[グ
リッド線]ダイアログボックスでグリッド線の間隔を
「1字」に設定します。

[グリッド線]ダイアログボックスは、[ページ設定]ダ
イアログボックスの[文字数と行数]タブで[グリッド
線]をクリックして表示します。

なお、文字単位で指定するには、[Wordのオプション]
の[詳細設定]で[単位に文字幅を使用する]をクリッ
クしてオンにしておく必要があります。　参照 ▶ Q 029

1 ここをクリックしてオンにし、

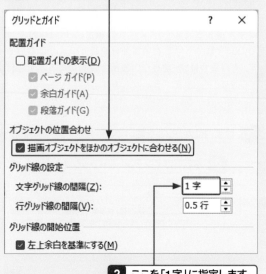

2 ここを「1字」に指定します。

1 使い始め
2 基本と入力
3 編集
4 書式設定
5 表示
6 印刷
7 差し込み印刷
8 図と画像
9 表
10 ファイル

重要度 ★★★ 段落の書式設定

Q 170 「行間」って どこからどこまでのこと？

A 行の文字の上から次の行の文字の 上までの間隔が「行間」です。

Wordでの「行間」とは、行の文字の上から次の行の文字の上までの間隔（行送り）を指します。行間は［ページ設定］ダイアログボックスの［文字数と行数］タブで行数を設定すると、行数に合わせて自動調整されます。

また、［段落］ダイアログボックスの［インデントと行間隔］タブでは、行間だけではなく、段落と段落の間隔を設定することもできます。　　　　　参照▶Q 165, Q 171

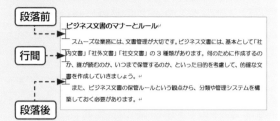

段落前 / 行間 / 段落後

重要度 ★★★ 段落の書式設定

Q 171 行間を変更したい！

A ［行と段落の間隔］または［段落］ダイアログボックスで設定します。

段落内の行間を広げたい場合は、［ホーム］タブの［行と段落の間隔］をクリックして、行間を指定します。また、［段落］グループ右下にある □ をクリックして表示される［段落］ダイアログボックスの［インデントと行間隔］タブで、［行間］と［間隔］を指定することで変更できます。［行間］には［最小値］［固定値］［倍数］があります。［固定値］にして［間隔］の数値を指定すると、指定した行間サイズが固定され、フォントサイズを変更しても行間が変更されなくなります。［最小値］は指定した間隔を最低値として常に保ち、指定した行間隔より大きいフォントサイズを入力した場合、それに応じて行間隔が広がるようになります（小さいフォントサイズに

しても狭くなることはありません）。［倍数］は、1行の倍数の間隔のことで、たとえば［間隔］を「3」にすると、行の上余白から次の行の上余白までが1行間隔で、その3倍の間隔になります。　　　　　参照▶Q 165, Q 170

4 行間が広がります。

ビジネス文書のマナーとルール

● ［段落］ダイアログボックスで指定する

段落 ? ×

インデントと行間隔 / 改ページと改行 / 体裁

全般
配置(G): 両端揃え
アウトライン レベル(O): 本文 □ 既定で折りたたみ(E)

インデント
左(L): 0 字　最初の行(S): 幅(Y):
右(R): 0 字　字下げ / 1 字
□ 見開きページのインデント幅を設定する(M)
☑ 1 行の文字数を指定時に右のインデント幅を自動調整する(D)

間隔
段落前(B): 0 行　行間(N): 間隔(A):
段落後(F): 0 行　倍数 / 2
□ 同じスタイルの場合は段落間にスペースを追加しない(C)
☑ 1 ページの行数を指定時に文字を行グリッド線に合わせる(W)

［最小値］［固定値］［倍数］を選択して、任意の値を入力します。

1 目的の段落にカーソルを移動して、

2 ［行と段落の間隔］をクリックし、

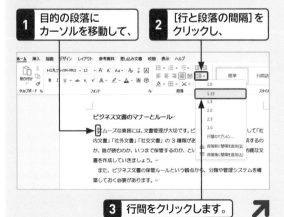

3 行間をクリックします。

Q 172 行間が広がってしまった！

A フォントサイズを変更したり ふりがなを付けると広がります。

行間はページの行数と余白によって決まりますが、游明朝や游ゴシックなどのフォントのサイズを大きくすると行間が広がる場合があります。

また、ふりがなを付けるとその行だけ広がってしまいます。

これらを解消するには、文字をグリッド線に合わせないようにする方法と、行間隔を変更する方法があります。

フォントサイズを大きくしたら行間が広がってしまった。

> **栽培する場所や環境について**
> 生育期は、日当たりと風通しのよい場所で栽培します。風通しが悪いと病気（うどんこ病）が発生しやすくなります。庭植えの場合、肥よくで水はけがよい場所にします。そうでない場合は堆肥などを多めにして土壌の改良をしておきましょう（堆肥は1株当たり15リットル程度）。

ふりがなを付けたら行間が広がってしまった。

> **栽培する場所や環境について**
> 生育期は、日当たりと風通しのよい場所で栽培します。風通しが悪いと病気（うどんこ病）が発生しやすくなります。庭植えの場合、肥よくで水はけがよい場所にします。そうでない場合は堆肥などを多めにして土壌の改良をしておきましょう（堆肥は1株当たり15リットル程度）。

● 文字をグリッド線に合わせない

段落の設定では、文字は1行のグリッド線に合わせてレイアウトするようになっています。フォントサイズを大きくしたり、ふりがなで文字の高さが増えたりして1行のグリッド線よりも大きくなるため、自動的に2行目のグリッド線に合わせられることから行間が広がってしまいます。

この場合、[段落]ダイアログボックスの[インデントと行間隔]タブで[1ページの行数を指定時に文字を行グリッド線に合わせる]をクリックしてオフにします。

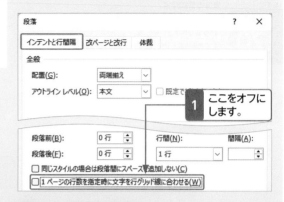

1 ここをオフにします。

2 行間が調整されます。

> **栽培する場所や環境について**
> 生育期は、日当たりと風通しのよい場所で栽培します。風通しが悪いと病気（うどんこ病）が発生しやすくなります。庭植えの場合、肥よくで水はけがよい場所にします。そうでない場合は堆肥などを多めにして土壌の改良をしておきましょう（堆肥は1株当たり15リットル程度）。

● 行間隔を変更する

ふりがなを付けると、上下の行の行間が広がってしまうことがあります。こういう場合は全体の行間を一定にするように調整するとよいでしょう。[段落]ダイアログボックスの[インデントと行間隔]タブで[行間]を[固定値]にして、[間隔]を指定します。間隔には、フォントサイズの6〜8プラスした値（あるいは[行送り]の値）を指定して、ほかの行とのバランスを見ながら調整します。

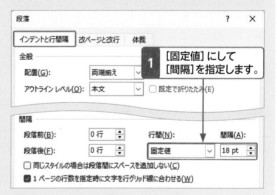

1 [固定値]にして [間隔]を指定します。

2 行間が調整されます。

> **栽培する場所や環境について**
> 生育期は、日当たりと風通しのよい場所で栽培します。風通しが悪いと病気（うどんこ病）が発生しやすくなります。庭植えの場合、肥よくで水はけがよい場所にします。そうでない場合は堆肥などを多めにして土壌の改良をしておきましょう（堆肥は1株当たり15リットル程度）。

使いはじめ 1
基本と入力 2
編集 3
書式設定 4
表示 5
印刷 6
差し込み印刷 7
図と画像 8
表 9
ファイル 10

重要度 ★★★　段落の書式設定

Q 173 文字を特定の位置で揃えたい！

A タブを挿入します。

揃えたい文字の前で Tab を押すとタブが挿入され、複数行の文字位置を特定の位置で揃えることができます。既定では4文字単位でタブ位置が設定されます。このため、Tab を押す前の文字数によって、次の文字列の先頭位置が異なる場合があります。なお、[ホーム]タブの [編集記号の表示／非表示] をクリックすると、タブなどの編集記号を表示できます。　参照▶Q 174

1 [ルーラー]をクリックしてオンにし、ルーラーを表示します。

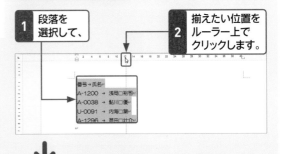

2 Tab を押すと、4文字単位でタブが挿入されます。

重要度 ★★★　段落の書式設定

Q 174 タブの間隔を自由に設定したい！

A タブマーカーを利用してタブ位置を設定します。

タブ間隔を調整したい段落を選択して、ルーラー上をクリックするとタブマーカーが表示され、タブの間隔を自由に設定できます。

タブは通常[左揃えタブ] になっているため、タブ位置で文字列が左揃えになります。タブの種類は、左揃えタブのほか、[中央揃えタブ]、[右揃えタブ]、[小数点揃えタブ]、[縦棒タブ] があり、たとえば数値なら右揃え、文字は中央揃えにするなど、タブを使って揃える位置を変更できます。タブの種類の切り替えはルーラーの左端で行います。

なお、タブ位置の設定を解除するには、タブマーカーをルーラーの外へドラッグします。　参照▶Q 173

● タブの種類の切り替え

ここをクリックして切り替えます。

● タブ位置を指定する

1 段落を選択して、

2 揃えたい位置をルーラー上でクリックします。

タブマーカーが表示されます。

3 指定した位置で文字の先頭が揃います。

● タブマーカーで指定する

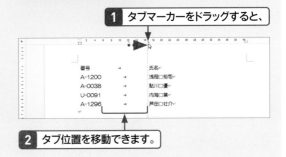

1 タブマーカーをドラッグすると、

2 タブ位置を移動できます。

1 使いはじめ
2 基本と入力
3 編集
4 書式設定
5 表示
6 印刷
7 差し込み印刷
8 図と画像
9 表
10 ファイル

重要度 ★★★　段落の書式設定

Q 175 タブの位置を微調整したい！

Alt を押しながらドラッグします。

A Alt を押しながら
タブマーカーをドラッグします。

Alt を押しながら、ルーラー上のタブマーカーをドラッグすると、サイズ表示が変わり、タブ位置を細かく調整できます。

重要度 ★★★　段落の書式設定

Q 176 タブの間を 点線でつなぎたい！

A リーダーを設定します。

1 段落を選択して、

2 [ホーム] タブの
ここをクリックします。

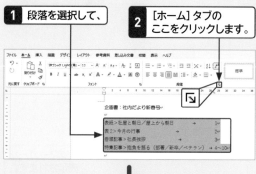

3 [段落] ダイアログボックスが表示されます。

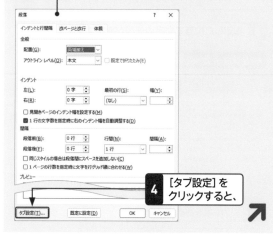

4 [タブ設定] を
クリックすると、

[タブとリーダー] ダイアログボックスの [リーダー] で、タブを点線や直線などに変更できます。

[タブとリーダー] ダイアログボックスを表示するには、[ホーム] タブの [段落] グループ右下にある ⤵ をクリックして表示される [段落] ダイアログボックスで [タブ設定] をクリックします。

5 [タブとリーダー] ダイアログボックスが
表示されます。

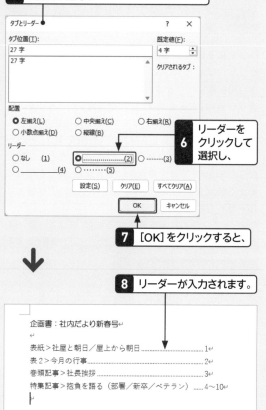

6 リーダーを
クリックして
選択し、

7 [OK] をクリックすると、

8 リーダーが入力されます。

重要度 ★★★　段落の書式設定

Q 177 文章を左右2つのブロックに分けたい！

A　段組みを設定します。

1 範囲を選択して、

2 [レイアウト]タブの[段組み]をクリックし、

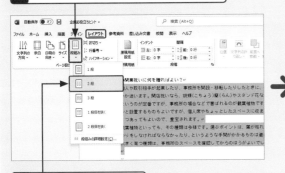

3 [2段]をクリックすると、

段組みとは、文書や段落などをいくつかのブロックで横に区切って並べることです。範囲を選択して、[レイアウト]タブの[段組み]をクリックして、段を選択します。なお、最初に範囲を指定しないと、文書全体が段組みの対象になります。また、[段組み]をクリックして、[段組みの詳細設定]をクリックすると[段組み]ダイアログボックスが表示され、詳細な設定ができます。段組みを設定すると、その範囲が1つのセクションとなり、前後にセクション区切りが設定されます。

参照▶Q 178, Q 196

4 2段組みになります。

●開業祝いに何を贈ればよい？ ──セクション区切り (現在の位置から新しいセクション)──

知人や取引相手が起業したり、事務所を開設・移転したりしたときに、何を贈ればよいか迷います。開店祝いなら、胡蝶蘭やスタンド花などで名札付きというのが定番になっていますが、事務所の場合などで喜ばれるのが観葉植物です。入り口にドンと設置するものもよいですが、個人席やちょっとしたスペースに

収まるサイズはいくつあってもよいので、重宝されます。
観葉植物といっても、その種類は多様です。選ぶポイントは、葉が枯れたり、毎日水やりをしたり、というような手間がかかるものは避けます。また、大きく育つ種類は、事務所のスペースを確認してからのほうがよいでしょう。

以下は、人気の観葉植物です。

重要度 ★★★　段落の書式設定

Q 178 段組みの間に境界線を入れたい！

A　[段組み]ダイアログボックスで境界線を設定します。

1 [境界線を引く]をクリックしてオンにし、

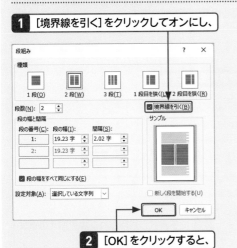

2 [OK]をクリックすると、

段組み部分にカーソルを置いて、[段組み]ダイアログボックスで[境界線を引く]をクリックしてオンにすると、段の間に線が引かれます。[段組み]ダイアログボックスを開くには、[ホーム]タブの[段組み]をクリックし、[段組みの詳細設定]をクリックします。

参照▶Q 177

3 境界線が引かれます。

●開業祝いに何を贈ればよい？ ──セクション区切り (現在の位置から新しいセクション)──

知人や取引相手が起業したり、事務所を開設・移転したりしたときに、何を贈ればよいか迷います。開店祝いなら、胡蝶蘭やスタンド花などで名札付きというのが定番になっていますが、事務所の場合などで喜ばれるのが観葉植物です。入り口にドンと設置するものもよいですが、個人席やちょっとしたスペースに

収まるサイズはいくつあってもよいので、重宝されます。
観葉植物といっても、その種類は多様です。選ぶポイントは、葉が枯れたり、毎日水やりをしたり、というような手間がかかるものは避けます。また、大きく育つ種類は、事務所のスペースを確認してからのほうがよいでしょう。

以下は、人気の観葉植物です。

パキラ：パキラは別名を「発財樹」といい、金運や仕事運を上げる効果があるといわれています。幹を編み込んで育てられたものも発売されています。

1 使いはじめ
2 基本と入力
3 編集
4 書式設定
5 表示
6 印刷
7 差し込み印刷
8 図と画像
9 表
10 ファイル

重要度 ★★★　段落の書式設定

Q 179 書式設定が次の行に引き継がれないようにしたい！

A [ホーム]タブの[すべての書式をクリア]を利用します。

書式を設定した段落や文字列の末尾で Enter を押すと、次の段落に書式が引き継がれてしまいます。

1 書式を設定した段落で Enter を押すと、

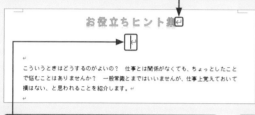

お役立ちヒント集

こういうときはどうするのがよいの？　仕事とは関係がなくても、ちょっとしたことで悩むことはありませんか？　一般常識とまではいいませんが、仕事上覚えておいて損はない、と思われることを紹介します。

2 次の段落にも書式が引き継がれています。

この場合は、[ホーム]タブの[すべての書式をクリア] をクリックすると、既定の書式になります。
また、書式設定された段落末で Ctrl + Space を押すと文字書式が解除されるので、そのあとで Enter を押して改行します。

3 [すべての書式をクリア]をクリックすると、

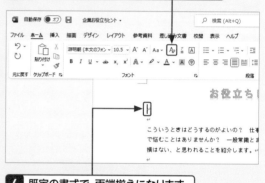

お役立ち

こういうときはどうするのがよいの？　仕事とは関係がなくても、ちょっとしたことで悩むことはありませんか？　一般常識とまで損はない、と思われることを紹介します。

4 既定の書式で、両端揃えになります。

重要度 ★★★　段落の書式設定

Q 180 書式設定の一部を解除したい！

A Ctrl + Q または Ctrl + Space を押します。

書式を付けた文字列や行、段落を選択して Ctrl + Q を押すと、段落書式のみが解除されます。ただし、段落書式が[スタイル]で設定されている場合は解除されません。また、文字列を選択して Ctrl + Space を押すと、段落書式はそのままで、文字書式だけが解除されます。

参照▶Q 181

● もとの段落

ビジネスチャンスをつかめ！
●仕事に役立つヒント集●

段落書式：中央揃え
文字書式：フォントサイズ「16」、フォント「MSゴシック」、フォントの色、太字、均等割り付け

● 段落書式を解除する

1 Ctrl + Q を押します。

ビジネスチャンスをつかめ！
●仕事に役立つヒント集●

2 段落書式が解除され、文字書式が設定されたまま両端揃えに配置されます。

● 文字書式を解除する

1 Ctrl + Space を押します。

ビジネスチャンスをつかめ！
●仕事に役立つヒント集●

2 文字書式が解除され、中央揃えのまま既定の書式になります。

Q 181
よく使う書式をスタイルとして登録しておきたい！

A [スタイル]作業ウィンドウで新しいスタイルを作成します。

登録したい書式を選択し、[ホーム]タブの[スタイル]の 🔽 をクリックして表示される[スタイル]作業ウィンドウの[新しいスタイル]をクリックすると、新しいスタイルを登録できます。なお、[スタイルギャラリーに追加する]がオンになっていれば、作成したスタイルはスタイルギャラリーにも追加されます。

また、[スタイル]作業ウィンドウでスタイル名の 🔽 をクリックし、[変更]をクリックすると、登録されているスタイルの設定を変更できます。

● スタイルを登録する

1 登録したい書式を選択して、

2 [ホーム]タブの[スタイル]のここをクリックします。

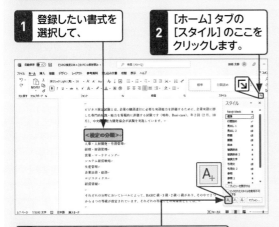

3 [スタイル]作業ウィンドウが表示されるので、[新しいスタイル]をクリックします。

4 スタイルの名前を付けて、

5 フォントの種類やサイズなどを確認し、

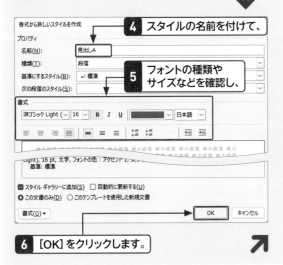

6 [OK]をクリックします。

● スタイルを変更する

7 作成したスタイルが登録されます。

ここをクリックして閉じます。

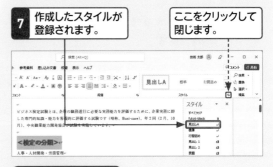

1 スタイル名のここをクリックして、

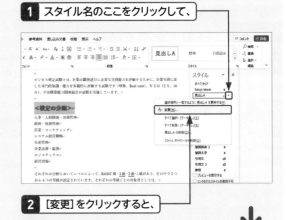

2 [変更]をクリックすると、

3 [スタイルの変更]ダイアログボックスが表示されるので、設定を変更できます。

1 使いはじめ
2 基本と入力
3 編集
4 書式設定
5 表示
6 印刷
7 差し込み印刷
8 図と画像
9 表
10 ファイル

重要度 ★★★　スタイル

Q 182 スタイルを もっと手軽に利用したい！

A スタイルギャラリーのスタイルを 適用します。

スタイルを適用したい段落を選択して、[ホーム]タブの[スタイル]から目的のスタイルを選択します。[その他]▽ をクリックすると、スタイルギャラリーの一覧が表示されます。このとき、[スタイル]作業ウィンドウの[新しいスタイル]で作成したスタイルも、スタイルギャラリーに登録されます。　　　　　　　参照▶Q 181

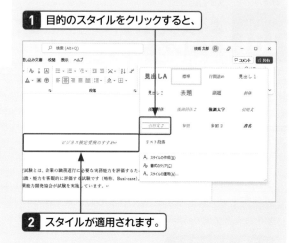

1 目的のスタイルをクリックすると、

2 スタイルが適用されます。

重要度 ★★★　箇条書き／段落番号

Q 183 行頭に番号の付いた 箇条書きを設定したい！

A 段落の先頭で「1.」と入力します。

段落の先頭で「1.」と入力し、文字を入力して Enter を押すと、自動的に次の行に「2.」と表示されます。ただし、この機能は自動入力の設定がオフになっていると利用できません。　　　　　　　参照▶Q 188

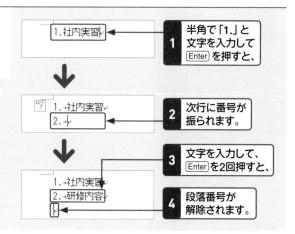

1 半角で「1.」と 文字を入力して Enter を押すと、

2 次行に番号が 振られます。

3 文字を入力して、 Enter を2回押すと、

4 段落番号が 解除されます。

重要度 ★★★　箇条書き／段落番号

Q 184 箇条書きの途中に段落番号 のない行を追加したい！

A 段落番号に続く文字の先頭部分で Enter を押します。

箇条書き中に行頭記号や段落番号のない行を1行入れたい場合は、入れたい行の前段落末で Enter を押して改行します。箇条書きの形式になるので、再度 Enter を押すと、通常の段落になります。

このとき、数字やアルファベットなど連続番号の箇条書きであれば、次の行の数字が正しく変更されます。

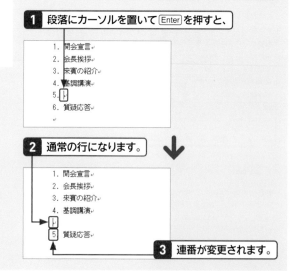

1 段落にカーソルを置いて Enter を押すと、

2 通常の行になります。

3 連番が変更されます。

使いはじめ 1
基本と入力 2
編集 3
書式設定 4
表示 5
印刷 6
差し込み印刷 7
図と画像 8
表 9
ファイル 10

重要度 ★★★　箇条書き／段落番号

箇条書きの段落内で改行したい！

 [Shift]＋[Enter]を押して、段落を分けずに改行します。

箇条書きの段落内で、次の行を箇条書きにしたくないときは、[Shift]＋[Enter]を押して、段落記号ではなく改行

を挿入します。編集記号は↓になります。

```
1. 開会宣言↓
   司会：技術次郎↵
2. 会長挨拶↓
   会長：山本三郎↵
3. 来賓の紹介↓
   ↓
4. 基調講演↵

↵
```

重要度 ★★★　箇条書き／段落番号

入力済みの文章を番号付きの箇条書きにしたい！

 [ホーム]タブの[段落番号]を利用します。

番号を振らずに入力した箇条書きなどの文字列に対して、あとから連番を振ることができます。
文字列を選択して、[ホーム]タブの[段落番号]🏛 をクリックすると、設定されている書式の番号が振られます。

1 箇条書きを選択して、

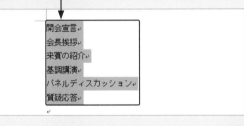

↗

このとき、[段落番号]🏛・の・をクリックすると、スタイルを選択できます。　　　　　　　　　参照▶Q 187

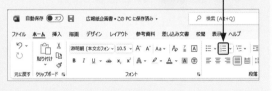

2 [段落番号]をクリックすると、

↓

3 番号が振られます。

```
1. 開会宣言↵
2. 会長挨拶↵
3. 来賓の紹介↵
4. 基調講演↵
5. パネルディスカッション↵
6. 質疑応答↵
```

重要度 ★★★　箇条書き／段落番号

箇条書きの記号を変更したい！

 行頭文字ライブラリ、番号ライブラリから記号を選択します。

箇条書き部分を選択して、[ホーム]タブの[箇条書き]
🏛 あるいは[段落番号]🏛・の・をクリックすると、
[行頭文字ライブラリ]あるいは[番号ライブラリ]か

ら行頭の記号を変更できます。

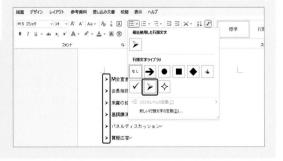

1 使いはじめ

2 基本と入力

3 編集

4 書式設定

5 表示

6 印刷

7 差し込み印刷

8 図と画像

9 表

10 ファイル

重要度 ★★★　箇条書き／段落番号

Q 188 箇条書きになってしまうのを やめたい！

A 入力オートフォーマットの設定を 解除します。

箇条書きになるのは、入力オートフォーマット機能が オンになっているためです。これをやめさせるには、 [Wordのオプション]の[文章校正]で[オートコレクト のオプション]をクリックし、[入力オートフォーマッ ト]タブの[箇条書き（行頭文字）]および[箇条書き（段

落番号）]をクリックしてオフにします。これにより、行 の先頭に数字や記号を入力しても、箇条書きの書式は 適用されなくなります。　　　　　　　　参照 ▶ Q 029

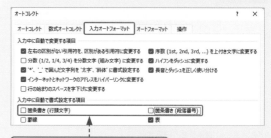

ここをクリックしてオフにします。

重要度 ★★★　箇条書き／段落番号

Q 189 途中から段落番号を 振り直したい！

A 右クリックして、 [1から再開]をクリックします。

連続した段落番号の途中に通常の行を追加した場合、 あるいは1行だけ番号を解除した場合、次の行の番号 は自動的に続けて振られます。このとき、次の番号を 「1」から振り直すことができます。 振り直したい番号の段落をすべて選択して、右クリッ クし、[1から再開]をクリックします。　参照 ▶ Q 184

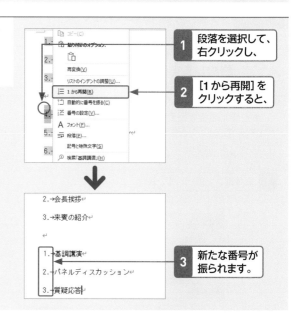

1 段落を選択して、 右クリックし、

2 [1から再開]を クリックすると、

3 新たな番号が 振られます。

重要度 ★★★　箇条書き／段落番号

Q 190 途切れた段落番号を 連続させたい！

A 段落を選択して、 [段落番号]をクリックします。

連続させたい段落を選択して、[ホーム]タブの[段落番 号]をクリックすると、途切れていた段落番号が連 続の番号に振り直されます。　　　　　　参照 ▶ Q 189

1 段落を 選択して、

2 [段落番号]をクリックすると、 連続の番号に振り直されます。

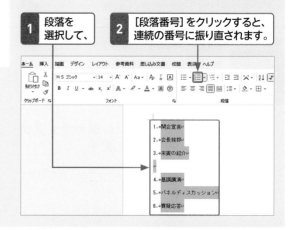

Q 191 文書全体を縦書きにしたい！

A [文字列の方向]を [縦書き]に設定します。

[レイアウト]タブの[文字列の方向]をクリックして、[縦書き]をクリックすると、縦書きになります。

ただし、縦書きになったとき、レイアウトが崩れた部分の微調整などが必要になります。また、余白の設定、ページ番号、ヘッダー、フッターなどの確認、調整も必要な場合があります。

1 [文字列の方向]をクリックして、

2 [縦書き]をクリックすると、

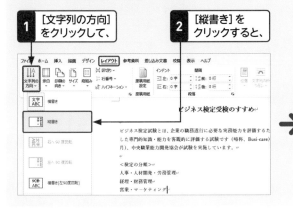

3 文書が[縦書き]になります。

Q 192 縦書きにすると 数字が横に向いてしまう！

A 「縦中横」を設定します。

文字列の方向を縦書きにすると、半角の英数字は横向きになってしまいます。[ホーム]タブの[拡張書式]をクリックして、[縦中横]をクリックすると、横向きになっている数字を縦にできます。なお、同じ文字がほかにもある場合、手順**5**で[すべて適用]をクリックするとすべての同じ文字に適用できます。　参照▶Q 191

1 文字列を選択して、

2 [拡張書式]をクリックし、

3 [縦中横]をクリックします。

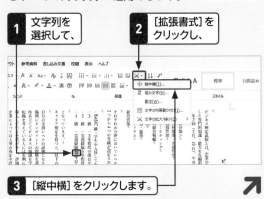

4 [行の幅に合わせる]がオンになっていることを確認して、

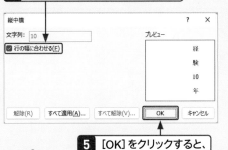

5 [OK]をクリックすると、

6 縦中横が設定されます。

7 手順**5**で[すべて適用]をクリックすると、同じ文字すべてに縦中横が設定されます。

Q 193 区切りのよいところで ページを変えたい!

A 「ページ区切り」を挿入します。

区切りのよいところで改ページしたい場合、「ページ区切り」を挿入して、強制的に改ページすることができます。ページ区切りを挿入するには、[挿入]タブの[ページ](画面サイズによっては[ページ]グループ)から[ページ区切り]をクリックします。[レイアウト]タブの[ページ／セクション区切りの挿入] 区切り をクリックして、[改ページ]をクリックしても同じです。

参照▶Q 198

1 ページを区切りたい位置にカーソルを置いて、

2 [挿入]タブの[ページ区切り]をクリックします。

3 ページが区切られました。

Q 194 改ページすると前のページの 書式が引き継がれてしまう!

A Ctrl + Shift + N を押して、 書式を解除します。

「ページ区切り」を挿入すると、新しいページでは直前に使用していた書式が引き継がれます。前の書式を使用したくないときには、Ctrl + Shift + N を押すと設定されている書式を解除できます。

参照▶Q 193

Q 195 用紙に透かし文字を 入れたい!

A [透かし]を利用します。

[デザイン]タブの[透かし]をクリックすると、透かし文字を挿入できます。入れたい文字がない場合は、[ユーザー設定の透かし]をクリックし、表示される[透かし]ダイアログボックスで、[テキスト]から文字を選択するか、ボックスに直接入力します。

1 [デザイン]タブの[透かし]をクリックして、

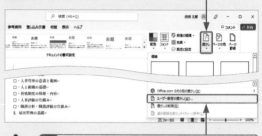

2 [ユーザー設定の透かし]をクリックします。

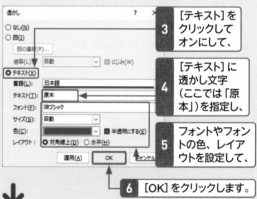

3 [テキスト]をクリックしてオンにして、

4 [テキスト]に透かし文字(ここでは「原本」)を指定し、

5 フォントやフォントの色、レイアウトを設定して、

6 [OK]をクリックします。

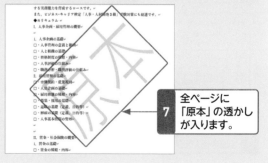

7 全ページに「原本」の透かしが入ります。

Q 196 セクションって何？

A ページ設定を行える範囲のことです。

「セクション」とは、ページ設定を行うことができる範囲の単位です。文書を「章」や「節」などのセクションで区切っておくと、そのセクションのみにページ設定ができ、目次や索引などを作成する際にも便利です。[レイアウト]タブの[ページ／セクション区切りの挿入]⊞区切り▼ をクリックすると、目的のページ区切り、セクション区切りを挿入できます。　　**参照▶Q 198**

Q 197 1つの文書に縦書きと横書きのページを混在させたい！

A セクション区切りを挿入して、セクションを縦書きにします。

セクション区切りを挿入すると、セクションごとに縦書きや横書きが異なるページ設定ができるようになります。

縦書きと横書きを分ける位置にカーソルを移動し、[レイアウト]タブの[ページ／セクション区切りの挿入]⊞区切り▼ をクリックして、セクション区切りを挿入します。縦書きにしたいセクションにカーソルを移動して、[ページ設定]グループの右下にある 🖪 をクリックして[ページ設定]ダイアログボックスを表示します。[文字数と行数]タブの[縦書き]をクリックしてオンにし、設定対象を [このセクション]に指定すると、そのセクションが縦書きになります。　　**参照▶Q 191, Q 196**

1 目的の場所にセクション区切りを挿入します。

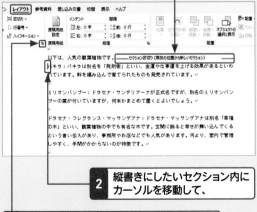

2 縦書きにしたいセクション内にカーソルを移動して、

3 [ページ設定]グループのここをクリックし、

4 [ページ設定]ダイアログボックスの[文字数と行数]タブをクリックします。

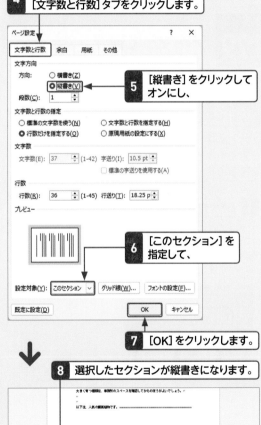

5 [縦書き]をクリックしてオンにし、

6 [このセクション]を指定して、

7 [OK]をクリックします。

8 選択したセクションが縦書きになります。

使いはじめ 1
基本と入力 2
編集 3
書式設定 4
表示 5
印刷 6
差し込み印刷 7
図と画像 8
表 9
ファイル 10

1 使いはじめ
2 基本と入力
3 編集
4 書式設定
5 表示
6 印刷
7 差し込み印刷
8 図と画像
9 表
10 ファイル

重要度 ★★★　ページの書式設定

Q 198 改ページやセクション区切りを削除したい!

A ページやセクション区切りの編集記号を削除します。

改ページやセクション区切りの編集記号が表示されていない場合は、[ホーム]タブの [編集記号の表示／非表

示] ↵ をクリックして表示します。改ページやセクション区切りの記号の前にカーソルを移動するか、記号を選択して Delete を押します。

下は、人気の観葉植物です。 □ セクション区切り (現在の位置から新しいセクション)

キラ：パキラは別名を「発財樹」といい、金運や仕事運を上げるといわれています。幹を編み込んで育てられたものも発売され

カーソルを置いて、 Delete を押すと削除できます。

重要度 ★★★　テーマ

Q 199 テーマって何?

A 文書全体のデザインのまとまりです。

テーマとは、文書全体の統一感を保つようにデザインされたものです。[デザイン]タブの [テーマ]には、文書全体の見出しや本文のフォント、色などのデザイン

が各テーマによって用意されています。テーマをクリックするだけで、文書全体のデザインをかんたんに整えることができます。なお、テーマを利用するには、フォントやフォントの色などがそれぞれの [テーマ]から選択されている必要があります。

テーマを解除したい場合は、手順❸で左上にある [Office]をクリックします。

テーマのフォント、テーマの色を使用して文書を作成します。

1 [デザイン]タブをクリックして、

2 [テーマ]をクリックし、

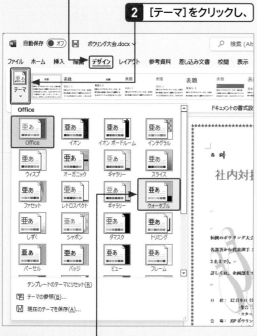

3 目的のテーマをクリックします。

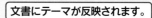

文書にテーマが反映されます。

第 **5** 章

表示の
「こんなときどうする？」

Q 200 文書の表示方法を切り替えたい！

A [表示]タブの[文書の表示]を利用します。

Wordの文書表示モードには、[閲覧モード]、[印刷レイアウト]、[Webレイアウト]、[アウトライン]、[下書き]の5つがあり、[表示]タブで切り替えることができます。また、画面右下の表示選択ショートカットで[閲覧モード]画、[印刷レイアウト]画、[Webレイアウト]画の切り替えができます。このほかに、Word 2021では[フォーカス]モードが用意されています。

● [表示]タブ

● 閲覧モード

ページを閲覧するための簡素化された表示方法です。[表示]をクリックして、[レイアウト]から表示を変更できます（画面は[列のレイアウト]）。

● 印刷レイアウト

印刷時の仕上がりを確認しながら文書を作成する場合の表示方法です。

● Webレイアウト

Web用の文書を作成するときの表示方法です。

● アウトライン

文書の階層構造を視覚的に把握できる表示方法です。

● 下書き

デザインや画像などは省略され、文字入力に集中するための表示方法です。

● フォーカス

全画面表示で文書以外の部分が黒く、文書だけに集中できる表示方法です。

Q 201 文書を音声で読み上げたい！

A 音声読み上げ機能を利用します。

Word 2021／Microsoft 365に、読み取りと編集中の単語や文書の表示方法を調整するイマーシブリーダー機能が搭載されています。この中に、文書を音声で読み上げる機能があります。

利用するには、スピーカーを設定しておきます。[表示]タブの[イマーシブリーダー]をクリックして、[音声読み上げ]をクリックすると、カーソル位置以降で認識できる文字から読み上げます。表示されるツールバーで、一時停止／再開、前の段落／次の段落への移動、音量などの設定ができます。なお、テキスト形式などには対応しない場合があります。

1 [表示]タブをクリックして、

2 [イマーシブリーダー]をクリックします。

↓

3 [音声読み上げ]をクリックすると、

↓

4 文字を選択しながら読み上げます。

5 ここをクリックして、終了します。

Q 202 文書を自由に拡大／縮小したい！

A マウスのホイールボタンを使います。

マウスの中央にホイールボタンが付いているマウスを利用している場合は、Ctrl を押しながらホイールボタンを回転させることで、表示倍率を変更できます。上（前）に回転させると10％ずつ拡大され、下（手前）に回転させると10％ずつ縮小されます。

また、画面右下のズームスライダーを左右にドラッグすると拡大／縮小できるほか、左右の - + をクリックすると10％単位で拡大／縮小できます。さらに、ズームの右にある％表示をクリックすると表示される[ズーム]ダイアログボックスでも変更できます。

参照▶Q 203

1 Ctrl を押しながらホイールボタンを上に回転させると、

ズームスライダーを左右にドラッグできます。

100％で表示しています。

2 画面が拡大表示されます。

3 下に回転させると、画面が縮小表示されます。

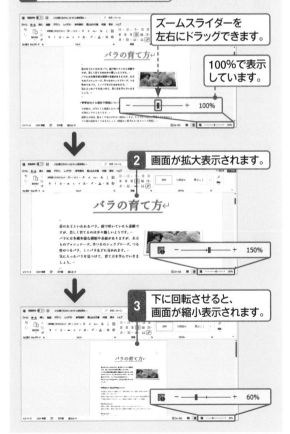

Q 203 文書の画面表示を切り替えて使いたい！

A [表示]タブの[ズーム]を利用します。

文字内容がよく見えるように文書表示を拡大したり、レイアウトを確認するために文書表示を縮小したりするためには、ズーム機能を利用します。画面右下のズームスライダーや左右の[拡大][縮小]をクリックしても倍率を変更できます。

[表示]タブの[ズーム]グループには、[ズーム][100%][1ページ][複数ページ][ページ幅を基準に表示]の5つのコマンドが用意されています。

● [ズーム]ダイアログボックスを利用する

1 [表示]タブの[ズーム]をクリックして、[ズーム]ダイアログボックスを表示します。

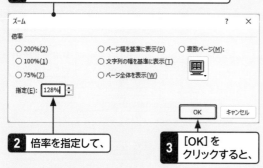

2 倍率を指定して、

3 [OK]をクリックすると、

4 文書の表示倍率が変更されます。

128%

● 1ページ表示

[1ページ]をクリックすると、文書ウィンドウに1ページ全体が表示されます。

● 複数ページ表示

[複数ページ]をクリックすると、文書ウィンドウに見開きや複数ページが表示されます。

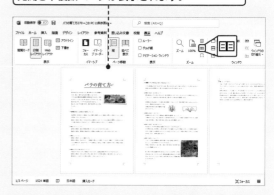

● ページ幅を基準に表示

[ページ幅を基準に表示]をクリックすると、文書ウィンドウに用紙サイズがいっぱいに表示されます。

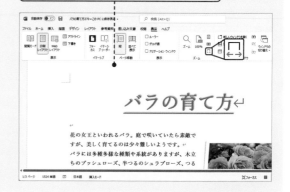

使いはじめ 1
基本と入力 2
編集 3
書式設定 4
表示 5
印刷 6
差し込み印刷 7
図と画像 8
表 9
ファイル 10

重要度 ★★★　画面表示

Q 204 ルーラーを表示したい!

A [表示]タブの[ルーラー]を
クリックしてオンにします。

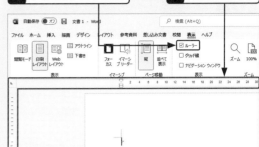

1 [ルーラー]をクリックしてオンにすると、

2 ルーラーが表示されます。

Wordの初期設定では、画面の上と左側にルーラーが表示されていません。ルーラーが必要な場合は、[表示]タブの[ルーラー]をクリックしてオンにすると表示されます。

重要度 ★★★　画面表示

Q 205 ルーラーの単位を「字」から「mm」に変更したい!

A [Wordのオプション]から変更できます。

ルーラーは、初期設定では文字単位で表示されます。[Wordのオプション]の[詳細設定]で、[単位に文字幅を使用する]をクリックしてオフにすると、mm単位表示になります。なお、ルーラーはWordの初期設定では表示されていません。[表示]タブの[ルーラー]をクリックしてオンにすると表示されます。

参照▶Q 029

1 [詳細設定]をクリックします。

2 [単位に文字幅を使用する]をクリックしてオフにします。

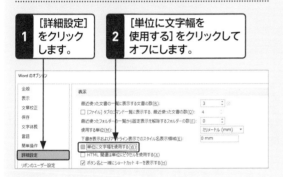

● 文字単位

● mm単位

重要度 ★★★　画面表示

Q 206 詳細設定の画面を開きたい!

A グループ名の右にある 🔽 から表示できます。

グループ名の右端にある 🔽 は、詳細設定画面(ダイアログボックス)や作業ウィンドウが用意されていることを示しており、クリックすると、表示できます。このほか、[段組み]ダイアログボックスのようにコマンドのメニューから表示できるものもあります。

1 ここをクリックすると、

2 [フォント]ダイアログボックスが表示されます。

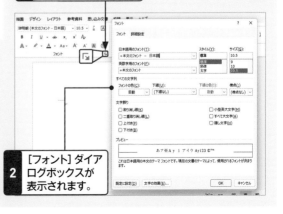

使いはじめ 1

基本と入力 2

編集 3

書式設定 4

表示 5

印刷 6

差し込み印刷 7

図と画像 8

表 9

ファイル 10

重要度 ★★★　画面表示

Q 207 作業ウィンドウを使いたい!

A 作業内容に応じて表示されます。

Wordでは、作業内容によって自動的に作業ウィンドウ
が表示されます。たとえば、[ホーム]タブの[クリップ
ボード]グループや[スタイル]グループなどの右下に
ある 🔲 をクリックすると、[クリップボード]作業ウィ
ンドウや[スタイル]作業ウィンドウが表示されます。
また、Wordを強制終了した場合は、次回の起動時に[ド
キュメントの回復]作業ウィンドウが自動的に表示さ
れます。作業ウィンドウは自由に移動させることがで
き、右上の ✖ や[閉じる]をクリックすると、作業ウィ
ンドウが閉じます。

● [クリップボード] 作業ウィンドウを表示する

1 [クリップボード] のここを
クリックすると、

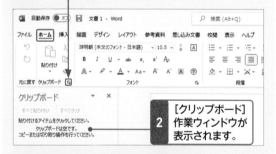

2 [クリップボード]
作業ウィンドウが
表示されます。

● [スタイル] 作業ウィンドウを表示する

1 [スタイル]のここをクリックすると、

マウスポインターが
この状態でドラッグ
すると移動できます。

2 [スタイル]作業ウィンドウが
表示されます。

重要度 ★★★　画面表示

Q 208 行番号を表示したい!

A [レイアウト]タブの [行番号]を 利用します。

行番号は、現在何行目を編集しているのか、あるいは入
力している分量を知るには便利な機能です。[レイアウ
ト]タブの[行番号]をクリックして、[連続番号]など目
的に合った付け方をクリックします。なお、行番号は印
刷されるので、不要な場合は[なし]をクリックします。

行番号

1 [行番号]を
クリックして、

2 行番号の付け方を
クリックします。

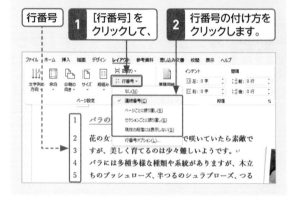

重要度 ★★★　画面表示

Q 209 スペースを入力したら □ が表示された!

A 編集記号が表示される状態に なっています。

通常は段落記号(↵)以外の編集記号は表示されませ
んが、表示している場合は、全角スペースが□で表示さ
れます。編集記号の表示／非表示は、[ホーム]タブの
[編集記号の表示／非表示] ↵ で切り替えます。

編集記号の表示／非表示を切り替えます。

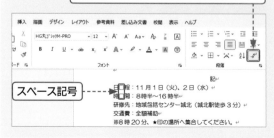

スペース記号

Q 210 用紙サイズを設定したい！

A [レイアウト]タブの[サイズ]で 用紙サイズを設定します。

用紙サイズを設定するには、[レイアウト]タブの[サイズ]をクリックして、目的の用紙サイズを選択します。ただし、選択できる用紙サイズは設定しているプリンターの機種によって異なります。A4までしか印刷できないプリンターの場合、「B4」や「A3」などのサイズは選択できません。

このとき、印刷はA3までできるほかのプリンターで印刷するので、A3サイズの文書を作成したいという場合もあります。そういう場合や用紙サイズの一覧にない特殊なサイズを設定したい場合は、自分で用紙のサイズを設定することができます。[ページ設定]ダイアログボックスの[用紙]タブで[用紙サイズ]を「サイズを指定」として、用紙サイズの数値を指定します。

なお、用紙サイズを設定して文書をレイアウトしたあとで、用紙サイズを変更すると、段落設定や画像配置などによってはレイアウトが崩れることもありますので、用紙サイズの確定は文書作成前に確認しておくとよいでしょう。

● 用紙サイズを選択する

1 [レイアウト]タブをクリックして、

2 [サイズ]をクリックし、

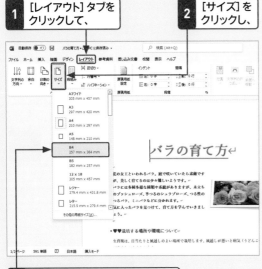

3 目的の用紙サイズを選択します。

● 用紙サイズを数値で指定する

1 [レイアウト]タブをクリックして、

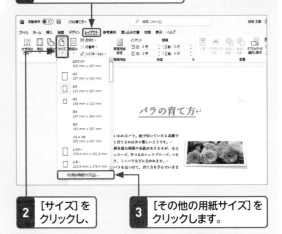

2 [サイズ]をクリックし、

3 [その他の用紙サイズ]をクリックします。

4 [ページ設定]ダイアログボックスの[用紙]タブが表示されます。

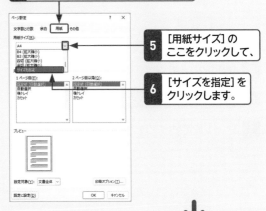

5 [用紙サイズ]のここをクリックして、

6 [サイズを指定]をクリックします。

7 用紙サイズを指定して、

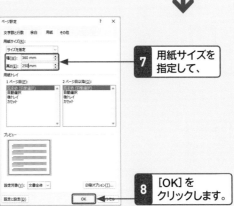

8 [OK]をクリックします。

1 使いはじめ
2 基本と入力
3 編集
4 書式設定
5 表示
6 印刷
7 差し込み印刷
8 図と画像
9 表
10 ファイル

Q 211 用紙を横置きで使いたい!

A [レイアウト]タブの [印刷の向き]で横を選択します。

用紙の向きは、初期設定では[縦置き]になっています。[横置き]にしたい場合は、[レイアウト]タブの[印刷の向き]をクリックして、[横]をクリックします。なお、[レイアウト]タブの[ページ設定]グループ右下にある 🔲 をクリックして表示される[ページ設定]ダイアログボックスでも用紙の向きを設定できます。

1 [レイアウト]タブの[印刷の向き]をクリックして、

2 [横]をクリックします。

● [ページ設定]ダイアログボックスを利用する

1 [ページ設定]ダイアログボックスを表示します。

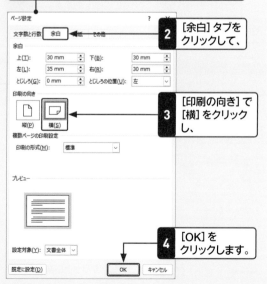

2 [余白]タブをクリックして、

3 [印刷の向き]で[横]をクリックし、

4 [OK]をクリックします。

Q 212 文書の作成後に用紙サイズや余白を変えたい!

A [レイアウト]タブの [サイズ] または [余白]で変更します。

用紙サイズの変更は[レイアウト]タブの[サイズ]、余白の変更は[余白]でかんたんに変更できます。
ただし、すでに作成した文書に用紙サイズや余白の変更を行うと、図表などを挿入している場合にはレイアウトが崩れてしまうことがあります。基本的には、文書を作成する最初の段階で、用紙サイズを決めておきましょう。あとから用紙サイズを変更したときは、レイアウトや余白などを再度調整する必要があります。

参照 ▶ Q 210, Q 216

A4サイズで作成しています。

サイズをB5に変更したら、レイアウトが崩れてしまいました。

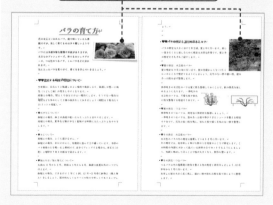

左端タブ: 1 使いはじめ / 2 基本と入力 / 3 編集 / 4 書式設定 / 5 表示 / 6 印刷 / 7 差し込み印刷 / 8 図と画像 / 9 表 / 10 ファイル

Q 213 1ページの行数や文字数を設定したい！

A [ページ設定] ダイアログボックスを利用します。

1ページの行数や1行の文字数は、[レイアウト]タブの[ページ設定]グループ右下にある 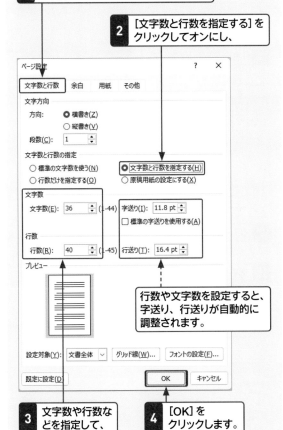 をクリックして表示される[ページ設定]ダイアログボックスで設定できます。

[文字数と行数]タブで、[文字数と行数を指定する]をクリックして、[文字数]と[行数]を指定します。このとき、[字送り]と[行送り]は自動的に調整されます。行間や字間が狭い、または広い場合は、[余白]タブの余白を調整します。

[文字数と行数]タブではこのほかに、縦書き／横書き、段組みの設定もできます。　　　　　　　　**参照▶Q 216**

1 [文字数と行数]タブをクリックします。

2 [文字数と行数を指定する]をクリックしてオンにし、

行数や文字数を設定すると、字送り、行送りが自動的に調整されます。

3 文字数や行数などを指定して、

4 [OK]をクリックします。

Q 214 ページ設定の「既定」って何？

A 新規文書を作成したときにあらかじめ設定される書式のことです。

新規文書を作成したときの「既定」の値は、初期設定では次のようになっています。

- フォント　　　　　游明朝
- フォントサイズ　　10.5ポイント
- 用紙サイズ　　　　A4
- 1ページの行数　　36行
- 1行の文字数　　　40文字
- 1ページの余白　　上：35mm、下左右：30mm

初期設定とは異なるページ設定をよく使う場合には、その設定を既定として登録しておくと便利です。既定を変更するには、[ページ設定]ダイアログボックスの[文字数と行数]タブで文字方向や段数、文字数と行数、[余白]タブで余白や印刷の向き、[用紙]タブで用紙サイズ、[その他]タブでセクションやヘッダーとフッターなど各タブ単位で設定し、[既定に設定]をクリックします。　　　　　　　　　　　　**参照▶Q 211, Q 215**

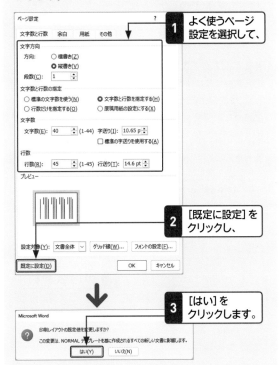

1 よく使うページ設定を選択して、

2 [既定に設定]をクリックし、

3 [はい]をクリックします。

使いはじめ 1

基本と入力 2

編集 3

書式設定 4

表示 5

印刷 6

差し込み印刷 7

図と画像 8

表 9

ファイル 10

重要度 ★★★ 用紙設定

Q 215 いつも同じ用紙サイズで新規作成したい！

A ページ設定の既定を変更します。

いつも使う用紙が初期設定のA4ではない場合は、目的の用紙サイズを既定として登録しておきます。
[ページ設定]ダイアログボックスの[用紙]タブの[用紙サイズ]で用紙を選択し、[既定に設定]をクリックします。
A4に戻したい場合は、同様に[用紙]タブの[用紙サイズ]で[A4]を指定して、[既定に設定]をクリックします。

参照▶Q 214

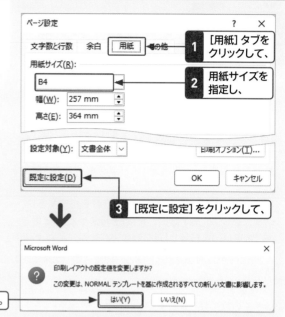

1 [用紙]タブをクリックして、

2 用紙サイズを指定し、

3 [既定に設定]をクリックして、

4 [はい]をクリックします。

重要度 ★★★ 用紙設定

Q 216 余白を調整したい！

A [レイアウト]タブの[余白]で設定します。

用紙内の文書を入力できる範囲は、余白の設定によって決まります。[レイアウト]タブの[余白]をクリックして、目的の余白をクリックします。自分で余白サイズを決めたい場合には、[ページ設定]ダイアログボックスの[余白]タブで各余白のサイズを入力します。

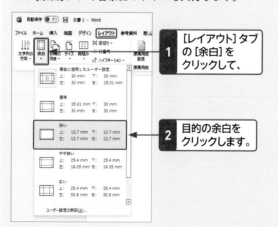

1 [レイアウト]タブの[余白]をクリックして、

2 目的の余白をクリックします。

● 余白サイズを指定する

1 [余白]をクリックして、

2 [ユーザー設定の余白]をクリックし、

3 それぞれの余白サイズを設定します。

Q 217 ページ番号を付けたい！

A [挿入]タブの[ページ番号]で ページ番号を付けます。

ページ番号を付けるには、[挿入]タブの[ページ番号]をクリックして、番号の位置、デザインを指定します。ページ番号はヘッダー／フッターのスペースに挿入されるため、[ヘッダーとフッター]編集画面に切り替わります。通常の編集画面に戻るには[ヘッダーとフッターを閉じる]をクリックし、ページ番号を削除するには[挿入]タブまたは[ヘッダーとフッター]タブの[ページ番号]をクリックして[ページ番号の削除]をクリックします。

1 [挿入]タブの[ページ番号]をクリックして、

2 ページ番号を入れる位置（ここでは [ページの下部]）をクリックし、

3 目的のデザインをクリックすると、

↓

[ヘッダーとフッター]タブが表示されます。

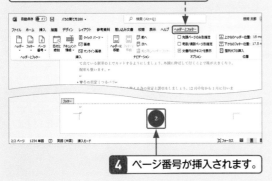

4 ページ番号が挿入されます。

Q 218 縦書き文書に漢数字の ページ番号を入れたい！

A 左右余白の位置で 漢数字にします。

ページ番号を漢数字にしたい場合、[ページ番号]をクリックして、[ページ番号の書式設定]をクリックし、[ページ番号の書式]ダイアログボックスで漢数字を選択します。

また、縦書き文書の場合、ページ番号の位置を左右に挿入するほうが見やすくなります。[挿入]タブの[ページ番号]をクリックして、[ページの余白]でデザインを選択します。

1 [挿入]タブの[ページ番号]をクリックして、

2 [ページの余白]をクリックし、 デザインをクリックします。

↓

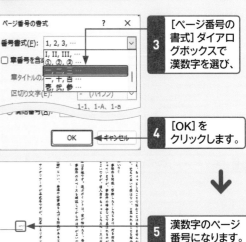

3 [ページ番号の 書式]ダイアログボックスで 漢数字を選び、

4 [OK]を クリックします。

↓

5 漢数字のページ 番号になります。

1 使いはじめ
2 基本と入力
3 編集
4 書式設定
5 表示
6 印刷
7 差し込み印刷
8 図と画像
9 表
10 ファイル

重要度 ★★★　ページ番号

Q 219 「i」「ii」「iii」…の ページ番号を付けたい!

A [ページ番号の書式] ダイアログボックスを利用します。

ページ番号の種類を変えたい場合、[ページ番号]の [ページ番号の書式設定]をクリックして表示される [ページ番号の書式]ダイアログボックスの[番号書式] で変更します。　　　　　　　　　　　参照▶Q 218

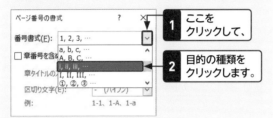

1 ここを クリックして、

2 目的の種類を クリックします。

重要度 ★★★　ページ番号

Q 220 ページ番号と総ページ数を 付けたい!

A X/Y型のページ番号を 選択します。

総ページ数を合わせて表示するには、ページ番号のデ ザインを選択するときに、[X/Yページ]の中からデザ インを選択します。

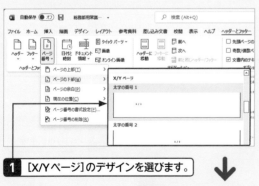

1 [X/Yページ]のデザインを選びます。

2 ページ番号が 「現在のページ番号 /総ページ数」の 形で付けられます。

重要度 ★★★　ページ番号

Q 221 表紙のページに ページ番号を付けたくない!

A [先頭ページのみ別指定]で 設定します。

[ヘッダー／フッター]タブで、[先頭ページのみ別指定] をクリックしてオンにすると、先頭ページには番号が 表示されなくなります。ただし、ヘッダーやフッターも 表示されなくなります。その場合は、表示ページのみを セクションで区切って設定するとよいでしょう。

参照▶Q 196

重要度 ★★★　ページ番号

Q 222 目次と本文には別々の ページ番号を付けたい!

A セクション区切りを挿入します。

まえがきや目次などのページに、本文とは異なるペー ジ番号を付けたい場合は、セクションを設定して、それ ぞれでページ番号を設定します。

セクションの設定は、セクションで分けたい位置(たと えば目次ページの最後)にカーソルを移動し、[レイア ウト]タブの [区切り]をクリックして、[次のページか ら開始]をクリックします。本文のセクションで [ペー ジ番号の書式設定]ダイアログボックスを開き、[連続 番号]を[開始番号]の「1」にします。　　参照▶Q 196

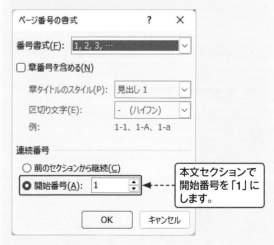

本文セクションで 開始番号を「1」に します。

Q 223 ページ番号を「2」から始めたい！

A [ページ番号の書式]ダイアログボックスを利用します。

ページ番号を設定するには、[挿入]タブの[ページ番号]をクリックして、[ページ番号の書式設定]をクリックし、[ページ番号の書式]ダイアログボックスを表示します。[番号書式]を[1,2,3,…]に指定して、[開始番号]を「2」にします。

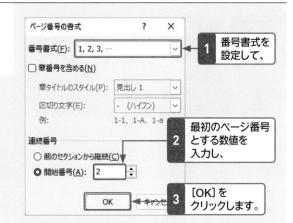

1 番号書式を設定して、

2 最初のページ番号とする数値を入力し、

3 [OK]をクリックします。

Q 224 すべてのページにタイトルを表示したい！

A ヘッダーやフッターにタイトルを設定します。

ヘッダー（ページ上部）、フッター（ページ下部）とは、余白の特定の位置に文字列を毎ページ表示するためのスペースです。ヘッダーやフッターを利用するには、上下の余白部分をダブルクリックして直接入力するか、[挿入]タブの[ヘッダー]または[フッター]をクリックして、位置とデザインを選択します。すべてのページにタイトルや作成者などを表示したい場合は、その要素のあるデザインを選ぶとよいでしょう。なお、タイトルや作成者は、ファイルに登録されていると自動的に挿入されます。

本文の編集を行う場合は、[ヘッダーとフッターを閉じる]をクリックします。

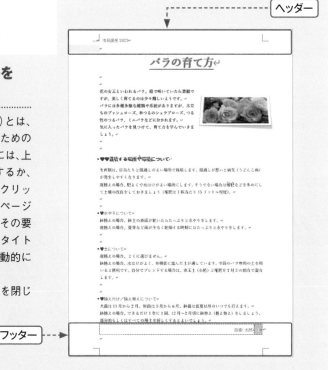

ヘッダー

フッター

● ヘッダーとフッターの作成

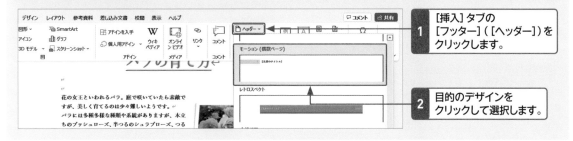

1 [挿入]タブの[フッター]（[ヘッダー]）をクリックします。

2 目的のデザインをクリックして選択します。

Q225 左右で異なるヘッダーとフッターを設定したい！

重要度 ★★★　ヘッダー／フッター

A [ページ設定]ダイアログボックスで設定します。

[ページ設定]ダイアログボックスの[その他]タブ、または[ヘッダーとフッター]タブで、[奇数／偶数ページ別指定]をクリックしてオンにすると、ページの左右で設定を変えられます。左右のページでページ番号の位置を変える場合も、同様に操作します。

ページ設定				?	×
文字数と行数	余白	用紙	その他		

セクション

セクションの開始位置(R): 次のページから開始

☐ 文末脚注を印刷しない(U)

ヘッダーとフッター

☑ 奇数／偶数ページ別指定(O)

☐ 先頭ページのみ別指定(P)

用紙の端からの距離：　ヘッダー(H): 15 mm
　　　　　　　　　　　フッター(F): 17.5 mm

Q226 ヘッダーとフッターの余白を調整したい！

重要度 ★★★　ヘッダー／フッター

A [デザイン]タブの[位置]で位置調整を行います。

ヘッダーやフッターの余白は、[ヘッダーとフッター]タブの[位置]グループでそれぞれの位置を数値で調整します。また、タイトルや見出し、著者名など複数の項目がある場合には、[整列タブの挿入]をクリックして、項目間をタブで揃えることもできます。画像や作成したテキストボックスなどは、ドラッグして調整します。

Q227 左右の余白にヘッダーとフッターを設定したい！

重要度 ★★★　ヘッダー／フッター

A [ページ番号]の[ページの余白]を利用します。

縦書きの場合は、ヘッダーとフッターが上下に入りますが、左右の余白に入れることもできます。余白を利用する場合は、[挿入]タブの[ページ番号]をクリックして、[ページの余白]の[縦、右]または[縦、左]をクリックし、文字を入力し直します。　　参照▶Q218

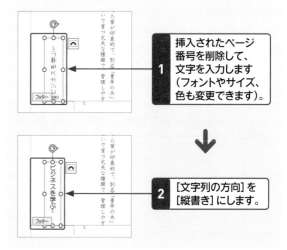

1 挿入されたページ番号を削除して、文字を入力します（フォントやサイズ、色も変更できます）。

2 [文字列の方向]を[縦書き]にします。

Q228 ヘッダーやフッターに移動したい！

重要度 ★★★　ヘッダー／フッター

A [ヘッダーに移動][フッターに移動]をクリックします。

ヘッダー（あるいはフッター）を表示して、[ヘッダーとフッター]タブの[フッターに移動]（あるいは[ヘッダーに移動]）をクリックすると、すばやく移動して表示することができます。

第**6**章

印刷の
「こんなときどうする?」

1 使いはじめ
2 基本と入力
3 編集
4 書式設定
5 表示
6 印刷
7 差し込み印刷
8 図と画像
9 表
10 ファイル

重要度 ★ ★ ★　印刷プレビュー

Q 229 画面表示と印刷結果が違う！

A 印刷プレビューで、印刷結果を確認します。

文書を作成後、そのまま印刷すると、画面の表示と印刷結果が異なることがあります。このような印刷の無駄を防ぐため、印刷する前に、文書のプレビュー（印刷プレビュー）で印刷結果のイメージを確認しましょう。

参照▶Q 230

1 ［ファイル］タブをクリックして、

2 ［印刷］をクリックします。

3 印刷プレビューが表示されます。

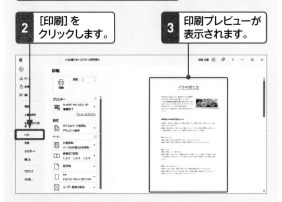

重要度 ★ ★ ★　印刷プレビュー

Q 230 印刷プレビューで次ページを表示したい！

A ［次のページ］を利用します。

印刷プレビューを表示すると、左下にページ数が表示されます。複数ページの文書の場合、［次のページ］▶をクリックすると、次ページが表示されます。また、右側のスクロールバーをスクロールすると、次ページ以降が表示できます。

ここをクリックしてページを移動します。

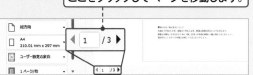

重要度 ★ ★ ★　印刷プレビュー

Q 231 印刷プレビュー画面をすぐに表示したい！

A Ctrl＋Pを押します。

印刷プレビュー画面をすぐに表示するには、Ctrl＋Pを押します。また、クイックアクセスツールバーを表示している場合、［クイックアクセスツールバーのユーザー設定］▽をクリックして、［印刷プレビューと印刷］を登録しておくと、📄をクリックするだけで表示できます。この画面とは別に、［印刷プレビューの編集モード］という印刷プレビュー独自の画面があります。利用するには、［Wordのオプション］画面の［クイックアクセスツールバー］で［印刷プレビューの編集モード］を追加登録します。クイックアクセスツールバーの📄をクリックすれば表示できます。

参照▶Q 026

1 ［すべてのコマンド］を選択して、

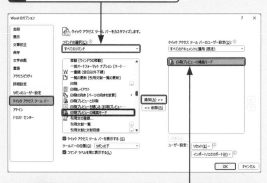

2 ［印刷プレビューの編集モード］を追加します。

● 印刷プレビューの編集モード

使いはじめ 1
基本と入力 2
編集 3
書式設定 4
表示 5
印刷 6
差し込み印刷 7
図と画像 8
表 9
ファイル 10

重要度 ★★★　ページの印刷

Q 232　とにかくすぐに印刷したい！

A　[クイック印刷] を利用します。

すぐに印刷したい場合、クイックアクセスツールバーのコマンドを利用すると便利です。[クイック印刷] の 🖨 をクリックするだけですぐに印刷されます。ただし、このときの印刷設定は、直前（前回）に設定した内容、または既定の内容になるので注意してください。クイックアクセスツールバーへのコマンド登録は、▽ をクリックして、[クイック印刷] をクリックします。

参照 ▶ Q 026

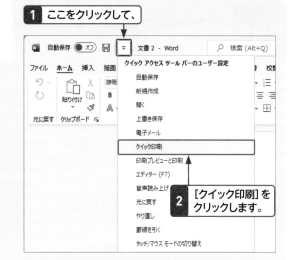

1 ここをクリックして、

2 [クイック印刷] をクリックします。

重要度 ★★★　ページの印刷

Q 233　現在表示されているページだけを印刷したい！

A　[印刷] で [現在のページ] を選択して印刷します。

現在印刷プレビューに表示されているページのみを印刷するには、[印刷] の [設定] で [現在のページの印刷] を選択します。なお、事前に目的のページにカーソルを移動しておくと、印刷プレビューを開いたときにそのページが表示されます。

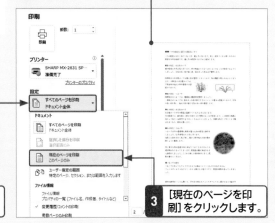

1 目的のページを表示します。

2 [すべてのページを印刷] をクリックして、

3 [現在のページを印刷] をクリックします。

重要度 ★★★　ページの印刷

Q 234　必要なページだけを印刷したい！

A　印刷ページを指定して印刷します。

必要なページだけを印刷したい場合には、[印刷] の [設定] で [ページ] 欄に目的のページ数を指定します（[ページ] 欄をクリックすると自動的に [ユーザー指定の範囲] に変更されます）。

ページ数を指定するには、連続している複数ページを印刷する場合は、「2-5」のように「-（ハイフン）」でつなげて入力します。離れている複数のページを印刷する場合は、「2,4,8」のように「,（カンマ）」で区切って入力します。

参照 ▶ Q 244

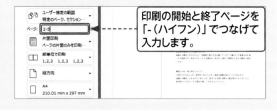

印刷の開始と終了ページを「-（ハイフン）」でつなげて入力します。

1 使いはじめ
2 基本と入力
3 編集
4 書式設定
5 表示
6 印刷
7 差し込み印刷
8 図と画像
9 表
10 ファイル

重要度 ★ ★ ★　ページの印刷

Q 235 ページの一部だけを印刷したい！

A 印刷したい範囲を選択して、印刷を実行します。

文書の特定の範囲だけを印刷したい場合は、最初に文書内の印刷したい範囲を選択します。[印刷]の[設定]で[すべてのページを印刷]をクリックして、[選択した部分を印刷]を選択します。　参照▶Q 233

[選択した部分を印刷] をクリックします。

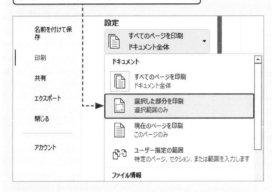

重要度 ★ ★ ★　ページの印刷

Q 236 1つの文書を複数部印刷したい！

A [印刷]で印刷部数を指定します。

印刷部数は、[印刷]の[部数]ボックスに印刷したい部数を直接入力するか、⁝をクリックして指定します。

ここに必要な部数を入力します。

重要度 ★ ★ ★　ページの印刷

Q 237 部単位で印刷って何？

A 2部以上の印刷で、ページ順に印刷するひとまとまりのことです。

文書を2部以上印刷する場合、1ページ目から最後のページまでのひとまとまりを印刷する[部単位で印刷]、ページごとに指定した部数を印刷する[ページ単位で印刷]が指定できます。

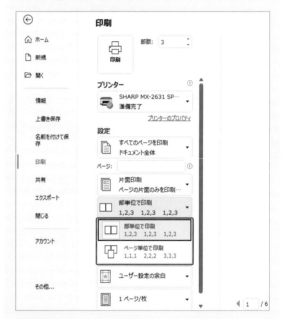

● 部単位

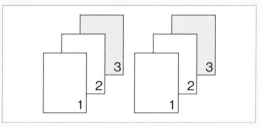

● ページ単位

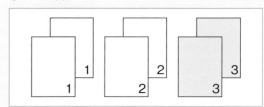

使いはじめ 1
基本と入力 2
編集 3
書式設定 4
表示 5
印刷 6
差し込み印刷 7
図と画像 8
表 9
ファイル 10

重要度 ★★★ ページの印刷

Q 238 文書ファイルを開かずに 印刷したい!

A エクスプローラーから 直接印刷します。

文書ファイルをWordで開かずに印刷するには、エクスプローラーを利用します。ただし、文書ファイルのすべてを、設定されている用紙サイズで1部のみ直接印刷するので、印刷画面での部数などの指定はできません。エクスプローラーでファイルを右クリックして [その他のオプションを表示] をクリックし、[印刷] をクリックすると、すぐに印刷されます。Windows 10の場合は、ファイルを右クリックして [印刷] をクリックします。なお、エクスプローラーを表示するには、タスクバーの [エクスプローラー] をクリックします。

● **Windows 10の場合**

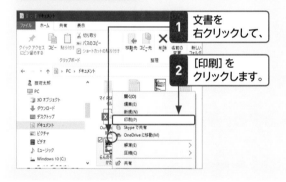

1 文書を右クリックして、

2 [印刷] をクリックします。

1 文書を右クリックして、

2 [その他のオプションを表示] をクリックします。

3 [印刷] をクリックすると、すぐに印刷されます。

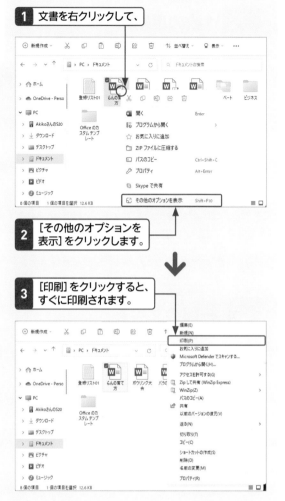

重要度 ★★★ ページの印刷

Q 239 複数の文書を一度に 印刷したい!

A エクスプローラーで 複数のファイルを選択します。

複数の文書ファイルを印刷するには、エクスプローラーで文書ファイルを選択して、印刷操作を実行します。複数のファイルを選択するには、[Ctrl] を押しながらファイルを1つずつクリックします。連続している場合は、最初のファイルをクリックして、[Shift] を押しながら最後のファイルをクリックします。 **参照▶Q 238**

1 [Ctrl] を押しながら複数のファイルを選択し、

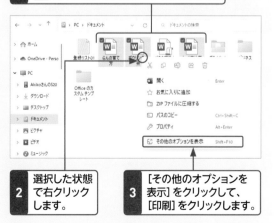

2 選択した状態で右クリックします。

3 [その他のオプションを表示] をクリックして、[印刷] をクリックします。

167

使いはじめ 1
基本と入力 2
編集 3
書式設定 4
表示 5
印刷 6
差し込み印刷 7
図と画像 8
表 9
ファイル 10

重要度 ★★★　ページの印刷

Q 240 1枚の用紙に 複数のページを印刷したい!

A 縮小したページを、 1枚の用紙に並べて印刷します。

図表の配置などレイアウトを確認する際など、1ページずつ印刷するより複数のページを1枚の用紙に印刷したほうがわかりやすくなります。[ファイル]タブの[印刷]で[1ページ/枚]をクリックして、1枚の用紙で印刷したいページ数をクリックします。なお、あまりページ数が多いと、縮小されて文字が読めない場合があります。

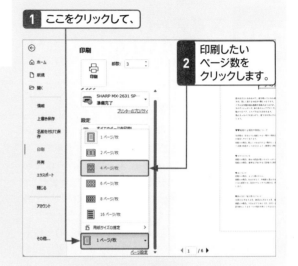

1 ここをクリックして、

2 印刷したい ページ数を クリックします。

重要度 ★★★　ページの印刷

Q 241 一部の文字を 印刷しないようにしたい!

A 隠し文字にします。

個人情報など印刷したくない文字は、「隠し文字」にしておくとよいでしょう。隠し文字とは、文字は入力してあっても印刷できない文字のことをいいます。
設定するには、文字を選択して、[フォント]ダイアログボックスの[隠し文字]をオンにします。この状態で印刷すると、隠し文字部分は印刷されません。なお、[Wordのオプション]の[表示]で[常に画面に表示する編集記号]の[隠し文字]をオフにすると、画面上でも表示されなくなります。

参照 ▶ Q 029

3 [隠し文字]をクリックしてオンにし、

（フォントダイアログボックス）

4 [OK]をクリックします。

1 隠し文字にする文字列を選択して、

2 ここをクリックします。

5 指定した部分が隠し文字になります（[隠し文字]を表示する）。

番号	氏名	
A-1200	浅岡□裕司	マイナンバー
A-0038	鮎川□優	00000111111
U-0091	内海□葉	22222233333
A-1296	芦田□壮介	44444455555

使いはじめ 1
基本と入力 2
編集 3
書式設定 4
表示 5
印刷 6
差し込み印刷 7
図と画像 8
表 9
ファイル 10

重要度 ★★★　ページの印刷

Q 242
A3サイズの文書を A4用紙で印刷したい!

A **A4サイズに縮小して印刷します。**

ページ設定で設定した用紙サイズと異なるサイズの用紙に印刷したい場合は、[ファイル]タブの[印刷]で[用紙サイズ]からサイズを指定します。ここでは、用紙サイズ(文書に設定した[A3])をクリックして、用紙サ

イズメニューから[A4]をクリックします。

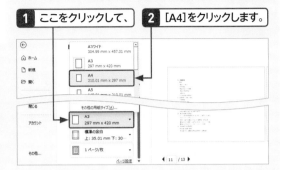

重要度 ★★★　ページの印刷

Q 243
2枚のA4文書を A3用紙1枚に印刷したい!

A **1枚あたりのページ数と 用紙サイズを指定します。**

A4の文書の2ページ分を1枚の用紙に印刷する場合は、[ファイル]タブの[印刷]で[1ページ/枚]をクリックし、[2ページ/枚]をクリックします。さらに、[用紙サイズの指定]をクリックして、[A3]を指定します。これで、A4の2ページ分が、A3用紙1枚に自動的に印刷されます。

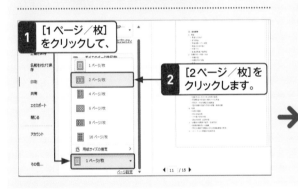
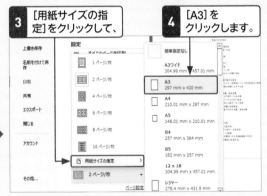

重要度 ★★★　ページの印刷

Q 244
ページを指定しても 印刷されない!

A **セクションを指定して印刷します。**

文書にセクション区切りを挿入して、セクションを設定していると、セクションごとにページ数がカウントされます。そのため、セクション区切りを挿入した文書で指定したページを印刷するには、セクション番号と、そのセクション内でのページ番号で指定する必要があります。この場合、[印刷]の[ページ]欄に、「p(ページ番

号)s(セクション番号)」を入力します。たとえば、セクション2の2ページ目からセクション3の4ページまでを印刷するには、「p2s2-p4s3」と入力します。

参照▶Q 196, Q 234

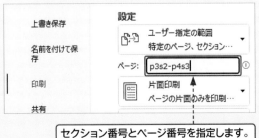

セクション番号とページ番号を指定します。

Q 245 カラープリンターで グレースケール印刷したい！

A プリンターのプロパティで グレースケール印刷に設定します。

グレースケール印刷は、黒の印刷でも濃淡を付けた印刷ができます。単に黒色のみの印刷をモノクロ印刷といいます。グレースケールで印刷するには、プリンターのプロパティで設定します。なお、プリンターのプロパティの内容は、プリンターの機種によって異なります。詳しくは、使用しているプリンターのマニュアルを参照してください。

1 ［プリンターのプロパティ］をクリックします。

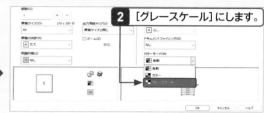

2 ［グレースケール］にします。

Q 246 横向きに印刷したい！

A₁ 印刷向きを変更します。

縦置きの文書を横置きに印刷するには、［印刷］画面で［縦方向］を［横方向］にします。文書内に画像などを貼り込んでいる場合は、レイアウトが崩れてしまうので注意が必要です。

［横方向］をクリックします。

レイアウトが崩れる場合があります。

A₂ 特定のページを横向きにするには、セクションを区切ります。

文書内の特定のページだけ横向きに印刷したい場合は、文書内で該当するページ（の前後）をセクションで区切り、［レイアウト］タブの［用紙の向き］を［横］に変更します。
セクションを区切るには、［レイアウト］タブで［ページ／セクション／区切りの挿入］💾 区切り▾ をクリックしてセクションを区切る位置を指定します。［印刷］画面で［すべてのページを印刷］を指定すれば、そのページのみ横向きに印刷されます。　参照▶Q 196, Q 197

セクションを区切ったページを横向きにします。

使いはじめ 1
基本と入力 2
編集 3
書式設定 4
表示 5
印刷 6
差し込み印刷 7
図と画像 8
表 9
ファイル 10

重要度 ★★★　ページの印刷

Q 247 「余白が～大きくなっています」と表示された!

A 余白を調節して、文書の印刷範囲を印刷可能な範囲内に収めます。

プリンターがサポートしないページサイズで印刷を実行しようとすると、「いくつかのセクションで、上下の余白がページの高さより大きくなっています。」あるいは「いくつかのセクションで、左右の余白、段間隔または段落インデントがページの幅より大きくなっています。」といったメッセージが表示されることがあります。これは、通常使っているプリンターを別のプリンターに変更した場合などに見られる現象です。この場合は、[ページ設定]ダイアログボックスの[余白]タブで余白の値を調節します。

重要度 ★★★　ページの印刷

Q 248 数行だけはみ出た文書を1ページに収めたい!

A 印刷プレビューの編集モードの1ページ分縮小機能を利用します。

次のページに数行だけはみ出した場合は、[印刷プレビューの編集モード]の[1ページ分縮小]をクリックすると、はみ出た行を前のページに収めることができます。なお、1ページ分縮小機能を利用しても収められないときは、「これ以上ページを縮小することはできません。」と表示されます。この場合には、[ページ設定]ダイアログボックスの[余白]タブで上下余白を減らして調整します。　　　　　　参照▶Q 231

1 印刷プレビューの編集モード画面を表示して、

2 [1ページ分縮小]をクリックすると、

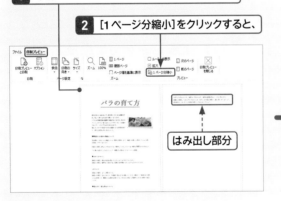

はみ出し部分

→

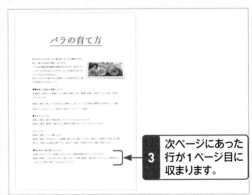

3 次ページにあった行が1ページ目に収まります。

重要度 ★★★　ページの印刷

Q 249 「余白を印刷可能な範囲に…」と表示された!

A [修正]をクリックすると、自動修正されます。

上下左右の余白の設定をする際に、印刷できない部分にまで文書が配置されるような余白の値を指定すると、以下のようなメッセージが表示されます。[修正]をクリックすると、自動的に最小値が設定されます。[無視]をクリックすると、指定した余白の値になりますが、印刷できない場合がありますので注意してください。

Q 250 両面印刷をしたい！

A プリンターによって異なります。

大量の文書の場合には両面印刷を利用すると、扱いやすくなり用紙の節約にもなります。自動で両面印刷ができる機能のプリンターを利用している場合は、[両面印刷（長辺を綴じます）]あるいは[両面印刷（短辺を綴じます）]をクリックするだけで両面印刷にできます。両面印刷が自動でできないプリンターの場合は、[手動で両面印刷]をクリックします。裏面を印刷するために用紙をセットするよう求めるメッセージが表示されたら、用紙を裏返します。このとき、上下が逆にならないように注意してください。

● 自動で両面印刷

1 [片面印刷]をクリックして、

2 [両面印刷（長辺を綴じます）]をクリックします。

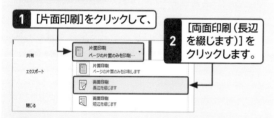

3 [印刷]をクリックすると、自動的に両面が印刷されます。

● 手動で両面印刷

1 [片面印刷]をクリックして、

2 [手動で両面印刷]をクリックします。

3 [印刷]をクリックすると、片面が印刷されます。

4 用紙を入れ替えて、[OK]をクリックします。

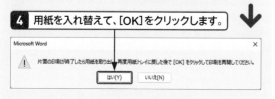

Q 251 見開きのページを印刷したい！

A 印刷の形式を見開きページに選択します。

見開きのページを作成するには、[ページ設定]ダイアログボックスの[余白]タブで、[見開きページ]をクリックします。見開きページにすると、左ページと右ページで、余白が左右対象になります。

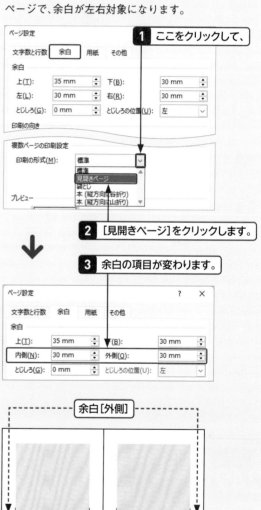

1 ここをクリックして、

2 [見開きページ]をクリックします。

3 余白の項目が変わります。

余白[外側]

1枚目　2枚目

余白[内側]

差し込み印刷の
「こんなときどうする?」

重要度 ★★★　文書への差し込み

Q 252 アドレス帳を作成して 文書に差し込みたい!

A [差し込み印刷ウィザード]を 利用します。

「差し込み印刷」では、もとの文書となる「メイン文書」に「差し込みフィールド」領域を配置することができます。文書やラベルなどの宛先として、ほかのファイルからデータを挿し込むことができます。

まずは、差し込むデータとしてアドレス帳(住所録)を作成します。ここでは、[差し込み印刷ウィザード]を利用してアドレス帳を作成し、文書の宛名に差し込むまでを解説します。

なお、ここで作成するアドレス帳には敬称欄がありません。アドレス帳にあとから追加する、文書に直接入力することが可能です。また、Excelなどで作成した住所録、Outlookの連絡先を利用することもできます。

参照 ▶ Q 253, Q 255, Q 256

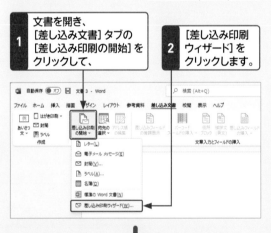

> 1 文書を開き、[差し込み文書]タブの[差し込み印刷の開始]をクリックして、

> 2 [差し込み印刷ウィザード]をクリックします。

> [差し込み印刷]作業ウィンドウが表示されます。

> 3 文書の種類(ここでは[レター])をクリックしてオンにし、

> 4 [次へ:ひな形の選択]をクリックします。

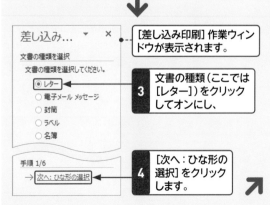

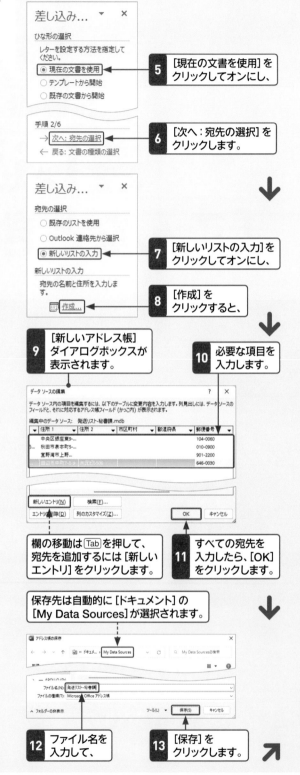

> 5 [現在の文書を使用]をクリックしてオンにし、

> 6 [次へ:宛先の選択]をクリックします。

> 7 [新しいリストの入力]をクリックしてオンにし、

> 8 [作成]をクリックすると、

> 9 [新しいアドレス帳]ダイアログボックスが表示されます。

> 10 必要な項目を入力します。

> 欄の移動は[Tab]を押して、宛先を追加するには[新しいエントリ]をクリックします。

> 11 すべての宛先を入力したら、[OK]をクリックします。

> 保存先は自動的に[ドキュメント]の[My Data Sources]が選択されます。

> 12 ファイル名を入力して、

> 13 [保存]をクリックします。

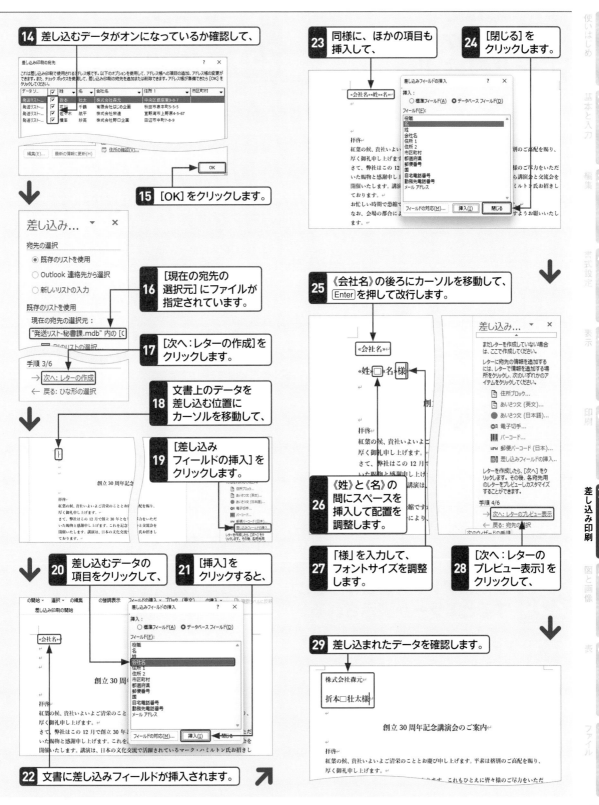

14 差し込むデータがオンになっているか確認して、

15 [OK] をクリックします。

16 [現在の宛先の選択元] にファイルが指定されています。

17 [次へ:レターの作成] をクリックします。

18 文書上のデータを差し込む位置にカーソルを移動して、

19 [差し込みフィールドの挿入] をクリックします。

20 差し込むデータの項目をクリックして、

21 [挿入] をクリックすると、

22 文書に差し込みフィールドが挿入されます。

23 同様に、ほかの項目も挿入して、

24 [閉じる] をクリックします。

25 《会社名》の後ろにカーソルを移動して、Enter を押して改行します。

26 《姓》と《名》の間にスペースを挿入して配置を調整します。

27 「様」を入力して、フォントサイズを調整します。

28 [次へ:レターのプレビュー表示] をクリックして、

29 差し込まれたデータを確認します。

使いはじめ 1
基本と入力 2
編集 3
書式設定 4
表示 5
印刷 6
差し込み印刷 7
図と画像 8
表 9
ファイル 10

Q 253 新規のアドレス帳を作成したい!

A [新しいアドレス帳]画面で入力します。

Wordで新規にアドレス帳を作成する場合、[差し込み印刷ウィザード]を利用すると、手順を追って作成できるので便利です。文書に差し込まない場合など、単にアドレス帳のみを作成したい場合は、[差し込み文書]タブの[宛先の選択]で[新しいリストの入力]をクリックして、[新しいアドレス帳]ダイアログボックスでデータを入力します。　　　　　　　　　　　　参照▶Q 252, Q 254

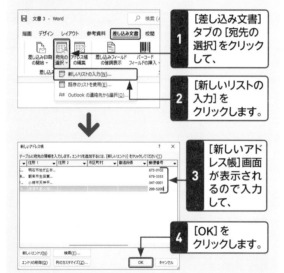

1 [差し込み文書]タブの[宛先の選択]をクリックして、

2 [新しいリストの入力]をクリックします。

3 [新しいアドレス帳]画面が表示されるので入力して、

4 [OK]をクリックします。

Q 254 新規にアドレス帳を作ろうとするとエラーが表示される!

A アドレス帳をExcelなどで作成します。

新規にアドレス帳を作成する場合に、[差し込み文書]タブの[宛先の選択]で[新しいリストの入力]をクリックしても、パソコンの環境によっては[新しいアドレス帳]ダイアログボックスが表示されない事例があります。こういう場合は、Excelなどでアドレス帳を作成して利用するとよいでしょう。　　　　　　参照▶Q 255

Q 255 Excelの住所録を利用して宛先を印刷したい!

A Excelのデータを文書に差し込んで印刷します。

差し込み印刷では、Wordで作成したアドレス帳のほかに、Excelで作成したデータも文書に挿入できます。ただし、差し込み印刷に利用できるExcelのデータは、それぞれの列の1行目に項目名が入力され、項目ごとに数値や文字列が入力されている必要があります。
Wordの文書にExcelのデータを挿入する(差し込む)には、[差し込み印刷ウィザード]を利用します。
[差し込み印刷]タブの[宛先の選択]で[既存のリスト]をクリックして、Excelのファイルを指定してもかまいません。その場合は、[差し込み印刷]タブの[差し込みデータフィールドの挿入]をクリックすると、P.177の手順13の画面が表示されるので、同様に操作を行います。　　　　　　　　　　　　　　　参照▶Q 252

● Excelのデータ要素

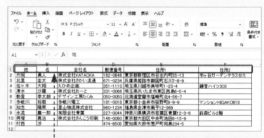

フィールドに対応するように、1行目に項目名を入力します。

● Excelデータを差し込む

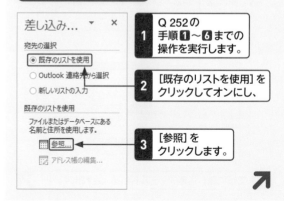

1 Q 252の手順1～6までの操作を実行します。

2 [既存のリストを使用]をクリックしてオンにし、

3 [参照]をクリックします。

4 目的のExcelファイルを選択して、

5 [開く]をクリックします。

6 差し込むデータが含まれるシート範囲
（ここでは[Sheet1$]）をクリックして、

7 [OK]をクリックします。

8 差し込むデータがオンになっているか確認して、

選択したファイル名が表示されます。

9 [OK]をクリックします。

10 [次へ:レターの作成]をクリックして、

11 文書上のデータを差し込む位置に
カーソルを移動し、

12 [差し込みフィールドの挿入]をクリックします。

13 Excelデータの項目が表示されます。Q 252の
手順⑳以降の操作に従い、データを差し込みます。

使いはじめ 1
基本と入力 2
編集 3
書式設定 4
表示 5
印刷 6
差し込み印刷 7
図と画像 8
表 9
ファイル 10

1 使いはじめ
2 基本と入力
3 編集
4 書式設定
5 表示
6 印刷
7 差し込み印刷
8 図と画像
9 表
10 ファイル

重要度 ★ ★ ★　文書への差し込み

Q 256 Outlookの「連絡先」を 宛先に利用したい！

A Outlookの「連絡先」のデータを 文書に差し込むことができます。

電子メールソフトのOutlookを利用している場合、Outlookの連絡先を差し込み印刷に利用できます。Outlookの連絡先を差し込み印刷に利用するには、[差し込み印刷]作業ウィンドウの[宛先の選択]で[Outlook連絡先から選択]をクリックしてオンにし、以下の手順に従います。　参照▶ Q 252

1 Q 252の手順 **1** ～ **6** までの操作を実行します。

2 [Outlook連絡先から選択]をクリックしてオンにし、

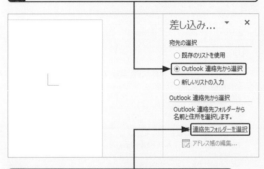

3 [連絡先フォルダーを選択]をクリックします。

4 [連絡先]をクリックして、

連絡先をフォルダーで管理している場合は、複数のフォルダーが表示されます。

5 [OK]をクリックします。

6 [差し込み印刷の宛先]ダイアログボックスが表示されます。

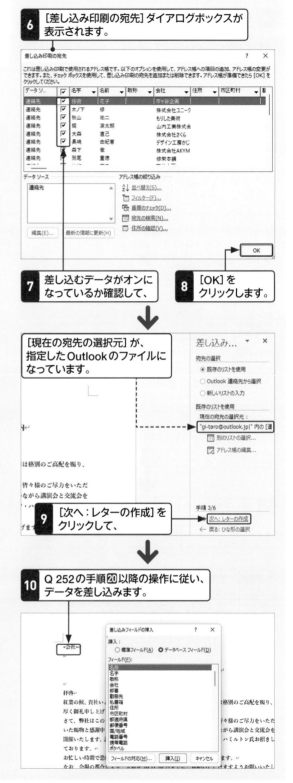

7 差し込むデータがオンになっているか確認して、

8 [OK]をクリックします。

[現在の宛先の選択元]が、指定したOutlookのファイルになっています。

9 [次へ：レターの作成]をクリックして、

10 Q 252の手順 **20** 以降の操作に従い、データを差し込みます。

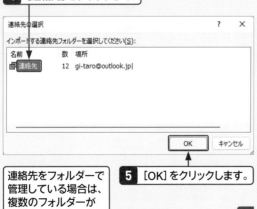

使いはじめ 1

基本と入力 2

編集 3

書式設定 4

表示 5

印刷 6

差し込み印刷 7

図と画像 8

表 9

ファイル 10

重要度 ★★★　文書への差し込み

Q 257 Outlookの連絡先のデータを書き出したい！

A [ファイル]タブの [開く／エクスポート]から書き出します。

Outlookの「連絡先」のデータをテキストファイルとして書き出すと、CSV形式で保存されます。

CSVは、データを「,」（コンマ）で区切った形式で、Excelなどの表計算ソフトやWordなどのワープロソフトで開いて利用することができます。

Outlookの連絡先のデータをテキストファイルとして書き出す（エクスポートする）には、Outlookを起動して、以下の手順に従います。

1 Outlook（ここではOutlook 2021）を起動して、[ファイル] タブをクリックします。

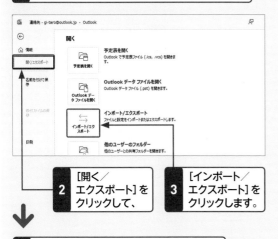

2 [開く／エクスポート] をクリックして、

3 [インポート／エクスポート] をクリックします。

4 [ファイルにエクスポート]をクリックして、

5 [次へ]をクリックします。

6 [テキストファイル（コンマ区切り）]をクリックして、

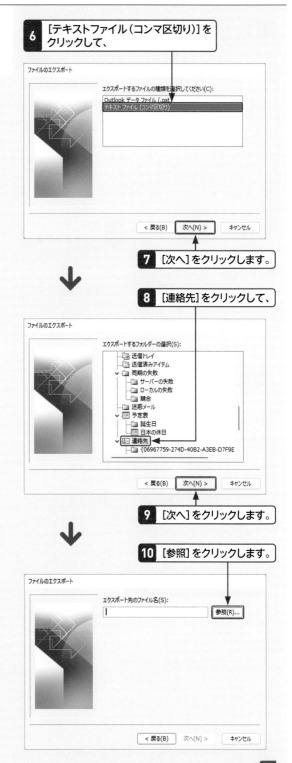

7 [次へ]をクリックします。

8 [連絡先]をクリックして、

9 [次へ]をクリックします。

10 [参照]をクリックします。

1 使いはじめ
2 基本と入力
3 編集
4 書式設定
5 表示
6 印刷
7 差し込み印刷
8 図と画像
9 表
10 ファイル

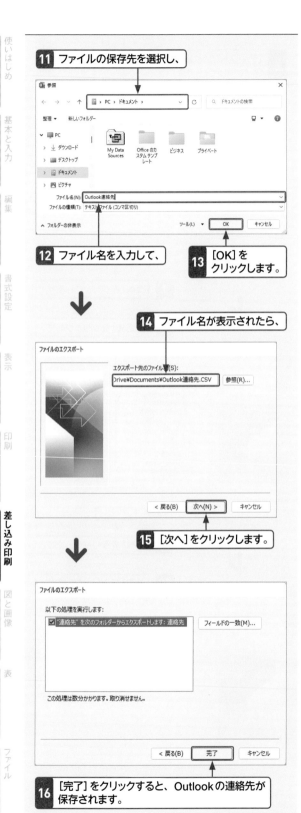

11 ファイルの保存先を選択し、

12 ファイル名を入力して、

13 [OK] をクリックします。

14 ファイル名が表示されたら、

15 [次へ] をクリックします。

16 [完了] をクリックすると、Outlookの連絡先が保存されます。

重要度 ★ ★ ★ 　文書への差し込み

Q 258 テンプレートを使用して宛名を差し込みたい！

A テンプレートを利用します。

Wordには宛名を差し込めるレターのテンプレートが用意されています。レターにデータを差し込むには、[差し込み印刷ウィザード] を起動して、[差し込み印刷] 作業ウィンドウの [ひな形の選択] を表示し、以下の手順に従います。　　　　　　　　参照 ▶ Q 252

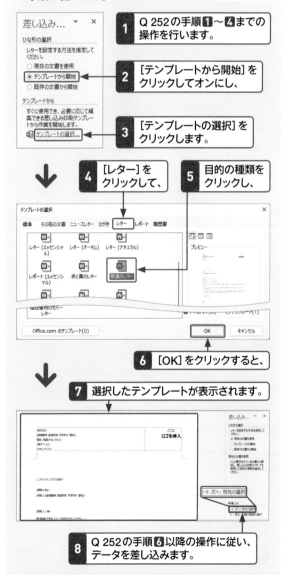

1 Q 252の手順**1**〜**4**までの操作を行います。

2 [テンプレートから開始] をクリックしてオンにし、

3 [テンプレートの選択] をクリックします。

4 [レター] をクリックして、

5 目的の種類をクリックし、

6 [OK] をクリックすると、

7 選択したテンプレートが表示されます。

8 Q 252の手順**6**以降の操作に従い、データを差し込みます。

Q 259

差し込む項目を
あとから追加したい！

A [差し込みフィールドの挿入]を
利用します。

差し込み印刷が設定された文書に、あとから差し込み
項目を追加するには、挿入位置にカーソルを移動して、
[差し込み文書]タブの[差し込みフィールドの挿入]の
▼をクリックし、目的の項目をクリックします。
ほかに、最初に差し込んだときと同じ方法でも追加で
きます。[差し込み文書]タブの[差し込みフィールド
の挿入]をクリックして、[差し込みフィールドの挿入]
ダイアログボックスから挿入します。
なお、アドレス帳に該当の項目がない人の場合は、追加
した項目（行）を空けずに差し込まれます。

参照 ▶ Q 252

1 項目を追加したい
位置にカーソルを
移動して、

2 [差し込みフィールド
の挿入]のここを
クリックし、

3 追加したい項目をクリックします。

↓

4 項目が挿入されます。

5 フォントやフォントサイズなどを調整します。 ↗

6 [結果のプレビュー]をクリックすると、

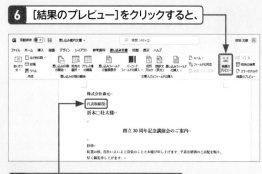

7 データが差し込まれていることを
確認できます。

↓

該当の項目がない人は、
項目（行）をあけずに
差し込まれます。

● [差し込みフィールドの挿入] ダイアログボックス

1 項目を選択して、

2 [挿入]をクリックすると、

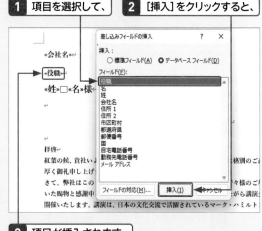

3 項目が挿入されます。

1 使いはじめ
2 基本と入力
3 編集
4 書式設定
5 表示
6 印刷
7 差し込み印刷
8 図と画像
9 表
10 ファイル

Q 260 条件を指定して抽出した データを差し込みたい！

A1 ［差し込み印刷の宛先］ ダイアログボックスを利用します。

Wordで条件を指定して抽出したデータを差し込みたい場合は、［差し込み文書］タブの［アドレス帳の編集］をクリックして、［差し込み印刷の宛先］ダイアログボックスを表示し、抽出する項目見出しの ▼ をクリックして、表示される一覧から抽出条件を指定します。また、［データソース］列の右にあるチェックボックスで抽出する人をオンにすることでも、印刷するレコード（情報）を指定できます。

なお、次回［差し込み印刷の宛先］ダイアログボックスを表示すると、抽出した状態のままになってしまいます。操作を終えたら、手順 2 で［(すべて)］をクリックして、もとに戻しておきましょう。

> ここでは同じ会社の人を抽出します。

1 ここをクリックして、

2 抽出する条件を 指定すると、

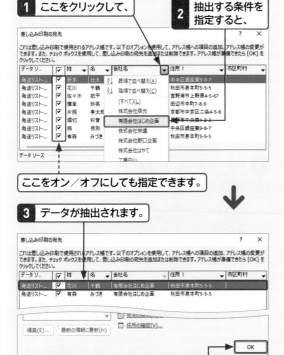

> ここをオン／オフにしても指定できます。

3 データが抽出されます。

4 ［OK］をクリックすると、抽出したデータが 文書に差し込まれます。

A2 ［フィルターと並べ替え］ ダイアログボックスを利用します。

Wordで条件を指定して抽出したデータを差し込みたい場合は、［差し込み文書］タブの［アドレス帳の編集］をクリックして、［差し込み印刷の宛先］ダイアログボックスを表示し、［フィルター］をクリックします。表示される［フィルターと並べ替え］ダイアログボックスで、抽出する条件を指定します。

1 ［フィルター］をクリックして、

2 フィールドと抽出する 条件を選択します。

3 抽出したい 値を入力して、

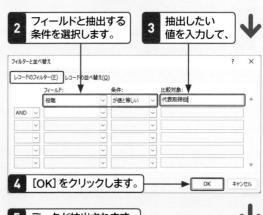

4 ［OK］をクリックします。

5 データが抽出されます。

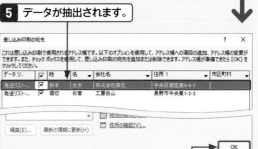

6 ［OK］をクリックすると、抽出したデータが 文書に差し込まれます。

Q 261　差し込み印刷で作成したアドレス帳を編集したい!

A　[データソースの編集]ダイアログボックスで編集します。

差し込み印刷を設定する際にWordで作成したアドレス帳(住所録)は、文書で使用しているときでも編集することができます。

[差し込み文書]タブの[アドレス帳の編集]をクリックして表示される[差し込み印刷の宛先]ダイアログボックスで、アドレス帳を指定し、[編集]をクリックします。[データソースの編集]ダイアログボックスでデータを編集できます。

なお、ほかのアドレス帳データを利用している場合は、[差し込み印刷]作業ウィンドウの[宛先の選択]画面で[別のリストの選択]をクリックして、[データファイルの選択]ダイアログボックスで目的のアドレス帳を選択し、[差し込み印刷の宛先]ダイアログボックスを表示します。　　　　　　　　　　　　　　　　参照▶Q 252

1 [差し込み文書]タブの[アドレス帳の編集]をクリックすると、

2 [差し込み印刷の宛先]ダイアログボックスが表示されます。

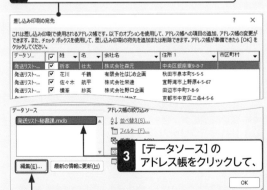

3 [データソース]のアドレス帳をクリックして、

4 [編集]をクリックします。

5 [データソースの編集]ダイアログボックスが表示されるので、

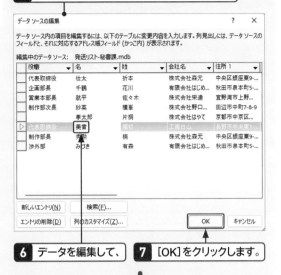

6 データを編集して、

7 [OK]をクリックします。

8 変更確認のメッセージが表示されるので、[はい]をクリックして、

アドレス帳を更新して、発送リスト-秘書課.mdb の変更内容を保存しますか?

はい(Y)　　いいえ(N)　　キャンセル

9 変更の反映を確認して、

10 [OK]をクリックします。

重要度 ★★★　文書への差し込み

Q 262 アドレス帳の項目を あとから追加したい！

A [アドレス帳のユーザー設定] ダイアログボックスを利用します。

Word で作成したアドレス帳（住所録）の項目（フィールド）の追加や削除は、[データソースの編集] ダイアログボックスから行えます。表示するには、[差し込み文書] タブの [アドレス帳の編集] をクリックして [差し込み印刷の宛先] ダイアログボックスを表示し、[データソース] のアドレス帳を選択して、[編集] をクリックします。

参照▶ Q 261

1 [データソースの編集] ダイアログボックスを 表示します。

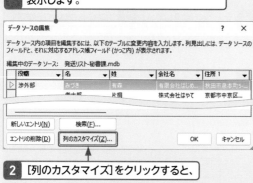

2 [列のカスタマイズ] をクリックすると、

3 確認メッセージが表示されるので、 [はい] をクリックします。

4 挿入したい位置の上を クリックして選択し、

5 [追加] をクリック します。

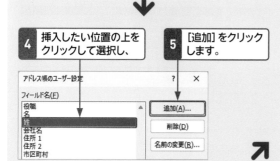

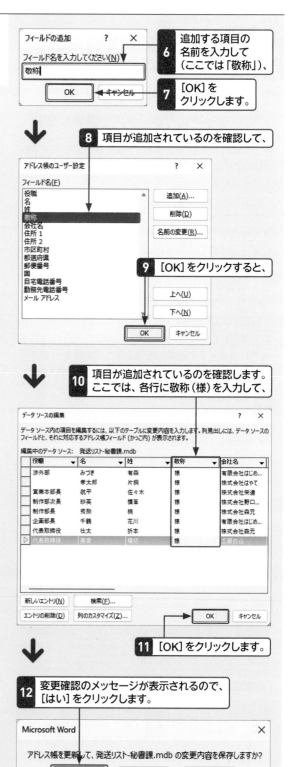

6 追加する項目の 名前を入力して （ここでは「敬称」）、

7 [OK] を クリックします。

8 項目が追加されているのを確認して、

9 [OK] をクリックすると、

10 項目が追加されているのを確認します。 ここでは、各行に敬称（様）を入力して、

11 [OK] をクリックします。

12 変更確認のメッセージが表示されるので、 [はい] をクリックします。

Q 263 宛名のフォントを変更したい!

A フォントの種類やサイズを変更すると、すべての宛名に反映されます。

宛名のフォントやサイズを変更したい場合は、通常の変更と同様に、宛名の差し込みフィールドを選択して、[ホーム]タブの[フォント]または[フォントサイズ]ボックスで指定します。文字列を選択すると表示されるショートカットメニューを利用すれば、[ホーム]タブをクリックする手間が省けます。

なお、差し込みフィールドを選択する際は、フィールド名の前後にある《》を含めて選択します。差し込みフィールドではなく、結果のプレビューでデータが差し込まれた状態で操作してもかまいません。

1 項目名を選択すると、ショートカットメニューが表示されます。

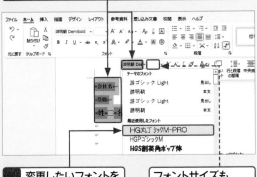

2 変更したいフォントをクリックします。

フォントサイズも同様に変更できます。

3 フォントが変更されます。[結果のプレビュー]をクリックしてデータに反映されていることを確認します。

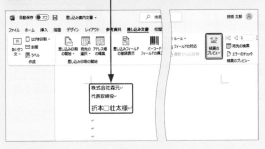

Q 264 データを差し込んだらすぐに印刷したい!

A [プリンターに差し込み]ダイアログボックスを利用します。

[差し込み文書]タブの[完了と差し込み]をクリックして[文書の印刷]をクリックするか、[差し込み印刷]作業ウィンドウ最後の[差し込み印刷の完了]で、[印刷]をクリックすると、[プリンターに差し込み]ダイアログボックスが表示されます。[OK]をクリックすると、[印刷]ダイアログボックスが表示されるので、設定して印刷を実行します。

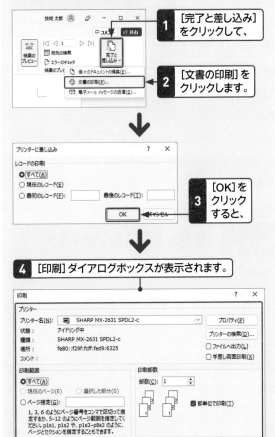

1 [完了と差し込み]をクリックして、

2 [文書の印刷]をクリックします。

3 [OK]をクリックすると、

4 [印刷]ダイアログボックスが表示されます。

5 設定して、

6 [OK]をクリックします。

使いはじめ 1
基本と入力 2
編集 3
書式設定 4
表示 5
印刷 6
差し込み印刷 7
図と画像 8
表 9
ファイル 10

重要度 ★★★ 文書への差し込み

Q 265

データを差し込んで保存したい!

A [新規文書への差し込み] ダイアログボックスを利用します。

データを差し込んだ状態の文書ファイルを新規文書として保存することができます。たとえば、1ページの元文書の場合、1ページ目にアドレス帳の1人目の宛先が差し込まれ、2ページ目に2人目の宛先… というように、指定した宛先分のページが「レター1」という新規文書として作成されるので、名前を付けて保存します。

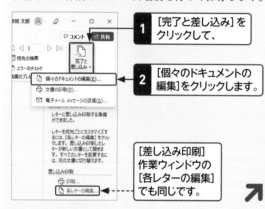

1 [完了と差し込み]をクリックして、

2 [個々のドキュメントの編集]をクリックします。

[差し込み印刷] 作業ウィンドウの [各レターの編集] でも同じです。

3 保存するレコードを選択して（ここでは[すべて]）、

4 [OK]をクリックすると、

「レター1」という新規文書が作成されます。

5 指定した範囲（人数分）の文書が作成されるので、新規文書として保存します。

重要度 ★★★ 文書への差し込み

Q 266

[無効な差し込みフィールド] ダイアログボックスが表示された!

A アドレス帳の項目名と差し込みフィールド名を一致させます。

アドレス帳の項目と差し込みフィールド名が一致しない場合、[無効な差し込みフィールド]ダイアログボックスが表示されます。たとえば、アドレス帳の項目を差し込みフィールドに挿入したあとで、アドレス帳の項目を変更した場合など、[結果のプレビュー]をクリックすると発生します。

アドレス帳の項目とデータファイルのフィールドの割り当てが合うように変更するか、[フィールドの削除]をクリックしてフィールド自体の削除を行います。

既存の住所録の項目に該当するものがないフィールド名が表示されます。

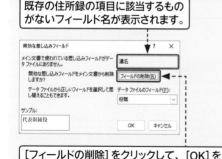

[フィールドの削除]をクリックして、[OK]をクリックすると、フィールドが削除されます。

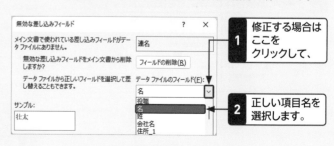

1 修正する場合はここをクリックして、

2 正しい項目名を選択します。

Q 267 アドレス帳の項目が 間違っている!

A [フィールドの対応]ダイアログ ボックスで関連付けを修正します。

アドレス帳を差し込んだ文書を作成したときに、項目に表示されるデータの内容が入れ替わってしまっている場合があります。このような場合は、フィールドの対応を確認して、それぞれの関連付けを正しく修正します。[差し込み文書]タブの[フィールドの対応]をクリックして、[フィールドの対応]ダイアログボックスを表示します。対応が違っている項目の ▽ をクリックし、プルダウンリストから正しい項目をクリックして選択します。

[フィールドの対応]ダイアログボックスは、[差し込みフィールドの挿入]ダイアログボックスの[フィールドの対応]をクリックしても表示できます。

参照▶Q 266

1 フィールドを 挿入して、

2 [結果のプレビュー]を クリックしたら、

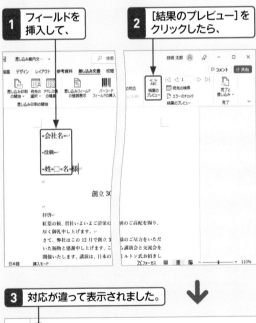

3 対応が違って表示されました。

壮太

代表取締役

折本□壮太様

創立 30 周年記念講演会のご案内

● フィールドの対応の修正

1 [差し込み文書]タブの[フィールドの対応]を クリックして、

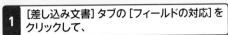

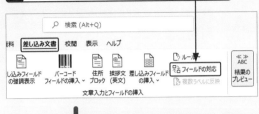

2 [フィールドの対応]ダイアログ ボックスを表示します。

3 間違っている項目のここをクリックし、

4 対応するフィールドをクリックします。

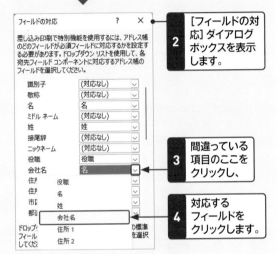

5 すべての項目を確認し、

6 ここをクリックしてオンにし、

7 [OK]をクリックします。

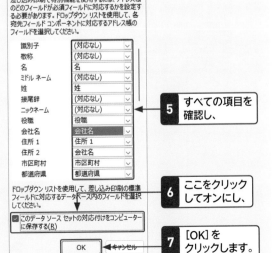

使いはじめ 1
基本と入力 2
編集 3
書式設定 4
表示 5
印刷 6
差し込み印刷 7
図と画像 8
表 9
ファイル 10

1 使いはじめ
2 基本と入力
3 編集
4 書式設定
5 表示
6 印刷
7 差し込み印刷
8 図と画像
9 表
10 ファイル

重要度 ★ ★ ★　はがきの宛名

Q 268

はがきの宛名面を 作成したい！

A [はがき宛名面印刷ウィザード]を 利用します。

はがきの宛名面は、[差し込み文書]タブの[作成]から[はがき印刷]をクリックして、[宛名面の作成]をクリックすると表示される[はがき宛名面印刷ウィザード]に従うと、かんたんに作成することができます。
[はがき宛名面印刷ウィザード]では、はがきの種類、縦書き／横書き、フォントなどの選択を順に行い、差出人情報を入力して、住所録を指定すれば完了です。ここでは、まだアドレス帳（住所録）が作成されていなくても大丈夫です。
使用する住所録はQ 269を参考に作成しましょう。
なお、ExcelやWordで作成した住所録、Outlookから書き出した連絡先のファイルを利用することもできます。その場合は、手順⓮で[既存の住所録ファイル]をクリックしてオンにし、[参照]をクリックしてファイルを指定すると、はがきの宛名面の完成時に宛名が挿入されます。ただし、差し込むデータは、住所や氏名などの項目が正しく整っている必要があります。

1 [差し込み文書]タブをクリックして、

2 [はがき印刷]をクリックし、

3 [宛名面の作成]をクリックします。

4 新しいWord文書が開き、[はがき宛名面印刷ウィザード]が起動するので、

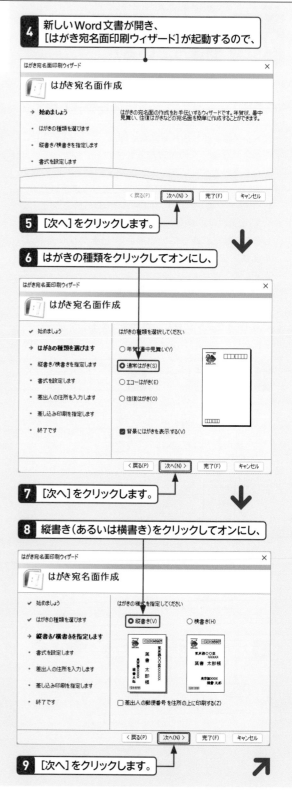

5 [次へ]をクリックします。

6 はがきの種類をクリックしてオンにし、

7 [次へ]をクリックします。

8 縦書き（あるいは横書き）をクリックしてオンにし、

9 [次へ]をクリックします。

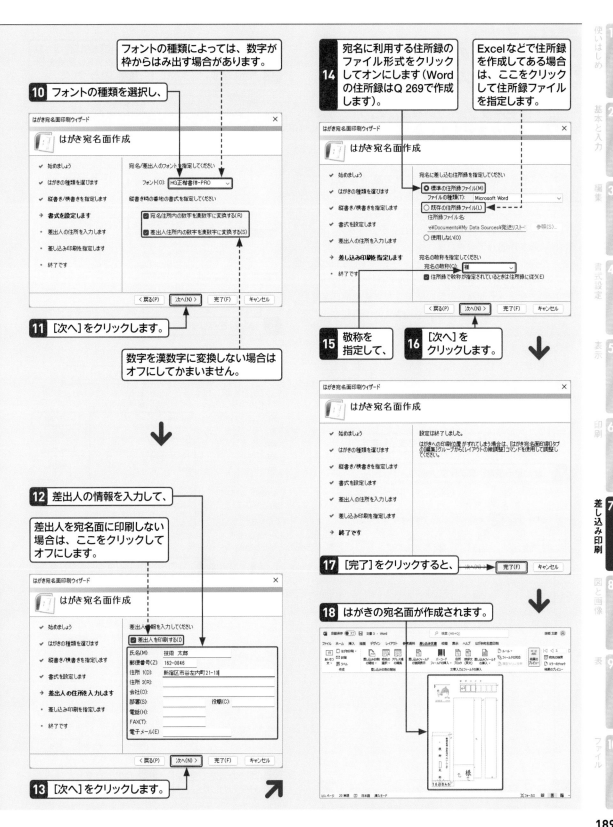

フォントの種類によっては、数字が枠からはみ出す場合があります。

10 フォントの種類を選択し、

はがき宛名面印刷ウィザード

はがき 宛名面作成

- ✓ 始めましょう
- ✓ はがきの種類を選びます
- ✓ 縦書き/横書きを指定します
- → 書式を設定します
- ・ 差出人の住所を入力します
- ・ 差し込み印刷を指定します
- ・ 終了です

宛名/差出人のフォントを指定してください

フォント(O): HG正楷書体-PRO

縦書き時の番地の書式を指定してください

☑ 宛名住所内の数字を漢数字に変換する(R)
☑ 差出人住所内の数字を漢数字に変換する(S)

〈 戻る(P)　　次へ(N) 〉　　完了(F)　　キャンセル

11 [次へ]をクリックします。

数字を漢数字に変換しない場合はオフにしてもかまいません。

↓

12 差出人の情報を入力して、

差出人を宛名面に印刷しない場合は、ここをクリックしてオフにします。

はがき宛名面印刷ウィザード

はがき 宛名面作成

- ✓ 始めましょう
- ✓ はがきの種類を選びます
- ✓ 縦書き/横書きを指定します
- ✓ 書式を設定します
- → 差出人の住所を入力します
- ・ 差し込み印刷を指定します
- ・ 終了です

差出人情報を入力してください

☑ 差出人を印刷する(D)

氏名(M): 技術 太郎
郵便番号(Z): 162-0846
住所 1(D): 新宿区市谷左内町21-13
住所 2(R):
会社(O):
部署(S):　　　　　　役職(C):
電話(H):
FAX(T):
電子メール(E)

〈 戻る(P)　　次へ(N) 〉　　完了(F)　　キャンセル

13 [次へ]をクリックします。

14 宛名に利用する住所録のファイル形式をクリックしてオンにします（Wordの住所録はQ 269で作成します）。

Excelなどで住所録を作成してある場合は、ここをクリックして住所録ファイルを指定します。

はがき宛名面印刷ウィザード

はがき 宛名面作成

- ✓ 始めましょう
- ✓ はがきの種類を選びます
- ✓ 縦書き/横書きを指定します
- ✓ 書式を設定します
- ✓ 差出人の住所を入力します
- → 差し込み印刷を指定します
- ・ 終了です

宛名に差し込む住所録を指定してください

◉ 標準の住所録ファイル(M)
　ファイルの種類(T): Microsoft Word
◯ 既存の住所録ファイル(L)
　住所録ファイル名:
　e¥Documents¥My Data Sources¥発送リスト　参照(S)...
◯ 使用しない(O)

宛名の敬称を指定してください

宛名の敬称(C): 様
☑ 住所録で敬称が指定されているときは住所録に従う(E)

〈 戻る(P)　　次へ(N) 〉　　完了(F)　　キャンセル

15 敬称を指定して、　**16** [次へ]をクリックします。

↓

はがき宛名面印刷ウィザード

はがき 宛名面作成

- ✓ 始めましょう
- ✓ はがきの種類を選びます
- ✓ 縦書き/横書きを指定します
- ✓ 書式を設定します
- ✓ 差出人の住所を入力します
- ✓ 差し込み印刷を指定します
- → 終了です

設定は終了しました。

はがきへの印刷位置がずれてしまう場合は、[はがき宛名面印刷]タブの[編集]グループから[レイアウトの微調整]コマンドを使用して調整してください。

17 [完了]をクリックすると、　　完了(F)　　キャンセル

↓

18 はがきの宛名面が作成されます。

1 使いはじめ
2 基本と入力
3 編集
4 書式設定
5 表示
6 印刷
7 差し込み印刷
8 図と画像
9 表
10 ファイル

重要度 ★★★　はがきの宛名

Q 269 はがきの宛名面に差し込むアドレス帳を作成したい！

A [データフォーム]ダイアログボックスで入力します。

Q 268の手順で作成したはがきの宛名面に差し込むアドレス帳を作成するには、[差し込み文書]タブの[アドレス帳の編集]をクリックして表示される[データフォーム]ダイアログボックスを使用します。

1件ずつ入力して、[レコードの追加]をクリックし、アドレス帳を作成していきます。

ここで保存されたファイルは、[ドキュメント]の[My Data Sources]フォルダーに「Adress20」というファイル名で保存されます。次回以降、[はがき宛名面印刷ウィザード]で差し込む住所録を[標準の住所録ファイル]に指定すると、このアドレス帳のデータが表示されます。はがきの宛名面に差し込むアドレス帳は、Q 252、Q 253、Q 255、Q 256で作成した住所録でもかまいません。その際は、Q 268の手順⑭で[既存の住所録ファイル]をオンにしてファイル名を指定します。

Q 268で作成したはがきの宛名面を表示します。

1 [差し込み文書]タブをクリックし、

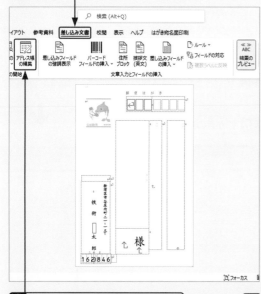

2 [アドレス帳の編集]をクリックし、

3 [差し込み印刷の宛先]ダイアログボックスを表示します。

4 自動的に作成されたアドレス帳をクリックして、

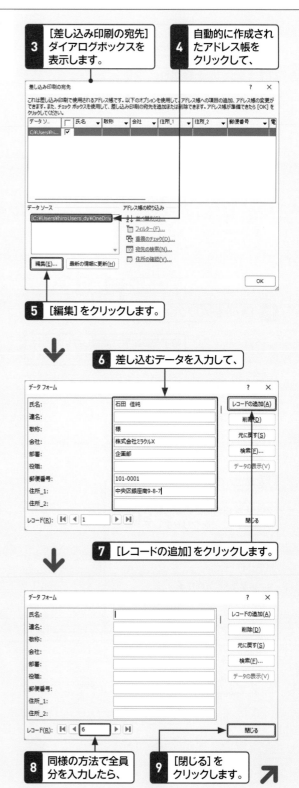

5 [編集]をクリックします。

6 差し込むデータを入力して、

7 [レコードの追加]をクリックします。

8 同様の方法で全員分を入力したら、

9 [閉じる]をクリックします。

10 宛先が登録されたことを確認して、

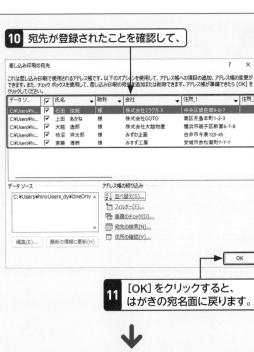

11 [OK]をクリックすると、はがきの宛名面に戻ります。

12 [差し込み文書]タブの[結果のプレビュー]をクリックすると、

13 入力したデータが表示されます。

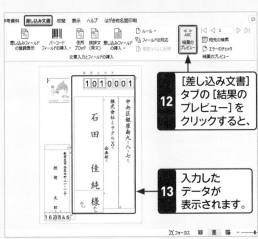

● 作成されたアドレス帳

[データフォーム]で作成されたアドレス帳

Q **270** 1件だけ宛名面を作成したい！

A 直接宛名面に入力します。

はがきの宛名を一人だけ印刷したい場合は、[はがき宛名面ウィザード]で宛名面を作成して、はがきに宛名を直接入力します。このとき、ウィザードの住所録指定の画面では、[使用しない]を選択します。

宛名面には、郵便番号、住所、会社、氏名、敬称の5つのフィールドが作成されているので、それぞれのフィールドにカーソルを移動して入力します。　参照▶Q 268

● 住所録の指定画面

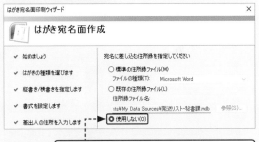

住所録のファイルを[使用しない]にします。

● 宛名面の作成

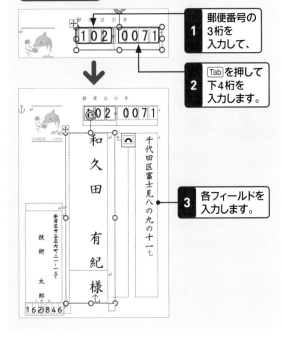

1 郵便番号の3桁を入力して、

2 [Tab]を押して下4桁を入力します。

3 各フィールドを入力します。

---

1 使いはじめ
2 基本と入力
3 編集
4 書式設定
5 表示
6 印刷
7 差し込み印刷
8 図と画像
9 表
10 ファイル

重要度 ★★★ はがきの宛名

Q 271 はがきの宛名面を印刷したい!

A [はがき宛名面印刷]タブで行います。

はがきの宛名面を印刷するには、[差し込み文書]タブの[完了と差し込み]をクリックして、[文書の印刷]をクリックするか、[はがき宛名面印刷]タブの[すべて印刷]をクリックし、[プリンターに差し込み]ダイアログボックスで[OK]をクリックします。[印刷]ダイアログボックスでプリンターや部数、印刷範囲などを指定して[OK]をクリックします。

なお、表示している宛名面のみを印刷したい場合は、[はがき宛名面印刷]タブの[表示中のはがきを印刷]をクリックします。また、一部の宛名(レコード)を印刷したい場合は、[印刷]ダイアログボックスの[ページ指定]で指定します。

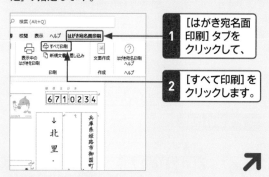

1 [はがき宛名面印刷]タブをクリックして、

2 [すべて印刷]をクリックします。

3 [すべて]をクリックして、

4 [OK]をクリックします。

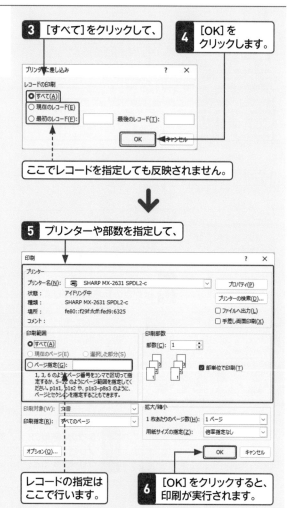

ここでレコードを指定しても反映されません。

5 プリンターや部数を指定して、

レコードの指定はここで行います。

6 [OK]をクリックすると、印刷が実行されます。

重要度 ★★★ はがきの宛名

Q 272 はがきの模様が印刷されてしまった!

A [隠し文字を印刷する]をオフにします。

[はがき宛名面印刷ウィザード]で作成したときに表示される切手や郵便番号枠などは隠し文字の扱いになっていて、通常は印刷されません。印刷された場合は、隠し文字が印刷されるように設定されています。

[Wordのオプション]の[表示]の[印刷オプション]で、[隠し文字を印刷する]をクリックしてオフにします。

参照▶Q 029, Q 241

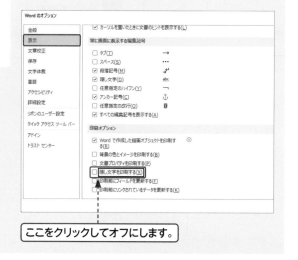

ここをクリックしてオフにします。

Q 273 住所の番地が漢数字で表示されない!

A 住所録の数字を半角で入力します。

[はがき宛名面印刷ウィザード]のフォントを指定する画面で、[宛名住所内の数字を漢数字に変換する]をクリックしてオンにすると、住所の番地などの数字を漢数字に変換できます。ただし、もとのデータの数字が全角の場合は、漢数字に変換されません。漢数字で表示したい場合は、住所録を半角文字で入力し直します。

この数字だけ全角で入力されています。

会社名	住所1	住所2	市区町村
株式会社森元	中央区銀座東9-8-7		
有限会社はじめ…	秋田市泉本町5-5-5		
株式会社栄達	宜野湾市上野原4-5-67		
株式会社野口…	田辺市中町7-8-9	木元ビル506	
株式会社はやて	京都市中京区二条4-5-6		
工房白山	長野市中央東1-2-3		
株式会社森元	中央区銀座東9-8-7		
有限会社はじめ…	秋田市泉本町5-5-5		

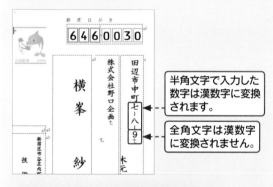

半角文字で入力した数字は漢数字に変換されます。

全角文字は漢数字に変換されません。

● はがき宛名面印刷ウィザードでの設定

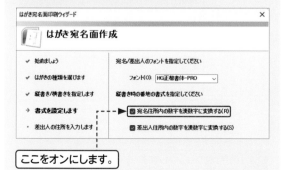

ここをオンにします。

Q 274 郵便番号が枠からずれる!

A [レイアウト]ダイアログボックスを利用します。

画面上ではずれていなくても、印刷した宛名面で郵便番号の枠から数字がずれてしまう場合があります。[はがき宛名面印刷]タブの[レイアウトの微調整]をクリックすると表示される[レイアウト]ダイアログボックスで、印刷位置を微調整します。枠の上下にずれている場合は[縦位置]、枠の横にずれている場合は[横位置]に数値を指定し、確認しながら調整します。

なお、はがきをプリンターにセットする際にずれていたり、印刷時に曲がって送られたりするとずれて印刷されます。セットや試し印刷で確認してから、はがきに印刷しましょう。

1 [はがき宛名面印刷]タブをクリックして、

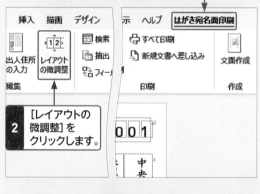

2 [レイアウトの微調整]をクリックします。

3 [縦位置]または[横位置]に数値を指定します。

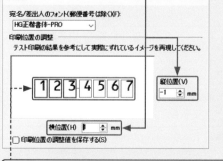

プレビューでどのくらいずらしたのかを確認できます。

使いはじめ 1
基本と入力 2
編集 3
書式設定 4
表示 5
印刷 6
差し込み印刷 7
図と画像 8
表 9
ファイル 10

Q 275 1枚の用紙で同じ宛名ラベルを複数作成したい！

A 1つの宛名をすべてのラベルに反映します。

ラベル枠すべてを同じ宛先にしたい場合は、まずは印刷するラベル用紙の型番を［ラベルオプション］ダイアログボックスで指定して、ラベル用の枠を作成します。次に、宛名用の住所録を作成し、住所録をラベルに差し込んで、レイアウトを調整します。差し込む宛先の選択で住所録を指定するので、すでにある住所録内の一人を対象にする場合は、住所録で選択しておくとよいでしょう。

参照▶Q 252

● 宛名用ラベルの枠を作成する

1 ［差し込み文書］タブの［差し込み印刷の開始］をクリックして、

2 ［ラベル］をクリックします。

3 プリンターの種類と用紙トレイをクリックして選択し、

4 ラベルの製造元と製品番号を指定し、

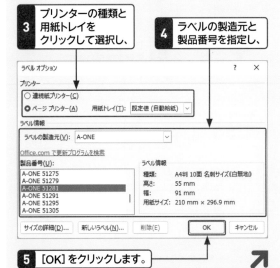

5 ［OK］をクリックします。

6 宛名用ラベルの枠が表示されます。

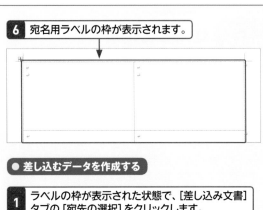

● 差し込むデータを作成する

1 ラベルの枠が表示された状態で、［差し込み文書］タブの［宛先の選択］をクリックします。

2 ［新しいリストの入力］をクリックして、

3 ［新しいアドレス帳］ダイアログボックスに一人分の必要項目を入力し、

4 ［OK］をクリックします。

5 ［アドレス帳の保存］ダイアログボックスでファイル名を付けて、

6 ［保存］をクリックします。

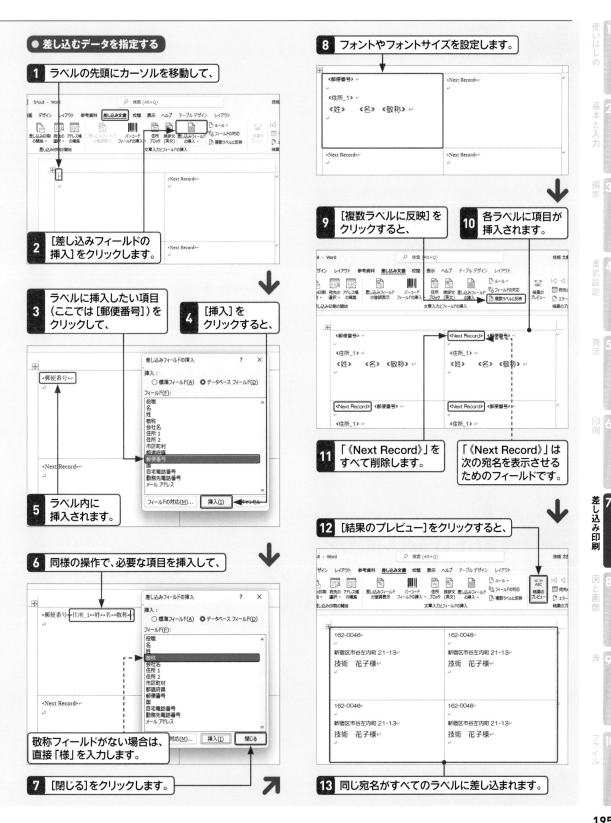

● 差し込むデータを指定する

1 ラベルの先頭にカーソルを移動して、

2 [差し込みフィールドの挿入]をクリックします。

3 ラベルに挿入したい項目（ここでは[郵便番号]）をクリックして、

4 [挿入]をクリックすると、

5 ラベル内に挿入されます。

6 同様の操作で、必要な項目を挿入して、

敬称フィールドがない場合は、直接「様」を入力します。

7 [閉じる]をクリックします。

8 フォントやフォントサイズを設定します。

9 [複数ラベルに反映]をクリックすると、

10 各ラベルに項目が挿入されます。

11 「《Next Record》」をすべて削除します。

「《Next Record》」は次の宛名を表示させるためのフィールドです。

12 [結果のプレビュー]をクリックすると、

13 同じ宛名がすべてのラベルに差し込まれます。

使いはじめ 1
基本と入力 2
編集 3
書式設定 4
表示 5
印刷 6
差し込み印刷 7
図と画像 8
表 9
ファイル 10

1 使いはじめ
2 基本と入力
3 編集
4 書式設定
5 表示
6 印刷
7 差し込み印刷
8 図と画像
9 表
10 ファイル

重要度 ★★★ ラベルの宛名

Q 276 差出人のラベルを かんたんに印刷したい！

A [封筒とラベル]ダイアログボックスで差出人の情報を登録します。

差出人の宛名ラベルを作成するには、[差し込み文書]タブの [ラベル] をクリックして、[封筒とラベル]ダイアログボックスの [ラベル]タブで [宛先]欄に宛先を入力して、[印刷]をクリックします。

また、[Wordのオプション]の [詳細設定]の [住所]に住所や氏名を入力しておくと、差出人の情報として使用できるようになります。この場合は、[差出人住所を印刷する]をクリックしてオンにすると、登録してある住所や氏名が挿入されます。

なお、このラベルで使用するフォントを変更したい場合は、文字列を選択して右クリックし、[フォント]をクリックして [フォント]ダイアログボックスを表示し、サイズや色を指定します。 参照▶Q 029

ここに住所を登録しておきます。

1 [封筒とラベル]ダイアログボックスで、ここをクリックしてオンにすると、

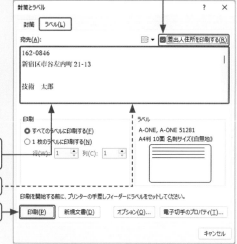

2 登録されている住所や氏名が表示されます。

ここに直接入力してもかまいません。

3 [印刷]をクリックします。

重要度 ★★★ ラベルの宛名

Q 277 使用したいラベル用紙が 一覧にない！

A ラベルのサイズを指定します。

Q 275の「宛名用ラベルの枠を作成する」の手順 **4** で、[ラベルオプション]ダイアログボックスのラベルの一覧に目的のラベルのサイズがない場合は、サイズを指定して、オリジナルのテンプレートを作成します。

テンプレートを作成するには、[ラベルオプション]ダイアログボックスで、[新しいラベル]をクリックして、[ラベルオプション]画面（右図）を表示します。ラベル名、ラベル用紙の余白やラベルの高さ、幅などを入力します。

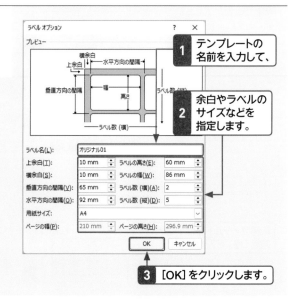

1 テンプレートの名前を入力して、

2 余白やラベルのサイズなどを指定します。

3 [OK] をクリックします。

使いはじめ 1
基本と入力 2
編集 3
書式設定 4
表示 5
印刷 6
差し込み印刷 7
図と画像 8
表 9
ファイル 10

Q 278 宛名によって使用する敬称を変更したい！

A あらかじめ敬称のフィールドを作成しておきます。

アドレス帳（住所録）を作成する場合は、「敬称」欄を設けておくと、郵送物の宛名に利用する場合に便利です。差し込み印刷ウィザードで作成したアドレス帳には「敬称」の項目がないため、[列のカスタマイズ]で列を追加するとよいでしょう。

また、「敬称」（列）を作成して、宛名ごとに利用する敬称を入力しておくと、差し込み印刷の設定を行う際に[敬称]フィールドを関連付けることができます。

参照 ▶ Q 262

Excelの住所録では「敬称」欄を作成しておきます。

Wordのアドレス帳では、[データソースの編集]ダイアログボックスで[列のカスタマイズ]をクリックして列を追加します。

Q 279 あとから敬称を追加したい！

A 1枚目のラベルに敬称を入力して、すべてのラベルに反映します。

アドレス帳に「敬称」を設定していない場合、宛名に敬称を付けるには、差し込み印刷フィールドを設定後、1枚目のラベルで宛名のフィールドの後ろにカーソルを移動して、「様」などの敬称を入力します。[差し込み文書]タブの[複数ラベルに反映]をクリックすると、2枚目以降のラベルにも敬称が追加されます。なお、宛名ラベルのそれぞれに異なる宛先を表示する場合は、「《Next Record》」を削除する必要はありません。

1 最初のラベルに敬称（ここでは「様」）を入力して、

2 [複数ラベルに反映]をクリックすると、

3 すべてのラベルに敬称が追加されます。

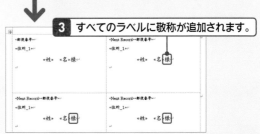

Q 280 ラベルの枠が表示されない！

A グリッド線を表示します。

ラベルの枠が表示されていない場合は、グリッド線が非表示になっています。右端の[レイアウト]タブの[グリッド線の表示]をクリックすると、表示されます。なお、この枠線は印刷されません。

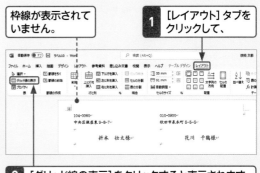

枠線が表示されていません。

1 [レイアウト]タブをクリックして、

2 [グリッド線の表示]をクリックすると表示されます。

Q 281 封筒に宛名を印刷したい！

A [差し込み印刷ウィザード]で住所録を挿入します。

封筒の宛名印刷も、はがきや文書と同様です。[差し込み印刷]作業ウィンドウで[封筒]を選択して、封筒のサイズや差し込む住所録を指定し、差し込みフィールドを挿入します。

また、[挿し込み文書]タブの[封筒]をクリックして表示される[封筒とラベル]ダイアログボックスに宛先を直接入力することもできます。封筒のサイズや向き、文字の書式を指定して、印刷できます。　参照▶Q 252, Q 276

1 [差し込み印刷]作業ウィンドウで[封筒]を選択して、

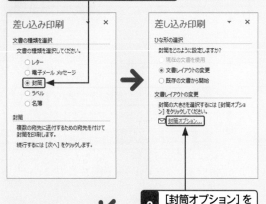

2 [封筒オプション]をクリックします。

3 [封筒のサイズ]をクリックして、[OK]をクリックします。

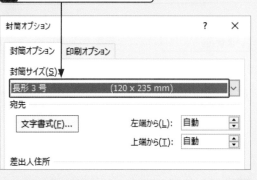

4 [既存のリストを使用]をオンにして、

5 [参照]をクリックして、住所禄を指定します。

6 [差し込みフィールドの挿入]をクリックして、

7 フィールドを挿入して、体裁を整えます。

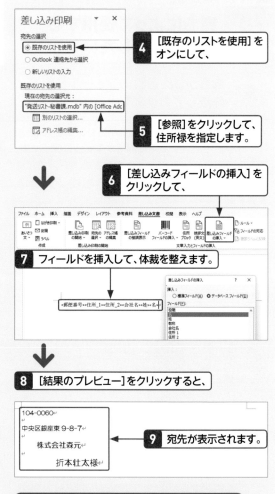

8 [結果のプレビュー]をクリックすると、

9 宛先が表示されます。

104-0060
中央区銀座東 9-8-7
株式会社森元
折本壮太様

● [封筒とラベル] ダイアログボックスを利用する

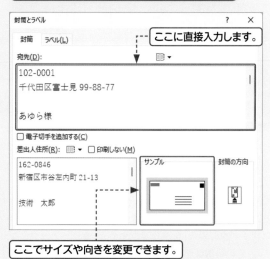

ここに直接入力します。

ここでサイズや向きを変更できます。

1 使いはじめ
2 基本と入力
3 編集
4 書式設定
5 表示
6 印刷
7 差し込み印刷
8 図と画像
9 表
10 ファイル

図と画像の
「こんなときどうする?」

Q 282 文書に図形を描きたい！

A [挿入]タブの [図形]から
図形を選択します。

文書に図形を描くには、[挿入]タブの [図形]をクリックして、表示される一覧から目的の図形を選択し、画面上でドラッグします。マウスボタンを離すと図形が描かれ、初期設定では青色に塗りつぶされます。また、図形を選択している状態では、図形の周りにハンドル○や回転ハンドル <img> が表示されます。これらのハンドルはサイズ変更や回転させるときに利用します。

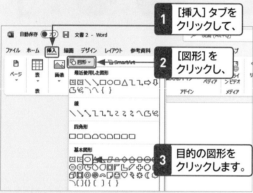

1 [挿入]タブをクリックして、

2 [図形]をクリックし、

3 目的の図形をクリックします。

4 画面上でドラッグします。

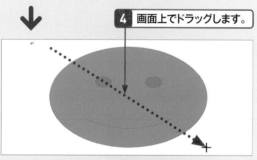

5 図形が描かれます。

回転ハンドル

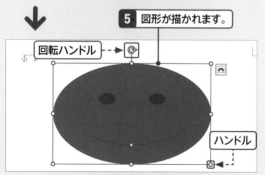

ハンドル

Q 283 正円や正多角形を描きたい！

A クリックするか、[Shift]を押します。

[挿入]タブの [図形]から図形を選択して画面上をクリックすると、正円や四辺が同じサイズ（25.4mm）の多角形を描けます（台形などは除く）。また、図形をドラッグして描く場合、[Shift]を押すと長い辺に合わせて正四角形になります。[Shift]を押しながらドラッグしても縦横比が固定されて図形を描くことができます。

参照▶Q 282

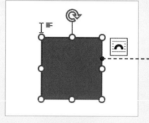

[四角形]を選択して、文書内でクリックすると、正四角形で描けます。

Q 284 水平／垂直の線を描きたい！

A [Shift]を押しながらドラッグします。

[挿入]タブの [図形]から [直線]を選択して、[Shift]を押しながらドラッグすると、水平方向または垂直方向にまっすぐな線を引くことができます。
また、[表示]タブの [グリッド線]をクリックしてオンにし、グリッド線を表示し、線に沿ってドラッグすると、横の直線が引きやすくなります。

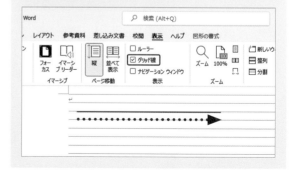

使いはじめ 1
基本と入力 2
編集 3
書式設定 4
表示 5
印刷 6
差し込み印刷 7
図と画像 8
表 9
ファイル 10

重要度 ★★★　図形描画

Q 285 [図形の書式設定] 作業ウィンドウを使いたい!

A 図形を右クリックして [図形の書式設定]をクリックします。

[図形の書式設定]作業ウィンドウは、図形の塗りつぶし、影などの効果、文字の効果などの設定をさらに詳細に行うことができます。[図形の書式設定]作業ウィンドウを表示するには、図形を右クリックして[図形の書式設定]をクリックするか、図形を選択して[図形の書式]タブ(Word 2019／2016では描画ツールの[書式]タブ)の[図形のスタイル]グループ右下にある をクリックします。

なお、対象の図形によって設定できる種類は異なります。また、この作業ウィンドウは、対象によって、たとえば画像(写真)は[図の書式設定]、アイコンは[オブジェクトの書式設定]など名称は異なりますが、内容や操作はほぼ同じです。

1 図形を右クリックして、

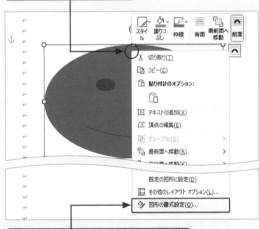

2 図形の書式設定]をクリックします。

3 図形の書式設定]作業ウィンドウが表示されます。

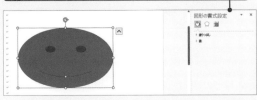

● [塗りつぶし]で設定する

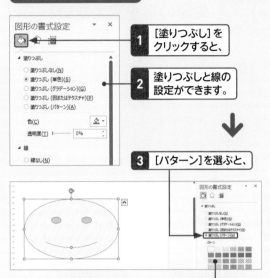

1 [塗りつぶし]を クリックすると、

2 塗りつぶしと線の 設定ができます。

3 [パターン]を選ぶと、

4 パターンや色、背景を変更できます。

● [効果]で設定する

1 [効果]をクリックして、

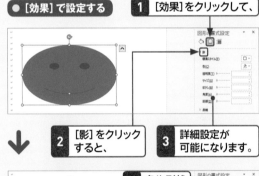

2 [影]をクリック すると、

3 詳細設定が 可能になります。

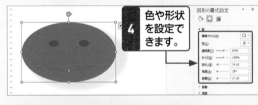

4 色や形状 を設定で きます。

● [レイアウトとプロパティ]で設定する

テキストボックスの余白や配置などの 詳細設定が可能になります。

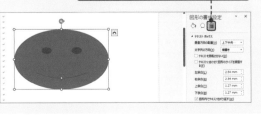

201

使いはじめ | 1
基本と入力 | 2
編集 | 3
書式設定 | 4
表示 | 5
印刷 | 6
差し込み印刷 | 7
図と画像 | 8
表 | 9
ファイル | 10

重要度 ★★★　図形描画

Q 286 矢印の形を変えたい！

A [図形の書式設定] 作業ウィンドウを利用します。

矢印の矢の形は、線の太さや始点／終点の形などを変更することができます。描画した矢印を右クリックして、[図形の書式設定]をクリックします。[図形の書式設定]作業ウィンドウが表示されるので、[始点矢印の種類]や[終点矢印の種類]からクリックして選択します。

参照▶Q 285

1 [図形の書式設定]作業ウィンドウを表示して、

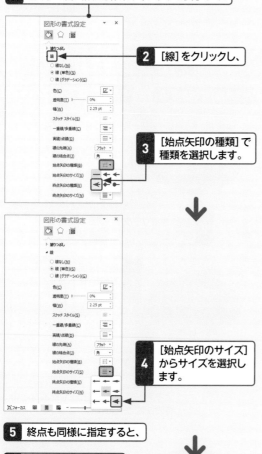

2 [線]をクリックし、

3 [始点矢印の種類]で種類を選択します。

4 [始点矢印のサイズ]からサイズを選択します。

5 終点も同様に指定すると、

6 両矢印に変わります。

重要度 ★★★　図形描画

Q 287 図形のサイズや 形を変えたい！

A ハンドルをドラッグします。

図形をクリックして選択すると、図形の周りにハンドル○が表示されます。このハンドルをドラッグすると、図形のサイズを変更したり、変形したりできます。
また、黄色の調整ハンドル○が表示される場合は、図形の輪郭を変形できます。
変形を取りやめたい、やり直したい場合は、[ホーム]タブの[元に戻す]をクリックします。

1 図形を選択します。

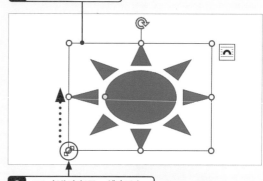

2 ハンドルをドラッグすると、

3 図形が変形されます。

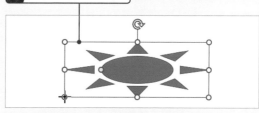

● 調整ハンドルを利用する

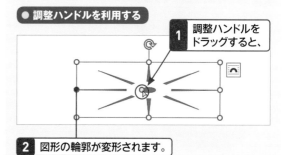

1 調整ハンドルをドラッグすると、

2 図形の輪郭が変形されます。

Q 288 図形を細かく変形させたい！

A [頂点の編集]を利用します。

図形を選択して、[図形の書式]タブ（Word 2019／2016では描画ツールの［書式］タブ）の［図形の編集］→［頂点の編集］をクリックするか、図形を右クリックして、［図形の編集］をクリックすると、図形の頂点に■が表示されます。この■をドラッグすると、図形を変形できます。なお、頂点のない図形はこの機能は使えません。

1 図形を選択して、［図形の編集］をクリックし、

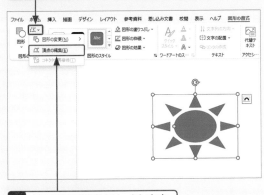

2 ［頂点の編集］をクリックします。

↓

3 頂点が表示されるので、

4 ドラッグします。

↓

5 個々の頂点を編集できます。

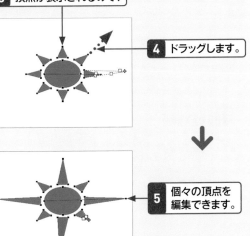

Q 289 図形に頂点を追加したい！

A 頂点を右クリックして［頂点の追加］をクリックします。

Wordの図形は、頂点を変更することが可能です。変形用の頂点を追加するには、図形を選択して頂点を表示し、頂点を右クリックして［頂点の追加］をクリックします。追加された頂点をドラッグすると、図形を変形できます。

参照▶Q 288

1 Q 288の方法で図形の頂点を表示します。

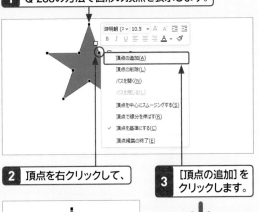

2 頂点を右クリックして、

3 ［頂点の追加］をクリックします。

4 頂点をドラッグします。

5 頂点が追加されます。

6 同様に頂点を追加してドラッグすると、

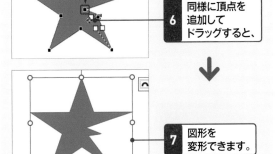

7 図形を変形できます。

1 使いはじめ
2 基本と入力
3 編集
4 書式設定
5 表示
6 印刷
7 差し込み印刷
8 図と画像
9 表
10 ファイル

Q 290 図形の上下を反転させたい！

A [オブジェクトの回転]を
利用します。

図形の上下を反転させるには、図形を選択して、[図形の書式]タブ（Word 2019／2016では描画ツールの[書式]タブ）の[オブジェクトの回転]）をクリックして、[上下反転]をクリックします。このとき、左右反転や、左右90度回転も可能です。また、図形の回転ハンドル ⟳ をドラッグすると自由な角度で回転できます。

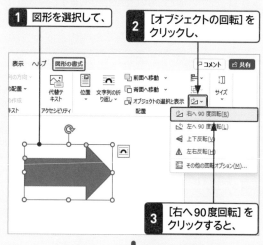

1 図形を選択して、
2 [オブジェクトの回転]を
クリックし、
3 [右へ90度回転]を
クリックすると、

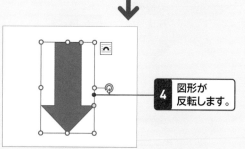

4 図形が
反転します。

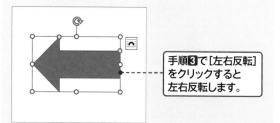

手順**3**で[左右反転]
をクリックすると
左右反転します。

Q 291 図形の色を変更したい！

A [図形の塗りつぶし]を
利用します。

図形の色は図形の中の塗りつぶしの色と、枠線の色で作られています。図形の色を変更するには、図形の中の塗りつぶしのほか、必要であれば枠線の色も変更します。[図形の書式]タブ（Word 2019／2016では描画ツールの[書式]タブ）の[図形の塗りつぶし]の右側をクリックすると表示される色の一覧から、目的の色をクリックします。さらに、[図形の枠線]の右側をクリックして、枠線の色を変更します。

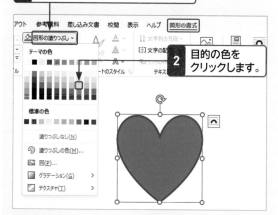

1 図形を選択して、ここをクリックし、
2 目的の色を
クリックします。

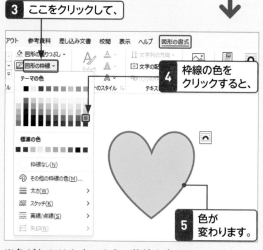

3 ここをクリックして、
4 枠線の色を
クリックすると、
5 色が
変わります。

※色がわかりやすいように枠線を太くしています。

使いはじめ 1
基本と入力 2
編集 3
書式設定 4
表示 5
印刷 6
差し込み印刷 7
図と画像 8
表 9
ファイル 10

重要度 ★★★　図形描画

Q 292 図形にグラデーションを付けたい！

A1 [図形のスタイル]ギャラリーを利用します。

図形を選択して、[図形の書式]タブ（Word 2019／2016では描画ツールの[書式]タブ）の[図形のスタイル]で[その他] ▽ をクリックして表示される[図形のスタイル]のギャラリーには、グラデーションの図形も用意されており、自由に設定できます。

1 [図形のスタイル]のギャラリーを表示して、

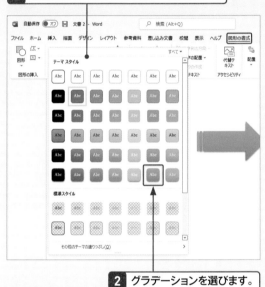

2 グラデーションを選びます。

A2 [図形の塗りつぶし]を利用します。

[図形の塗りつぶし]の右側をクリックして、[グラデーション]から方向などのバリエーションを選ぶこともできます。[その他のグラデーション]をクリックして表示される[図形の書式設定]作業ウィンドウでは、さらに細かく設定できます。

1 [図形の塗りつぶし]の、ここをクリックして、

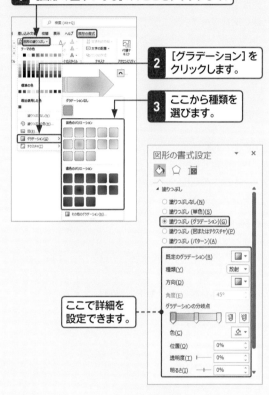

2 [グラデーション]をクリックします。

3 ここから種類を選びます。

ここで詳細を設定できます。

重要度 ★★★　図形描画

Q 293 複数の図形を選択したい！

A Shift を押しながら選択します。

複数の図形を描いて移動する場合などは、すべての図形を選択する必要があります。Shift を押しながら必要な図形をすべてクリックすると選択できます。

1 図形をクリックして、

2 Shift を押しながらほかの図形をクリックします。

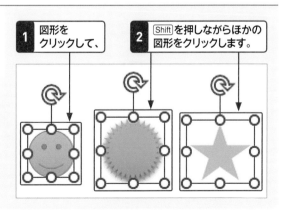

1 使いはじめ
2 基本と入力
3 編集
4 書式設定
5 表示
6 印刷
7 差し込み印刷
8 図と画像
9 表
10 ファイル

重要度 ★ ★ ★　図形描画

Q 294 図形を重ねる順番を変更したい!

A [最前面へ移動]、[最背面へ移動]を利用します。

複数の図形や写真の重ね順を変更するには、順序を変更したい図形を右クリックして、[最前面へ移動]あるいは [最背面へ移動]をクリックし、それぞれ目的の順番を選択します。なお、[図形の書式]タブ (Word 2019／2016では描画ツールの [書式]タブ)の[前面へ移動][背面へ移動]でも同じ操作ができます。図形の重ね順は、次の中から選択できます。

● [最前面へ移動]
- 最前面へ移動
  ページ内のすべての図形のいちばん上に移動します。
- 前面へ移動
  現在の重ね順から、1つ上に移動します。
- テキストの前面へ移動
  テキストの下にある場合に上に移動します。

● [最背面へ移動]
- 最背面へ移動
  ページ内のすべての図形のいちばん下に移動します。
- 背面へ移動
  現在の重ね順から、1つ下に移動します。
- テキストの背面へ移動
  テキストの上にある場合に下に移動します。

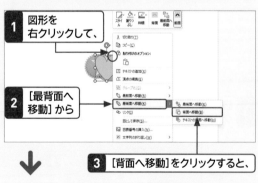

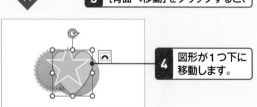

重要度 ★ ★ ★　図形描画

Q 295 重なった図形の下にある図形が選択できない!

A Tab を押すと、下の図形を選択できます。

大きい図形の下に小さい図形が重なって見えなくなってしまった場合は、上にある図形を選択して Tab を押すと、その下にある図形を選択できます。
文書内に図形やテキストボックスなど多数配置されている場合は、[ホーム]タブの [選択]をクリックし、[オブジェクトの選択と表示]をクリックすると表示される [選択]作業ウィンドウで目的の図形をクリックすると図形を選択できます。

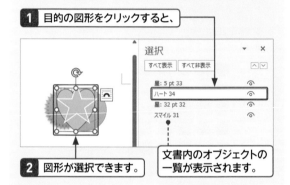

重要度 ★ ★ ★　図形描画

Q 296 図形をかんたんにコピーしたい!

A Ctrl を押しながらドラッグします。

図形を選択して、Ctrl を押しながらドラッグすると、選択した図形をコピー (複製)できます。

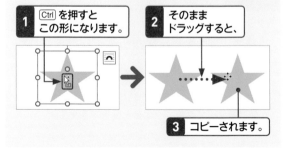

Q 297 文字列の折り返しの違いを知りたい！

A 図形の周りに文章を配置する種類があります。

図形や画像などのオブジェクトを文書内に挿入したとき、オブジェクトの周囲に文章を配置する方法を「文字列の折り返し」といいます。

文字列の折り返しは、図形をクリックして選択し、[レイアウトオプション]🔼をクリックするか、図形をクリックすると表示されるタブ（下の手順では［図の形式］タブ）の［文字列の折り返し］をクリックして、種類から選択します。

文字列の折り返しの種類は、［四角形］［狭く］［内部］［上下］［背面］［前面］があります。なお、［行内］は行内固定のため上下に行が配置され、自由に移動できません。

参照 ▶ Q 324

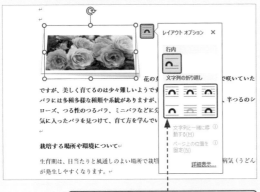

[レイアウトオプション] から選択します。

[文字列の折り返し] から選択します。

● [四角形] の例

● [上下] の例

種　類	コマンド	内　容
［四角形］		オブジェクトを囲む四角形の枠線に沿って文字列が折り返されます。
［狭く］		オブジェクトを囲む枠線に沿って文字列が折り返されます。
［内部］		オブジェクトを囲む枠線に沿って文字列が折り返されます。さらに枠線内に透明な部分がある場合、透明な部分にも文字列が配置されます。
［上下］		オブジェクトの上下に文字列が折り返されます。
［背面］		オブジェクトを文字列の背面に配置します。文字列は折り返されません。
［前面］		オブジェクトを文字列の前面に配置します。文字列は折り返されません。

使いはじめ 1
基本と入力 2
編集 3
書式設定 4
表示 5
印刷 6
差し込み印刷 7
図と画像 8
表 9
ファイル 10

1 使いはじめ
2 基本と入力
3 編集
4 書式設定
5 表示
6 印刷
7 差し込み印刷
8 図と画像
9 表
10 ファイル

重要度 ★★★　図形描画

Q 298 図形の左端をきれいに揃えたい!

A [オブジェクトの配置]の[左揃え]を利用します。

図形の配置は、[図形の書式]タブ（Word 2019／2016では描画ツールの [書式]タブ）の [オブジェクトの配置]を利用します。選択した複数の図を対象に[左揃え][左右中央揃え][右揃え]ができます。図形をすべて選択して、[オブジェクトの配置]の [左揃え]をクリックすると、いちばん左の図形の左端に揃います。また、揃える基準（用紙、余白）を先に指定しておくと、用紙の左端、あるいは余白の左端に揃えて配置できます。

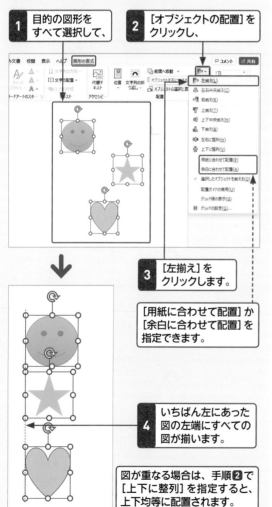

1 目的の図形をすべて選択して、

2 [オブジェクトの配置]をクリックし、

3 [左揃え]をクリックします。

[用紙に合わせて配置]か[余白に合わせて配置]を指定できます。

4 いちばん左にあった図の左端にすべての図が揃います。

図が重なる場合は、手順2で[上下に整列]を指定すると、上下均等に配置されます。

重要度 ★★★　図形描画

Q 299 きれいに配置するためにマス目を表示したい!

A 文字グリッド線と行グリッド線を設定します。

[表示]タブの[グリッド線]や、[図形の書式]タブ（Word 2019／2016では描画ツールの [書式]タブ）の [オブジェクトの配置]をクリックし、[グリッド線の表示]をクリックしてオンにすると、行の線（グリッド線または行グリッド線）が引かれます。また、マス目のようにグリッド線を引くには、以下の方法で設定します。

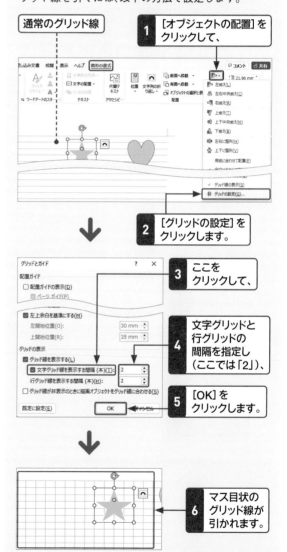

通常のグリッド線

1 [オブジェクトの配置]をクリックして、

2 [グリッドの設定]をクリックします。

3 ここをクリックして、

4 文字グリッドと行グリッドの間隔を指定し（ここでは「2」）、

5 [OK]をクリックします。

6 マス目状のグリッド線が引かれます。

使いはじめ 1
基本と入力 2
編集 3
書式設定 4
表示 5
印刷 6
差し込み印刷 7
図と画像 8
表 9
ファイル 10

重要度 ★★★ 図形描画

Q 300

複数の図形を一度に操作したい!

A 「描画キャンバス」を利用します。

「描画キャンバス」は、複数の図形をまとめて操作するための領域です。地図など細かい図形をたくさん利用して描画した場合、それらを移動する際にはすべての図形を選択しなければなりません。描画キャンバス内に描画すると、1つのオブジェクトとして扱われるため自由に移動することができます。なお、描画キャンバスを移動する場合は、[文字列の折り返し]を[行内]以外に指定します。
また、描画キャンバスのサイズは、枠線上にマウスポインター合わせて の形になったらドラッグすると変更できます。

1 [挿入]タブの[図形]をクリックして、

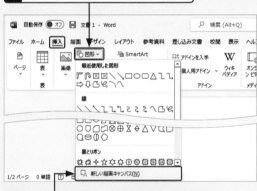

2 [新しい描画キャンバス]をクリックすると、

3 描画キャンバスが挿入されます。

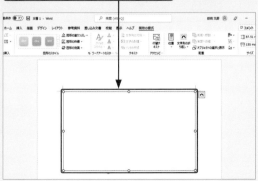

重要度 ★★★ 図形描画

Q 301

図形の中に文字を入力したい!

A 右クリックして、[テキストの追加]を選択します。

文字を入れたい図形を右クリックして、[テキストの追加]をクリックすると、カーソルが配置され、文字を入力できます。また、図形の中にテキストボックスを配置することでも、図形に文字を入力したように見せることができます。
なお、図形の中で[吹き出し]は、自動的に図中にカーソルが配置され文字を入力できます。

参照▶Q 303, Q 306

1 図形を右クリックして、　　**2** [テキストの追加]をクリックすると、

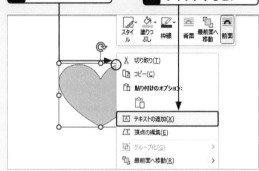

3 図形にカーソルが配置され、文字を入力できるようになります。

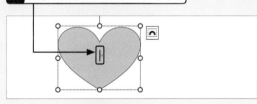

4 図形内の文字も通常と同じように、フォントやサイズ、色などを変更できます。

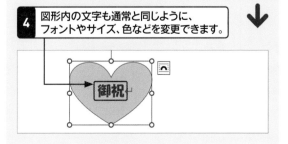

1 使いはじめ
2 基本と入力
3 編集
4 書式設定
5 表示
6 印刷
7 差し込み印刷
8 図と画像
9 表
10 ファイル

重要度 ★★★　図形描画

Q 302 図形に入力した文字が隠れてしまった！

A 文字列に合わせて図形のサイズを自動的に調整します。

図形を右クリックして、[図形の書式設定]をクリックし、[図形の書式設定]作業ウィンドウの[文字のオプション]から[レイアウトプロパティ] をクリックします。テキストボックスの設定項目が表示されるので、ここでテキストボックスを調整します。

文字列を折り返さずに図形を調整したい場合は、[図形内でテキストを折り返す]をクリックしてオフにし、[テキストに合わせて図形のサイズを調整する]をクリックしてオンにします。それでも文字が表示されない場合は、テキストボックスの余白を小さくします。

なお、図形のサイズを変えたくない場合は、フォントサイズを小さくしましょう。

文字が隠れています。

| 1 | [文字のオプション]→[レイアウトプロパティ]をクリックします。 |
| 2 | ここをオンにして、図の文字列が表示されるか確認します。 |

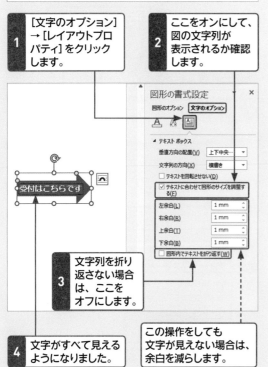

3 文字列を折り返さない場合は、ここをオフにします。

4 文字がすべて見えるようになりました。

この操作をしても文字が見えない場合は、余白を減らします。

重要度 ★★★　図形描画

Q 303 吹き出しを描きたい！

A [図形]の[吹き出し]から選択します。

[挿入]タブの[図形]をクリックして、[吹き出し]の中から目的の図形をクリックします。文書上をドラッグすると、吹き出しが作成され、自動的にカーソルが配置されるので、文字を入力します。調整ハンドル○ をドラッグして、吹き出し口のバランスを整えます。

1 [挿入]タブの[図形]をクリックして、

2 目的の吹き出しをクリックします。

3 文書上をドラッグすると、吹き出しが作成されます。

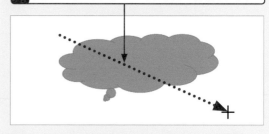

4 文字を入力して、スタイルを整えます。

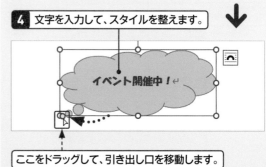

イベント開催中！

ここをドラッグして、引き出し口を移動します。

Q 304 図形を立体的に見せたい！

A 面取りや3-D回転を利用します。

図形を立体的に見せるには、図形を選択して、[図形の書式]タブ（Word 2019／2016では描画ツールの[書式]タブ）の[図形の効果]をクリックし、[面取り]や[3-D回転]から効果をクリックして選択します。それぞれの効果を組み合わせるほか、[3-Dオプション]をクリックして、[図形の書式設定]作業ウィンドウを表示すれば、細かな設定も行えます。　　　　　　**参照▶Q 285**

1 図形を選択して、[図形の効果]をクリックし、

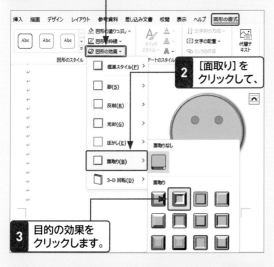

2 [面取り]をクリックして、

3 目的の効果をクリックします。

4 立体的な効果が付きます。

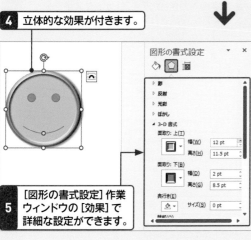

5 [図形の書式設定]作業ウィンドウの[効果]で詳細な設定ができます。

Q 305 作った図形を1つにまとめたい！

A 図形をグループ化します。

図形をグループ化すると、まとめて移動したり、同じサイズに変更したりすることができます。このとき、グループ化したい図形を Shift を押しながらすべて選択して、[図形の書式]タブ（Word 2019／2016では描画ツールの[書式]タブ）の[オブジェクトのグループ化]をクリックして、[グループ化]をクリックします。ただし、グループ化したあとにスタイルの変更などを行うと、すべての図形に反映されてしまうので、グループ化は個々の図形を完成させてから行いましょう。不具合がある場合は、グループ化を一旦解除して個々に設定し直します。グループ化の解除は、図形を選択して、[オブジェクトのグループ化]をクリックし、[グループ解除]をクリックします。

1 グループ化したい図形をすべて選択して、

2 [オブジェクトのグループ化]をクリックし、

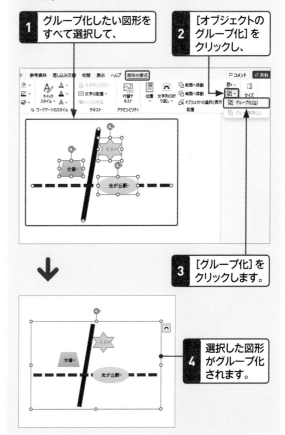

3 [グループ化]をクリックします。

4 選択した図形がグループ化されます。

使いはじめ 1
基本と入力 2
編集 3
書式設定 4
表示 5
印刷 6
差し込み印刷 7
図と画像 8
表 9
ファイル 10

Q 306 文字を自由に配置したい!

A テキストボックスを利用します。

文字を自由な位置に配置するには、テキストボックスを利用します。横書きの文書に縦書きの文章を入れたいときなどに便利です。

テキストボックスを挿入するには、[挿入]タブの[テキストボックス]をクリックして、縦書きか横書きのテキストボックス、あるいは組み込まれているスタイルを利用します。ここでは、縦書きテキストボックスを挿入します。テキストボックスは、図や文書の文字と同様にスタイルやフォントを変更できます。

1 [挿入]タブの[テキストボックス]をクリックして、

2 [縦書きテキストボックスの描画]をクリックします。

3 目的の位置でドラッグすると、テキストボックスが挿入されます。

4 文字を入力して、スタイルを整えます。

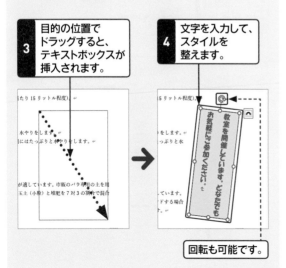

回転も可能です。

Q 307 文書中の文字からテキストボックスを作成したい!

A 文字を選択して、[テキストボックス]をクリックします。

文書中に入力してある文字列を選択し、[挿入]タブの[テキストボックス]をクリックして、[横書きテキストボックスの描画]または[縦書きテキストボックスの描画]をクリックします。文書上をドラッグすると、選択した文字列が入力されたテキストボックスが作成できます。

1 テキストボックスにしたい文字を選択して、

2 [テキストボックス]をクリックし、

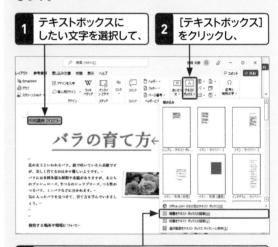

3 [横書きテキストボックスの描画]をクリックすると、

4 文字の入力されたテキストボックスが自動的に作成されます。

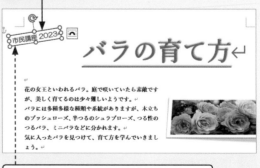

移動やスタイルの変更、回転などもできます。

使いはじめ 1
基本と入力 2
編集 3
書式設定 4
表示 5
印刷 6
差し込み印刷 7
図と画像 8
表 9
ファイル 10

重要度 ★★★　テキストボックス

Q 308 1つの文章を複数のテキストボックスに挿入したい!

A テキストボックスの間にリンクを設定します。

複数のテキストボックスに続けて文章を表示させる場合、1つずつのテキストボックスでは文字の増減でいちいち修正しなければなりませんが、リンクを設定すると、自動的に文章がつながって表示できます。チラシやカードなど、凝ったレイアウトにする際に便利です。

空のテキストボックスを用意しておきます。

1 文章が入りきらないテキストボックスをクリックして、

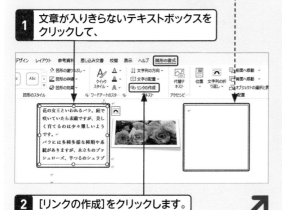

2 [リンクの作成]をクリックします。

テキストボックスを2つ用意し、1つ目に文章を入力しておきます。[図形の書式]タブ（Word 2019／2016では描画ツールの[書式]タブ）の[リンクの作成]をクリックして、2つ目のテキストボックスをクリックします。この場合、1つ目のテキストボックスに表示しきれない文章が流し込まれるので、テキストサイズを変更する、文章を修正するなどの増減分が、自動的に流し込まれます。

3 マウスポインターの形が変化したら、空のテキストボックス上でクリックすると、

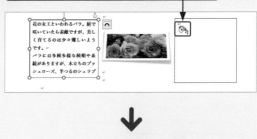

4 表示しきれなかった文章が流し込まれます。

重要度 ★★★　テキストボックス

Q 309 テキストボックスの枠線を消したい!

A [図形の枠線]で[線なし]にします。

テキストボックスも図形と同じ扱いで、テキストボックス内は[図形の書式]タブ（Word 2019／2016では描画ツールの[書式]タブ）にある[図形の塗りつぶし]で色を変更でき、[図形の枠線]で色や太さを変更できます。テキストボックスは文書内に自由に配置できる文字として利用するため、枠線がないほうがよい場合もあります。消したいときには、[図形の枠線]の右側をクリックして、[枠線なし]（Word 2016は[枠なし]）をクリックします。

1 テキストボックスを選択して、

2 [図形の枠線]の右側をクリックし、

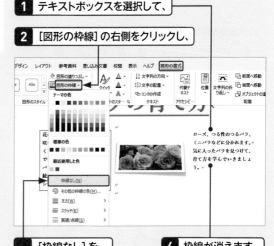

3 [枠線なし]をクリックすると、

4 枠線が消えます。

重要度 ★★★　アイコン

Q 310 ピクトグラムのような アイコンを挿入したい！

A [挿入]タブの[アイコンの挿入] をクリックして選びます。

Wordにはピクトグラムのようなアイコンが用意されています。[挿入]タブの[アイコン]をクリックすると、顔や標識などさまざまなアイコンが表示されます。これらのアイコンは、視覚的に表現する必要があるときに便利です。

挿入時のサイズは25.4mm四方で、通常の図と同様に扱うことができます。

1 アイコンを挿入する位置にカーソルを移動して、

2 [挿入]タブの[アイコンの挿入]をクリックします。

3 目的のアイコンをクリックして、

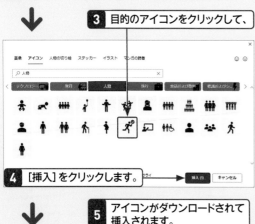

4 [挿入]をクリックします。

5 アイコンがダウンロードされて 挿入されます。

重要度 ★★★　アイコン

Q 311 アイコンのサイズを 変更したい！

A ハンドルをドラッグします。

挿入したアイコンは通常の図と同じ扱いなので、自由にサイズを変更できます。アイコンの周りにあるハンドル○をドラッグします。Shiftを押しながらドラッグすると、縦横の比率を同じにして拡大／縮小ができます。

参照▶Q 310

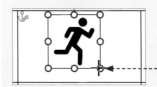

ハンドルをドラッグ すると、サイズを 変更できます。

重要度 ★★★　アイコン

Q 312 アイコンの色を変更したい！

A [グラフィックの塗りつぶし]から 色を選択します。

挿入したアイコンは通常の図と同じ扱いなので、自由に色を変更することができます。アイコンを選択して、[グラフィック形式]タブ（Word 2019／2016ではグラフィックツールの[書式]タブ）の[グラフィックの塗りつぶし]から色を選択します。

参照▶Q 310

1 [グラフィックの塗りつぶし]の右側をクリックして、

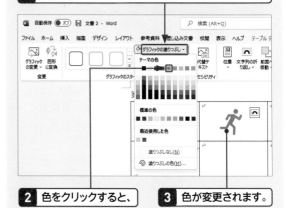

2 色をクリックすると、　**3** 色が変更されます。

重要度 ★★★ SmartArt

Q 313 見栄えのする図表をかんたんに作りたい！

A SmartArtを利用します。

SmartArtには、各種の視覚的な図が用意されています。利用するには、[挿入]タブの[SmartArtグラフィックの挿入]をクリックして、[SmartArtグラフィックの選択]ダイアログボックスから選択します。

各パーツ内に文字を入力するには、パーツをクリックしてカーソルを配置するか、テキストウィンドウ内のパーツに対応する欄をクリックして入力します。テキストウィンドウが表示されていない場合は、[SmartArtのデザイン]タブ（Word 2019／2016ではSmartArtツールの[デザイン]タブ）の[テキストウィンドウ]をクリックしてオンにします。

入力した文字のフォントやサイズは、通常の文字と同様に変更できます。

1 [挿入]タブをクリックして、

2 [SmartArtグラフィックの挿入]をクリックします。

3 目的の図を選択して、　　　図の解説が表示されます。

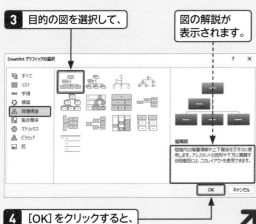

4 [OK]をクリックすると、

5 図が挿入されます。　　**6** パーツ内をクリックすると、

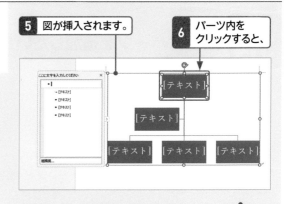

7 カーソルが移動します。

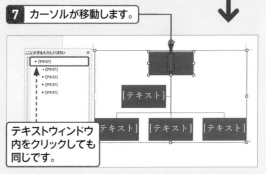

テキストウィンドウ内をクリックしても同じです。

8 文字を入力します。

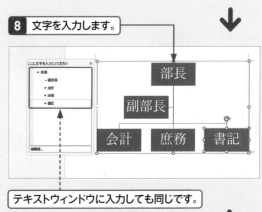

テキストウィンドウに入力しても同じです。

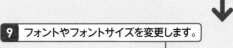

9 フォントやフォントサイズを変更します。

使いはじめ 1

基本と入力 2

編集 3

書式設定 4

表示 5

印刷 6

差し込み印刷 7

図と画像 8

表 9

ファイル 10

重要度 ★★★　SmartArt

Q 314 図表にパーツを追加したい！

A [図形の追加] を利用します。

追加したい位置のパーツを選択して、[SmartArtのデザイン]タブ（Word 2019／2016ではSmartArtツールの[デザイン]タブ）で[図形の追加]の ▽ をクリックし、追加したい位置を選びます。そのほか、テキストウィンドウで追加したい位置をクリックしても、パーツが増

えます。なお、図表によってはパーツを追加できない種類もあり、[図形の追加]は非表示になっています。

1 図の中で追加したい位置のパーツを選択します。

2 [図形の追加] の ここをクリックして、

3 [後に図形を追加] をクリックすると、

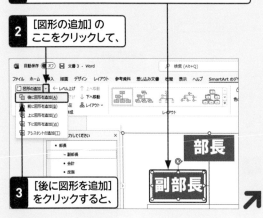

4 パーツが追加され、組織図が全体的に調整されます。

テキストウィンドウにも欄が追加されます。

5 文字を入力して、フォントを揃えます。

重要度 ★★★　SmartArt

Q 315 図表のパーツを削除したい！

A パーツを選択して、 [Delete]を押します。

パーツを削除するには、削除したいパーツを選択して、[Delete] または [BackSpace] を押すか、テキストウィンドウのパーツの文字を選択して、[Delete] を押します。削除された分、全体の配置が調整されます。

1 パーツを選択して、　　**2** [Delete]を押します。

3 削除され、配置が 調整されます。

Q 316 図表のデザインを変更したい！

A [デザイン]タブから選択します。

SmartArtのデザインを変える場合、スタイルを変更することと、図の種類そのものを変更することがあります。スタイルを変更するには、[SmartArtのデザイン]タブ（Word 2019／2016ではSmartArtツールの[デザイン]タブ）で[SmartArtのスタイル]の[その他]をクリックして、スタイルを選択します。
また、図の種類を変更するには、[レイアウト]の[その他]をクリックして、レイアウトを選択します。

● スタイルの変更

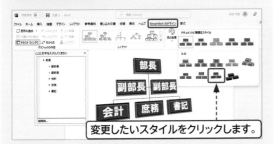

変更したいスタイルをクリックします。

● レイアウトの変更

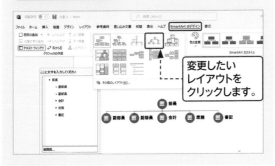

変更したいレイアウトをクリックします。

Q 318 変更した図表をもとに戻したい！

A [グラフィックのリセット]をクリックします。

Q 317 図表の色を変更したい！

A [図形の塗りつぶし]を利用します。

SmartArtのパーツごとに色を変えたい場合、パーツを選択して[書式]タブで[図形の塗りつぶし]から色を選びます。全体をまとめて配色する場合、[SmartArtのデザイン]タブ（Word 2019／2016ではSmartArtツールの[デザイン]タブ）の[色の変更]から選ぶことができます。

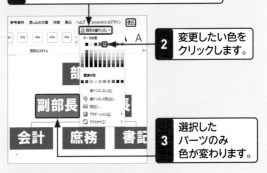

1 パーツを選択して、[図形の塗りつぶし]の右側をクリックし、

2 変更したい色をクリックします。

3 選択したパーツのみ色が変わります。

● [色の変更]を利用する

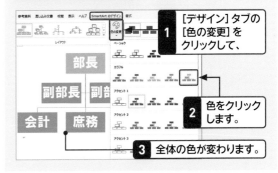

1 [デザイン]タブの[色の変更]をクリックして、

2 色をクリックします。

3 全体の色が変わります。

作成したSmartArtにパーツを追加したり、色を変えたりしたあとで、もとの図に戻したい場合は、[SmartArtのデザイン]タブ（Word 2019ではSmartArtツールの[デザイン]タブ）で[グラフィックのリセット]をクリックします。

使いはじめ 1
基本と入力 2
編集 3
書式設定 4
表示 5
印刷 6
差し込み印刷 7
図と画像 8
表 9
ファイル 10

1 使いはじめ
2 基本と入力
3 編集
4 書式設定
5 表示
6 印刷
7 差し込み印刷
8 図と画像
9 表
10 ファイル

重要度 ★★★　画像

Q 319 手持ちの写真を文書に挿入したい！

A [図の挿入]ダイアログボックスを利用します。

デジタルカメラやスマートフォンの写真を利用するには、メモリカードをパソコンに差し込むか、パソコンをケーブルでつなぎます。あるいは、写真データをパソコン内に保存しておきます。[挿入]タブの[画像]をクリックして[このデバイス]（Word 2019／2016では[挿入]タブの[画像]）をクリックし、、[図の挿入]ダイアログボックスで目的の写真をクリックします。挿入した写真は、サイズを変更したり、移動したりして配置します。

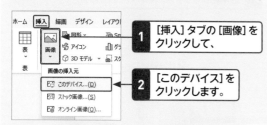

1 [挿入]タブの[画像]をクリックして、

2 [このデバイス]をクリックします。

3 写真の保存先を選択して、

4 目的の写真をクリックし、

5 [挿入]をクリックすると、

6 写真が文書に挿入されます。

重要度 ★★★　画像

Q 320 写真のサイズを変更したい！

A ハンドルをドラッグします。

写真のサイズを変更するには、写真を選択すると周りに表示されるハンドル○をドラッグします。サイズを数値で指定する方法もあります。　参照▶Q 321

ハンドルをドラッグします。

重要度 ★★★　画像

Q 321 写真のサイズを詳細に設定したい！

A サイズを指定します。

写真を選択して、[図の形式]タブ（Word 2019／2016では図ツールの[書式]タブ）の[サイズ]で[高さ]と[幅]のボックスから、サイズを数値で設定できます。また、[サイズ]グループ右下の ⬛ をクリックすると表示される[レイアウト]ダイアログボックスの[サイズ]タブでも指定できます。

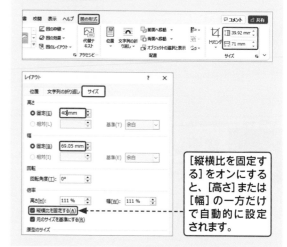

[縦横比を固定する]をオンにすると、[高さ]または[幅]の一方だけで自動的に設定されます。

Q 322 写真を移動したい!

A [文字列の折り返し]を [行内]以外にします。

挿入した写真は、移動できないように固定で配置されます。移動したい場合は、[図の形式]タブ（Word 2019／2016では図ツールの [書式]タブ）の [文字列の折り返し]をクリックして、[行内]以外にします。また、写真を

クリックすると表示される [レイアウトオプション] を利用することもできます。なお、文字列の折り返しは、画像だけでなく、挿入したワードアートやイラストなどのオブジェクトにも適用できます。　　**参照▶Q 297**

● [文字列の折り返し] を利用する

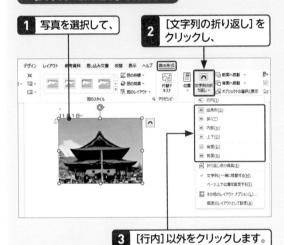

● [レイアウトオプション] を利用する

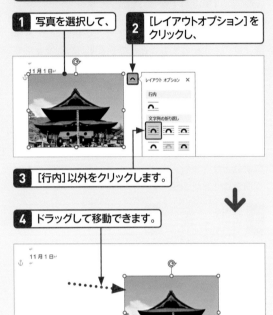

Q 323 写真に沿って文字を 表示したい!

A [文字列の折り返し]を [四角形]にします。

文章がある中に写真を配置する場合は、[図の形式]タブ（Word 2019／2016では図ツールの [書式]タブ）の [文字列の折り返し]をクリックするか、[レイアウトオプション] をクリックして、[四角形] または [内部]にすると、写真の周りに文章が流し込まれます。　　**参照▶Q 297**

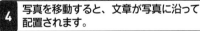

1 使いはじめ
2 基本と入力
3 編集
4 書式設定
5 表示
6 印刷
7 差し込み印刷
8 図と画像
9 表
10 ファイル

重要度 ★★★　画像

Q 324 写真を文書の前面や背面に配置したい！

A [文字列の折り返し]を [前面][背面]にします。

文字よりも写真のほうを目立たせたい場合など、写真を文章の上に配置することができます。また、文章の背景に写真を配置することもできます。

配置するには、[図の形式]タブ（Word 2019／2016では図ツールの[書式]タブ）の[文字の折り返し]をクリックするか、[レイアウトオプション]🔲をクリックして、[前面]または[背面]をクリックします。ただし、前面に配置すると文字が隠れてしまったり、背面に配置すると文字が読みづらくなってしまうので、利用する場合は注意が必要です。　　　　参照▶Q 297

1 写真を選択して、

2 [レイアウトオプション]をクリックして、

3 [背面]または[前面]をクリックします。

● [背面]

文章の背面（下）に配置されます。

● [前面]

文章の前面（上）に配置されます。

重要度 ★★★　画像

Q 325 写真の一部分だけを表示したい！

A [書式]タブの[トリミング]を利用します。

トリミングとは、写真の不要部分を隠す作業のことです。写真を選択して、ハンドルにマウスポインターを合わせてトリミングの形になったら、[トリミング]をクリックし、ハンドルをドラッグすると、写真が切り取られます。なお、[トリミング]による切り取りはWord文書上のみの処理なので、もとの写真データに変化はありません。また、トリミングをもとに戻したい場合は、[図のリセット]をクリックします。

1 写真を選択して、

2 [トリミング]の上をクリックします。

3 ハンドルにマウスポインターを合わせて、トリミングの形になったら、

4 切り抜く範囲になるまでドラッグします。

5 写真以外の場所をクリックすると、トリミングが適用されます。

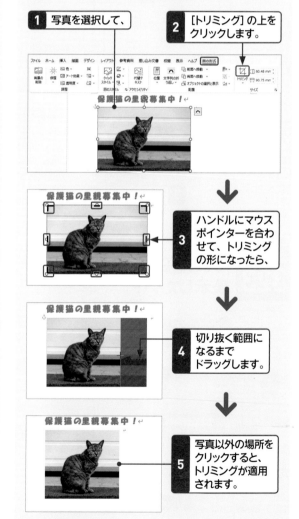

表の
「こんなときどうする?」

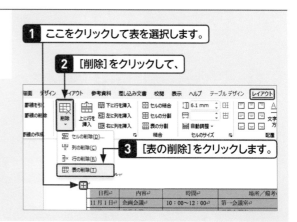

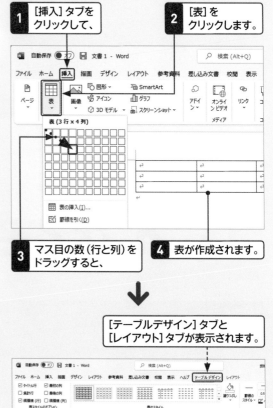

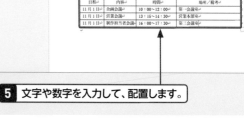

使いはじめ 1
基本と入力 2
編集 3
書式設定 4
表示 5
印刷 6
差し込み印刷 7
図と画像 8
表 9
ファイル 10

重要度 ★★★ 表の作成

Q 326 表を作りたい!

A [挿入]タブの [表]を利用します。

表を作成する方法はいくつかありますが、[挿入]タブの[表]をクリックして、表のマス目をマウスで選択するのがいちばんかんたんなんです。

表を作成して、表内にカーソルを移動したり、表を選択したりすると、[テーブルデザイン]タブと[レイアウト]タブ（Word 2019／2016では表ツールの[デザイン]タブと[レイアウト]タブ）が表示されます。ここには、表の編集に必要な機能が用意されています。なお、[レイアウト]タブは通常のリボンタブもあるため、本書では「右端の[レイアウト]タブ」と表記します。

表のマス目1つ1つを「セル」と呼びます。セル内にカーソルを移動して、文字を入力します。キーボードで右隣のセルに移動するにはTabあるいは→を押します。

● Word 2019／2016の場合

表ツールの[デザイン]タブと[レイアウト]タブが表示されます。

1 [挿入]タブをクリックして、

2 [表]をクリックします。

3 マス目の数（行と列）をドラッグすると、

4 表が作成されます。

[テーブルデザイン]タブと[レイアウト]タブが表示されます。

5 文字や数字を入力して、配置します。

重要度 ★★★ 表の作成

Q 327 表全体をかんたんに削除したい!

A 表を選択して BackSpaceを押します。

表の左上に表示される⊞をクリックすると、表全体が選択されます。表全体を選択してBackSpaceを押すと、表を削除できます。あるいは、右端の[レイアウト]タブの[削除]をクリックし、[表の削除]をクリックします。

1 ここをクリックして表を選択します。

2 [削除]をクリックして、

3 [表の削除]をクリックします。

Q 328

表は残して 文字だけ削除したい！

A 表を選択して Delete を押します。

表の左上の ⊞ をクリックして表全体を選択し、Delete を押せば、表の罫線だけ残して文字を削除できます。

1 ここをクリックして表全体を選択し、Delete を押します。

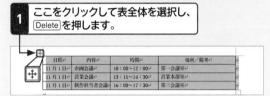

2 文字だけが削除されます。

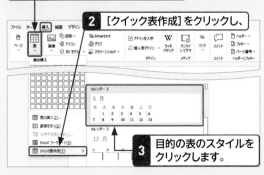

Q 329

最初からデザインされた 表を利用したい！

A [クイック表作成]を利用します。

[挿入]タブの[表]から[クイック表作成]をクリックすると、あらかじめデザインされた表を利用することができます。カレンダーなどイメージに合うものを選んで、修正をすれば作成がスムーズです。

1 [挿入]タブの[表]をクリックして、

2 [クイック表作成]をクリックし、

3 目的の表のスタイルをクリックします。

Q 330

Excel感覚で 表を作成したい！

A [Excelワークシート]を 利用します。

[挿入]タブの[表]から[Excelワークシート]をクリックすると、Excelのワークシートが挿入されます。Excelと同じ操作で表を作成できます。
なお、この機能はMicrosoft Excelがインストールされていなければ利用できません。

1 [挿入]タブの[表]をクリックして、

2 [Excelワークシート]をクリックすると、

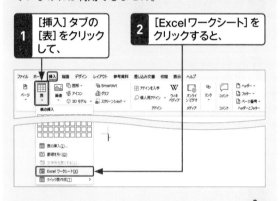

3 Excelのワークシートが挿入されるので、表を作成します。

Excel用のリボンに変わります。

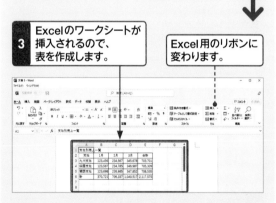

4 ワークシート以外の部分をクリックすると、Word文書内に表として表示されます。

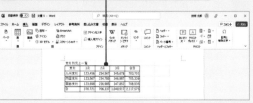

重要度 ★★★　表の編集

Q 331 入力済みの文字列を表組みにしたい！

A [表の挿入]を利用します。

文字列を表にする場合、あらかじめタブやカンマで区切って表のもととなる文字を入力しておきます。
表にする部分を選択し、[挿入]タブの [表]から [表の挿入]をクリックします。

1 表の文字列をタブで区切って入力します。

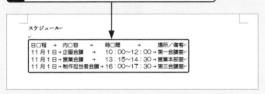

↓

2 文字列を選択して、

3 [挿入]タブの [表]をクリックします。

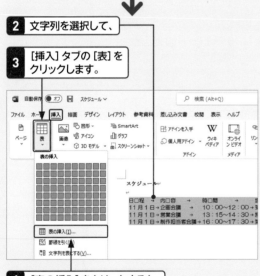

4 [表の挿入]をクリックすると、

↓

5 選択した部分が表に変換されます。

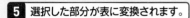
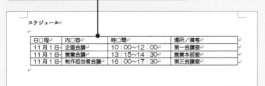

重要度 ★★★　表の編集

Q 332 文字は残して表だけを削除したい！

A [表の解除]を利用します。

表だけを削除したい場合は、まず表全体を選択するか、表内にカーソルを移動して表を選択します。右端の [レイアウト]タブの [表の解除]をクリックすると、[表の解除]ダイアログボックスが表示されるので、文字の区切り方を選択すると、表が消えて文字列のみになります。

1 表を選択します。

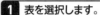
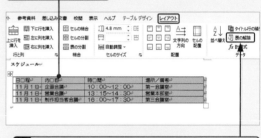

↓

2 [レイアウト]タブの [表の解除]をクリックします。

↓

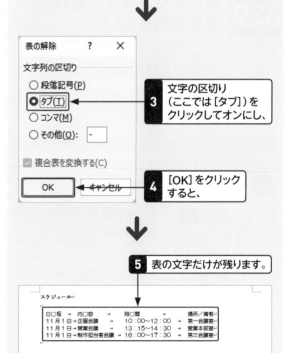

3 文字の区切り（ここでは [タブ]）をクリックしてオンにし、

4 [OK]をクリックすると、

↓

5 表の文字だけが残ります。

Q 333

表の2ページ目にも 見出し行を表示したい!

A [タイトル行の繰り返し]を 利用します。

2ページ以上にわたる表では、2ページ以降の先頭行の見出し(タイトル行)が表示されないので、項目がわかりづらくなります。こういうときは、すべてのページの先頭にタイトル行が入るようにするとよいでしょう。タイトル行を選択して、右端の[レイアウト]タブの[タイトル行の繰り返し]をクリックします。

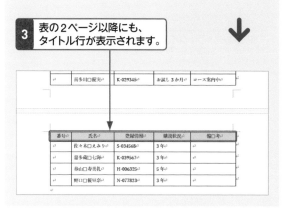

> 2ページ以降はタイトル行がありません。

1 タイトル行を 選択して、

2 [タイトル行の繰り返し]を クリックします。

3 表の2ページ以降にも、 タイトル行が表示されます。

Q 334

表全体を移動したい!

A 表のハンドルをドラッグします。

表内にカーソルを入れると表示される表の移動ハンドル ⊞ をドラッグすると、表を移動できます。また、[表のプロパティ]を利用すると、表の配置を左揃え、中央揃え、右揃え、あるいは左揃えで左端からのインデント(字下げ)位置を指定できます。[表のプロパティ]を表示するには、右端の[レイアウト]タブの[プロパティ]をクリックします。

1 表のハンドルにマウスポインターを合わせて、

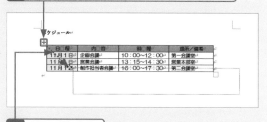

2 ドラッグします。

3 表が目的の位置に移動します。

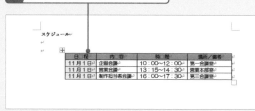

● 表のプロパティ

> ここで表の位置を 指定できます。

1 使いはじめ
2 基本と入力
3 編集
4 書式設定
5 表示
6 印刷
7 差し込み印刷
8 図と画像
9 表
10 ファイル

1 使いはじめ
2 基本と入力
3 編集
4 書式設定
5 表示
6 印刷
7 差し込み印刷
8 図と画像
9 表
10 ファイル

重要度 ★★★　表の編集

Q 335 表の下の部分が次のページに移動してしまった！

A 段落の設定を変更します。

段落の設定で、[次の段落と分離しない]や[段落前で改ページする]がオンになっていると、表の下の部分が次のページへ移動してしまうことがあります。
[ホーム]タブの [段落]グループ右下にある 🖅 をクリックして表示される [段落]ダイアログボックスの[改ページと改行]タブで、これらをクリックしてオフにします。

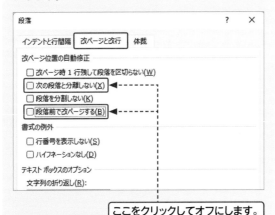

ここをクリックしてオフにします。

重要度 ★★★　表の編集

Q 336 表全体のサイズをかんたんに変更したい！

A 表をドラッグしてサイズを変更します。

表の右下の角にマウスポインターを移動し、⬁ の形になったらそのままドラッグすればサイズを変更できます。

1 角にマウスポインターを合わせて、この形になったら、

2 ドラッグすると、サイズを変更できます。

重要度 ★★★　表の編集

Q 337 列の幅や行の高さを変更したい！

A 表の罫線にマウスポインターを合わせてドラッグします。

列の幅を変更するには、変更したい列の罫線の上にマウスポインターを合わせると、 の形になるので、そのまま変更したい左右の方向にドラッグします。
行の高さを変更するには、変更したい行の罫線の上にマウスポインターを合わせると、 の形になるので、そのまま変更したい上下の方向にドラッグします。
もとのサイズに戻したい場合は、ドラッグで戻すのではなく、[ホーム]タブの [元に戻す]🔄 をクリックします。

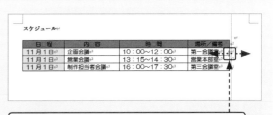

列の罫線をドラッグすると、列の幅が変更されます。

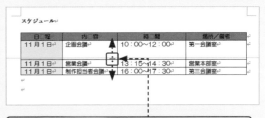

行の罫線をドラッグすると、行の高さが変更されます。

使いはじめ 1
基本と入力 2
編集 3
書式設定 4
表示 5
印刷 6
差し込み印刷 7
図と画像 8
表 9
ファイル 10

重要度 ★ ★ ★ 　表の編集

Q 338 一部のセルだけ幅を変更したい!

A 目的のセルだけを選択してからドラッグします。

一部のセルの幅を変更したい場合は、最初にセルを選択します。セルを選択するには、マウスカーソルをセルの左下に移動し、↗ の形になったらクリックします。セルを選択したら、縦線にマウスポインターを合わせて ╫ になったらドラッグします。

1 セルにマウスポインターを合わせてクリックし、

幅をもとに戻したい場合は、同様にしてドラッグします。ただし、ほかの行と揃わなくなった場合は、表全体の幅を揃える必要があります。　参照▶Q 341

2 セルを選択します。

3 線にマウスポインターを合わせ、

4 ドラッグすると、特定のセルの幅を変更できます。

重要度 ★ ★ ★ 　表の編集

Q 339 列の幅や行の高さを均等に揃えたい!

A [幅を揃える]や[高さを揃える]を利用します。

表を選択して、右端の[レイアウト]タブにある[高さを揃える] や [幅を揃える] をクリックすると、行の高さや列の幅が表全体で均等に揃います。

重要度 ★ ★ ★ 　表の編集

Q 340 文字列の長さに列の幅を合わせたい!

A 罫線上をダブルクリックします。

揃えたい列の右側の罫線にマウスポインターを合わせると、╫ の形になるのでダブルクリックします。
また、右端の[レイアウト]タブで[自動調整]の[文字列の幅に合わせる]をクリックすると、表全体の列幅を文字

列の長さに揃えることができます。　参照▶Q 341

1 この形になったらダブルクリックします。

2 1番長い文字列に合わせて変更されます。

227

Q341 自動的に列幅を合わせたい!

A [自動調整]機能を利用します。

右端の [レイアウト]タブの [自動調整]で、[文字列の幅に自動調整](Word 2016は [文字列の幅に合わせる])をクリックすると、各列幅が文字数に合わせて調整されます。また、[ウィンドウ幅に自動調整](Word 2016は [ウィンドウサイズに合わせる])にすると、表の横幅がウィンドウサイズ(文書の横幅)になり、表全体の幅が調整されます。

1 表内にカーソルを移動して、

2 [レイアウト]タブの [自動調整]をクリックして、

3 [文字列の幅に自動調整]をクリックします。

4 すべての幅が文字列に合わせて自動調整されます。

5 [ウィンドウ幅に自動調整]をクリックすると、

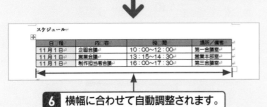

6 横幅に合わせて自動調整されます。

Q342 セル内の余白を調整したい!

A [表のオプション]画面で余白を変更します。

セル内は既定で、左右に1.9mm(上下は0)の余白が設定されています。文字の位置を内側にしたい、上下の空白を入れたいといった場合は、余白を変更します。表を選択して、右端の [レイアウト]タブの [プロパティ]をクリックし、[表のプロパティ]ダイアログボックスの [オプション]をクリックします。表示される [表のオプション]画面の [既定のセルの余白]で数値を指定します。

1 [レイアウト]タブの [プロパティ]をクリックします。

2 [オプション]をクリックして、

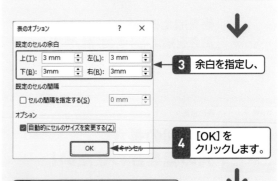

3 余白を指定し、

4 [OK]をクリックします。

5 セル内の余白が設定されます。

Q 343 列や行の順序を入れ替えたい！

A 列や行を選択して、ドラッグします。

列や行を選択して、入れ替えたいセルにカーソルが移動するようにドラッグして貼り付けます。

なお、この方法は、表によっては変形してしまう場合があります。ドラッグしてうまくいかない場合は、入れ替えたい列や行を選択して Ctrl + X を押して切り取り、移動先の位置で Ctrl + V を押して貼り付けます。

1 移動したい列を選択して、

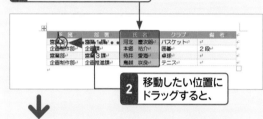

2 移動したい位置にドラッグすると、

3 列の順番を変更できます。

Q 344 複数のセルを1つにまとめたい！

A [セルの結合]を利用します。

結合したいセルを選択して、表ツールの[レイアウト]タブの[セルの結合]をクリックすると、結合して1つになります。

1 結合するセルを選択して、

2 [セルの結合]をクリックすると、

3 セルが結合されます。

Q 345 1つのセルを複数のセルに分けたい！

A [セルの分割]を利用します。

分割するセルを選択して、右端の[レイアウト]タブの[セルの分割]をクリックし、[セルの分割]画面で行数と列数を指定します。

1 セルを選択して、

2 [セルの分割]をクリックします。

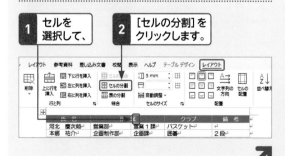

3 分割後の列数と行数を指定して、

4 [OK]をクリックすると、

5 セルが分割されます。

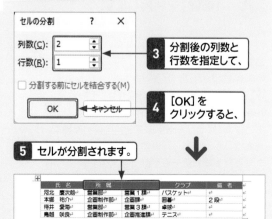

1 使いはじめ
2 基本と入力
3 編集
4 書式設定
5 表示
6 印刷
7 差し込み印刷
8 図と画像
9 表
10 ファイル

重要度 ★★★　表の編集

Q 346 列や行を追加したい！

A1 挿入マーカーを利用します。

行(列)を挿入したい位置にマウスポインターを合わせると挿入マーカーが表示されます。挿入マーカーをクリックすると、行(列)が挿入されます。

1 挿入マーカーをクリックすると、

2 行が挿入されます。

A2 [レイアウト]タブの コマンドを利用します。

挿入したい位置にカーソルを移動して、右端の[レイアウト]タブの[上に行を挿入][下に行を挿入]／[左に列を挿入][右に列を挿入]をクリックします。

1 カーソルを移動して、

2 [右に列を挿入]をクリックすると、

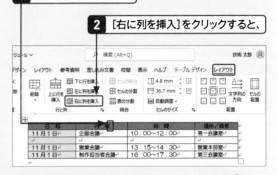

3 右の列が挿入されます。

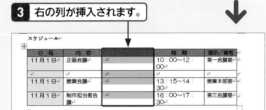

重要度 ★★★　表の編集

Q 347 不要な列や行を削除したい！

A [削除]を利用します。

列や行を削除するには、削除したい列や行を選択して、右端の[レイアウト]タブで[削除]をクリックし、[列の削除]または[行の削除]をクリックします。このとき、1行や1列を削除したい場合は、その位置にカーソルを移動しておくだけでもかまいません。

そのほか、列や行を選択して BackSpace を押す、行や列を右クリックして[行の削除](または[列の削除])をクリックする方法でも削除できます。

1 削除する行を選択して、

2 [削除]をクリックし、

3 [行の削除]を クリックすると、

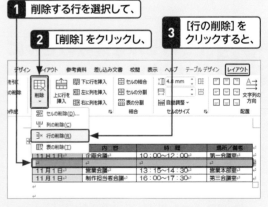

4 行が削除されます。

Q 348 セルを追加したい!

A [表の行／列／セルの挿入] ダイアログボックスを利用します。

セルを追加したい位置にカーソルを移動して、右端の [レイアウト]タブの[行と列]グループの右下にある[セルの挿入] をクリックします。[表の行／列／セルの挿入]画面で、[セルを挿入後、右に伸ばす]または [セルを挿入後、下に伸ばす]をクリックしてオンにします。
ただし、セル幅が異なる表内でセルを追加すると表がずれてしまうので、あとからセル幅を調整する必要があります。

1 セルを追加する位置にカーソルを移動して、

2 ここをクリックします。

3 セルの追加方法（ここでは[セルを挿入後、右に伸ばす]）をクリックしてオンにし、

4 [OK]をクリックします。

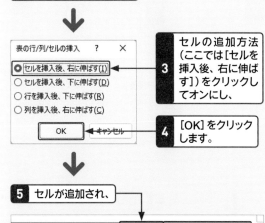

5 セルが追加され、

6 もとのセルが右に伸びます。

Q 349 セルを削除したい!

A [削除]を利用します。

削除したいセルを選択して、右端の [レイアウト]タブの [削除]から [セルの削除]をクリックすると、セルを削除できます。[表の行／列／セルの削除]画面で、[セルを削除後、左に詰める]または [セルを削除後、上に詰める]をクリックしてオンにします。
セル幅が異なる表内でセルを削除すると、表がずれてしまうので、あとからセル幅を調整する必要があります。

1 削除するセルにカーソルを移動して、

2 [削除]をクリックし、

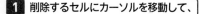
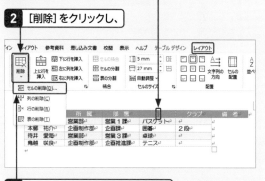

3 [セルの削除]をクリックします。

4 セルの削除方法（ここでは[セルを削除後、左に詰める]）をクリックしてオンにし、

5 [OK]をクリックすると、

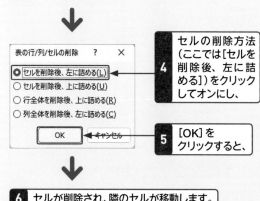

6 セルが削除され、隣のセルが移動します。

使いはじめ 1
基本と入力 2
編集 3
書式設定 4
表示 5
印刷 6
差し込み印刷 7
図と画像 8
表 9
ファイル 10

重要度 ★★★　表の編集

Q 350 あふれた文字を セル内に収めたい！

A [セルのオプション]ダイアログ ボックスで均等割り付けを設定します。

[表のプロパティ]ダイアログボックスの[セル]タブの [オプション]をクリックして、[セルのオプション]画面 を表示し、[文字列をセル幅に均等に割り付ける]をク リックしてオンにします。[表のプロパティ]ダイアログ ボックスを表示するには、右端の[レイアウト]タブの [プロパティ]、またはセルを右クリックして[表のプロ パティ]をクリックします。

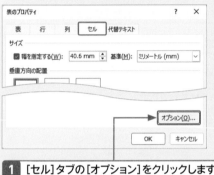

1 [セル]タブの[オプション]をクリックします。

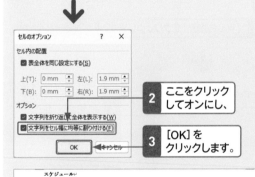

2 ここをクリック してオンにし、

3 [OK]を クリックします。

文字幅が狭くなり、1行に収まります。

重要度 ★★★　表の編集

Q 351 表に入力したデータを 五十音順に並べたい！

A [並べ替え]ダイアログボックスを 利用します。

表を並べ替えるには、[ホーム]タブまたは右端の[レイ アウト]タブにある[並べ替え]をクリックして表示され る[並べ替え]ダイアログボックスで条件を指定します。 名前で並べ替える際に、漢字が正しい読みの五十音順 にならない場合があります。ふりがなの列を作り、その 列を基準にするとよいでしょう。

また、手順 **4** でそのほかの見出し項目を基準にして並 べ替えることもできます。

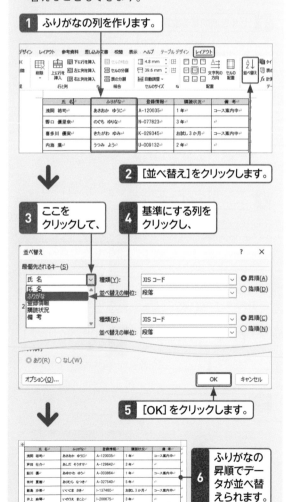

1 ふりがなの列を作ります。

2 [並べ替え]をクリックします。

3 ここを クリックして、

4 基準にする列を クリックし、

5 [OK]をクリックします。

6 ふりがなの 昇順でデー タが並べ替 えられます。

Q 352 1つの表を 2つに分割したい！

表は、行単位で分割することができます。
分割したい行にカーソルを移動して、右端の［レイアウト］タブの［表の分割］をクリックします。カーソルの行の上で分割され、通常の段落が入ります。
分割を解除するには、表の間の［段落記号］↵ をクリックして段落を削除します。

A ［表の分割］を利用します。

1 分割したい行にカーソルを移動して、

2 ［レイアウト］タブの ［表の分割］をクリックすると、

3 表が分割されます。

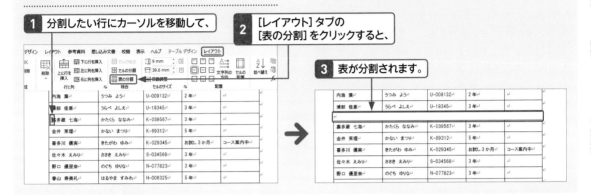

Q 353 1つの表を分割して 横に並べたい！

して、下の表を上の表の横に移動するとよいでしょう。
参照 ▶ Q 352

A₁ 表を分割して横にドラッグします。

1つの細長い表の場合、最後まで見るのにドラッグするのが面倒だったり、印刷時には用紙の無駄になったりします。こういうときは、均等になる位置で表を分割

1 表を分割します。

2 下の表を選択して、 表の横にドラッグします。

3 横に並べられます。

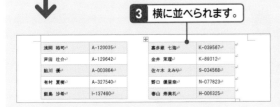

A₂ 段組みを設定します。

表を選択して、［レイアウト］タブの［段組み］で［2段組み］をクリックすると、表が2段に並べられます。
列幅が変更されてしまう場合は、あとから調整します。

1 表を選択します。

2 ［レイアウト］タブの ［段組み］をクリックし、

3 ［2段組み］をクリックすると、

4 2段で横に並びます。

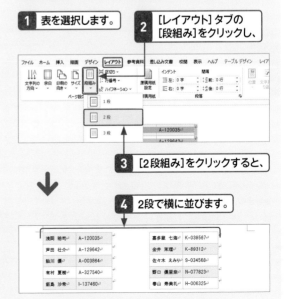

使いはじめ

基本と入力

編集

書式設定

表示

印刷

差し込み印刷

図と画像

9 表

ファイル

Q 354 セルに入力された数値で計算をしたい!

重要度 ★★★　表の計算

A 計算式でセル番号を使用できます。

セル内に入力された数値で計算を行うときには、計算記号とセル番号(セル番地ともいいます)を利用します。計算記号は、足し算「+」、引き算「-」、掛け算「*」、割り算「/」(いずれも半角)を使います。
Wordにおけるセル番号は、右上の図のように割り当てられています。なお、セルが結合されている場合は、結合前の位置でセルを数えます。

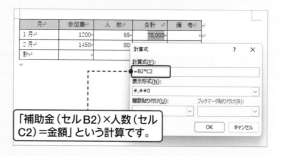

「補助金(セルB2)×人数(セルC2)=金額」という計算です。

Q 355 数値を変更しても計算結果が変わらない!

重要度 ★★★　表の計算

A フィールドを更新します。

Wordの計算では数値を変更しても、計算結果は自動的には更新されません。数値を変更した場合は、計算式の設定されているセルの数値を右クリックして、[フィールド更新]をクリックすると更新されます。

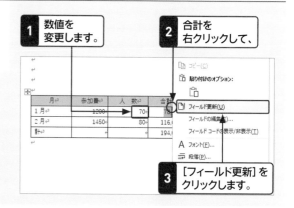

1 数値を変更します。

2 合計を右クリックして、

3 [フィールド更新]をクリックします。

Q 356 セルに斜線を引きたい!

重要度 ★★★　罫線

A [罫線]の[斜め罫線]を利用します。

セルに斜線を引くには、[テーブルデザイン]タブ(Word 2019／2016では表ツールの[デザイン]タブ)の[罫線]の下の部分をクリックし、[斜め罫線(右下がり)]または[斜め罫線(右上がり)]をクリックします。
なお、ここで引かれる罫線は[飾り枠]グループで設定してあるペンのスタイル、太さ、色です。線を引く前に確認して、線が異なる場合は変更します。

参照▶Q 357

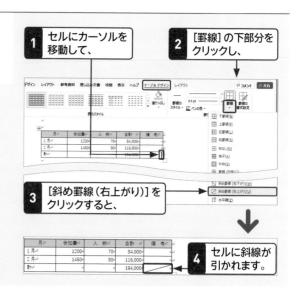

1 セルにカーソルを移動して、

2 [罫線]の下部分をクリックし、

3 [斜め罫線(右上がり)]をクリックすると、

4 セルに斜線が引かれます。

使いはじめ 1

基本と入力 2

編集 3

書式設定 4

表示 5

印刷 6

差し込み印刷 7

図と画像 8

表 9

ファイル 10

重要度 ★★★　罫線

Q 357 表の一部だけ罫線の太さや種類を変更したい！

A 罫線の書式設定を変更して、罫線の上をなぞります。

すでに引かれている罫線を、ほかの線種で上書きします。[テーブルデザイン]タブ（Word 2019／2016では表ツールの[デザイン]タブ）で、[ペンの色]や[ペンのスタイル][ペンの太さ]をクリックして選択します。マウスポインターが ✎ の形になるので、変更したい罫線上をドラッグします。[罫線]の下部分をクリックして[罫線を引く]をクリックしてから、書式を変更して、マウスポインターが ✎ の形の状態で、罫線上を引いても同じです。

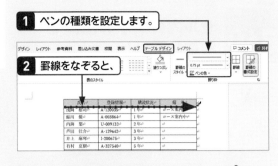

1 ペンの種類を設定します。

2 罫線をなぞると、

3 罫線の種類が変わります。

重要度 ★★★　罫線

Q 358 セルはそのままで罫線を消したい！

A [罫線なし]にします。

印刷したくない罫線がある場合は、[テーブルデザイン]タブ（Word 2019／2016では表ツールの[デザイン]タブ）の[ペンのスタイル]を[罫線なし]にして、罫線の上をドラッグします。
マウスポインターを近づけたり、グリッド線の表示を表示すると、セルが区切られていることがわかります。

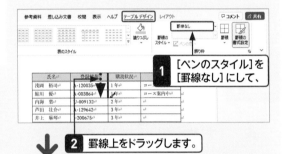

1 [ペンのスタイル]を[罫線なし]にして、

2 罫線上をドラッグします。

3 罫線が消えます。

重要度 ★★★　罫線

Q 359 セルの一部だけ罫線を削除したい！

A [罫線の削除]を利用します。

右端の[レイアウト]タブの[罫線の削除]をクリックすると、マウスポインターが ✐ の形になるので、削除したい罫線上をドラッグします。罫線を削除すると、隣のセルと合体されます。Esc を押すか、[罫線の削除]をクリックすると解除されます。

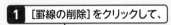
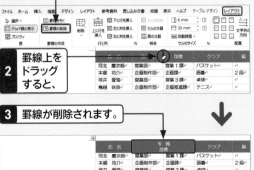

1 [罫線の削除]をクリックして、

2 罫線上をドラッグすると、

3 罫線が削除されます。

1 使いはじめ
2 基本と入力
3 編集
4 書式設定
5 表示
6 印刷
7 差し込み印刷
8 図と画像
9 表
10 ファイル

重要度 ★★★　表のデザイン

Q 360 セル内の文字の配置を変更したい！

A [配置]グループのコマンドを利用します。

初期設定では、Wordの表はセルの左上を基準に両端揃えで入力されます。セルを選択して、右端の[レイアウト]タブの[配置]グループにある配置コマンドをクリックすると、文字の配置を変更できます。

重要度 ★★★　表のデザイン

Q 361 表のセルや行、列に色を付けたい！

A [塗りつぶし]を利用します。

[テーブルデザイン]タブ（Word 2019／2016では表ツールの[デザイン]タブ）の[塗りつぶし]から色を選ぶと、セルや行、列に色を付けられます。

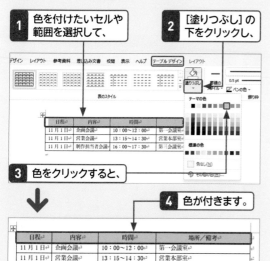

1 色を付けたいセルや範囲を選択して、
2 [塗りつぶし]の下をクリックし、
3 色をクリックすると、
4 色が付きます。

重要度 ★★★　表のデザイン

Q 362 表をかんたんにデザインしたい！

A [表のスタイル]を利用します。

[テーブルデザイン]タブ（Word 2019／2016では表ツールの[デザイン]タブ）の[表のスタイル]には組み込みデザインがあらかじめ用意されており、クリックするだけで適用できます。なお、デザインの文字は[両端揃え（上）]に配置されるので、中央に揃えるとよいでしょう。　　　　参照▶ Q 360

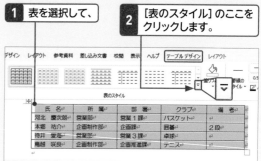

1 表を選択して、
2 [表のスタイル]のここをクリックします。

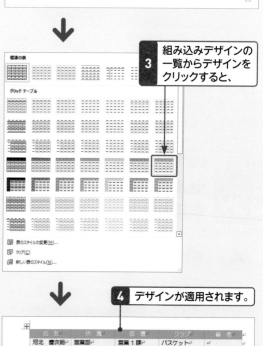

3 組み込みデザインの一覧からデザインをクリックすると、
4 デザインが適用されます。

使いはじめ 1
基本と入力 2
編集 3
書式設定 4
表示 5
印刷 6
差し込み印刷 7
図と画像 8
表 9
ファイル 10

重要度 ★ ★ ★　Excelの表の利用

Q 363

Excelで作成した表を Wordで利用したい！

A Excelの表をコピーして、 Wordの文書に貼り付けます。

Excelの表を選択して［ホーム］タブの［コピー］をクリック（または Ctrl + C を押す）してコピーし、Wordの文書を開いて［ホーム］タブの［貼り付け］をクリック（または Ctrl + V を押す）すると、貼り付けられます。このとき、［元の書式を保持］形式で貼り付けられます。ただし、表の高さがもとのサイズとは異なって貼り付けられる場合があります。

なお、貼り付ける際に［貼り付け］の下の部分、または貼り付けた表の右下の（Ctrl）をクリックすると、貼り付ける形式を変更できます。　**参照▶Q 365, Q 369**

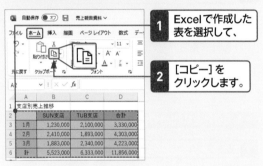

1 Excelで作成した表を選択して、

2 ［コピー］をクリックします。

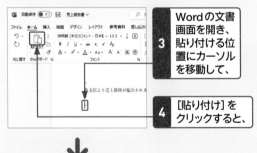

3 Wordの文書画面を開き、貼り付ける位置にカーソルを移動して、

4 ［貼り付け］をクリックすると、

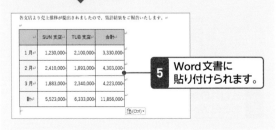

5 Word文書に貼り付けられます。

重要度 ★ ★ ★　Excelの表の利用

Q 364

コピーしたExcelの表の 行高を変更したい！

A 表のプロパティで行の設定を 変更します。

Excelの表をWord文書にコピーする際に、［元の書式を保持］形式で貼り付けられますが、通常の表のように行の高さをドラッグで変更できません。行の高さを変更するには、［プロパティ］ダイアログボックスの［行］タブで手順のように指定します。このあとは、ドラッグや数値で高さを変更できるようになります。

また、貼り付ける際に［貼り付け］の下の部分、または貼り付けた表の右下の（Ctrl）をクリックして、［貼り付け先のスタイルを使用］をクリックすると、Wordの表として扱えるようになります。　**参照▶Q 363**

1 表を選択して、

2 ［レイアウト］タブの［プロパティ］をクリックします。

3 ［行］タブをクリックします。

4 ［高さを指定する］をクリックしてオンにし、数値を指定します。

5 ［固定値］にして、

6 ［OK］をクリックします。

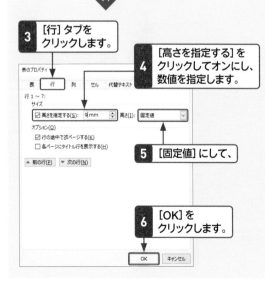

重要度 ★★★　Excelの表の利用

Q 365 Wordに貼り付けた表を Excelの機能で編集したい!

A [Microsoft Excelワークシート オブジェクト]として貼り付けます。

Excelの表をWordに貼り付けるときに、[形式を選択して貼り付け]を選び、貼り付ける形式を[Microsoft Excelワークシートオブジェクト]にします。貼り付けた表をダブルクリックすると、WordのリボンがExcel用に切り替わり、Excelの機能を使って編集ができるようになります。

なお、Word文書に貼り付ける際に[リンク貼り付け]をした場合は、Wordで編集したデータがもとのExcelデータにも反映されます。　　　　　参照▶Q367

1 Excelの表を選択して、

2 [コピー]をクリックします。

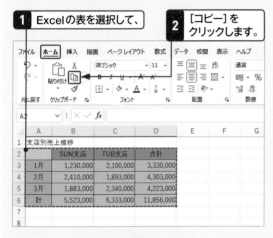

3 Word文書を開いて、カーソルを移動します。

4 [貼り付け]の下部分をクリックして、

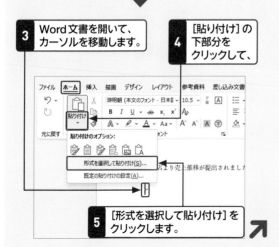

5 [形式を選択して貼り付け]をクリックします。

6 [貼り付け]をクリックしてオンにし、

7 [Microsoft Excelワークシートオブジェクト]をクリックし、

8 [OK]をクリックすると、

9 Microsoft Excelワークシートオブジェクトとして貼り付けられます。

● 貼り付けたExcelの表を編集する

1 表をダブルクリックすると、

2 リボンがExcelに切り替わり、Excelの機能を使って編集できます。

3 表以外の場所をクリックすると、もとのWord文書に戻ります。

Q366 Excelの表データが編集されないようにしたい!

A [図]として貼り付けます。

ほかの人にファイルを渡す場合や、大事な文書を作成している場合は、表の内容を変更されないように、Excelの表を図として貼り付けると安全です。
図として貼り付けるには、Excelの表をコピーしてWordに貼り付ける際に、[形式を選択して貼り付け]を選び、貼り付ける形式を[図(拡張メタファイル)]にします。
なお、Wordの[貼り付け]の下をクリックし、[図]をクリックしても、図として貼り付けることができます。

1 [貼り付け]がオンになっていることを確認して、

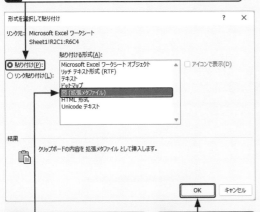

2 [図(拡張メタファイル)]をクリックし、

3 [OK]をクリックします。

4 表が図として貼り付けられます。

デザインやデータの編集はできません。

Q367 Excelの表とWordの表を連係させたい!

A [リンク貼り付け]を行います。

Excel上でデータを修正した結果が、Word文書にコピーした表にも反映されるようにするには、リンク貼り付けを利用します。Excelの表をコピーしてWordに貼り付ける際に、[形式を選択して貼り付け]を選び、貼り付ける形式を[リンク貼り付け]にします。
なお、自動的に更新されない場合は、Word側の表を右クリックして、[リンク先の更新]をクリックします。

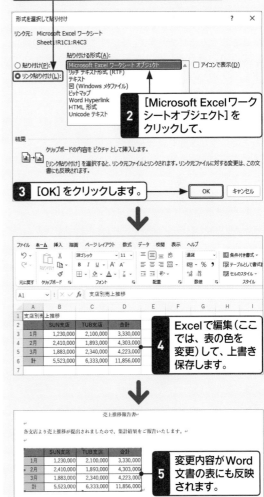

1 [リンク貼り付け]をクリックしてオンにし、

2 [Microsoft Excelワークシートオブジェクト]をクリックして、

3 [OK]をクリックします。

4 Excelで編集(ここでは、表の色を変更)して、上書き保存します。

5 変更内容がWord文書の表にも反映されます。

1 使いはじめ
2 基本と入力
3 編集
4 書式設定
5 表示
6 印刷
7 差し込み印刷
8 図と画像
9 表
10 ファイル

使いはじめ 1
基本と入力 2
編集 3
書式設定 4
表示 5
印刷 6
差し込み印刷 7
図と画像 8
9 表
ファイル 10

重要度 ★ ★ ★ 　Excelの表の利用

Q 368 リンク貼り付けした表が編集できない！

A Excelファイルが移動または削除されている可能性があります。

リンク貼り付けされたExcelの表は、もととなるExcelの表が別の場所に移動されたり、削除されてしまったりすると、編集できない場合があります。

このようなときは、実際に存在しているExcelファイルを利用して、もう一度リンク貼り付けを行います。

参照▶Q 367

重要度 ★ ★ ★ 　Excelの表の利用

Q 369 形式を選択して貼り付ける方法を知りたい！

A 貼り付けたあとExcelの表をどのように扱うか決めます。

Excelの表をコピーしてWord文書に貼り付けるには、さまざまな方法があります。貼り付けたあと、その表をどのように扱うかによって貼り付け方法が異なります。どのような貼り付け方法があるのかを理解しておくと、表を利用する際にも便利です。

貼り付け方法は、[ホーム]タブの[貼り付け]の下部分、または貼り付けた表の右下の [(Ctrl)▾]をクリックすると表示される貼り付け形式から選択します。このときに選択できる項目は、コピー元のデータによって異なります。

また、[形式を選択して貼り付け]を選択すると表示される[形式を選択して貼り付け]ダイアログボックスでは[貼り付け]と[リンク貼り付け]を選択できます。[リンク貼り付け]は、元データが変更されると貼り付けたデータも連係して変更されます。この貼り付け方法は、Office製品で共通です。

● 貼り付け

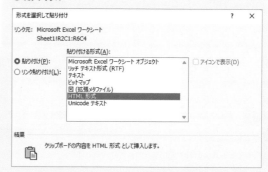

● リンク貼り付け

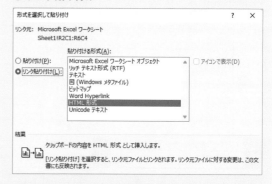

貼り付ける形式	内　容
Microsoft Excelワークシートオブジェクト	ワークシートの状態で貼り付けられます。Excelワークシートオブジェクトとして編集が可能になります。
リッチテキスト形式	書式情報の付いたテキストとして貼り付けます。
テキスト	文字情報のみのテキストとして貼り付けます。
ビットマップ	ビットマップとして貼り付けます。
図（拡張メタファイル）	ピクチャ（拡張メタファイル形式）として貼り付けます。鮮明で、拡大／縮小しても文字や図の配置に影響しません。
Word Hyperlink	ハイパーリンクとして貼り付けます。リンク先のファイルを表示できます。
HTML形式	HTML形式として貼り付けます。
Unicodeテキスト	書式情報を持たないテキストとして貼り付けます。

ファイルの
「こんなときどうする？」

重要度 ★ ★ ★

Q 370 ほかのファイルを Wordで開きたい！

A1 ［すべてのファイル］で ファイルを表示します。

Wordでファイルを開く場合、［ファイル］タブの［開く］をクリックして、［参照］をクリックすると表示される［ファイルを開く］ダイアログボックスでファイルを指定します。このとき、ファイルの種類を［すべてのファイル］に指定すると、すべてのファイルが表示されます。

保存されている
テキストファイルが
表示されません。

1 ここをクリックして、

2 ［すべての ファイル］を クリックします。

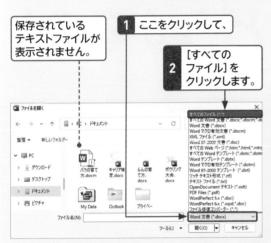

3 テキストファイルが表示されます。

A2 エクスプローラーから開きます。

エクスプローラーを表示して、Wordで開きたいファイルを右クリックし、［プログラムから開く］をクリックして、［Word］をクリックします。このとき、［Word］が表示されない場合は［別のプログラムを選択］をクリックして、［Word］を指定します。

1 ファイルを右クリックして、

2 ［プログラムから開く］→ ［Word］をクリックします。

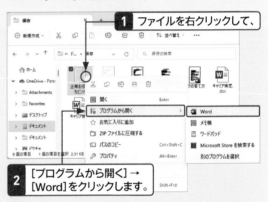

重要度 ★ ★ ★

Q 371 Wordで利用できる ファイルが知りたい！

A テキストファイルや PDFなどがあります。

Wordで利用できるファイルには、doc、docxのWord文書ファイルのほかに、テキストファイル（txt）、PDFファイル、Webページ（html）、リッチテキストファイル（rtf）などがあります。文字を編集できるファイルであることが条件です。
利用できる（開くことができる）ファイルの種類は、［ファイルを開く］ダイアログボックスで確認するとよいでしょう。

なお、［すべてのファイル］はすべてのファイルを表示するだけで、Wordでは開けないファイルも表示されます。

1 ここを クリックして、

2 ファイルの種類を 確認します。

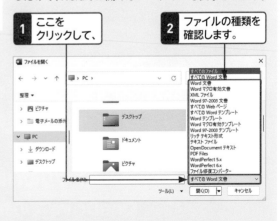

Q 372

保存した日時を確かめたい！

A ファイルの表示方法を [詳細] 表示にします。

複数の場所に保存してしまった同一のファイルなど、どれが最新なのかわからなくなります。その場合は、ファイルの更新日時を確認するとよいでしょう。[ファイル] タブの [開く] をクリックすると表示される [ファイルを開く] ダイアログボックスを利用します。[表示方法] の ▼ をクリックして、[詳細] をクリックすると、ファイ

ルの更新日時や種類、サイズなどを表示できます。この表示方法は、エクスプローラーの画面でも同様です。

1 表示方法の [詳細] をクリックすると、

2 ファイルの更新日時が確認できます。

Q 373

文書ファイルをダブルクリックしてもWordが起動しない！

A ファイルがWord以外の アプリに関連付けられています。

Wordの文書は「docx」や「doc」などの拡張子が付いており、これがWordアプリに関連付けられています。Wordアイコンのファイルをダブルクリックしたときにほかのアプリが起動してしまうのは、正しく関連付けされていないためなので、設定し直します。
Windows 11では、スタートメニューの [設定] をクリックして、[アプリ] の [既定のアプリ] から [Word] をクリックします。Word以外のアプリをクリックして、[Word] を選択します。Windows 10では [既定のアプリ] で [ファイルの種類ごとに既定のアプリを選ぶ] をクリックして同様に設定し直します。　**参照 ▶ Q 376**

1 [設定] 画面を表示して、[アプリ]をクリックし、

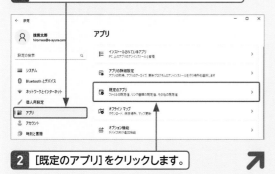

2 [既定のアプリ]をクリックします。

3 [Word]をクリックして、

4 Word以外に設定されている拡張子をクリックして、

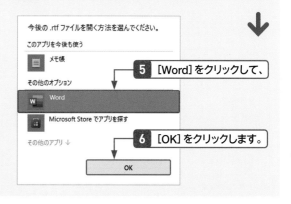

5 [Word]をクリックして、

6 [OK] をクリックします。

1 使いはじめ
2 基本と入力
3 編集
4 書式設定
5 表示
6 印刷
7 差し込み印刷
8 図と画像
9 表
10 ファイル

重要度 ★★★ ファイル（文書）を開く

Q 374 開きたいファイルが保存されている場所がわからない！

A ファイル検索を利用して探します。

開きたいファイルがどこに保存されているかわからないときは、[ファイルを開く]ダイアログボックスで検索します。検索場所は[PC]（あるいは覚えている場所）を指定して、検索ボックスにファイル名を入力します。ファイル名は一部の文字でもかまいません。検索が実行され、該当するファイルが表示されます。このとき、表示方法を[詳細]にしておくと、保存場所や保存日時が確認できます。

検索結果に目的のファイルが表示されたらクリックし

てし、[開く]をクリックします。ファイルの検索は、エクスプローラーでも同様に行えます。　　参照▶Q 372

1 検索場所を[PC]にして、

2 ここにファイル名（一部）を入力すると、

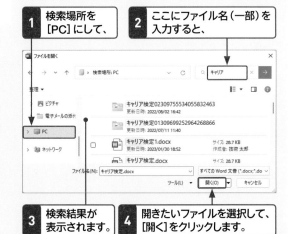

3 検索結果が表示されます。

4 開きたいファイルを選択して、[開く]をクリックします。

重要度 ★★★ ファイル（文書）を開く

Q 375 最近使った文書が表示されない！

A [Wordのオプション]で表示数を指定します。

[ファイル]タブの[開く]をクリックして、[最近使ったアイテム]に最近使った文書ファイルが表示されます。表示されない場合は、[Wordのオプション]の[詳細設定]で、[最近使った文書の一覧に表示する文書の数]の数値ボックスに、表示したいファイル数を指定します。

参照▶Q 029

1 [詳細設定]をクリックして、

2 表示する数を入力し、[OK]をクリックします。

ここも指定すると[ファイル]タブの下にも表示できます。

ここにファイル名が表示されません。

3 直近で開いたファイルが表示されます。

Q 376 ファイルの種類が わからない！

A 拡張子を表示させます。

Windows 11／10の初期設定では、ファイルの種類を示す拡張子が表示されません。ファイルの種類はアイコンの形状でも判別できますが、わかりにくい場合は拡張子を表示させましょう。拡張子の表示／非表示はエクスプローラーで設定します。

タスクバーの をクリックして、エクスプローラーを表示します。[表示]をクリックして[表示]→[ファイル名拡張子]をクリックします。Windows 10の場合は[表示]タブの[ファイル名拡張子]をクリックします。ファイル名の後ろに拡張子が表示されます。

1 [表示]をクリックして、

4 拡張子が表示されます。

2 [表示]をクリックし、

3 [ファイル名拡張子]をクリックします。

Q 377 Wordのファイルが 表示されない！

A 表示させるファイルの種類を 変更します。

[ファイルを開く]ダイアログボックスでは、ファイルの種類がWord以外のファイル形式になっていると、Wordのファイルが表示されません。この場合は[すべてのWord文書]、[Word文書]または[すべてのファイル]をクリックして選択すると表示されます。　**参照▶Q 371**

Q 378 [開く]画面の ピン留めって何？

A よく使うファイルを 常に表示させます。

[ファイル]タブをクリックして[開く]をクリックすると、[最近使ったアイテム]の[文書]に最近開いたファイルが表示されます。ファイルをクリックするだけですぐに開くことができるので、便利な機能です。[最近使ったアイテム]は、[Wordのオプション]の[詳細設定]で[最近使った文書の一覧に表示する文書の数]を「1」以上に設定すると、指定した数のファイルが表示されます（「0」にすると、[最近使ったアイテム]も表示されません）。新しいファイルを開き、設定された表示数を超えると、古いファイルは一覧から消えてしまいます。ファイルをピン留めしておくと、この一覧から消されることなく、常に表示させておくことができます。

ピン留めを外すには、 をクリックするか、右クリックして[一覧へのピン留めを解除]をクリックします。

参照▶Q 375

1 ピン留めしたいファイルに マウスポインターを合わせます。

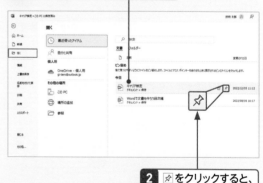

2 をクリックすると、

3 ピン留めされ、常に表示されます。

1 使いはじめ
2 基本と入力
3 編集
4 書式設定
5 表示
6 印刷
7 差し込み印刷
8 図と画像
9 表
10 ファイル

重要度 ★ ★ ★ ファイル（文書）を開く

Q 379 セキュリティの警告が表示される！

A マクロファイルなどを開く際に表示されます。

マクロ等を含むファイルは、改ざんなど有害の可能性があり、開く際に警告バーが表示されます。[コンテンツの有効化]をクリックすると使用できるようになります。ただし、メール添付などで受信したファイルは、さらに赤色の警告バーが表示されます。これはOfficeセキュリティによるブロックで、マクロ等が利用できなくなります。ファイルが安全である場合は、ファイルのプロパティ画面で許可すると使用できるようになります。

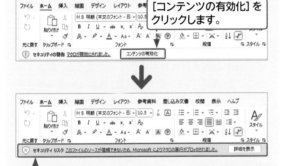

[コンテンツの有効化]をクリックします。

警告バー「セキュリティリスク」が表示されます。

● セキュリティを許可する

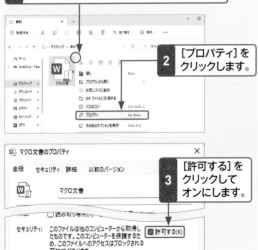

1 エクスプローラーでファイルを右クリックして、

2 [プロパティ]をクリックします。

3 [許可する]をクリックしてオンにします。

重要度 ★ ★ ★ ファイル（文書）を開く

Q 380 ファイルが読み取り専用になってしまった！

A パソコンを再起動してみましょう。

ファイルの編集中にWordが応答しなくなって強制終了した場合など、編集していたファイルが読み取り専用になってしまうことがあります。このようなときは、パソコンを再起動すると解消できる場合があります。なお、ネットワーク上の共有ファイルをほかの人が編集中の場合も、読み取り専用になります。

重要度 ★ ★ ★ ファイル（文書）を開く

Q 381 前回表示していたページを表示したい！

A [再開]をクリックします。

Wordでは、「再開」機能が利用できます。複数ページある文書を開いた際に、前回終了時に表示していたページに移動できる機能で、最初は文書の先頭の右側に吹き出しのメッセージで、前回終了した日にちや時間などが表示されます。時間が経つとアイコンに変わってしまいますが、クリックすれば吹き出しが表示されます。吹き出しをクリックすると、前回最後に表示していたページに移動します。

ただし、何らかの操作を始めてしまうと、吹き出しやアイコンが消え[再開]機能は利用できなくなります。

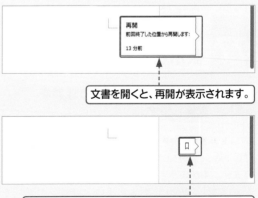

再開
前回終了した位置から再開します：
13 分前

文書を開くと、再開が表示されます。

このようなアイコンで表示される場合もあります。

使いはじめ 1
基本と入力 2
編集 3
書式設定 4
表示 5
印刷 6
差し込み印刷 7
図と画像 8
表 9
ファイル 10

重要度 ★★★　ファイル（文書）を開く

Q 382 「編集のためロックされています」と表示される！

A1 ほかの人がファイルを開いています。

ネットワーク上のファイルをほかのユーザーが使用している場合、同じファイルを開こうとすると、「編集のためにロックされています」というメッセージが表示されます。以下の3つから動作を選択します。

・**読み取り専用として開く**
編集と上書き保存ができない状態でファイルが開きます。コピーとして、名前を付けて保存することは可能です。

・**コピーを作成し、変更内容を後で元のファイルに反映する**
編集ができる状態でファイルが開きます。変更を行うと文書のコピーが作成され、コピーに加えた変更は後ほどもとの文書に反映されます。これは、複数のユーザーが同時に編集できるようにする機能です。

・**ほかの人がファイルの使用を終了したときに通知を受け取る**
ほかの人が文書を閉じた場合に通知が表示されます。[編集]をクリックすると編集が可能になります。

A2 エラーの場合は再起動します。

ほかの誰かがファイルを開いていないのにもかかわらず、このメッセージが表示されることがあります。原因は不明ですが、ファイルを閉じたあとすぐに同じファイルを開こうとした場合など、前回開いたファイルが閉じられていないとパソコン側が認識している状態です。この場合は、キャッシュを削除するなどの高度な操作も可能ですが、まずはパソコンを再起動してみましょう。

重要度 ★★★　ファイル（文書）を開く

Q 383 「保護ビュー」と表示された！

A ネット経由で入手したファイルのため安全を確認します。

添付ファイルやインターネット上からダウンロードしたファイルを開くと「保護ビュー」（または「保護されたビュー」）というモードで表示されることがあります。これはファイルがメールやインターネット上を経由しているため、有害なコンテンツが埋め込まれている可能性

があると判断された結果、読み取り専用で開かれているものです。安全であると判断したら、[編集を有効にする]をクリックすると、通常の編集画面になります。
なお、黄色の警告バーのほか、ファイル自体に問題がある場合に表示される赤色の警告バーもあるので、内容を確認します。　　　　　　　　参照▶Q 379

[編集を有効にする]をクリックします。

Q 384 OneDriveって何？

A マイクロソフトのオンラインストレージサービスです。

OneDriveは、クラウド型のオンラインストレージサービスです（最大容量5GB、Microsoft 365では1TBが無料）。インターネット上にファイルを保存しておくため、インターネットが利用できる環境であればパソコン、タブレット、スマートフォンなどから共通のファイルを閲覧／編集／保存できます。

OneDriveを初めて利用するには、スタートメニューの［すべてのアプリ］をクリックして［OneDrive］（Windows 10ではスタートメニューの［OneDrive］）をクリックして、画面に従って設定します。Microsoftアカウントにサインインしていればいつでも、エクスプローラー上で、通常のフォルダーと同様にファイルのコピーや移動ができます。

インターネット上で利用する場合は、WebブラウザーでマイクロソフトのWebサイト「onedraive.live.com/about/ja-jp」を表示して、サインインします。また、インターネット上で利用できる無料のアプリ「Word Online」を利用して作成された文書は、OneDriveに自動的に保存されます。　　　　　参照▶Q 404, Q 406

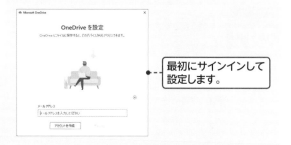

最初にサインインして設定します。

エクスプローラーでファイル管理ができます。

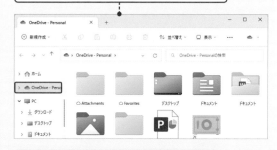

インターネット上でファイル管理ができます。

Q 385 OneDriveに保存するには？

A 保存先をOneDriveにします。

Word画面でOneDriveに保存するには、［ファイル］タブをクリックして［名前を付けて保存］をクリックし、［OneDrive］を指定します。あるいは、［名前を付けて保存］ダイアログボックスで保存先に［OneDrive］のフォルダーファイルを指定します。

1 ［OneDrive］をクリックして、

2 フォルダー（ここでは［ドキュメント］）をクリックします。

10 ファイル

Q 386

OneDriveに勝手に保存されてしまう！

A 自動的にバックアップされないように設定できます。

MicrosoftアカウントでWindowsにサインインすると、パソコンの設定によってパソコンの内容が自動的にOneDriveに保存されるように設定されます。エクスプローラーを開くと、[OneDrive]が表示されていれば、OneDriveに接続されていることになります。この場合、OneDriveの設定で「バックアップ」が有効状態であり、[デスクトップ][ドキュメント][画像]の各フォルダーに保存されている文書や写真、動画などのファイルがOneDriveにバックアップされるようになります。バックアップを中止したい場合は、下記のようにして設定します。

1 タスクバーのOneDriveアイコンを右クリックして、

2 [設定]をクリックします。

3 [ヘルプと設定]をクリックし、

4 [バックアップ]タブをクリックして

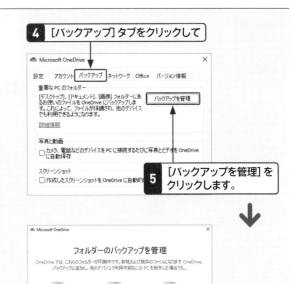

5 [バックアップを管理]をクリックします。

6 [デスクトップ][ドキュメント][画像]にある[バックアップを停止]をクリックして、

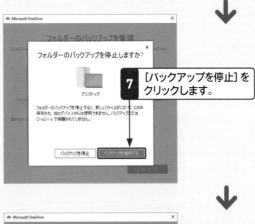

7 [バックアップを停止]をクリックします。

8 [閉じる]をクリックします。

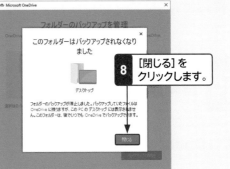

1 使いはじめ
2 基本と入力
3 編集
4 書式設定
5 表示
6 印刷
7 差し込み印刷
8 図と画像
9 表
10 ファイル

重要度 ★★★　ファイル（文書）の保存

Q 387 上書き保存と名前を付けて保存はどう違うの？

A 変更した文書のもとの文書を残すか、残さないかの違いです。

文書を作成してファイル名を付けて保存した文書を再度開いて変更を加えた場合、同じ名前で保存するか（上書き保存）、違う名前を付けて保存（名前を付けて保存）するか、2つの保存方法があります。

上書き保存するには、画面左上の［上書き保存］🖫 をクリックするか、［ファイル］タブをクリックして［上書き保存］をクリックします。

別名で保存する場合は、［名前を付けて保存］ダイアログボックスを表示して、名前を変更します。これで、もとのファイルはそのまま残り、変更を加えた新しいファイルが作成されることになります。

● 上書き保存

変更後のファイルのみ残ります

もとの文書ファイルA　　変更後の文書ファイルA

● 名前を付けて保存

両方のファイルが残ります

もとの文書ファイルA　　変更後の文書ファイルB

重要度 ★★★　ファイル（文書）の保存

Q 388 大事なファイルを変更できないようにしたい！

A ファイルを読み取り専用で開くように設定します。

読み取り専用とはファイルの保護機能の1つで、「ファイルを開いて見ることはできるが、編集はできない」という制限です。ほかの人に内容を変更されては困る場合などに利用します。読み取り専用に設定するには、［（ファイル名）のプロパティ］ダイアログボックスの［全般］タブで、［読み取り専用］をクリックしてオンにします。読み取り専用にしたファイルを開くと、文書名の横に［読み取り専用］が表示されます。このファイルは内容を変更されても上書き保存はできません。

［読み取り専用］をクリックしてオンにします。

［［読み取り専用］］が表示されます。

重要度 ★★★　ファイル（文書）の保存

Q 389 自動保存って何？

A OneDriveに保存されます。

画面左上の［自動保存］を［オン］にすると、OneDriveに随時保存されるようになります。ほかのフォルダーやドライブに保存したファイルでも、自動的にOneDriveの［ドキュメント］フォルダーに保存されますが、パソコン内などもとの保存先に自動保存されるわけではないので注意してください。

参照 ▶ Q 386

重要度 ★★★ ファイル（文書）の保存

Q 390 Word以外の形式で ファイルを保存したい！

A 保存時にファイルの種類を 変更します。

Wordのファイルを渡す相手がWordを持っていない場合には、読み取れるファイル形式に変更する必要があります。編集せずに文書を見るだけなら「PDF」、文字だけ読めればよいなら「書式なし」のように変更して保存し直すことができます。ファイルの種類を変更するには、[名前を付けて保存]ダイアログボックスで[ファイルの種類]からファイル形式を選択します。

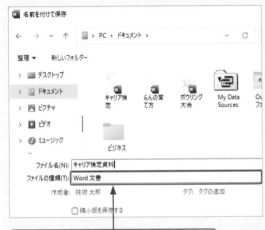

1 [ファイルの種類]のここをクリックして、

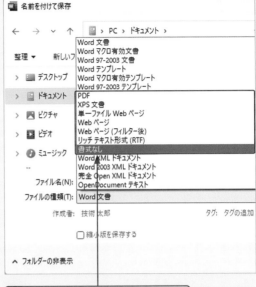

2 Word以外の形式をクリックします。

● 主なファイル形式

ファイル形式	内　容
PDF	文書のレイアウトを画像のようにそのまま保存できる形式です。拡張子は「.pdf」。
Webページ	Web用にHTML形式で保存されます。拡張子は「.html」「.htm」。
リッチテキスト	Word文書をMacなどでも読み取れるように変換できるファイル形式です。拡張子は「.rtf」。
書式なし	Wordの書式設定を解除した文字のみ（テキスト）の形式です。拡張子は「.txt」。

重要度 ★★★ ファイル（文書）の保存

Q 391 ファイルを旧バージョンの 形式で保存したい！

A 旧バージョンで利用できない 機能を削除して保存します。

Wordで作成したファイルを旧バージョン（Word 2003以前）で保存するには、[名前を付けて保存]ダイアログボックスで[ファイルの種類]を[Word 97-2003文書]にします。旧バージョンにすると、Wordの各バージョン特有の機能を使って作成された部分が自動で削除されたり、旧バージョン用に変更されたりします。

1 ここをクリックして、

2 [Word 97−2003文書]をクリックします。

使いはじめ 1
基本と入力 2
編集 3
書式設定 4
表示 5
印刷 6
差し込み印刷 7
図と画像 8
表 9
10 ファイル

重要度 ★ ★ ★　ファイル（文書）の保存

Q 392 旧バージョンとの互換性を確認したい！

A 互換性チェックを実行します。

Wordは、97-2003、2010、2013、2016、2019、2021というように機能の向上とともにバージョンが変わってきました。同じWord文書でも、バージョンが異なると、使用されている機能を有効にできない場合もあります。開いているWordでサポートされていない機能（互換性）が文書内にあるかどうかを確認することができます。［ファイル］タブの［情報］をクリックして、［問題のチェック］の［互換性チェック］をクリックし、表示するバージョンを選択して確認します。

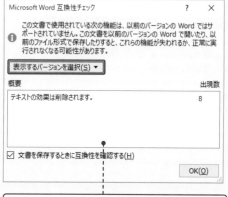

以前のバージョンと互換性がない機能があると、このように表示されます。

重要度 ★ ★ ★　ファイル（文書）の保存

Q 393 テンプレートとして保存したい！

A 組み込み文書を作成します。

テンプレートとは、定型文書のひな型のことで、使う人が必要な部分を編集して文書を作成します。作成した文書をテンプレートとして保存する方法は、手順のとおりです。通常の［名前を付けて保存］ダイアログボックスで、保存先とファイルの種類を指定しても同じです。

1 ［ファイル］タブをクリックして、［エクスポート］をクリックし、

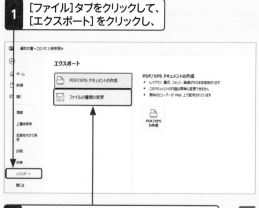

2 ［ファイルの種類の変更］をクリックします。

3 ［テンプレート］をクリックして、

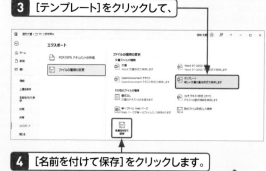

4 ［名前を付けて保存］をクリックします。

5 ［ドキュメント］をクリックして、

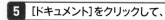
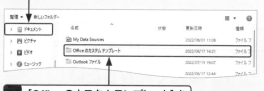

6 ［Officeのカスタムテンプレート］をダブルクリックします。

7 ファイル名を入力して、

8 ［保存］をクリックします。

Q 394 文書を「PDF」形式で保存したい！

A 保存時にファイルの種類を PDFにします。

「PDF」とは、文書の書式設定やレイアウトを崩さずにファイルを配布できるファイル形式です。Word文書をPDF形式（XPS形式）で保存する方法は、手順のとおりです。この操作は、[名前を付けて保存]ダイアログボックスで、[ファイルの種類]から[PDF]をクリックしても同じです。

[PDFまたはXPS形式で発行]ダイアログボックスでは、[発行後にファイルを開く]をクリックしてオンにすると、保存（発行）後に文書がPDFビューアーで表示されます。

1 [ファイル]タブをクリックして、

2 [エクスポート]をクリックします。

↓

3 [PDF/XPSドキュメントの作成]をクリックして、

4 [PDF/XPSの作成]をクリックします。 ↗

ファイルサイズは用途によって[標準]と[最小サイズ]（オンライン発行）を選択できます。また、[オプション]をクリックすると、ページ範囲の指定やPDFのオプションを設定することができます。

なお、文書をWord文書として保存していない場合は、PDF形式にする前に、保存しておくとよいでしょう。

参照▶Q 390

5 保存先を指定して、　**6** 名前を入力し、

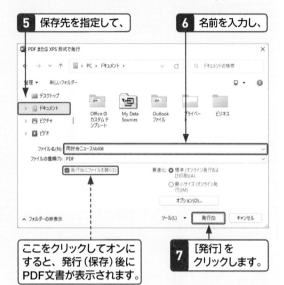

ここをクリックしてオンにすると、発行（保存）後にPDF文書が表示されます。

7 [発行]をクリックします。

● ファイルを確認する

1 エクスプローラーを開きます。

2 PDFファイル形式で保存されているのが確認できます。

WordでPDFファイルを開く際は、確認のメッセージが表示されます。

重要度 ★★★　ファイル（文書）の保存

Q 395 ファイルに個人情報が 保存されないようにしたい！

A 保存時に作成者の名前が 削除されるように設定します。

Wordの初期設定では、文書の作成者の名前がファイル に保存されるようになっています。［ファイル］タブの ［情報］をクリックして右側に表示される文書情報ウィ ンドウに［作成者］や［最終更新者］が表示されます。 文書の保存時に作成者の名前が削除されるように設定 するには、［ドキュメントのプロパティ］で情報を削除 します。

さらに、個人情報が残っているかどうかを確認するた めに、［ファイル］タブの［情報］で［問題のチェック］を クリックして、［ドキュメント検査］を実行します。検査 結果で個人情報があれば、［すべて削除］をクリックし ます。ただし、この結果には、文書内のコメントなど必 要な情報もあるので、削除する場合は注意が必要です。

● ドキュメントプロパティを利用する

1 ［プロパティ］から［詳細プロパティ］を クリックします。

2 ［ファイルの概要］タブの個人情報を削除して、 ［OK］をクリックします。

● ドキュメント検査を利用する

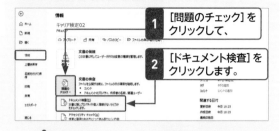

1 ［問題のチェック］を クリックして、

2 ［ドキュメント検査］を クリックします。

3 ここをオンにして

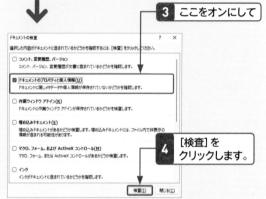

4 ［検査］を クリックします。

5 検査結果が表示されます。

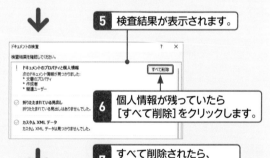

6 個人情報が残っていたら ［すべて削除］をクリックします。

7 すべて削除されたら、 ［閉じる］をクリックします。

個人情報が削除されます。

Q 396 他人にファイルを開かれないようにしたい！

A ファイルにパスワードを設定します。

作業した文書のファイルをほかの人が開いたり、上書きしたりできないようにするには、文書に読み取りパスワードや書き込みパスワードを設定します。

読み取りパスワードを設定すると、ファイルを開く際にパスワードの入力を求められ、パスワードを入力しないとファイルを開けなくなります。

書き込みパスワードを設定すると、ファイルを開く際にパスワードの入力を求められ、パスワードを入力しないとファイルを読み取り専用でしか開けなくなります。この場合、上書き保存はできません。

パスワードの設定を解除するには、設定したパスワードを削除して、ファイルを保存し直します。

1 ［ファイル］タブの［名前を付けて保存］をクリックして、［名前を付けて保存］ダイアログボックスを表示し、保存先を指定します。

2 ［ツール］をクリックして、

3 ［全般オプション］をクリックします。

4 ［読み取りパスワード］にパスワードを入力して、

5 ［書き込みパスワード］にパスワードを入力し、［OK］をクリックします。

6 読み取りパスワードを入力して、

7 ［OK］をクリックします。

8 書き込みパスワードを入力して、

9 ［OK］をクリックし、［保存］をクリックします。

ファイルを開く際は、設定したパスワードを入力します。

重要度 ★ ★ ★　ファイル（文書）の保存

Q 397 最終版って何？

A 編集作業を終えた
最終的な文書です。

「最終版」とは、編集作業をすべて終えて、これ以上編集
はしない、ほかの人にも編集しないでほしいということ
を示すために設定するものです。

1 [情報]の[文書の保護]をクリックして、

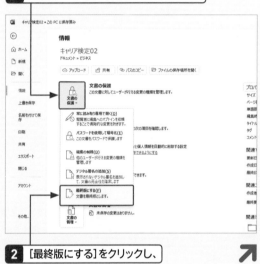

2 [最終版にする]をクリックし、

最終版にすると読み取り専用になり、編集ができなく
なりますが、[編集する]をクリックすれば編集するこ
とは可能です。

3 確認画面で[OK]をクリックします。

4 メッセージが表示されるので、
[OK]をクリックします。

5 最終版に設定されます。

重要度 ★ ★ ★　ファイル（文書）の保存

Q 398 Wordの作業中に
強制終了してしまった！

A 作業中だったファイルを
回復して開きます。

Wordの作業中に強制終了した場合、Wordを再起動す
ると編集中の文書が「互換モード」で表示されたり、[ド
キュメントの回復]作業ウィンドウが表示されたりし
ます。[ドキュメントの回復]作業ウィンドウでは、強制
終了直前まで作業していた文書を開くことができま
す。複数のファイルがある場合、[ドキュメントの回復]
作業ウィンドウの下のほうが最新のファイルになりま
す。保存された日時を確認して開くようにしましょう。
これらの画面は表示されない場合もあります。

1 自動回復したファイルが開いたら、

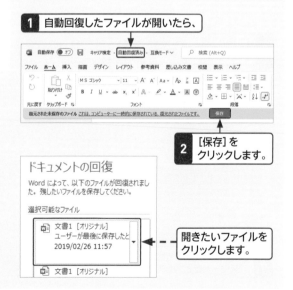

2 [保存]を
クリックします。

ドキュメントの回復

Wordによって、以下のファイルが回復されまし
た。残したいファイルを保存してください。

選択可能なファイル

文書1［オリジナル］
ユーザーが最後に保存したと
2019/02/26 11:57

開きたいファイルを
クリックします。

文書1［オリジナル］

使いはじめ 1
基本と入力 2
編集 3
書式設定 4
表示 5
印刷 6
差し込み印刷 7
図と画像 8
表 9
10 ファイル

重要度 ★★★　ファイル（文書）の保存

Q 399 保存しないで新規文書を 閉じてしまった！

A 保存されていない文書の回復が 可能です。

Wordには、ファイルを閉じる際に表示される保存するかどうかのメッセージで、[保存しない]を選択した場合でも、文書を自動的にバックアップする機能があります。[ファイル]タブの[開く]をクリックして、画面下の[保存されていない文書の回復]をクリックすると、自動保存されたファイルが表示されます。

新規作成の場合はファイル名が付いていないので、複数表示される場合は閉じた日時をもとにファイルを探します。目的のファイルを選択して、[開く]をクリックすると、閉じられたときの状態で文書が開きます。

自動保存されたファイルが表示されます。

重要度 ★★★　ファイル（文書）の保存

Q 400 ファイルのバックアップを 作りたい！

A 一定間隔でバックアップファイルを 作成する機能を利用します。

文書の作成中に自動的にバックアップを作成するように設定できます。[Wordのオプション]の[保存]で、[次の間隔で自動回復用データを保存する]をクリックしてオンにし、バックアップを行う間隔を指定します。さらに、[保存しないで終了する場合、最後に自動保存されたバージョンを残す]もクリックしてオンにします。

バックアップファイルは「asd」という拡張子で保存され、Windowsフォルダー上に表示されますが、Wordの[開く]から開くことはできません。　参照▶Q 029

ここをクリックしてオンにし、間隔を指定します。

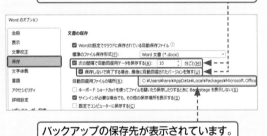

バックアップの保存先が表示されています。

重要度 ★★★　ファイル（文書）の保存

Q 401 ファイルの保存先を ドキュメント以外にしたい！

A 既定の保存先を変更します。

ファイルの既定の保存先を変更するには、[Wordのオプション]の[保存]で、[既定のファイルの場所]の[参照]をクリックして、[フォルダーの変更]ダイアログボックスで保存先を指定します。このとき、[新しいフォルダー]をクリックしてフォルダーを新規作成し、保存先に指定することもできます。　参照▶Q 029

現在、[Document]（ドキュメント）が 指定されています。

ここをクリックして、保存先を変更できます。

重要度 ★★★　ファイルの操作

Q 402 旧バージョンのファイルを最新の形式にしたい!

A 最新バージョンで保存し直します。

ここでいう旧バージョンとは、Word 2003以前のバージョンで作成された文書で、拡張子が「doc」のファイルを指します。旧バージョンのファイルを開き、[名前を付けて保存]ダイアログボックスで[ファイルの種類]を[Word文書]にすると、現在のバージョンで保存

1 旧バージョンのファイルを開き、[名前を付けて保存]ダイアログボックスを表示します。

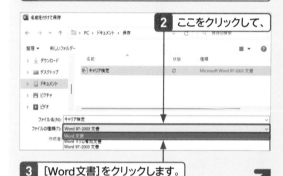

2 ここをクリックして、

3 [Word文書]をクリックします。

されます。[旧バージョンの互換性を維持]をオンにしておくと、旧バージョンの機能を維持して保存することができます。　　　　　　　　　　参照▶Q 391

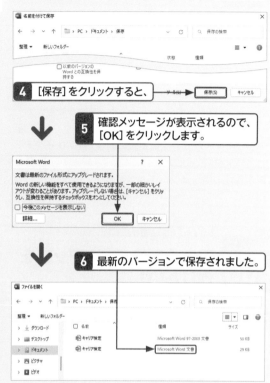

4 [保存]をクリックすると、

5 確認メッセージが表示されるので、[OK]をクリックします。

6 最新のバージョンで保存されました。

重要度 ★★★　ファイルの操作

Q 403 アイコンでファイルの内容を確認したい!

A 保存する際にファイルの縮小版を保存します。

ファイルを開く前に、どのようなファイルか確認することができます。文書を保存する際に[名前を付けて保存]ダイアログボックスで[縮小版を保存する]をクリックしてオンにしておきます。エクスプローラーまたは[ファイルを開く]ダイアログボックスで、アイコンの表示サイズを[中アイコン]以上にすると、アイコンが縮小版で表示されます。

また、エクスプローラーの[表示]から[表示]→[プレビューウィンドウ](Windows 10では[表示]タブから[プレビューウィンドウ]□)をクリックすると、プレ

ビューウィンドウに内容が表示されます。

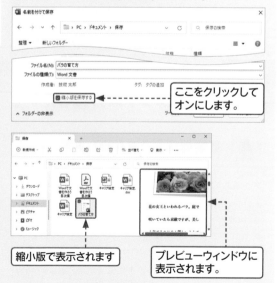

ここをクリックしてオンにします。

縮小版で表示されます

プレビューウィンドウに表示されます。

Q 404 Word Onlineを使いたい！

A インターネット上で使える Wordアプリです。

Word Online（Office Online）はインターネット上で利用できる無料のオンラインアプリケーションです。「https://office.com」にアクセスしてMicrosoftアカウントでサインインすれば利用可能になります（Microsoft 365になります）。パソコンにインストールしているWordと同様に、リボンのコマンド操作も利用でき、また複数人での共同編集が可能で、リアルタイムに反映されます。編集した文書は自動的にOneDriveに保存されます。

1 Office Onlineを表示して、

2 [Word] を
クリックします。

3 ファイルを
クリックすると、

4 文書が開いて編集ができます。

Q 405 スマホ版の Wordアプリを使いたい！

A Microsoft Storeで インストールします。

スマホなどモバイルデバイスにWordモバイルアプリをインストールすれば、外出先でも文書を編集、作成することができます。Microsoft Storeで「Wordモバイルアプリ」（iPhoneとAndroid版、無料）をダウンロードして、インストールします。Microsoftアカウントでサインインすると、OneDriveへもアクセスできるようになります。無料版では、変更記録、ワードアート、ページ／セクション区切り、ページの向きなどの機能が使えませんが、Microsoft 365を購入している場合はこれらの機能も利用できます。

● 「Wordモバイルアプリ」

1 Wordモバイルアプリをインストールします。

2 文書を開いて
編集できます。

重要度 ★★★　OneDriveでの共同作業

Q 406 OneDriveでほかの人と文書を共有したい！

A 文書を指定して
[共有]をクリックします。

OneDriveでWordの文書を共有するには、共有したい文書を選択して、[共有]をクリックします。手順のようにして共有相手にリンクの付いたメールを送信します。相手がメールを受信して、リンクを開くと文書を共有できるようになります。共有を解除するには、ファイルを指定して、[情報]をクリックし、相手をクリックし[共有を停止]をクリックします。　　　参照▶Q 384

1 OneDriveのWebページを表示します。

2 共有する文書のここをクリックしてオンにし、

3 [共有]をクリックします。

4 共有相手のメールアドレスを入力して、

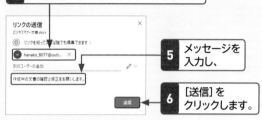

5 メッセージを入力し、

6 [送信]をクリックします。

[共有を停止]をクリックします。

重要度 ★★★　OneDriveでの共同作業

Q 407 OneDriveで共有する人の権限を指定したい！

A [リンクの送信]画面で
権限を指定します。

OneDriveでWordの文書を共有する場合、初期設定では共有者に編集を許可する設定になっています。共有者の権限はここで指定してからメールを送信します。[リンクの設定]をクリックすると、有効期限の日付の設定やパスワードの設定が行えます。　参照▶Q 406

ここで権限を指定します。

重要度 ★★★　OneDriveでの共同作業

Q 408 OneDriveで複数の人と共有したい！

A 共有する相手に
リンクのコピーを送信します。

複数の相手と文書を共有したい場合、[リンクの送信]画面で[リンクのコピー]をクリックしてリンクを作成し、そのリンクをメールに貼り付けて全員に送信します。　　　参照▶Q 406

1 [リンクのコピー]の[コピー]をクリックすると、

2 文書のリンクが作成されます。

3 [コピー]をクリックして、メールに貼り付けます。

第11章

Excelの基本と入力の「こんなときどうする？」

11 基本と入力
12 編集
13 書式設定
14 計算
15 関数
16 グラフ
17 データベース
18 印刷
19 ファイル
20 連携・共同編集

重要度 ★★★　Excel操作の基本

Q 409 セルって何？

A データを入力するための
マス目のことです。

「セル」は、ワークシートを構成する1つ1つのマス目のことをいいます。セルには数値や文字、日付データ、数式などを入力できます。セルのマス目を利用して、さまざまな表を作成したり、計算式を入力して集計表を作成したりします。

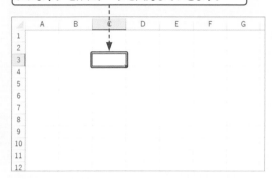

ワークシート内の1つ1つのマス目のことをセルといいます。セルにデータを入力していきます。

重要度 ★★★　Excel操作の基本

Q 410 ワークシートって何？

A Excelの作業スペースです。

「ワークシート」は、Excelでさまざまな作業を行うためのスペースで、単に「シート」とも呼ばれます。ワークシートは格子状に分割されたセルによって構成されています。セルの横の並びが「行」、縦の並びが「列」です。1枚のワークシートは最大「104万8,576行×1万6,384列（A～XFD列）」のセルで構成されています。ワークシートは必要に応じて追加や削除することができます。

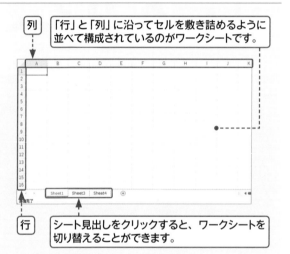

列

「行」と「列」に沿ってセルを敷き詰めるように並べて構成されているのがワークシートです。

行

シート見出しをクリックすると、ワークシートを切り替えることができます。

重要度 ★★★　Excel操作の基本

Q 411 ブックって何？

A 1つあるいは複数のワークシートから
構成されたExcelの文書のことです。

「ブック」は、1つあるいは複数のワークシートから構成されたExcelの文書（ドキュメント）のことです。ブックは「.xlsx」という拡張子を持った1つのファイルになります。

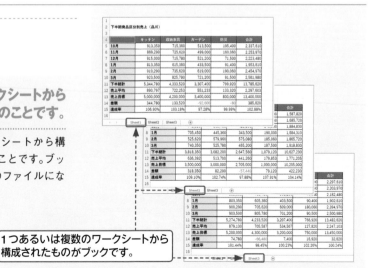

1つあるいは複数のワークシートから構成されたものがブックです。

Q 412 アクティブセルって何？

A 操作の対象となっているセルです。

「アクティブセル」は、現在操作の対象となっているセルをいいます。アクティブセルは、緑色の太枠で表示されます。
複数のセル範囲を選択した場合は、セルがグレーに反転します。その中で白く表示されているのがアクティブセルです。データの入力や編集は、アクティブセルに対して行われます。

> アクティブセルのセル番号が表示されます。

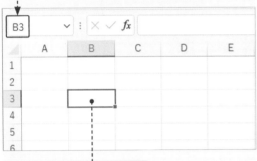

> 操作の対象となっているセルをアクティブセルといいます。

Q 413 右クリックで表示されるツールバーは何に使うの？

A 操作対象に対して書式などを設定するためのものです。

セルを右クリックしたり、テキストを選択したりすると、ミニツールバーが表示されます。ミニツールバーには、選択した対象に対して書式を設定するコマンドが用意されています。表示されるコマンドの内容は、操作する対象によって変わります。ミニツールバーを利用すると、タブをクリックして目的のコマンドをクリックするより操作がすばやく実行できます。

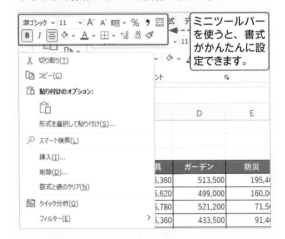

> ミニツールバーを使うと、書式がかんたんに設定できます。

Q 414 同じ操作を繰り返したい！

A F4 を押すか、Ctrl を押しながら Y を押します。

直前に行った操作をほかのセルにも繰り返し実行するには、F4 を押すか、Ctrl を押しながら Y を押します。

> **2** F4 を押すか、Ctrl を押しながら Y を押すと、

> **3** 直前の操作（ここでは背景色の設定）が繰り返されます。

> 例として、セルに背景色を設定します。

	A	B	C	D	E	F	G
1	四半期店舗別売上						
2		品川	新宿	中野	目黒	合計	
3	1月	2,860	6,400	2,550	2,560	14,370	
4	2月	2,580	5,530	2,280	1,880	12,270	
5	3月	2,650	6,890	2,560	2,450	14,550	
6	四半期計	8,090	18,820	7,390	6,890	41,190	

> **1** ほかのセル範囲を選択して、

	A	B	C	D	E	F	G
1	四半期店舗別売上						
2		品川	新宿	中野	目黒	合計	
3	1月	2,860	6,400	2,550	2,560	14,370	
4	2月	2,580	5,530	2,280	1,880	12,270	
5	3月	2,650	6,890	2,560	2,450	14,550	
6	四半期計	8,090	18,820	7,390	6,890	41,190	

11 基本と入力
12 編集
13 書式設定
14 計算
15 関数
16 グラフ
17 データベース
18 印刷
19 ファイル
20 連携・共同編集

重要度 ★ ★ ★　Excel操作の基本

Q 415 操作をもとに戻したい！

A [元に戻す] ↺ や [やり直し] ↻ を利用します。

[元に戻す] ↺ をクリックすると、操作を取り消して直前の状態に戻すことができます。Ctrl を押しながら Z を押しても同様に操作できます。

操作を取り消したあと、[やり直し] ↻ をクリックすると、取り消した操作をやり直すことができます。Ctrl を押しながら Y を押しても同様に操作できます。

また、複数の操作をまとめて取り消したり、やり直したりすることもできます。[元に戻す] や [やり直し] の ⌄ をクリックして、一覧から目的の操作を選択します。

もとに戻すときは、[元に戻す] をクリックします。

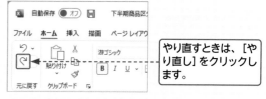

やり直すときは、[やり直し] をクリックします。

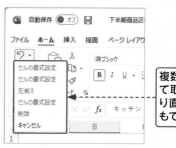

複数の操作をまとめて取り消したり、やり直したりすることもできます。

重要度 ★ ★ ★　Excel操作の基本

Q 416 新しいブックを作成するには？

A [ファイル]タブの [新規] から作成します。

Excel を起動して [空白のブック]をクリックすると、「Book1」という名前の新規ブックが作成されます。ブックを編集中に、別のブックを新規に作成する場合は、[ファイル]タブの [新規] をクリックして、[空白のブック]をクリックします。

ブックは、空白の状態から作成したり、テンプレートから作成したりできます。

1 [ファイル] タブをクリックして、

2 [新規]をクリックします。

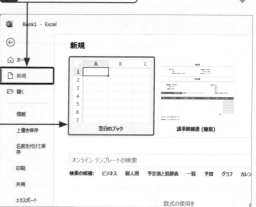

3 何も入力されていないブックを作成する場合は [空白のブック]をクリックします。

基本と入力 11
編集 12
書式設定 13
計算 14
関数 15
グラフ 16
データベース 17
印刷 18
ファイル 19
連携・共同編集 20

重要度 ★★★　セルの移動

Q 417 ←→ を押してもセルが移動しない！

A Enter や Tab で移動します。

既存のデータを修正するためにセル内にカーソルを表示しているときは、←→ を押すとセル内でカーソルが移動し、セルの移動ができません。また、数式の入力中は、参照元のセルが移動します。このような場合は、Enter や Tab を押すと移動できます。

● セル内にカーソルがある場合

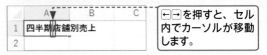

←→ を押すと、セル内でカーソルが移動します。

● 数式を入力中の場合

	A	B	C	D	E	F
1	四半期店舗別売上					
2						
3		品川	新宿	中野	目黒	合計
4	1月	2,860	6,400	2,550	2,560	14,370
5	2月	2,580	5,530	2,280	1,880	12,270
6	3月	2,650	6,890			
7	四半期計	=B4+C5				

←→ を押すと、参照元のセルが移動します。

重要度 ★★★　セルの移動

Q 418 ←→ を押すと隣のセルにカーソルが移動してしまう！

A F2 を押して、セルを編集モードにします。

Excelでデータを入力する場合、新規にデータを入力するときの「入力モード」と、セルを修正するときの「編集モード」があります。入力モードのときに ←→ を押して文字を修正しようとすると、隣のセルにカーソルが移動してしまいます。この場合は、F2 を押して編集モードに切り替えると、目的の位置にカーソルを移動することができます。

1 文字を入力するときは「入力モード」になっています。

2 F2 を押して「編集モード」に切り替えると、セル内の目的の位置にカーソルを移動することができます。

重要度 ★★★　セルの移動

Q 419 Enter を押したあとにセルを右に移動したい！

A [Excelのオプション] ダイアログボックスで変更します。

Enter を押して入力を確定したとき、初期設定ではアクティブセルは下に移動します。移動方向を右に変えたいときは、[Excelのオプション]ダイアログボックスの [詳細設定] で変更します。
ただし、自動リターン機能を利用する場合は、移動方向は初期設定のまま「下」にしておきます。　参照 ▶ Q 029

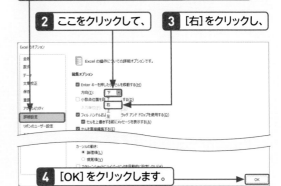

1 [ファイル] タブの [その他] から [オプション] をクリックし、[詳細設定] をクリックします。

2 ここをクリックして、

3 [右]をクリックし、

4 [OK] をクリックします。

11 基本と入力
12 編集
13 書式設定
14 計算
15 関数
16 グラフ
17 データベース
18 印刷
19 ファイル
20 連携・共同編集

重要度 ★★★　セルの移動

Q 420 データを入力するときに効率よく移動したい!

A 自動リターン機能を利用します。

データを入力する際、Tab を押しながら右のセルに移動し、データを入力します。行の末尾まで入力を終えたら Enter を押すと、アクティブセルが移動を開始したセルの直下に移動します。この機能を「自動リターン機能」といいます。

1 このセルから Tab で移動しながらデータを入力し、

2 ここで Enter を押すと、

3 移動を開始したセルの直下に移動します。

重要度 ★★★　セルの移動

Q 421 決まったセル範囲にデータを入力したい!

A セル範囲を選択して Enter や Tab を押します。

セル範囲をあらかじめ選択した状態でデータを入力すると、アクティブセルは選択したセル範囲の中だけを移動します。行方向にアクティブセルを移動する場合は Tab で、列方向に移動する場合は Enter で移動します。矢印キーを押すと、選択範囲が解除されてしまうので注意が必要です。

1 セル範囲を選択して、Tab で移動しながらデータを入力し、

2 ここで Tab を押すと、

3 すぐ下の行の左端のセルに移動します。

重要度 ★★★　セルの移動

Q 422 セル [A1] にすばやく移動したい!

A Ctrl を押しながら Home を押します。

Ctrl を押しながら Home を押すと、アクティブセルがセル [A1] に移動します。Home が ← と併用されているキーボードの場合は、Fn と Ctrl を押しながら Home を押します。

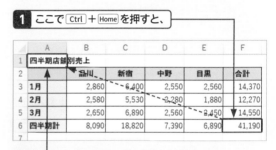

1 ここで Ctrl + Home を押すと、

2 アクティブセルがセル [A1] に移動します。

重要度 ★★★　セルの移動

Q 423 行の先頭にすばやく移動したい!

A Home を押します。

Home を押すと、現在アクティブセルがある行のA列に移動できます。Home が ← と併用されているキーボードの場合は、Fn を押しながら Home を押します。

1 ここで Home を押すと、

	A	B	C	D	E	F
1	四半期店舗別売上					
2		品川	新宿	中野	目黒	合計
3	1月	2,860	6,400	2,550	2,560	14,370
4	2月	2,580	5,530	2,280	1,880	12,270
5	3月	2,650	6,890	2,560	2,450	14,550
6	四半期計	8,090	18,820	7,390	6,890	41,190
7						

2 アクティブセルがA列に移動します。

Q424 指定したセルにすばやく移動したい!

重要度 ★★★ セルの移動

A1 [名前ボックス]にセル番号を入力します。

[名前ボックス]に移動したいセル番号を入力すると、そのセルに移動できます。画面に表示されていないセルにアクティブセルを移動したいときに利用すると便利です。

1 [名前ボックス]にセル番号(ここでは「E45」)を入力して、[Enter]を押すと、

E45		fx	=D11/D13		
A	B	C	D	E	F
1					
2 下半期商品区分別売上(品川)					
3					
4	キッチン	収納家具	ガーデン	防災	合計
5 10月	913,350	715,260	513,500	195,400	2,337,610
6 11月	869,290	725,620	499,000	160,060	2,253,970

2 アクティブセルがセル[E45]に移動します。

E45		fx	750000		
A	B	C	D	E	F
40 1月	803,350	605,360	403,500	90,400	1,902,610
41 2月	900,290	705,620	609,000	180,060	2,394,970
42 3月	903,500	805,780	701,200	90,500	2,500,980
43 下半期計	5,274,780	4,233,520	3,207,400	766,920	13,482,620
44 売上平均	879,130	705,587	534,567	127,820	2,247,103
45 売上目標	5,200,000	4,300,000	3,200,000	750,000	13,450,000
46 差額	74,780	-66,480	7,400	16,920	32,620
47 達成率	101.44%	98.45%	100.23%	102.26%	100.24%
48					
49					
50 下半期商品区分別売上(目黒)					
51					

A2 [ジャンプ]ダイアログボックスを利用します。

[ホーム]タブの[検索と選択]をクリックして[ジャンプ]をクリックし、[ジャンプ]ダイアログボックスを表示します。[参照先]にセル番号を入力して[OK]をクリックすると、そのセルに移動できます。

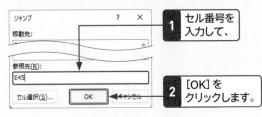

1 セル番号を入力して、

ジャンプ
移動先:

参照先(R):
E45

2 [OK]をクリックします。

セル選択(S)...　OK　キャンセル

Q425 アクティブセルが見つからない!

重要度 ★★★ セルの移動

A [Ctrl]を押しながら[Back space]を押します。

スクロールバーなどで画面をスクロールしていると、アクティブセルがどこにあるかわからなくなる場合があります。この場合、[名前ボックス]でセル番号を確認することもできますが、[Ctrl]を押しながら[Back space]を押すと、アクティブセルのある位置まで画面がすばやく移動できます。

Q426 選択範囲が勝手に広がってしまう!

重要度 ★★★ セルの移動

A [F8]を押して拡張モードをオフにします。

[↑][↓][←][→]を押したり、セルをクリックした際に、セルが選択できず選択範囲だけが広がってしまう場合は、拡張モードがオンになっていると考えられます。この場合は、[F8]を押して拡張モードをオフにします。

ステータスバーに[選択範囲の拡張]と表示されています。

1 セルをクリックすると、複数のセル範囲が選択されてしまいます。

13 売上目標	5,000,000	4,200,000	3,400,000
14 差額	344,780	133,520	-92,600
15 達成率	106.90%	103.18%	97.28%
16			

◀ ▶ Sheet1 ⊕
準備完了 選択範囲の拡張

2 [F8]を押すと、

13 売上目標	5,000,000	4,200,000	3,400,000
14 差額	344,780	133,520	-92,600
15 達成率	106.90%	103.18%	97.28%
16			

◀ ▶ Sheet1 ⊕
準備完了

3 拡張モードがオフになり、セルがクリックできるようになります。

11 基本と入力
12 編集
13 書式設定
14 計算
15 関数
16 グラフ
17 データベース
18 印刷
19 ファイル
20 連携・共同編集

重要度 ★★★　セルの移動

Q 427 セルが移動せずに画面がスクロールしてしまう!

A Scroll Lock を押してスクロールロックをオフにします。

↑↓←→ や Page Up Page Down などを押した際に、アクティブセルは移動せずに、シートだけがスクロールする場合は、スクロールロックがオンになっていると考えられます。この場合は、Scroll Lock を押してスクロールロックをオフにします。なお、キーボードの種類によってScrollLockの表示が異なる場合があります。

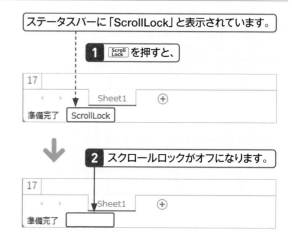

ステータスバーに「ScrollLock」と表示されています。

1 Scroll Lock を押すと、

2 スクロールロックがオフになります。

重要度 ★★★　データの入力

Q 428 セル内は2行なのに数式バーが1行になっている!

A 数式バーは広げることができます。

数式バー右端の ▾ をクリックすると、数式バーを広げることができます。もとのサイズに戻す場合は、▴ をクリックします。また、数式バーの下の境界線にマウスポインターを合わせ、ポインターの形が ↕ に変わった状態で下方向にドラッグしても広げることができます。

1 ここをクリックすると、

2 数式バーが広がります。

ここをクリックすると、もとのサイズに戻ります。

重要度 ★★★　データの入力

Q 429 1つ上のセルと同じデータを入力するには?

A セルをクリックして Ctrl を押しながら D を押します。

すぐ上のセルと同じデータを入力するには、下のセルをクリックして、Ctrl を押しながら D を押します。また、左横のセルと同じデータを入力するには、右横のセルをクリックして、Ctrl を押しながら R を押します。フィルハンドルをドラッグするより効率的です。

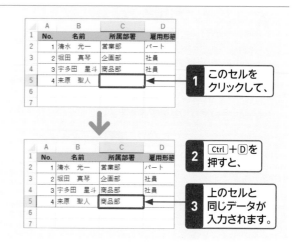

1 このセルをクリックして、

2 Ctrl + D を押すと、

3 上のセルと同じデータが入力されます。

編集 12
書式設定 13
計算 14
関数 15
グラフ 16
データベース 17
印刷 18
ファイル 19
連携・共同編集 20

重要度 ★★★　データの入力

Q 430 入力可能なセルにジャンプしたい！

A Tab を押すと入力可能なセルだけに移動します。

シートの保護によって、特定のセルだけ入力や編集ができるように設定されている表の場合、見た目では入力できるセルを見分けることができません。このような場合は、任意のセルをクリックしてから Tab を押すと、入力可能なセルにアクティブセルが移動します。

参照▶Q915

1 ここで Tab を押すと、

2 入力できるセルに移動します。

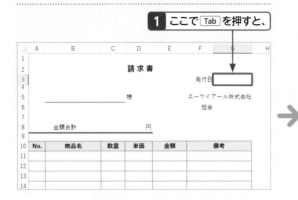

重要度 ★★★　データの入力

Q 431 セル内の任意の位置で改行したい！

A 改行する位置で Alt を押しながら Enter を押します。

セル内に文字が入りきらない場合は、セル内で文字を改行します。目的の位置で改行するには、改行したい位置にカーソルを移動して、Alt を押しながら Enter を押します。セル内で改行すると、行の高さが自動的に変わります。
また、文字を自動的に折り返す方法もありますが、この場合は折り返す位置を指定できません。

参照▶Q584

1 改行したい位置にカーソルを移動して、

2 Alt + Enter を押すと、セル内で改行されます。

3 Enter を押して確定すると、行の高さが自動的に変わります。

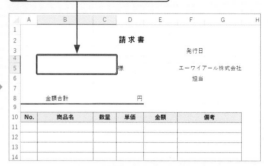

重要度 ★★★　データの入力

Q 432 日本語が入力できない！

A 入力モードを切り替えて
日本語が入力できる状態にします。

Excelを起動した直後は、入力モードが「半角英数字」入力（アルファベット入力）になっています。[半角/全角]を押すと、「ひらがな」入力（日本語入力）と「半角英数字」入力を切り替えることができます。入力モードは、タスクバーの通知領域にある入力モードアイコンで確認できます。

● 入力モードアイコンの表示

「半角英数字」入力モード

「ひらがな」入力モード

重要度 ★★★　データの入力

Q 433 入力済みのデータの一部を修正するには？

A セルをダブルクリックして
編集できる状態にします。

入力したデータを部分的に修正するには、セルをダブルクリックするか、[F2]を押して編集できる状態にします。単にセルをクリックしてデータを入力すると、セルの内容が新しいデータに上書きされてしまうので注意が必要です。

「下半期」を「第4四半期」に修正します。

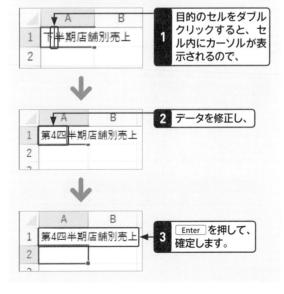

1 目的のセルをダブルクリックすると、セル内にカーソルが表示されるので、

2 データを修正し、

3 [Enter]を押して、確定します。

重要度 ★★★　データの入力

Q 434 同じデータを複数のセルにまとめて入力したい！

A [Ctrl]を押しながら
[Enter]を押します。

同じデータを複数のセルに入力するには、あらかじめセル範囲を選択してからデータを入力し、[Ctrl]を押しながら[Enter]を押して確定します。

1 目的のセル範囲を選択します。

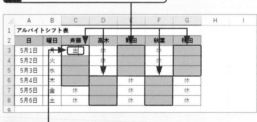

2 セルを選択した状態のままデータを入力して、

3 [Ctrl]+[Enter]を押すと、

4 選択したすべてのセルに同じデータが入力されます。

Q 435 「℃」や「kg」などの単位を入力したい！

A1 「たんい」と入力して変換します。

「℃」や「kg」などの単位記号を入力するには、「たんい」と入力して、変換候補の一覧から目的の単位記号を選択します。また、「ど」や「きろぐらむ」など、単位の読みを入力して変換しても、変換候補に単位記号が表示されます。

1 「たんい」と入力して Space を数回押すと、

2 変換候補に単位記号が表示されます。

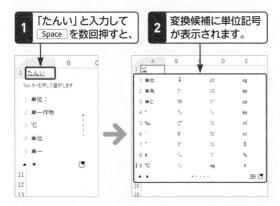

A2 [IMEパッド]の[文字一覧]から選択します。

通知領域の入力モードアイコンを右クリックして、[IMEパッド]をクリックします。[IMEパッド]が表示されるので、[文字一覧]をクリックして、[シフトJIS]の[単位記号]をクリックし、目的の記号を選択します。変換候補から入力できない場合などに利用するとよいでしょう。

1 [文字一覧]をクリックして、

2 フォントを選択し、

3 文字の種類をクリックして、

4 目的の記号をクリックします。

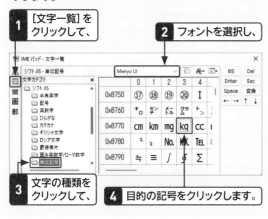

Q 436 囲い文字を入力したい！

A IMEパッドの[文字一覧]を利用します。

①、②や㊙、㊓などの囲い文字は、「まるひ」「まるゆう」などと読みを入力して変換することができますが、変換できない囲い文字を入力するには、[IMEパッド]の[文字一覧]を利用します。

1 Q 435のA2の方法で[IMEパッド]を表示して、[文字一覧]をクリックし、

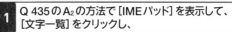

2 [Unicode（基本多言語面）]をクリックして、

3 フォントを選択します。

4 [囲み英数字]をクリックすると、

5 ①～⑳までの囲み数字や囲み英字などを入力することができます。

6 [囲みCJK文字／月]をクリックすると、

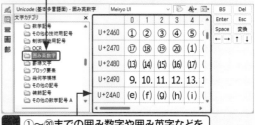

7 囲い文字や㉑以降の囲み数字などを入力することができます。

11 基本と入力
12 編集
13 書式設定
14 計算
15 関数
16 グラフ
17 データベース
18 印刷
19 ファイル
20 連携・共同編集

重要度 ★★★ データの入力

Q437 入力の途中で入力候補が表示される!

A オートコンプリート機能によるものです。

Excelでは「オートコンプリート」機能により、同じ列内の同じ読みから始まるデータが自動的に入力候補として表示されます。表示されたデータを入力する場合は、入力候補が表示されたときに Enter を押します。

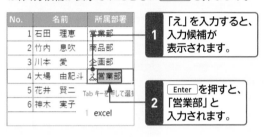

No.	名前	所属部署
1	石田　理恵	営業部
2	竹内　息吹	商品部
3	川本　愛	企画部
4	大場　由記斗	営業部
5	花井　賢二	
6	神木　実子	

1 「え」を入力すると、入力候補が表示されます。

2 Enter を押すと、「営業部」と入力されます。

重要度 ★★★ データの入力

Q439 同じ文字を何度も入力するのは面倒!

A Alt を押しながら ↓ を押してリストから入力します。

Alt を押しながら ↓ を押すと、同じ列内の連続したセルに入力されているデータのリストが表示されます。リストから目的の文字を選択して Enter を押すと、その文字が入力されます。

No.	名前	所属部署
1	石田　理恵	営業部
2	竹内　息吹	商品部
3	川本　愛	企画部
4	大場　由記斗	
5	花井　賢二	営業部／企画部／商品部
6	神木　実子	

Alt + ↓ を押すとリストが表示されるので、目的の文字を指定します。

重要度 ★★★ データの入力

Q438 入力時に入力候補を表示したくない!

A Delete を押すか、無視して入力を進めます。

入力候補を消去するには、Delete を押すか、表示される入力候補を無視して入力を続けます。
入力候補を表示させたくない場合は、[ファイル]タブの[その他]から[オプション]をクリックすると表示される[Excelのオプション]ダイアログボックスの[詳細設定]で、[オートコンプリートを使用する]をオフにします。

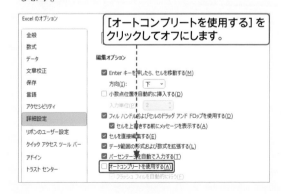

[オートコンプリートを使用する]をクリックしてオフにします。

重要度 ★★★ データの入力

Q440 確定済みの漢字を再変換したい!

A 文字を選択して 変換 を押します。

確定済みの漢字を再変換するには、文字が入力されているセルをダブルクリックして、目的の漢字を選択、あるいはカーソルを置いて、変換 を押します。

1 目的の漢字を選択して、

2 変換 を押すと、

3 選択した漢字の変換候補が表示されます。

Q 441 姓と名を別々のセルに分けたい!

A1 フラッシュフィル機能を利用します。

Excelでは、データをいくつか入力すると、入力したデータのパターンに基づいて残りのデータが自動的に入力される「フラッシュフィル」という機能が用意されています。この機能を利用すると、氏名の姓と名をかんたんに分割できます。

「姓+全角スペース+名」の形式で名前が入力されています。

1 姓を入力して、Enterを押します。　**2** [データ] タブをクリックして、

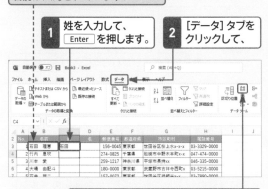

3 [フラッシュフィル] をクリックすると、

4 残りの姓が自動的に入力されます。

5 「名」の列も同様の方法で入力します。

A2 [区切り位置指定ウィザード]を利用します。

フラッシュフィルが利用できるのは、データに何らかの一貫性がある場合に限られます。フラッシュフィルが利用できないときは、区切り文字を指定して文字列を分割する [区切り位置指定ウィザード] を利用しましょう。

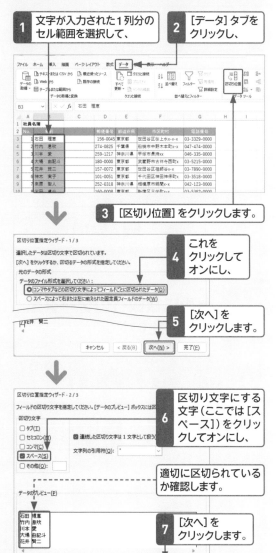

1 文字が入力された1列分のセル範囲を選択して、

2 [データ] タブをクリックし、

3 [区切り位置] をクリックします。

4 これをクリックしてオンにし、

5 [次へ] をクリックします。

6 区切り文字にする文字 (ここでは [スペース]) をクリックしてオンにし、

適切に区切られているか確認します。

7 [次へ] をクリックします。

8 区切ったあとの列のデータ形式を指定して [完了] をクリックし、続いて [OK] をクリックすると、データが分割されます。

11 基本と入力
12 編集
13 書式設定
14 計算
15 関数
16 グラフ
17 データベース
18 印刷
19 ファイル
20 連携・共同編集

重要度 ★★★　データの入力

Q 442

入力したデータをほかのセルに一括で入力したい！

A Ctrl + D を押すと下方向に、Ctrl + R を押すと右方向に入力できます。

入力したデータと同じデータを下方向に入力するには、データが入力されているセルと、同じデータを入力したいセル範囲をまとめて選択し、Ctrl を押しながら D を押します。同様に、Ctrl を押しながら R を押すと、同じデータを右方向に入力できます。

● 下方向に一括で入力する場合

1 入力したデータを含めてセル範囲をまとめて選択し、

2 Ctrl + D を押すと、

3 同じデータが下方向に入力されます。

● 右方向に一括で入力する場合

1 入力したデータを含めてセル範囲をまとめて選択し、

2 Ctrl + R を押すと、

3 同じデータが右方向に入力されます。

重要度 ★★★　データの入力

Q 443

セルに複数行のデータを表示したい！

A [書式]をクリックして、[行の高さの自動調整]をクリックします。

セルに複数の行を入力した場合、通常は行の高さが自動的に調整されますが、自動調整されずに文字が隠れてしまうときがあります。このような場合は、セルをクリックして、[ホーム]タブの[書式]をクリックし、[行の高さの自動調整]をクリックします。また、セル番号の下の境界線をダブルクリックしても、同様に自動調整されます。

この操作は、文字のサイズに合わせて行の高さが自動調整されない場合にも利用できます。

1 セルをクリックして、

2 [ホーム]タブの[書式]をクリックし、

3 [行の高さの自動調整]をクリックすると、

4 セルの高さが調整されます。

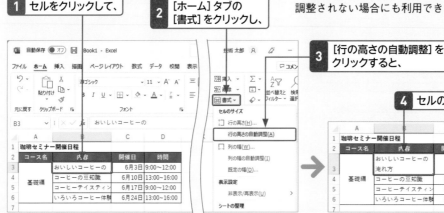

基本と入力 11

編集 12

書式設定 13

計算 14

関数 15

グラフ 16

データベース 17

印刷 18

ファイル 19

連携・共同編集 20

重要度 ★★★　データの入力

Q 444 [Back space] と [Delete] の違いを知りたい!

A [Back space] はカーソルの左の文字を、[Delete] は右の文字を削除します。

セル内にカーソルがある場合、[Back space] を押すとカーソルの左の文字が削除され、[Delete] を押すとカーソルの右の文字が削除されます。

また、複数のセルを選択した場合は、[Back space] を押すと選択範囲内のアクティブセルのデータのみが削除されます。[Delete] を押すと選択範囲内のすべてのデータが削除されます。

● 複数のセルを選択した場合

1 複数のセルを選択します。

	A	B	C	D	E	F	G	H
1	アルバイトシフト表							
2	日	曜日	斉藤	高木	野田	秋葉	柿田	
3	6月5日	月	○	×	○	×	○	
4	6月6日	火	○	×	○	×	○	
5	6月7日	水	○	×	○	×	○	
6	6月8日	木	○	○	×	○	×	
7	6月9日	金	×	○	○	○	×	
8	6月10日	土	×	○	×	○	×	

2 [Back space] を押すと、選択範囲内のアクティブセルのデータのみが削除されます。

	A	B	C	D	E	F	G	H
1	アルバイトシフト表							
2	日	曜日	斉藤	高木	野田	秋葉	柿田	
3	6月5日	月		×	○	×	○	
4	6月6日	火	○	×	○	×	○	
5	6月7日	水	○	×	○	×	○	
6	6月8日	木	○	○	×	○	×	
7	6月9日	金	×	○	○	○	×	
8	6月10日	土	×	○	×	○	×	

[Delete] を押すと、選択範囲内のすべてのデータが削除されます。

	A	B	C	D	E	F	G	H
1	アルバイトシフト表							
2	日	曜日	斉藤	高木	野田	秋葉	柿田	
3	6月5日	月						
4	6月6日	火						
5	6月7日	水						
6	6月8日	木						
7	6月9日	金						
8	6月10日	土						

重要度 ★★★　データの入力

Q 445 セルを移動せずに入力データを確定したい!

A データの入力後に [Ctrl] を押しながら [Enter] を押します。

セルにデータを入力後、[Ctrl] を押しながら [Enter] を押すと、セルを移動せずに入力が確定されます。入力後すぐに書式を設定する場合など、セルを選択し直さずに済むので効率的です。

重要度 ★★★　データの入力

Q 446 郵便番号を住所に変換したい!

A 「ひらがな」モードで郵便番号を入力して変換します。

入力モードを「ひらがな」にして郵便番号を入力し、[Space] を押すと、入力した番号に該当する住所が変換候補として表示されます。

1 「156-0045」と入力して、

1	名前	郵便番号	住所1	住所
2	石田　理恵	156-0045	156-0045	
3	竹内　息吹	274-0825	Tab キーを押して選択します	
4	川本　愛	259-1217		
5			1 "156-0045"	

2 [Space] を押すと、変換候補が表示されます。

3 住所を選択して [Enter] を押すと、

4 郵便番号から住所が変換されます。

1	名前	郵便番号	住所1	住所
2	石田　理恵	156-0045	東京都世田谷区桜上水	
3	竹内　息吹	274-0825		
4	川本　愛	259-1217		

11 基本と入力
12 編集
13 書式設定
14 計算
15 関数
16 グラフ
17 データベース
18 印刷
19 ファイル
20 連携・共同編集

重要度 ★★★ データの入力

Q447 セルのデータをすばやく削除したい！

A フィルハンドルを選択範囲内の内側にドラッグします。

セル範囲を選択したあと、フィルハンドルを選択範囲内の内側にドラッグすると、範囲内のデータが削除されます。キーボードを使用することなく、マウスだけで操作が完了するので効率的です。
また、Ctrl を押しながらドラッグすると、書式もいっしょに削除できます。

1 セル範囲を選択します。

2 フィルハンドルにマウスポインターを合わせて、

3 選択範囲内の内側にドラッグすると、

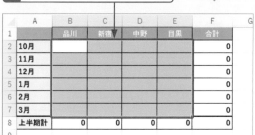

4 範囲内のデータが削除されます。

重要度 ★★★ データの入力

Q448 先頭の小文字が大文字に変わってしまう！

A オートコレクト機能によるものです。無効にすることができます。

英単語を入力すると、先頭に入力した小文字が自動的に大文字に変換される場合があります。これは、英文の先頭文字を自動的に大文字に変換するオートコレクト機能が有効になっているためです。
この機能を無効にするには、以下の手順で［文の先頭文字を大文字にする］をオフにします。

1 ［ファイル］タブの［その他］をクリックして、［オプション］をクリックします。

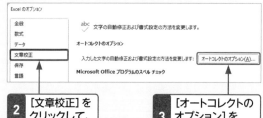

2 ［文章校正］をクリックして、

3 ［オートコレクトのオプション］をクリックします。

4 ［オートコレクト］をクリックして、

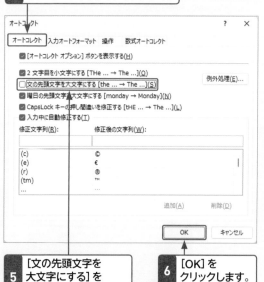

5 ［文の先頭文字を大文字にする］をクリックしてオフにし、

6 ［OK］をクリックします。

重要度 ★★★ データの入力

Q 449 メールアドレスを入力すると リンクが設定される!

A 入力オートフォーマット機能による ものです。

メールアドレスやWebページのURLを入力すると、入力オートフォーマット機能により自動的にハイパーリンクが設定され、下線が付いて文字が青くなります。自動的にハイパーリンクが設定されないようにするには、下の手順で操作します。

再びハイパーリンクが設定されるようにするには、[オートコレクト]ダイアログボックスの[入力オートフォーマット]で、[インターネットとネットワークのアドレスをハイパーリンクに変更する]をオンにします。

1 メールアドレスを入力すると、 ハイパーリンクが設定されます。

	珈琲セミナー出席者		
1			
2	番号	名前	メールアドレス
3	1	太田 美知子	m_oota@example.com
4	2	倉持 和美	
5	3	岩佐 游子	

2 ここにマウスポインターを合わせて、 ↓

3 [オートコレクト オプション]を クリックします。

4 [ハイパーリンクを 自動的に作成しない]を クリックすると、

	珈琲セミナー出席者		
1			
2	番号	名前	メールアドレス
3	1	太田 美知子	m_oota@example.com
4	2	倉持 和美	
5	3	岩佐 游子	↩ 元に戻す(U) - ハイパーリンク
6	4	石室 美鈴	ハイパーリンクを自動的に作成しない(S)
7	5	林 健一郎	⅀ オートコレクト オプションの設定(C)...

5 ハイパーリンクが解除されます。 ↓

	珈琲セミナー出席者		
1			
2	番号	名前	メールアドレス
3	1	太田 美知子	m_oota@example.com
4	2	倉持 和美	kuramochi@example.com
5	3	岩佐 游子	yuiwasa@example.com

6 以降はハイパーリンクが 設定されないようになります。

重要度 ★★★ データの入力

Q 450 「@」で始まるデータが 入力できない!

A 先頭に「'」(シングルクォーテーション) を付けて入力します。

Excelでは、データの先頭に「@」を付けると関数と認識されるため、関数名以外の文字列は入力できません。「@」から始まる文字列を入力するときは、先頭に「'」(シングルクォーテーション)を付けて入力します。また、表示形式を「文字列」に変更してから入力する方法もあります。　　　　　　　　　　　　参照 ▶ Q 462

重要度 ★★★ データの入力

Q 451 「/」で始まるデータが 入力できない!

A 先頭に「'」(シングルクォーテーション) を付けて入力します。

Excelでは、半角英数字入力の状態で「/」を押すと、ショートカットキーが表示されるように設定されています。「/」で始まるデータを入力したい場合は、先頭に「'」(シングルクォーテーション)を付けて入力します。また、セルを編集できる状態にして「/」を入力する方法もあります。

重要度 ★★★ データの入力

Q 452 1つのセルに 何文字まで入力できる?

A 32,767文字まで入力できます。

Excelでは、1つのセルに半角で32,767文字まで入力することができます。セル内の文字数が1,024を超える場合、1,024文字以降はセルには表示されませんが、ワークシートの行の高さと列幅を増やすと、表示できる場合があります。また、セルを編集したり選択した際に、数式バーには表示されます。

編集 12
書式設定 13
計算 14
関数 15
グラフ 16
データベース 17
印刷 18
ファイル 19
連携・共同編集 20

Q 453 スペルミスがないかどうか 調べたい！

A F7 を押して、スペルチェックを 行います。

入力した英単語のスペルに間違いがないかを調べるには、「スペルチェック」機能を利用します。[校閲]タブの[スペルチェック]を利用する方法もありますが、F7 を使ったほうがかんたんに実行できます。

なお、単語が辞書に登録されていない場合もスペルミスとされることがありますが、その場合は、[無視]をクリックします。

1 セル[A1]をクリックして、F7 を押します。

2 スペルミスの単語が あると、そのセルが アクティブになり、

3 [スペルチェック] ダイアログボックスが 表示されます。

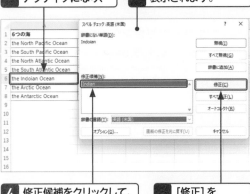

4 修正候補をクリックして、

5 [修正]を クリックすると、

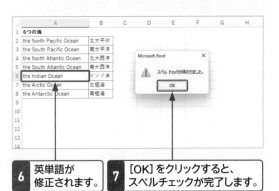

6 英単語が 修正されます。

7 [OK]をクリックすると、 スペルチェックが完了します。

Q 454 入力中のスペルミスが自動 修正されるようにしたい！

A 間違えやすいスペルを オートコレクトに登録します。

間違えやすいスペルがある場合は、「オートコレクト」に間違ったスペルと正しいスペルを登録しておくと便利です。オートコレクトに単語を登録しておくと、間違えて入力したスペルを自動的に変換してくれます。

1 [ファイル]タブから[その他]をクリックして [オプション]をクリックします。

2 [文章校正]をクリックして、

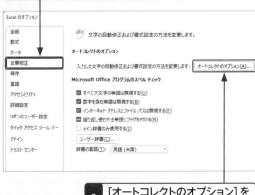

3 [オートコレクトのオプション]を クリックします。

4 [オートコレクト]を クリックして、

5 [入力中に自動修正 する]がオンになって いることを確認します。

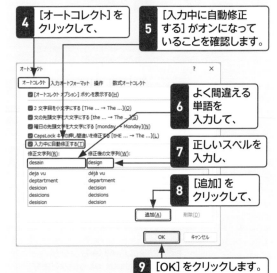

6 よく間違える 単語を 入力して、

7 正しいスペルを 入力し、

8 [追加]を クリックして、

9 [OK]をクリックします。

Q 455 小数点が自動で入力されるようにしたい！

A [Excelのオプション]の [詳細設定]で設定します。

小数データを続けて入力する場合、数値を「12345」と入力すると、「123.45」のように自動的に小数点が付くと便利です。小数点を自動で入力するには、[Excelのオプション]ダイアログボックスで設定します。

なお、あらかじめ小数点を付けて入力した場合は、入力した小数点が優先され、この設定は無視されます。

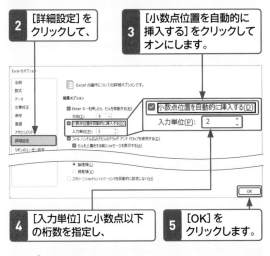

1 [ファイル]タブの[その他]をクリックして[オプション]をクリックします。

2 [詳細設定]をクリックして、

3 [小数点位置を自動的に挿入する]をクリックしてオンにします。

4 [入力単位]に小数点以下の桁数を指定し、

5 [OK]をクリックします。

6 「12345」と入力して、 Enter を押すと、

B2		f_x	12345		
	A	B	C	D	E	F
1						
2		12345				
3						

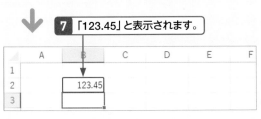

7 「123.45」と表示されます。

	A	B	C	D	E	F
1						
2		123.45				
3						

重要度 ★★★　数値の入力

基本と入力 11
編集 12
書式設定 13
計算 14
関数 15
グラフ 16
データベース 17
印刷 18
ファイル 19
連携・共同編集 20

Q 456 数値が「####」に変わってしまった！

A セル内に数値が収まるように調整します。

セルの幅に対して数値の桁数が大きすぎるため、セル内に数値が収まっていない場合は、「#####」のように表示されます。このような場合は、列幅を広げる、フォントサイズを小さくする、文字を縮小して表示するなどして、セル内に数値が収まるように調整します。

参照▶ Q 515, Q 574, Q 591

数値が「####」と表示された場合は…

	A	B	C	D	E	F	G
1	下半期商品区分別売上						
2		キッチン	収納家具	ガーデン	防災	合計	
3	吉祥寺	5,795,280	4,513,520	3,627,400	857,920	#######	
4	府中	3,653,320	3,291,520	1,137,560	1,044,200	#######	
5	八王子	3,783,320	2,841,520	1,087,560	918,920	#######	
6	下半期計	#######	#######	#######	#######	#######	

列幅を広げる

	A	B	C	D	E	F	G
1	下半期商品区分別売上						
2		キッチン	収納家具	ガーデン	防災	合計	
3	吉祥寺	5,795,280	4,513,520	3,627,400	857,920	14,794,120	
4	府中	3,653,320	3,291,520	1,137,560	1,044,200	9,126,600	
5	八王子	3,783,320	2,841,520	1,087,560	918,920	8,631,320	
6	下半期計	13,231,920	10,646,560	5,852,520	2,821,040	32,552,040	
7							
8							

フォントサイズを小さくする

	A	B	C	D	E	F	G
1	下半期商品区分別売上						
2		キッチン	収納家具	ガーデン	防災	合計	
3	吉祥寺	5,795,280	4,513,520	3,627,400	857,920	14,794,120	
4	府中	3,653,320	3,291,520	1,137,560	1,044,200	9,126,600	
5	八王子	3,783,320	2,841,520	1,087,560	918,920	8,631,320	
6	下半期計	13,231,920	10,646,560	5,852,520	2,821,040	32,552,040	
7							

縮小して表示する

	A	B	C	D	E	F	G
1	下半期商品区分別売上						
2		キッチン	収納家具	ガーデン	防災	合計	
3	吉祥寺	5,795,280	4,513,520	3,627,400	857,920	14,794,120	
4	府中	3,653,320	3,291,520	1,137,560	1,044,200	9,126,600	
5	八王子	3,783,320	2,841,520	1,087,560	918,920	8,631,320	
6	下半期計	13,231,920	10,646,560	5,852,520	2,821,040	32,552,040	
7							

重要度 ★★★　数値の入力

Q 457 入力したデータをそのまま セルに表示したい！

A セルの表示形式を 目的の書式に設定します。

セルに「,」や「%」付きの数値データを入力すると、Excelは純粋な数値だけを取り出して記憶し、画面に表示するときは「表示形式」に従って数値を表示します。通常は、入力データに近い表示形式が自動設定されるため、ほぼ入力したとおりに表示されます。

数値が目的の書式で表示されない場合は、[ホーム]タブの[数値の書式]や、[セルの書式設定]ダイアログボックスから表示形式を設定します。

● [数値の書式] で設定する

1 [ホーム] タブの [数値の書式] のここを クリックして、

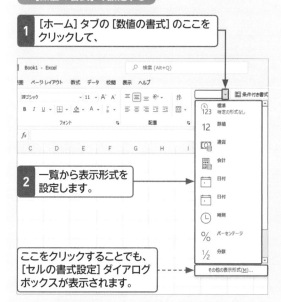

2 一覧から表示形式を 設定します。

ここをクリックすることでも、[セルの書式設定] ダイアログ ボックスが表示されます。

● [セルの書式設定] ダイアログボックスで設定する

1 [ホーム] タブの [数値] グループの ここをクリックして、

2 [セルの書式設定] ダイアログボックスを 表示します。

3 [表示形式] を クリックして、

4 表示形式の分類 をクリックし、

5 目的の表示形式 を指定します。

選択した分類によって、設定項目が切り替わります。

重要度 ★★★　数値の入力

Q 458 数値が「3.14E+11」の ように表示されてしまった！

A セルの幅を広げるか、 セルの表示形式を変更します。

セルの表示形式が「標準」の場合、数値の桁数が大きすぎると、セル内に数値が収まらず、「3.14E+11」のような指数形式で表示されることがあります。この「3.14E+11」には「3.14×10^{11}」という意味があり、「314,000,000,000」と同じ値です。

また、表示形式が「指数」の場合は、数値の桁数にかかわらず指数形式で表示されます。この場合は、セルの表示形式を「数値」や「通貨」などに変更します。

参照 ▶ Q 457

Q459 分数を入力したい！

A1 分数の前に「0」と半角スペースを入力します。

たとえば、「3/5」と入力して確定すると「3月5日」と表示され、日付として認識されてしまいます。「3/5」のような分数を入力したい場合は、分数の前に「0」と半角スペースを入力します。

また、分数を入力すると自動的に約分されます。たとえば「0 2/10」と入力すると「1/5」と表示されます。この場合、[ユーザー定義]の表示形式を作成して、分母の数値を指定することができます。

参照 ▶ Q 559

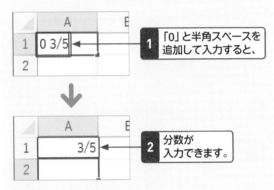

1 「0」と半角スペースを追加して入力すると、

2 分数が入力できます。

A2 セルの表示形式を分数に変更します。

分数を入力するセルをクリックして、[ホーム]タブの[数値の書式]の ▽ をクリックし、[分数]をクリックすると、分数が入力できるようになります。

Q460 $\frac{1}{3}$ のように実際の分数で表示させたい！

A [数式の挿入]や[インク数式]を利用します。

[挿入]タブの[記号と特殊文字]から[数式の挿入]をクリックすると表示される[数式]タブや[インク数式]を利用すると、画像として挿入することができます。ただし、計算には使用できません。

Q461 小数点以下の数字が表示されない！

A [小数点以下の表示桁数を増やす]を利用します。

たとえば、「0.025」と入力しても小数点以下の数字が表示されず「0」と表示される場合は、表示形式の小数点以下の桁数が「0」になっている可能性があります。この場合は、[ホーム]タブの[小数点以下の表示桁数を増やす]をクリックすると、表示する小数点以下の桁数を1桁ずつ増やすことができます。[小数点以下の表示桁数を減らす]をクリックすると、表示する小数点以下の桁数を1桁ずつ減らすことができます。

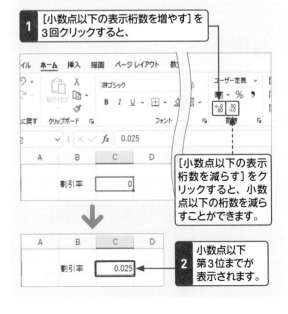

1 [小数点以下の表示桁数を増やす]を3回クリックすると、

[小数点以下の表示桁数を減らす]をクリックすると、小数点以下の桁数を減らすことができます。

2 小数点以下第3位までが表示されます。

11 基本と入力
12 編集
13 書式設定
14 計算
15 関数
16 グラフ
17 データベース
18 印刷
19 ファイル
20 連携・共同編集

重要度 ★★★　数値の入力

Q 462 「001」と入力すると「1」と表示されてしまう！

A 表示形式を「文字列」に変更してから入力します。

Excelでは、数値の先頭の「0」（ゼロ）は、入力しても確定すると消えてしまいます。「01」「001」のように数値の先頭に「0」が必要な場合は、表示形式を「文字列」に変更してから入力します。

なお、数値を文字列として入力すると、エラーインジケーターが表示されますが、無視しても構いません。気になる場合は、非表示にすることもできます。

参照▶Q 625

1 目的のセルを範囲選択して、[ホーム]タブの[数値の書式]のここをクリックし、

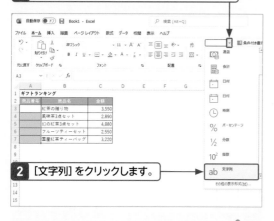

2 [文字列]をクリックします。

3 「011」と入力して、[Enter]を押すと、

	A	B	C	D
2	商品番号	商品名	金額	
3	011	紅茶の贈り物	3,550	
4		風味茶3点セット	2,890	

4 先頭に「0」が付く数値が入力されます。

	A	B	C	D
2	商品番号	商品名	金額	
3	011	紅茶の贈り物	3,550	
4		風味茶3点セット	2,890	

セルにエラーインジケーターが表示されます。

重要度 ★★★　数値の入力

Q 463 小数点以下の数値が四捨五入されてしまう！

A セル幅に合わせて四捨五入されています。

表示形式を「標準」にしている場合、小数点以下の桁数がセル幅に対して大きいときは、自動的にセル幅に合わせて四捨五入されます。しかし、実際に入力した数値は四捨五入されていないので、列幅を広げると数値が四捨五入されずに表示されます。

なお、セルの幅に関係なく、小数点以下の桁数を設定することもできます。

参照▶Q 554

数値がセル幅に合わせて四捨五入されています。

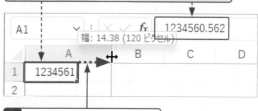

1 ドラッグして列幅を広げると、

2 四捨五入されずに表示されます。

重要度 ★★★　数値の入力

Q 464 16桁以上の数値を入力できない！

A 数値の有効桁数は15桁です。

Excelでは、数値の有効桁数は15桁です。表示形式が「数値」の場合、セルに16桁以上の数値を入力すると、16桁以降の数字が「0」に置き換えられて表示されます。

なお、表示形式を「標準」にすると、桁数の多い数値は指数形式で表示されます。

参照▶Q 458

重要度 ★★★　数値の入力

重要度 ★★★　数値の入力

基本と入力 11

編集 12

書式設定 13

計算 14

関数 15

グラフ 16

データベース 17

印刷 18

ファイル 19

連携・共同編集 20

Q 465
数値を「0011」のように指定した桁数で表示したい！

A セルの表示形式で桁数分の「0」を指定します。

たとえば、商品番号が4桁に設定されていて「0011」から始まるような場合、数値の先頭の「0」は、入力しても確定すると消えてしまいます。

このような場合は、セルの表示形式を設定して、「11」と入力して確定すると、足りない桁数分の「0」が自動的に補完され、「0011」と表示されるように設定します。入力した数値は計算に利用できます。

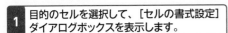

1 目的のセルを選択して、[セルの書式設定]ダイアログボックスを表示します。

2 [表示形式]をクリックして、

3 [ユーザー定義]をクリックし、

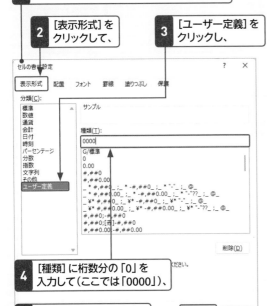

4 [種類]に桁数分の「0」を入力して（ここでは「0000」）、

5 [OK]をクリックします。

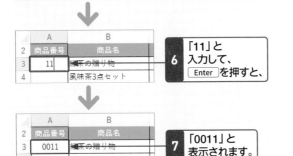

6 「11」と入力して、Enter を押すと、

7 「0011」と表示されます。

Q 466
「(1)」と入力したいのに「-1」に変換されてしまう！

A 「'」（シングルクォーテーション）を付けて入力します。

Excelでは、「(1)」「(2)」…のようなカッコ付きの数値を入力すると、負の数字と認識され「-1」「-2」…と表示されます。カッコ付きの数値をそのまま表示させたい場合は、先頭に「'」（シングルクォーテーション）を付けて入力します。

また、セルの表示形式を「文字列」に変更してから入力してもカッコ付きの数値が入力できます。

参照 ▶ Q 462

1 「(1)」と入力すると、

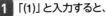

2 負の数字として認識されます。

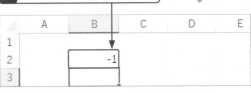

● 「'」（シングルクォーテーション）を付けて入力すると…

1 「'」に続いて「(1)」と入力すると、

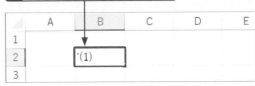

2 文字列として認識され、正しく表示されます。

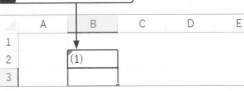

基本と入力

11
編集
12
13 書式設定
14 計算
15 関数
16 グラフ
17 データベース
18 印刷
19 ファイル
20 連携・共同編集

重要度 ★ ★ ★　日付の入力

Q 467 「2023/4」と入力したいのに「Apr-23」になってしまう!

A セルの表示形式で「yyyy/m」と設定します。

「2023/4」のように年数と月数だけを入力すると、初期設定では「Apr-23」のように「英語表記の月-2桁の年数」の書式で表示されます。

「年／月」と入力したい場合は、目的のセルをクリックして、[セルの書式設定]ダイアログボックスを表示し、「yyyy/m」と設定します。「yyyy」は4桁の西暦を、「m」は月数を表す書式記号です。

1 [セルの書式設定]ダイアログボックスを表示して[表示形式]をクリックします。

2 [ユーザー定義]をクリックして、

3 [種類]に「yyyy/m」と入力し、

セルの書式設定　　　　　　　　　　　　　？　×

表示形式　配置　フォント　罫線　塗りつぶし　保護

分類(C):
標準
数値
通貨
会計
日付
時刻
パーセンテージ
分数
指数
文字列
その他
ユーザー定義

サンプル

種類(T):
yyyy/m

$#,##0_);($#,##0)
$#,##0.00_);($#,##0.00)
$#,##0.00_);[赤]($#,##0.00)
[$-ja-JP]ge.m.d
[$-ja-JP]ggge"年"m"月"d"日"
yyyy/m/d
yyyy"年"m"月"d"日"
yyyy"年"m"月"
m"月"d"日"
m/d/yy

4 [OK]をクリックします。　→　OK　キャンセル

重要度 ★ ★ ★　日付の入力

Q 469 同じセルに日付と時刻を入力したい!

A 日付と時刻を半角スペースで区切って入力します。

日付と時刻を同じセルに続けて入力するには、日付と時刻の間に半角スペースを入力して「2023/4/15 10:30」のように入力します。

重要度 ★ ★ ★　日付の入力

Q 468 「1-2-3」と入力したいのに「2001/2/3」になってしまう!

A 表示形式を「文字列」に変更してから入力します。

住所の番地の「1-2-3」のように、数値を「-」(ハイフン)で区切って入力すると、そのデータは日付として認識され、自動的に「日付」の表示形式が設定されます。このため、「1-2-3」は「2001/2/3」と表示されてしまいます。このような場合は、データを文字として扱うために、表示形式を「文字列」に変更してから入力します。また、先頭に「'」(シングルクォーテーション)を付けて入力しても、文字列として入力できます。　　参照▶Q 462

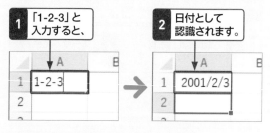

1 「1-2-3」と入力すると、

2 日付として認識されます。

	A	B
1	1-2-3	
2		

→

	A	B
1	2001/2/3	
2		

● 表示形式を「文字列」に変更すると…

文字列として入力できます。

A1　　∨　：　×　✓　fx　　'1-2-3

	A	B	C	D
1	1-2-3 ⚠			
2				

「'」を付けて入力しても同様です。

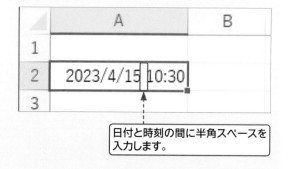

	A	B
1		
2	2023/4/15 10:30	
3		

日付と時刻の間に半角スペースを入力します。

Q470 現在の日付や時刻を かんたんに入力するには？

重要度 ★★★ 日付の入力

A Ctrl を押しながら ; や : を押します。

今日の日付を入力する場合は Ctrl を押しながら ; （セミコロン）を、現在の時刻を入力する場合は Ctrl を押しながら : （コロン）を押します。入力されるデータはその時点のものです。最新の日付や時刻に自動的に更新されるようにするには、TODAY関数やNOW関数を使用します。 参照▶Q713

Ctrl + ; を押すと、今日の日付が入力されます。

Ctrl + : を押すと、現在の時刻が入力されます。

Q471 和暦で入力したのに 西暦で表示されてしまう！

重要度 ★★★ 日付の入力

A 年号を表す記号を付けて 入力します。

セルに「5/4/15」のように、年数を和暦のつもりで入力しても、Excelでは「2005/4/15」のような4桁の西暦として解釈されます。和暦の日付を正しく表示するには、年数の前に「R」（令和）「H」（平成）といった年号を表す記号を付けて入力する必要があります。
なお、[セルの書式設定]ダイアログボックスで、日付の表示形式を和暦に設定することもできます。 参照▶Q564

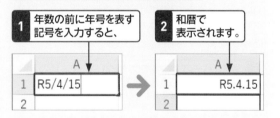

Q472 時刻を12時間制で 入力するには？

重要度 ★★★ 日付の入力

A 半角スペースと 「AM」または「PM」を追加します。

セルに「5:30」と入力すると、午前5時30分として認識されます。12時間制で時刻を認識させるには、「5:30 PM」のように、時刻のあとに半角スペースと「AM」または「PM」を入力します。

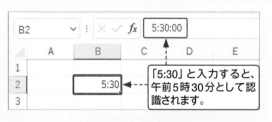

285

11 基本と入力
12 編集
13 書式設定
14 計算
15 関数
16 グラフ
17 データベース
18 印刷
19 ファイル
20 連携・共同編集

重要度 ★★★　日付の入力

Q 473 日付を入力すると「45031」のように表示される！

A 表示形式を「日付」に変更します。

数値、通貨、会計、分数、文字列などの表示形式が設定されているセルに、「2023/4/15」のような日付を入力すると、「45031」のような数値が表示されます。この数値は「シリアル値」と呼ばれています。日付を正しく表示させるには、セルの表示形式を「日付」に変更します。

参照▶Q 457, Q 695

「2023/4/15」と入力すると、「45031」と表示されました。

表示形式を「日付」に変更すると、日付が正しく表示されます。

重要度 ★★★　日付の入力

Q 474 西暦の下2桁を入力したら1900年代で表示された！

A 「30」〜「99」は1900年代と解釈されます。

Windowsの初期設定では、2桁の年数は「30」〜「99」が1900年代、「0」〜「29」が2000年代と解釈されるので、意図しない年代で表示されることがあります。これを避けるには、下の手順で設定を変更します。

1 タスクバーの [検索] をクリックして、「コントロールパネル」と入力し、[コントロールパネル] をクリックします。

2 [日付、時刻、数値形式の変更] をクリックして、

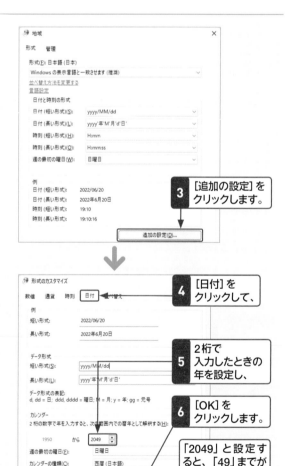

3 [追加の設定] をクリックします。

4 [日付] をクリックして、

5 2桁で入力したときの年を設定し、

6 [OK] をクリックします。

「2049」と設定すると、「49」までが2000年代、「50」からが1900年代と解釈されるようになります。

重要度 ★★★　連続データの入力

Q 475

月曜日から日曜日までを かんたんに入力したい!

A オートフィル機能を利用します。

「日曜日」「月曜日」「1月」「2月」などの曜日や日付、「第1四半期」「第2四半期」のような数値と文字の組み合わせなど、規則正しく変化するデータを効率よく入力するには、「オートフィル」機能を利用します。オートフィルは、セルの値をもとに隣接するセルに連続したデータを入力したり、セルのデータをコピーしたりする機能です。

オートフィルを利用するには、初期値となるデータを選択して、「フィルハンドル」(右上図参照)を下方向か右方向にドラッグします。

なお、連続データが作成されるデータのリストは、「ユーザー設定リスト」に登録されています。はじめに確認してみましょう。

● ユーザー設定リストを確認する

1 [ファイル]タブから[その他]をクリックして、[オプション]をクリックします。

2 [詳細設定]をクリックして、

3 [ユーザー設定リストの編集]をクリックすると、

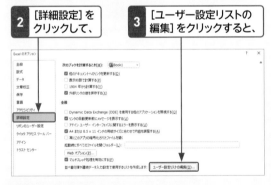

4 連続データとして扱われるデータを確認できます。

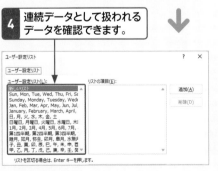

● フィルハンドル

	A	B
1	週間予定表	
2	日付	曜日
3	6月5日	月
4	6月6日	

セルの右下隅にある四角形がフィルハンドルです。

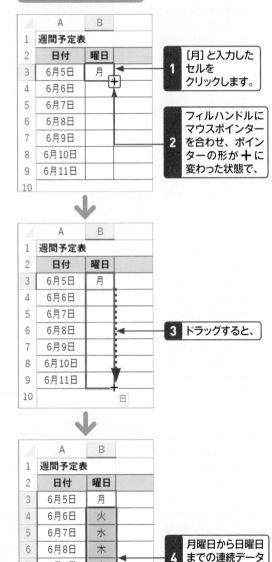

● オートフィルを利用する

	A	B
1	週間予定表	
2	日付	曜日
3	6月5日	月
4	6月6日	
5	6月7日	
6	6月8日	
7	6月9日	
8	6月10日	
9	6月11日	
10		

1 [月]と入力したセルをクリックします。

2 フィルハンドルにマウスポインターを合わせ、ポインターの形が ✛ に変わった状態で、

	A	B
1	週間予定表	
2	日付	曜日
3	6月5日	月
4	6月6日	
5	6月7日	
6	6月8日	
7	6月9日	
8	6月10日	
9	6月11日	
10		日

3 ドラッグすると、

	A	B
1	週間予定表	
2	日付	曜日
3	6月5日	月
4	6月6日	火
5	6月7日	水
6	6月8日	木
7	6月9日	金
8	6月10日	土
9	6月11日	日
10		

4 月曜日から日曜日までの連続データが入力されます。

編集 12
書式設定 13
計算 14
関数 15
グラフ 16
データベース 17
印刷 18
ファイル 19
連携・共同編集 20

287

Q 476 数値の連続データを かんたんに入力したい!

A 初期値のセルを2つ選択し、 フィルハンドルをドラッグします。

初期値が「数値」の場合、フィルハンドルをドラッグしても、連続データが入力されず数値がコピーされます。数値の連続データを入力するには、セルに2つの初期値を入力し、両方のセルを選択してフィルハンドルをドラッグします。また、Ctrl を押しながらフィルハンドルをドラッグすると、選択したセルのコピーができます。

● 1つずつ増加する数値を入力する

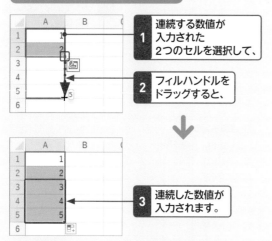

1 連続する数値が入力された2つのセルを選択して、

2 フィルハンドルをドラッグすると、

3 連続した数値が入力されます。

● 1以外の増分で増加する数値を入力する

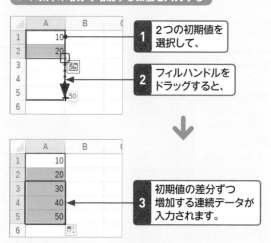

1 2つの初期値を選択して、

2 フィルハンドルをドラッグすると、

3 初期値の差分ずつ増加する連続データが入力されます。

Q 477 連続データの入力を コピーに切り替えたい!

A [オートフィルオプション]を クリックして切り替えます。

オートフィル機能を実行すると、右下に [オートフィルオプション] が表示されます。これをクリックするとメニューが表示され、[セルのコピー] か [連続データ] かを選択することができます。また、書式だけをコピーしたり、データだけをコピーしたりすることもできます。

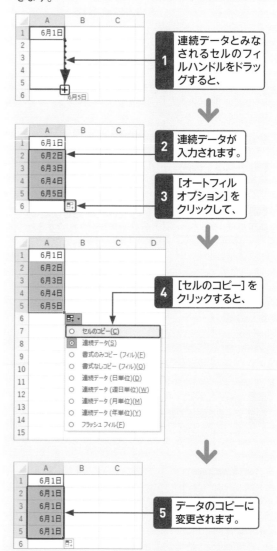

1 連続データとみなされるセルのフィルハンドルをドラッグすると、

2 連続データが入力されます。

3 [オートフィルオプション]をクリックして、

4 [セルのコピー]をクリックすると、

5 データのコピーに変更されます。

基本と入力 11
編集 12
書式設定 13
計算 14
関数 15
グラフ 16
データベース 17
印刷 18
ファイル 19
連携・共同編集 20

重要度 ★★★　連続データの入力

Q 478 「1」から「100」までをかんたんに連続して入力したい!

A [連続データ]ダイアログボックスを利用します。

「1」～「100」のような大量の連続データを入力する場合は、オートフィルよりも[連続データ]ダイアログボックスを利用したほうが効率的です。連続データの初期値を入力したセルをクリックして、[ホーム]タブの[フィル] □ ▾ をクリックし、[連続データの作成]をクリックして設定します。

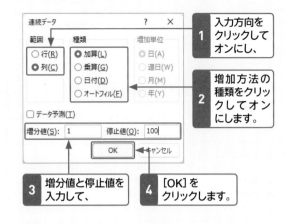

1 入力方向をクリックしてオンにし、

2 増加方法の種類をクリックしてオンにします。

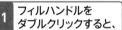

3 増分値と停止値を入力して、

4 [OK]をクリックします。

重要度 ★★★　連続データの入力

Q 479 オートフィル操作をもっとかんたんに実行したい!

A フィルハンドルをダブルクリックします。

隣接する列にデータが入力されている場合、連続データの初期値が入力されているセルのフィルハンドルをダブルクリックだけで、隣接する列のデータと同じ数の連続データが入力されます。この方法は、数式やデータのコピーでも利用できます。

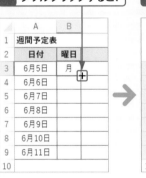

1 フィルハンドルをダブルクリックすると、

2 連続データが入力されます。

重要度 ★★★　連続データの入力

Q 480 月や年単位で増える連続データを入力したい!

A [オートフィルオプション]をクリックして切り替えます。

日付を入力したセルを選択してオートフィルを実行すると、初期設定では1日ずつ増加する連続データが作成されます。日付の連続データを作成してから[オートフィルオプション]をクリックして、メニューを表示すると、[連続データ(月単位)]や[連続データ(年単位)]が表示されます。これらを利用すると、月単位や年単位で増加する連続データに変わります。

1 日付を入力してオートフィルを実行します。

2 [オートフィルオプション]をクリックして、

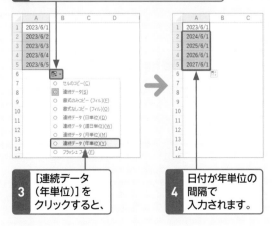

3 [連続データ(年単位)]をクリックすると、

4 日付が年単位の間隔で入力されます。

289

重要度 ★ ★ ★ 　入力規則

Q 481 入力できる数値の範囲を 制限したい！

A セルに入力規則を設定します。

指定した範囲の数値しか入力できないように制限するには、セルに入力規則を設定します。対象のセル範囲を選択して、[データの入力規則] ダイアログボックスの[設定] を表示し、下の手順で条件を設定します。制限するデータは、数値のほか、日付や時刻、文字列の長さなども指定できます。

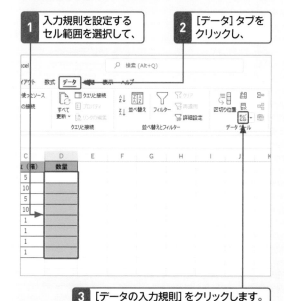

1 入力規則を設定するセル範囲を選択して、

2 [データ] タブをクリックし、

3 [データの入力規則] をクリックします。

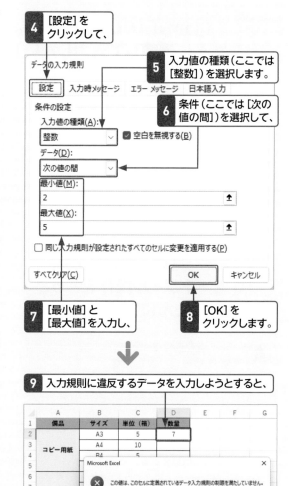

4 [設定] をクリックして、

5 入力値の種類（ここでは[整数]）を選択します。

6 条件（ここでは [次の値の間]）を選択して、

7 [最小値] と [最大値] を入力し、

8 [OK] をクリックします。

9 入力規則に違反するデータを入力しようとすると、

10 エラーメッセージが表示されます。

重要度 ★ ★ ★ 　入力規則

Q 482 入力規則の設定の際に メッセージが表示された！

A 選択範囲の一部にすでに 入力規則が設定されています。

選択したセル範囲の一部にすでに入力規則が設定されていると、[データ] タブの [データの入力規則] をクリックした際に、右図のようなメッセージが表示され

ます。これは、既存の入力規則が間違って変更されないようにするための予防措置です。変更しても問題ない場合は、[はい] をクリックして入力規則を設定します。

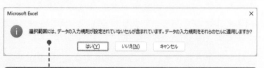

選択したセル範囲の一部にすでに入力規則が設定されていると、メッセージが表示されます。

基本と入力 11
編集 12
書式設定 13
計算 14
関数 15
グラフ 16
データベース 17
印刷 18
ファイル 19
連携・共同編集 20

重要度 ★ ★ ★ 　入力規則

Q 483 入力規則にオリジナルの メッセージを設定したい！

A [データの入力規則] ダイアログボックスで設定します。

入力規則に違反したときに、正しい値の入力を促すためのオリジナルのメッセージを表示するには、[データの入力規則]ダイアログボックスの[エラーメッセージ]を表示して設定します。エラーメッセージだけでなく、エラーメッセージのタイトルやダイアログボックスに表示されるマークも設定できます。

参照 ▶ Q 481

1 [データの入力規則] ダイアログボックスの [エラーメッセージ] を表示します。

2 エラーメッセージの タイトルとメッセージ を入力して、

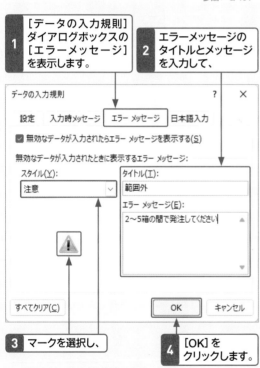

3 マークを選択し、

4 [OK]を クリックします。

入力規則に違反すると、設定した エラーメッセージが表示されます。

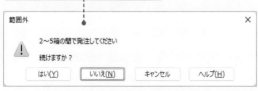

重要度 ★ ★ ★ 　入力規則

Q 484 データを一覧から選択して 入力したい！

A ドロップダウンリストを 作成します。

セルにドロップダウンリストを設定すると、入力するデータを一覧から選択できます。入力対象のセル範囲を選択して、[データの入力規則]ダイアログボックスの[設定]を表示して設定します。

1 [データの入力規則] ダイアログボックスの [設定]を表示します。

2 入力値の種類で [リスト]を 選択して、

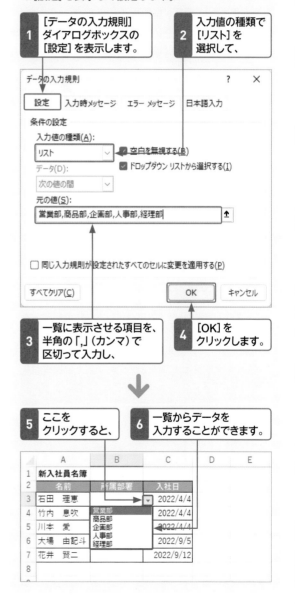

3 一覧に表示させる項目を、 半角の「,」（カンマ）で 区切って入力し、

4 [OK]を クリックします。

5 ここを クリックすると、

6 一覧からデータを 入力することができます。

重要度 ★★★　入力規則

Q 485 ドロップダウンリストの内容が横一列に表示された!

A 全角の「,」や「、」が入力されている可能性があります。

ドロップダウンリストの項目が横一列に表示される場合は、[データの入力規則]ダイアログボックスに入力したリストの項目が、半角の「,」(カンマ)ではなく、全角の「，」もしくは「、」(読点)で区切られています。半角に変更すると、項目が縦に並ぶようになります。

参照▶Q 484

2	名前	所属部署	入社日
3	石田　理恵	▼	2022/4/
4	竹内　息吹	営業部、商品部、企画部、経理部、	2022/4/
5	山本		2022/4/

ドロップダウンリストの項目が
横一列に表示されています。

重要度 ★★★　入力規則

Q 486 セル範囲からドロップダウンリストを作成したい!

A セル範囲を入力規則の[元の値]に指定します。

[データの入力規則]ダイアログボックスに直接データを入力するのではなく、同じワークシート内に入力されているデータのセル範囲を[元の値]に指定することで、そのデータをドロップダウンリストの項目として利用できます。

[元の値]に、リスト項目として
参照するセル範囲を指定します。

重要度 ★★★　入力規則

Q 487 入力する値によってリストに表示する内容を変えたい!

A リストに表示する項目をINDIRECT関数で指定します。

データを入力する際に、入力する値によってリストに表示する内容を変えることもできます。[データの入力規則]ダイアログボックスの[元の値]に、リストに表示する項目をINDIRECT関数で指定します。あらかじめリストの項目にするセル範囲に名前を付けておくことがポイントです。

参照▶Q 636

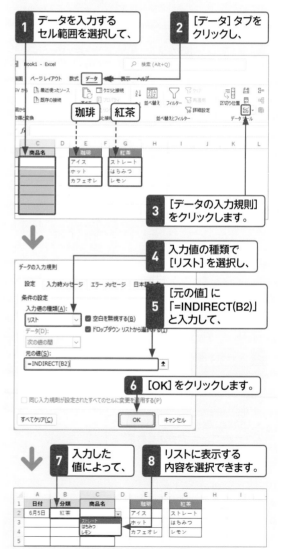

1 データを入力するセル範囲を選択して、

2 [データ]タブをクリックし、

3 [データの入力規則]をクリックします。

4 入力値の種類で[リスト]を選択し、

5 [元の値]に「=INDIRECT(B2)」と入力して、

6 [OK]をクリックします。

7 入力した値によって、

8 リストに表示する内容を選択できます。

編集の
「こんなときどうする?」

11 基本と入力
12 編集
13 書式設定
14 計算
15 関数
16 グラフ
17 データベース
18 印刷
19 ファイル
20 連携・共同編集

重要度 ★★★　セルの選択

Q 488 選択範囲を広げたり狭めたりするには？

A ｜Shift｜を押しながら ↑ ↓ ← → を押して、範囲を指定します。

範囲選択を修正したい場合は、始めから選択し直すのではなく、選択範囲を広げたり狭めたりすると効率的です。｜Shift｜を押しながら ↑ ↓ ← → を押すと、現在の選択範囲を広げたり狭めたりすることができます。

1 セル範囲を選択します。

	A	B	C	D	E	F
1	下半期店舗別売上高					
2		品川	新宿	中野	目黒	
3	10月	2,050	5,980	2,670	2,950	
4	11月	1,880	5,240	2,020	2,780	
5	12月	3,120	6,900	2,790	2,570	
6	1月	2,860	6,400	2,550	3,560	
7	2月	2,580	5,530	2,280	2,880	
8	3月	2,650	6,890	2,560	3,450	
9	下半期計	15,140	36,940	14,870	18,190	

2 ｜Shift｜を押しながら → を押すと、選択範囲が右方向に広がります。

	A	B	C	D	E	F	G
1	下半期店舗別売上高						
2		品川	新宿	中野	目黒		
3	10月	2,050	5,980	2,670	2,950		
4	11月	1,880	5,240	2,020	2,780		
5	12月	3,120	6,900	2,790	2,570		
6	1月	2,860	6,400	2,550	3,560		
7	2月	2,580	5,530	2,280	2,880		
8	3月	2,650	6,890	2,560	3,450		
9	下半期計	15,140	36,940	14,870	18,190		

3 そのまま ｜Shift｜を押しながら ↓ を押すと、下方向に選択範囲が広がります。

	A	B	C	D	E	F	G
1	下半期店舗別売上高						
2		品川	新宿	中野	目黒		
3	10月	2,050	5,980	2,670	2,950		
4	11月	1,880	5,240	2,020	2,780		
5	12月	3,120	6,900	2,790	2,570		
6	1月	2,860	6,400	2,550	3,560		
7	2月	2,580	5,530	2,280	2,880		
8	3月	2,650	6,890	2,560	3,450		
9	下半期計	15,140	36,940	14,870	18,190		

重要度 ★★★　セルの選択

Q 489 離れたセルを同時に選択したい！

A ｜Ctrl｜を押しながら新しいセル範囲を選択します。

離れたセル範囲を同時に選択するには、最初のセル範囲を選択したあと、｜Ctrl｜を押しながら別のセル範囲を選択していきます。

1 最初のセル範囲を選択します。

2		品川	新宿	中野	目黒
3	1月	2,860	6,400	2,550	3,560
4	2月	2,580	5,530	2,280	2,880
5	3月	2,650	6,890	2,560	3,450
6	四半期計	8,090	18,820	7,390	9,890

2 ｜Ctrl｜を押しながら別のセル範囲を選択します。

2		品川	新宿	中野	目黒
3	1月	2,860	6,400	2,550	3,560
4	2月	2,580	5,530	2,280	2,880
5	3月	2,650	6,890	2,560	3,450
6	四半期計	8,090	18,820	7,390	9,890

重要度 ★★★　セルの選択

Q 490 広いセル範囲をすばやく選択したい！

A ｜Shift｜を押しながら終点となるセルをクリックします。

広いセル範囲をすばやく正確に選択するには、始点となるセルを選択したあと、｜Shift｜を押しながら終点となるセルをクリックします。選択する範囲が広い場合などに便利です。

1 選択範囲の始点となるセルをクリックし、

2		品川	新宿	中野	目黒
3	1月	2,860	6,400	2,550	3,560
4	2月	2,580	5,530	2,280	2,880
5	3月	2,650	6,890	2,560	3,450
6	四半期計	8,090	18,820	7,390	9,890

2 ｜Shift｜を押しながら終点となるセルをクリックします。

2		品川	新宿	中野	目黒
3	1月	2,860	6,400	2,550	3,560
4	2月	2,580	5,530	2,280	2,880
5	3月	2,650	6,890	2,560	3,450
6	四半期計	8,090	18,820	7,390	9,890

基本と入力 11
編集 12
書式設定 13
計算 14
関数 15
グラフ 16
データベース 17
印刷 18
ファイル 19
連携・共同編集 20

重要度 ★★★ セルの選択

Q491 行や列全体を選択したい！

A 行番号または列番号を
クリックまたはドラッグします。

行全体を選択するには、行番号をクリックします。複数
の行を選択するには、行番号をドラッグします。また、
列全体を選択するには、列番号をクリックします。複数
の列を選択するには、列番号をドラッグします。

● 行を選択する

1 行番号にマウスポインターを合わせて、

	四半期店舗別売上高					
		吉祥寺	府中	八王子	立川	合計
	1月	3,580	2,100	1,800	3,200	10,680
→	2月	3,920	2,490	2,000	2,990	11,400
5	3月	3,090	2,560	2,090	3,880	11,620
6	四半期計	10,590	7,150	5,890	10,070	33,700
7						

2 クリックすると、行全体が選択されます。

	四半期店舗別売上高					
2		吉祥寺	府中	八王子	立川	合計
3	1月	3,580	2,100	1,800	3,200	10,680
4	2月	3,920	2,490	2,000	2,990	11,400
5	3月	3,090	2,560	2,090	3,880	11,620
6	四半期計	10,590	7,150	5,890	10,070	33,700
7						

● 複数の列を選択する

1 列番号にマウスポインターを合わせて、

	A	B	C	D	E	F	G	H
1	四半期店舗別売上高							
2		吉祥寺	府中	八王子	立川	合計		
3	1月	3,580	2,100	1,800	3,200	10,680		
4	2月	3,920	2,490	2,000	2,990	11,400		
5	3月	3,090	2,560	2,090	3,880	11,620		
6	四半期計	10,590	7,150	5,890	10,070	33,700		
7								

2 そのままドラッグすると、
複数の列が選択されます。

	A	B				F	G	H
1	四半期店舗別売上高					1048576R x 4C		
2		吉祥寺	府中	八王子	立川	合計		
3	1月	3,580	2,100	1,800	3,200	10,680		
4	2月	3,920	2,490	2,000	2,990	11,400		
5	3月	3,090	2,560	2,090	3,880	11,620		
6	四半期計	10,590	7,150	5,890	10,070	33,700		
7								
8								
9								

重要度 ★★★ セルの選択

Q492 表全体をすばやく選択したい！

A Ctrl と Shift と : を
同時に押します。

Excelではアクティブセルを含む、空白行と空白列で
囲まれた矩形（くけい）のセル範囲を1つの表として認
識しており、これを「アクティブセル領域」と呼びます。
表内のいずれかのセルをクリックして、Ctrl と Shift
と : を同時に押すと、アクティブセル領域をすばやく
選択できます。タイトルなどと表が連続している場合
は、タイトルを含めた範囲が選択されます。

表内のいずれかのセルをクリックして、
Ctrl ＋ Shift ＋ : を押すと、表全体が選択されます。

	A	B	C	D	E	F	G	H
1	四半期店舗別売上高							
2		吉祥寺	府中	八王子	立川	合計		
3	1月	3,580	2,100	1,800	3,200	10,680		
4	2月	3,920	2,490	2,000	2,990	11,400		
5	3月	3,090	2,560	2,090	3,880	11,620		
6	四半期計	10,590	7,150	5,890	10,070	33,700		
8								

重要度 ★★★ セルの選択

Q493 ワークシート全体をすばやく選択したい！

A ワークシート左上の行番号と列番号
が交差する部分をクリックします。

ワークシート全体を選択するには、ワークシート左上
隅の行番号と列番号が交差する部分をクリックしま
す。ワークシート全体のフォントやフォントサイズを
変えるときなどに有効です。

ここをクリックすると、ワークシート全体が
選択されます。

11 基本と入力

12 編集

13 書式設定

14 計算

15 関数

16 グラフ

17 データベース

18 印刷

19 ファイル

20 連携・共同編集

重要度 ★★★　セルの選択　　　　　　　　　　　　　　X2016

Q 494 選択範囲から一部のセルを解除したい！

A Ctrl を押しながら選択を
解除したいセルをクリックします。

セル範囲を複数選択したあとで、特定のセルだけ選択を解除したい場合は、Ctrl を押しながら選択を解除したいセルをクリックあるいはドラッグします。

また、行や列をまとめて選択した場合に、一部の列や行の選択を解除するには、選択を解除したい列番号や行番号を Ctrl を押しながらクリックあるいはドラッグします。

● セルの選択を1つずつ解除する

1 セル範囲を選択します。

1	下半期売上実績				
2		前年度	今年度	前年比	差額
3	品川	14,980	15,140	101%	160
4	新宿	35,660	36,940	104%	1,280
5	中野	15,200	14,870	98%	-330
6	目黒	18,500	18,190	98%	-310
7	合計	84,340	85,140	101%	800

2 Ctrl を押しながら選択を解除したいセルをクリックすると、選択が解除されます。

● 複数のセルをまとめて解除する

1 セル範囲を選択します。

	A	B	C	D	E	F
1	下半期売上実績					
2		前年度	今年度	前年比	差額	
3	品川	14,980	15,140	101%	160	
4	新宿	35,660	36,940	104%	1,280	
5	中野	15,200	14,870	98%	-330	
6	目黒	18,500	18,190	98%	-310	
7	合計	84,340	85,140	101%	800	
8						

2 Ctrl を押しながら選択を解除したいセル範囲をドラッグすると、

3 ドラッグした範囲のセルの選択が解除されます。

	A	B	C	D	E	F
1	下半期売上実績					
2		前年度	今年度	前年比	差額	
3	品川	14,980	15,140	101%	160	
4	新宿	35,660	36,940	104%	1,280	
5	中野	15,200	14,870	98%	-330	
6	目黒	18,500	18,190	98%	-310	
7	合計	84,340	85,140	101%	800	
8						

重要度 ★★★　セルの選択

Q 495 ハイパーリンクが設定されたセルを選択できない！

A ポインターが十字の形になるまで
マウスのボタンを押し続けます。

ハイパーリンクの設定を変更するには、セルを選択する必要がありますが、クリックするとリンク先にジャンプしてしまいます。この場合は、ハイパーリンクが設定されたセルをクリックして、マウスのボタンを押し続け、ポインターの形が ✛ に変わった状態でマウスのボタンを離すと、選択できます。

また、ハイパーリンクを右クリックして [ハイパーリンクの編集]をクリックし、表示される [ハイパーリンクの編集]ダイアログボックスで編集することもできます。

1 ハイパーリンクが設定されたセルをクリックして、マウスのボタンを押し続け、

	A	B	C	D	E
1	コーヒーセミナー出席者				
2	番号	名前	メールアドレス		
3	1	太田　美知子	m-oota@example.com		
4	2	倉持　和美			
5	3	岩佐　游子			
6	4	石室　美鈴			

2 ポインターの形が ✛ に変わった状態でマウスのボタンを離すと、セルが選択できます。

	A	B	C	D	E
1	コーヒーセミナー出席者				
2	番号	名前	メールアドレス		
3	1	太田　美知子	m-oota@example.com		
4	2	倉持　和美			
5	3	岩佐　游子			
6	4	石室　美鈴			

Q 496

表を移動／コピーしたい！

A1 [切り取り]（あるいは [コピー]）と [貼り付け]を利用します。

表を移動するには、[ホーム]タブの[切り取り]と[貼り付け]を、コピーするには、[コピー]と[貼り付け]を利用します。また、マウスの右クリックメニューから[切り取り]（あるいは [コピー]）、[貼り付け]を利用する方法もあります。この方法で表を移動／コピーすると、セル内のデータだけでなく、罫線などの書式も移動／コピーされます。

コピーもとのセル範囲が点滅している間は、何度でも貼り付けることができます。Esc を押すと点滅が消えます。

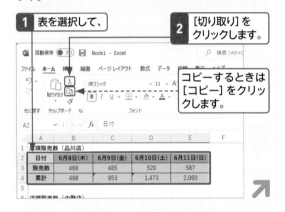

A2 ショートカットキーを使用します。

ショートカットキーで移動／コピーすることもできます。セル範囲を選択して、Ctrl を押しながら X を押して切り取り（コピーするときは C を押してコピーし）ます。続いて、移動先のセルをクリックして、Ctrl を押しながら V を押して貼り付けます。

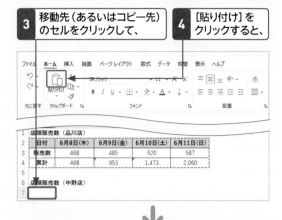

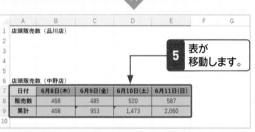

Q 497

1つのセルのデータを 複数のセルにコピーしたい！

A 貼り付け先のセル範囲を選択してからデータを貼り付けます。

1つのセルのデータや数式を複数のセルにコピーしたい場合は、まず、コピーもとのセルをクリックして、[ホーム]タブの[コピー]をクリックします。続いて、コピー先のセル範囲を選択して、[ホーム]タブの[貼り付け]をクリックします。

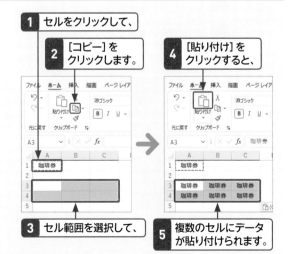

11 基本と入力

12 編集

13 書式設定

14 計算

15 関数

16 グラフ

17 データベース

18 印刷

19 ファイル

20 連携・共同編集

重要度 ★ ★ ★ 　データの移動／コピー

Q 498 コピーするデータを 保管しておきたい！

A [クリップボード]作業ウィンドウを 利用します。

コピーや削除をしたデータを一時的に保管しておく 場所が「クリップボード」です。Windowsに用意されて いるクリップボードには、一度に1つのデータしか保 管できませんが、Officeクリップボードには、Officeの 各アプリケーションのデータを24個まで格納できま す。クリップボードを利用すると、データを効率よくコ ピーすることができます。

1 [ホーム]タブの [クリップボード]の ここをクリックする と、

2 [クリップボード]作業ウィンドウが 表示されます。

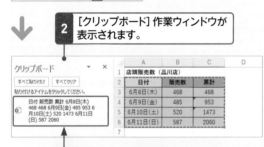

3 データをコピーすると、クリップボードに データが格納されます。

4 貼り付け先のセルをクリックして、 貼り付けるデータをクリックすると、

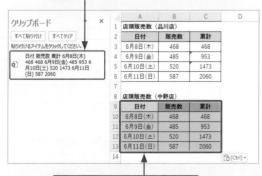

5 データが貼り付けられます。

重要度 ★ ★ ★ 　データの移動／コピー

Q 499 表をすばやく 移動／コピーしたい！

A ドラッグ操作で 移動／コピーできます。

表の移動やコピーは、マウスのドラッグ操作で行うこ ともできます。コマンドやショートカットキーを使う よりすばやく実行できます。

1 表を選択して、

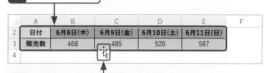

2 表の枠にマウスポインターを合わせ、 形が ⊹ に変わった状態で、

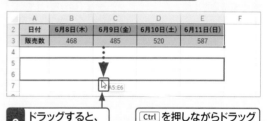

3 ドラッグすると、 表が移動します。　　| Ctrl を押しながらドラッグ するとコピーができます。

重要度 ★ ★ ★ 　データの移動／コピー

Q 500 クリップボードのデータを すべて削除するには？

A [クリップボード]作業ウィンドウの [すべてクリア]をクリックします。

Officeクリップボードに保管されているすべてのデー タを削除するには、[クリップボード]作業ウィンドウ を表示して、[すべてクリア]をクリックします。

[すべてクリア]をクリックします。

Q 501 書式はコピーせずに データだけをコピーしたい！

A 貼り付けのオプションの [値と数値の書式]を利用します。

セルに設定されている罫線や背景色などの書式はコ ピーせずに、入力されている値と数値の書式だけをコ ピーする場合は、[貼り付け]の下の部分をクリックし て、[値と数値の書式]をクリックします。

1 コピーもとの セル範囲を選択して、

2 [コピー]を クリックします。

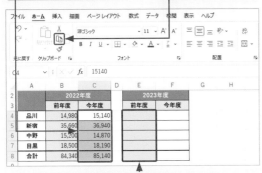

セル[B4:B8]と同じ書式が設定されています。

3 コピー先のセルをクリックして、

4 [貼り付け]の ここをクリックし、

5 [値と数値の書式] をクリックすると、

6 書式に影響を 与えずに、値 と数値の書式 だけをコピー できます。

Q 502 数式を削除して計算結果 だけをコピーしたい！

A 貼り付けのオプションの [値]を利用します。

通常、数式が入力されているセルをコピーすると、数式 もコピーされます。表示されている計算結果だけをコ ピーして利用したいときは、[貼り付け]の下の部分を クリックして[値]をクリックします。

1 コピーもとの セル範囲を選択して、

セル[E3:E6]には、数式 が入力されています。

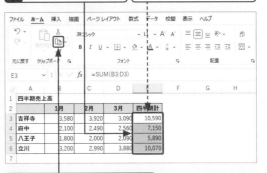

2 [コピー]をクリックします。

3 コピー先のセルをクリックして、

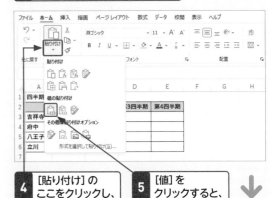

4 [貼り付け]の ここをクリックし、

5 [値]を クリックすると、

6 計算結果だけが 残り、数式は 削除されます。

基本と入力
11

12 編集

13 書式設定

14 計算

15 関数

16 グラフ

17 データベース

18 印刷

19 ファイル

20 連携・共同編集

重要度 ★★★　データの移動／コピー

Q 503 表の作成後に行と列を入れ替えたい！

A 貼り付けのオプションの
[行／列の入れ替え]を利用します。

表の作成後に行と列を入れ替えるには、表全体をコピーして、[貼り付け]の下の部分をクリックし、[行／列の入れ替え]をクリックします。貼り付けたあとに、もとの表を削除して、表を移動するとよいでしょう。
なお、コピーする表によっては、表を貼り付けたあとで罫線を調整する必要があります。

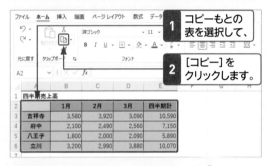

1 コピーもとの表を選択して、

2 [コピー]をクリックします。

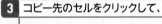

3 コピー先のセルをクリックして、

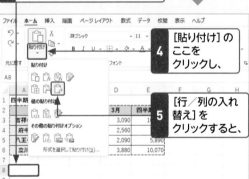

4 [貼り付け]のここをクリックし、

5 [行／列の入れ替え]をクリックすると、

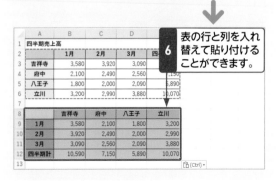

6 表の行と列を入れ替えて貼り付けることができます。

重要度 ★★★　データの移動／コピー

Q 504 もとの列幅のまま表をコピーしたい！

A 貼り付けのオプションの
[元の列幅を保持]を利用します。

表全体をコピーしたとき、コピーもととと貼り付け先で列幅が異なっていて、データが正しく表示されない場合があります。また、列幅を再度調整するのは面倒です。この場合は、下の手順で操作すると、列幅を保持してコピーできます。

1 コピーもとの表を選択して、

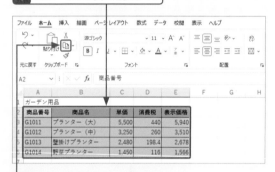

2 [コピー]をクリックします。

3 コピー先のセルをクリックして、

4 [貼り付け]のここをクリックし、

5 [元の列幅を保持]をクリックすると、

6 列幅を保持して貼り付けることができます。

Q 505 コピーもととコピー先を 常に同じデータにしたい！

A 貼り付けのオプションの [リンク貼り付け]を利用します。

同じデータを別々のセルで利用したいときは、「リンク貼り付け」を利用すると便利です。リンク貼り付けすると、コピーもとのセルを変更しても、コピー先のセルが自動的に更新されます。

1 セル範囲を選択してコピーし、コピー先のセルをクリックします。

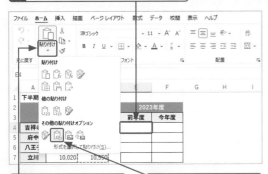

2 [貼り付け]の ここをクリックして、

3 [リンク貼り付け]を クリックすると、

4 データがリンクされた状態で 貼り付けられます。

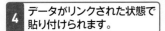

コピー先に、コピーもとを参照する 数式が入力されます。

5 コピーもとを 修正すると、

6 コピー先のセルの内容も 自動的に更新されます。

Q 506 行や列単位でデータを 移動／コピーしたい！

A Shift を押しながら ドラッグします。

行や列単位でデータを移動する場合は、行または列を選択して、行や列の境界線にマウスポインターを合わせ、 Shift を押しながらドラッグします。また、行や列単位でデータをコピーする場合は、 Shift と Ctrl を押しながらドラッグします。

1 行番号をクリックして行を選択します。

	A	B	C	D	E	F	G	H
1	下半期商品区分別売上							
2		キッチン	収納家具	ガーデン	防災	合計		
3	品川	5,340	4,330	3,310	800	13,780		
4	新宿	5,800	4,510	3,630	860	14,800		
5	中野	5,270	4,230	3,200	770	13,470		
6	目黒	3,820	3,080	2,650	1,080	10,630		
7	吉祥寺	5,800	4,510	3,630	860	14,800		
8	府中	3,650	3,290	1,140	1,040	9,120		
9	八王子	3,780	2,840	1,090	920	8,630		
10								
11								

2 選択した行の境界線に マウスポインターを合わせて、

3 Shift を押しながら移動先までドラッグすると、

	A	B	C	D	E	F	G	H
1	下半期商品区分別売上							
2		キッチン	収納家具	ガーデン	防災	合計		
3	品川	5,340	4,330	3,310	800	13,780		
4	新宿	5,800	4,510	3,630	860	14,800		
5	中野	5,270	4,230	3,200	770	13,470		
6	目黒	3,820	3,080	2,650	1,080	10,630		
7	吉祥寺	5,800	4,510	3,630	860	14,800		
8	府中	3,650	3,290	1,140	1,040	9,120		
9	八王子	3,780	2,840	1,090	920	8,630		
10								

移動先に太線が 表示されます。

コピーするときは、 Shift + Ctrl を押しながらドラッグします。

4 行単位でデータが移動されます。

	A	B	C	D	E	F	G	H
1	下半期商品区分別売上							
2		キッチン	収納家具	ガーデン	防災	合計		
3	新宿	5,800	4,510	3,630	860	14,800		
4	中野	5,270	4,230	3,200	770	13,470		
5	目黒	3,820	3,080	2,650	1,080	10,630		
6	吉祥寺	5,800	4,510	3,630	860	14,800		
7	府中	3,650	3,290	1,140	1,040	9,120		
8	品川	5,340	4,330	3,310	800	13,780		
9	八王子	3,780	2,840	1,090	920	8,630		
10								
11								

基本と入力 11
編集 12
書式設定 13
計算 14
関数 15
グラフ 16
データベース 17
印刷 18
ファイル 19
連携・共同編集 20

Q 507 行や列を挿入したい!

A1 [ホーム]タブの[挿入]を利用します。

行番号、列番号をクリックして行や列を選択し、[ホーム]タブの[挿入]をクリックすると、選択した行の上側あるいは列の左側に行や列を挿入できます。

また、複数の行や列を選択して、同様の操作を行えば、選択した行や列の数だけ挿入することができます。

1 行(または列)番号をクリックして、

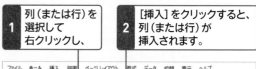

2 [ホーム]タブの[挿入]をクリックすると、

3 行(または列)が挿入されます。

	A	B	C	D	E	F	G	H
2		品川	新宿	中野	目黒			
3	キッチン	5,340	5,800	5,270	3,820			
4								
5	収納家具	4,330	4,510	4,230	3,080			
6	ガーデン	3,310	3,630	3,200	2,650			

A2 ショートカットメニューの[挿入]を利用します。

行番号あるいは列番号をクリックして行や列を選択し、右クリックして[挿入]をクリックします。

1 列(または行)を選択して右クリックし、

2 [挿入]をクリックすると、列(または行)が挿入されます。

Q 508 行や列を挿入した際に書式を引き継ぎたくない!

A 行や列を挿入した際に表示される[挿入オプション]を利用します。

初期設定では、行を挿入すると上にある行の書式が、列を挿入すると左にある列の書式が適用されます。書式を引き継ぎたくない場合は、行や列を挿入すると表示される[挿入オプション]をクリックして、[書式のクリア]をクリックします。

列を挿入すると左にある列の書式が適用されます。

	A	B	C	D	E	F	G	H	I
1	下半期売上実績								
2		2022年度			2023年度				
3		前年度	今年度		前年度	今年度			
4	吉祥寺	18,750	20,210		20,210				
5	府中	13,240	13,680		13,680				
6	八王子	10,950	11,430		11,430				
7	立川	10,020	10,550		10,550				

1 [挿入オプション]をクリックして、

2 [書式のクリア]をクリックすると、

3 書式がクリアされます。

	A	B	C	D	E	F	G
1	下半期売上実績						
2		2022年度			2023年度		
3		前年度	今年度		前年度	今年度	
4	吉祥寺	18,750	20,210		20,210		
5	府中	13,240	13,680		13,680		
6	八王子	10,950	11,430		11,430		
7	立川	10,020	10,550		10,550		

Q509 挿入した行を下の行と同じ書式にしたい！

A 行を挿入した際に表示される[挿入オプション]を利用します。

行を挿入すると上にある行の書式が適用されます。下の行と同じ書式にしたい場合は、行を挿入すると表示される[挿入オプション]をクリックして、[下と同じ書式を適用]をクリックします。

1 [挿入オプション]をクリックして、

	A	B	C	D	E	F
2		品川	新宿	中野	目黒	
3						
4	・チン	5,340	5,800	5,270	3,820	
5	○ 上と同じ書式を適用(A)	4,510	4,230	3,080		
6	○ 下と同じ書式を適用(B)	3,630	3,200	2,650		
7	○ 書式のクリ(C)	860	770	1,080		
8	合計	13,780	14,800	13,470	10,630	

2 [下と同じ書式を適用]をクリックすると、

3 下の行の書式が適用されます。

	A	B	C	D	E	F
2		品川	新宿	中野	目黒	
3						
4	キッチン	5,340	5,800	5,270	3,820	
5	収納家具	4,330	4,510	4,230	3,080	
6	ガーデン	3,310	3,630	3,200	2,650	
7	防災	800	860	770	1,080	
8	合計	13,780	14,800	13,470	10,630	

Q510 行や列を削除したい！

A [ホーム]タブの[削除]を利用します。

行番号あるいは列番号をクリックして行や列を選択し、[ホーム]タブの[削除]をクリックすると、行や列を削除できます。また、行番号や列番号を右クリックして[削除]をクリックしても、削除できます。

1 行（または列）番号をクリックして、

2 [ホーム]タブの[削除]をクリックすると、

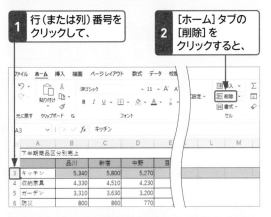

3 行（または列）が削除されます。

	A	B	C	D	E	F	G	H
1	下半期商品区分別売上							
2		品川	新宿	中野	目黒			
3	収納家具	4,330	4,510	4,230	3,080			
4	ガーデン	3,310	3,630	3,200	2,650			
5	防災	800	860	770	1,080			

Q511 「クリア」と「削除」の違いを知りたい！

A クリアはセルが残りますが、削除はセル自体が削除されます。

入力したデータを消去する方法には、「クリア」と「削除」があります。「クリア」は、セルの数式や値、書式を消す機能で、行や列、セルはそのまま残ります。[ホーム]タブの[クリア]をクリックすると、クリアする条件を選択できます。[書式のクリア]では罫線が消え、配置や色などの書式設定が既定に戻ります。また、クリアした

い セル範囲を選択して Delete を押すと、データだけをクリアすることができます。

「削除」は、行や列、セルそのものを消す操作です。削除したあとは行や列、セルが移動します。　参照▶Q513

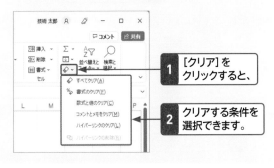

1 [クリア]をクリックすると、

2 クリアする条件を選択できます。

重要度 ★★★　行／列／セルの操作

Q 512 セルを挿入したい!

A [挿入]から[セルの挿入]を クリックします。

行や列単位ではなく、セル単位で挿入する場合は、下の
手順で挿入後のセルの移動方向を指定します。
また、手順❶、❷のかわりに、セルを右クリックして
[挿入]をクリックしても、[挿入]ダイアログボックス
が表示されます。

1 挿入位置の セルを選択し、

2 [ホーム]タブの[挿入]の ここをクリックして、

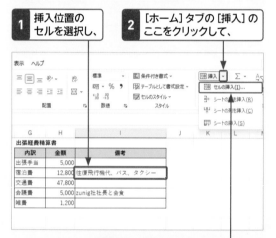

3 [セルの挿入]をクリックします。

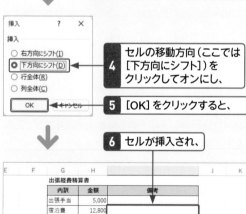

4 セルの移動方向(ここでは [下方向にシフト])を クリックしてオンにし、

5 [OK]をクリックすると、

6 セルが挿入され、

7 選択していたセル以降が下方向に移動します。

重要度 ★★★　行／列／セルの操作

Q 513 セルを削除したい!

A [削除]から[セルの削除]を クリックします。

セル内に入力されているデータごとセルを削除するに
は、下の手順で削除後のセルの移動方向を指定します。
また、手順❶、❷のかわりに、セルを右クリックして
[削除]をクリックしても、[削除]ダイアログボックス
が表示されます。

1 削除する セルを選択し、

2 [ホーム]タブの[削除]の ここをクリックして、

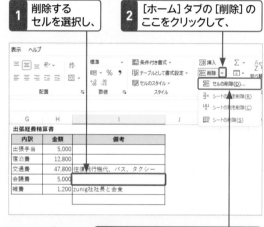

3 [セルの削除]をクリックします。

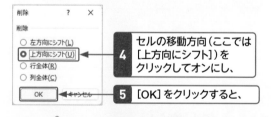

4 セルの移動方向(ここでは [上方向にシフト])を クリックしてオンにし、

5 [OK]をクリックすると、

6 セルが削除され、

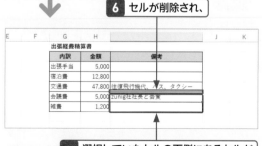

7 選択していたセルの下側にあるセルが 上に移動します。

重要度 ★★★ 行／列／セルの操作

Q 514 データをセル単位で 入れ替えたい！

A セル範囲を選択して、 Shift を 押しながらドラッグします。

データをセル単位で入れ替えたい場合は、セル範囲を選択して、その境界線にマウスポインターを合わせ、Shift を押しながら移動先までドラッグします。
コピーする場合は、Ctrl と Shift を押しながらドラッグします。ドラッグ中は、挿入先に太い実線が表示されるので、それを目安にするとよいでしょう。

1 移動したいセル範囲を選択します。

	A	B	C	D	E	F
1	会員名簿					
2	番号	名前	入会日	グループ		
3	1005	安念 佑光	2022/10/22	オレンジ		
4	1004	高田 真人	2022/10/22	レッド		
5	1003	樋田 征爾	2022/8/20	レインボー		
6	1002	石井 陽子	2022/8/20	レッド		
7	1001	小林 道子	2022/5/14	オレンジ		

2 境界線にマウスポインターを合わせ、ポインターの形が に変わった状態で、

3 Shift を押しながらドラッグすると、

	A	B	C	D	E	F
1	会員名簿					
2	番号	名前	入会日	グループ		
3	1005	安念 佑光	2022/10/22	オレンジ		
4	1004	高田 真人	2022/10/22	レッド		
5	1003	樋田 征爾	2022/8/20	レインボー		
6	1002	石井 陽子	2022/8/20	レッド		
7	1001	小林 道子	2022/5/14	オレンジ		

C7:D7

コピーする場合は、Ctrl + Shift を押しながらドラッグします。

4 セル範囲が移動して挿入されます。

	A	B	C	D	E	F
1	会員名簿					
2	番号	名前	入会日	グループ		
3	1005	安念 佑光	2022/10/22	オレンジ		
4	1004	高田 真人	2022/8/20	レインボー		
5	1003	樋田 征爾	2022/8/	レッド		
6	1002	石井 陽子	2022/10/22	レッド		
7	1001	小林 道子	2022/5/14	オレンジ		

重要度 ★★★ 行／列／セルの操作

Q 515 行の高さや列の幅を 変更したい！

A 行番号や列番号の境界線を ドラッグします。

行の高さを変更するには、高さを変更する行番号の境界線にマウスポインターを合わせ、ポインターの形が ✛ に変わった状態で、目的の位置までドラッグします。
列の幅を変更するには、幅を変更する列番号の境界線にマウスポインターを合わせ、ポインターの形が ✛ に変わった状態で、目的の位置までドラッグします。

	A	B	C	D
1	ガーデン用品			
2	商品番号	商品名	単価	表示価格
3	G1013	壁掛けブラ	2,480	2,678
4	G1014	野菜プラン	1,450	1,566
5	G1015	飾り棚	2,880	3,110
6	G1016	フラワース	2,550	2,754
7	G1018	植木ポット	1,690	1,825

1 列番号の境界線にマウスポインターを合わせ、形が ✛ に変わった状態で、

ドラッグ中に列幅の数値が表示されます。

幅: 16.50 (137 ピクセル)

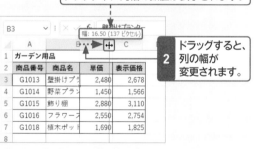

	A	B	C
1	ガーデン用品		
2	商品番号	商品名	単価	表示価格
3	G1013	壁掛けブラ	2,480	2,678
4	G1014	野菜プラン	1,450	1,566
5	G1015	飾り棚	2,880	3,110
6	G1016	フラワース	2,550	2,754
7	G1018	植木ポット	1,690	1,825

2 ドラッグすると、列の幅が変更されます。

重要度 ★★★ 行／列／セルの操作

Q 516 複数の行の高さや列の幅を 揃えたい！

A 複数の行や列を選択して 境界線をドラッグします。

複数行の高さや複数列の幅を同じサイズに変更するには、変更する複数の行や列を選択します。いずれかの行番号や列番号の境界線にマウスポインターを合わせ、ポインターの形が ✛ や ✛ に変わった状態で、目的の位置までドラッグします。

Q 517 列の幅や行の高さの単位を知りたい！

A 列幅は文字数、行の高さはポイントです。

列幅の単位は文字数、行の高さの単位はポイント（1ポイント＝0.35mm）です。

なお、列幅の単位である文字数では、標準フォントの文字サイズ（初期設定では11ポイント）の1／2を「1」として数えます。つまり、幅が「10」のセルには、11ポイントの半角文字が10文字分入力できます。

Q 518 文字数に合わせてセルの幅を調整したい！

A 列の境界線をダブルクリックします。

文字数に合わせてセルの幅を調整するには、調整したい列の境界線をダブルクリックします。この操作を行うと、同じ列内で、もっとも文字数が多いセルに合わせてセルの幅が調整されます。

1 列の境界線をダブルクリックすると、

	A	B	C	D	E	F	G
1	ガーデン用品						
2	商品番号	商品名	単価	表示価格			
3	G1013	壁掛けプラ	2,480	2,678			
4	G1014	野菜プラン	1,450	1,566			
5	G1015	飾り棚	2,880	3,110			
6	G1016	フラワーフ	2,550	2,754			
7	G1018	植木ポット	1,690	1,825			

2 同列内のもっとも文字数の多いセルに合わせて幅が調整されます。

	A	B	C	D	E
1	ガーデン用品				
2	商品番号	商品名	単価	表示価格	
3	G1013	壁掛けプランター	2,480	2,678	
4	G1014	野菜プランター	1,450	1,566	
5	G1015	飾り棚	2,880	3,110	
6	G1016	フラワースタンド（3段）	2,550	2,754	
7	G1018	植木ポット	1,690	1,825	

Q 519 選択したセルに合わせて列の幅を調整したい！

A ［書式］の［列の幅の自動調整］を利用します。

表に長いタイトルが入力されている列の境界線をダブルクリックすると、タイトルに合わせて列幅が調整されてしまいます。この場合は、目的のセルをクリックして、［ホーム］タブの［書式］をクリックし、［列の幅の自動調整］をクリックします。

行の高さを変更するには、同様に［行の高さの自動調整］をクリックします。

1 目的のセルをクリックして、

2 ［ホーム］タブの［書式］をクリックし、

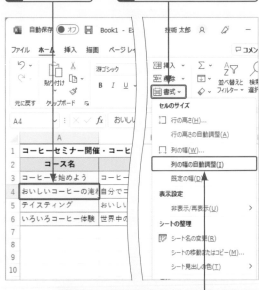

3 ［列の幅の自動調整］をクリックすると、

4 選択したセルの幅に合わせて列幅が変更されます。

	A	B
1	コーヒーセミナー開催・コーヒーを楽しもう！	
2	コース名	内　容
3	コーヒーを始めよう	コーヒーについてもっと深く学ぼう
4	おいしいコーヒーの淹れ方	自分でコーヒーを入れてバリエーションを
5	テイスティング	おいしいコーヒーの入れ方の技術を習得し
6	いろいろコーヒー体験	世界中のコーヒーの淹れ方、味わい方を学
7		

Q 520

行の高さや列の幅を数値で指定したい！

A [書式]の[行の高さ]や[列の幅]を利用します。

行の高さを数値で指定するには、右の手順で[セルの高さ]ダイアログボックスを表示し、目的の数値を入力して、[OK]をクリックします。

列の幅は、[列の幅]をクリックして表示される[セルの幅]ダイアログボックスを利用します。

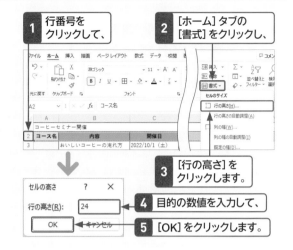

1 行番号をクリックして、

2 [ホーム]タブの[書式]をクリックし、

3 [行の高さ]をクリックします。

4 目的の数値を入力して、

5 [OK]をクリックします。

Q 521

行や列を非表示にしたい！

A [書式]の[非表示／再表示]から設定します。

列を非表示にするには目的の列を選択して、下の手順で操作します。また、列を右クリックして[非表示]をクリックしても、非表示にできます。

行の場合も、同様の操作で非表示にできます。

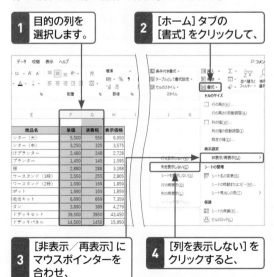

1 目的の列を選択します。

2 [ホーム]タブの[書式]をクリックして、

3 [非表示／再表示]にマウスポインターを合わせ、

4 [列を表示しない]をクリックすると、

5 選択した列が非表示になります。

Q 522

非表示にした行や列を再表示したい！

A [書式]の[非表示／再表示]から再表示します。

非表示にした列を再表示するには、下の手順で操作します。また、右クリックして[再表示]をクリックしても、再表示にできます。行の場合も、同様の操作で再表示できます。なお、列[A]や行[1]を非表示にした場合は、列[B]や行[2]からウィンドウの左端あるいは上に向けてドラッグし、非表示の列や行を選択します。

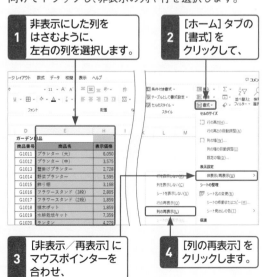

1 非表示にした列をはさむように、左右の列を選択します。

2 [ホーム]タブの[書式]をクリックして、

3 [非表示／再表示]にマウスポインターを合わせ、

4 [列の再表示]をクリックします。

基本と入力 11
編集 12
書式設定 13
計算 14
関数 15
グラフ 16
データベース 17
印刷 18
ファイル 19
連携・共同編集 20

重要度 ★★★　行／列／セルの操作

Q 523 表の一部を削除したら別の 表が崩れてしまった！

A セルの削除と行の削除を 使い分けましょう。

ワークシート内に複数の表がある場合、セルの一部を 削除した際に、右図のようにほかの表のレイアウトが 崩れてしまうことがあります。このような場合は、セル 単位の削除ではなく、行単位で削除するなど、状況に よって削除する対象を使い分けるとよいでしょう。

1 セル[A4]～セル[B4] を削除すると、

2 表のレイアウトが 崩れてしまいます。

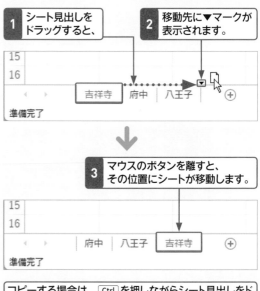

	A	B	C	D	E
1	コーヒーセミナー講師				
2	基礎編	久里浜　透子			
3	実践編	小泉　モカ			
4					
5	コーヒーセミナー日程表				
6	コース名	内容			
7	基礎編	おいしいコーヒーの淹れ方	開催日	時間	
8		コーヒーの豆知識	2023/6/3（土）	13:00～15:00	
9		コーヒーテイスティング	2023/6/10（土）	10:00～12:00	
10	実践編	コーヒー豆の知識	2023/6/17（土）	13:00～15:00	
11		豆の選別方法	2023/6/4（日）	10:00～12:00	
12		焙煎方法	2023/6/11（日）	13:00～15:00	
13			2023/6/18（日）	10:00～12:00	

重要度 ★★★　ワークシートの操作

Q 524 新しいワークシートを 挿入したい！

A シート見出しの[新しいシート]を 利用します。

新規に作成したブックには1枚のワークシートが表示 されています。ワークシートは必要に応じて追加する ことができます。シート見出しの右にある[新しいシー ト]をクリックすると、現在選択されているシートの後 ろに新しいシートが追加されます。また、[ホーム]タブ の[挿入]の▽をクリックして、[シートの挿入]をク リックすると、現在選択しているシートの前に新しい シートが追加されます。

1 [新しいシート]をクリックすると、

15	
16	
	Sheet1　⊕
準備完了	

2 新しいシートが現在のシートの後ろに 追加されます。

15	
16	
	Sheet1　Sheet2　⊕
準備完了	

重要度 ★★★　ワークシートの操作

Q 525 ワークシートをブック内で 移動／コピーしたい！

A シート見出しをドラッグします。

同じブックの中でワークシートを移動するには、シー ト見出しをドラッグします。ワークシートをコピーす るには、Ctrl を押しながらシート見出しをドラッグし ます。ドラッグすると、見出しの上に▼マークが表示さ れるので、移動先やコピー先の位置を確認できます。

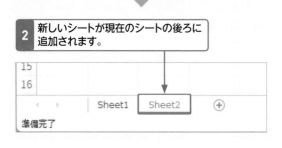

1 シート見出しを ドラッグすると、

2 移動先に▼マークが 表示されます。

15	
16	
◀ ▶	吉祥寺　府中　八王子　⊕
準備完了	

3 マウスのボタンを離すと、 その位置にシートが移動します。

15	
16	
◀ ▶	府中　八王子　吉祥寺　⊕
準備完了	

コピーする場合は、Ctrl を押しながらシート見出しをド ラッグします。

Q 526 ワークシートをほかのブックに移動／コピーしたい！

A [移動またはコピー] ダイアログボックスを利用します。

異なるブック間でワークシートを移動やコピーするには、対象となるすべてのブックを開いてから、下の手順で操作します。[移動またはコピー]ダイアログボックスは、[ホーム]タブの［書式］をクリックして、［シートの移動またはコピー］をクリックしても表示できます。

1 移動（あるいはコピー）したいワークシートのシート見出しを右クリックして、

2 [移動またはコピー]をクリックします。

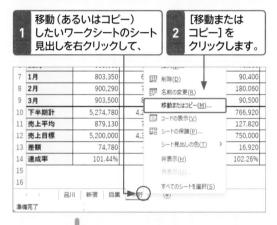

3 移動（コピー）先のブックを選択し、

4 移動（コピー）先のシートをクリックします。

5 [OK]をクリックすると、

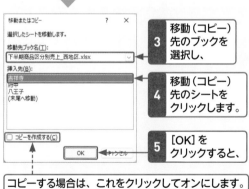

コピーする場合は、これをクリックしてオンにします。

6 手順 **3**、**4** で選択したシートと場所にシートが移動（あるいはコピー）されます。

Q 527 ワークシートの見出しが隠れてしまった！

A₁ ◀ や ▶ あるいは ⋯ をクリックします。

1つのブックに多くのワークシートがある場合、シート見出しが画面から隠れてしまいます。◀ や ▶ をクリックすると、シート見出しが前後にスクロールします。シート見出しの左右にある ⋯ をクリックすると、スクロールにしたうえで、隠れていたワークシートが前面に表示されます。

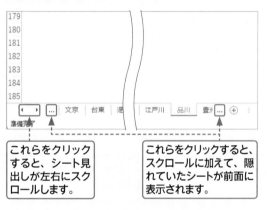

これらをクリックすると、シート見出しが左右にスクロールします。

これらをクリックすると、スクロールに加えて、隠れていたシートが前面に表示されます。

A₂ [シートの選択]ダイアログボックスから切り替えます。

◀ や ▶ を右クリックすると表示される [シートの選択]ダイアログボックスを利用すると、すべてのシート見出しが一覧で表示されます。その中から目的のシート名をクリックします。

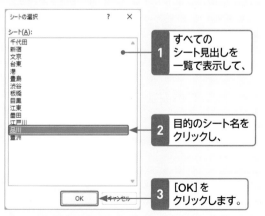

1 すべてのシート見出しを一覧で表示して、

2 目的のシート名をクリックし、

3 [OK]をクリックします。

基本と入力 11
編集 12
書式設定 13
計算 14
関数 15
グラフ 16
データベース 17
印刷 18
ファイル 19
連携・共同編集 20

Q 528 ワークシートの名前を変更したい！

A シート見出しをダブルクリックして、シート名を入力します。

シート名を変更するには、シート見出しをダブルクリックします。シート見出しの文字が反転表示されるので、新しいシート名を入力して、[Enter] を押します。なお、シート名は半角・全角にかかわらず31文字まで入力できますが、「¥」「*」「?」「:」「／」「[」「]」」は使用できません。また、シート名を空白にすることはできません。

シート見出しをダブルクリックして、文字が反転表示されたら、新しいシート名を入力します。

Q 529 不要になったワークシートを削除したい！

A シート見出しを右クリックして [削除] をクリックします。

ワークシートを削除するには、シート見出しを右クリックして [削除] をクリックします。ワークシートにデータが入力されている場合は、確認のメッセージが表示されるので、[削除] をクリックすると、削除できます。ただし、ブックのすべてのシートを削除することはできません。

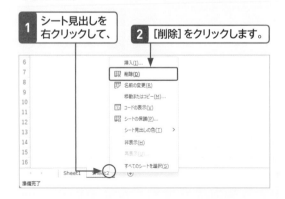

1 シート見出しを右クリックして、

2 [削除] をクリックします。

Q 530 ワークシートを非表示にしたい！

A シート見出しを右クリックして、[非表示] をクリックします。

ワークシートを非表示にするには、シート見出しを右クリックして、[非表示] をクリックします。ただし、ブックのシートをすべて非表示にすることはできません。非表示にしたシートを再表示するには、シート見出しを右クリックして、[再表示] をクリックします。

1 非表示にしたいシートのシート見出しを右クリックして、

2 [非表示] をクリックすると、

3 シートが非表示になります。

● 非表示にしたシートを再表示する

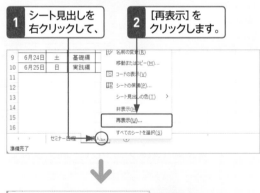

1 シート見出しを右クリックして、

2 [再表示] をクリックします。

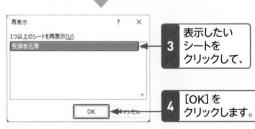

3 表示したいシートをクリックして、

4 [OK] をクリックします。

Q 531 ワークシートの見出しを色分けしたい!

A シート見出しを右クリックして [シート見出しの色] から色を選択します。

シート見出しごとに異なる色を設定しておけば、ワークシートの管理に役立ちます。シート見出しに色を設定するには、下の手順で操作します。また、[ホーム]タブの [書式] からも設定できます。
なお、手順 3 で [その他の色] を選択すると、表示された以外の色を指定できます。[色なし] を選択すると、標準設定に戻ります。

1 シート見出しを右クリックして、

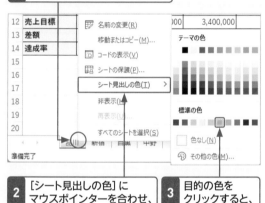

2 [シート見出しの色] にマウスポインターを合わせ、

3 目的の色をクリックすると、

4 シート見出しに色が設定されます。

5 ほかのシート見出しをクリックすると、シート見出しの色がこのように表示されます。

Q 532 複数のワークシートをまとめて編集したい!

A ワークシートをグループ化してから編集します。

複数のワークシートに同じ形式の表を作成する場合は、目的のワークシートをグループ化します。ワークシートをグループ化すると「グループ」として設定され、前面に表示されているワークシートに行った編集が、グループに含まれるほかのワークシートにも反映されます。

1 このシートが表示されている状態で、

2 Shift を押しながらこのシート見出しをクリックすると、

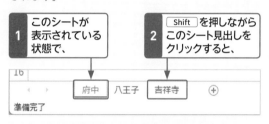

離れたシート見出しをグループ化する場合は、Ctrl を押しながらクリックします。

タイトルバーに「グループ」と表示されます。

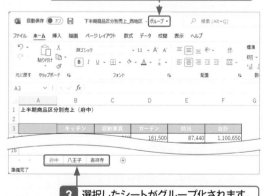

3 選択したシートがグループ化されます。

4 前面のシートの表を編集すると、ほかのシートの表にも反映されます。

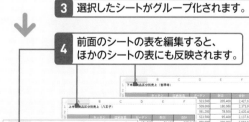

Q 533 シート見出しがすべて 表示されない!

A [Excelのオプション]ダイアログ ボックスで設定を変更します。

シート見出しがすべて表示されていない場合は、シート見出しが表示されない設定になっていると考えられます。[ファイル]タブから[その他]をクリックして[オプション]をクリックし、[Excelのオプション]ダイアログボックスで設定を変更します。

1 [詳細設定]をクリックして、

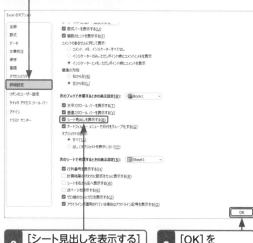

2 [シート見出しを表示する] をクリックしてオンにし、

3 [OK]を クリックします。

Q 534 ワークシートのグループ化を 解除するには?

A 前面に表示されているシート以外 のシート見出しをクリックします。

ブック内のすべてのワークシートをグループにしている場合は、前面に表示されているワークシート以外のシート見出しをクリックすると、グループが解除されます。一部のワークシートをグループにしている場合は、グループに含まれていないワークシートのシート見出しをクリックします。

Q 535 特定のデータが 入力されたセルを探したい!

A 検索機能を利用します。

ワークシート上のデータの中から特定のデータを見つけ出すには、[検索と置換]ダイアログボックスの[検索]を表示して検索します。

1 [ホーム]タブの[検索と選択]をクリックして、

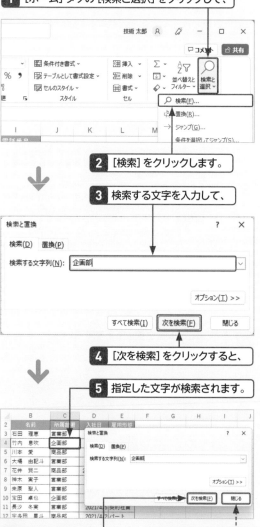

2 [検索]をクリックします。

3 検索する文字を入力して、

4 [次を検索]をクリックすると、

5 指定した文字が検索されます。

6 [次を検索]をクリック すると、次の文字が 検索されます。

検索を終了する場合は [閉じる]をクリック します。

重要度 ★★★　データの検索／置換

Q 536 ブック全体から特定のデータを探したい！

A [検索と置換]ダイアログボックスのオプション機能を利用します。

現在表示しているワークシートだけでなく、ブック全体から特定のデータを検索するには、[検索と置換]ダイアログボックスの [検索]を表示して、[オプション]をクリックします。[オプション]項目が表示されるので、[検索場所]で [ブック]を選択して検索します。なお、ここで設定したオプション項目は、別の検索を行う際にも踏襲されるので、必要に応じて設定し直しましょう。

1 [オプション]をクリックします。

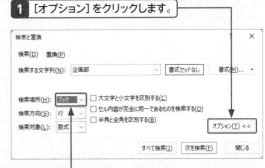

2 [検索場所]で [ブック]を選択して、検索します。

重要度 ★★★　データの検索／置換

Q 537 特定の文字をほかの文字に置き換えたい！

A 置換機能を利用します。

ワークシート上の特定のデータを別のデータに置き換えるには、[検索と置換]ダイアログボックスの [置換]を表示して置き換えます。

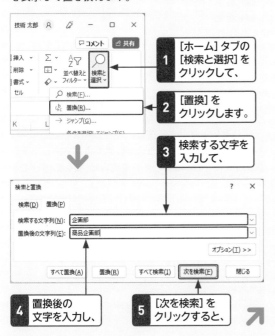

1 [ホーム]タブの [検索と選択]をクリックして、

2 [置換]をクリックします。

3 検索する文字を入力して、

4 置換後の文字を入力し、

5 [次を検索]をクリックすると、

6 置換する文字が検索されます。

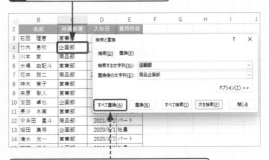

[すべて置換]をクリックすると、該当するデータをまとめて置換できます。

7 [置換]をクリックすると、

8 文字が置き換わり、

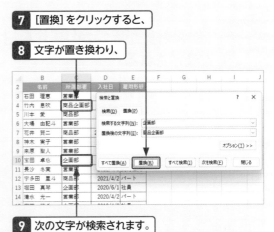

9 次の文字が検索されます。

11
基本と入力

12
編集

13
書式設定

14
計算

15
関数

16
グラフ

17
データベース

18
印刷

19
ファイル

20
連携・共同編集

重要度 ★★★　データの検索／置換

Q 538 特定の範囲を対象に探したい！

A 検索する範囲を指定してから検索を行います。

[検索と置換]ダイアログボックスで検索を行う場合、通常は現在表示しているワークシート全体が検索対象になります。特定の範囲を検索したい場合は、あらかじめ検索範囲を選択してから検索を実行します。

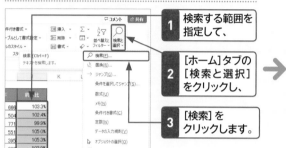

1 検索する範囲を指定して、

2 [ホーム]タブの[検索と選択]をクリックし、

3 [検索]をクリックします。

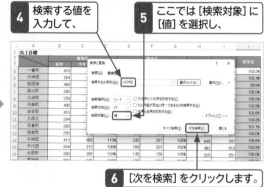

4 検索する値を入力して、

5 ここでは[検索対象]に[値]を選択し、

6 [次を検索]をクリックします。

重要度 ★★★　データの検索／置換

Q 539 セルに入力されている空白を削除したい！

A スペースを検索して、置換で取り除きます。

たとえば、「姓＋半角スペース＋名」の形式で名前が入力されていて、半角スペースが不要になった場合、置換機能を利用して不要なスペースを削除できます。[検索と置換]ダイアログボックスの [置換]を表示して、[検索する文字列]に半角スペースを入力します。[置換後

の文字列]には何も入力せずに、[すべて置換]をクリックします。

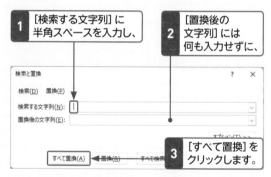

1 [検索する文字列]に半角スペースを入力し、

2 [置換後の文字列]には何も入力せずに、

3 [すべて置換]をクリックします。

重要度 ★★★　データの検索／置換

Q 540 「検索対象が見つかりません。」と表示される！

A [検索と置換]ダイアログボックスのオプション機能を利用します。

検索条件とデータの一部が一致しているはずなのに、何も検索されない場合は、検索文字列の後ろにスペース（空白）が入っている場合があります。全角と半角の区別がつきにくい文字もあるので、正しく入力されているかどうかを確認します。
また、[検索と置換]ダイアログボックスの [検索]を表

示して [オプション]をクリックし、オプション項目を確認しましょう。[大文字と小文字を区別する][セル内容が完全に同一であるものを検索する][半角と全角を区別する]がオンになっている場合は、必要に応じてオフにします。[検索対象]も併せて確認します。

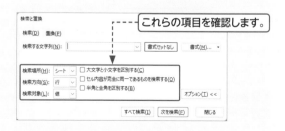

これらの項目を確認します。

Q 541　セル内の改行を まとめて削除したい！

A　置換機能を利用して 改行文字を空白に置き換えます。

Alt を押しながら Enter を押すと、セル内で改行され
ますが、この改行は、画面には表示されない特殊な改行
文字によって指定されています。セル内の改行を削除
して文字列を1行にするには、置換機能を利用して、こ
の改行文字を削除します。

なお、[置換後の文字列] にスペース（空白文字）を入力
すれば、改行文字が空白に置き換わり、間にスペースを
入れることができます。

セル内の改行をまとめて削除します。

| 1 | [検索と置換] ダイアログボックスの [置換] を表示します。 | 2 | [検索する文字列] を クリックして Ctrl + J を押します。 |

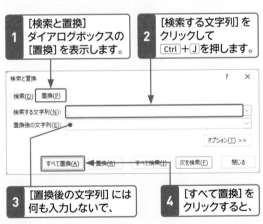

| 3 | [置換後の文字列] には 何も入力しないで、 | 4 | [すべて置換] を クリックすると、 |

| 5 | セル内の改行がまとめて削除されます。 |

Q 542　データを検索して セルに色を付けたい！

A　置換機能を利用します。

特定のデータが入力されたセルに色を付けたい場合
は、置換機能を利用すると便利です。[検索と置換] ダイ
アログボックスの [オプション] をクリックして、下の
手順で設定します。

| 1 | [検索と置換] ダイアログボックスの [置換] を 表示して [オプション] をクリックします。 |

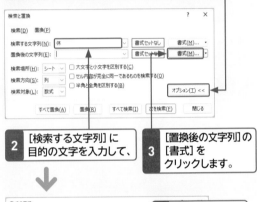

| 2 | [検索する文字列] に 目的の文字を入力して、 | 3 | [置換後の文字列] の [書式] を クリックします。 |

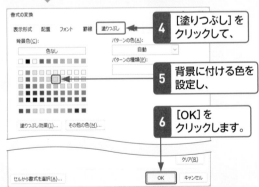

4	[塗りつぶし] を クリックして、
5	背景に付ける色を 設定し、
6	[OK] を クリックします。

| 7 | [検索と置換] ダイアログボックスの [すべて置換] をクリックすると、 |

| 8 | 指定した文字が含まれるセルに色が付きます。 |

1	アルバイトシフト表						
2	日	曜日	斉藤	高木	野田	秋葉	桔田
3	6月5日	月	出	休	出	休	出
4	6月6日	火	出	休	出	休	出
5	6月7日	水	出	休	出	休	出
6	6月8日	木	出	出	休	出	休
7	6月9日	金	休	出	休	出	休
8	6月10日	土	休	出	休	出	休

Q 543 ハイパーリンクを一括で解除したい!

A [ホーム]タブの[クリア]を利用します。

ハイパーリンクは、入力の際に解除することもできますが、入力後に一括で削除することも可能です。

ハイパーリンクが設定されているセル範囲を選択して、[ホーム]タブの[クリア]をクリックし、[ハイパーリンクのクリア]をクリックすると、ハイパーリンクの設定が解除されます。ただし、青字と下線の設定は残ります。書式も含めて解除したい場合は、[ハイパーリンクの削除]をクリックします。

参照▶Q 449

1 ハイパーリンクが設定されているセル範囲を選択します。

2 [ホーム]タブの[クリア]をクリックし、

3 [ハイパーリンクの削除]をクリックすると、

4 ハイパーリンクと書式の両方が解除されます。

	F	G	H
	郵便番号	住所	メールアドレス
	273-0132	千葉県習志野市北習志野x	ebisawa@example.com
	160-0000	東京都新宿区北新宿x	okuaki@example.com
	156-0045	東京都世田谷区桜上水x-x	y_nakamura@example.com
	274-0825	千葉県船橋市前原南x-x	annnen@example.com
	180-0000	東京都武蔵野市吉祥寺東xx	akadam@example.com
	101-0051	東京都千代田区神田神保町x	seijitoi@example.com
	110-0000	東京都台東区x-x-x	yokoisii@example.com
	145-8502	東京都品川区西五反田x-x	michiko@example.com

Q 544 ほかのワークシートへのリンクを設定したい!

A [挿入]タブの[ハイパーリンク]を利用します。

セルにハイパーリンクを挿入すると、クリックするだけで、特定のワークシートのセルが表示されるようになります。ハイパーリンクを挿入するセルをクリックして、[挿入]タブの[リンク]をクリックし、表示される[ハイパーリンクの挿入]ダイアログボックスでリンク先を指定します。

1 ハイパーリンクを挿入するセルをクリックして、

2 [挿入]タブをクリックし、

3 [リンク]をクリックします。

4 [このドキュメント内]をクリックして、

5 表示するセルを入力し、

6 リンクするワークシートをクリックします。

7 [OK]をクリックすると、

8 ハイパーリンクが設定されます。

	A	B	C	D	E	F
1	下半期売上実績					
2		前年度	今年度			
3	品川	14,980	15,140			
4	新宿	35,660	36,940			
5	中野	15,200	14,870			
6	目黒	18,500	18,190			
7	合計	84,340	85,140			

Q 545 表の行と列の見出しを常に表示しておきたい！

A ウィンドウ枠を固定します。

表の列見出しと行見出しを常に表示しておきたいときは、ウィンドウ枠を固定します。ウィンドウ枠を固定すると、選択したセルより上にある行や左にある列は固定され、画面をスクロールしても表示されたままになります。

ウィンドウ枠の固定を解除するには、[表示]タブの[ウィンドウ枠の固定]をクリックし、[ウィンドウ枠固定の解除]をクリックします。

1 固定しないセル範囲内の左上のセルをクリックします。

2 [表示]タブをクリックして、

3 [ウィンドウ枠の固定]をクリックし、

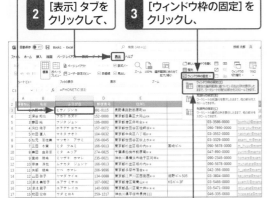

4 [ウィンドウ枠の固定]をクリックすると、

5 このセルが固定されます。

6 選択したセルの上側と左側に境界線が表示されます。

Q 546 ワークシートを分割して表示したい！

A [表示]タブの[分割]を利用します。

ワークシートを分割して表示するには、分割する位置の行や列番号あるいはセルをクリックして、[表示]タブの[分割]をクリックします。ワークシートを分割すると、ワークシート上に分割バーが表示されます。

分割を解除するには、再度[分割]をクリックするか、分割バーをダブルクリックします。

1 分割する位置の下の行番号をクリックします。

2 [表示]タブをクリックして、

3 [分割]をクリックすると、

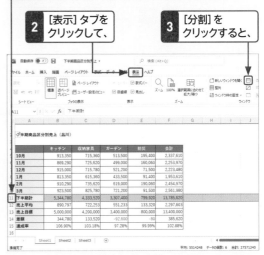

4 指定した位置でワークシートが分割され、分割バーが表示されます。

11 基本と入力
12 編集
13 書式設定
14 計算
15 関数
16 グラフ
17 データベース
18 印刷
19 ファイル
20 連携・共同編集

重要度 ★★★　表示設定

Q 547 同じブック内のワークシートを並べて表示したい！

A 新しいウィンドウを開いて整列します。

同じブック内のワークシートを並べて表示するには、新しいウィンドウを開いて整列します。
[表示] タブの [ウィンドウ] グループにある [新しいウィンドウを開く] をクリックすると、同じブックが新しいウィンドウで表示されます。

新しいウィンドウを開くと、ブック名の後ろに「:2」と表示されます。

1 [表示] タブをクリックして、

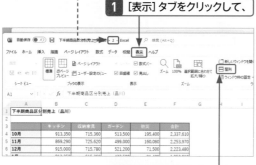

2 [整列] をクリックし、

3 整列の方法（ここでは [左右に並べて表示]）をクリックしてオンにします。

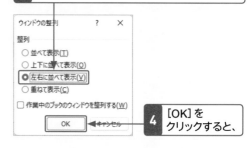

4 [OK] をクリックすると、

5 2つのウィンドウが左右に並んで表示されます。

ウィンドウごとに別のワークシートを表示させることもできます。

重要度 ★★★　表示設定

Q 548 スクロールバーが消えてしまった！

A [Excelのオプション]ダイアログボックスの[詳細設定]で設定します。

スクロールバーが表示されないときは、[ファイル] タブから [その他] をクリックして [オプション] クリックし、[Excelのオプション] ダイアログボックスを表示します。[詳細設定] をクリックして、[次のブックで作業するときの表示設定] で、該当する項目をオンにします。

該当する項目をクリックしてオンにします。

基本と入力 11
編集 12
書式設定 13
計算 14
関数 15
グラフ 16
データベース 17
印刷 18
ファイル 19
連携・共同編集 20

Q 549 並べて表示したワークシートをもとに戻したい!

A ウィンドウを1つだけ残して、残りを閉じます。

並べて表示したワークシートの状態をもとに戻すには、閉じたいワークシートをクリックして、ウィンドウの右上にある [閉じる] をクリックし、ウィンドウを閉じます。表示されているウィンドウが1つになった状態で、[最大化] をクリックします。

Q 550 セルの枠線を消したい!

A [表示]タブの [目盛線] をオフにします。

セルの枠線を非表示にすると、表の罫線がわかりやすくなります。枠線を非表示にするには、[表示] タブの [目盛線] をオフにします。表示させる場合はオンに戻します。

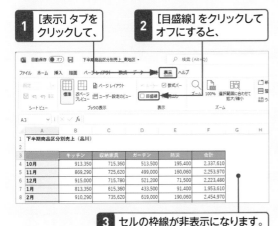

1 [表示] タブをクリックして、
2 [目盛線] をクリックしてオフにすると、
3 セルの枠線が非表示になります。

Q 551 セルに数式を表示したい!

A [数式]タブの [数式の表示]をクリックします。

セルに入力されている数式を確認するには、数式が入力されているセルをクリックして数式バーで確認する方法と、セルをダブルクリックしてセル内で確認する方法があります。

セルに入力されている数式をまとめて確認したい場合は、[数式] タブの [数式の表示] をクリックします。数式を表示させると、設定されているカンマ区切りなどの表示形式は無視されますが、非表示に戻すともとの形式で表示されます。

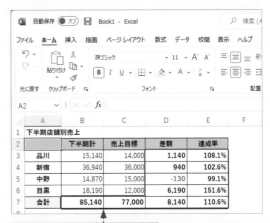

数式の入力されているセルには計算結果が表示されます。

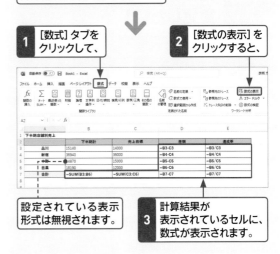

1 [数式] タブをクリックして、
2 [数式の表示] をクリックすると、

設定されている表示形式は無視されます。

3 計算結果が表示されているセルに、数式が表示されます。

11 基本と入力

12 編集

13 書式設定

14 計算

15 関数

16 グラフ

17 データベース

18 印刷

19 ファイル

20 連携・共同編集

重要度 ★★★　表示設定

Q 552 ワークシートを全画面に表示したい!

A [リボンの表示オプション]を利用します。

● Excel 2021の場合

Excelのウィンドウを最大化してリボンを非表示にすると、デスクトップサイズいっぱいにワークシートが表示されます。ワークシートを全画面に表示するには、[リボンの表示オプション]を利用します。全画面表示を解除するには、画面上部をクリックしてリボンを一時的に表示し、[リボンの表示オプション]をクリックして、[常にリボンを表示する]をクリックします。

1 [リボンの表示オプション]をクリックして、

2 [全画面表示モード]をクリックします。

● Excel 2019/2016の場合

Excel 2019/2016の場合は、画面右上の[リボンの表示オプション]をクリックして、[リボンを自動的に非表示にする]をクリックすると、ワークシートが全画面で表示されます。全画面表示を解除するには、画面上部をクリックしてリボンを一時的に表示し、[元のサイズに戻す]をクリックします。

1 [リボンの表示オプション]をクリックして、

2 [リボンを自動的に非表示にする]をクリックします。

重要度 ★★★　表示設定

Q 553 画面の表示倍率を変更したい!

A ズームスライダーで調整します。

画面右下にある「ズームスライダー」のつまみを左右に動かすと、倍率10〜400%の間で画面の表示倍率を調整できます。左右の[縮小] −、[拡大] + をクリックすると、10%きざみで倍率を変更できます。
また、ズームスライダーの右に表示されている数字をクリックすると、[ズーム]ダイアログボックスが表示され、表示倍率を設定できます。[表示]タブの[ズーム]グループにも、倍率設定用のコマンドが用意されています。

ズームスライダーのつまみと左右のコマンドで倍率を調整できます。

西地区		前年	今年	前年比
今年	前年比			
257	109%	645	666	103.3%
201	102%	492	504	102.4%
301	103%	772	771	99.9%
156	108%	525	551	105.0%
130	104%	375	395	105.3%
301	103%	772	802	103.9%
257	109%	645	662	102.6%
201	102%	492	513	104.3%
156	108%	525	534	101.7%

平均: 5,787　データの個数: 9　合計: 52,087　　　　　130%

ここをクリックすると、
[ズーム]ダイアログボックスが表示されます。

書式設定の
「こんなときどうする?」

11 基本と入力
12 編集
13 書式設定
14 計算
15 関数
16 グラフ
17 データベース
18 印刷
19 ファイル
20 連携・共同編集

重要度 ★★★　表示形式の設定

Q 554 小数点以下を四捨五入して表示したい!

A 数値の表示形式を利用します。

入力内容を変えずに小数点以下を四捨五入して表示するには、目的のセル範囲を選択して、[ホーム]タブの[小数点以下の表示桁数を減らす] を利用します。また、[数値]グループの右下にある をクリックして、[セルの書式設定]ダイアログボックスを表示し、下の手順で設定することもできます。

1 目的のセル範囲を選択して、[セルの書式設定]ダイアログボックスを表示します。

2 [数値]をクリックして、　**3** [小数点以下の桁数]を「0」に設定し、

4 [OK]をクリックします。

5 小数点以下が四捨五入されて表示されます。

	A	B
1	246.45	
2	1357.65	
3	348.35	
4	98.82	
5		

→

	A	B
1	246	
2	1358	
3	348	
4	99	
5		

重要度 ★★★　表示形式の設定

Q 555 パーセント表示にすると100倍の値が表示される!

A あらかじめ表示形式をパーセント形式に設定しておきます。

数値にパーセント形式を設定する場合は、[ホーム]タブの[パーセントスタイル] をクリックして、セルをあらかじめパーセント形式に設定しておきます。

なお、入力済みの数値をパーセント形式に設定すると、数値が100倍に、つまり、「1」が「100％」で表示されます。すでに入力された数値を正しくパーセント表示するには、下の手順で操作します。

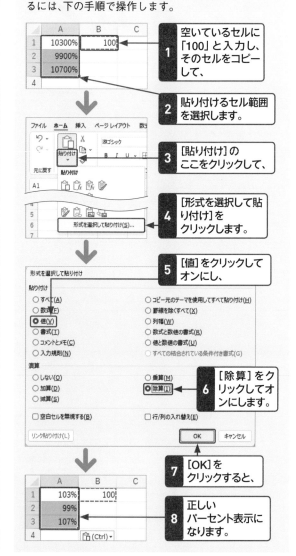

1 空いているセルに「100」と入力し、そのセルをコピーして、

2 貼り付けるセル範囲を選択します。

3 [貼り付け]のここをクリックして、

4 [形式を選択して貼り付け]をクリックします。

5 [値]をクリックしてオンにし、

6 [除算]をクリックしてオンにします。

7 [OK]をクリックすると、

8 正しいパーセント表示になります。

重要度 ★★★　表示形式の設定

Q 556
表内の「0」のデータを非表示にしたい！

A [Excelのオプション]ダイアログボックスの[詳細設定]で設定します。

表内に「0」が入力されているとき、その「0」のデータだけを非表示にすることができます。[ファイル]タブから[その他]をクリックして[オプション]をクリックし、[Excelのオプション]ダイアログボックスで設定します。 参照 ▶ Q 029

表内に「0」が入力されています。

	A	B	C	D	E	F	G
2		コーヒー	紅茶	日本茶	中国茶	合計	
3	6/1(木)	245	145	125	135	650	
4	6/2(金)	256	0	112	129	497	
5	6/3(土)	189	176	120	56	541	
6	6/4(日)	0	0	0	0	0	
7	6/5(月)	278	211	116	118	723	
8	6/6(火)	242	211	118	98	669	
9	6/7(水)	216	138	0	0	354	
10	合計	1426	881	591	536	3434	

1 [Excelのオプション]ダイアログボックスの[詳細設定]をクリックし、

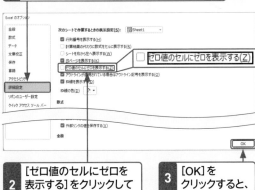

2 [ゼロ値のセルにゼロを表示する]をクリックしてオフにします。

3 [OK]をクリックすると、

4 「0」が非表示になります。

	A	B	C	D	E	F	G
2		コーヒー	紅茶	日本茶	中国茶	合計	
3	6/1(木)	245	145	125	135	650	
4	6/2(金)	256		112	129	497	
5	6/3(土)	189	176	120	56	541	
6	6/4(日)						
7	6/5(月)	278	211	116	118	723	
8	6/6(火)	242	211	118	98	669	
9	6/7(水)	216	138			354	
10	合計	1426	881	591	536	3434	

重要度 ★★★　表示形式の設定

Q 557
特定のセル範囲の「0」を非表示にしたい！

A 桁区切りスタイルとユーザー定義を利用します。

特定のセル範囲の「0」だけを非表示にするには、目的のセル範囲を選択して、下の手順で操作すると、かんたんに設定できます。

1 「0」を非表示にするセル範囲を選択して、

2 [ホーム]タブの[桁区切りスタイル]をクリックします。

3 ここをクリックし、

4 [ユーザー定義]をクリックして、

5 [種類]に表示されている書式記号の末尾に「;」を追加します。

6 [OK]をクリックすると、

`#,##0;[赤]-#,##0;`

7 選択したセル範囲の「0」が非表示になります。

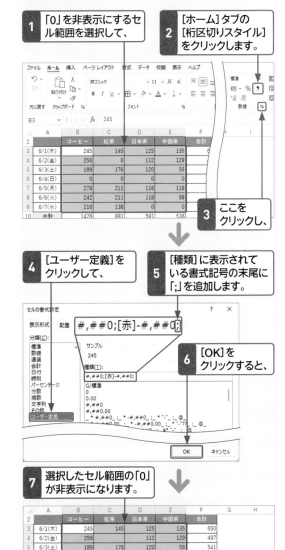

	A	B	C	D	E	F	G	H
2		コーヒー	紅茶	日本茶	中国茶	合計		
3	6/1(木)	245	145	125	135	650		
4	6/2(金)	256		112	129	497		
5	6/3(土)	189	176	120	56	541		
6	6/4(日)					0		
7	6/5(月)	278	211	116	118	723		
8	6/6(火)	242	211	118	98	669		
9	6/7(水)	216	138			354		
10	合計	1426	881	591	536	3434		

Q 558

数値に単位を付けて入力すると計算できない！

A ユーザー定義の[種類]に目的の単位を入力します。

数値のあとに単位を付けたい場合、「1,000円」のように単位付きで入力すると、文字列として扱われるため計算ができません。数値に単位を付けて表示したい場合は、[セルの書式設定]ダイアログボックスの[ユーザー定義]で、目的の単位を入力します。

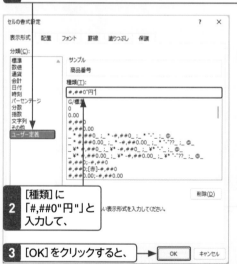

> 単位付きで入力すると文字列として扱われるため、計算ができません。

2	商品番号	商品名	価格	数量	売上金額
3	T0011	ティーポット	2,538円	12	#VALUE!
4	T0013	ストレーナー	702円	6	#VALUE!
5	T0014	茶こし	421円	24	#VALUE!
6	T0017	ケトル	3,726円	12	#VALUE!

1 単位を付けたいセル範囲を選択して、[セルの書式設定]ダイアログボックスを表示し、[ユーザー定義]をクリックします。

2 [種類]に「#,##0"円"」と入力して、

3 [OK]をクリックすると、

4 計算に影響しない単位が表示されます。

2	商品番号	商品名	価格	数量	売上金額
3	T0011	ティーポット	2,538円	12	30,456
4	T0013	ストレーナー	702円	6	4,212
5	T0014	茶こし	421円	24	10,104
6	T0017	ケトル	3,726円	12	44,712

Q 559

分数の分母を一定にしたい！

A ユーザー定義の表示形式を「# ?/15」のように設定します。

通常は分数を入力すると数値に合わせて自動的に約分されます。分母を「15」などに固定したい場合は、[セルの書式設定]ダイアログボックスで、「# ?/15」というユーザー定義の表示形式を作成します。

1 目的のセル範囲を選択して、

2 [ホーム]タブの[数値]グループのここをクリックします。

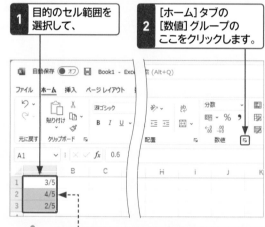

> 数値に合わせて自動的に約分されています。

3 [ユーザー定義]をクリックして、

4 [種類]に「# ?/15」と入力し、

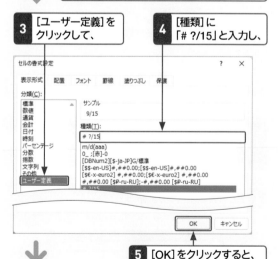

5 [OK]をクリックすると、

6 分数の数値の分母がすべて「15」になります。

Q 560 正の数と負の数で 文字色を変えたい!

A 表示形式の[数値]で設定します。

数値に桁区切りスタイル ， を設定すると、通常、負(マイナス)の数値は赤色で表示されますが、セルの表示形式を利用して赤色を設定することもできます。桁数が少ない場合などに利用するとよいでしょう。

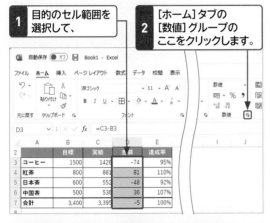

1 目的のセル範囲を 選択して、

2 [ホーム]タブの [数値]グループの ここをクリックします。

3 [数値]を クリックして、

4 赤色で表示された 「-1234」をクリックし、

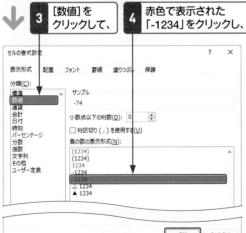

5 [OK]をクリックすると、

6 負の数値に 文字色が 設定されます。

Q 561 漢数字を使って表示したい!

A 表示形式で漢数字の種類を 指定します。

請求書や見積書の金額などを漢数字で表示したい場合は、[セルの書式設定]ダイアログボックスの[表示形式]の[その他]から漢数字の種類を指定します。漢数字(一十百千)と大字(壱拾百阡)の2種類から選択できます。

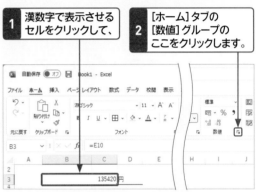

1 漢数字で表示させる セルをクリックして、

2 [ホーム]タブの [数値]グループの ここをクリックします。

3 [その他]をクリックして、

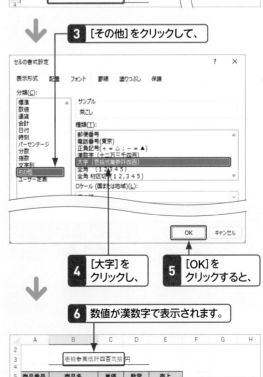

4 [大字]を クリックし、

5 [OK]を クリックすると、

6 数値が漢数字で表示されます。

11 基本と入力
12 編集
13 書式設定
14 計算
15 関数
16 グラフ
17 データベース
18 印刷
19 ファイル
20 連携・共同編集

重要度 ★ ★ ★ 　表示形式の設定

Q 562 数値を小数点で揃えて表示したい!

A ユーザー定義の表示形式を「0.???」のように設定します。

数値を小数点で揃えたい場合は、[セルの書式設定]ダイアログボックスで、「0.???」というユーザー定義の表示形式を作成します。「?」は、小数点以下の桁数を表します。

1 [セルの書式設定]ダイアログボックスを表示して[ユーザー定義]をクリックします。

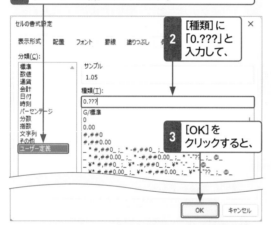

2 [種類]に「0.???」と入力して、

3 [OK]をクリックすると、

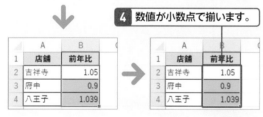

4 数値が小数点で揃います。

重要度 ★ ★ ★ 　表示形式の設定

Q 563 ユーザー定義の表示形式をほかのブックでも使いたい!

A ユーザー定義の表示形式が設定されたセルをコピーします。

ユーザー定義の表示形式をほかのブックでも利用したい場合は、表示形式を設定したセルをコピーして、目的のブックに貼り付けます。

重要度 ★ ★ ★ 　表示形式の設定

Q 564 日付を和暦で表示したい!

A [表示形式]の[日付]で日付の種類を指定します。

「年」「月」「日」を表す数値を「/」(スラッシュ)や「-」(ハイフン)で区切って入力すると、自動的に「日付」の表示形式が設定されます。日付を「令和5年5月15日」や「R5.5.15」のように和暦で表示するには、[セルの書式設定]ダイアログボックスの[日付]で設定します。

1 日付を入力したセルをクリックして、

2 [ホーム]タブの[数値]グループのここをクリックします。

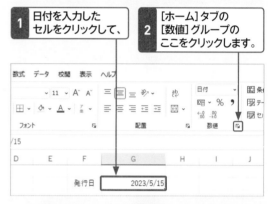

3 [日付]をクリックして、

4 [カレンダーの種類]を[和暦]に設定し、

5 和暦の日付表示をクリックします。

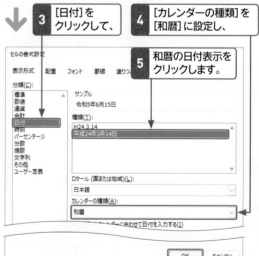

6 [OK]をクリックすると、

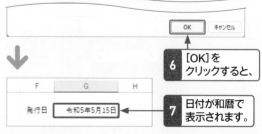

7 日付が和暦で表示されます。

Q 565　24時間を超える時間を表示したい!

A　ユーザー定義の表示形式を「[h]:mm」と設定します。

セルに「時刻」の表示形式が設定されていると、「28:00」のような時刻は、24時間差し引かれて「4:00」あるいは「4:00:00」と表示されます。24時間を超えた時刻をそのまま表示したい場合は、「[h]:mm」というユーザー定義の表示形式を作成します。

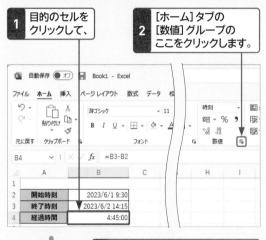

1 目的のセルをクリックして、

2 [ホーム]タブの[数値]グループのここをクリックします。

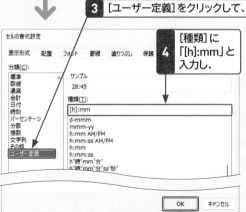

3 [ユーザー定義]をクリックして、

4 [種類]に「[h]:mm」と入力し、

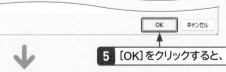

5 [OK]をクリックすると、

6 24時間を超える時間が正しく表示されます。

Q 566　24時間以上の時間を「○日◇時△分」と表示したい!

A　ユーザー定義の表示形式を「d"日"h"時"mm"分"」と設定します。

たとえば、28:45時間を「1日4時45分」のように、日付を使った形式で表示するには、「d"日"h"時"mm"分"」というユーザー定義の表示形式を作成します。

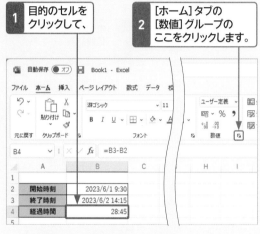

1 目的のセルをクリックして、

2 [ホーム]タブの[数値]グループのここをクリックします。

3 [ユーザー定義]をクリックして、

4 [種類]に「d"日"h"時"mm"分"」と入力し、

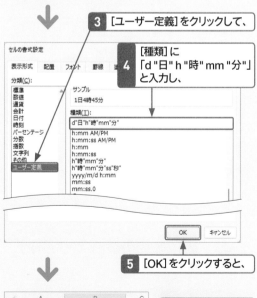

5 [OK]をクリックすると、

6 24時間を超える時間が日付を使った形式で表示されます。

重要度 ★★★　表示形式の設定

Q 567 時間を「分」で表示したい！

A ユーザー定義の表示形式を「[mm]」と設定します。

たとえば、1時間30分を「90分」、2時間15分を「135分」などの「分」に換算して表示するには、[セルの書式設定]ダイアログボックスで「[mm]」というユーザー定義の表示形式を作成します。

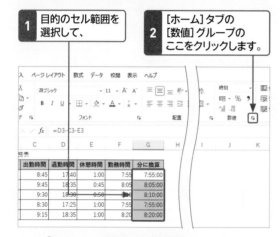

1 目的のセル範囲を選択して、

2 [ホーム]タブの[数値]グループのここをクリックします。

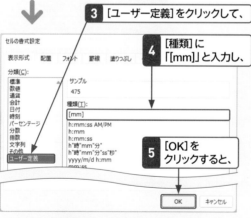

3 [ユーザー定義]をクリックして、

4 [種類]に「[mm]」と入力し、

5 [OK]をクリックすると、

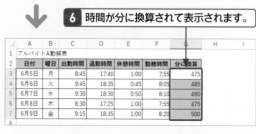

6 時間が分に換算されて表示されます。

重要度 ★★★　表示形式の設定

Q 568 「年／月」という形式で日付を表示したい！

A ユーザー定義の表示形式を「yyyy/m」と設定します。

「2023/6」などと、4桁の西暦年数と月数だけの日付を表示したい場合は、「yyyy/m」というユーザー定義の表示形式を作成します。表示形式における「yyyy」は4桁の西暦を、「m」は月数を、「d」は日付を表す書式記号です。

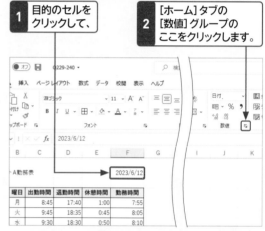

1 目的のセルをクリックして、

2 [ホーム]タブの[数値]グループのここをクリックします。

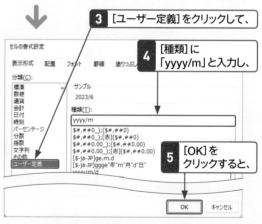

3 [ユーザー定義]をクリックして、

4 [種類]に「yyyy/m」と入力し、

5 [OK]をクリックすると、

6 4桁の西暦と月数だけが表示されます。

Q569 「月」「日」をそれぞれ2桁で表示したい！

A ユーザー定義の表示形式を「mm/dd」と設定します。

「06/01」のように、1桁の「月」「日」の先頭に0を付けてそれぞれを2桁で表示するには、「mm/dd」というユーザー定義の表示形式を作成します。「m」は月数を、「d」は日付を表す書式記号です。

1 目的のセル範囲を選択して、

2 [ホーム]タブの[数値]グループのここをクリックします。

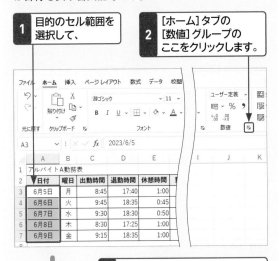

3 [ユーザー定義]をクリックして、

4 [種類]に「mm/dd」と入力し、

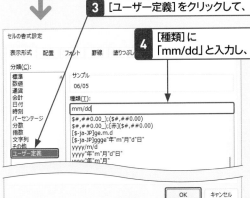

5 [OK]をクリックすると、

6 「月」「日」がそれぞれ2桁で表示されます。

Q570 日付に曜日を表示したい！

A ユーザー定義の表示形式を「m "月" d "日" (aaa)」のように設定します。

「6月5日(月)」「6月5日(月曜日)」のように、セルに入力された日付をもとに曜日を表示するには、「m "月" d "日" (aaa)」というユーザー定義の表示形式を作成します。「aaa」は、曜日を表す書式記号です。そのほかの曜日を表す書式記号については、下表を参照してください。

1 セル範囲を選択して、[セルの書式設定]ダイアログボックスを表示します。

2 [ユーザー定義]をクリックして、

3 [種類]に「m "月" d "日" (aaa)」と入力し、

4 [OK]をクリックすると、

5 日付に曜日が表示されます。

● 曜日を表す書式記号

書式記号	表示される曜日
aaa	日本語（日〜土）
aaaa	日本語（日曜日〜土曜日）
ddd	英語（Sun〜Sat）
dddd	英語（Sunday〜Saturday）

重要度 ★★★　表示形式の設定

Q 571 条件に合わせて数値に色を付けたい！

A [ユーザー定義] の [種類] に条件を指定します。

表示形式に複数の条件を指定すると、入力されたデータを指定した書式で表示することができます。たとえば、数値が100以上の場合は青で、100未満の場合は赤で表示するには、ユーザー定義の表示形式で「[青][>=100]#,##;[赤][<100]##」と入力します。

数値の色には、黒、白、赤、緑、青、黄、紫、水色の8色が指定できます。「;」(セミコロン)は複数の書式を区切るための書式記号です。

1 目的のセル範囲を選択して [セルの書式設定] ダイアログボックスを表示します。

2 [ユーザー定義]をクリックして、

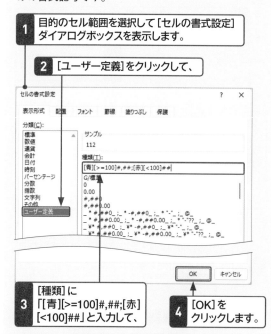

3 [種類]に「[青][>=100]#,##;[赤][<100]##」と入力して、

4 [OK]をクリックします。

5 100以上の数値は青で、100未満の数値は赤で表示されます。

重要度 ★★★　表示形式の設定

Q 572 負の値に「▲」記号を付けたい！

A 表示形式の [数値] で設定します。

セルに入力された数値が負の場合に、文字を赤色にすると見やすくなりますが、モノクロで印刷すると負の値がわかりにくくなります。この場合は、セルの表示形式を利用して、数値に「▲」記号を設定するとよいでしょう。

1 目的のセル範囲を選択して、

2 [ホーム]タブの [数値]グループのここをクリックします。

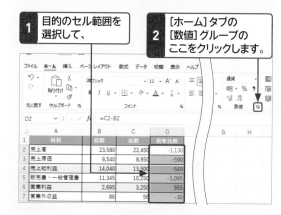

3 [数値]をクリックして、

4 「▲1,234」をクリックし、

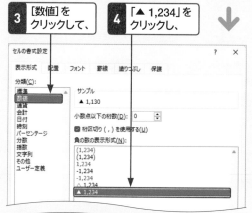

5 [OK]をクリックすると、

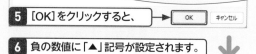

6 負の数値に「▲」記号が設定されます。

科目	前期	当期	前年比較
売上高	23,580	22,450	▲ 1,130
売上原価	9,540	8,950	▲ 590
売上総利益	14,040	13,500	▲ 540
販売費・一般管理費	11,345	10,250	▲ 1,095
営業利益	2,695	3,250	555
営業外収益	86	56	▲ 30

重要度 ★★★　文字列の書式設定

Q 573 上付き文字や下付き文字を入力したい！

A [セルの書式設定]ダイアログボックスで設定します。

文字列の一部を上付き文字や下付き文字にするには、セルをダブルクリックするか、F2 を押して目的の文字をドラッグして選択します。[ホーム]タブの[フォント]グループの 🔽 をクリックして[セルの書式設定]ダイアログボックスを表示し、[フォント]の[文字飾り]で設定します。

なお、[上付き]や[下付き]を、クイックアクセスツールバーにコマンドとして登録することもできます。

参照 ▶ Q 026

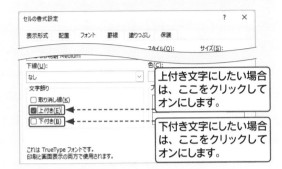

上付き文字にしたい場合は、ここをクリックしてオンにします。

下付き文字にしたい場合は、ここをクリックしてオンにします。

重要度 ★★★　文字列の書式設定

Q 574 文字の大きさを部分的に変えたい！

A セルをダブルクリックして、一部の文字を選択してから設定します。

文字サイズを部分的に変更したいときは、セルをダブルクリックするか、F2 を押して目的の文字をドラッグして選択し、サイズを設定します。文字サイズを変更する際、サイズにマウスポインターを合わせるだけで、その設定がすぐに反映されプレビューで確認できるので、効率的に設定できます。

1 目的の文字を選択して、[ホーム]タブの[フォントサイズ]のここをクリックします。

2 目的のサイズにマウスポインターを合わせると、

3 プレビューが表示され確認できます。

4 サイズをクリックすると、文字のサイズが部分的に変更されます。

重要度 ★★★　文字列の書式設定

Q 575 文字の色を部分的に変えたい！

A セルをダブルクリックして、一部の文字を選択してから設定します。

文字の色を部分的に変更したいときは、セルをダブルクリックするか F2 を押して、目的の文字をドラッグして選択し、色を設定します。文字色を変更する際、色にマウスポインターを合わせるだけで、その設定がすぐに反映されプレビューで確認できるので、効率的に設定できます。

1 目的の文字を選択して、[ホーム]タブの[フォントの色]のここをクリックします。

2 色にマウスポインターを合わせると、

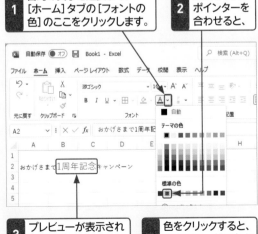

3 プレビューが表示され確認できます。

4 色をクリックすると、文字列の一部の色が変更されます。

11 基本と入力
12 編集
13 書式設定
14 計算
15 関数
16 グラフ
17 データベース
18 印刷
19 ファイル
20 連携・共同編集

重要度 ★★★　文字列の書式設定

Q 576 文字列の左に 1文字分の空白を入れたい！

A [インデントを増やす]を 利用します。

セルに入力した文字列の左に1文字分の空白を入れるには、空白を入れたいセルを選択して、[ホーム]タブの[インデントを増やす]をクリックします。また、インデントを解除するには、[インデントを減らす]をクリックします。1つのインデントで字下がりする幅は、標準フォントの文字サイズ1文字分です。

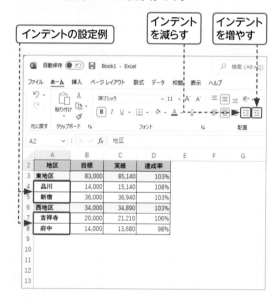

インデントの設定例

インデントを減らす　インデントを増やす

重要度 ★★★　文字列の書式設定

Q 577 両端揃えって何？

A 行の端をセルの端に揃えて 配置するための書式です。

セルに長文や英語混じりなどの文章を折り返して入力すると、折り返し位置の行末がきれいに揃わない場合があります。「両端揃え」とは、このような場合に、行の端がセルの端に揃うように文字間隔を調整する機能のことです。最終行は「左揃え」になるので、文章の見栄えをよくできます。

重要度 ★★★　文字列の書式設定

Q 578 折り返した文字列の右端を 揃えたい！

A セルの配置を 両端揃えに設定します。

セル内に折り返して入力した文字列を両端揃えに設定するには、[セルの書式設定]ダイアログボックスの[配置]の[横位置]で設定します。

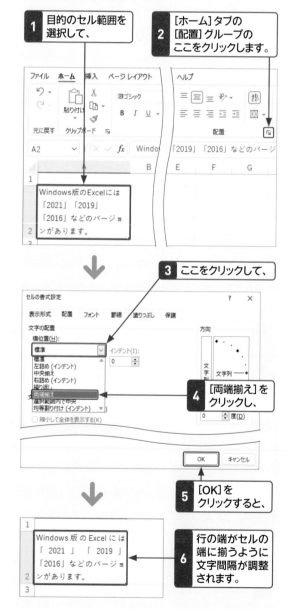

1 目的のセル範囲を選択して、

2 [ホーム]タブの[配置]グループのここをクリックします。

3 ここをクリックして、

4 [両端揃え]をクリックし、

5 [OK]をクリックすると、

6 行の端がセルの端に揃うように文字間隔が調整されます。

基本と入力 11
編集 12
書式設定 13
計算 14
関数 15
グラフ 16
データベース 17
印刷 18
ファイル 19
連携・共同編集 20

重要度 ★★★　文字列の書式設定

Q 579 標準フォントって何？

A　Excelで使う基準のフォントです。

「標準フォント」とは、新しく作成するブックに適用されるフォントのことです。標準フォントは、[ファイル]タブから[その他]をクリックして[オプション]をクリックし、[Excelのオプション]ダイアログボックスの[全般]で確認できます。また、変更することもできます。

標準フォントの種類やサイズは
変更することもできます。

重要度 ★★★　文字列の書式設定

Q 580 均等割り付けって何？

**A　文字をセル幅に合わせて均等に
割り付けるための書式です。**

「均等割り付け」とは、セル内の文字をセル幅に合わせて均等に配置する機能のことです。見出しなどで利用すると見栄えのよい表を作成できます。[セルの書式設定]ダイアログボックスの[配置]で設定します。

重要度 ★★★　文字列の書式設定

Q 581 セル内に文字を均等に配置したい！

**A　[セルの書式設定]ダイアログ
ボックスの[配置]で設定します。**

セル内の文字を均等割り付けに設定するには、[セルの書式設定]ダイアログボックスの[配置]の[横位置]で設定します。

1 目的のセル範囲を選択して、

2 [ホーム]タブの[配置]グループのここをクリックします。

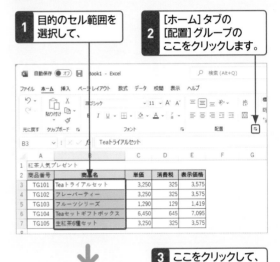

3 ここをクリックして、

4 [均等割り付け（インデント）]をクリックし、

5 [OK]をクリックすると、

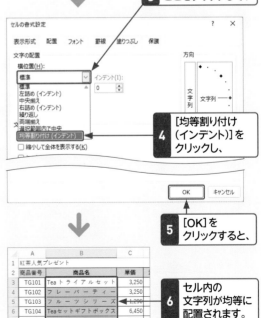

6 セル内の文字列が均等に配置されます。

333

Q 582 均等割り付け時に両端に空きを入れたい!

A₁ 均等割り付け時に前後にスペースを入れます。

均等割り付けを設定した際に、文字の両端とセル枠との間隔を開けたい場合は、[セルの書式設定]ダイアログボックスの [配置] で [前後にスペースを入れる]をオンにします。　　　　　　　　　　　参照▶Q 581

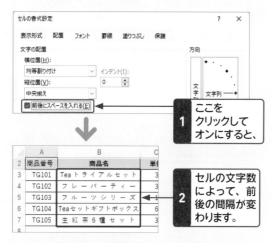

1 ここをクリックしてオンにすると、

2 セルの文字数によって、前後の間隔が変わります。

A₂ 均等割り付け時にインデントを設定します。

均等割り付けの設定時にインデントを設定しても、文字列の両端とセル枠との間隔を開けることができます。この方法で設定した場合は、セル内の文字数によって前後の間隔が変わることはありません。

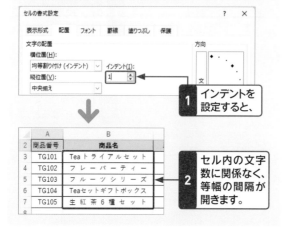

1 インデントを設定すると、

2 セル内の文字数に関係なく、等幅の間隔が開きます。

Q 583 両端揃えや均等割り付けができない!

A 数値や日付には設定できません。

均等割り付けや両端揃えが設定できるのは、文字列だけです。「123,456」のような数値や、「2023/4/15」のような日付に均等割り付けを設定すると中央揃えに、両端揃えを設定すると左揃えで表示されます。

Q 584 セル内で文字列を折り返したい!

A [ホーム]タブの [折り返して全体を表示する]を利用します。

セル内で自動的に文字列を折り返すには、[ホーム]タブの [折り返して全体を表示する]をクリックします。行の高さは、折り返された文字列に合わせて自動的に変更されます。

1 目的のセルをクリックして、

2 [ホーム]タブの [折り返して全体を表示する]をクリックすると、

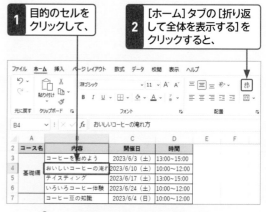

3 セル内で文字列が折り返されます。

行の高さは自動的に変更されます。

Q 585 文字を縦書きで表示したい！

A [ホーム]タブの [方向]を利用します。

セル内の文字を縦書きで表示するには、セル範囲を選択して、[ホーム]タブの [方向]をクリックし、[縦書き]をクリックします。縦書きに設定した文字を横書きに戻すには、再度[縦書き]をクリックします。

1 目的のセル範囲を Ctrl を押しながら選択します。

2 [ホーム]タブの [方向]をクリックして、

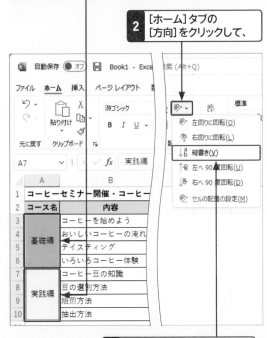

3 [縦書き]をクリックすると、

4 文字が縦書きで表示されます。

Q 586 2桁の数値を縦書きにすると数字が縦になる！

A 2桁の数値の後に改行して文字を入力し、全体を中央に揃えます。

2桁以上の数値を入力したセルを縦書きに設定すると、それぞれの数字が縦に並んでしまいます。数字を横に並べたい場合は、数字を入力したあとに Alt を押しながら Enter を押して改行し、続けて文字を入力します。入力が済んだら [ホーム]タブの [中央揃え]をクリックして、文字を中央に配置します。

2桁の数値を縦書きに設定すると、数字が縦に並んでしまいます。

1 数値を入力したあと、Alt を押しながら Enter を押して改行し、

2 次の行に文字を入力します。

3 同様の方法で必要な文字を入力し、

4 [ホーム]タブの [中央揃え]をクリックして、

5 文字を中央に配置します。

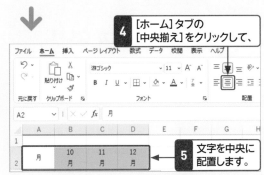

Q 587 漢字にふりがなを付けたい！

A [ホーム]タブの[ふりがなの表示／非表示]を利用します。

セルに入力されている漢字にふりがなを付けるには、目的のセル範囲を選択して、[ホーム]タブの[ふりがなの表示／非表示]をクリックします。ふりがなは、漢字を変換する際に入力した読みに従って振られます。

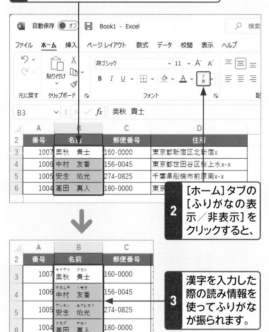

1 ふりがなを付けたいセル範囲を選択して、

2 [ホーム]タブの[ふりがなの表示／非表示]をクリックすると、

3 漢字を入力した際の読み情報を使ってふりがなが振られます。

Q 588 ふりがなが付かない！

A ほかのアプリケーションで作成したデータをコピーした場合は付きません。

Excel以外のアプリケーションで作成したデータをコピーしたり、読み込んだりした場合は、ふりがなが表示されないことがあります。

Q 589 ふりがなを修正したい！

A ふりがなのセルをダブルクリックして修正します。

漢字を変換する際に、本来の読みと異なる読みで入力した場合は、その読みでふりがなが表示されます。ふりがなを修正するには、修正したいふりがなの表示されたセルをダブルクリックし、ふりがな部分をクリックします。

また、[ホーム]タブの[ふりがなの表示／非表示]の⌄をクリックし、[ふりがなの編集]をクリックしても修正することができます。

1 ふりがなの表示されたセルをダブルクリックして、

| 4 | 1006 | ナカムラ トモカ
中村　友香 | 156-0045 |
| 5 | 1005 | アンネン ユウヒカリ
安念　佑光 | 274-0825 |

2 ふりがなをクリックすると、ふりがなが編集できる状態になります。

| 4 | 1006 | ナカムラ トモカ
中村　友香 | 156-0045 |
| 5 | 1005 | アンネン ユウヒカリ
安念　佑光 | 274-0825 |

3 ふりがなを修正して Enter を押すと、

| 4 | 1006 | ナカムラ トモカ
中村　友香 | 156-0045 |
| 5 | 1005 | アンネン ヒロミツ
安念　佑光 | 274-0825 |

4 ふりがなが確定します。

| 4 | 1006 | ナカムラ トモカ
中村　友香 | 156-0045 |
| 5 | 1005 | アンネン ヒロミツ
安念　佑光 | 274-0825 |

Q 590 ふりがなをひらがなで表示したい!

A [ふりがなの設定]ダイアログボックスで設定します。

ふりがなをひらがなで表示するには、[ふりがなの設定]ダイアログボックスを表示して設定します。ふりがなの配置を変更することもできます。

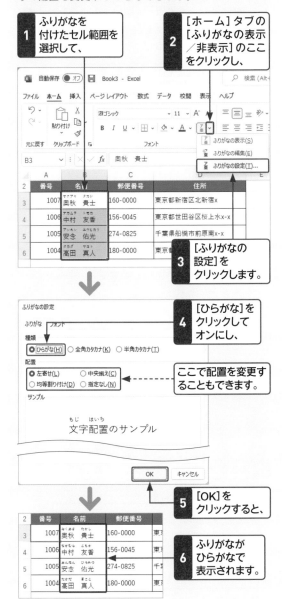

1 ふりがなを付けたセル範囲を選択して、

2 [ホーム]タブの[ふりがなの表示／非表示]のここをクリックし、

3 [ふりがなの設定]をクリックします。

4 [ひらがな]をクリックしてオンにし、

ここで配置を変更することもできます。

5 [OK]をクリックすると、

6 ふりがながひらがなで表示されます。

Q 591 セルの幅に合わせて文字サイズを縮小したい!

A [セルの書式設定]ダイアログボックスの[配置]で設定します。

セルの幅に合わせて文字サイズを縮小するには、[セルの書式設定]ダイアログボックスの[配置]で設定します。この方法で文字サイズを縮小した場合、セル幅を広げると、文字の大きさはもとに戻ります。

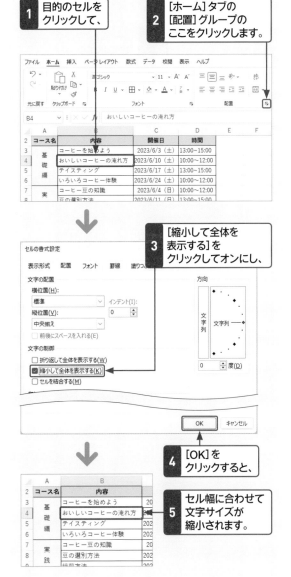

1 目的のセルをクリックして、

2 [ホーム]タブの[配置]グループのここをクリックします。

3 [縮小して全体を表示する]をクリックしてオンにし、

4 [OK]をクリックすると、

5 セル幅に合わせて文字サイズが縮小されます。

基本と入力 11
編集 12
書式設定 13
計算 14
関数 15
グラフ 16
データベース 17
印刷 18
ファイル 19
連携・共同編集 20

Q 592 書式だけコピーしたい！

A [書式のコピー／貼り付け]を利用します。

同じ形式の表を作成する場合、罫線の色やセルの背景色などの設定を繰り返し行うのは手間がかかります。このような場合は、[ホーム]タブの[書式のコピー／貼り付け]を利用して、書式だけをコピーすると効率的です。

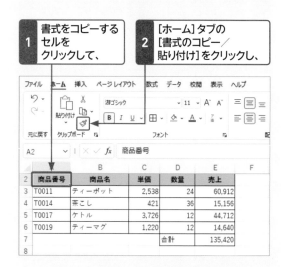

3 貼り付ける位置でクリックすると、

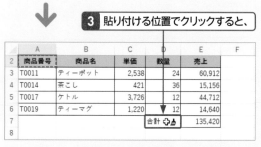

4 書式だけがコピーされます。

Q 593 データはそのままで書式だけを削除したい！

A [ホーム]タブの[クリア]から[書式のクリア]をクリックします。

データはそのままで、表に設定した書式だけをまとめて削除したい場合は、[ホーム]タブの[クリア]から[書式のクリア]をクリックします。
なお、書式やデータすべてを削除する場合は[すべてクリア]を、書式は残してデータだけを削除する場合は[数式と値のクリア]をクリックします。

1 書式をクリアしたいセル範囲を選択して、

2 [ホーム]タブの[クリア]をクリックし、

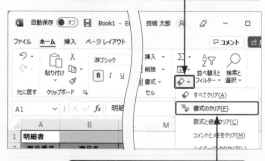

3 [書式のクリア]をクリックすると、

4 書式がクリアされ、データだけが残ります。

重要度 ★★★　表の書式設定

Q 594 複数のセルを 1つに結合したい！

A [セルを結合して中央揃え]を クリックします。

隣り合う複数のセルを1つにするには、目的のセル範囲を選択して、[ホーム]タブの[セルを結合して中央揃え]をクリックします。選択したセルにデータが入力されていた場合は、左上隅のデータが結合セルに入力されます。

1 結合したいセル 範囲を選択して、

2 [ホーム]タブの[セルを 結合して中央揃え]を クリックすると、

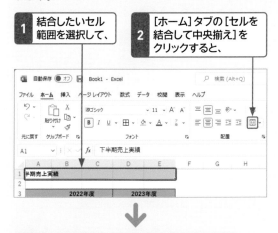

3 セルが結合され、データが中央で揃います。

重要度 ★★★　表の書式設定

Q 595 セルの結合時にデータを 中央に配置したくない！

A [セルを結合して中央揃え]から [セルの結合]をクリックします。

[ホーム]タブの[セルを結合して中央揃え]を利用すると、セルに入力されていたデータが結合したセルの中央に配置されます。セルを結合してもデータを中央に配置したくない場合は、[セルを結合して中央揃え]から[セルの結合]をクリックすると、文字列を左揃えのまま結合することができます。

1 結合したいセル 範囲を選択して、

2 [ホーム]タブの[セルを 結合して中央揃え]の ここをクリックし、

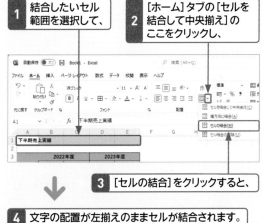

3 [セルの結合]をクリックすると、

4 文字の配置が左揃えのままセルが結合されます。

重要度 ★★★　表の書式設定

Q 596 複数セルの中央にデータを 配置したい！

A [セルの書式設定]ダイアログボックスの[配置]で設定します。

セルを結合せずに、複数セルの中央にデータを配置することができます。セル範囲を選択して、[セルの書式設定]ダイアログボックスの[配置]を表示し、[横位置]を[選択範囲内で中央]に設定します。

1 ここをクリックして、

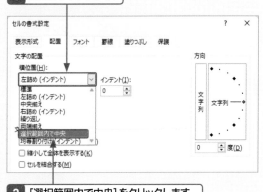

2 [選択範囲内で中央]をクリックします。

Q 597 セルの結合を解除したい！

A [セルを結合して中央揃え]から
[セル結合の解除]をクリックします。

セルの結合を解除するには、結合されているセルを選
択して、[ホーム]タブの [セルを結合して中央揃え]か
ら [セル接合の解除]をクリックします。

1 結合を解除するセルをクリックして、

2 [ホーム]タブの [セルを結合して中央揃え]の
ここをクリックし、

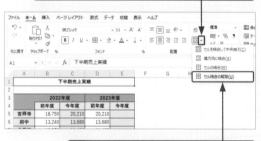

3 [セル結合の解除]をクリックすると、

4 セルの結合が解除されます。

Q 598 列幅の異なる表を縦に並べたい！

A 表をリンクして貼り付けます。

列幅の異なる表を縦に並べたい場合は、ほかのワーク
シートで作成した表をリンクして貼り付けます。表のリ
ンク貼り付けは、ワークシートのデータを画像として貼
り付ける機能で、貼り付けた画像はワークシート上の自
由な位置に配置できます。貼り付けもとの表のデータ
を修正すると、貼り付けた表にも変更が反映されます。

1 コピーもとの
セル範囲を選択し、

2 [ホーム]タブの
[コピー]を
クリックします。

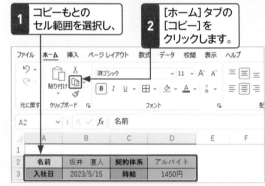

3 貼り付け先のセルを
クリックして、[貼り
付け]のここをクリッ
クし、

4 [リンクされた図]を
クリックすると、

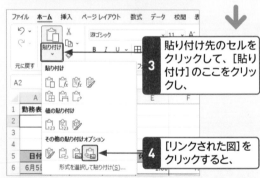

5 列幅が異なる表を縦に並べて
配置することができます。

基本と入力 11
編集 12
書式設定 13
計算 14
関数 15
グラフ 16
データベース 17
印刷 18
ファイル 19
連携・共同編集 20

重要度 ★ ★ ★　表の書式設定

Q 599 表に罫線を引きたい！

A1 ［ホーム］タブの［罫線］を利用します。

セルに罫線を引くには、［ホーム］タブの［罫線］の✔をクリックして表示されるメニューから線の種類を選択します。ここでは、表全体に格子状の罫線を引きます。

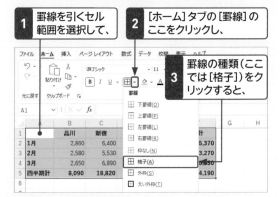

1 罫線を引くセル範囲を選択して、

2 ［ホーム］タブの［罫線］のここをクリックし、

3 罫線の種類（ここでは［格子］）をクリックすると、

4 選択したセル範囲に格子状の罫線が引けます。

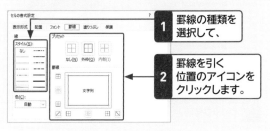

A2 ［セルの書式設定］ダイアログボックスの［罫線］を利用します。

［ホーム］タブの［罫線］の✔をクリックして、［その他の罫線］をクリックすると、［セルの書式設定］ダイアログボックスの［罫線］が表示されます。このダイアログボックスを利用すると、スタイルの異なる罫線をまとめて引いたり、罫線の引く位置を指定して引いたりすることができます。

1 罫線の種類を選択して、

2 罫線を引く位置のアイコンをクリックします。

重要度 ★ ★ ★　表の書式設定

Q 600 斜めの罫線を引きたい！

A1 ［罫線］から［罫線の作成］を選択してドラッグします。

斜めの罫線を引くには、［罫線］の✔をクリックして［罫線の作成］をクリックし、セル内を対角線上にドラッグします。この方法では、斜線だけでなく、マウスでドラッグした範囲に罫線を引くこともできます。

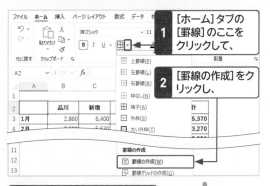
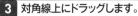

1 ［ホーム］タブの［罫線］のここをクリックして、

2 ［罫線の作成］をクリックし、

3 対角線上にドラッグします。

4 ［罫線］をクリックするか Esc を押して、ポインターをもとに戻します。

A2 ［セルの書式設定］ダイアログボックスの［罫線］を利用します。

［ホーム］タブの［罫線］の✔をクリックして、［その他の罫線］をクリックすると表示される［セルの書式設定］ダイアログボックスの［罫線］を利用します。罫線の種類を選択して、斜め罫線のアイコンをクリックします。

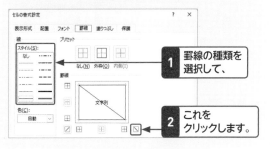

1 罫線の種類を選択して、

2 これをクリックします。

11 基本と入力
12 編集
13 書式設定
14 計算
15 関数
16 グラフ
17 データベース
18 印刷
19 ファイル
20 連携・共同編集

重要度 ★ ★ ★ 　表の書式設定

Q 601 Officeテーマって何？

A ブック全体の配色やフォント、効果を組み合わせた書式のことです。

「Officeテーマ」とは、フォントやセルの背景色、塗りつぶしの効果などを組み合わせたものです。Officeテーマを利用すると、ブック全体の書式をすばやくかんたんに設定できます。既定のテーマは「Office」ですが、[ページレイアウト]タブの [テーマ]の一覧で変更することができます。設定したテーマは、ブック全体のワークシートに適用されます。

> 初期設定のテーマは「Office」に設定されています。

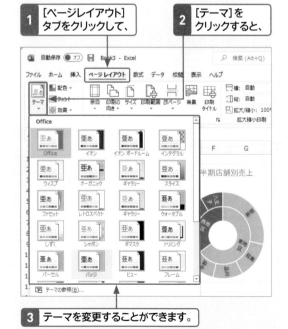

1 [ページレイアウト]タブをクリックして、
2 [テーマ]をクリックすると、
3 テーマを変更することができます。

重要度 ★ ★ ★ 　表の書式設定

Q 602 テーマの配色を変更したい！

A [ページレイアウト]タブの[配色]をクリックして設定します。

テーマの配色は個別に変更できます。[ページレイアウト]タブの [配色]をクリックして、一覧から目的の配色を選択します。また、フォントも変更できます。[ページレイアウト]タブの [フォント]をクリックして一覧から選択します。

1 [ページレイアウト]タブをクリックして、
2 [配色]をクリックし、

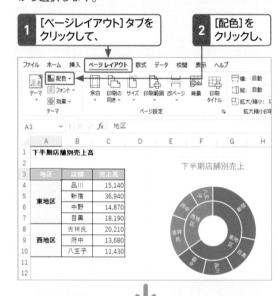

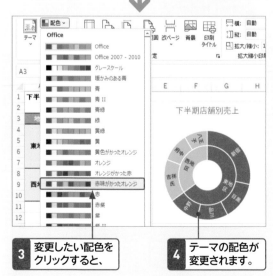

3 変更したい配色をクリックすると、
4 テーマの配色が変更されます。

基本と入力 11
編集 12
書式設定 13
計算 14
関数 15
グラフ 16
データベース 17
印刷 18
ファイル 19
連携・共同編集 20

重要度 ★★★ 表の書式設定

Q 603 表をかんたんに装飾したい！

A [テーブルとして書式設定]の一覧から設定します。

表をかんたんに装飾したい場合は、表をテーブルとして設定します。[ホーム]タブの[テーブルとして書式設定]をクリックすると、色や罫線などの書式があらかじめ設定されたスタイルの一覧が表示されます。その中から使用したいスタイルをクリックするだけで、表に見栄えのする書式が設定されます。

なお、表をテーブルとして設定すると、列見出しにフィルターボタン ▽ が表示されますが、不要な場合は解除することもできます（解除方法はQ 604参照）。

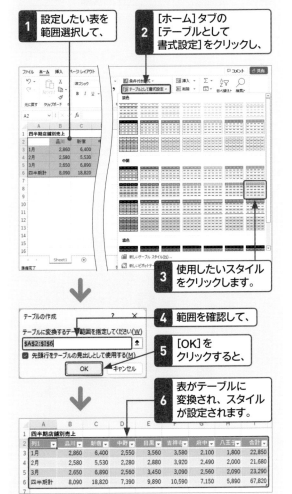

重要度 ★★★ 表の書式設定

Q 604 表の先頭列や最終列を目立たせたい！

A 表をテーブルとして設定し、[最初の列]や[最後の列]をオンにします。

表をテーブルとして設定すると、[テーブルデザイン]タブが表示されます。その[テーブルデザイン]タブにある[最初の列]や[最後の列]をオンにすると、表の先頭列や最終列に目立つ書式を設定できます。書式は、設定したテーブルスタイルによって異なります。また、[フィルターボタン]をオフにすると、列見出しに表示されているフィルターボタン ▽ を解除することもできます。

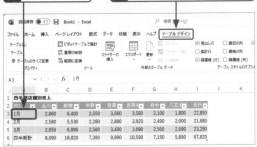

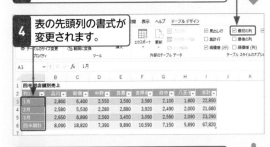

重要度 ★ ★ ☆ 条件付き書式

Q 605 条件付き書式って何？

A 指定した条件を満たすセルに書式を付ける機能のことです。

「条件付き書式」は、指定した条件に基づいてセルを強調表示したり、データを相対的に評価して視覚化したりする機能です。条件付き書式を利用すると、条件に一致するセルに書式を設定して特定のセルを目立たせたり、データを相対的に評価してカラーバーやアイコン

を表示したりすることができます。同じセル範囲に複数の条件付き書式を設定することもできます。

	A	B	C	D	E	F
1	四半期店舗別売上					
2		吉祥寺	府中	八王子	合計	
3	1月	3,580	2,100	1,800	7,480	
4	2月	3,920	2,490	2,000	8,410	
5	3月	3,090	2,560	2,090	7,740	
6	四半期計	10,590	7,150	5,890	23,630	
7						

条件付き書式を利用して平均より大きい数値のセルに書式を設定した例

重要度 ★ ★ ★ 条件付き書式

Q 606 条件に一致するセルだけ色を変えたい！

A 条件付き書式の［セルの強調表示ルール］を利用します。

条件付き書式の［セルの強調表示ルール］を利用すると、指定した値をもとに、指定の値より大きい／小さい、指定の範囲内、指定の値に等しい、などの条件でセルに任意の書式を設定して目立たせることができます。

1 目的のセル範囲を選択して、

2 ［ホーム］タブの［条件付き書式］をクリックし、

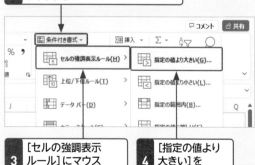

3 ［セルの強調表示ルール］にマウスポインターを合わせ、

4 ［指定の値より大きい］をクリックします。

5 基準にする数値を入力して（ここでは「3000」）、

6 ここをクリックし、

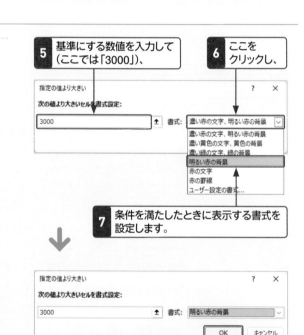

7 条件を満たしたときに表示する書式を設定します。

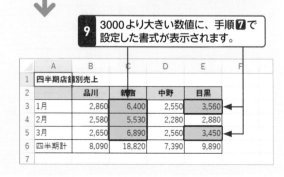

8 ［OK］をクリックすると、

9 3000より大きい数値に、手順**7**で設定した書式が表示されます。

	A	B	C	D	E	F
1	四半期店舗別売上					
2		品川	新宿	中野	目黒	
3	1月	2,860	6,400	2,550	3,560	
4	2月	2,580	5,530	2,280	2,880	
5	3月	2,650	6,890	2,560	3,450	
6	四半期計	8,090	18,820	7,390	9,890	
7						

Q 607

数値の差や増減をひと目で わかるようにしたい！

A 条件付き書式の「データバー」や 「カラースケール」などを利用します。

条件付き書式の「データバー」「カラースケール」「アイコンセット」は、ユーザーが値を指定しなくても、選択したセル範囲の値を自動計算し、データを相対評価してくれる機能です。

データバーは、値の大小に応じた長さの横棒を単色やグラデーションで表示します。カラースケールは、値の大小を色の濃淡で表示します。アイコンセットは、値の大小に応じて3～5種類のアイコンを表示します。

● データバーを表示する

1 目的のセル範囲を選択して、

	A	B	C	D	E	F
1	下半期商品区分別売上					
2		品川	▼新宿	中野	目黒	
3	キッチン	5,340	5,800	5,270	3,820	
4	収納家具	4,330	4,510	4,230	3,080	
5	ガーデン	3,310	3,630	3,200	2,650	
6	防災	800	860	770	1,080	
7	合計	13,780	14,800	13,470	10,630	

↓

2 [ホーム]タブの [条件付き書式]をクリックします。

3 [データバー]にマウスポインターを合わせて、

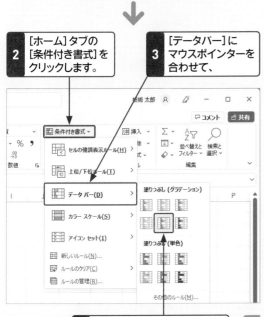

4 使用する色をクリックすると、

5 値の大小に応じた長さのカラーバーが表示されます。

	A	B	C	D	E
1	下半期商品区分別売上				
2		品川	新宿	▼中野	目黒
3	キッチン	5,340	5,800	5,270	3,820
4	収納家具	4,330	4,510	4,230	3,080
5	ガーデン	3,310	3,630	3,200	2,650
6	防災	800	860	770	1,080
7	合計	13,780	14,800	13,470	10,630

	A	B	C	D
1	下半期店舗別売上			
2		下半期計	売上目標	差額
3	品川	15,140	14,000	1,140
4	新宿	36,940	36,000	940
5	中野	14,870	15,000	-130
6	目黒	18,190	18,000	190
7	合計	85,140	83,000	2,140

プラスとマイナスの数値がある場合は、マイナス、プラス間に境界線が適用されたカラーバーが表示されます。

● カラースケールを表示する

	A	B	C	D	E
1	下半期商品区分別売上				
2		品川	新宿	中野	目黒
3	キッチン	5,340	5,800	5,270	3,820
4	収納家具	4,330	4,510	4,230	3,080
5	ガーデン	3,310	3,630	3,200	2,650
6	防災	800	860	770	1,080
7	合計	13,780	14,800	13,470	10,630

値の大小が色の濃淡で表示されます。

● アイコンセットを表示する

	A	B	C	D	E
1	下半期商品区分別売上				
2		品川	新宿	中野	目黒
3	キッチン	⬆ 5,340	⬆ 5,800	⬆ 5,270	↗ 3,820
4	収納家具	↗ 4,330	↗ 4,510	↗ 4,230	➡ 3,080
5	ガーデン	➡ 3,310	➡ 3,630	➡ 3,200	↘ 2,650
6	防災	⬇ 800	⬇ 860	⬇ 770	⬇ 1,080
7	合計	13,780	14,800	13,470	10,630

値の大小に応じたアイコンが表示されます。

11 基本と入力
12 編集
13 書式設定
14 計算
15 関数
16 グラフ
17 データベース
18 印刷
19 ファイル
20 連携・共同編集

重要度 ★★★　条件付き書式

Q 608 土日の日付だけ色を変えたい!

A 条件にWEEKDAY関数を利用します。

予定表などを作成する際、日曜日や土曜日のセルに色を付けると見やすい表になります。この場合は、条件付き書式の条件にWEEKDAY関数を利用して、指定した曜日に書式を設定します。WEEKDAY関数は、日付に対応する曜日を1から7までの整数で返す関数です。なお、手順**5**で入力している「WEEKDAY($A3,1)=1」の「A3」は日付が入力されているセルを、「1」(戻り値)は日曜日を指定しています(右下表参照)。

1 目的のセル範囲を選択して、

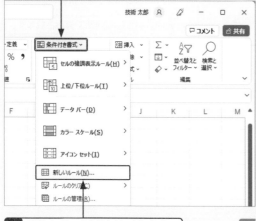

2 [ホーム]タブの[条件付き書式]をクリックし、

3 [新しいルール]をクリックします。

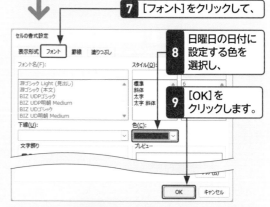

4 [数式を使用して、書式設定するセルを決定]をクリックし、

5 「=WEEKDAY($A3,1)=1」と入力して、

土曜日の書式を設定する場合は、「=WEEKDAY($A3,1)=7」と入力します。

6 [書式]をクリックします。

7 [フォント]をクリックして、

8 日曜日の日付に設定する色を選択し、

9 [OK]をクリックします。

10 [新しい書式ルール]ダイアログボックスの[OK]をクリックすると、

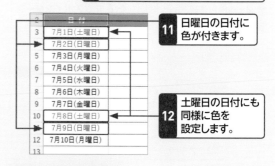

11 日曜日の日付に色が付きます。

12 土曜日の日付にも同様に色を設定します。

● 戻り値と曜日の関係

WEEKDAY関数では引数の種類が3つあり、それぞれ戻り値と曜日の対応関係が異なります。ここでは、下表の種類を指定しています。

曜日	日	月	火	水	木	金	土
戻り値	1	2	3	4	5	6	7

重要度 ★★★　条件付き書式

Q 609 条件に一致する行だけ色を変えたい!

A MOD関数とROW関数を組み合わせた数式を利用します。

条件付き書式で指定する条件に、MOD関数とROW関数を組み合わせた数式を入力すると、指定行ごとに書式を設定できます。たとえば、1行ごとに背景色を変更するように設定するには、「=MOD(ROW( ),2)=0」という数式を条件にします。この数式は、現在の行番号が2で割り切れるかどうかをチェックして、余りが0であると偶数行とみなされ、書式が設定されます。奇数行に色を付ける場合は、「=MOD(ROW( ),2)=1」とします。

参照 ▶ Q 603

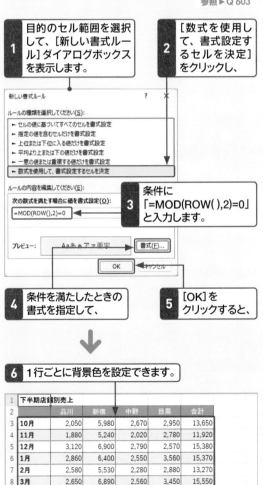

1 目的のセル範囲を選択して、[新しい書式ルール]ダイアログボックスを表示します。

2 [数式を使用して、書式設定するセルを決定]をクリックし、

3 条件に「=MOD(ROW( ),2)=0」と入力します。

4 条件を満たしたときの書式を指定して、

5 [OK]をクリックすると、

6 1行ごとに背景色を設定できます。

	品川	新宿	中野	目黒	合計
下半期店舗別売上					
10月	2,050	5,980	2,670	2,950	13,650
11月	1,880	5,240	2,020	2,780	11,920
12月	3,120	6,900	2,790	2,570	15,380
1月	2,860	6,400	2,550	3,560	15,370
2月	2,580	5,530	2,280	2,880	13,270
3月	2,650	6,890	2,560	3,450	15,550
下半期計	15,140	36,940	14,870	18,190	85,140

重要度 ★★★　条件付き書式

Q 610 条件付き書式の条件や書式を変更したい!

A [条件付き書式ルールの管理]ダイアログボックスで変更します。

条件付き書式の条件や書式を変更したいときは、書式を設定したセル範囲を選択して、[条件付き書式ルールの管理]ダイアログボックスを表示します。変更したいルールをクリックして、[ルールの編集]をクリックすると、[書式ルールの編集]ダイアログボックスが表示されるので、条件や書式を変更します。

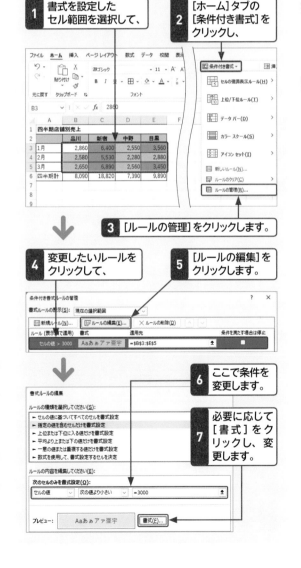

1 書式を設定したセル範囲を選択して、

2 [ホーム]タブの[条件付き書式]をクリックし、

3 [ルールの管理]をクリックします。

4 変更したいルールをクリックして、

5 [ルールの編集]をクリックします。

6 ここで条件を変更します。

7 必要に応じて[書式]をクリックし、変更します。

347

11 基本と入力
12 編集
13 書式設定
14 計算
15 関数
16 グラフ
17 データベース
18 印刷
19 ファイル
20 連携・共同編集

重要度 ★★★　条件付き書式

Q 611 条件付き書式を解除したい！

A [条件付き書式]の[ルールの クリア]から解除します。

条件付き書式を解除するには、書式を設定したセル範囲を選択して、[ホーム]タブの[条件付き書式]をクリックし、[ルールのクリア]から[選択したセルからルールをクリア]をクリックします。また、セル範囲を選択せずに、[ルールのクリア]から[シート全体からルールをクリア]をクリックすると、ワークシート上のすべてのセルから条件付き書式が解除されます。

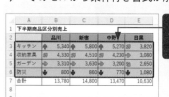

1 書式を設定した セル範囲を 選択します。

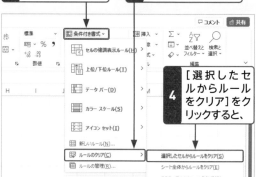

2 [ホーム]タブの [条件付き書式]を クリックして、

3 [ルールのクリア]に マウスポインターを 合わせ、

4 [選択したセ ルからルール をクリア]をク リックすると、

5 条件付き 書式が 解除されます。

重要度 ★★☆　条件付き書式

Q 612 設定した複数条件のうち 1つだけを解除したい！

A [条件付き書式ルールの管理] ダイアログボックスで変更します。

設定した複数条件のうち、1つだけを削除するには、書式を設定したセル範囲を選択して、[ホーム]タブの[条件付き書式]をクリックし、[ルールの管理]をクリックします。[条件付き書式ルールの管理]ダイアログボックスが表示されるので、解除したいルールをクリックして削除します。

1 [条件付き書式ルールの管理] ダイアログボックスを表示して、

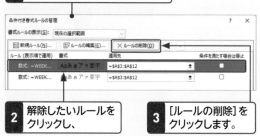

2 解除したいルールを クリックし、

3 [ルールの削除]を クリックします。

重要度 ★★★　条件付き書式

Q 613 設定した複数条件の 優先順位を変更したい！

A [条件付き書式ルールの管理] ダイアログボックスで変更します。

条件付き書式は、あとから設定した条件が優先されます。優先順位を変更したいときは、書式を設定したセル範囲を選択して、[ホーム]タブの[条件付き書式]をクリックし、[ルールの管理]をクリックすると表示される[条件付き書式ルールの管理]ダイアログボックスで設定します。

1 [条件付き書式ルールの管理] ダイアログボックスを表示して、

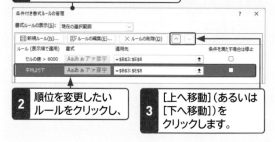

2 順位を変更したい ルールをクリックし、

3 [上へ移動](あるいは [下へ移動])を クリックします。

第14章

計算の
「こんなときどうする?」

11 基本と入力
12 編集
13 書式設定
14 計算
15 関数
16 グラフ
17 データベース
18 印刷
19 ファイル
20 連携・共同編集

重要度 ★ ★ ★ 　数式の入力

Q 614 数式って何？

A さまざまな計算をするための
計算式のことです。

「数式」とは、さまざまな計算をするための計算式のことです。「＝」(等号)と数値、演算子と呼ばれる記号を入力して計算結果を表示します。「＝」や数値、演算子などはすべて半角で入力します。

また、数値を入力するかわりにセル参照を指定して計算することもできます。セル参照を利用すると、参照元のデータを修正したときに計算結果が自動的に更新されるので、自分で再計算する手間が省けます。

● 数式の書式

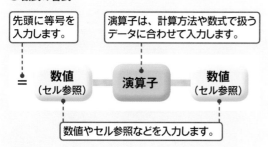

重要度 ★ ★ ★ 　数式の入力

Q 615 セル番号やセル番地って何？

A 列番号と行番号で表すセルの
位置のことをいいます。

「セル番号」とは、列番号と行番号で表すセルの位置のことです。たとえば、セル番号[A1]は列「A」と行「1」の交差するセルを指します。セル番地ともいいます。

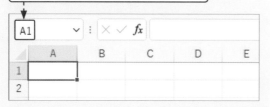

クリックしたセルのセル位置が数式バーに
表示されます。

重要度 ★ ★ ★ 　数式の入力

Q 616 算術演算子って何？

A 数式の計算内容を示す
記号のことです。

「算術演算子」とは、数式の中の算術演算に用いられる演算子のことです。計算を行うための算術演算子は下表のとおりです。同じ数式内に複数の種類の算術演算子がある場合は、表の上の算術演算子から順番に、優先的に計算が行われます。なお、優先順位はカッコで変更できます。

内容	記号
パーセント	％
べき乗	＾
掛け算	＊
割り算	／
足し算	＋
引き算	－

重要度 ★ ★ ★ 　数式の入力

Q 617 3の8乗のようなべき乗を求めたい！

A 算術演算子「＾」を利用します。

べき乗を求めるには、算術演算子「＾」を利用して、「=3^8」のように入力して求めます。「＾」は、キーボードの＾を押します。

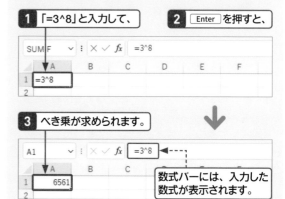

重要度 ★★★　数式の入力

Q 618　セル参照って何？

A 数式の中で数値のかわりに
セルの位置を指定することです。

「セル参照」とは、数式の中で数値のかわりにセルの位置を指定することです。セル参照を使うと、そのセルに入力されている値を使って計算できます。セル参照には、「相対参照」「絶対参照」「複合参照」の3種類の参照方式があります（右表参照）。数式をほかのセルにコピーする際は、参照方式によってコピー後の参照元が異なります。参照方式の切り替えは、 F4 を使ってかんたんに行うことができます。

参照方式	解説
相対参照	数式が入力されているセルを基点として、ほかのセルの位置を相対的な位置関係で指定する参照方式のことです。
絶対参照	参照するセル位置を固定する参照方式のことです。セル参照を固定するには、列番号や行番号の前に「$」を付けます。
複合参照	相対参照と絶対参照を組み合わせた参照方式のことです。「列が絶対参照、行が相対参照」「列が相対参照、行が絶対参照」の2種類があります。

● 相対参照

数式「=C3/B3」が入力されています。

	A	B	C	D
1	店頭売上数			
2		目標数	売上数	達成率
3	コーヒー	1500	1426	=C3/B3
4	紅茶	800	881	=C4/B4
5	日本茶	600	591	=C5/B5
6	中国茶	500	536	=C6/B6
7				
8				

数式をコピーすると、参照元が自動的に変更されます。

● 絶対参照

数式「=B3/$B$7」が入力されています。

	A	B	C
1	店頭売上数		
2		売上数	構成比
3	コーヒー	1426	=B3/$B$7
4	紅茶	881	=B4/$B$7
5	日本茶	591	=B5/$B$7
6	中国茶	536	=B6/$B$7
7	合計	=SUM(B3:B6)	
8			

数式をコピーすると、
「$」が付いた参照元は [B7] のまま固定されます。

● 複合参照

数式「=$B4＊C$1」が入力されています。

	A	B	C	D
1		原価率	0.75	0.85
2				
3	商品名	売値	原価額	原価額
4	ティーサーバー	1290	=$B4*C$1	=$B4*D$1
5	ケトル	3450	=$B5*C$1	=$B5*D$1
6	ティーメジャー	550	=$B6*C$1	=$B6*D$1
7	ティーコージー	3250	=$B7*C$1	=$B7*D$1
8				
9				
10				

数式をコピーすると、
参照列と参照行だけが固定されます。

● 参照方式の切り替え

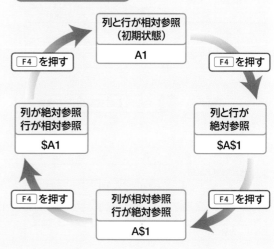

F4 を押す　列と行が相対参照（初期状態）　A1　F4 を押す

列が絶対参照 行が相対参照　$A1　列と行が絶対参照　$A$1

F4 を押す　列が相対参照 行が絶対参照　A$1　F4 を押す

基本と入力 11
編集 12
書式設定 13
計算 14
関数 15
グラフ 16
データベース 17
印刷 18
ファイル 19
連携・共同編集 20

Q 619 数式を修正したい!

A1 数式バーで修正します。

数式が入力されたセルをクリックすると、数式バーに
数式が表示されます。そこで数式を修正できます。

1 セルを
クリックして、

2 数式バーをクリックすると、
数式を修正できます。

SUMIF	∨ : × ✓ fx	=B3+C3
	A	B	C	D	E
1	地区別売上実績
2		1月	2月	3月	合計
3	東地区	15,370	13,270	15,550	=B3+C3
4	西地区	7,480	8,410	7,740	23,630
5	合計

A2 セル内で修正します。

数式が入力されたセルをダブルクリックすると、セル
に数式が表示されます。そこで数式を修正できます。

1 セルをダブルクリックすると、

E3	∨ : × ✓ fx	=B3+C3
	A	B	C	D	E
1	地区別売上実績
2		1月	2月	3月	合計
3	東地区	15,370	13,270	15,550	28,640
4	西地区	7,480	8,410	7,740	23,630
5	合計

2 セル内で数式を修正できます。

SUMIF	∨ : × ✓ fx	=B3+C3
	A	B	C	D	E
1	地区別売上実績
2		1月	2月	3月	合計
3	東地区	15,370	13,270	15,550	=B3+C3
4	西地区	7,480	8,410	7,740	23,630
5	合計

Q 620 数式を入力したセルに勝手に書式が付いた!

A 書式が設定されているセルを数式で参照しています。

数値に桁区切りスタイルや通貨スタイルなどの書式が
設定されているとき、数式でそのセルを参照している
場合は、計算結果にも書式が設定されます。

1 桁区切りスタイルが設定されているセルを
参照した数式を入力して、

C3	∨ : × ✓ fx	=B3+C3
	A	B	C	D
1	地区別売上実績
2		東地区	西地区	合計
3	1月	15,370	7,480	=B3+C3
4	2月	13,270	8,410
5	3月	15,550	7,740

2 Enter を押すと、計算結果にも桁区切り
の書式が自動的に設定されます。

D4	∨ : × ✓ fx	
	A	B	C	D
1	地区別売上実績
2		東地区	西地区	合計
3	1月	15,370	7,480	22,850
4	2月	13,270	8,410
5	3月	15,550	7,740

Q 621 F4 を押しても参照形式が変わらない!

A 変更したいセル参照部分を選択してから F4 を押します。

参照形式を変えるには、あらかじめ変更したいセル参
照部分を選択するか、そのセル参照の中にカーソルを
置いておく必要があります。なお、キーボードによって
は、Fn を押しながら F4 を押す必要がある場合もあ
ります。

参照 ▶ Q 618

基本と入力 11
編集 12
書式設定 13
計算 14
関数 15
グラフ 16
データベース 17
印刷 18
ファイル 19
連携・共同編集 20

重要度 ★★★　数式の入力

Q 622 数式をコピーしたら参照元が変わった！

A 数式のセル参照は、コピーもとの位置を基準に変更されます。

数式が入力されているセルをコピーすると、参照元のセルとの相対的な位置関係が保たれるように、セル参照が自動的に変化します。Excelの既定では、新しく作成した数式には相対参照が使用されます。

> セル[B8]には、セル[B6]とセル[B7]の差額を求める数式が入力されています。

B8		fx	=B6-B7			
	A	B	C	D	E	F	G
1	四半期売上高						
2		品川	新宿	中野	目黒		
3	1月	2,860	6,400	2,550	3,560		
4	2月	2,580	5,530	2,280	2,880		
5	3月	2,650	6,890	2,560	3,450		
6	四半期計	8,090	18,820	7,390	9,890		
7	売上目標	8,000	20,000	7,000	10,000		
8	差額	90					

> **1** 数式が入力されているセルを、
> **2** ここまでコピーします。

B8		fx	=B6-B7			
	A	B	C	D	E	F	G
1	四半期売上高						
2		品川	新宿	中野	目黒		
3	1月	2,860	6,400	2,550	3,560		
4	2月	2,580	5,530	2,280	2,880		
5	3月	2,650	6,890	2,560	3,450		
6	四半期計	8,090	18,820	7,390	9,890		
7	売上目標	8,000	20,000	7,000	10,000		
8	差額	90					

> セル[C8]の数式がセル[C6]とセル[C7]の差額を計算する数式に変わります。

C8		fx	=C6-C7			
	A	B	C	D	E	F	G
1	四半期売上高						
2		品川	新宿	中野	目黒		
3	1月	2,860	6,400	2,550	3,560		
4	2月	2,580	5,530	2,280	2,880		
5	3月	2,650	6,890	2,560	3,450		
6	四半期計	8,090	18,820	7,390	9,890		
7	売上目標	8,000	20,000	7,000	10,000		
8	差額	90	-1,180	390	-110		

重要度 ★★★　数式の入力

Q 623 数式をコピーしても参照元が変わらないようにしたい！

A 絶対参照を利用します。

数式をコピーしたときに相対的な位置関係が保たれることによって、意図した計算結果にならない場合もあります。このような場合は、絶対参照を使うと参照元のセルを固定できます。

> 原価率のセルを参照させるためにセル[C1]を固定します。

> **1** 参照を固定したいセル位置を選択して、
> **2** F4 を押すと、

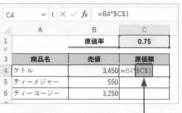

> **3** セル[C1]が[$C$1]の絶対参照に変わります。

C4		fx	=B4*$C$1	
	A	B	C	
1		原価率	0.75	
3	商品名	売値	原価額	
4	ケトル	3,450	2587.5	
5	ティーメジャー	550		
6	ティーコージー	3,250		
7				

> **4** Enter を押して結果を表示します。
> **5** セル[C4]の数式をコピーすると、

> **6** 正しい計算結果が表示されます。

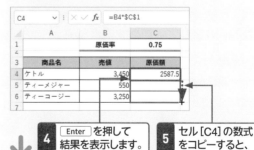

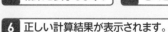

11 基本と入力
12 編集
13 書式設定
14 計算
15 関数
16 グラフ
17 データベース
18 印刷
19 ファイル
20 連携・共同編集

重要度 ★★★ 数式の入力

Q 624 列か行の参照元を 固定したい！

A 複合参照を利用します。

列または行のいずれかの参照元を固定したまま数式を
コピーしたい場合は、［$A1］［A$1］のような複合参照
を利用します。たとえば、列「B」に「売値」、行「1」に「原
価率」を入力し、それぞれの項目が交差する位置に「原
価額」を求める表を作成する場合、原価額を求める数式
は常に列「B」と行「1」のセルを参照する必要がありま
す。このような場合は、複合参照を使うと目的の結果を
表示することができます。

1 「=B4」と入力して、F4 を3回押すと、

2 列「B」が絶対参照、行「4」が相対参照になります。

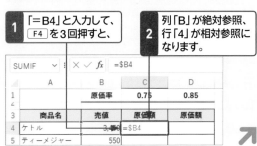

3 「*C1」と入力して、F4 を2回押すと、

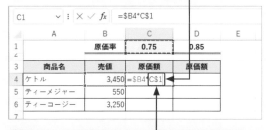

4 列「C」が相対参照、行「1」が絶対参照になります。

5 Enter を押して結果を表示します。

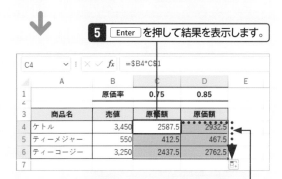

6 セル［C4］の数式をコピーすると、複合参照でコピーされます。

重要度 ★★★ 数式の入力

Q 625 数式が正しいのに緑色の マークが表示された！

A 数式に間違いがない場合は 無視しても問題ありません。

数式をコピーした際にセルの左上に緑色のマークが表
示されることがあります。これは「エラーインジケー
ター」といい、エラーや計算ミスの原因となりうる数式
を示す警告マークです。
また、数式が正しいにもかかわらずエラーインジケー
ターが表示される場合もあります。そのまま表示して
おいても問題ありませんが、気になるようであればエ
ラーインジケーターを非表示にできます。

1 エラーインジケーターが表示されているセルを
クリックすると、

2		1月	2月	3月	売上目標	実績
3	東地区	15,370	13,270	15,550	2⚠0	44,190
4	西地区	7,480	8,410	7,740	23,000	23,630
5						

2 ［エラーチェックオプション］が表示
されるので、クリックし、

	1月	2月	3月	売上目標	実績
東地区	15,370	13,270	15,550	28	44,190
西地区	7,480	8,410	7,740	23	

数式は隣接したセルを使用していません
数式を更新してセルを含める(U)
このエラーに関するヘルプ(H)
エラーを無視する(I)
数式バーで編集(F)
エラー チェック オプション(O)...

3 ［エラーを無視する］をクリックすると、

4 エラーインジケーターが 非表示になります。

2		1月	2月	3月	売上目標	実績
3	東地区	15,370	13,270	15,550	28,000	44,190
4	西地区	7,480	8,410	7,740	23,000	23,630
5						

基本と入力 11
編集 12
書式設定 13
計算 14
関数 15
グラフ 16
データベース 17
印刷 18
ファイル 19
連携・共同編集 20

重要度 ★★★　数式の入力

Q 626 数式の参照元を調べたい!

A　カラーリファレンスを利用します。

Excelで計算ミスが起きる場合、原因としてもっとも多いのは数式の参照元の間違いです。数式が入力されているセルをダブルクリックすると、数式内のセル参照と参照元のセル範囲の枠に同じ色が付いて対応関係がわかります。この機能を「カラーリファレンス」といいます。また、セルをダブルクリックするかわりに、[数式]タブの[数式の表示]をクリックしても同様です。

1 数式が入力されているセルをダブルクリックすると、

2 参照元のセルが数式内のセル参照と同じ色の枠で囲まれます。

重要度 ★★★　数式の入力

Q 627 数式を使わずに数値を一括で四則演算したい!

A　[形式を選択して貼り付け]ダイアログボックスを利用します。

[形式を選択して貼り付け]ダイアログボックスの[演算]を利用すると、かんたんな四則演算を行うことができます。ここでは、入力済みの数値を10%割増しした値に変更してみます。

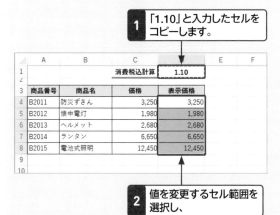

1 「1.10」と入力したセルをコピーします。

2 値を変更するセル範囲を選択し、

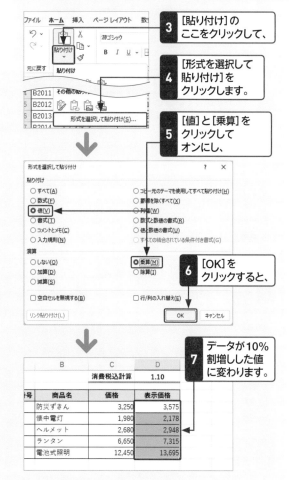

3 [貼り付け]のここをクリックして、

4 [形式を選択して貼り付け]をクリックします。

5 [値]と[乗算]をクリックしてオンにし、

6 [OK]をクリックすると、

7 データが10%割増しした値に変わります。

11 基本と入力
12 編集
13 書式設定
14 計算
15 関数
16 グラフ
17 データベース
18 印刷
19 ファイル
20 連携・共同編集

重要度 ★★★　数式の入力

Q 628 数式中のセル参照を修正したい！

A カラーリファレンスを利用して参照元を変更します。

数式が入力されているセルをダブルクリックすると、数式内のセル参照とそれに対応するセル範囲が同じ色の枠（カラーリファレンス）で囲まれて表示されます。参照元を変更する場合は、この枠をドラッグします。また、参照範囲を変更する場合は、枠の四隅にあるフィルハンドルをドラッグします。

● 参照元を修正する

1 数式が入力されているセルをダブルクリックすると、

2 数式が参照しているセル範囲が色付きの枠で表示されます。

3 この枠にマウスポインターを合わせて、ポインターの形が変わった状態で、

4 ドラッグすると、

5 数式の参照元が修正されます。

6 Enter を押すと、再計算されます。

● 参照範囲を変更する

1 数式が入力されているセルをダブルクリックすると、

F3			fx	=SUM(B3:E3)		
	A	B	C	D	E	F
1	四半期売上高					
2		1月	2月	3月	平均	四半期計
3	品川	2,860	2,580	2,650	2,697	10,787
4	新宿	6,400	5,530	6,890	6,273	25,093
5	中野	2,550	2,280	2,560	2,463	9,853
6	目黒	3,560	2,880	3,450	3,297	13,187

2 数式が参照しているセル範囲が色付きの枠で表示されます。

SUMIF			fx	=SUM(B3:E3)		
	A	B	C	D	E	F
1	四半期売上高					
2		1月	2月	3月	平均	四半期計
3	品川	2,860	2,580	2,650	2,697	=SUM(B3:E3)
4	新宿	6,400	5,530	6,890	6,273	25,093
5	中野	2,550	2,280	2,560	2,463	9,853
6	目黒	3,560	2,880	3,450	3,297	13,187

3 四隅のフィルハンドルにマウスポインターを合わせて、ポインターの形が変わった状態で、

4 ドラッグすると、

SUMIF			fx	=SUM(B3:D3)		
	A	B	C	D	E	F
1	四半期売上高					
2		1月	2月	3月	平均	四半期計
3	品川	2,860	2,580	2,650	2,697	=SUM(B3:D3)
4	新宿	6,400	5,530	6,890	6,273	25,093
5	中野	2,550	2,280	2,560	2,463	9,853
6	目黒	3,560	2,880	3,450	3,297	13,187

5 数式の参照範囲が変更されます。

6 Enter を押すと、再計算されます。

F4			fx	=SUM(B4:E4)		
	A	B	C	D	E	F
1	四半期売上高					
2		1月	2月	3月	平均	四半期計
3	品川	2,860	2,580	2,650	2,697	8,090
4	新宿	6,400	5,530	6,890	6,273	25,093
5	中野	2,550	2,280	2,560	2,463	9,853
6	目黒	3,560	2,880	3,450	3,297	13,187

重要度 ★★★ 数式の入力

Q 629 セルに表示されている数値で計算したい！

A [Excelのオプション]で表示桁数で計算するように設定します。

セルに表示される小数点以下の桁数を、表示形式を利用して変更すると、表示される数値は変わりますが、セルに入力されている数値自体は変わりません。したがって、計算は表示されている数値ではなく、セルに入力されている数値で行われます。

この計算を、セルに入力されている数値ではなく、セルに表示されている数値で行いたい場合には、[ファイル]タブから[その他]をクリックして[オプション]をクリックし、[Excelのオプション]ダイアログボックスの[詳細設定]で[表示桁数で計算する]をオンに設定します。

なお、正確さが求められる計算の場合は表示形式で桁数を処理せず、ROUND関数などを使って、きちんと端数を処理するようにしましょう。 参照 ▶ Q 665

> セル[C6]には、セル[C2]～[C5]の合計を求める数式が入力されています。

C6			fx	=C2+C3+C4+C5	
	A	B		C	D
1	商品番号	商品名		割引額(0.77%)	
2	B2012	懐中電灯		1915.76	
3	B2013	ヘルメット		2201.43	
4	B2017	防災ラジオ		5155.15	
5	B2019	カセットコンロ		2075.15	
6		合 計		11347.49	
7					

● 表示桁数を変更して計算すると…

表示桁数を変更しても、

通常はセルに入力されている数値をもとに計算されます。

C2			fx	1915.76	
	A	B		C	D
1	商品番号	商品名		割引額(0.77%)	
2	B2012	懐中電灯		1915.8	
3	B2013	ヘルメット		2201.4	
4	B2017	防災ラジオ		5155.2	
5	B2019	カセットコンロ		2075.2	
6		合 計		11347.49	
7					

● セルに表示されている数値で計算する

1 [Excelのオプション]ダイアログボックスを表示して、[詳細設定]をクリックし、

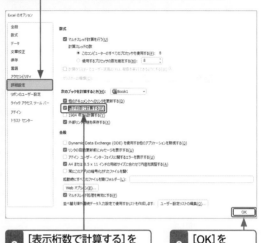

2 [表示桁数で計算する]をクリックしてオンにします。

3 [OK]をクリックして、

↓

Microsoft Excel ×
⚠ データの正確さが失われます。元に戻すことはできません。
OK

4 [OK]をクリックすると、

↓

5 セルに表示されている数値で計算されます。

C2			fx	1915.8	
	A	B		C	D
1	商品番号	商品名		割引額(0.77%)	
2	B2012	懐中電灯		1915.8	
3	B2013	ヘルメット		2201.4	
4	B2017	防災ラジオ		5155.2	
5	B2019	カセットコンロ		2075.2	
6		合 計		11347.6	
7					
8					

Q 630

ほかのワークシートのセルを参照したい!

A 「=」を入力して参照元をクリックします。

ほかのワークシートのセルを参照するには、参照先のセルに「=」を入力してから、目的のワークシートを表示し、参照したいセルをクリックします。ほかのワークシートのセルを参照すると、数式バーには「ワークシート名!セル参照」のようなリンク式が表示されます。

また、[リンク貼り付け]を利用しても、ほかのワークシートのセルを参照できます。

参照 ▶ Q 505

1 参照先のセルに「=」を入力してから、

SUMIF	∨	⋮ × ✓ fx	=		
	A	B	C	D	E	F
2		▼品川	新宿	中野	目黒	
3	第1四半期	=				
4	第2四半期					
5	第3四半期					
6	第4四半期					
7						

| 9 | | | | |
| | 四半期 | 東地区 | 西地区 | ⊕ |

2 シート見出し(ここでは「東地区」)をクリックします。

3 参照したいセルをクリックして、

B6	∨	⋮ × ✓ fx	=東地区!B6		
	A	B	C	D	E	F
2		品川	新宿	中野	目黒	
3	1月	2,860	6,400	2,550	3,560	
4	2月	2,580	5,530	2,280	2,880	
5	3月	2,650	6,890	2,560	3,450	
6	四半期計	8,090	18,820	7,390	9,890	

数式バーに「=東地区!B6」と表示されます。

4 Enter を押すと、

2		品川	新宿	中野	目黒
3	第1四半期	8,090			
4	第2四半期				
5	第3四半期				
6	第4四半期				

5 参照元のセルの値が表示されます。

Q 631

ほかのブックのセルを参照したい!

A 参照したいブックを開いてウィンドウを切り替えて操作します。

ほかのブックのセルを参照する場合は、参照するブックをあらかじめ開いておきます。数式の入力中に[表示]タブの[ウィンドウの切り替え]をクリックして、参照したいワークシートのシート見出しをクリックし、続いてセルをクリックします。ほかのブックのセルを参照すると、数式バーには「[ブック名]シート名!セル参照」のようなリンク式が表示されます。

なお、ほかのブックのセルを参照している場合は、参照元のブックを移動しないよう注意が必要です。

1 「=」を入力します。

	A	B	C	D	E	F
1	店舗別商品区分別売上					
2		▼キッチン	収納家具	ガーデン	防災	
3	品川	=				
4	新宿					
5	中野					
6	目黒					

2 [表示]タブをクリックして、

3 [ウィンドウの切り替え]をクリックし、

| ✓ 1 四半期商品区分別売上 |
| 2 商品区分別売上実績 |

4 参照元のブックをクリックします。

5 参照したいセルをクリックして、

「[ブック名]シート名!セル参照」と表示されます。

SUMIF	∨	⋮ × ✓ fx	=[四半期商品区分別売上.xlsx]品川!$B$6		
	A	B	C	D	E	F
1	四半期商品区分別売上（品川）					
2		キッチン	収納家具	ガーデン	防災	
3	1月	813,350	615,360	433,500	91,400	
4	2月	910,290	735,620	619,000	190,060	
5	3月	923,500	825,780	721,200	91,500	
6	下半期計	2,647,140	2,176,760	1,773,700	372,960	

6 Enter を押すと、参照元のセルの値が表示されます。

Q 632 複数のワークシートの データを集計したい!

A 3-D参照を利用します。

複数のワークシート上にある表を集計する場合は、「3-D参照」を利用します。3-D参照とは、シート見出しが連続して並んでいるワークシートの同じセル位置を、シート方向（3次元方向）のセル範囲として参照する参照方法です。3-D参照を使った計算は、複数のワークシートの同じ位置のセルを串刺ししているように見えることから、「串刺し計算」とも呼ばれます。

1 「=SUM(」までを入力して、

SUMIF				fx	=SUM(		
	A	B	C	D	E	F	G
1	四半期商品区分別売上（東地区）						
2		キッチン	収納家具	ガーデン	防災		
3	1月	=SUM(					
4	2月	SUM(数値1, [数値2], ...)					
5	3月						

2 「品川」の シート見出しを クリックし、

3 Shift を押したまま、 「目黒」のシート見出し をクリックします。

A1				fx	=SUM('品川:目黒'!		
	A	B	C	D	E	F	G
1	四半期商品区分別売上（品川）						
2		キッチン	収納家具	ガーデン	防災		
3	1月	813,350	615,360	433,500	91,400		
4	2月	SUM(数値1, [数値2], ...) 5,620	619,000	190,060			
5	3月	923,500	825,780	721,200	91,500		
6	下半期計	2,647,140	2,176,760	1,773,700	372,960		
7							

東地区　品川　新宿　中野　目黒

4 セル[B3]を クリックして、

5 数式バーで残りの 「)」を入力し、

A1				fx	=SUM('品川:目黒'!B3		
	A	B	C	D	E	F	G
1	四半期商品区分別売上（品川）						
2		キッチン	収納家具	ガーデン	防災		
3	1月	813,350	615,360	433,500	91,400		
4	2月	910,290	735,620	619,000	190,060		
5	3月	923,500	825,780	721,200	91,500		
6	下半期計	2,647,140	2,176,760	1,773,700	372,960		
7							

6 Enter を押すと、「品川」から「目黒」までの セル[B3]の値が集計されます。

	A	B	C	D	E	F	G
1	四半期商品区分別売上（東地区）						
2		キッチン	収納家具	ガーデン	防災		
3	1月	3,225,500					
4	2月						
5	3月						
6	下半期計						
7							

東地区　品川　新宿　中野　目黒　⊕

Q 633 3-D参照している ワークシートを移動したい!

A 3-D参照の範囲外に 移動しないように注意します。

3-D参照を使用した計算では、ワークシートを移動すると、計算結果にも影響が出ます。たとえば、上のQ632の例で「品川」を「目黒」のあとに移動すると、数式の集計結果から「品川」のデータが除かれます。逆に「新宿」と「中野」の間に「吉祥寺」を挿入すると、「吉祥寺」のデータも集計されます。ワークシートを移動するには、このことを考慮する必要があります。

1 計算対象のワークシート（ここでは「品川」）を 範囲外に移動すると、

	A	B	C	D	E	F
1	下半期商品区分別売上					
2		キッチン	収納家具	ガーデン	防災	
3	1月	2,412,150				
4	2月	2,435,200				
5	3月	2,678,850				
6	下半期計	7,526,200				
7						

東地区　新宿　中野　目黒　品川　⊕

2 集計の対象から除かれます（上段手順**6**の図参照）。

3 新しいワークシート（ここでは「吉祥寺」）を 範囲内に挿入すると、

	A	B	C	D	E	F
1	下半期商品区分別売上					
2		キッチン	収納家具	ガーデン	防災	
3	1月	3,315,500				
4	2月	3,414,490				
5	3月	3,713,850				
6	下半期計	10,473,840				
7						

東地区　新宿　吉祥寺　中野　目黒　品川　⊕

4 挿入したワークシートも集計の対象になります。

Q 634 計算結果を かんたんに確認したい！

A ステータスバーで確認できます。

数値が入力されたセル範囲を選択すると、選択した範囲の平均、データの個数、合計がステータスバーに表示されます。なお、最大値や最小値、数値の個数などを表示することもできます。ステータスバーを右クリックして、表示されたメニューで設定します。

1 セル範囲を選択すると、

2 ステータスバーに平均、データの個数、合計が表示されます。

	A	B	C	D
1	店頭売上数			
2		コーヒー	紅茶	日本茶
3	6/8(木)	256	154	116
4	6/9(金)	266	165	11
5	6/10(土)	198	162	12
6	6/11(日)	168	154	1
7	6/12(月)	268	189	
8	6/13(火)	254	201	
9	6/14(水)	226	178	

平均: 234　データの個数: 7　合計: 1,636

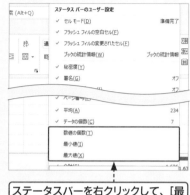

ステータスバーを右クリックして、[最大値]や[最小値]、[数値の個数]などを表示することもできます。

Q 635 データを変更したのに 再計算されない！

A1 計算方法を「自動」に設定します。

数式やデータを変更しても計算結果が更新されない場合は、再計算方法が「手動」に設定されている可能性があります。この場合は、F9 を押すと再計算が実行されます。また、計算方法を「自動」に変更するには、[数式]タブをクリックして[計算方法の設定]をクリックし、[自動]をオンにします。

1 [数式]タブをクリックして、

2 [計算方法の設定]をクリックし、

3 [自動]をクリックしてオンにします。

A2 データを一括して再計算します。

ブックに多数の数式が設定されていると、再計算に時間がかかる場合があります。このような場合は、計算方法を「自動」に設定して、すべてのデータを変更したあとに F9 を押すと、データを一括して再計算できます。また、[数式]タブの[再計算実行]をクリックするとブック全体の再計算が、[シート再計算]をクリックすると現在のワークシートの再計算が実行されます。

[再計算実行]をクリックすると、ブック全体の再計算が実行されます。

[シート再計算]をクリックすると、現在のワークシートの再計算が実行されます。

Q 636 セル範囲に 名前を付けるには？

A1 [名前ボックス]に 名前を入力します。

数式から頻繁に参照するセル範囲がある場合は、セル範囲に名前を付けて、セル参照のかわりにその名前を利用すると便利です。セル範囲に名前を付けるには、目的のセル範囲を選択して、[名前ボックス]に名前を入力します。この方法で設定した場合、名前の適用範囲はブックになります。

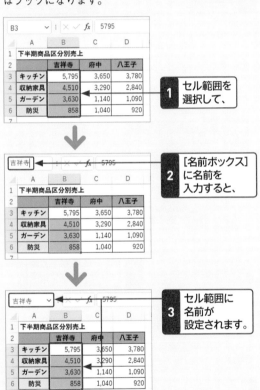

1 セル範囲を選択して、

2 [名前ボックス]に名前を入力すると、

3 セル範囲に名前が設定されます。

A2 [数式]タブの[名前の定義]を 利用します。

[数式]タブの[名前の定義]をクリックすると表示される[新しい名前]ダイアログボックスを利用します。この方法で設定した場合は、名前の適用範囲をブックかワークシートから選択できます。

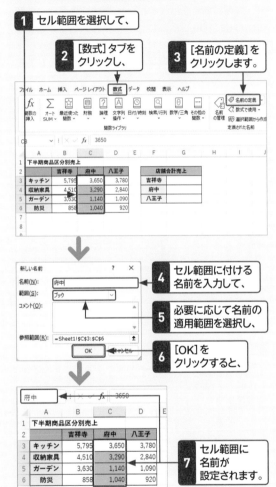

1 セル範囲を選択して、

2 [数式]タブをクリックし、

3 [名前の定義]をクリックします。

4 セル範囲に付ける名前を入力して、

5 必要に応じて名前の適用範囲を選択し、

6 [OK]をクリックすると、

7 セル範囲に名前が設定されます。

Q 637 セル範囲に付けられる 名前に制限はあるの？

A 付けられない名前や 利用できない文字があります。

セル範囲には、「A1」、「$A$1」のようなセル参照と同じ形式の名前を付けることはできません。そのほかにも、次のような制限があります。

- 名前の先頭に数字は使えない
- Excelの演算子として使用されている記号、スペース、感嘆符（！）は使えない
- 同じブック内で同じ名前は付けられない

Q 638 セル範囲に付けた名前を数式で利用したい！

A 引数にセル範囲に付けた名前を指定します。

セル範囲に名前を付けておくと、数式の中でセル参照のかわりに利用できます。名前は直接入力することもできますが、[数式]タブの[数式で使用]をクリックし、表示される一覧から選択するとかんたんに入力できます。

> セル範囲[B3:B6]に「吉祥寺」という
> 名前を付けておきます。

1 計算結果を表示するセルに「=SUM(」と入力します。

2 [数式]タブをクリックして、

3 [数式で使用]をクリックし、

4 [吉祥寺]をクリックすると、

5 セル範囲の名前が入力されます。

6 「)」を入力して、

7 Enter を押すと、結果が表示されます。

Q 639 表の見出しをセル範囲の名前にしたい！

A [選択範囲から名前を作成]ダイアログボックスを利用します。

[数式]タブから[選択範囲から作成]をクリックすると表示される[選択範囲から名前を作成]ダイアログボックスを利用すると、表の列見出しや行見出しから名前を自動的に作成することができます。

1 見出しを含めて表を範囲選択します。

2 [数式]タブをクリックして、

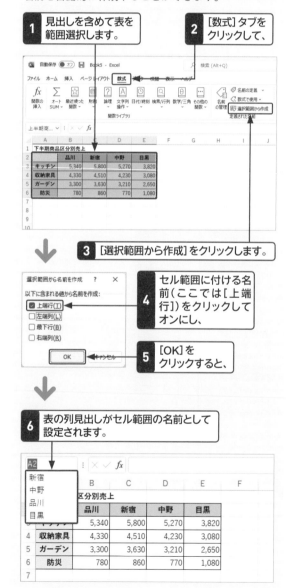

3 [選択範囲から作成]をクリックします。

4 セル範囲に付ける名前（ここでは[上端行]）をクリックしてオンにし、

5 [OK]をクリックすると、

6 表の列見出しがセル範囲の名前として設定されます。

640
名前を付けたセル範囲を変更したい!

A [名前の管理]ダイアログボックスを表示してセル範囲を編集します。

名前を付けたセル範囲に新しいデータを追加したり、削除したりしたときは、[名前の管理]ダイアログボックスを表示して、編集したい名前をクリックし、セル範囲を指定し直します。数式で使っている名前の参照範囲を変更すると、数式の結果も自動的に変更されます。下の例では、セル [B3:B6] に付けた「吉祥寺」という名前の参照範囲をセル [B3:B7] に変更します。

参照 ▶ Q 636

1 [数式] タブをクリックして、

2 [名前の管理]をクリックします。

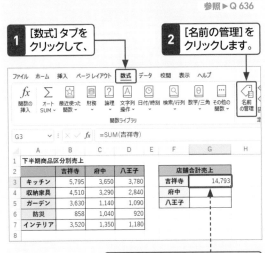

セル [B3:B6] を合計しています。

3 編集したいセル範囲の名前をクリックして、

4 ここをクリックします。

[名前の管理]ダイアログボックスが縮小されました。

5 セル範囲をドラッグして指定し、

6 ここをクリックすると、

7 名前を付けたセル範囲が変更されます。

8 [閉じる]をクリックして、

Microsoft Excel

名前の参照への変更を保存しますか?

[はい(Y)]　いいえ(N)

9 [はい]をクリックします。

10 セル [G3] の値が自動的に変更されます。

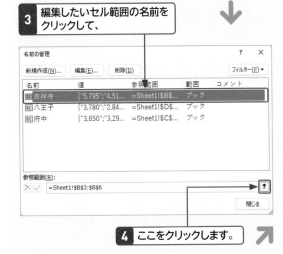

Q 641 セル範囲に付けた名前を削除したい！

A [名前の管理]ダイアログボックスを利用します。

セル範囲に付けた名前を削除するには、[数式]タブの[名前の管理]をクリックして表示される[名前の管理]ダイアログボックスを利用します。セル範囲に付けた名前は、名前を付けたセル範囲を削除しても残ってしまうので、忘れずに削除するとよいでしょう。

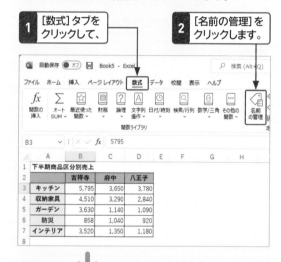

1 [数式]タブをクリックして、

2 [名前の管理]をクリックします。

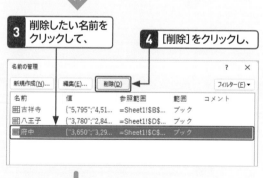

3 削除したい名前をクリックして、

4 [削除]をクリックし、

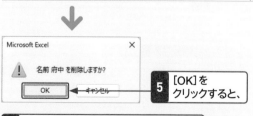

5 [OK]をクリックすると、

6 セル範囲に付けた名前が削除されます。

Q 642 セル参照に列見出しや行見出しを使うには？

A 表をテーブルに変換すると使用できます。

表をテーブルに変換することで、見出し行の項目名をセル参照のかわりに使用できます。引数となるセルを指定すると、セル参照ではなく、列見出し名が表示されます。

参照▶Q 811

1 表をテーブルに変換します。

2 セルに「=[」と入力して、

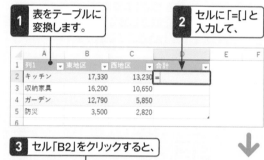

3 セル「B2」をクリックすると、

4 列見出し名（[@東地区]）が表示されます。

5 「+」と入力して、

6 セル「C2」をクリックすると、

7 列見出し名（[@西地区]）が表示されます。

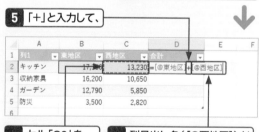

8 Enter を押すと、計算結果がまとめて表示されます。

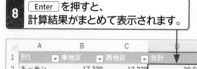

Q 643 エラー値の意味を知りたい！

A 原因に応じて意味と対処方法が異なります。

計算結果が正しく表示されない場合には、セル上にエラー値が表示されます。エラー値は原因に応じていくつかの種類があります。表示されたエラー値を手がかりにエラーを解決しましょう。

エラー値	原　因
#VALUE!	数式の参照元や関数の引数の型、演算子の種類などが間違っている場合に表示されます。間違っている参照元や引数などを修正すると、解決されます。
#####	セルの幅が狭くて計算結果を表示できない場合に表示されます。セルの幅を広げたり、表示する小数点以下の桁数を減らしたりすると、解決されます。 また、表示形式が「日付」や「時刻」のセルに負の数値が入力されている場合にも表示されます。
#NAME?	関数名が間違っていたり、数式内の文字を「"」で囲み忘れていたり、セル範囲の「:」が抜けていたりした場合に表示されます。関数名や数式内の文字を修正すると、解決されます。
#DIV/0!	割り算の除数（割る数）が「0」であるか、未入力で空白の場合に表示されます。除数として参照するセルの値または参照元そのものを修正すると、解決されます。
#N/A	次のような検索関数で、検索した値が検索範囲内に存在しない場合に表示されます。検索値を修正すると、解決されます。 ・LOOKUP関数 ・HLOOKUP関数 ・VLOOKUP関数 ・MATCH関数
#NULL!	セル参照が間違っていて、参照元のセルが存在しない場合に表示されます。参照しているセル範囲を修正すると、解決されます。
#NUM!	数式の計算結果がExcelで処理できる数値の範囲を超えている場合に表示されます。計算結果がExcelで処理できる数値の範囲におさまるように修正すると、解決されます。
#REF!	数式中で参照しているセルがある列や行を削除した場合に表示されます。参照元を修正すると、解決されます。

Q 644 エラーの原因を探したい！

A ［エラーチェックオプション］を利用します。

数式にエラーがあると、エラーインジケーター が表示されます。エラーが表示されたセルをクリックして［エラーチェックオプション］をクリックすると、メニューが表示され、エラーの原因を調べたり内容に応じた修正を行うことができます。ヘルプでエラーの原因を調べることもできます。

1 エラーインジケーターが表示されているセルをクリックすると、

2 ［エラーチェックオプション］が表示されるので、クリックします。

3 ［このエラーに関するヘルプ］をクリックすると、

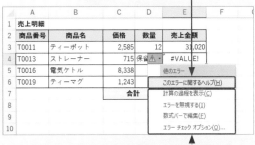

エラーの内容に応じた修正を行うことができます。

4 Excelの［ヘルプ］作業ウィンドウでエラーの原因を調べることができます。

11 基本と入力
12 編集
13 書式設定
14 計算
15 関数
16 グラフ
17 データベース
18 印刷
19 ファイル
20 連携・共同編集

重要度 ★★★　エラーの対処

Q 645 エラーのセルを見つけたい!

A エラーチェックを実行します。

エラーのセルを見つけるには、[数式]タブの[エラーチェック]をクリックします。エラーが発見されると[エラーチェック]ダイアログボックスが表示され、エラーのあるセルとエラーの原因が表示されます。

1 [数式]タブの[エラーチェック]をクリックすると、

2 エラーのあるセルとエラーの原因が表示されます。

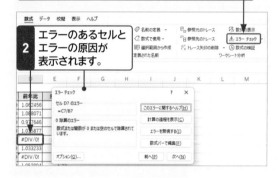

重要度 ★★★　エラーの対処

Q 646 無視したエラーを再度確認したい!

A 無視したエラーをリセットします。

非表示にしたエラーを再度確認できるようにするには、[ファイル]タブの[その他]から[オプション]をクリックし、[Excelのオプション]ダイアログボックスを表示します。[数式]をクリックして、[無視したエラーのリセット]をクリックすると、再表示できます。

[無視したエラーのリセット]をクリックすると、エラーが再度表示されます。

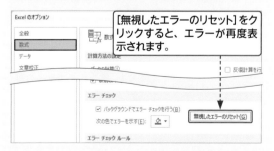

重要度 ★★★　エラーの対処

Q 647 循環参照のエラーが表示された!

A 循環参照している数式を修正します。

「循環参照」とは、セルに入力した数式がそのセルを直接または間接的に参照している状態のことをいい、特別な場合を除いて正常な計算ができません。間違って循環参照している数式を入力した場合は、下の手順で循環参照しているセルを確認し、数式を修正します。

1 数式を入力し、Enter を押して確定すると、

2 循環参照が発生しているという警告のメッセージが表示されるので、[OK]をクリックします。

[ヘルプ]をクリックすると、循環参照に関するヘルプを読むことができます。

3 [数式]タブをクリックして、

4 [エラーチェック]のここをクリックし、

5 [循環参照]にマウスポインターを合わせると、

6 循環参照しているセルを確認できます。

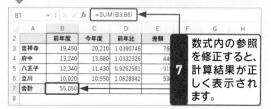

7 数式内の参照を修正すると、計算結果が正しく表示されます。

関数の
「こんなときどうする?」

Q 648 関数って何？

A 特定の計算を行うためにあらかじめ用意されている機能のことです。

Excelでは数式を利用してさまざまな計算を行うことができますが、計算が複雑になると、指定する数値やセルが多くなり、数式がわかりにくくなる場合があります。そこで、複雑な数式のかわりとなるのが「関数」です。「関数」は、特定の計算を行うためにExcelにあらかじめ用意されている便利な機能のことです。関数を利用すれば、複雑な数式を覚えなくても、計算に必要な値を指定するだけで、かんたんに計算結果を表示することができます。

● 数式で平均値を求める場合

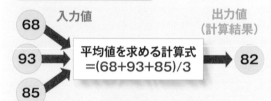

● 関数を使って平均値を求める場合

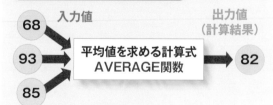

Q 649 関数を記述する際のルールを知りたい！

A 必ず「＝」（等号）から始まります。

関数では、入力する値を「引数（ひきすう）」、計算結果として返ってくる値を「戻り値（もどりち）」と呼びます。関数を利用するには、入力値である引数を、決められた書式で記述する必要があります。
関数は、先頭に「＝」（等号）を付けて関数名を入力し、後ろに引数をカッコ「（ ）」で囲んで指定します。引数の数が複数ある場合は、引数と引数の間を「,」（カンマ）で区切ります。引数に連続する範囲を指定する場合は、開始セルと終了セルを「:」（コロン）で区切ります。関数名や「＝」「（」「）」「,」「:」などはすべて半角で入力します。

● 関数のイメージ

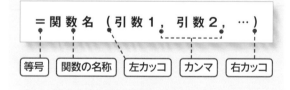

● 引数を「,」で区切って指定する

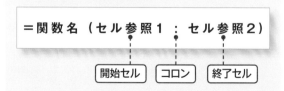

● 引数にセル範囲を指定する

Q 650 新しく追加された関数を知りたい！

A Excel 2016以降に追加された主な関数は下表のとおりです。

Excelでは、バージョンアップするごとに新しい関数が追加されたり、既存の関数名が変更されたり、機能が更新されたりしています。下表にExcel 2016以降に追加された主な関数を紹介します。
なお、新しく追加された関数は、追加される以前のバージョンでは、使用できないので注意が必要です。

● Excel 2016以降に追加された主な関数

関数	関数の分類	バージョン
FORECAST.ETS	統計	2016
FORECAST.ETS.CONFINT	統計	2016
FORECAST.ETS.SEASONALITY	統計	2016
FORECAST.ETS.STAT	統計	2016
FORECAST.LINEAR	統計	2016
CONCAT	文字列操作	2019
IFS	論理	2019
MAXIFS	統計	2019
MINIFS	統計	2019
SWITCH	論理	2019
TEXTJOIN	文字列操作	2019
ARRAYTOTEXT	文字列操作	2021
FILTER	検索／行列	2021
LAMBDA	論理	2021
LET	論理	2021
RANDARRAY	数学／三角	2021
SEQUENCE	数学／三角	2021
SORT	検索／行列	2021
SORTBY	検索／行列	2021
UNIQUE	検索／行列	2021
VALUETOTEXT	文字列操作	2021
XLOOKUP	検索／行列	2021
XMATCH	検索／行列	2021

Q 651 互換性関数って何？

A 以前のバージョンとの互換性を保つために用意されている関数です。

Excelでは、バージョンアップに伴って新しい関数が追加されるとともに、既存の関数についても名前が変更されたり、機能が更新されたりしています。
「互換性関数」とは、Excel 2007以前のバージョンとの互換性を保つために、古い名前の関数が引き続き使用できるように用意されているものです。
互換性関数は、［数式］タブの［その他の関数］や、［関数の挿入］ダイアログボックスの［関数の分類］の［互換性］から利用できます。

Q 652 自動再計算関数って何？

A ブックを開いたときに自動的に再計算される関数です。

「自動再計算関数」とは、ブックを開いたときに自動的に再計算される関数のことをいいます。自動再計算関数には、NOW、TODAY、INDIRECT、OFFSET、RANDなどがあります。これらの関数を使ったブックは、何も編集をしなくても、閉じるときに「変更内容を保存しますか？」というような確認のメッセージが表示される場合があります。

何も編集をしなくても、閉じるときに確認のメッセージが表示される場合があります。

Q 653 関数の入力方法を知りたい!

A [数式]タブの各コマンドや数式バーのコマンドを利用します。

関数を入力するには、次の3通りの方法があります。

- [数式]タブの[関数ライブラリ]グループのコマンドを使う。
- [数式]タブや数式バーの[関数の挿入]コマンドを使う。
- セルや数式バーに直接関数を入力する。

入力したい関数が[関数ライブラリ]のどの分類にあるかを覚えてしまえば、[関数ライブラリ]のコマンドからすばやく関数を入力できます。関数の分類が不明な場合は、[関数の挿入]ダイアログボックスの[関数の分類]で[すべて表示]を選択して、一覧から選択することもできます。

● [関数ライブラリ] グループのコマンドを使用する

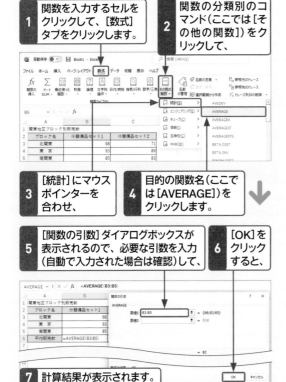

● [関数の挿入] ダイアログボックスを使用する

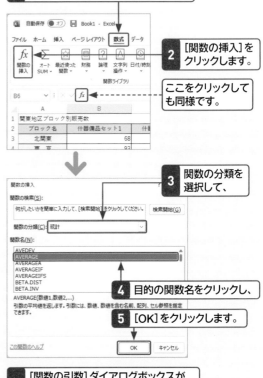

● セルや数式バーに関数を直接入力する

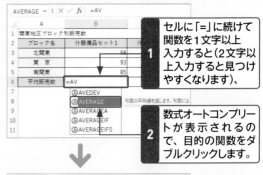
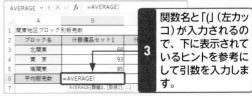

Q 654 関数の種類や用途を知りたい！

 A 関数の分類と機能を以下にまとめます。

関数の分類	機　能
財務	借入・返済、投資・貯蓄、減価償却などに関する計算
日付／時刻	日付や時刻に関する計算
数学／三角	四則演算や三角比の計算など、数学に関する計算
統計	平均値や最大値など、統計データを分析する計算
検索／行列	条件に一致するセルの値や位置の検索など
データベース	条件をもとに抽出したデータにおける、平均値や最大値などの計算
文字列操作	文字列の長さの判断や、特定の文字列の抽出など

［関数の挿入］ダイアログボックスの［関数の分類］では、関数が次のように機能別に分けられています。
また、［数式］タブの［関数ライブラリ］にもほぼ同様の分類でコマンドが用意されています。コマンドがない関数は、［その他の関数］から選択できます。
使用したい関数がどの分類にあるかわからない場合は、使用目的を入力して検索することもできます。

関数の分類	機　能
論理	条件に対する真（TRUE）、偽（FALSE）の判断など
情報	セルの情報の取得など
エンジニアリング	n進数の変換や複素数の計算など、工学分野の計算
キューブ	オンライン分析処理で利用する多次元データベース「キューブ」を操作する
互換性	Excel 2007以前のバージョンと互換性のある関数
Web	インターネットやイントラネット（社内ネットワーク）からのデータの抽出

Q 655 どの関数を使ったらよいかわからない！

A ［関数の挿入］ダイアログボックスに関数の使用目的を入力します。

［関数の挿入］ダイアログボックスを表示して、［関数の検索］にどのような計算をしたいのかを入力し、［検索開始］をクリックすると、該当する関数が一覧表示されます。検索に使用する語句は、文章にするのではなく、シンプルな語句や単語で検索すると、目的の関数を見つけやすくなります。

Q 656 使用したい関数のコマンドが見当たらない！

A 関数を直接セルに入力します。

DATEDIF関数など一部の関数は、［数式］タブの［関数ライブラリ］グループのコマンドや［関数の挿入］ダイアログボックスでは入力できません。このような関数は、セルに直接入力します。

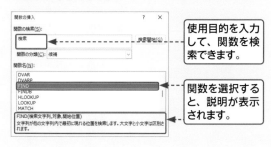

関数を直接セルに入力します。

Q 657 関数の中に関数を入力できるの？

A 2つ目以降の関数を [関数] ボックスから選択します。

=IF(AVERAGE($B$3:$B$7)<=B3," ○ "," × ")のような数式を入力するには、最初にIF関数を入力したあと、2つ目のAVERAGE関数を [関数] ボックスから入力して、引数を指定します。さらに、数式バーをクリックしてIF関数に戻り、引数を指定します。

最初に1つ目の関数を入力します。

1 関数を入力するセルをクリックして、[数式] タブをクリックし、

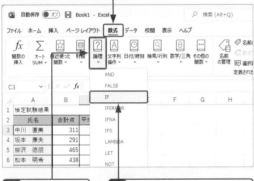

2 [論理] をクリックして、

3 目的の関数（ここでは [IF]）をクリックします。

内側に追加する関数を入力します。

4 [関数] ボックスのここをクリックして、

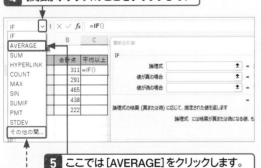

5 ここでは [AVERAGE] をクリックします。

一覧に目的の関数がない場合は、[その他の関数] をクリックして関数を選択します。

6 セル範囲をドラッグして指定し、

7 F4 を押して引数を絶対参照に切り替えます。

8 数式バーの「IF」をクリックします。

IF関数に戻って引数を指定します。

9 [論理式] に「<=」を入力して、

10 比較対象とするセルをクリックします。

11 [値が真の場合] に「○」を入力し、

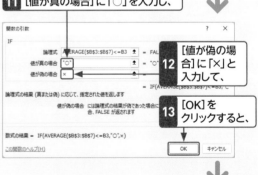

12 [値が偽の場合] に「×」と入力して、

13 [OK] をクリックすると、

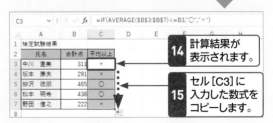

14 計算結果が表示されます。

15 セル [C3] に入力した数式をコピーします。

基本と入力 11
編集 12
書式設定 13
計算 14
関数 15
グラフ 16
データベース 17
印刷 18
ファイル 19
連携・共同編集 20

重要度 ★★★　関数の基礎

Q 658 関数や引数に何を指定するのかわからない！

A 数式オートコンプリートやヒントを利用します。

セルに関数を直接入力する際、関数や引数に何を指定するかわからなくなってしまった場合は、数式オートコンプリートやヒントを利用するとよいでしょう。

1 セルに「=」に続けて関数を1～2文字入力すると、

ASC			fx	=AV			
	A	B	C	D		G	H
1	店舗別売上一覧				(千円)		
2	店 名	1月	2月	3月	四半期合計		
3	新宿本店	302,892	356,647	408,072	1,067,611		
4	みなとみらい店	524,935	384,380	393,182	1,302,497		
5	名古屋駅前店	249,433	223,142	411,738	884,313		
6	売上合計額	1,077,260	964,169	1,212,992	3,254,421		
7	平均売上額	=AV					
8		AVEDEV					
9		AVERAGE	引数の平均値を返します。引数には、数値、数値を含む名前、配列、セル参照を指定できます。				
10		AVERAGEA					
11		AVERAGEIF					
12		AVERAGEIFS					

2 数式オートコンプリートと引数の説明が表示されます。

↓

ASC			fx	=AVERAGE(			
	A	B	C	D	E	F	
1	店舗別売上一覧				(千円)		
2	店 名	1月	2月	3月	四半期合計		
3	新宿本店	302,892	356,647	408,072	1,067,611		
4	みなとみらい店	524,935	384,380	393,182			
5	名古屋駅前店	249,433	223,142	411,738			
6	売上合計額	1,077,260	964,169	1,212,992			
7	平均売上額	=AVERAGE(					
8		AVERAGE(数値1, [数値2], ...)					

3 関数を入力すると、引数のヒントが表示されます。

重要度 ★★★　関数の基礎

Q 659 関数に読み方はあるの？

A 関数の正式な読み方は決まっていません。

Excelに用意されている関数の正式な読み方は決まっていません。一般的には、「AVERAGE関数」「TODAY関数」のような英単語そのものの関数は、辞書のとおり「アベレージ」「トゥディ」と読みます。「FV関数」のように略語の関数名の場合は、そのまま「エフブイ」と読む人が多いようです。

重要度 ★★★　関数の基礎

Q 660 合計や平均をかんたんに求めるには？

A [オートSUM]コマンドを利用します。

合計や平均を求める場合、SUM関数やAVERAGE関数を使用しますが、[ホーム]タブの[編集]グループや、[数式]タブの[関数ライブラリ]にある[オートSUM]を利用すると、よりかんたんに求めることができます。ここでは合計を求めてみましょう。

1 合計を求めたいセルをクリックして、

2 [数式]タブをクリックします。

3 [オートSUM]のここをクリックして、

4 [合計]をクリックすると、

5 計算の対象となるセル範囲が自動的に選択されます。

6 範囲に間違いがないかどうか確認して、Enterを押すと、

ASC			fx	=SUM(B3:B5)		
	A	B	C	D	E	F
1	店舗別売上一覧				(千円)	
2	店 名	1月	2月	3月	四半期合計	
3	新宿本店	302,892	356,647	408,072		
4	みなとみらい店	524,935	384,380	393,182		
5	名古屋駅前店	249,433	223,142	411,738		
6	売上合計額	=SUM(B3:B5)				
7		SUM(数値1, [数値2], ...)				

7 合計を求めることができます。

	A	B	C	D	E	F
1	店舗別売上一覧				(千円)	
2	店 名	1月	2月	3月	四半期合計	
3	新宿本店	302,892	356,647	408,072		
4	みなとみらい店	524,935	384,380	393,182		
5	名古屋駅前店	249,433	223,142	411,738		
6	売上合計額	1,077,260				

11 基本と入力
12 編集
13 書式設定
14 計算
15 関数
16 グラフ
17 データベース
18 印刷
19 ファイル
20 連携・共同編集

重要度 ★★★ 数値を丸める

Q 661 ROUNDDOWN、TRUNC、INT関数の違いを知りたい！

A 数値が負の数のときの値や引数を省略できるかどうかなどが違います。

TRUNC関数とINT関数はどちらも数値を指定の桁位置に合わせて切り捨てる関数です。数値が正の数の場合は同じ値が返されますが、数値が負の数のときは、異なる値が返されます。たとえば、「-3.58」という数値の場合、TRUNC関数は単純に小数部を切り捨てた「-3」を返しますが、INT関数は小数部の値に基づいて、より小さい値である「-4」を返します。

ROUNDDOWN関数も数値を切り捨てる関数ですが、TRUNC関数やINT関数のように引数「桁数」を省略できません。

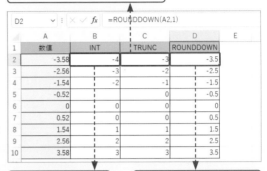

=TRUNC(A2)
セル[A2]の数値を小数点以下で切り捨てた整数が求められます。

=INT(A2)
セル[A2]の数値を超えない最大の整数が求められます。

=ROUNDDOWN(A2,1)
セル[A2]の数値を小数点第2位以下で切り捨てた整数が求められます。

重要度 ★★★ 数値を丸める

Q 662 消費税を計算したい！

A INT関数を使用します。

消費税を計算するには、通常、金額に現在の税率（8%のときは「0.08」、10%のときは「0.1」）をかけて消費税額を計算し、INT関数を使用して小数点以下を切り捨てます。なお、小数点以下を切り上げる場合はROUNDUP関数を使用します。 参照▶ Q 664

1 結果を表示するセルをクリックして、[数式]タブをクリックし、

2 [数学/三角]をクリックして、

3 [INT]をクリックします。

4 消費税のもとになるセルを指定して、

5 「＊0.08」（10%の場合は「＊0.1」）と入力します。

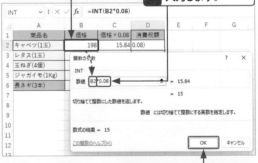

6 [OK]をクリックすると、

7 消費税が計算され、小数点以下は切り捨てられます。

8 数式をほかのセルにコピーします。

商品名	価格	価格×0.08	消費税額
キャベツ(1玉)	198	15.84	15
レタス(1玉)	178	14.24	14
玉ねぎ(4個)	398	31.84	31
ジャガイモ(1Kg)	318	25.44	25
長ネギ(3本)	218	17.44	17

関数の書式 **=INT(数値)**

数学/三角関数 数値の小数部を切り捨てて、整数にした数値を求める。

基本と入力 11
編集 12
書式設定 13
計算 14
関数 15
グラフ 16
データベース 17
印刷 18
ファイル 19
連携・共同編集 20

重要度 ★★★　数値を丸める

Q663 数値を四捨五入したい！

A ROUND関数を使用します。

数値を四捨五入するには、ROUND関数を使用します。四捨五入する桁は、引数「桁数」で指定します。たとえば、小数点以下第2位を四捨五入して小数点以下第1位までの数値にするときは、桁数に「1」を指定します。

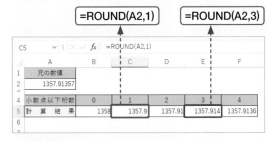

関数の書式 =ROUND（数値,桁数）

数学／三角関数　数値を四捨五入して指定した桁数にする。引数「桁数」には、四捨五入する桁の1つ上の桁数を指定する。

重要度 ★★★　数値を丸める

Q664 数値を切り上げ／切り捨てしたい！

A ROUNDUP関数とROUNDDOWN関数を使用します。

数値を切り上げるにはROUNDUP関数を、切り捨てるにはROUNDDOWN関数を使用します。それぞれの書式はROUND関数と同じです。

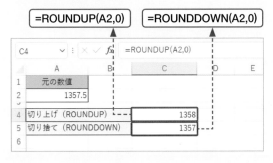

重要度 ★★★　数値を丸める

Q665 ROUND関数と表示形式で設定する四捨五入の違いは？

A ROUND関数では数値自体が四捨五入されます。

ROUND関数では数値自体が四捨五入されます。表示形式で小数点以下を非表示にすると四捨五入したように見えますが、セルに入力されている数値自体は変わりません。下図は、ROUND関数と表示形式で四捨五入した値をそれぞれ2倍したものです。見た目の数値は同じですが、計算結果が異なっています。

重要度 ★★★　数値を丸める

Q666 数値を1の位や10の位で四捨五入したい！

A ROUND関数の引数に負の数を指定します。

ROUND関数の桁数に負の数を指定すると、数値の整数部を四捨五入できます。桁数には、1の位を四捨五入する場合は「-1」、100の位を四捨五入する場合は「-3」というように、四捨五入する桁に「マイナス」を付けたものを指定します。

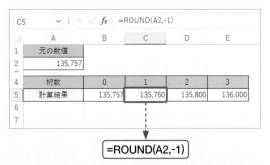

Q 667 自動的に選択された セル範囲を変更したい！

A セル範囲をドラッグして 変更します。

[オートSUM]を使って合計や平均などを計算すると、計算の対象となるセル範囲が自動的に選択され、破線で囲まれます。選択されたセル範囲が正しい場合は、そのまま Enter を押します。間違っている場合は、セル範囲をドラッグして変更したあと、Enter を押します。

[オートSUM]を使って、平均を求めています。

1 計算の対象となるセル範囲が 自動的に選択されますが、 範囲が間違っています。

	A	B	C	D	E
1	店舗別来店者数				
2	店舗名	1月1日	1月2日	1月3日	合計
3	新宿本店	1,862	3,820	5,964	11,646
4	みなとみらい店	1,832	5,619	5,885	13,336
5	名古屋駅前店	2,933	3,503	4,818	11,254
6	合　計	6,627	12,942	16,667	36,236
7	平均来客数	=AVERAGE(B3:B6)			
8		AVERAGE(数値1, [数値2], ...)			

INT ∨ : × ✓ fx =AVERAGE(B3:B6)

この場合は、合計のセルも範囲に含まれています。

↓

2 正しいセル範囲をドラッグすると、

B3 ∨ : × ✓ fx =AVERAGE(B3:B5)

	A	B	C	D	E
1	店舗別来店者数				
2	店舗名	1月1日	1月2日	1月3日	合計
3	新宿本店	1,862	3,820	5,964	11,646
4	みなとみらい店	1,832	5,619	5,885	13,336
5	名古屋駅前店	2,933	3,503	4,818	11,254
6	合　計	6,627	12,942	16,667	36,236
7	平均来客数	=AVERAGE(B3:B5)			
8		AVERAGE(数値1, [数値2], ...)			

3 セル範囲が変更されます。

Q 668 離れたセルの合計を 求めたい！

A Ctrl を押しながら 2つ目以降のセルを選択します。

[オートSUM]を使って離れたセルの合計を求めるには、計算結果を表示したいセルをクリックして、[オートSUM]をクリックします。続いて、1つ目のセルを選択したあと、Ctrl を押しながら2つ目以降のセルを選択し、Enter を押します。

1 結果を表示したいセルを クリックして、

2 [数式]タブを クリックし、

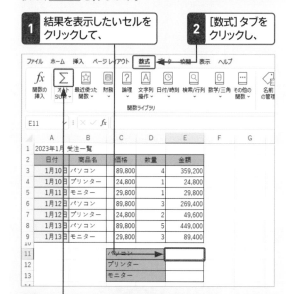

3 [オートSUM]をクリックします。

↓

4 セル[E3]をクリックしたあと、

5 Ctrl を押しながら セル[E6]と[E8]を クリックし、

6 Enter を押すと、 選択したセルの合計が 求められます。

基本と入力 11
編集 12
書式設定 13
計算 14
関数 15
グラフ 16
データベース 17
印刷 18
ファイル 19
連携・共同編集 20

重要度 ★★★　個数や合計を求める

Q 669
小計と総計を同時に求めたい！

A 小計と総計を求めるセル範囲を選択して合計します。

表の中に、小計行と総計行がある場合、これらを同時に求めることができます。Ctrl を押しながら小計行と総計行のセルをそれぞれ選択し、[数式] タブの [オートSUM] をクリックすると、選択した列の小計と総計の値が同時に求められます。

なお、セル範囲を選択する際、項目見出しを含めて選択したり、小計と合計のセル範囲を同時に選択したりすると正しく計算されないので、注意が必要です。

1 小計を表示する1つ目のセル範囲を選択します。

2 Ctrl を押しながらもう1つの小計を表示するセル範囲と、合計を表示するセル範囲をそれぞれ選択します。

3 [数式] タブをクリックして、

4 [オートSUM] をクリックすると、

5 小計と総計の値が同時に求められます。

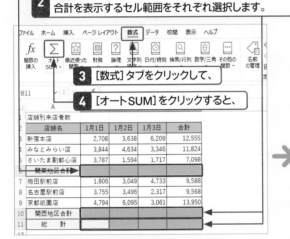

重要度 ★★★　個数や合計を求める

Q 670
データの増減に対応して合計を求めたい！

A SUM関数の引数に「列番号:列番号」と指定します。

SUM関数でデータを集計している場合、データが追加されると、集計するセル範囲も変更しなくてはならないので面倒です。このような場合は、引数に「D:D」のように「列番号:列番号」と指定すると、データが追加されるたびに自動的に集計結果も変更されます。

関数の書式	=SUM（数値1,数値2,…）
数学／三角関数	数値の合計を求める。

1 SUM関数の引数に「列番号:列番号」と指定します。

=SUM(D:D)

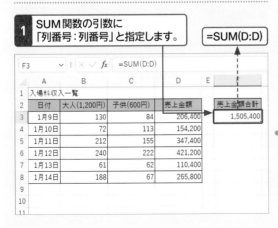

2 表にデータを追加して、

3 Enter を押すと、追加したデータが自動的に合計に加えられます。

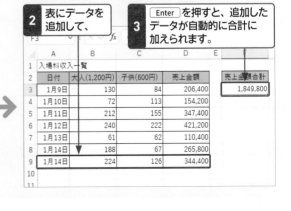

重要度 ★★★　個数や合計を求める

Q 671 列と行の合計をまとめて求めたい！

A 合計対象と計算結果を表示するセル範囲をまとめて選択します。

計算対象のセル範囲と計算結果を表示するセル範囲をまとめて選択し、[数式]タブの[オートSUM]をクリックすると、選択した範囲の列合計、行合計、総合計をまとめて求めることができます。

1 合計を表示するセルも含めて、セル範囲を選択します。

2 [数式]タブをクリックして、

3 [オートSUM]をクリックすると、

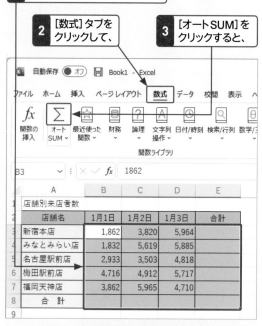

4 列と行の合計と総合計をまとめて求めることができます。

	A	B	C	D	E
1	店舗別来店者数				
2	店舗名	1月1日	1月2日	1月3日	合計
3	新宿本店	1,862	3,820	5,964	11,646
4	みなとみらい店	1,832	5,619	5,885	13,336
5	名古屋駅前店	2,933	3,503	4,818	11,254
6	梅田駅前店	4,716	4,912	5,717	15,345
7	福岡天神店	3,862	5,965	4,710	14,537
8	合　計	15,205	23,819	27,094	66,118
9					

重要度 ★★★　個数や合計を求める

Q 672 「0」が入力されたセルを除いて平均値を求めたい！

A SUM関数とCOUNTIF関数を組み合わせます。

AVERAGE関数を使用すると、「0」も1個のデータとして計算されるため、場合によっては正しい結果が求められません。「0」を除外して平均値を求めたいときは、SUM関数とCOUNTIF関数を使用します。

下の例では、まず、SUM関数で「データ」が入力されているセル範囲[B3:B7]の合計を求めます。次に、COUNTIF関数で、セル範囲[B3:B7]の中から「0」でない数値を数えて、SUM関数で求めた合計を割っています。

なお、「<>」は、左辺と右辺が等しくないという意味を表す比較演算子です。比較演算子を検索条件に指定する場合は、文字列を指定するときと同様、「"」（ダブルクォーテーション）で囲む必要があります。比較演算子には、ほかに下表のようなものがあります。

=SUM(B3:B7)/COUNTIF(B3:B7,"<>0")

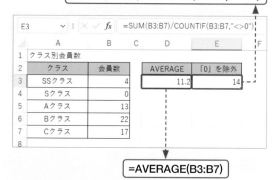

=AVERAGE(B3:B7)

● 比較演算子

記号	意味
=	左辺と右辺が等しい
>	左辺が右辺よりも大きい
<	左辺が右辺よりも小さい
>=	左辺が右辺以上である
<=	左辺が右辺以下である
<>	左辺と右辺が等しくない

関数の書式 =COUNTIF(範囲,検索条件)

統計関数 検索条件に一致するセルの個数を数える。

Q 673 累計を求めたい！

A 最初のセルを絶対参照にして、数式をコピーします。

行ごとに累計を求める場合は、SUM関数とセルの参照形式をうまく使いこなすと、1つの関数を入力してコピーするだけで、計算結果を求めることができます。

累計を求める場合は、累計を計算する最初のセルを絶対参照にし、開始セルはそのままに、終了セルの行番号を変化させます。

なお、下の手順④で指定する最初の累計は、計算の対象となるセルが1つしかないので、セル範囲の最初と最後は同じセル番号になります。

1 累計を求める最初のセルをクリックして、「=SUM(」と入力し、

	A	B	C	D	E	F	G
	E3	∨ : × ✓ fx	=SUM(E3				
1	日別入場者数						
2	日付	曜日	大人	子供	1日合計	累計人数	
3	1月9日	月	448	927	1,375	=SUM(E3	
4	1月10日	火	653	682	1,335	SUM(数値1, [数値2], …)	
5	1月11日	水	397	358	755		
6	1月12日	木	1,065	872	1,937		
7	1月13日	金	837	433	1,270		
8	1月14日	土	775	321	1,096		
9	1月15日	日	789	846	1,635		
10							

2 セル範囲の最初のセル番号を入力して、

3 F4 を押して絶対参照にします。

	A	B	C	D	E	F	G
	INT	∨ : × ✓ fx	=SUM($E$3				
1	日別入場者数						
2	日付	曜日	大人	子供	1日合計	累計人数	
3	1月9日	月	448	927	1,375	=SUM($E$3	
4	1月10日	火	653	682	1,335	SUM(数値1, [数値2], …)	
5	1月11日	水	397	358	755		
6	1月12日	木	1,065	872	1,937		
7	1月13日	金	837	433	1,270		
8	1月14日	土	775	321	1,096		
9	1月15日	日	789	846	1,635		
10							

4 「$3」の後ろをクリックしてから「:」を入力し、セル範囲の最後のセル番号を入力し、

5 「)」と入力します。

	A	B	C	D	E	F	G
	F3	∨ : × ✓ fx	=SUM($E$3:E3)				
1	日別入場者数						
2	日付	曜日	大人	子供	1日合計	累計人数	
3	1月9日	月	448	927	1,375	=SUM($E$3:E3)	
4	1月10日	火	653	682	1,335		
5	1月11日	水	397	358	755		
6	1月12日	木	1,065	872	1,937		
7	1月13日	金	837	433	1,270		
8	1月14日	土	775	321	1,096		
9	1月15日	日	789	846	1,635		
10							

6 Enter を押すと、最初の累計が計算できます。

	A	B	C	D	E	F	G
	F4	∨ : × ✓ fx					
1	日別入場者数						
2	日付	曜日	大人	子供	1日合計	累計人数	
3	1月9日	月	448	927	1,375	1,375	
4	1月10日	火	653	682	1,335		
5	1月11日	水	397	358	755		
6	1月12日	木	1,065	872	1,937		
7	1月13日	金	837	433	1,270		
8	1月14日	土	775	321	1,096		
9	1月15日	日	789	846	1,635		
10							

7 セル [F3] に入力した数式をコピーすると、

	A	B	C	D	E	F	G
1	日別入場者数						
2	日付	曜日	大人	子供	1日合計	累計人数	
3	1月9日	月	448	927	1,375	1,375	
4	1月10日	火	653	682	1,335		
5	1月11日	水	397	358	755		
6	1月12日	木	1,065	872	1,937		
7	1月13日	金	837	433	1,270		
8	1月14日	土	775	321	1,096		
9	1月15日	日	789	846	1,635		
10							

8 それぞれの累計を求めることができます。

	A	B	C	D	E	F	G
1	日別入場者数						
2	日付	曜日	大人	子供	1日合計	累計人数	
3	1月9日	月	448	927	1,375	1,375	
4	1月10日	火	653	682	1,335	2,710	
5	1月11日	水	397	358	755	3,465	
6	1月12日	木	1,065	872	1,937	5,402	
7	1月13日	金	837	433	1,270	6,672	
8	1月14日	土	775	321	1,096	7,768	
9	1月15日	日	789	846	1,635	9,403	
10							

11 基本と入力
12 編集
13 書式設定
14 計算
15 関数
16 グラフ
17 データベース
18 印刷
19 ファイル
20 連携・共同編集

11 基本と入力
12 編集
13 書式設定
14 計算
15 関数
16 グラフ
17 データベース
18 印刷
19 ファイル
20 連携・共同編集

重要度 ★★★ 　個数や合計を求める

Q 674 データの個数を数えたい！

A COUNT関数やCOUNTA関数を用途に応じて使用します。

データの個数を数えるには、数値が入力されているセルの個数のみを数えるCOUNT関数と、空白以外のセルの個数を数えるCOUNTA関数があります。

COUNT関数は、セルに入力されたデータが数値以外の場合はカウントされません。このため、数値が表示されている場合でも、そのデータが文字列として扱われている場合はカウントされません。

また、COUNTA関数は、セルに何も入力されていないように見えても、全角や半角のスペースが入力されている場合は、正しくカウントされません。カウント数がおかしい場合は、確認する必要があります。

● COUNT関数とCOUNTA関数を使い分ける

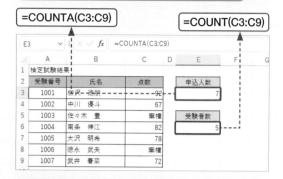

=COUNTA(C3:C9)　　　　　=COUNT(C3:C9)

関数の書式	=COUNT(値1,値2,…)
統計関数	数値が入力されているセルの個数を数える。

関数の書式	=COUNTA(値1,値2,…)
統計関数	空白以外のセルの個数を数える。

重要度 ★★★ 　個数や合計を求める

Q 675 条件に一致するデータが入力されたセルを数えたい！

A COUNTIF関数を使用します。

条件に一致するデータが入力されたセルの個数を数えるには、COUNTIF関数を使用します。検索条件に文字列を指定する場合は、「"」（ダブルクォーテーション）で囲む必要があります。　参照 ▶ Q 672

「合格者」と「不合格者」の人数をそれぞれ数えています。

=COUNTIF(E3:E9,"合格")

=COUNTIF(E3:E9,"不合格")

重要度 ★★★ 　個数や合計を求める

Q 676 「○以上」の条件を満たすデータを数えたい！

A COUNTIF関数で比較演算子を使った条件式を指定します。

「○以上」の条件を満たすセルの個数を数えるには、COUNTIF関数の検索条件に、比較演算子を使った条件式を指定します。比較演算子を検索条件に指定する場合は、文字列を指定するときと同様、「"」（ダブルクォーテーション）で囲む必要があります。　参照 ▶ Q 672

合計点が150点以上の件数を数えています。

=COUNTIF(E3:E9,">=150")

Q677

重要度 ★★★　個数や合計を求める

「○○」を含む文字列の個数を数えたい!

A COUNTIF関数の条件式にワイルドカードを利用します。

「○○」を含む文字列の個数を数えるには、COUNTIF関数の検索条件に、「?」や「*」などのワイルドカードを使った条件式を指定します。「?」は任意の1文字を、「*」は0文字以上の任意の文字列を表します。検索条件に文字列を指定する場合は、「"」(ダブルクォーテーション)で囲む必要があります。　参照▶Q 672

> 担当地域が「東京都」で始まる担当者の数を数えています。

C11	fx	=COUNTIF(D3:D9,"東京都*")
	A	B	C	D	E
1	社員別担当地域				
2	社員番号	担当者名	所属	担当地域	
3	101	大沢　汀子	営業1課	東京都23区	
4	102	熊谷　大和	営業1課	東京都23区	
5	103	桜庭　直美	営業2課	神奈川県東部地区	
6	104	小川　修也	営業2課	神奈川県西部地区	
7	105	長谷川　緑	営業2課	埼玉県全県	
8	106	藤原　信之	営業3課	東京都23区外	
9	107	山崎　望愛	営業3課	東京都島しょ部	
10					
11	東京都の担当者数		4		
12					

=COUNTIF(D3:D9,"東京都*")

Q678

重要度 ★★★　個数や合計を求める

「○以上△未満」の条件を満たすデータを数えたい!

A COUNTIFS関数を使用します。

複数の条件に一致するデータの個数を数えるには、COUNTIFS関数を使用します。比較演算子を検索条件に指定する場合は、「"」(ダブルクォーテーション)で囲む必要があります。

> 5,000万円以上7,000万円以下の件数を数えています。

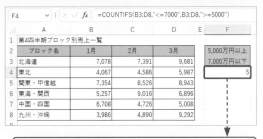

=COUNTIFS(B3:D8,"<=7000",B3:D8,">=5000")

関数の書式	=COUNTIFS(検索条件範囲1, 検索条件1,検索条件範囲2,検索条件2,…)
統計関数	複数条件に一致するセルの個数を数える。

Q679

重要度 ★★★　個数や合計を求める

条件を満たすデータの合計を求めたい!

A SUMIF関数を使用します。

条件を満たすセルの数値の合計を求めるには、SUMIF関数を使用します。SUMIF関数は、指定した範囲の中から検索条件に一致するデータを検索して、検索結果に対応する数値データの合計を求める関数です。
右の例では、範囲に検索の対象となるセル範囲[B8:B16]を、検索条件に「大澤 明希」が入力されたセル[B2]を、合計範囲に合計する数値が入力されたセル範囲[D8:D16]を指定しています。ここでは、式をコピーしてもずれないように範囲を絶対参照で指定しています。

> 担当者別の売上合計を求めています。

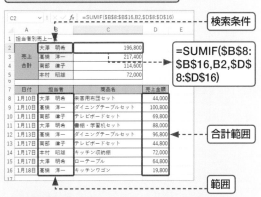

=SUMIF($B$8:$B$16,B2,$D$8:$D$16)

関数の書式	=SUMIF(範囲,検索条件,合計範囲)
数学/三角関数	検索条件に一致するセルの値の合計を求める。

重要度 ★★★　個数や合計を求める

Q 680 複数の条件を満たす データの合計を求めたい！

A SUMIFS関数を使用します。

SUMIF関数が検索条件を1つしか指定できないのに対して、複数の条件を指定し、それらすべてを満たしたセルに対応する数値の合計を求めるには、SUMIFS関数を使用します。

下の例では、セル範囲[B5:B18]のデータが「中沢栄太」と、セル範囲[C5:C18]のデータが「エアコン」の両方を満たした場合に、セル範囲[D5:D18]に入力された数値の中で条件を満たした行の数値を合計しています。

重要度 ★★★　個数や合計を求める

Q 681 複数の条件を満たす データの平均を求めたい！

A AVERAGEIFS関数を 使用します。

複数の条件を満たしたセルに対応する数値の平均を求めるには、AVERAGEIFS関数を使用します。

下の例では、セル範囲[B5:B18]のデータが「織田友佳」と、セル範囲[C5:C18]のデータが「洗濯機」の両方を満たした場合に、セル範囲[D5:D18]に入力された数値の中で条件を満たした行の数値の平均を求めます。

なお、ここでは複数の条件を指定していますが、指定する条件が1つの場合は、AVERAGEIF関数を使用します。たとえば、織田友佳の平均販売金額を求める場合は、=AVERAGEIF(B5:B18,"織田友佳",D5:D18)のように入力します。

中沢栄太のエアコンの販売金額合計を求めています。

織田友佳の洗濯機の平均販売金額を求めています。

関数の書式	=SUMIFS（合計対象範囲,条件範囲1,条件1,条件範囲2,条件2,…）

数学／三角関数　指定した条件に一致する数値の合計を求める。

関数の書式	=AVERAGEIFS（平均対象範囲,条件範囲1,条件1,条件範囲2,条件2,…）

数学／三角関数　指定した条件に一致する数値の平均を求める。

Q682　別表で条件を指定して、データの合計を求めたい！
重要度 ★★★　個数や合計を求める

A DSUM関数を使用します。

リスト形式の表から複数の条件を満たすデータの合計を求めるには、DSUM関数を使用します。リスト形式の表とは、列ごとに同じ種類のデータが入力されて、先頭行に列見出が入力されている一覧表（下図のデータベース）のことです。

下の例では、検索対象となるセル範囲［A4:D18］から、別表のセル範囲［A1:C2］で指定した条件でデータを抽出し、集計対象となる列のフィールド名［D4］の値を合計しています。なお、別表の条件表の項目名は、リスト形式の表と同じ項目名にする必要があります。

`5/10～5/13の販売額の合計を求めています。`

条件　=DSUM(A4:D18,D4,A1:C2)

日付	日付	期間販売額計
>=2023/5/10	<=2023/5/13	640,000

日付	販売担当者	商品名	販売金額
5月8日	森口美幸	電子レンジ	39,800
5月9日	中沢栄太	エアコン	148,000
5月9日	織田友佳	洗濯機	182,000
5月9日	相沢義男	空気清浄機	69,800
5月10日	森口美幸	除湿器	24,800
5月10日	中沢栄太	エアコン	84,800
5月11日	織田友佳	洗濯機	148,000
5月13日	相沢義男	冷蔵庫	218,000
5月13日	森口美幸	除湿器	24,800
5月13日	中沢栄太	洗濯機	54,800
5月13日	織田友佳	洗濯機	84,800
5月14日	相沢義男	電子レンジ	28,800
5月15日	森口美幸	洗濯機	69,800
5月15日	中沢栄太	エアコン	178,000

データベース（検索対象）　フィールド（集計対象）

関数の書式 =DSUM(データベース,フィールド,条件)

データベース関数　条件を満たすデータをデータベース（検索範囲）から抽出して、合計する。
データベース：検索対象になるリスト形式の表を指定する。
フィールド：集計対象のフィールド名を指定する。
条件：検索条件を設定したセル範囲を指定する。

Q683　別表で条件を指定して、データの個数を数えたい！
重要度 ★★★　個数や合計を求める

A DCOUNT関数を使用します。

リスト形式の表から複数の条件を満たすデータの個数を求めるには、DCOUNT関数を使用します。

下の例では、検索対象となるセル範囲［A4:D18］から、別表のセル範囲［A1:C2］で指定した条件でデータを抽出し、集計対象となるフィールド名［D4］の値を数えています。なお、別表の条件表の項目名は、リスト形式の表と同じ項目名にする必要があります。

`中沢栄太の10万円以上の販売件数を求めています。`

条件　=DCOUNT(A4:D18,D4,A1:C2)

販売担当者	販売金額	該当件数
中沢栄太	>=100,000	2

データベース（検索対象）　フィールド（集計対象）

関数の書式 =DCOUNT(データベース,フィールド,条件)

データベース関数　条件を満たすデータをデータベースから抽出して、数を数える。
データベース：検索対象になるリスト形式の表を指定する。
フィールド：集計対象のフィールド名を指定する。
条件：検索条件を設定したセル範囲を指定する。

Q 684 乱数を求めたい！

A RAND関数を使用します。

「乱数」とは、名前のとおりランダムな数のことです。乱数を求めるにはRAND関数を使用します。

なお、RAND関数で求めた乱数は、ワークシートが再計算されるたびに変化するので、乱数を固定しておきたい場合は、コピーして値のみを貼り付けておく必要があります。乱数は、プレゼントの当選者を無作為に決めるときなどによく利用されます。　参照▶Q 502

> 乱数を作成し、プレゼントの当選者を
> 無作為に決めます。

	A	B	C
	抽選番号	応 募 者 名	乱　数
1			
2	1	森口　美幸	0.166291305
3	2	大澤　延江	0.140545895
4	3	中沢　栄太	0.429581391
5	4	織田　友佳	0.401427359
6	5	相沢　義男	0.529191890
7	6	藤原　敬之	0.973775829
8	7	成澤　智子	0.405095346

C2 = =RAND()　　=RAND()

> 表全体を乱数の大きい順（あるいは小さい順）に
> 並べ替えて当選者を決めます。

	A	B	C	D	E
	抽選番号	応 募 者 名	乱　数	当選判定	
1					
2	2	大澤　延江	0.140545895	当選	
3	1	森口　美幸	0.166291305	当選	
4	4	織田　友佳	0.401427359	当選	
5	7	成澤　智子	0.405095346		
6	3	中沢　栄太	0.429581391		
7	5	相沢　義男	0.529191890		
8	6	藤原　敬之	0.973775829		

A1 = 抽選番号

> 乱数が表示された列をコピーして、
> 値のみを貼り付けています。

関数の書式 =RAND()

数学／三角関数 0以上1未満の乱数を作成する。ワークシートが再計算されるたびに新しい乱数に変化する。

Q 685 条件によって表示する文字を変えたい！

A IF関数を使用します。

指定した条件を満たすかどうかで処理を振り分けるには、IF関数を使用します。引数「論理式」に「もし～ならば」という条件を指定し、条件が満たす場合は「真の場合」を、成立しない場合は「偽の場合」を実行します。

> 検定試験の合計点が180点以上の場合は「合格」、
> 180点未満の場合は「不合格」と表示しています。

=IF(E3>=180,"合格","不合格")

F3 = =IF(E3>=180,"合格","不合格")

	A	B	C	D	E	F	G
1	検定試験合否判定						
2	氏　名	試験1	試験2	試験3	合計点	合否判定	
3	大澤　延江	63	95	76	234	合格	
4	森口　美幸	83	76	22	181	合格	
5	織田　友佳	55	41	76	172	不合格	
6	成澤　智子	66	48	56	170	不合格	
7	中沢　栄太	59	52	36	147	不合格	
8	相沢　義男	98	45	73	216	合格	
9	藤原　敬之	26	51	52	129	不合格	
10							

関数の書式 =IF(論理式,真の場合,偽の場合)

論理関数 条件を満たすときは「真の場合」、満たさないときは「偽の場合」を返す。

Q 686 IF関数で条件を満たしているのに値が表示されない！

A 条件式に指定した引数のセルの数値が正しいか確認します。

IF関数を使用して、たとえば「A1=0」が真か偽かを判別する場合、セル［A1］に「0.0001」のようなゼロではない数値が入力されていても、セルの表示形式によっては「0」と表示されることがあります。この場合は、見かけ上は条件が満たされていても、実際には条件が満たされていないので、こういうことが起きます。

左端の縦ラベル：基本・入力／編集／表示設定／計算／15 関数／グラフ／データベース／印刷／ファイル／連携・共同編集

Q 687
IF関数を使って
3段階の評価をしたい!

A　IF関数を2つ組み合わせます。

IF関数では、1つの条件の判定結果に応じて処理を2段階に振り分けます。3段階に振り分けたい場合は、IF関数の中にさらにIF関数を指定します。

下の例では、最初のIF関数で、列「E」の値が220以上か未満かを判定し、220以上（TRUE）なら「A」が表示されます。220未満（FALSE）の場合は、2番目のIF関数で数値が170以上か未満かを判定し、170以上なら「B」を表示し、170未満なら「C」を表示するように指定しています。　　　　　　　　　　　　　　　　参照 ▶ Q 689

> 合計点が220点以上の場合は「A」、170点以上220点未満は「B」、170点未満は「C」を表示しています。

F3		fx	=IF(E3>=220,"A",IF(E3>=170,'

	A	B	C	D	E	F
1	検定試験評価					
2	氏　名	試験1	試験2	試験3	合計点	評価
3	大澤　延江	63	95	76	234	A
4	森口　美幸	83	76	22	181	B
5	織田　友佳	55	41	76	172	B
6	成澤　智子	66	48	56	170	B
7	中沢　栄太	59	52	36	147	C
8	相沢　義男	98	45	73	216	B
9	藤原　敬之	26	51	52	129	C
10						

=IF(E3>=220,"A",IF(E3>=170,"B","C"))

=IF(E3>=220,"A",IF(E3>=170,"B","C"))
　　❶　　　　❷　　　　❸　　　　❹　　❺

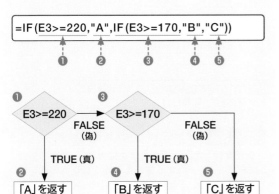

❶ E3>=220 → ❸ E3>=170
　　　FALSE（偽）　　　FALSE（偽）
　　　TRUE（真）　　　TRUE（真）
❷「A」を返す　❹「B」を返す　❺「C」を返す

Q 688
複数の条件を指定して
結果を求めたい!

A　IF関数にAND関数やOR関数を組み合わせます。

「AかつB」や「AまたはB」のような複数の条件を設定したい場合は、IF関数にAND関数やOR関数を組み合わせます。AND関数は、指定した複数の条件をすべて満たすかどうかを判定します。OR関数は、指定した複数の条件のいずれかを満たすかどうかを判定します。

D3		fx	=IF(AND(B3>=60,C3>=60),"合

	A	B	C	D
1	検定試験合否判定（両科目60点以上で合格）			
2	氏　名	筆記試験	実技試験	合否判定
3	大澤　延江	79	68	合格
4	森口　美幸	46	60	
5	織田　友佳	67	55	
6	成澤　智子	84	92	合格
7	中沢　栄太	46	58	
8	相沢　義男	40	46	
9	藤原　敬之	79	70	合格

=IF(AND(B3>=60,C3>=60),"合格","")

D3		fx	=IF(OR(B3>=60,C3>=60),"合格

	A	B	C	D
1	検定試験合否判定（いずれかの科目60点以上で合格）			
2	氏　名	筆記試験	実技試験	合否判定
3	大澤　延江	79	68	合格
4	森口　美幸	46	60	合格
5	織田　友佳	67	55	合格
6	成澤　智子	84	92	合格
7	中沢　栄太	46	58	
8	相沢　義男	40	46	
9	藤原　敬之	79	70	合格

=IF(OR(B3>=60,C3>=60),"合格","")

関数の書式	=AND(論理式1,論理式2,…)
論理関数	すべての条件が満たされたとき真を返す。

関数の書式	=OR(論理式1,論理式2,…)
論理関数	1つでも条件が満たされたとき真を返す。

基本と入力 11
編集 12
書式設定 13
計算 14
関数 15
グラフ 16
データベース 17
印刷 18
ファイル 19
連携・共同編集 20

11 基本と入力
12 編集
13 書式設定
14 計算
15 関数
16 グラフ
17 データベース
18 印刷
19 ファイル
20 連携・共同編集

重要度 ★★★ 条件分岐　　　　　　　　　　❌2016

Q 689 条件に応じて3種類以上の結果を求めたい！

A IFS関数を使用します。

1つのデータに対して3種類以上の条件で比較し、条件に応じて結果を求めたい場合はIFS関数を使用します。従来はIF関数の引数にIF関数を使用する「入れ子」を使用する必要があったため、数式が複雑になりがちでしたが、IFS関数を使用することで数式がかんたんになります。
なお、IFS関数では、IF関数のように条件が偽の場合の値は指定できず、必ず何らかの条件を指定する必要があります。ここでは、最後の引数に「TRUE」を指定した例と、条件を指定した例を紹介します。　参照▶Q 687

点数が160点以上の場合は「A」、120点以上は「B」、90点以上は「C」、それ以外は「不合格」と表示しています。

	A	B	C	D	E	F	G
1	検定試験合否判定（両科目60点以上で合格）						
2	氏　名	筆記	実技	合計	合否判定		
3	大澤　延江	79	88	167	A		
4	森口　美幸	46	60	106	C		
5	織田　友佳	67	55	122	B		
6	成澤　智子	84	92	176	A		
7	中沢　栄太	46	58	104	C		
8	相沢　義男	40	46	86	不合格		
9	藤原　敬之	79	70	149	B		

=IFS(D3>=160,"A",D3>=120,"B",D3>=90,"C",
TRUE,"不合格")

	A	B	C	D	E	F	G
1	検定試験合否判定（両科目60点以上で合格）						
2	氏　名	筆記	実技	合計	合否判定		
3	大澤　延江	79	88	167	A		
4	森口　美幸	46	60	106	C		
5	織田　友佳	67	55	122	B		
6	成澤　智子	84	92	176	A		
7	中沢　栄太	46	58	104	C		
8	相沢　義男	40	46	86	不合格		
9	藤原　敬之	79	70	149	B		

=IFS(D3>=160,"A",D3>=120,"B",D3>=90,"C",
D3<90,"不合格")

関数の書式 =IFS(論理式1,値が真の場合1,論理式2,値が真の場合2,…)

論理関数 最初に条件を満たした論理式に対応する値を返す。

重要度 ★★★ 条件分岐　　　　　　　　　　❌2016

Q 690 複数の条件に応じて異なる結果を求めたい！

A SWITCH関数を使用します。

SWITCH関数は、式に一致する値を検索し、対応する結果を返す関数です。一致する値がない場合は任意の既定値を、既定値がない場合は#N/Aを返します。
下の例では、WEEKDAY関数を使って数値化した曜日をSWITCH関数を使用して比較することで、日付に対応する曜日を表示しています。
また、日曜日と土曜日は「定休日」、それ以外は「営業日」のように表示させることもできます。何も表示させたくない場合は「""」と入力します。　参照▶Q 570, Q 608

日付に対応する曜日を表示しています。

	A	B	C	D	E	F
1	日付	曜日				
2	2023年6月1日	木曜				
3	2023年6月2日	金曜				
4	2023年6月3日	土曜				
5	2023年6月4日	日曜				
6	2023年6月5日	月曜				
7	2023年6月6日	火曜				
8	2023年6月7日	水曜				

=SWITCH(WEEKDAY(A2),1," 日曜 ",2," 月曜 ",
3," 火曜 ",4," 水曜 ",5," 木曜 ",6," 金曜 ",7," 土曜 ")

土曜と日曜は定休日、それ以外は営業日と表示しています。

	A	B	C	D	E	F
1	日付	曜日				
2	2023年6月1日	営業日				
3	2023年6月2日	営業日				
4	2023年6月3日	定休日				
5	2023年6月4日	定休日				
6	2023年6月5日	営業日				
7	2023年6月6日	営業日				
8	2023年6月7日	営業日				

=SWITCH(WEEKDAY(A2),1," 定休日 ",
7," 定休日 "," 営業日 ")

関数の書式 =SWITCH(式,値1,結果1,値2,結果2,…)

論理関数 式に一致する値を検索し、一致する値の結果を返す。一致する値がない場合は任意の既定値を、既定値がない場合は#N/Aを返す。

重要度 ★★★　条件分岐

Q 691 上位30%に含まれる値に印を付けたい！

A IF関数とPERCENTILE.INC関数を組み合わせます。

試験結果や売上高の上位30%以内にあるデータを知りたい場合は、IF関数とPERCENTILE.INC関数を組み合わせます。PERCENTILE.INC関数では、最高を100%、最低を0%としたときに、全体の中の相対的な位置を百分率で求めることができます。下の例では、下位から70%にあたる値を求めるために、引数「率」に「0.7」と入力し、配列のセルは絶対参照にしています。

試験結果の上位30%に含まれるデータに◎を表示しています。

E3	✓ : × ✓ fx	=IF(PERCENTILE.INC($D$3:$D$9,0.7)<=D3,"◎","")					
	A	B	C	D	E	F	G	H
1	検定試験結果						
2	氏　名	筆記	実技	合計	上位30%		
3	大澤 延江	79	88	167	◎		
4	森口 美幸	46	60	106			
5	織田 友佳	67	55	122			
6	成澤 智子	84	92	176	◎		
7	中沢 栄太	46	58	104			
8	相沢 義男	40	46	86			
9	藤原 敬之	79	70	149			

```
=IF(PERCENTILE.INC($D$3:$D$9,
0.7)<=D3,"◎","")
```

関数の書式 =PERCENTILE.INC(配列,率)

統計関数 範囲内の値をもとに、指定した割合に位置する値を求める。

重要度 ★★★　条件分岐

Q 692 エラー値を表示したくない！

A IFERROR関数を使用します。

IFERROR関数を使用すると、セルに表示されるエラー値を指定した文字列に置き換えることができます。また、下の例で「"要確認"」を「""」とすると、エラー値を空白文字列に置き換えることができます。

D4	✓ : × ✓ fx	=C4/B4			
	A	B	C	D	E	F
1	目標販売額達成状況			(千円)	
2	店舗名	売上目標	売上実績	達成率	
3	新宿本店	3,765	4,017	107%	
4	横浜西口店	0	2,956	#DIV/0!	
5	大宮駅前店	1,543	1,420	92%	
6	幕張本郷店	1,654	1,811	109%	

=C4/B4

D4	✓ : × ✓ fx	=IFERROR(C4/B4,"要確認")			
	A	B	C	D	E	F
1	目標販売額達成状況			(千円)	
2	店舗名	売上目標	売上実績	達成率	
3	新宿本店	3,765	4,017	107%	
4	横浜西口店	0	2,956	要確認	
5	大宮駅前店	1,543	1,420	92%	
6	幕張本郷店	1,654	1,811	109%	

=IFERROR(C4/B4,"要確認")

関数の書式 =IFERROR(値,エラーの場合の値)

論理関数 式がエラーの場合は指定した値を表示し、エラーでない場合は計算の結果を表示する。

重要度 ★★★　条件分岐

Q 693 条件を満たさない場合は何も表示したくない！

A IF関数とISBLANK関数を組み合わせます。

参照元のセルにデータが入力されていない場合、参照先のセルには「0」と表示されます。この「0」を表示しないようにするには、IF関数、ISBLANK関数、空白文字列「""」を組み合わせた数式を入力します。

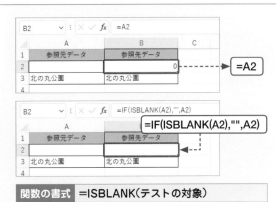

B2	✓ : × ✓ fx	=A2	
	A	B	C
1	参照元データ	参照先データ	
2		0	
3	北の丸公園	北の丸公園	

=A2

B2	✓ : × ✓ fx	=IF(ISBLANK(A2),"",A2)	
	A	B	C
1	参照元データ	参照先データ	
2			
3	北の丸公園	北の丸公園	

=IF(ISBLANK(A2),"",A2)

関数の書式 =ISBLANK(テストの対象)

情報関数 参照元のセルが空白のとき真を返す。

11 基本と入力
12 編集
13 書式設定
14 計算
15 関数
16 グラフ
17 データベース
18 印刷
19 ファイル
20 連携・共同編集

重要度 ★★★　条件分岐

Q 694 データが入力されているときだけ合計を表示したい！

A IF関数にCOUNT関数とSUM関数を組み合わせます。

合計を表示するセルにSUM関数が設定されていると、データが未入力の場合に「0」と表示されます。データが入力されているときだけ合計を表示したいときは、IF関数にCOUNT関数とSUM関数を組み合わせます。右図のように、COUNT関数で、指定したセル範囲にデータが入力されているかを確認し、入力されているときだけSUM関数で合計を表示します。

参照 ▶ Q 674

`=IF(COUNT(E2:E5)=0,"",SUM(E2:E5))`

重要度 ★★★　日付や時間の計算

Q 695 シリアル値って何？

A 日付と時刻を管理するための数値のことです。

「シリアル値」とは、Excelで日付と時刻を管理するための数値です。日付のシリアル値は「1900年1月1日」から「9999年12月31日」までの日付に「1～2958465」が割り当てられています。時刻の場合は、「0時0分0秒」から「翌日の0時0分0秒」までの24時間に0から1までの値が割り当てられます。日付と時刻をいっしょに表すこともでき、「2023年5月1日12時」のシリアル値は「45047.5」になります。
シリアル値を確認したい場合は、セルに日付や時刻を入力したあと、表示形式を「標準」や「数値」に変更します。

● 日付のシリアル値

● 時刻のシリアル値

```
0:00    6:00    12:00    18:00    24:00
0       0.25    0.5      0.75     1
```

重要度 ★★★　日付や時間の計算

Q 696 経過日数や経過時間を求めたい！

A 終了日から開始日または、終了時刻から開始時刻を引きます。

経過日数や経過時間を求めるには、「=B3-A3」のような数式を入力して、終了日から開始日または、終了時刻から開始時刻を引きます。
なお、日付の引き算を行った際に、「日付」の表示形式が自動的に設定された場合は、表示形式を「標準」に変更します。時刻の引き算の場合は、結果が24時間以内なら表示形式は「時刻」のままでかまいません。

`=B3-A3`

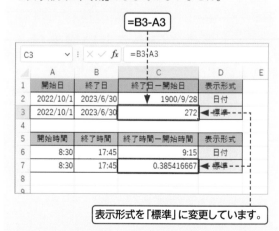

表示形式を「標準」に変更しています。

Q697 数式に時間を直接入力して計算したい！

A 日付や時刻を表す文字列を「"」で囲みます。

数式の中に日付や時刻のデータを直接入力するには、日付や時刻を表す文字列を半角の「"」（ダブルクォーテーション）で囲んで入力します。

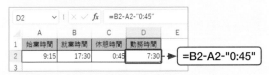

=B2-A2-"0:45"

Q698 日付や時間計算を行うと「####…」が表示される！

A 計算結果が負の値になっているか、セル幅が不足しています。

日付計算や時間計算の結果がエラー値「####…」で表示される場合は、計算結果が負の値などのシリアル値の範囲を超えた値になっているか、表示する値に対してセル幅が不足し、計算結果を表示できない可能性があります。数式に間違いがないかどうかを確認し、数式に問題がないときはセル幅を広げます。

Q700 時間を15分単位で切り捨てたい！

A FLOOR.MATH関数を使用します。

時間を15分単位で切り捨てるときは、FLOOR.MATH関数を使用します。引数「基準値」に「"0.15"」と直接時間を指定すると、15分単位で表示できます。基準値を変えると、15分単位以外にも利用できます。なお、計算結果にはシリアル値が表示されるので、表示形式を「時刻」に変更する必要があります。

Q699 時間を15分単位で切り上げたい！

A CEILING.MATH関数を使用します。

時間を15分単位で切り上げるときは、CEILING.MATH関数を使用します。引数「基準値」に「"0.15"」と直接時間を指定すると、15分単位で表示できます。基準値を変えると、15分単位以外にも利用できます。なお、計算結果にはシリアル値が表示されるので、表示形式を「時刻」に変更する必要があります。

=CEILING.MATH(C2,"0:15")

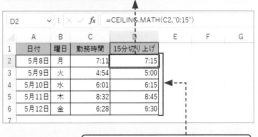

表示形式を「時刻」に変更しています。

関数の書式 =CEILING.MATH(数値,基準値,モード)

数学／三角関数 数値を基準値の倍数の中でもっとも近い数値に切り上げる。「モード」は、数値が負数の場合に指定する。

=FLOOR.MATH(C2,"0:15")

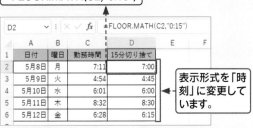

表示形式を「時刻」に変更しています。

関数の書式 =FLOOR.MATH(数値,基準値,モード)

数学／三角関数 数値を基準値の倍数の中でもっとも近い数値に切り捨てる。「モード」は、数値が負数の場合に指定する。

11 基本と入力
12 編集
13 書式設定
14 計算
15 関数
16 グラフ
17 データベース
18 印刷
19 ファイル
20 連携・共同編集

日付や時間の計算

重要度 ★★★

Q 701 日付から「月」と「日」を取り出したい！

A MONTH関数やDAY関数を使用します。

日付や時刻が入力されているセルから「月」を取り出すにはMONTH関数を、「日」を取り出すにはDAY関数を使用します。

表示形式は「標準」になっています。

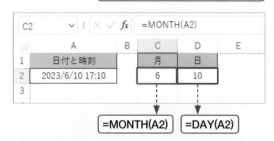

=MONTH(A2)　=DAY(A2)

関数の書式	=MONTH(シリアル値)

日付／時刻関数 シリアル値に対応する月を1～12の範囲の数値で取り出す。

関数の書式	=DAY(シリアル値)

日付／時刻関数 シリアル値に対応する日を1～31までの整数で取り出す。

重要度 ★★★

日付や時間の計算

Q 702 時刻から「時間」と「分」を取り出したい！

A HOUR関数やMINUTE関数を使用します。

日付や時刻が入力されているセルから「時間」を取り出すにはHOUR関数を、「分」を取り出すにはMINUTE関数を使用します。

表示形式は「標準」になっています。

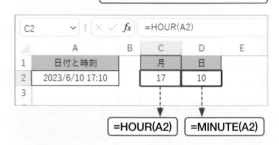

=HOUR(A2)　=MINUTE(A2)

関数の書式	=HOUR(シリアル値)

日付／時刻関数 時刻を0（午前0時）～23（午後11時）の範囲の整数で取り出す。

関数の書式	=MINUTE(シリアル値)

日付／時刻関数 分を0～59の範囲の整数で取り出す。

重要度 ★★★

日付や時間の計算

Q 703 指定した月数後の月末の日付を求めたい！

A EOMONTH関数を使用します。

基準となる日付から指定した数か月前、あるいは数か月後の月末の日付を求めるには、EOMONTH関数を使用します。月末の日付が30日や31日といったようにバラバラでも問題ありません。右の例では、開始日の日付から指定期間後の終了日を求めています。なお、計算結果にはシリアル値が表示されるので、セルの表示形式を「日付」に変更しておく必要があります。

=EOMONTH(D3,C3)

表示形式を「日付」に変更しています。

	A	B	C	D	E
1	会員有効期限一覧				
2	氏　名	種別	期間	開始日	終了日
3	大澤延江	通常	6	2023/5/2	2023/11/30
4	森口美幸	通常	6	2023/8/23	2024/2/29
5	織田友佳	短期	3	2023/9/4	2023/12/31
6	成澤智子	通常	6	2023/7/17	2024/1/31
7	中沢栄太	短期	3	2023/8/21	2023/11/30
8					

関数の書式	=EOMONTH(開始日,月)

日付／時刻関数 開始日から指定した月数後、月数前の月末の日を求める。

基本と入力 11
編集 12
書式設定 13
計算 14
関数 15
グラフ 16
データベース 17
印刷 18
ファイル 19
連携・共同編集 20

重要度 ★★★　日付や時間の計算

Q 704 別々のセルの数値から日付や時刻データを求めたい!

A DATE関数やTIME関数を使用します。

別々のセルに入力された「年」「月」「日」から日付データを求めるにはDATE関数を、「時」「分」「秒」から時刻データを求めるにはTIME関数を使用します。日付と時刻を右図のようにプラスすると、日付と時刻をいっしょにしたデータを求めることもできます。

TIMEとDATEの表示形式は、[セルの書式設定]ダイアログボックスの[ユーザー定義]で変更します。

=DATE(A2,B2,C2)

=TIME(D2,E2,F2)
表示形式を「h:mm:ss」に変更しています。

=DATE(A2,B2,C2)+TIME(D2,E2,F2)
表示形式を「yyyy/m/d h:mm:ss」に変更しています。

● 表示形式を「yyyy/m/d h:mm:ss」に変更する

関数の書式	=DATE(年,月,日)
日付／時刻関数	年、月、日の数値を組み合わせて、日付を求める。

関数の書式	=TIME(時,分,秒)
日付／時刻関数	時、分、秒の数値を組み合わせて、時刻を求める。

重要度 ★★★　日付や時間の計算

Q 705 生年月日から満60歳に達する日を求めたい!

A DATE関数、YEAR関数、MONTH関数、DAY関数を組み合わせます。

退職日の計算などに用いるために、生年月日から満60歳に達する日の前日や月末日を求めるには、DATE関数、YEAR関数、MONTH関数、DAY関数を組み合わせた数式を入力します。ここでは、生年月日をもとに、満60歳の誕生日の前日と、満60歳になる月の月末日を求めます。　　　　　　　参照 ▶ Q 701, Q 704

生年月日をもとに、満60歳に達する前日を求めています。

D2　　 ✓ ： × ✓ fx　=DATE(YEAR(C2)+60,MONTH(C2),DAY(C2)-1)

	A	B	C	D	E	F	G
1	社員番号	氏　名	生年月日	60歳前日			
2	M001	大澤延江	1982/6/9	2042/6/8			
3	M002	森口美幸	1995/11/3	2055/11/2			
4	M003	織田友佳	2001/7/24	2061/7/23			
5	M004	成澤智子	1975/1/15	2035/1/14			

=DATE(YEAR(C2)+60,MONTH(C2),DAY(C2)-1)

生年月日をもとに、満60歳に達する月末日を求めています。

D2　　 ✓ ： × ✓ fx　=DATE(YEAR(C2)+60,MONTH(C2)+1,0)

	A	B	C	D	E	F	G
1	社員番号	氏　名	生年月日	60歳月末日			
2	M001	大澤延江	1982/6/9	2042/6/30			
3	M002	森口美幸	1995/11/3	2055/11/30			
4	M003	織田友佳	2001/7/24	2061/7/31			
5	M004	成澤智子	1975/1/15	2035/1/31			

=DATE(YEAR(C2)+60,MONTH(C2)+1,0)

関数の書式	=YEAR(シリアル値)
日付／時刻関数	シリアル値に対応する年を1900～9999の範囲の整数で取り出す。

Q 706 時給計算をしたい！

A 時刻を表すシリアル値を
時間単位の数値に変換します。

「時給×時間」で給与計算をする場合、セルに時間を「9:15」のように入力すると、計算にシリアル値が使われるため、給与が正しく計算されません。時給計算をするときは、時刻を表すシリアル値を時間単位の数値に変換する必要があります。

時間単位の数値に変換するには、シリアル値の1が24時間に相当することを利用して、シリアル値を24倍します。このとき数式を入力したセルの表示形式が「時刻」に設定されるので、表示形式を「標準」や「数値」に変更します。

参照 ▶ Q 699

表示形式を「標準」に変更し、
小数点以下2桁まで表示しています。

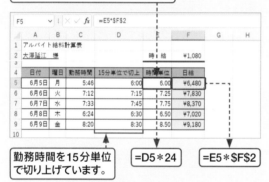

勤務時間を15分単位
で切り上げています。

=D5＊24

=E5＊$F$2

Q 707 30分単位で時給を計算したい！

 A FLOOR.MATH関数を使用します。

30分未満を「0」、30分以上を「0.5」として時間単位の数値を求めるには、時間を30分単位で切り捨てることになるので、FLOOR.MATH関数を使用します。上のQ 706を例にとると、セル[D5]に「=FLOOR.MATH(C5,"0:30")」を入力します。セル[E5][F5]には上の例と同じ数式を入力することで、30分単位で計算した日給が求められます。

参照 ▶ Q 700

Q 708 2つの日付間の年数、月数、日数を求めたい！

A DATEDIF関数を使用します。

在籍年数や在籍日数などの経過年数や経過月数は、月や年によって日数が異なるため、単純に日付どうしを引き算しても求められません。経過年数や経過月数を計算するには、DATEDIF関数を使用します。この関数は、[関数の挿入]ダイアログボックスや[関数ライブラリ]からは入力できないので、セルに直接入力する必要があります。

DATEDIF関数では、下表のように戻り値の単位と種類を引数「単位」で指定することによって、期間を年数、月数、日数で求めることができます。

単位	戻り値の単位と種類
"Y"	期間内の満年数
"M"	期間内の満月数
"D"	期間内の満日数
"YM"	1年未満の月数
"YD"	1年未満の日数
"MD"	1カ月未満の日数

入会年月日から、在籍年数、在籍月数を求めています。

=DATEDIF(C4,$D$1,"M")

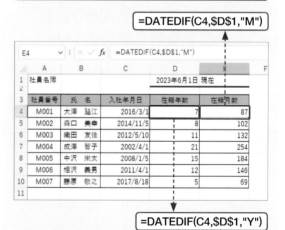

=DATEDIF(C4,$D$1,"Y")

関数の書式 =DATEDIF(開始日,終了日,単位)

日付／時刻関数 開始日から終了日までの月数や年数を求める。

Q 709 期間を「○○年△△カ月」と表示したい！

A DATEDIF関数を使用します。

1つのセルに「○○年△△カ月」と表示したいときは、DATEDIF関数で年数と月数を別々に求め、「&」で結合します。

右の例では、前半のDATEDIF関数で在籍期間の満年数を、後半のDATEDIF関数で在籍期間のうち1年未満の月数を求めています。　　　　　　　参照▶Q 708

会員の在籍期間を求めて、「○○年△△カ月」と表示しています。

D4　=DATEDIF(C4,$C$1,"Y")&"年"&DATEDIF(C4,$C$1,"YM")&"カ

	A	B	C	D	E	F	G
1	社員名簿		2023年6月1日 現在				
3	社員番号	氏　名	入社年月日	在籍期間			
4	M001	大澤　延江	2016/3/1	7年3カ月			
5	M002	森口　美幸	2014/11/5	8年6カ月			
6	M003	織田　友佳	2012/5/10	11年0カ月			
7	M004	成澤　智子	2002/4/1	21年2カ月			
8	M005	中沢　栄太	2008/1/5	15年4カ月			
9	M006	相沢　義男	2011/4/1	12年2カ月			
10	M007	藤原　敬之	2017/8/18	5年9カ月			

```
=DATEDIF(C4,$C$1,"Y")&"年"
&DATEDIF(C4,$C$1,"YM")&"カ月"
```

Q 710 休業日などを除いた指定日数後の日付を求めたい！

A WORKDAY関数を使用します。

商品を受注してから、10営業日後に納品する場合など、土、日、祭日などを除いた稼働日数を指定して納品期日を求めるには、WORKDAY関数を使用します。引数「祭日」は省略できますが、指定する場合は、あらかじめ休業日などの一覧表を作成し、そのセル範囲を指定します。「祭日」を省略した場合は、土日のみが除かれます。

注文確定日から、祝日を除いた10営業日後の納品予定日を求めています。

=WORKDAY(A4,10,$D$4:$D$6)

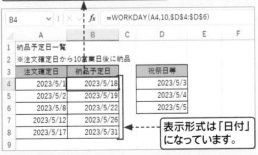

B4　=WORKDAY(A4,10,$D$4:$D$6)

	A	B	C	D	E	F
1	納品予定日一覧					
2	※注文確定日から10営業日後に納品					
3	注文確定日	納品予定日		祝祭日等		
4	2023/5/1	2023/5/18		2023/5/3		
5	2023/5/2	2023/5/19		2023/5/4		
6	2023/5/8	2023/5/22		2023/5/5		
7	2023/5/12	2023/5/26				
8	2023/5/17	2023/5/31				
9						

表示形式は「日付」になっています。

関数の書式 ＝WORKDAY(開始日,日数,祭日)

日付／時刻関数 指定した日から稼働日数だけ前後した日付を求める。

Q 711 勤務日数を求めたい！

A NETWORKDAYS関数を使用します。

土、日や祭日、休日などを除いた勤務日数を求めるには、NETWORKDAYS関数を使用します。引数「祭日」は省略できますが、指定する場合は、あらかじめ休日などの一覧表を作成し、そのセル範囲を指定します。「祭日」を省略した場合は、土日のみが除かれます。

休日を除いた勤務日数を求めています。

B5　=NETWORKDAYS($D$1,$D$2,C5:D5)

	A	B	C	D	E
1	アルバイト勤務表		開始日	2023/7/1	
2			終了日	2023/8/31	
3					
4	氏　名	勤務日数	休暇日（土日を除く）		
5	大澤　延江	42	2023/7/17	2023/8/11	
6	森口　美幸	43	2023/7/20		
7	織田　友佳	42	2023/8/14	2023/8/15	
8	成澤　智子	44			
9	中沢　栄太	42	2023/7/14	2023/8/25	
10	相沢　義男	42	2023/8/7	2023/8/10	
11					

```
=NETWORKDAYS($D$1,$D$2,C5:D5)
```

関数の書式 ＝NETWORKDAYS(開始日,終了日,祭日)

日付／時刻関数 2つの日付を指定して、その間の稼働日数を求める。

Q 712 指定した月数後の日付を求めたい!

A　EDATE関数を使用します。

基準となる日付から指定した数か月前、あるいは数か月後の日付を求めるには、EDATE関数を使用します。なお、計算結果にはシリアル値が表示されるので、あらかじめセルの表示形式を「日付」に変更しておく必要があります。

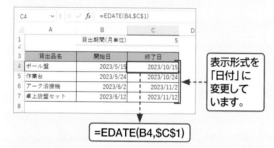

表示形式を「日付」に変更しています。

=EDATE(B4,$C$1)

関数の書式 =EDATE(開始日,月)

日付／時刻関数 指定した月数前、月数後の日付を求める。

Q 713 今日の日付や時刻を入力したい!

A　TODAY関数やNOW関数を使用します。

現在の日付を表示するにはTODAY関数を、現在の日付を含めた時刻を表示するにはNOW関数を使用します。これらの関数は、ブックを開いたり、再計算を行ったりすると最新の日付に更新されます。入力時の日付を残しておきたい場合は、関数ではなく文字として日付を直接入力するとよいでしょう。

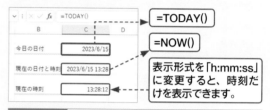

=TODAY()

=NOW()

表示形式を「h:mm:ss」に変更すると、時刻だけを表示できます。

関数の書式 =TODAY()

日付／時刻関数 現在の日付を表示する。

関数の書式 =NOW()

日付／時刻関数 現在の日付と時刻を表示する。

Q 714 商品番号を指定してデータを取り出したい!

A　VLOOKUP関数を使用します。

商品番号などを入力すると、対応する商品名や価格などの情報がセルに表示されるようにするには、VLOOKUP関数を使用します。VLOOKUP関数は、範囲を指定して該当する値を取り出す関数です。VLOOKUP関数で検索する表は、次のルールに従って作成する必要があります。

- 表の左端列に検索対象のデータを入力し、VLOOKUP関数が返すデータを検索対象の列より右の列に入力する。
- 検索範囲の列のデータを重複させない（重複する

データがある場合は、より上の行にあるデータが検索されます）。
- 検索対象のデータが数値の場合は昇順に並べ替えるか、引数「検索方法」を「FALSE(0)」にする。

商品リスト表から、セル [E3] に入力した商品番号の商品名（商品番号の左から2列目）を表示しています。

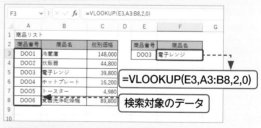

=VLOOKUP(E3,A3:B8,2,0)

検索対象のデータ

関数の書式 =VLOOKUP(検索値,範囲,列番号,検索方法)

検索／行列関数 指定した範囲（検索する表）から特定の値を検索し、指定した列のデータを取り出す。

Q 715 VLOOKUP関数で「検索方法」を使い分けるには？

A データの内容によって使い分けます。

VLOOKUP関数は、引数「検索方法」に「TRUE」（あるいは「1」）を指定するか、「FALSE」（あるいは「0」）を指定するかで検索方法を使い分けることができます。

・FALSE／0

引数「検索値」と完全に一致する値だけを検索します。一致する値が見つからないときは、エラー値「#N/A」が表示されます。

「FALSE」あるいは「0」の指定は、完全に一致するものだけを検索し、一致するものがない場合にはエラー値を表示させる、いわゆる「一致検索」に利用します。この場合は、検索範囲のデータを昇順に並べ替えておく必要はありません。

・TRUE／1

引数「検索値」と一致する値がない場合は、引数「検索値」未満でもっとも大きい値を検索します。引数を省略したときは、TRUE（1）とみなされます。

「TRUE」あるいは「1」の指定は、完全に一致するものがない場合には、その値を超えない近似値を返させる、いわゆる「近似検索」に利用します。この場合は、検索範囲のデータを昇順に並べ替えておく必要があります。昇順に並べ替えておかないと、結果が正しく表示されません。

関数の種類	VLOOKUP、HLOOKUP	
検索の種類	一致検索	近似検索
引数の指定	FALSEまたは0	TRUEまたは1。省略も可
検索値が完全に一致するデータがある場合	検索値が完全に一致したデータが抽出される。	
検索値が完全に一致するデータがない場合	エラー値「#N/A」が表示される。	検索値未満でもっとも大きい値が求められる。
データの並べ方	検索範囲の左端列のデータを「昇順」に並べ替えておく必要はない。	検索範囲の左端列のデータを「昇順」に並べ替えておく必要がある。

Q 716 VLOOKUP関数で「#N/A」を表示したくない！

A IFERROR関数を使用します。

VLOOKUP関数で検索を行った際、検索値が存在しない場合にエラー値「#N/A」が表示されます。エラー値を表示したくない場合は、IFERROR関数を使用し、検索値が存在するときは関数の結果を表示し、検索値が存在しないときにエラーが表示されないようにします。下の例では、セル[F6]に検索値が見つからない場合に、「""」を表示する（何も表示しない）ように指定しています。

参照▶Q 692, Q 714

> セル[F6]にエラー値「#N/A」が表示されないようにしています。

`=VLOOKUP(E3,A3:B8,2,0)`

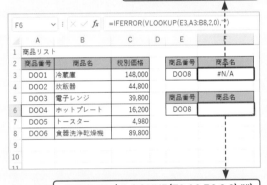

`=IFERROR(VLOOKUP(E6,A3:B8,2,0),"")`

Q 717 ほかのワークシートの表を検索範囲にしたい！

A 検索範囲にワークシート名を追加します。

VLOOKUP関数では、ほかのワークシートにある表も検索できます。ほかのワークシートを検索する場合は、範囲に「ワークシート名!セル範囲」の形式で検索範囲を指定します。

参照▶Q 630

Q 718 異なるセル範囲から検索したい！

A VLOOKUP関数とINDIRECT関数を組み合わせます。

検索対象の表を切り替えながら検索したい場合は、あらかじめ参照する表に範囲名を付けておき、この範囲名を利用することで、参照する表を切り替えられるようにします（名前の付け方はQ 636参照）。

下の例では、2つの表にそれぞれ「備品」と「消耗品」という範囲名を付けています。VLOOKUP関数の引数「範囲」にINDIRECT関数を指定し、セル［B2］の文字列をセル範囲に変換して、商品番号に一致する商品名や価格を取り出します。

参照▶Q 636, Q 714

> セル［B2］に「備品」と入力して、商品番号に対応する商品名と価格を表示します。

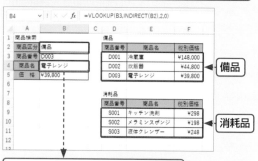

=VLOOKUP(B3,INDIRECT(B2),2,0)

> セル［B2］に「消耗品」と入力して、商品番号に対応する商品名と価格を表示します。

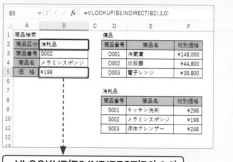

=VLOOKUP(B3,INDIRECT(B2),3,0)

関数の書式 ＝INDIRECT(参照文字列,参照形式)

検索／行列関数　参照元を切り替える。

Q 719 検索範囲のデータが横に並んでいる表を検索したい！

A HLOOKUP関数を使用します。

VLOOKUP関数は表を縦（列）方向に検索する関数です。検索範囲のデータを横（行）方向に検索する場合は、HLOOKUP関数を使用します。書式や使い方は、行と列の違いだけでVLOOKUP関数とほぼ同じです。

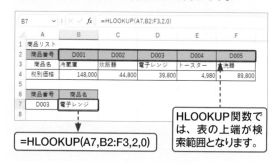

=HLOOKUP(A7,B2:F3,2,0)

> HLOOKUP関数では、表の上端が検索範囲となります。

Q 720 最大値や最小値を求めたい！

A MAX関数やMIN関数を使用します。

成績の最高点や売上の最高額などを求めたい場合は、MAX関数を使用します。また、最低点や最低額などを求めたい場合は、MIN関数を使用します。関数の書式は、MAX関数、MIN関数とも同じです。

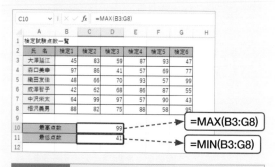

=MAX(B3:G8)

=MIN(B3:G8)

関数の書式 ＝MAX(数値1,数値2,…)

統計関数　最大値を求める。

重要度 ★★★　データの検索と抽出

Q 721 順位を求めたい！

A RANK.EQ関数や RANK.AVG関数を使用します。

データの順序を変えずに、売上高や試験の成績などに順位を振りたい場合は、RANK.EQ関数やRANK.AVG関数を使用します。RANK.EQ関数は、数値が同じ順位にある場合、それぞれ同じ順位で表示されます。RANK.AVG関数では、その個数に応じた平均の順位が表示されます。

なお、数値の大きい順に番号を振る場合は、引数の「順序」は省略できます。

● RANK.EQ関数を使う

| F3 | | fx | =RANK.EQ(E3,$E$3:$E$8) |

	A	B	C	D	E	F
1	検定試験点数一覧					
2	氏 名	検定1	検定2	検定3	合計	順位
3	大澤延江	45	83	59	187	4
4	森口美幸	97	86	41	224	3
5	織田友佳	51	66	70	187	4
6	成澤智子	42	62	68	172	6
7	中沢栄太	64	99	97	260	1
8	相沢義男	88	82	75	245	2
9						
10						

=RANK.EQ(E3,$E$3:$E$8)

● RANK.AVG関数を使う

| F3 | | fx | =RANK.AVG(E3,$E$3:$E$8) |

	A	B	C	D	E	F
1	検定試験点数一覧					
2	氏 名	検定1	検定2	検定3	合計	順位
3	大澤延江	45	83	59	187	4.5
4	森口美幸	97	86	41	224	3
5	織田友佳	51	66	70	187	4.5
6	成澤智子	42	62	68	172	6
7	中沢栄太	64	99	97	260	1
8	相沢義男	88	82	75	245	2
9						
10						

=RANK.AVG(E3,$E$3:$E$8)

関数の書式 =RANK.EQ(数値,範囲,順序)

統計関数 順位を求める。数値が同じ順位にある場合は、その中でもっとも高い順位で表示する。

重要度 ★★★　データの検索と抽出

Q 722 ほかのワークシートにある セルの値を取り出したい！

A INDIRECT関数を使用します。

ほかのワークシートにあるデータを別のワークシートに取り出す場合、通常は「=担当!B6」のように指定しますが、この方法だと、そのつどシート名を入力する手間が面倒です。この場合は、下のようにセル[A3]に入力した「大澤延江」を利用して、セル[A3]と合計値が入力されているワークシートのセル番地[B6]を「&」で結合し、「A3&"!B6"」という参照用の文字を作成します。これをINDIRECT関数の引数にして、数式をコピーすれば、ワークシートのデータをまとめて表示できます。

参照▶Q 718

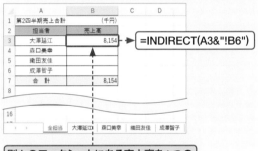

=INDIRECT(A3&"!B6")

別々のワークシートにある売上高を1つのワークシートにまとめて表示します。

セル[B3]の数式を[B4:B6]にコピーすると、各ワークシートのセル[B6]の値が表示されます。

11 基本と入力
12 編集
13 書式設定
14 計算
15 関数
16 グラフ
17 データベース
18 印刷
19 ファイル
20 連携・共同編集

重要度 ★★★　データの検索と抽出　❌2019 ❌2016

Q 723 表の途中にある列や行を検索してデータを取り出したい！

A XLOOKUP関数を使用します。

指定した範囲から、検索値に一致したデータの行位置や列位置に該当するデータを取り出すには、XLOOKUP関数を使用します。XLOOKUP関数では、検索範囲を自由に指定でき、データを取り出す位置もセル範囲で指定できるため、VLOOKUP関数やHLOOKUP関数と比べて、数式がわかりやすくなります。また、検索するデータは表中のどの列や行でもよく、より柔軟な検索と抽出が可能です。

表の2列目にある「商品名」で検索しています。

	A	B	C	D	E	F
1	商品リスト					
2	商品番号	商品名	税別価格		商品名	税別価格
3	D001	冷蔵庫	148,000		電子レンジ	39,800
4	D002	炊飯器	44,800			
5	D003	電子レンジ	39,800			
6	D004	ホットプレート	16,200			
7	D005	トースター	4,980			
8	D006	食器洗浄乾燥機	89,800			
9						
10						

F3 = =XLOOKUP(E3,B3:B8,C3:C8)

=XLOOKUP(E3,B3:B8,C3:C8)

表の2行目にある「商品名」で検索しています。

	A	B	C	D	E	F	G
1	商品名	税別価格					
2	炊飯器	44,800					
3							
4	商品リスト						
5	商品番号	D001	D002	D003	D004	D005	D006
6	商品名	冷蔵庫	炊飯器	電子レンジ	ホットプレート	トースター	食洗器
7	税別価格	148,000	44,800	39,800	16,200	4,980	89,800
8							
9							

B2 = =XLOOKUP(A2,B6:G6,B7:G7)

=XLOOKUP(A2,B6:G6,B7:G7)

関数の書式	=XLOOKUP(検索値,検索範囲,戻り範囲,見つからない場合,一致モード,検索モード)

| 検索／行列関数 | 範囲または配列を検索し、一致する項目を取り出す。 |

重要度 ★★★　データの検索と抽出　❌2019 ❌2016

Q 724 XLOOKUP関数の使い方をもっと知りたい！

A 引数の指定で下記のような使い方ができます。

XLOOKUP関数では、検索値が見つからなかった場合にエラー値「#N/A」ではなく、表示するデータを指定することができます。また、完全に一致するデータを検索するか、近似値を検索するかを指定したり、表の上側（または左側）から順に検索するか、表の下側（または右側）から順に検索するかを指定したりすることもできます。

検索する値がない場合に「データなし」と表示しています。

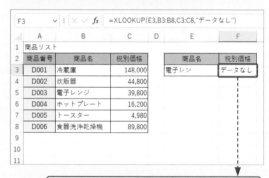

	A	B	C	D	E	F
1	商品リスト					
2	商品番号	商品名	税別価格		商品名	税別価格
3	D001	冷蔵庫	148,000		電子レン	データなし
4	D002	炊飯器	44,800			
5	D003	電子レンジ	39,800			
6	D004	ホットプレート	16,200			
7	D005	トースター	4,980			
8	D006	食器洗浄乾燥機	89,800			
9						
10						
11						

F3 = =XLOOKUP(E3,B3:B8,C3:C8,"データなし")

=XLOOKUP(E3,B3:B8,C3:C8,"データなし")

引数の「検索モード」を「-1」にして表の下側から検索しています。

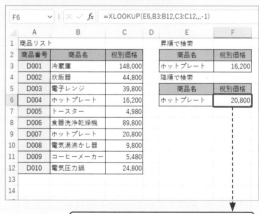

	A	B	C	D	E	F
1	商品リスト					
2	商品番号	商品名	税別価格		商品名	税別価格
3	D001	冷蔵庫	148,000	昇順で検索	ホットプレート	16,200
4	D002	炊飯器	44,800			
5	D003	電子レンジ	39,800	降順で検索	商品名	税別価格
6	D004	ホットプレート	16,200		ホットプレート	20,800
7	D005	トースター	4,980			
8	D006	食器洗浄乾燥機	89,800			
9	D007	ホットプレート	20,800			
10	D008	電気湯沸かし器	9,800			
11	D009	コーヒーメーカー	5,480			
12	D010	電気圧力鍋	24,800			
13						
14						

F6 = =XLOOKUP(E6,B3:B12,C3:C12,,,-1)

=XLOOKUP(E6,B3:B12,C3:C12,,,-1)

Q 725 ふりがなを取り出したい!

A PHONETIC関数を使用します。

PHONETIC関数を使用すれば、漢字を入力したときの読み情報を取り出して、ふりがなとして表示することができます。ただし、本来とは異なる読みで入力した場合は、その読みが表示されるので、もとのセルのふりがなを修正する必要があります。　　　　参照 ▶ Q 589

=PHONETIC(B2)

	A	B	C	D	E	F
1	番号	名前	ふりがな	入会日	グループ	
2	1008	海老沢　美湖	エビサワ　ミコ	2023/4/15	レインボー	
3	1007	奥秋　貴士	オクアキ　タカシ	2023/4/15	オレンジ	
4	1006	中村　友香	ナカムラ　トモカ	2022/11/12	レインボー	
5	1005	安念　佑光	アンネン　ユウヒカリ	2022/10/22	オレンジ	
6	1004	髙田　真人	タカダ　マコト	2022/10/22	レッド	
7	1003	樋田　征爾	トイダ　セイジ	2022/8/20	レインボー	

関数の書式 =PHONETIC(参照)

情報関数 指定したセル範囲から文字列の読み情報を取り出す。

Q 726 文字列の文字数を数えたい!

A LEN関数を使用します。

文字列の文字数を数えたい場合は、LEN関数を使用します。文字数は、大文字や小文字、記号などの種類に関係なく、1文字としてカウントされます。空白文字も1文字としてカウントされます。

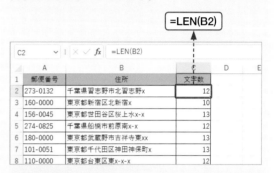

=LEN(B2)

	A	B	C	D	E
1	郵便番号	住所	文字数		
2	273-0132	千葉県習志野市北習志野x	12		
3	160-0000	東京都新宿区北新宿x	10		
4	156-0045	東京都世田谷区桜上水x-x-x	13		
5	274-0825	千葉県船橋市前原南x-x	12		
6	180-0000	東京都武蔵野市吉祥寺東xx	13		
7	101-0051	東京都千代田区神田神保町x	13		
8	110-0000	東京都台東区東x-x-x	12		

関数の書式 =LEN(文字列)

文字列操作関数 文字列の数を数える。半角と全角の区別なく、1文字を1として処理する。

Q 727 全角文字を半角文字にしたい!

A ASC関数を使用すると、まとめて変換できます。

データに半角文字と全角文字が混在している場合、ASC関数を使用すると、全角の英数カナ文字を半角の英数カナ文字にまとめて変換できます。Excelには、文字をまとめて変換する関数が用意されているので、用途に応じて使用するとよいでしょう。関数の書式は、ASC関数と同じです。

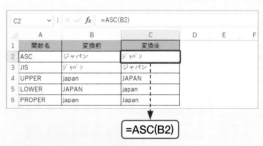

=ASC(B2)

	A	B	C	D	E	F
1	関数名	変換前	変換後			
2	ASC	ジャパン	ジャパン			
3	JIS	ｼﾞｬﾊﾟﾝ	ジャパン			
4	UPPER	japan	JAPAN			
5	LOWER	JAPAN	japan			
6	PROPER	japan	Japan			

関数の書式 =ASC(文字列)

文字列操作関数 全角の英数カナを半角の英数カナに変換する。

● 文字を変換する主な関数

関数	説　明
ASC	全角の英数カナを半角の英数カナに変換します。
JIS	半角の英数カナを全角の英数カナに変換します。
UPPER	文字列に含まれる英字をすべて大文字に変換します。
LOWER	文字列に含まれる英字をすべて小文字に変換します。
PROPER	文字列中の各単語の先頭文字を大文字に変換します。

Q 728 文字列から一部の文字を取り出したい！

A LEFT関数、MID関数、RIGHT関数を使用します。

文字列から一部の文字を取り出したい場合は、LEFT関数、MID関数、RIGHT関数を使用します。取り出す位置によって使用する関数を使い分けます。

	A	B	C	D	E	F
	D3		✓ fx	=RIGHT(A3,4)		
1	什器備品番号一覧					
2	備品番号	取得年月	種別コード	機材番号		
3	2017-03-EN2946	2017-03	EN	2946		
4	2018-05-JB6359	2018-05	JB	6359		
5	2019-04-PC3285	2019-04	PC	3285		
6	2021-10-EN6419	2021-10	EN	6419		
7						

=LEFT(A3,7)　　=MID(A3,9,2)　　=RIGHT(A3,4)

関数の書式 =LEFT(文字列,文字数)

文字列操作関数 文字列の左端から指定数分の文字を取り出す。

関数の書式 =MID(文字列,開始位置,文字数)

文字列操作関数 文字列の任意の位置から指定数分の文字を取り出す。

関数の書式 =RIGHT(文字列,文字数)

文字列操作関数 文字列の右端から指定数分の文字を取り出す。

Q 729 指定した文字を別の文字に置き換えたい！

A SUBSTITUTE関数を使用します。

文字列から特定の文字を検索して、別の文字に置き換えたい場合は、SUBSTITUTE関数を使用します。
下の例のように文字を置き換えるほかに、検索文字列に半角あるいは全角スペースを、置換文字列に空白文字「""」を入力すると、セル内の不要なスペースを削除することもできます。

「音響映像」を「AV機器」に置き換えています。

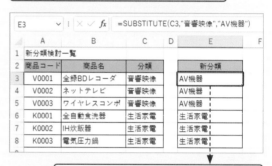

=SUBSTITUTE(C3,"音響映像","AV機器")

関数の書式 =SUBSTITUTE(文字列,検索文字列,置換文字列,置換対象)

文字列操作関数 特定の文字列を検索し、別の文字列に置き換える。

Q 730 セル内の改行を削除して1行のデータにしたい！

A CLEAN関数を使用します。

Alt を押しながら Enter を押すと、セル内で改行することができますが、この改行は表示されない特殊な改行文字で指定されています。CLEAN関数を使用すると、セル内に含まれている改行文字などの表示や印刷されない特殊な文字をまとめて削除することができます。

=CLEAN(A2)

	A	B
	B2	✓ fx =CLEAN(A2)
1	住所1	住所2
2	千葉県習志野市北習志野x習志野フォレストビル	千葉県習志野市北習志野x習志野フォレストビル
3	東京都新宿区北新宿x北新宿スクウェアタワー	東京都新宿区北新宿x北新宿スクウェアタワー
4	東京都世田谷区桜上水x-xメゾン世田谷桜上水第1	東京都世田谷区桜上水x-xメゾン世田谷桜上水第1

関数の書式 =CLEAN(文字列)

文字列操作関数 改行文字などの印刷できない文字を削除する。

Q731 別々のセルに入力した文字を1つにまとめたい！

A CONCAT関数を使用します。

別々のセルに入力した文字を結合して1つのセルにまとめるには、CONCAT関数を使用します。Excel 2016ではCONCATENATE関数を使用して、結合するセルをそれぞれ指定する必要がありましたが、CONCAT関数では、セル範囲を指定することができるようになりました。なお、CONCATENATE関数は互換性関数としてExcel 2021/2019でも使用できます。

> 出欠席一覧を1つの文字列に結合しています。

> CONCATENATE関数を使用する場合は、結合するセルをすべて指定する必要があります。

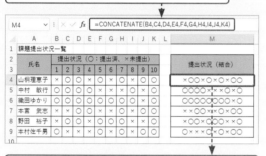

=CONCATENATE(B4,C4,D4,E4,F4,G4,H4,I4,J4,K4)

> CONCAT関数を使用すると、セル範囲を指定して結合することができます。

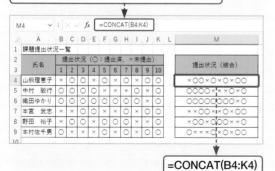

=CONCAT(B4:K4)

> **関数の書式** =CONCAT(テキスト1,テキスト2,…)

> **文字列操作関数** 複数の文字列を結合して1つの文字列にまとめる。

Q732 区切り記号を入れて文字列を結合したい！

A TEXTJOIN関数を使用します。

複数のセルの文字を結合して1つの文字列にするときに区切り記号を入れたい場合は、TEXTJOIN関数を使用します。TEXTJOIN関数では、結合するセル範囲内に空白のセルがある場合、そのセルを無視するかどうかをTRUEまたはFALSEで指定することができます。空白のセルを無視するときはTRUE（または1）を、無視しないときはFALSE（または0）を指定します。

> 出欠席一覧を区切り記号(:)を入れた1つの文字列に結合しています。

=TEXTJOIN("：",TRUE,B4:K4)

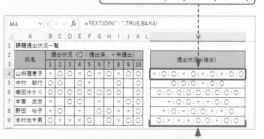

> 空白セルを無視して結合した場合は、空白セルは結合されません。

=TEXTJOIN("：",FALSE,B4:K4)

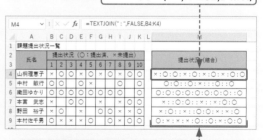

> 空白セルを無視せずに結合した場合は、空白セルの分まで区切り記号が入った形で結合されます。

> **関数の書式** =TEXTJOIN(区切り文字,空のセルは無視,テキスト1,テキスト2,…)

> **文字列操作関数** 複数の文字列を区切り文字を挿入して1つの文字列にまとめる。

Q 733 住所録から都道府県名だけを取り出したい!

A IF関数にMID関数とLEFT関数を組み合わせます。

都道府県名の文字数は、神奈川県、和歌山県、鹿児島県だけが4文字で、残りはすべて3文字です。これを前提に、IF関数とMID関数を使って、先頭から4文字目が「県」かどうかを調べます。

4文字目が県であれば先頭から4文字分を、そうでなければ3文字分をLEFT関数で取り出せば、都道府県名を取り出せます。都道府県名を除いた残りは、SUBSTITUTE関数を使って取り出すことができます。

参照 ▶ Q 728, Q 729

> 住所の左から4番目が「県」であれば左から4文字分を、そうでない場合は左から3文字分を表示します。

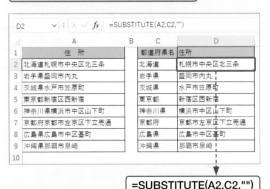

=IF(MID(A2,4,1)="県",LEFT(A2,4),LEFT(A2,3))

> 都道府県名を除いた残りを取り出します。

=SUBSTITUTE(A2,C2,"")

Q 734 氏名の姓と名を別々のセルに分けたい!

A LEFT関数にFIND関数を、RIGHT関数にLEN関数とFIND関数を組み合わせます。

同じセルに入力されている氏名を「姓」と「名」に分けて別々のセルに表示したい場合は、姓と名が区切られているスペースを基準に取り出すことができます。

姓は、FIND関数で姓と名の間に入力されているスペースの位置を調べ、そこから1文字分を引いて、その左側の文字をLEFT関数で取り出します。名は、氏名の文字数をLEN関数で求め、そこからスペースの位置を引いた数をRIGHT関数で取り出します。

参照 ▶ Q 726, Q 728

● 「姓」を取り出す

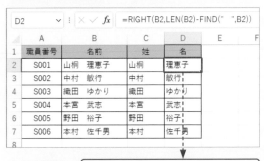

=LEFT(B2,FIND(" ",B2)-1)

● 「名」を取り出す

=RIGHT(B2,LEN(B2)-FIND(" ",B2))

関数の書式	=FIND(検索文字列,対象,開始位置)

文字列操作関数　指定した文字列が最初に現れる位置を検索する。

第**16**章

グラフの
「こんなときどうする?」

11 基本と入力
12 編集
13 書式設定
14 計算
15 関数
16 グラフ
17 データベース
18 印刷
19 ファイル
20 連携・共同編集

重要度 ★★★ グラフの作成

Q 735 グラフを作成したい！

A₁ [挿入]タブの [おすすめグラフ]を利用します。

Excelでは、[挿入]タブの[おすすめグラフ]を利用して、表の内容に適したグラフを作成することができます。また、グラフを作成すると表示される[グラフのデザイン]と[書式]タブを利用して、レイアウトを変更したり、グラフのスタイルを変更したりと、さまざまな編集を行うことができます。

1 グラフのもとになるセル範囲を選択して、

2 [挿入]タブをクリックし、

3 [おすすめグラフ]をクリックします。

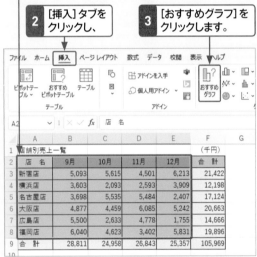

4 作成したいグラフをクリックして（ここでは[集合縦棒]）、

5 [OK]をクリックすると、

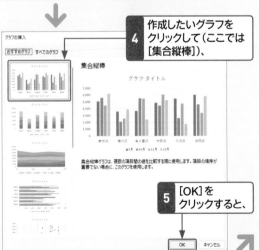

6 グラフが作成されます。

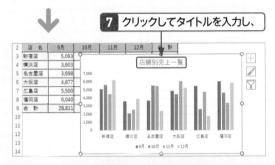

7 クリックしてタイトルを入力し、

8 タイトル以外をクリックすると、タイトルが表示されます。

A₂ [挿入]タブの [グラフ]グループにあるコマンドを利用します。

[挿入]タブの[グラフ]グループに用意されているグラフの種類別のコマンドを利用します。グラフの種類に対応したコマンドをクリックして、目的のグラフを選択すると、基本となるグラフが作成されます。

1 作成したいグラフのコマンドをクリックして、

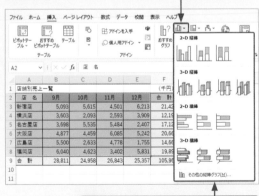

2 目的のグラフをクリックすると、基本となるグラフが作成されます。

重要度 ★★★　グラフの作成

Q736 作りたいグラフが コマンドに見当たらない！

A [グラフの挿入]ダイアログボックスの [すべてのグラフ]から選択します。

[おすすめグラフ]や[挿入]タブの[グラフ]グループに作りたいグラフのコマンドが見当たらない場合は、[グラフの挿入]ダイアログボックスの[すべてのグラフ]を利用します。[グラフの挿入]ダイアログボックスは、[挿入]タブの[おすすめグラフ]をクリックするか、[グラフ]グループの 🔽 をクリックすると表示できます。

1 [すべてのグラフ]を クリックすると、

2 Excelで利用できる すべてのグラフの 種類が表示されます。

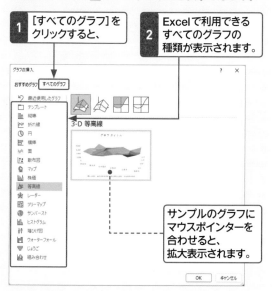

サンプルのグラフに マウスポインターを 合わせると、 拡大表示されます。

重要度 ★★★　グラフの作成

Q738 グラフの種類を変更したい！

A [グラフの種類の変更] ダイアログボックスを利用します。

グラフを作成したあとでも、グラフの種類を変更できます。グラフをクリックすると表示される[グラフのデザイン]タブの[グラフの種類の変更]をクリックするか、グラフを右クリックして[グラフの種類の変更]をクリックすると表示される[グラフの種類の変更]ダイアログボックスで変更します。

重要度 ★★★　グラフの作成

Q737 グラフのレイアウトを 変更したい！

A [グラフのデザイン]タブの [クイックレイアウト]を利用します。

グラフ全体のレイアウトは、グラフをクリックすると表示される[グラフのデザイン]タブの[クイックレイアウト]から変更できます。なお、レイアウトを変更すると、それまでに設定していた書式が変更されてしまう場合があります。レイアウトの変更は、書式を設定する前に行うとよいでしょう。

1 [グラフのデザイン]タブの[クイックレイアウト]を クリックして、

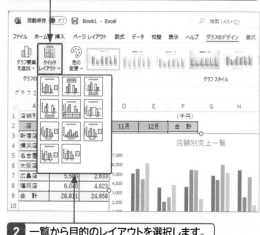

2 一覧から目的のレイアウトを選択します。

[グラフの種類の変更]をクリックをして変更します。

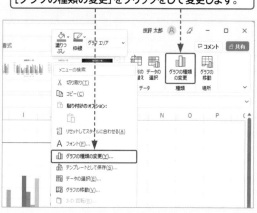

11 基本と入力
12 編集
13 書式設定
14 計算
15 関数
16 グラフ
17 データベース
18 印刷
19 ファイル
20 連携・共同編集

重要度 ★ ★ ★　グラフの作成

Q 739 ほかのブックやワークシートからグラフを作成したい！

A 何も表示されていないグラフを作成してからデータ範囲を指定します。

ほかのブックやワークシートの表からグラフを作成するには、データエリアを選択せずに、[挿入]タブの[グラフ]グループのコマンドを利用して、何も表示されていないグラフを作成し、下の手順で操作します。

1 何も表示されていないグラフを作成して、グラフをクリックし、

2 [グラフのデザイン]タブをクリックして、

3 [データの選択]をクリックします。

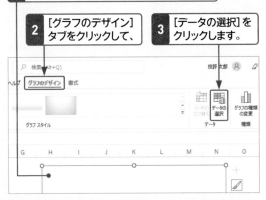

4 ここをクリックして、

5 目的のブックやワークシートに切り替え、グラフにするセル範囲を選択して、

6 ここをクリックし、

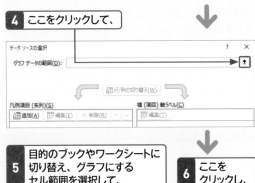

7 [データソースの選択]ダイアログボックスの[OK]をクリックすると、グラフが作成できます。

重要度 ★ ★ ★　グラフの作成

Q 740 グラフをほかのワークシートに移動したい！

A [グラフの移動]ダイアログボックスを利用します。

作成したグラフを別のワークシートやグラフシートに移動するには、グラフをクリックして[グラフのデザイン]タブの[グラフの移動]をクリックし、グラフの移動先を指定します。

グラフの移動先を指定します。

重要度 ★ ★ ★　グラフの作成

Q 741 グラフを白黒できれいに印刷したい！

A [グラフのデザイン]タブの[色の変更]で適した色に変更します。

色分けされたグラフを白黒プリンターで印刷すると、内容が判別しにくくなってしまうことがあります。この場合は、[グラフのデザイン]タブの[色の変更]で、白黒印刷に適した色に設定しましょう。

1 [グラフのデザイン]タブの[色の変更]をクリックして、

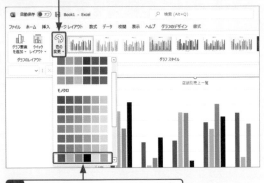

2 白黒印刷に適した色を設定します。

基本と入力 11
編集 12
書式設定 13
計算 14
関数 15
グラフ 16
データベース 17
印刷 18
ファイル 19
連携・共同編集 20

重要度 ★★★　グラフの作成

Q 742

グラフの右に表示される コマンドは何に使うの？

A

グラフ要素やグラフのスタイルなど を編集するコマンドです。

グラフを作成してクリックすると、グラフの右上に［グラフ要素］［グラフスタイル］［グラフフィルター］の3つのコマンドが表示されます。それぞれのコマンドをクリックすると、メニューが表示され、グラフ要素の追加・削除・変更や、グラフスタイルの変更、グラフに表示する系列やカテゴリの編集などが行えます。

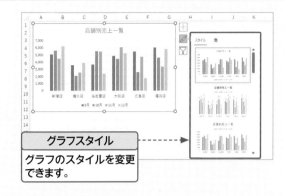

グラフスタイル
グラフのスタイルを変更できます。

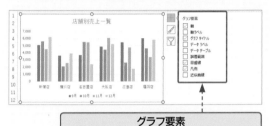

グラフ要素
軸ラベルやグラフタイトル、データラベル、目盛線などの追加や削除、変更ができます。

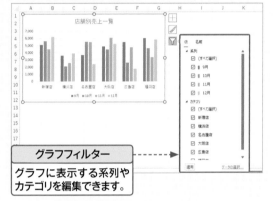

グラフフィルター
グラフに表示する系列やカテゴリを編集できます。

重要度 ★★★　グラフ要素の編集

Q 743

グラフの要素名を知りたい！

A

各要素にマウスポインターを 合わせると名前が表示されます。

グラフを構成する部品のことを「グラフ要素」といいます。グラフ要素にはそれぞれ名前が付いており、マウスポインターを合わせると、名前がポップヒントで表示されます。グラフ要素は個別に編集できます。

| 縦（値）軸 | グラフタイトル | グラフエリア | 凡例 |

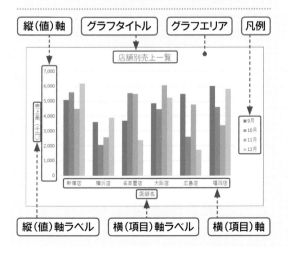

| 縦（値）軸ラベル | 横（項目）軸ラベル | 横（項目）軸 |

| プロットエリア | データ系列 | データマーカー |

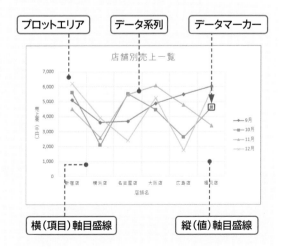

| 横（項目）軸目盛線 | 縦（値）軸目盛線 |

Q 744
グラフ内の文字サイズや色などを変更したい!

A [ホーム]タブの各コマンドを利用します。

グラフ内の文字サイズやフォントを変更したり、グラフに背景色を設定したりする場合は、グラフをクリックして、[ホーム]タブの[フォント]グループにある各コマンドを利用します。グラフ内の文字列や数値には、個別に書式を設定できます。

それぞれのコマンドを利用してグラフの書式を変更します。

Q 745
グラフのサイズを変更したい!

A グラフの周囲に表示されるハンドルをドラッグします。

グラフエリアをクリックすると周囲にハンドルが表示されます。このハンドルにマウスポインターを合わせてドラッグします。ただし、グラフシートに作成したグラフのサイズは変更できません。

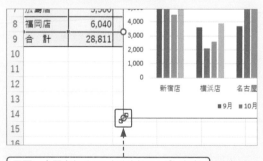

周囲に表示されるハンドルをドラッグします。

Q 746
グラフのスタイルを変更したい!

A [グラフスタイル]からスタイルを適用します。

Excelには、グラフの色やスタイル、背景色などの書式があらかじめ設定された[グラフスタイル]が用意されています。グラフスタイルは、[グラフのデザイン]タブの[グラフスタイル]や、グラフの右上に表示される[グラフスタイル]から設定できます。

1 グラフをクリックして、

2 [グラフのデザイン]タブをクリックし、

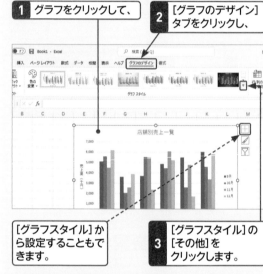

[グラフスタイル]から設定することもできます。

3 [グラフスタイル]の[その他]をクリックします。

4 適用したいスタイルをクリックすると、

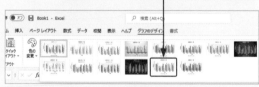

5 グラフのスタイルが変更されます。

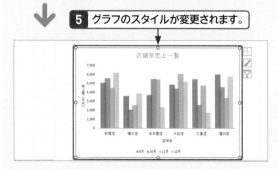

Q 747 データ系列やデータ要素を選択したい！

A クリックの回数で選択します。

データ系列を選択するには、データマーカーのどれかをクリックして、同じデータ系列に属するすべてのデータマーカー上にハンドルが表示された状態にします。データ要素を選択するには、まずデータ系列を選択してから、選択したいデータマーカーをクリックします。結果的に1つのデータマーカーを2回クリックすることになりますが、クリックの間隔が短すぎると、ダブルクリックとみなされてデータ要素を選択できないので注意が必要です。

1 1回目のクリックでデータ系列が選択され、

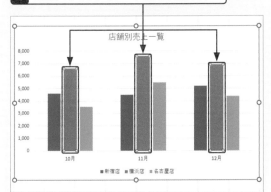

2 2回目のクリックでデータ要素（データマーカー）が選択されます。

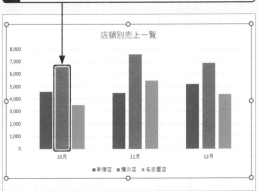

Q 748 グラフ要素がうまく選択できない！

A ［グラフ要素］の一覧から選択します。

グラフ要素がうまく選択できない場合は、グラフをクリックして、［書式］タブの ［現在の選択範囲］グループにある ［グラフ要素］の一覧から選択します。

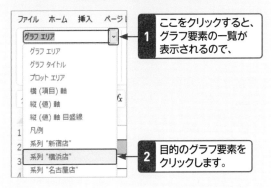

1 ここをクリックすると、グラフ要素の一覧が表示されるので、

2 目的のグラフ要素をクリックします。

Q 749 凡例の場所を移動したい！

A ドラッグ操作で移動できます。

基本のグラフでは、凡例はグラフの下側に表示されますが、ドラッグ操作でグラフの右側に配置したり、プロットエリア内に配置したりすることができます。凡例のほかに、グラフタイトルなどの一部のグラフ要素もドラッグ操作で移動できます。

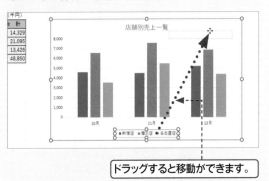

ドラッグすると移動ができます。

Q 750 グラフにタイトルを表示したい！

A [グラフ要素を追加]から設定します。

基本のグラフにはタイトルが表示されていますが、レイアウトによっては、表示されない場合もあります。この場合は、[グラフのデザイン]タブの[グラフ要素を追加]から設定します。

1 [グラフのデザイン]タブの[グラフ要素を追加]をクリックします。

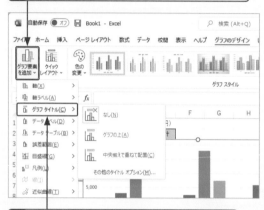

2 [グラフタイトル]にマウスポインターを合わせ、

3 タイトルを表示する位置（ここでは[グラフの上]）をクリックすると、

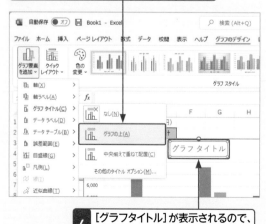

4 [グラフタイトル]が表示されるので、目的のタイトルを入力します。

Q 751 グラフタイトルと表のタイトルをリンクさせたい！

A 数式バーに「＝」を入力して、リンクさせたいセルをクリックします。

通常、グラフタイトルは直接入力しますが、指定したセルとリンクさせることもできます。もとデータの表のタイトルとグラフタイトルをリンクさせておくと、表のタイトルが変更されると同時にグラフタイトルも変更されるので便利です。

1 グラフタイトルをクリックして、

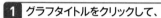

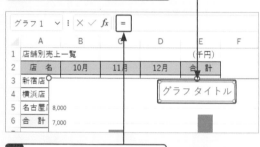

2 数式バーに「＝」を入力します。

3 リンクさせるセルをクリックして、

4 Enter を押すと、

5 表のタイトルがグラフタイトルに表示されます。

Q 752 軸ラベルを追加したい！

A [グラフのデザイン]タブの[グラフ要素を追加]から設定します。

軸ラベルを追加するには、グラフのレイアウトを変更するほかに、[グラフのデザイン]タブの[グラフ要素を追加]や、グラフの右上に表示される[グラフ要素]から設定できます。ラベルの文字の向きは、初期状態では横向きに表示されますが、縦向きに変更することもきます。

参照▶Q 766

● 縦軸ラベルを追加する

1 グラフをクリックして、　**2** [グラフのデザイン]タブをクリックします。

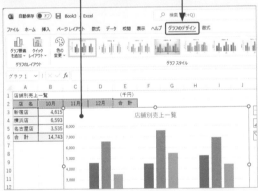

3 [グラフ要素を追加]をクリックして、

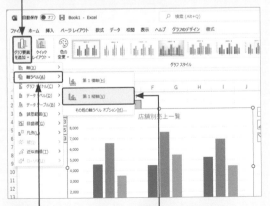

4 [軸ラベル]にマウスポインターを合わせ、　**5** [第1縦軸]をクリックします。

6 軸ラベルエリアが追加されるので、

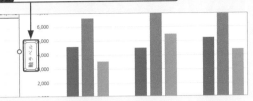

7 ラベル名を入力します。

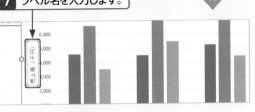

● 横軸ラベルを追加する

1 左の手順**1**～**4**までを実行して、

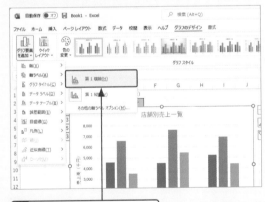

2 [第1横軸]をクリックします。

3 軸ラベルエリアが表示されるので、

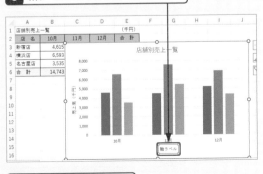

4 ラベル名を入力します。

Q 753 折れ線グラフの線が 途切れてしまう!

A 空白セルの前後のデータ要素を 線で結びます。

もとデータの中に空白セルがあると、折れ線グラフが
途切れてしまうことがあります。この場合は、空白セル
を無視して前後のデータ要素を線で結ぶことができま
す。グラフをクリックして [グラフのデザイン]タブの
[データの選択] をクリックし、[データソースの選択]
ダイアログボックスから設定します。

もとデータに空白セルがあると、

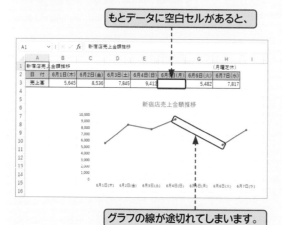

グラフの線が途切れてしまいます。

1 グラフをクリックして、

2 [グラフのデザイン]
タブをクリックし、

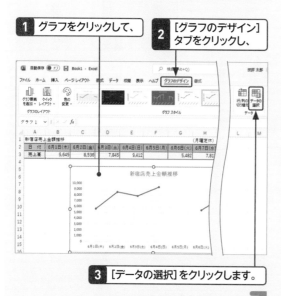

3 [データの選択]をクリックします。

4 [非表示および空白のセル]をクリックして、

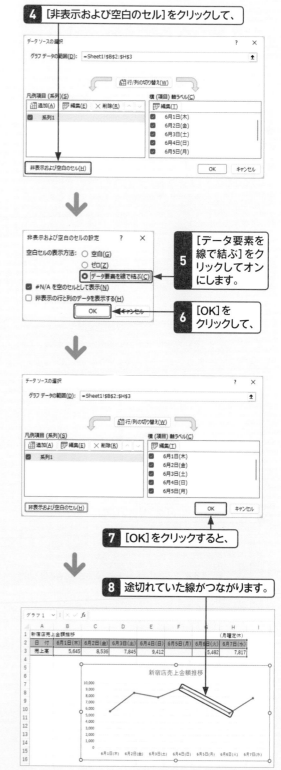

5 [データ要素を
線で結ぶ]をク
リックしてオン
にします。

6 [OK]を
クリックして、

7 [OK]をクリックすると、

8 途切れていた線がつながります。

Q 754 マイナスの場合に グラフの色を変えたい!

A [データ系列の書式設定] 作業ウィンドウで色を指定します。

グラフの負の値の色を変えるには、グラフのデータ系列をクリックして、[書式]タブの[選択対象の書式設定]をクリックすると表示される[データ系列の書式設定]作業ウィンドウで設定します。

1 [データ系列の書式設定]作業ウィンドウを 表示して、[塗りつぶしと線]をクリックします。

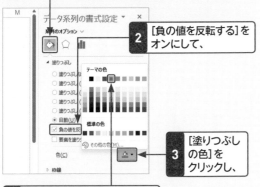

2 [負の値を反転する]を オンにして、

3 [塗りつぶし の色]を クリックし、

4 正の値の色をクリックします。

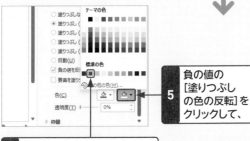

5 負の値の [塗りつぶし の色の反転]を クリックして、

6 負の値の色をクリックすると、

7 グラフの負の値の色が変更されます。

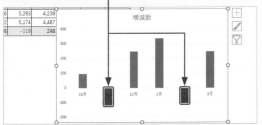

Q 755 凡例に表示される文字を 変更したい!

A [データソースの選択] ダイアログボックスで編集します。

凡例に表示される内容は、もとの表のデータがそのまま表示されるため、長すぎてバランスが悪くなることがあります。この場合は、[データソースの選択]ダイアログボックスを表示して、凡例に表示する文字を編集します。

1 [データソースの選択]ダイアログボックスを 表示して、変更する凡例項目をクリックし、

2 [編集]を クリックします。

3 凡例に表示したい文字を入力して、

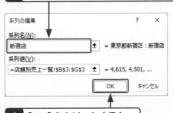

4 [OK]をクリックすると、

5 凡例に表示される文字が変更されます。

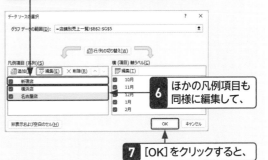

6 ほかの凡例項目も 同様に編集して、

7 [OK]をクリックすると、

8 凡例に表示される文字が変更されます。

11 基本と入力

12 編集

13 書式設定

14 計算

15 関数

16 グラフ

17 データベース

18 印刷

19 ファイル

20 連携・共同編集

重要度 ★ ★ ★ 　 もとデータの変更

Q 756 グラフのもとデータの範囲を変更したい!

A カラーリファレンスの枠をドラッグします。

グラフをクリックすると、グラフのもとデータがカラーリファレンスで囲まれます。カラーリファレンスの四隅に表示されるハンドルをドラッグすると、データを追加したり削除したりできます。

1 グラフをクリックすると、もとデータがカラーリファレンスで囲まれます。

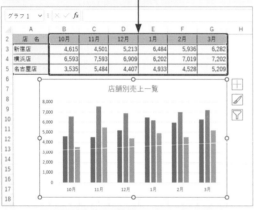

2 カラーリファレンスの四隅のハンドルをドラッグすると、

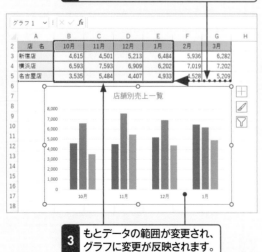

3 もとデータの範囲が変更され、グラフに変更が反映されます。

重要度 ★ ★ ★ 　 もとデータの変更

Q 757 別のワークシートにあるもとデータの範囲を変更したい!

A [データソースの選択]ダイアログボックスを利用します。

ほかのブックやワークシートの表からグラフを作成した場合は、もとデータの範囲を変更する際にカラーリファレンスは利用できません。この場合は、[データソースの選択]ダイアログボックスを利用します。

1 グラフをクリックして、

2 [グラフのデザイン]タブをクリックし、

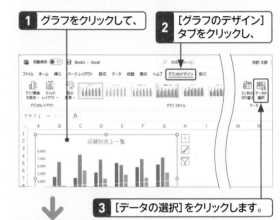

3 [データの選択]をクリックします。

4 もとデータのあるワークシートが表示されるので、ドラッグして範囲を変更し、

5 [OK]をクリックすると、

6 グラフに変更が反映されます。

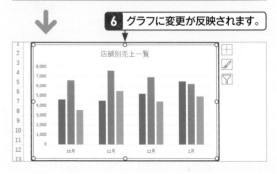

基本と入力 11
編集 12
書式設定 13
計算 14
関数 15
グラフ 16
データベース 17
印刷 18
ファイル 19
連携・共同編集 20

重要度 ★★★ もとデータの変更

Q758 横（項目）軸の項目名を変更したい！

A [軸ラベル]ダイアログボックスに項目名を入力します。

もとデータを変更せずに、グラフに表示する横（項目）軸の項目名を変更したい場合は、[データソースの選択]ダイアログボックスを表示して、下の手順で操作します。なお、手順**2**で入力する項目名は「{ }」で囲み、文字列は「"」（半角ダブルクォーテーション）でくくります。複数の項目を入力する場合は、文字列を「,」（カンマ）で区切ります。

1 [データソースの選択]ダイアログボックスを表示して、[編集]をクリックします。

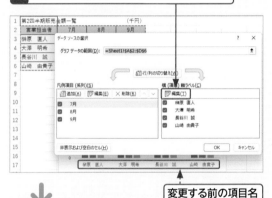

変更する前の項目名

2 横（項目）軸に表示したい文字列を入力して、

3 [OK]をクリックし、

4 [データソースの選択]ダイアログボックスの[OK]をクリックすると、

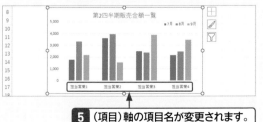

5 （項目）軸の項目名が変更されます。

重要度 ★★★ もとデータの変更

Q759 データ系列と項目を入れ替えたい！

A [行／列の切り替え]をクリックします。

グラフを作成する際、初期設定では、表の列数より行数が多い場合は列がデータ系列に、行数より列数が多い場合は行がデータ系列になります。グラフを作成したあとでデータ系列を入れ替えたい場合は、[グラフのデザイン]タブの[行／列の切り替え]をクリックします。

1 グラフをクリックして、

2 [グラフのデザイン]タブをクリックし、

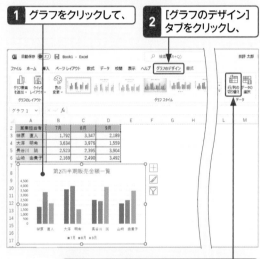

3 [行／列の切り替え]をクリックすると、

4 グラフの行と列が入れ替わります。

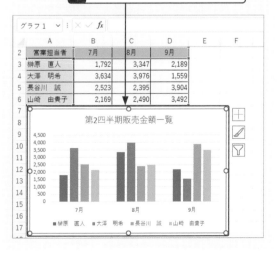

11 基本と入力

12 編集

13 書式設定

14 計算

15 関数

16 グラフ

17 データベース

18 印刷

19 ファイル

20 連携・共同編集

重要度 ★★★ もとデータの変更

Q 760 横（項目）軸を階層構造にしたい！

横（項目）軸を階層構造にしたい場合は、もとデータの表に項目を追加して、データの範囲を指定し直します。凡例に階層構造を表示することもできます。

参照▶Q 756

A 追加したい項目をもとデータに追加して、範囲を指定し直します。

1 もとデータに項目を追加して、

2 データの範囲を指定し直すと、

	A	B	C	D	E	F	G	H
1	第2四半期店舗別売上							
2			富士見本店			飯田橋店		
3			7月	8月	9月	7月	8月	9月
4	にぎり寿司	上にぎり	2,752	2,369	2,181	2,060	4,141	2,754
5		並にぎり	4,852	2,784	3,759	2,599	4,778	2,053
6	ちらし寿司	上ちらし	3,717	4,414	3,420	3,704	4,314	2,465
7		並ちらし	3,839	4,166	4,686	4,576	4,559	4,523
8								

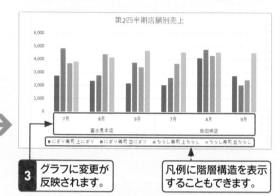

3 グラフに変更が反映されます。

凡例に階層構造を表示することもできます。

重要度 ★★★ もとデータの変更

Q 761 2つの表から1つのグラフを作成したい！

A ［データソースの選択］ダイアログボックスを利用します。

本来なら1つであるべき表を2つに分割して並べている場合、通常の方法では不自然なグラフが作成されてしまいます。分割されている表からグラフを作成するには、はじめに、連続しているデータからグラフを作成し、あとから［データソースの選択］ダイアログボックスを利用してほかの表を追加します。

1 グラフをクリックして、

2 ［グラフのデザイン］タブをクリックし、

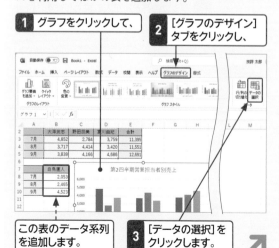

この表のデータ系列を追加します。

3 ［データの選択］をクリックします。

4 ［追加］をクリックして、

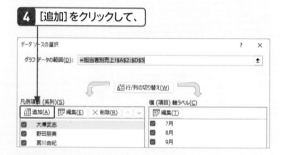

5 ［系列名］に、追加する表の見出しのセル番号を指定し、

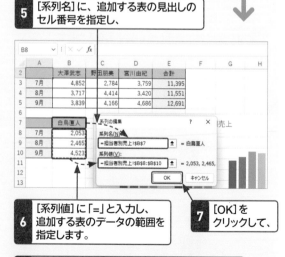

6 ［系列値］に「＝」と入力し、追加する表のデータの範囲を指定します。

7 ［OK］をクリックして、

8 ［データソースの選択］ダイアログボックスの［OK］をクリックすると、ほかの表のデータがグラフに追加されます。

Q 762 見出しの数値が データ系列になってしまう!

A 表の項目名が数値データの場合に 起きる現象です。

項目名が数値データの表からグラフを作成すると、横(項目)軸に反映されるはずのデータがデータ系列になってしまうことがあります。この場合は、[グラフのデザイン]タブの[データの選択]をクリックして、[データソースの選択]ダイアログボックスを表示し、下の手順で修正します。

横(項目)軸に反映されるはずのデータが、データ系列になっています。

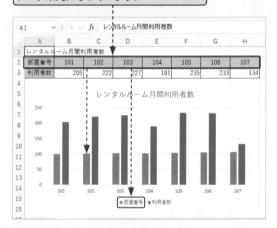

1 [データソースの選択] ダイアログボックスを表示して、[部屋番号]をクリックし、

2 [削除]をクリックします。

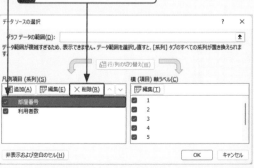

3 [編集]をクリックして、

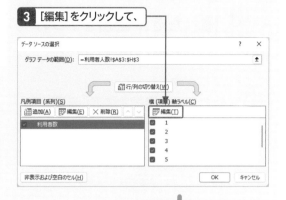

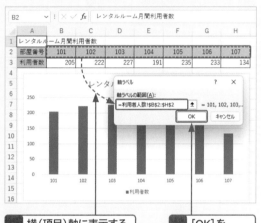

4 横(項目)軸に表示する セル範囲を指定します。

5 [OK]を クリックして、

6 [データソースの選択]ダイアログボックスの [OK]をクリックすると、

7 グラフが修正されます。

11 基本と入力
12 編集
13 書式設定
14 計算
15 関数
16 グラフ
17 データベース
18 印刷
19 ファイル
20 連携・共同編集

重要度 ★★★ もとデータの変更

Q 763 離れたセル範囲を1つの データ系列にしたい！

A Ctrl を押しながら 離れたセル範囲を選択します。

離れたセル範囲を1つのデータ系列にするには、グラフの作成後、[グラフのデザイン]タブの [データの選択] をクリックして、[データソースの選択]ダイアログボックスを表示し、下の手順で操作します。

1 [データソースの選択] ダイアログボックスを 表示して、

2 ここを クリックします。

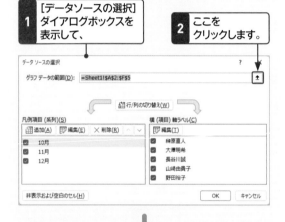

↓

3 最初のセル範囲を選択したあと、

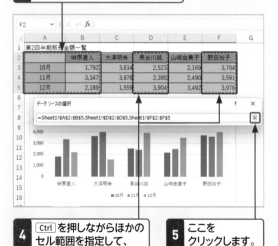

4 Ctrl を押しながらほかの セル範囲を指定して、

5 ここを クリックします。

6 [データソースの選択]ダイアログボックスの [OK]をクリックすると、 データ範囲が変更されます。

重要度 ★★★ 軸の書式設定

Q 764 縦（値）軸の表示単位を 千や万単位にしたい！

A [軸の書式設定]作業ウィンドウで 表示単位を設定します。

縦（値）軸に表示される数値の桁数が多くてグラフが見づらくなる場合は、縦（値）軸をクリックして、[書式]タブの [選択対象の書式設定]をクリックし、[軸の書式設定]作業ウィンドウを表示して、[表示単位]を変更します。

1 [軸の書式設定]作業ウィンドウを表示します。

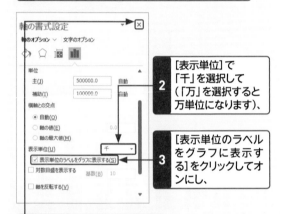

2 [表示単位]で 「千」を選択して （「万」を選択すると 万単位になります）、

3 [表示単位のラベル をグラフに表示す る]をクリックしてオン にし、

4 [閉じる]をクリックします。

↓

5 縦（値）軸の単位が変更されます。

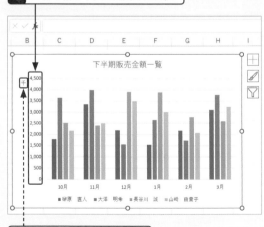

文字の向きを変更しています。

Q 765 縦（値）軸の範囲や間隔を変更したい！

A [軸の書式設定]作業ウィンドウで設定します。

縦（値）軸の範囲や間隔は、初期設定ではもとデータの表に入力されている数値に応じて自動的に設定されます。縦（値）軸の範囲や間隔を変更するには、[軸の書式設定]作業ウィンドウの[軸のオプション]で設定します。

● 縦（値）軸の範囲を変更する

1 縦（値）軸をクリックして、

2 [書式]タブをクリックし、

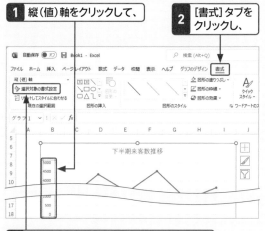

3 [選択対象の書式設定]をクリックします。

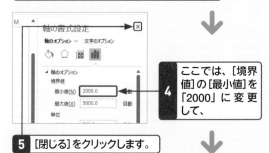

4 ここでは、[境界値]の[最小値]を「2000」に変更して、

5 [閉じる]をクリックします。

6 縦（値）軸の目盛の範囲が変更されます。

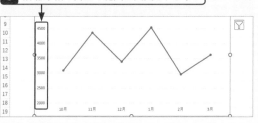

● 縦（値）軸の間隔を変更する

1 縦（値）軸をクリックして、

2 [書式]タブをクリックし、

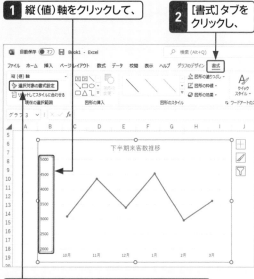

3 [選択対象の書式設定]をクリックします。

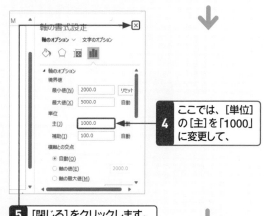

4 ここでは、[単位]の[主]を「1000」に変更して、

5 [閉じる]をクリックします。

6 縦（値）軸の目盛の間隔が変更されます。

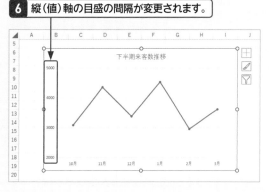

基本と入力 11
編集 12
書式設定 13
計算 14
関数 15
グラフ 16
データベース 17
印刷 18
ファイル 19
連携・共同編集 20

Q 766 縦（値）軸ラベルの文字を 縦書きにしたい！

A [軸ラベルの書式設定] 作業ウィンドウで設定します。

グラフに表示した縦（値）軸ラベルの向きを変更するには、[軸ラベルの書式設定]作業ウィンドウの [文字のオプション]で、文字列の方向を設定します。

1 縦（値）軸ラベルを クリックして、

2 [書式]タブを クリックし、

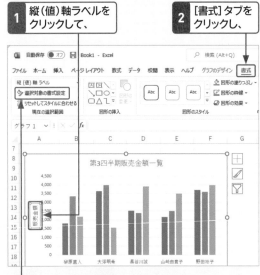

3 [選択対象の書式設定]をクリックします。

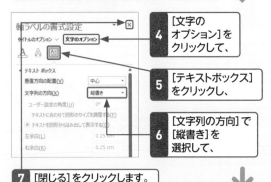

4 [文字の オプション]を クリックして、

5 [テキストボックス] をクリックし、

6 [文字列の方向]で [縦書き]を 選択して、

7 [閉じる]をクリックします。

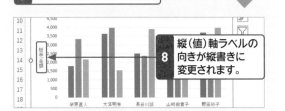

8 縦（値）軸ラベルの 向きが縦書きに 変更されます。

Q 767 縦（値）軸の数値の 通貨記号を外したい！

A [軸の書式設定]作業ウィンドウの [表示形式]で設定します。

もとの表の数値が通貨形式で表示されているときは、グラフの縦（値）軸にも通貨形式が踏襲されます。表示形式を変更するには、[軸の書式設定]作業ウィンドウの [表示形式]で設定します。

1 縦（値）軸ラベルを クリックして、

2 [書式]タブを クリックし、

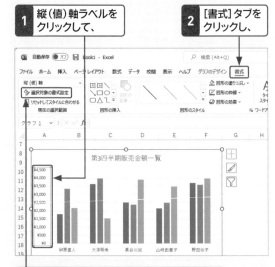

3 [選択対象の書式設定]をクリックします。

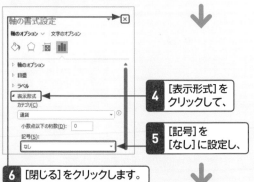

4 [表示形式]を クリックして、

5 [記号]を [なし]に設定し、

6 [閉じる]をクリックします。

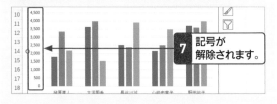

7 記号が 解除されます。

基本と入力 11
編集 12
書式設定 13
計算 14
関数 15
グラフ 16
データベース 17
印刷 18
ファイル 19
連携・共同編集 20

重要度 ★★★ 軸の書式設定

Q 768
日付データの抜けが グラフに反映されてしまう！

A 横（項目）軸が日付軸になっているのが 原因です。テキスト軸に変更します。

もとの表の項目に日付が入力されていると、軸の種類が自動的に日付軸に設定されます。日付軸は一定間隔ごとに日付を表示する軸なので、もとデータにない日付も表示されます。もとデータにない日付を表示させないようにするには、横（項目）軸をクリックして、[軸の書式設定]作業ウィンドウを表示し、[軸の種類]を[テキスト軸]に設定します。

もとデータに入力されていない日付も、

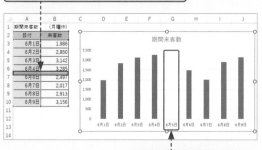

グラフには表示されます。

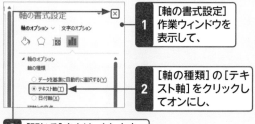

1 [軸の書式設定]作業ウィンドウを表示して、

2 [軸の種類]の[テキスト軸]をクリックしてオンにし、

3 [閉じる]をクリックします。

4 もとデータにない日付は表示されなくなります。

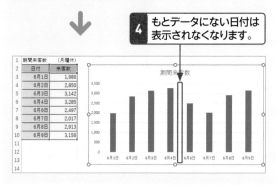

重要度 ★★★ グラフの書式

Q 769
棒グラフの棒の幅を 変更したい！

A [データ系列の書式設定]作業ウィンドウで変更します。

棒グラフの棒の幅を変更するには、[データ系列の書式設定]作業ウィンドウを表示して、[系列のオプション]の[要素の間隔]で調整します。間隔が0%に近くなるほど棒グラフの要素の幅は広くなります。

1 棒グラフの要素を選択して、

2 [書式]タブをクリックし、

3 [選択対象の書式設定]をクリックします。

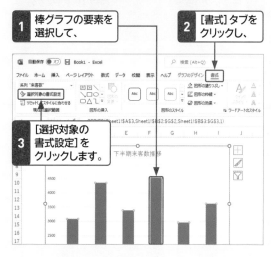

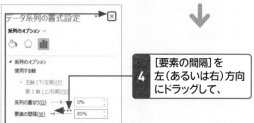

4 [要素の間隔]を左（あるいは右）方向にドラッグして、

5 [閉じる]をクリックします。

6 棒の幅が変更されます。

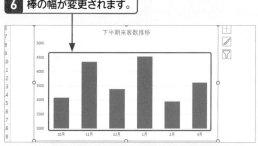

11 基本と入力
12 編集
13 書式設定
14 計算
15 関数
16 グラフ
17 データベース
18 印刷
19 ファイル
20 連携・共同編集

重要度 ★★★　グラフの書式

Q 770 棒グラフの棒の間隔を変更したい!

A [データ系列の書式設定]作業ウィンドウで変更します。

棒グラフの棒の間隔を変更するには、[データ系列の書式設定]作業ウィンドウを表示して、[系列のオプション]の[系列の重なり]で調整します。

1 棒グラフの要素を選択して、

2 [書式]タブをクリックし、

3 [選択対象の書式設定]をクリックします。

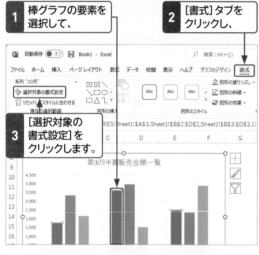

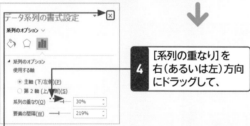

4 [系列の重なり]を右(あるいは左)方向にドラッグして、

5 [閉じる]をクリックします。

6 棒の間隔が変更されます!

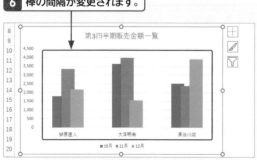

重要度 ★★★　グラフの書式

Q 771 棒グラフの並び順を変えたい!

A [データソースの選択]ダイアログボックスで並べ替えます。

もとデータの表の並び順を変更せずに、棒グラフの並び順を変更するには、[データソースの選択]ダイアログボックスを表示して、[凡例項目(系列)]で設定します。

1 グラフをクリックして、

2 [グラフのデザイン]タブをクリックし、

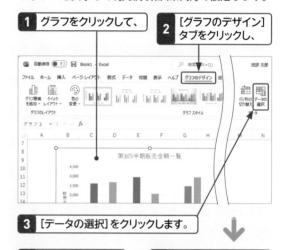

3 [データの選択]をクリックします。

4 並べ替えたい項目をクリックし、

5 [上へ移動]や[下へ移動]をクリックして、項目を並べ替えます。

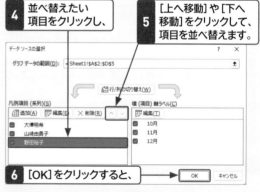

6 [OK]をクリックすると、

7 棒グラフの並び順が変更されます!

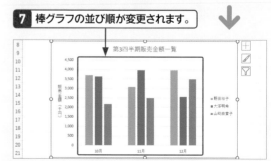

Q 772 棒グラフの色を変更したい！

A₁ [色の変更]の一覧から変更します。

棒グラフの色を変更するには、[グラフのデザイン]タブの[色の変更]で設定します。カラフルやモノクロの一覧からグラフの色味をまとめて変更することができます。

1 グラフをクリックして、　**2** [グラフのデザイン]タブをクリックし、

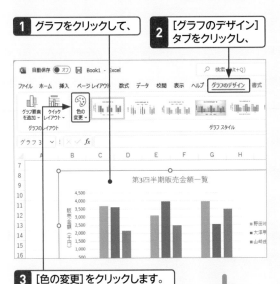

3 [色の変更]をクリックします。

4 変更したい色のパターンをクリックすると、

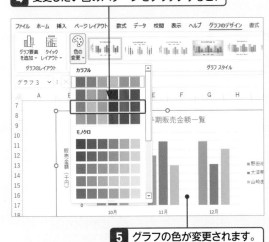

5 グラフの色が変更されます。

A₂ [書式]タブの[図形の塗りつぶし]で変更します。

グラフ要素の色や線のスタイルを個別に変更するには、変更したいデータ系列やデータ要素をクリックして、[書式]タブの[図形の塗りつぶし]や[図形の枠線]をクリックし、目的の色を選択します。

● データ系列の色を変更する

1 変更したいデータ系列をクリックして、　**2** [書式]タブをクリックします。

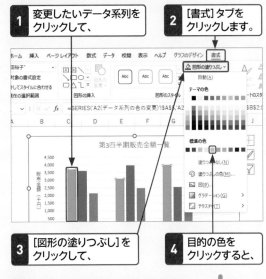

3 [図形の塗りつぶし]をクリックして、　**4** 目的の色をクリックすると、

5 選択した系列の色が変わります。

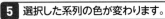

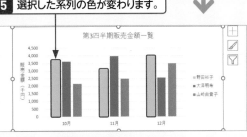

● データ要素の色を変更する

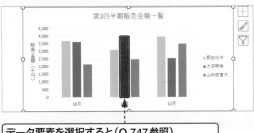

データ要素を選択すると（Q 747参照）、選択した要素の色だけを変えることができます。

基本と入力 11
編集 12
書式設定 13
計算 14
関数 15
グラフ 16
データベース 17
印刷 18
ファイル 19
連携・共同編集 20

423

Q 773 グラフ内にもとデータの数値を表示したい!

A [グラフ要素を追加]から
データラベルを表示します。

「データラベル」は、データ系列にもとデータの値や系列名などを表示するラベルのことをいいます。グラフにデータラベルを表示すると、グラフから正確なデータを読み取ることができるようになります。

1 [グラフのデザイン]タブの
[グラフ要素を追加]をクリックします。

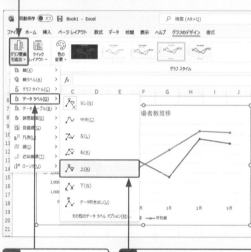

2 [データラベル]を
クリックして、

3 表示位置(ここでは
[上])をクリックすると、

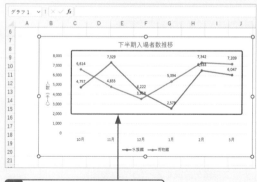

4 データラベルが表示されます。

Q 774 特定のデータ系列にだけ数値を表示したい!

A 表示したいデータ系列だけを選択
してデータラベルを表示します。

特定のデータ系列やデータマーカーにだけもとデータの数値を表示したい場合は、表示したいデータ系列またはデータマーカーだけを選択して、[データラベル]を表示します。

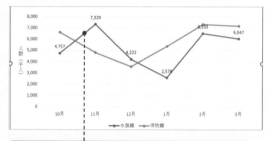

特定のデータ系列またはデータマーカーを選択して、
データラベルを表示します。

Q 775 データラベルを移動したい!

A データラベルをドラッグします。

すべてのラベルの位置を移動したい場合はすべてのラベルを、特定のラベルだけを移動したい場合は移動したいラベルだけを選択し、任意の位置にドラッグします。ここでは、特定のラベルだけを移動してみます。

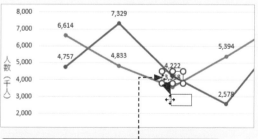

特定のデータラベルを選択して、任意の位置に
ドラッグすると、データラベルが移動できます。

Q 776 データラベルの表示位置を変更したい！

A [グラフのデザイン]タブの [データラベル]で設定します。

すべてのグラフ要素のデータラベルの位置を変更する場合はグラフエリアを、指定した系列や特定の要素だけの位置を変更したい場合は目的の要素を選択します。続いて、[グラフのデザイン]タブの[グラフ要素の追加]から[データラベル]をクリックして位置を指定します。

> データラベルの表示位置を指定します。

> データラベルを[外側]に表示しています。

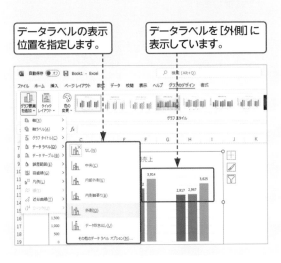

● 中央に表示

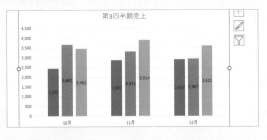

● 内部外側に表示

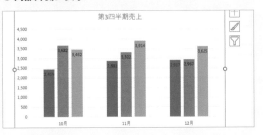

● 内側軸寄りに表示

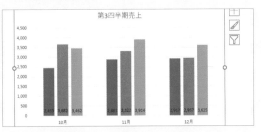

Q 777 データラベルに表示する内容を変更したい！

A [データラベルの書式設定] 作業ウィンドウで設定します。

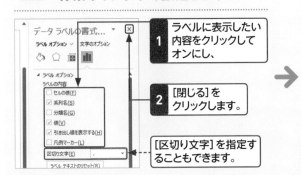

> **1** ラベルに表示したい内容をクリックしてオンにし、

> **2** [閉じる]をクリックします。

> [区切り文字]を指定することもできます。

データラベルに表示される内容は、[データラベルの書式設定]作業ウィンドウで設定できます。データラベルを右クリックして、[データラベルの書式設定]をクリックすると、[データラベルの書式設定]作業ウィンドウが表示されます。

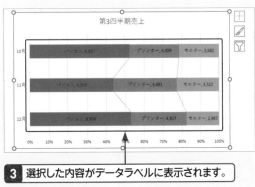

3 選択した内容がデータラベルに表示されます。

11 基本と入力
12 編集
13 書式設定
14 計算
15 関数
16 グラフ
17 データベース
18 印刷
19 ファイル
20 連携・共同編集

重要度 ★★★ グラフの書式

Q 778 グラフ内にもとデータの表を表示したい!

A データテーブルを表示します。

グラフの下には、データテーブルという形でもとデータの表を表示できます。グラフと同時に正確な数値も示したい場合に利用するとよいでしょう。データテーブルを表示するには、[グラフのデザイン]タブの[グラフ要素を追加]から設定します。

> **1** グラフをクリックして、[グラフのデザイン]タブをクリックします。

> **2** [グラフ要素を追加]をクリックして、

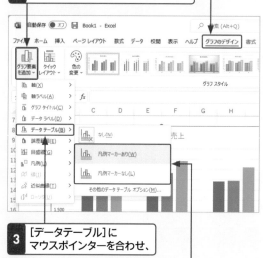

> **3** [データテーブル]にマウスポインターを合わせ、

> **4** [凡例マーカーなし](あるいは[凡例マーカーあり])をクリックすると、

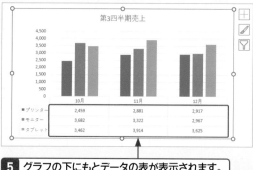

> **5** グラフの下にもとデータの表が表示されます。

重要度 ★★★ グラフの書式

Q 779 円グラフに項目名とパーセンテージを表示したい!

A [データラベルの書式設定]作業ウィンドウで設定します。

円グラフに項目名とパーセンテージを表示するには、グラフをクリックして、[グラフのデザイン]タブの[グラフ要素を追加]をクリックし、[データラベル]から[その他のデータラベルオプション]をクリックすると表示される[データラベルの書式設定]作業ウィンドウで設定します。

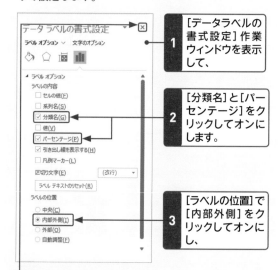

> **1** [データラベルの書式設定]作業ウィンドウを表示して、

> **2** [分類名]と[パーセンテージ]をクリックしてオンにします。

> **3** [ラベルの位置]で[内部外側]をクリックしてオンにし、

> **4** [閉じる]をクリックします。

> **5** 円グラフに項目名とパーセンテージが表示されます。

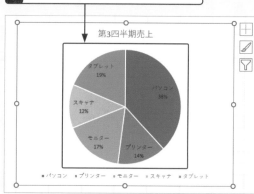

データベースの
「こんなときどうする?」

11 基本と入力

12 編集

13 書式設定

14 計算

15 関数

16 グラフ

17 データベース

18 印刷

19 ファイル

20 連携・共同編集

重要度 ★★★　データの並べ替え

Q 780 Excelをデータベースソフトとして使いたい!

A 表をリスト形式で作成します。

Excelで並べ替えや抽出、集計などのデータベース機能を利用するには、表を「リスト形式」で作成する必要があります。リスト形式の表とは、列ごとに同じ種類のデータが入力されていて、先頭行に列の見出しとなる列見出し(列ラベル)が入力されている一覧表のことです。それぞれの列を「フィールド」、1件分(1行分)のデータを「レコード」と呼びます。

● リスト形式の表

	A	B	C	D	E	F	G	H
3	名前	所属部署	入社日	雇用形態	郵便番号	都道府県	市区町村	電話番号
4	石田　理恵	営業部	2022/4/4	社員	156-0045	東京都	世田谷区桜上水x-x-x	03-3329-0000
5	竹内　息吹	商品部	2022/4/4	社員	274-0825	千葉県	船橋市中野本木本町x-x	047-474-0000
6	川本　愛	企画部	2022/4/4	パート	259-1217	神奈川県	平塚市長持xx	046-335-0000
7	大場　由記斗	営業部	2022/9/5	社員	180-0000	東京都	武蔵野市吉祥寺西町x-x	03-5215-0000
8	花井　賢二	企画部	2022/9/12	契約社員	157-0072	東京都	世田谷区祖師谷x-x-x	03-7890-0000
9	神木　実子	営業部	2022/9/6	社員	101-0051	東京都	千代田区神田神保町x-x	03-3518-0000
10	来原　聖人	商品部	2021/4/5	社員	252-0318	神奈川県	相模原市鶴間x-x	042-123-0000
11	宝田　卓也	営業部	2021/4/5	社員	160-0008	東京都	新宿区三栄町x-x	03-5362-0000
12	長沙　冬実	商品部	2021/4/5	パート	104-0032	東京都	中央区八丁堀x-x	03-3552-0000
13	宇多田　星斗	商品部	2021/4/2	社員	134-0088	東京都	江戸川区西葛西x-x-x	03-5275-0000
14	堀田　真琴	企画部	2020/6/1	社員	224-0025	神奈川県	横浜市都筑xx	045-678-0000
15	清水　光一	営業部	2020/4/2	パート	145-8502	東京都	品川区西五反田x-x	03-3779-0000
16								
17	名前	所属部署	入社日	雇用形態	郵便番号	都道府県	市区町村	電話番号
18	宮下　穂希	企画部	2019/4/2	社員	166-0013	東京都	杉並区堀の内x-x	03-5678-0000
19	近松　新一	人事部	2018/5/10	パート	162-0811	東京都	新宿区水道町x-x-x	03-4567-0000
20	松木　結賀	営業部	2018/4/5	社員	274-0825	千葉県	船橋市中野本木本町x-x	047-474-0000
21	菊池　亜湖	営業部	2018/4/2	社員	247-0072	神奈川県	鎌倉市岡本xx	03-1234-0000

→ 列見出し(列ラベル)

→ フィールド(1列分のデータ)

→ レコード(1件分のデータ)

→ 空白行や空白列が挿入されている場合、その前後にあるデータベース形式の表は、それぞれ独立した表として扱われます。

重要度 ★★★　データの並べ替え

Q 781 データを昇順や降順で並べ替えたい!

A [データ]タブの[昇順]あるいは[降順]を利用します。

データを並べ替えるには、並べ替えの基準とするフィールドのセルをクリックして、[データ]タブの[昇順]あるいは[降順]をクリックします。昇順では0〜9、A〜Z、日本語の順で、降順はその逆の順で並べ替えられます。日本語は漢字、ひらがな、カタカナの順に並べ替えられます。アルファベットの大文字と小文字は区別されません。

1 基準となるフィールドのセルをクリックして(ここでは「名前」)、

2 [データ]タブをクリックし、

4 選択したセルを含むフィールドを基準にして、表全体が昇順(あるいは降順)に並べ替えられます。

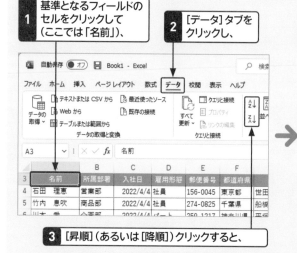

3 [昇順](あるいは[降順])クリックすると、

Q 782 複数条件でデータを並べ替えたい！

A 並べ替えのレベルを追加して指定します。

複数の条件でデータを並べ替えるには、[データ]タブの[並べ替え]をクリックすると表示される[並べ替え]ダイアログボックスで、[レベルの追加]をクリックし、並べ替えの条件を設定する行を追加します。最大で64の条件を設定できます。
複数条件で並べる場合は、優先順位の高い列から並べ替えの設定をするとよいでしょう。

1 [データ]タブをクリックして、

2 [並べ替え]をクリックします。

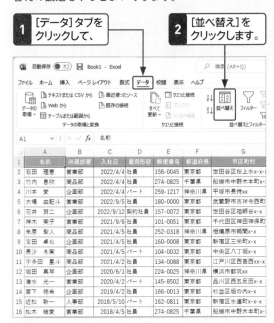

3 ここをクリックして、

4 最初に並べ替えをするフィールド名（ここでは「雇用形態」）を指定し、

5 並べ替えのキーと順序を指定します。

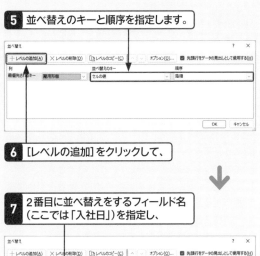

6 [レベルの追加]をクリックして、

7 2番目に並べ替えをするフィールド名（ここでは「入社日」）を指定し、

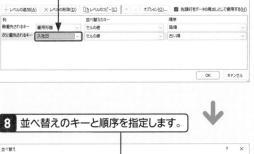

8 並べ替えのキーと順序を指定します。

9 [OK]をクリックすると、

10 指定した2つのフィールドを基準に並べ替えられます（ここでは「雇用形態」と「入社日」）。

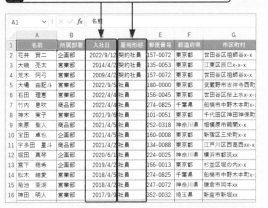

11 基本と入力
12 編集
13 書式設定
14 計算
15 関数
16 グラフ
17 データベース
18 印刷
19 ファイル
20 連携・共同編集

重要度 ★★★　データの並べ替え

Q 783 「すべての結合セルを同じサイズにする必要がある」と表示された！

A 結合を解除するか、同じ数の結合セルで表を構成します。

「この操作を行うには、すべての結合セルを同じサイズにする必要があります。」というメッセージは、リスト形式の表の一部のセルが結合されているときに表示されます。並べ替えを実行するためには、結合を解除する必要があります。なお、下図のように、すべてのフィールドが横2セルなど、同じ数の結合セルで構成されているときは、並べ替えを行うことができます。

● 並べ替えができない表

	A	B	C	D	E	F	G
1	営業担当別売上一覧						
2	担当者		10月	11月	12月		
3	後藤智之		3,983,000	4,249,000	3,605,000		
4	佐々木椿		2,062,000	3,864,000	3,244,000		
5	望月田穂		3,716,000	3,542,000			
6							

表の一部の列だけが結合されている。

● 並べ替えができる表

	A	B	C	D	E	F	G	H	I	J
1	営業担当別売上一覧									
2	担当者		10月		11月		12月			
3	後藤智之		3,983,000		4,249,000		3,605,000			
4	佐々木椿		2,062,000		3,864,000		3,244,000			
5	望月田穂		3,716,000		3,542,000					
6										

表のすべての列が結合されている。

重要度 ★★★　データの並べ替え

Q 784 表の一部しか並べ替えができない！

A 空白行または空白列がないか確認し、あれば削除しましょう。

並べ替えを実行した際、表の一部しか並べ替えられない場合は、表の途中に空白の列か行が挿入されている可能性があります。空白の列や行が挿入されていると、その前後の表は別の表として認識されるため、アクティブセル（選択中のセル）があるほうのデータしか並べ替えられません。すべてのデータを並べ替えの対象とするには、空白の列または行を削除して、再度並べ替えを実行しましょう。

重要度 ★★★　データの並べ替え

Q 785 数値が正しい順番で並べ替えられない！

A セルの表示形式を「標準」または「数値」に変更します。

数値が入力されているセルの表示形式が「文字列」になっていて、全角文字で入力されていると、「500」と「1000」では先頭の数字が大きい「500」のほうが後になります。正しい順番で並べ替えるには、セルの表示形式を「標準」または「数値」に変更します。

重要度 ★★★　データの並べ替え

Q 786 氏名が五十音順に並べ替えられない！

A 間違った読み情報が登録されている可能性があります。

Excelでは、データの入力時に自動的に記録される読み情報に従って漢字が並べ替えられます。正しい読み順にならない場合は、異なった読みで入力したか、ほかのソフトで入力したデータをコピーするなどして、読み情報がない可能性があります。
読み情報が間違っていたり、読み情報がない部分を探して漢字を入力し直すか、ふりがなを修正すると、正しい順で並べ替えられるようになります。読み情報を確認するには、PHONETIC関数を利用して、セルから読み情報を取り出します。　参照 ▶ Q 589, Q 725

=PHONETIC(A2)

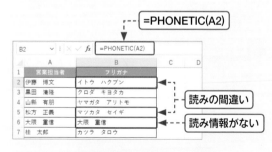

読みの間違い

読み情報がない

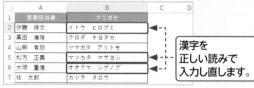

漢字を正しい読みで入力し直します。

基本と入力 11
編集 12
書式設定 13
計算 14
関数 15
グラフ 16
データベース 17
印刷 18
ファイル 19
連携・共同編集 20

重要度 ★★★　データの並べ替え

Q 787 読み情報は正しいのに並べ替えができない!

A [並べ替えオプション]ダイアログボックスの設定を変更します。

読み情報は間違っていないのに正しい読み順で並べ替えられない場合は、[並べ替えオプション]ダイアログボックスの設定が間違っている可能性があります。[データ]タブの[並べ替え]をクリックして、[並べ替え]ダイアログボックスを表示し、[オプション]をクリックして、[並べ替えオプション]ダイアログボックスで[ふりがなを使う]をオンにします。

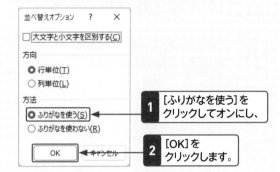

1 [ふりがなを使う]をクリックしてオンにし、

2 [OK]をクリックします。

重要度 ★★★　データの並べ替え

Q 788 複数のセルを1つとみなして並べ替えたい!

A セルのデータを「&」で結合して、ほかのセルに表示します。

複数のセルに入力されている英数字のデータを1つのデータとみなして並べ替えるには、複数のセルのデータを「&」で結合して、別のセルに表示する必要があります。

たとえば、列「A」と列「B」のデータを1つとみなして並べ替えたい場合は、ほかのセルに「=A2&B2」と入力して列全体にコピーし、このフィールドをキーにして並べ替えを実行します。

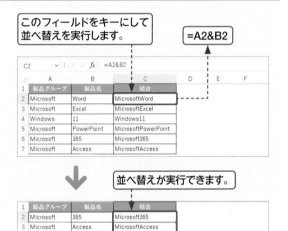

このフィールドをキーにして並べ替えを実行します。

=A2&B2

並べ替えが実行できます。

重要度 ★★★　データの並べ替え

Q 789 並べ替える前の順序に戻したい!

A あらかじめ表に連番を入力しておきましょう。

並べ替えをした直後では、[元に戻す] 🔄 をクリックすると戻すことができます。いつでも並べ替えを行う前の状態に戻せるようにしたい場合は、あらかじめ連番を入力した列を作成しておきます。連番を入力した列を基準に「昇順」で並べ替えることで、もとの順序に戻すことができます。連番の列を普段使用しない場合は、

列を非表示にしておくことができます。　参照▶Q 521

	A	B	C	D	E	F	G	H
1	No.	名前	所属部署	入社日	雇用形態	郵便番号	都道府県	市区町村
2	1	石田 理恵	営業部	2022/4/4	社員	156-0045	東京都	世田谷区桜上水x-x-x
3	2	竹内 恵吹	商品部	2022/4/4	社員	274-0825	千葉県	船橋市本町x-x-x
4	3	川本 愛	企画部	2022/4/4	パート	259-1217	神奈川県	平塚市長持xx
5	4	大場 由記斗	営業部	2022/9/5	社員	180-0000	東京都	武蔵野市吉祥寺西町x
6	5	花井 賢二	企画部	2022/9/12	契約社員	157-0072	東京都	世田谷区祖師谷x-x
7	6	神木 実子	営業部	2021/9/6	社員	101-0051	東京都	千代田区神田神保町x
8	7	末原 聖人	商品部	2021/4/5	社員	252-0318	神奈川県	相模原市鵜野x-x
9	8	室田 卓也	企画部	2021/4/5	社員			
10	9	長谷 冬実	商品部	2021/4/5	パート			
11	10	宇多田 星斗	営業部	2021/4/2	社員	274-0825	千葉県	船橋市本町x-x-x
12	11	堀田 真琴	企画部	2020/6/1	社員	223-0000	神奈川県	横浜市港北区x-x-x
13	12	清水 光一	営業部	2020/4/2	パート	101-0051	東京都	千代田区神田神保町x
14	13	富下 穂香	企画部	2019/4/2	社員	166-0013	東京都	杉並区堀の内x-x-x
15	14	近松 新一	人事部	2018/5/10	パート	162-0811	東京都	新宿区水道町x-x-x
16	15	松木 絵愛	営業部	2018/4/5	社員	274-0825	千葉県	船橋市本町本町x-x
17	16	菊池 亜湖	商品部	2018/4/2	社員	247-0072	神奈川県	鎌倉市岡本xx
18	17	神田 明人	営業部	2017/9/9	社員	352-0032	埼玉県	新座市新堀xx
19	18	笹本 綾子	商品部	2015/4/2	パート	274-0825	千葉県	船橋市前原西x-x
20	19	夏木 貴志	商品部	2015/4/2	社員	156-0045	東京都	世田谷区桜上水x-x-x

連番を入力した列をあらかじめ作成しておきます。

Q 790 見出しの行がない表を並べ替えたい！

A [先頭行をデータの見出しとして使用する]をオフにします。

見出しの行（列見出し）がない表を並べ替えると、先頭行だけが無視されて並べ替えの対象にならないことがあります。先頭行も含めて並べ替えるには、[データ]タブの [並べ替え]をクリックして、[並べ替え]ダイアログボックスを表示し、[先頭行をデータの見出しとして使用する]をオフにして、並べ替えを実行します。

1 [先頭行をデータの見出しとして使用する]をクリックしてオフにすると、

2 先頭行も並べ替えの対象になります。

	A	B	C	D	E	F
1	12月	159,400	371,500	134,800	78,500	744,200
2	3月	444,300	173,000	161,000	178,700	957,000
3	1月	375,300	203,700	151,900	230,800	961,700
4	2月	488,600	85,600	169,400	366,900	1,110,500
5	11月	443,300	76,000	458,200	311,100	1,288,600
6	10月	293,300	415,600	407,800	319,600	1,436,300
7						

Q 791 見出しの行まで並べ替えられてしまった！

 A [先頭行をデータの見出しとして使用する]をオンにします。

見出しの行（列見出し）がデータと一緒に並べ替えられてしまう場合は、[並べ替え]ダイアログボックスの[先頭行をデータの見出しとして使用する]がオフになっていることが考えられます。クリックしてオンに切り替えます。

	A	B	C	D	E	F	G
1	12月	159,400	371,500	134,800	78,500	744,200	
2	3月	444,300	173,000	161,000	178,700	957,000	
3	1月	375,300	203,700	151,900	230,800	961,700	
4	2月	488,600	85,600	169,400	366,900	1,110,500	
5	11月	443,300	76,000	458,200	311,100	1,288,600	
6	10月	293,300	415,600	407,800	319,600	1,436,300	
7	月	パソコン	プリンター	スキャナ	外付けHDD	合計	

	A	B	C	D	E	F	G
1	月	パソコン	プリンター	スキャナ	外付けHDD	合計	
2	12月	159,400	371,500	134,800	78,500	744,200	
3	3月	444,300	173,000	161,000	178,700	957,000	
4	1月	375,300	203,700	151,900	230,800	961,700	
5	2月	488,600	85,600	169,400	366,900	1,110,500	
6	11月	443,300	76,000	458,200	311,100	1,288,600	
7	10月	293,300	415,600	407,800	319,600	1,436,300	

Q 792 横方向にデータを並べ替えたい！

 A [並べ替えオプション]ダイアログボックスで設定します。

横方向にデータを並べ替えるには、[データ]タブの[並べ替え]をクリックして、[並べ替え]ダイアログボックスを表示します。続いて、[オプション]をクリックして、[並べ替えオプション]ダイアログボックスで[列単位]をオンにします。

こうして並べ替えを行うと、1列が1レコードとみなされ、データを列単位で並べ替えることができます。

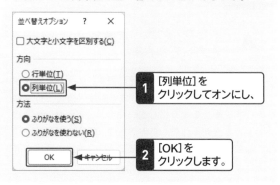

1 [列単位]をクリックしてオンにし、

2 [OK]をクリックします。

Q 793

表の一部だけを 並べ替えたい!

A 目的の範囲を選択して並べ替えを 行います。

表の一部だけを並べ替えるには、並べ替えを行いたい 範囲を選択した状態で、並べ替えを実行します。

1 並べ替えたいセル範囲を選択して、

2 [データ]タブを クリックし、

3 [並べ替え]を クリックします。

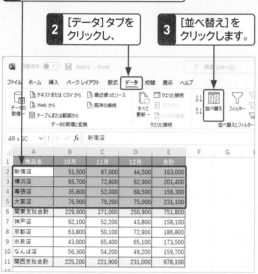

4 並べ替える条件を指定して、

5 [OK]をクリックすると、

6 選択した範囲だけが並べ替えられます。

Q 794

特定の条件を満たす データだけを表示したい!

A オートフィルターを利用します。

リスト形式の表から特定の条件を満たすデータだけ を取り出したい場合は、「オートフィルター」を利用し ます。表内のいずれかのセルをクリックして、[データ] タブの[フィルター]をクリックすると、オートフィル ターが利用できるようになります。

1 リスト形式の表内の セルをクリックして、

2 [データ]タブを クリックし、

3 [フィルター]を クリックすると、

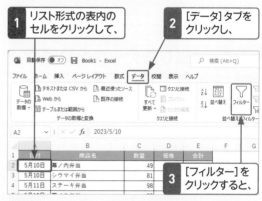

4 オートフィルターが設定されます。

5 「商品名」の ここをクリックして、

6 目的のデータだけを オンにし(ここでは 「シウマイ弁当」)、

7 [OK]を クリックすると、

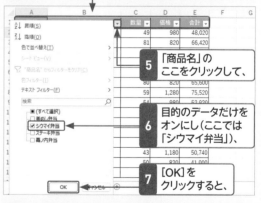

8 指定したデータを含むレコード(行) だけが表示されます。

	A	B	C	D	E	F	G
1	日付	商品名	数量	価格	合計		
3	5月10日	シウマイ弁当	81	820	66,420		
7	5月12日	シウマイ弁当	80	820	65,600		
11	5月15日	シウマイ弁当	53	820	43,460		
15	5月18日	シウマイ弁当	50	820	41,000		
17							
18							

重要度 ★★★　オートフィルター

Q795 オートフィルターって何？

A 指定した条件を満たすレコードを抽出して表示する機能です。

「オートフィルター」とは、任意のフィールドに含まれるデータのうち、指定した条件に合ったものだけを表示する機能のことです。日付、テキスト、数値など、さまざまなフィルターを利用することができます。複数の条件を指定してデータを抽出することもできます。

重要度 ★★★　オートフィルター

Q796 抽出したデータを降順や昇順で並べ替えたい！

A オートフィルターの［昇順］を利用します。

データの抽出だけでなく、並べ替えもオートフィルターで行うことができます。並べ替えを行うには、目的のフィールドの ▼ をクリックし、一覧から［昇順］（あるいは［降順］）をクリックします。一覧に表示される項目は、並べ替えを行うデータの種類によって変わります。

1 「合計」のここをクリックして、

	A	B	C	D	E	F
1	日付 ▼	商品名 ▼	数量 ▼	価格 ▼	合計 ▼	
3	5月10日	シウマイ弁当				
7	5月12日	シウマイ弁当				
11	5月15日	シウマイ弁当				
15	5月18日	シウマイ弁当				
17						
18						

（昇順(S) / 降順(O) / 色で並べ替え(T) / シートビュー(V) / "合計"からフィルターをクリア(C) / 色フィルター(I)）

2 ［昇順］をクリックすると、

3 抽出したデータが合計の昇順で並べ替えられます。

	A	B	C	D	E	F
1	日付 ▼	商品名 ▼	数量 ▼	価格 ▼	合計 ▼	
3	5月18日	シウマイ弁当	50	820	41,000	
7	5月15日	シウマイ弁当	53	820	43,460	
11	5月12日	シウマイ弁当	80	820	65,600	
15	5月10日	シウマイ弁当	81	820	66,420	
17						

重要度 ★★★　オートフィルター

Q797 上位や下位「○位」までのデータを表示したい！

A ［数値フィルター］から［トップテン］を選択します。

フィールドに入力されているデータをもとに、上位または下位、平均より上、平均より下などのデータを抽出して表示するには、［数値フィルター］を利用します。ここでは、合計が上位5位までのデータを表示します。

1 「合計」のここをクリックして、

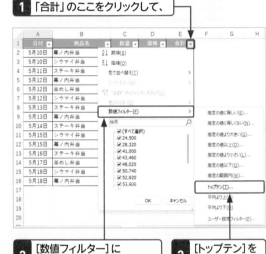

2 ［数値フィルター］にマウスポインターを合わせ、

3 ［トップテン］をクリックします。

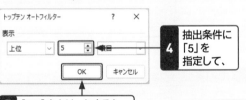

4 抽出条件に「5」を指定して、

5 ［OK］をクリックすると、

6 合計が上位5位までのデータが表示されます。

	A	B	C	D	E	F	G
1	日付 ▼	商品名 ▼	数量 ▼	価格 ▼	合計 ▼		
3	5月10日	シウマイ弁当	81	820	66,420		
4	5月11日	ステーキ弁当	98	1,280	125,440		
8	5月13日	ステーキ弁当	59	1,280	75,520		
10	5月14日	ステーキ弁当	95	1,280	121,600		
13	5月16日	ステーキ弁当	98	1,280	125,440		
17							

重要度 ★★★　オートフィルター

Q 798 オートフィルターが正しく 設定できない！

A 空白行または空白列がないか 確認し、あれば削除します。

リスト形式の表の中で、オートフィルターが設定され ているフィールドと設定されていないフィールドが混 在している場合は、どこかで表が分割されていること が考えられます。表の中に空白の行や列がないかを確 認し、不要なものは削除します。

> オートフィルターが設定されていません。

	A	B	C	D	E	F	G	H
1	日付	商品名		数量	価格	合計		
2	5月10日	幕ノ内弁当		49	980	48,020		
3	5月10日	シウマイ弁当		81	820	66,420		
4	5月11日	ステーキ弁当		98	1,280	125,440		
5	5月12日	幕ノ内弁当		62	980	60,760		
6	5月12日	釜めし弁当		24	1,180	28,320		
7	5月12日	シウマイ弁当		80	820	65,600		

> この空白列を削除します。

重要度 ★★★　オートフィルター

Q 799 条件を満たすデータだけを コピーしたい！

A オートフィルターでデータを抽出して いる状態でコピー、貼り付けします。

オートフィルターで指定した条件を満たすデータだけ を表示し、その状態でコピー、貼り付けを実行すると、 表示中のデータだけがコピーされます。

1 データが抽出された状態で表をコピーして、

	A	B	C	D	E	F	G
1	日付	商品名	数量	価格	合計		
2	5月10日	シウマイ弁当	81	820	66,420		
4	5月11日	ステーキ弁当	98	1,280	125,440		
8	5月13日	ステーキ弁当	59	1,280	75,520		
10	5月14日	ステーキ弁当	95	1,280	121,600		
13	5月16日	ステーキ弁当	98	1,280	125,440		

2 目的の位置に貼り付けます。

	A	B	C	D	E	F	G
1	日付	商品名	数量	価格	合計		
2	5月10日	シウマイ弁当	81	820	66,420		
3	5月11日	ステーキ弁当	98	1,280	125,440		
4	5月13日	ステーキ弁当	59	1,280	75,520		
5	5月14日	ステーキ弁当	95	1,280	121,600		
6	5月16日	ステーキ弁当	98	1,280	125,440		

重要度 ★★★　オートフィルター

Q 800 指定の値以上のデータを 取り出したい！

A ［数値フィルター］から条件を 指定します。

○○以上や以下、未満などの条件でデータを抽出した い場合は、オートフィルターの［数値フィルター］から 条件を指定します。「○○以上」という場合は、［指定の 値以上］を選択します。

1 「合計」のここをクリックして、

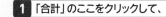

2 ［数値フィルター］に マウスポインターを 合わせ、

3 ［指定の値以上］を クリックします。

4 抽出条件を指定して （ここでは「100000」）、

カスタム オートフィルター

抽出条件の指定：
合計

以上　　100000

● AND(A)　○ OR(O)

? を使って、任意の 1 文字を表すことができます。
* を使って、任意の文字列を表すことができます。

OK　　キャンセル

5 ［OK］をクリックすると、

6 該当するデータが表示されます。

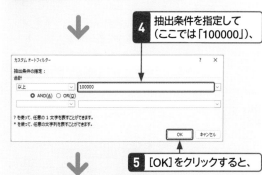

	A	B	C	D	E	F
1	日付	商品名	数量	価格	合計	
4	5月11日	ステーキ弁当	98	1,280	125,440	
10	5月14日	ステーキ弁当	95	1,280	121,600	
13	5月16日	ステーキ弁当	98	1,280	125,440	
17						

基本と入力 11
編集 12
書式設定 13
計算 14
関数 15
グラフ 16
データベース 17
印刷 18
ファイル 19
連携・共同編集 20

重要度 ★★★　オートフィルター

Q 801 「8/1日以上」の条件で データが取り出せない!

A 年数も含めて指定します。

Excelでは、年数を省略して「8/1」などと入力すると、「今年の8/1」とみなされます。そのため、データの「8/1」が「2022/8/1（前年の8/1）」だった場合、そのデータは抽出されません。データを正しく取り出すには、[カスタムオートフィルター]ダイアログボックスで日付を指定する際、「2022/8/1」のように年数まで指定する必要があります。

「2022/8/1」のように年数まで入力すると、正しく抽出できます。

重要度 ★★★　オートフィルター

Q 802 抽出を解除したい!

A フィルターをクリアします。

オートフィルターでデータを抽出すると、フィルターボタンの表示が ▼ に変わります。このボタンをクリックして、フィルターを解除します。また、[データ]タブの[フィルター]をクリックすると、抽出と同時にフィルターも解除できます。

1 抽出したフィールドのここをクリックして、

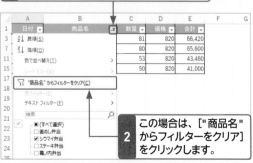

2 この場合は、["商品名"からフィルターをクリア]をクリックします。

重要度 ★★★　オートフィルター

Q 803 見出し行にオートフィルター が設定できない!

A 見出し行を含めずに表の範囲を 選択している可能性があります。

表にオートフィルターを作成する際に、見出し行を含めずに表の範囲を選択したり、見出し行以外の行を選択した状態で作成すると、表の見出し行にオートフィルターが設定できません。
この場合は、[データ]タブの[フィルター]をクリックしてオートフィルターの設定を解除し、設定し直します。

見出し行を含めないで表を選択した場合や、

	A	B	C	D	E	F
1	日付	商品名	数量	価格	合計	
2	5月10日	幕ノ内弁当	49	980	48,020	
3	5月10日	シウマイ弁当	81	820	66,420	
4	5月11日	ステーキ弁当	98	1,280	125,440	
5	5月12日	幕ノ内弁当	62	980	60,760	
6	5月12日	釜めし弁当	24	1,180	28,320	
7	5月12日	シウマイ弁当	80	820	65,600	
8	5月13日	ステーキ弁当	59	1,280	75,520	
9	5月13日	幕ノ内弁当	54	980	52,920	
10	5月14日	ステーキ弁当	95	1,280	121,600	
11	5月15日	シウマイ弁当	53	820	43,460	

行見出し以外の行が選択された状態で オートフィルターを作成すると、

	A	B	C	D	E	F
1	日付	商品名	数量	価格	合計	
2	5月10日	幕ノ内弁当	49	980	48,020	
3	5月10日	シウマイ弁当	81	820	66,420	
4	5月11日	ステーキ弁当	98	1,280	125,440	
5	5月12日	幕ノ内弁当	62	980	60,760	
6	5月12日	釜めし弁当	24	1,180	28,320	
7	5月12日	シウマイ弁当	80	820	65,600	
8	5月13日	ステーキ弁当	59	1,280	75,520	
9	5月13日	幕ノ内弁当	54	980	52,920	
10	5月14日	ステーキ弁当	95	1,280	121,600	
11	5月15日	シウマイ弁当	53	820	43,460	

見出し行にオートフィルターが設定されません。

	A	B	C	D	E	F
1	日付	商品名			合計	
2	5月10日	幕ノ内弁当		9	48,0	
3	5月10日	シウマイ弁当	81	820	66,420	
4	5月11日	ステーキ弁当	98	1,280	125,440	
5	5月12日	幕ノ内弁当	62	980	60,760	
6	5月12日	釜めし弁当	24	1,180	28,320	
7	5月12日	シウマイ弁当	80	820	65,600	
8	5月13日	ステーキ弁当	59	1,280	75,520	
9	5月13日	幕ノ内弁当	54	980	52,920	
10	5月14日	ステーキ弁当	95	1,280	121,600	
11	5月15日	シウマイ弁当	53	820	43,460	

Q 804

もっと複雑な条件で
データを抽出するには？

A 抽出条件を入力した表を
抽出対象の表とは別に作成します。

より複雑な条件でデータを抽出したい場合は、抽出条件を指定するための表を別途作成します。その際、先頭行にはリスト形式の表と同じ列見出しを入力し、その下に抽出条件を入力します。

抽出条件を2行にわけて入力すると、「1行目の条件または2行目の条件」を満たすデータが抽出されます。

1 先頭行に列見出し、その下に抽出条件を入力した別の表を作成します。

2 [データ] タブをクリックして、

3 [詳細設定] をクリックします。

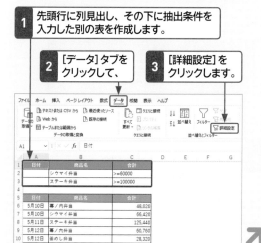

4 [選択範囲内] をクリックしてオンにし、

5 抽出対象表のセル範囲を指定します。

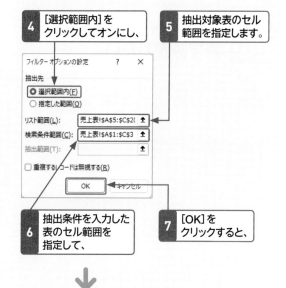

6 抽出条件を入力した表のセル範囲を指定して、

7 [OK] をクリックすると、

	A	B	C	D	E
1	日付	商品名	合計		
2		シウマイ弁当	>=60000		
3		ステーキ弁当	>=100000		
4					
5	日付	商品名	合計		
7	5月10日	シウマイ弁当	66,420		
8	5月11日	ステーキ弁当	125,440		
11	5月12日	シウマイ弁当	65,600		
14	5月14日	ステーキ弁当	121,600		
17	5月16日	ステーキ弁当	125,440		
21					

8 条件を満たすデータだけが表示されます。

Q 805

オートフィルターで
空白だけを表示したい！

A 抽出条件の表で条件のセルに
「=」のみを入力します。

オートフィルターでデータが入力されていないセルだけを表示するには、抽出条件を指定する表で、条件を設定するセルに「=」のみを入力してデータを抽出します。逆にデータが入力されているセルだけを表示したい場合は、「<>」を入力します。

参照▶Q 804

1 条件を指定するセルに「=」のみを入力して抽出すると、

2 空白セルを含むデータだけが表示されます。

Q 806 オートフィルターを複数の 表で設定したい！

通常は、オートフィルターを同じワークシート上にある複数の表で同時に利用することはできませんが、テーブルを作成すると、複数の表でオートフィルターを同時に利用できます。

参照▶Q 811

A テーブルを作成して オートフィルタを設定します。

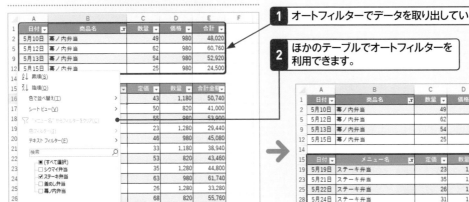

1 オートフィルターでデータを取り出している場合でも、

2 ほかのテーブルでオートフィルターを利用できます。

Q 807 データを重複なく 取り出したい！

A [フィルターオプションの設定] ダイアログボックスを利用します。

フィールドに入力されているデータを重複しないように取り出すには、以下の手順で [フィルターオプションの設定] ダイアログボックスを表示し、[重複するレコードは無視する]をオンにして抽出を実行します。

1 [データ]タブをクリックして、

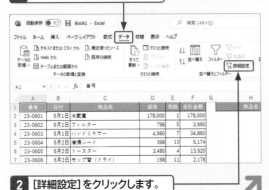

2 [詳細設定]をクリックします。

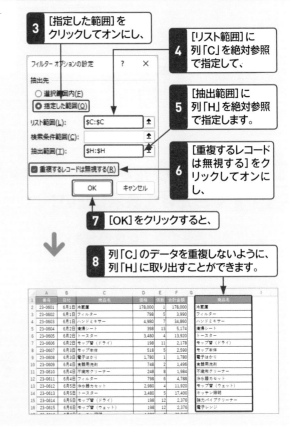

3 [指定した範囲]をクリックしてオンにし、

4 [リスト範囲]に列「C」を絶対参照で指定して、

5 [抽出範囲]に列「H」を絶対参照で指定します。

6 [重複するレコードは無視する]をクリックしてオンにし、

7 [OK]をクリックすると、

8 列「C」のデータを重複しないように、列「H」に取り出すことができます。

Q 808 重複するデータをチェックしたい！

A 条件付き書式の［重複する値］を利用します。

条件付き書式を利用すると、重複データをチェックすることができます。［セルの強調表示ルール］から［重複する値］をクリックして設定します。

| **1** | 重複データをチェックするセル範囲を選択します。 | **2** | ［ホーム］タブの［条件付き書式］をクリックして、 |

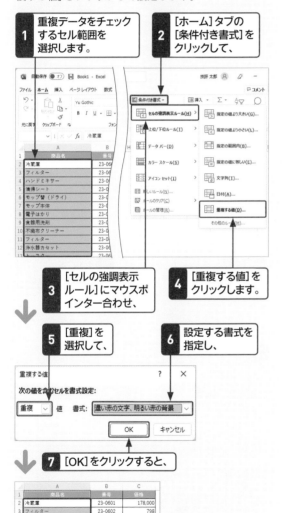

| **3** | ［セルの強調表示ルール］にマウスポインター合わせ、 | **4** | ［重複する値］をクリックします。 |

| **5** | ［重複］を選択して、 | **6** | 設定する書式を指定し、 |

| **7** | ［OK］をクリックすると、 |

| **8** | 重複しているデータに書式が設定されます。 |

Q 809 重複行を削除したい！

A ［データ］タブの［重複の削除］を利用します。

重複行を削除するには、［データ］タブの［重複の削除］を利用します。この方法で重複行を削除する場合、どのデータが重複しているかは明示されません。完全に同じデータだけが削除されるように、［重複の削除］ダイアログボックスでオンにする項目に注意しましょう。

| **1** | 表内のセルをクリックして、 | **2** | ［データ］タブをクリックし、 |

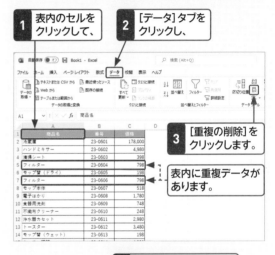

| **3** | ［重複の削除］をクリックします。 |

| 表内に重複データがあります。 |

| **4** | 重複を調べたい項目をクリックしてオンにし、 |

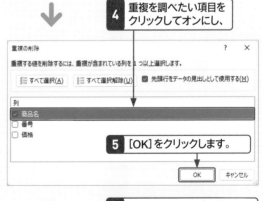

| **5** | ［OK］をクリックします。 |

| **6** | ［OK］をクリックすると、重複データが削除されます。 |

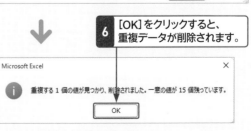

11 基本と入力
12 編集
13 書式設定・作成
14 計算
15 関数
16 グラフ
17 データベース
18 印刷
19 ファイル
20 連携・共同編集

重要度 ★ ★ ★　テーブル

Q 810 テーブルって何？

A データを効率的に管理するための機能です。

「テーブル」は、表をより効率的に管理するための機能です。表をテーブルに変換すると、データの追加や集計、抽出などがすばやく行えます。また、書式が設定済みのテーブルスタイルを利用すると、見栄えのする表をかんたんに作成することができます。

> テーブルを作成すると、オートフィルターを利用するためのボタンが表示され、表にスタイルが設定されます。

	A	B	C	D	E	F
1	日付	商品名	数量	価格	合計	
2	5月10日	幕ノ内弁当	49	980	48,020	
3	5月10日	シウマイ弁当	81	820	66,420	
4	5月11日	ステーキ弁当	98	1,280	125,440	
5	5月12日	幕ノ内弁当	62	980	60,760	
6	5月12日	釜めし弁当	24	1,180	28,320	
7	5月12日	シウマイ弁当	80	820	65,600	
8	5月13日	ステーキ弁当	59	1,280	75,520	
9	5月13日	幕ノ内弁当	54	980	52,920	
10	5月14日	ステーキ弁当	95	1,280	121,600	
11	5月14日	シウマイ弁当	53	820	43,460	
12	5月15日	幕ノ内弁当	25	980	24,500	
13	5月16日	ステーキ弁当	98	1,280	125,440	
14	5月17日	釜めし弁当	43	1,180	50,740	
15	5月18日	シウマイ弁当	50	820	41,000	

重要度 ★ ★ ★　テーブル

Q 811 テーブルを作成したい！

A [挿入]タブの[テーブル]を使用します。

リスト形式の表からテーブルを作成するには、表内のセルをクリックして、[挿入]タブの[テーブル]から設定します。また、[ホーム]タブの[テーブルとして書式設定]から作成することもできます。

参照▶Q 603

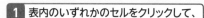
1 表内のいずれかのセルをクリックして、

2 [挿入]タブをクリックし、
3 [テーブル]をクリックします。

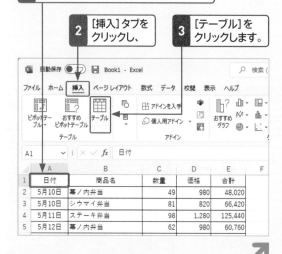

4 テーブルに変換するデータ範囲を確認して、

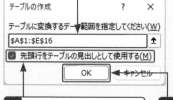
テーブルの作成
テーブルに変換するデータ範囲を指定してください(W)
$A$1:$E$16
☑ 先頭行をテーブルの見出しとして使用する(M)
OK　◀キャンセル

5 [先頭行をテーブルの見出しとして使用する]をクリックしてオンにし、
6 [OK]をクリックすると、

7 テーブルが作成されます。

	A	B	C	D	E	F
1	日付	商品名	数量	価格	合計	
2	5月10日	幕ノ内弁当	49	980	48,020	
3	5月10日	シウマイ弁当	81	820	66,420	
4	5月11日	ステーキ弁当	98	1,280	125,440	
5	5月12日	幕ノ内弁当	62	980	60,760	
6	5月12日	釜めし弁当	24	1,180	28,320	
7	5月12日	シウマイ弁当	80	820	65,600	
8	5月13日	ステーキ弁当	59	1,280	75,520	
9	5月13日	幕ノ内弁当	54	980	52,920	
10	5月14日	ステーキ弁当	95	1,280	121,600	
11	5月15日	シウマイ弁当	53	820	43,460	
12	5月15日	幕ノ内弁当	25	980	24,500	
13	5月16日	ステーキ弁当	98	1,280	125,440	
14	5月17日	釜めし弁当	43	1,180	50,740	

データ部分に2色の背景色が付き、列見出しにフィルターボタンが表示されます。

Q 812
テーブルに新しいデータを追加したい！

A1 テーブルの最終行の真下にデータを入力します。

作成したテーブルの下に新しいデータを追加するには、テーブルの最終行の真下の行に新しいデータを入力します。

1 テーブルの最終行の真下のセルにデータを入力し、 Tab を押して確定すると、

15	5月18日	シウマイ弁当	50	820	41,000
16	5月18日	幕ノ内弁当	55	980	53,900
17	2023/5/19				
18					

2 テーブルの最終行に、自動的に新しい行が追加されます。

15	5月18日	シウマイ弁当	50	820	41,000
16	5月18日	幕ノ内弁当	55	980	53,900
17	5月19日				0
18					

A2 テーブルの途中にデータを追加します。

テーブルの途中に新しいデータを追加する場合は、追加したい行を選択して、[ホーム]タブの[挿入]をクリックします。

1 データを追加したい行の行番号をクリックして、

2 [ホーム]タブの[挿入]をクリックすると、

	A	B	C	D	K	L	M
1	日付	商品名	数量	価格			
2	5月10日	幕ノ内弁当	49	980			
3	5月10日	シウマイ弁当	81	820			
4	5月11日	ステーキ弁当	98	1,280			

3 テーブルに行が挿入されます。

	A	B	C	D	E	F	G
1	日付	商品名	数量	価格	合計		
2	5月10日	幕ノ内弁当	49	980	48,020		
3					0		
4	5月10日	シウマイ弁当	81	820	66,420		

Q 813
テーブルに集計行を表示したい！

A [テーブルデザイン]タブの[集計行]をオンにします。

テーブルに集計行を表示するには、[テーブルデザイン]タブの[集計行]をクリックします。表示された集計行のセルをクリックすると ▼ ボタンが表示され、クリックすると一覧から集計方法を選択できます。

1 テーブル内のセルをクリックして、

2 [テーブルデザイン]タブをクリックし、

3 [集計行]をクリックしてオンにすると、

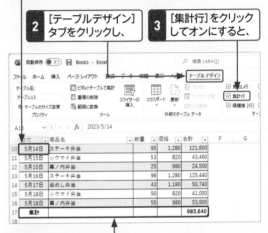

10	5月14日	ステーキ弁当	95	1,280	121,600	F	G
11	5月15日	シウマイ弁当	53	820	43,460		
12	5月15日	幕ノ内弁当	25	980	24,500		
13	5月16日	ステーキ弁当	98	1,280	125,440		
14	5月17日	締めし弁当	43	1,180	50,740		
15	5月18日	シウマイ弁当	50	820	41,000		
16	5月18日	幕ノ内弁当	55	980	53,900		
17	集計				983,640		
18							

4 集計行が作成されます。

5 集計したい列のセルをクリックして（ここでは「数量」）、

	日付	商品名	数量	価格	合計	F	G
10	5月14日	ステーキ弁当	95	1,280	121,600		
11	5月15日	シウマイ弁当	53	820	43,460		
12	5月15日	幕ノ内弁当	25	980	24,500		
13	5月16日	ステーキ弁当	98	1,280	125,440		
14	5月17日	締めし弁当	43	1,180	50,740		
15	5月18日	シウマイ弁当	50	820	41,000		
16	5月18日	幕ノ内弁当	55	980	53,900		
17	集計				983,640		
18							

6 ここをクリックし、

7 [合計]をクリックすると、

8 数量の合計が表示されます。

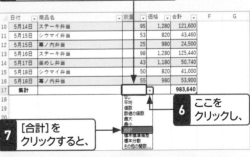

12	5月15日	幕ノ内弁当	25	980	24,500	F	G
13	5月16日	ステーキ弁当	98	1,280	125,440		
14	5月17日	締めし弁当	43	1,180	50,740		
15	5月18日	シウマイ弁当	50	820	41,000		
16	5月18日	幕ノ内弁当	55	980	53,900		
17	集計		926		983,640		

基本と入力 11
編集 12
書式設定 13
計算 14
関数 15
グラフ 16
データベース 17
印刷 18
ファイル 19
連携・共同編集 20

11 基本と入力
12 編集
13 書式設定
14 計算
15 関数
16 グラフ
17 データベース
18 印刷
19 ファイル
20 連携・共同編集

重要度 ★★★　テーブル

Q 814 テーブルにスタイルを設定したい!

A [テーブルデザイン]タブの[テーブルスタイル]で設定します。

表をテーブルに変換すると、[テーブルデザイン]タブが表示されます。[テーブルデザイン]タブの[テーブルスタイル]には、色や罫線などの書式があらかじめ設定されたスタイルがたくさん用意されており、かんたんに設定できます。

また、テーブルスタイルの一覧の最下行にある[クリア]をクリックすると、テーブルスタイルが解除されます。

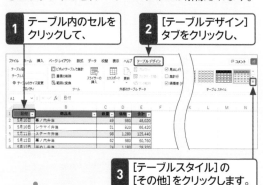

1 テーブル内のセルをクリックして、

2 [テーブルデザイン]タブをクリックし、

3 [テーブルスタイル]の[その他]をクリックします。

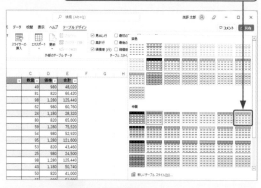

4 設定したいスタイルをクリックすると、

5 選択したスタイルがテーブルに適用されます。

重要度 ★★★　テーブル

Q 815 テーブルのデータをかんたんに絞り込みたい!

A スライサーを挿入してデータを絞り込みます。

テーブルにスライサーを挿入すると、項目をクリックするだけで、データをかんたんに絞り込むことができます。

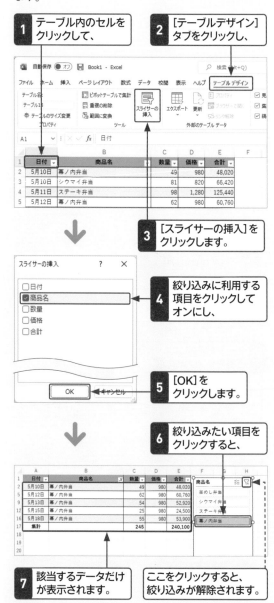

1 テーブル内のセルをクリックして、

2 [テーブルデザイン]タブをクリックし、

3 [スライサーの挿入]をクリックします。

4 絞り込みに利用する項目をクリックしてオンにし、

5 [OK]をクリックします。

6 絞り込みたい項目をクリックすると、

7 該当するデータだけが表示されます。

ここをクリックすると、絞り込みが解除されます。

重要度 ★★★ テーブル

Q 816 テーブルのデータを使って 数式を組み立てるには？

A テーブル名と列見出しを組み合わせた構造化参照を使います。

テーブルでは、データを参照する際に行番号や列番号ではなく、テーブル名と列見出し（列指定子）を組み合わせた構造化参照を利用することができます。構造化参照を使用すると、テーブルにデータを追加または削除した場合でも、参照範囲が自動的に調整されるので、数式を修正する必要はありません。

なお、テーブル名はテーブルを作成すると自動的に付けられますが、構造化参照を用いる場合はわかりやすいテーブル名に変更するとよいでしょう。

● 構造化参照を利用する

テーブル名を変更し、条件に一致するセルの値の合計を求めます。

1 テーブル内のセルをクリックして、[テーブルデザイン]タブをクリックし、

2 [テーブル名]に新しいテーブル名（ここでは「売上表」）を入力して、[Enter]を押します。

3 数式を入力するセルをクリックして、

4 [数式]タブをクリックし、 **5** [数学／三角]をクリックして、

6 [SUMIF]をクリックします。

7 [範囲]に商品名が入力されているセル範囲（ここでは[B2:B16]）を指定して、

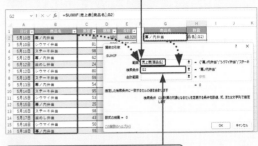

8 [検索条件]に条件を入力したセル（ここでは[G2]）を指定します。

9 [合計範囲]に計算の対象となるセル範囲（ここでは[C2:C16]）を指定して、

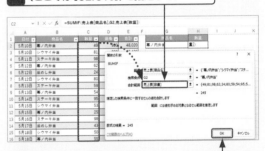

10 [OK]をクリックします。

11 条件に一致するセルの値の合計が求められます。

● 構造化参照を利用した数式の見かた

$$=SUMIF(売上表[商品名],G2,売上表[数量])$$

構造化参照を利用した数式では、範囲の指定が「売上表[商品名]」や「売上表[数量]」のように、テーブル名と「[ ]」で囲んだ列見出し（列指定子）が使用されます。

Q 817

テーブルでも通常のセル参照で数式を組み立てたい！

A　数式をセル内に直接入力します。

テーブル内のセルを数式などで参照する場合、セルをクリックしたりドラッグしたりすると、構造化参照の形式で数式が入力されます。テーブルのデータを参照した数式を通常のセル参照で指定したい場合は、セル範囲を直接入力します。

> テーブルのデータを参照して、条件に一致するセルの値の合計を求めます。

1 数式を入力するセルをクリックして、「=SUMIF(B2:B16,G2,C2:C16)」と入力し、

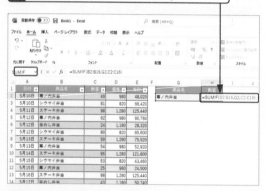

2 Enter を押すと、

3 条件に一致するセルの値の合計が求められます。

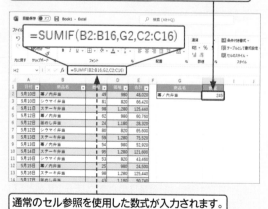

通常のセル参照を使用した数式が入力されます。

Q 818

テーブルにフィールドを追加したい！

A　[ホーム]タブの [挿入]を利用します。

テーブル内にフィールド（列）を追加するには、フィールドを追加する列の右側の列番号をクリックして、[ホーム]タブの [挿入]をクリックします。

1 列番号をクリックして、

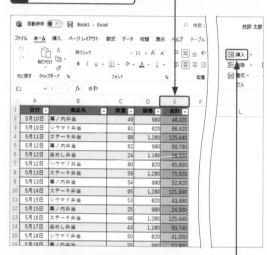

2 [ホーム]タブの [挿入]をクリックすると、

3 フィールド（列）が挿入されます。

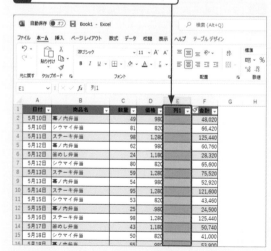

Q 819 テーブルを通常の表に戻したい！

A [テーブルデザイン]タブの [範囲に変換]を利用します。

テーブルを通常のリスト形式の表に戻すには、テーブル内のいずれかのセルをクリックした状態で、[テーブルデザイン]タブの[範囲に変換]をクリックします。ただし、セルの背景色は保持されます。

1 テーブル内のセルをクリックして、

2 [テーブルデザイン]タブをクリックします。

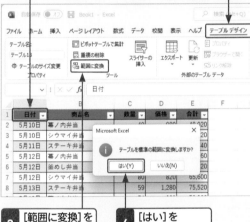

3 [範囲に変換]をクリックし、

4 [はい]をクリックすると、

5 テーブルが通常の表に戻ります。

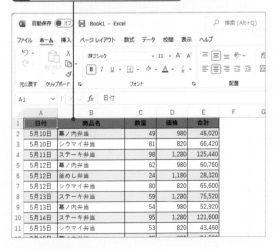

Q 820 ピボットテーブルって何？

A 特定のフィールドを取り出して 表を集計する機能のことです。

「ピボットテーブル」とは、リスト形式の表から特定のフィールド（項目）を取り出して、さまざまな種類の表を作成する機能のことです。ピボットテーブルを利用すると、表の構成を入れ替えたり、集計項目を絞り込むなどして、さまざまな視点からデータを分析できます。

1 リスト形式の表を利用すると、

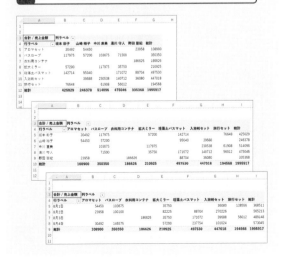

2 さまざまな種類の表を作成して、違った視点からデータを分析することができます。

データベース

Q821 ピボットテーブルを作成したい！

A [挿入]タブの[ピボットテーブル]を利用します。

ピボットテーブルを作成するには、はじめに、フィールドが何も設定されていない空のピボットテーブルを作成します。続いて、[ピボットテーブルのフィールドリスト]から必要なフィールドを追加していきます。
なお、作成時に自動的に付けられる「行ラベル」や「列ラベル」の文字は任意に変更することができます。

1 リスト形式の表内のセルをクリックして、

2 [挿入]タブをクリックし、

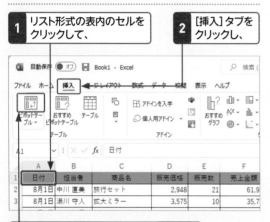

3 [ピボットテーブル]をクリックします。

4 ピボットテーブルを作成する範囲を確認して、

5 ピボットテーブルの作成場所をクリックしてオンにし、

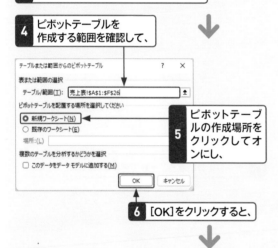

6 [OK]をクリックすると、

7 フィールドが何も設定されていない空のピボットテーブルが作成されます。

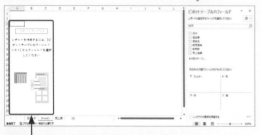

8 [ピボットテーブルのフィールドリスト]で「担当者」をクリックしてオンにすると、

9 「担当者」のフィールドが[行ラベル]に配置されます。

[行]にも同時にフィールドが追加されます。

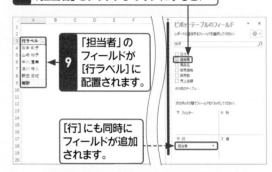

10 「商品名」と「売上金額」をクリックしてオンにします。

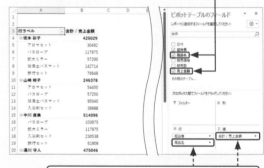

テキストデータのフィールドは[行]に、数値データのフィールドは[値]に追加されます。

11 「担当者」をドラッグして[列]に移動すると、

12 縦に「商品名」、横に「担当者」が配置されたピボットテーブルが作成できます。

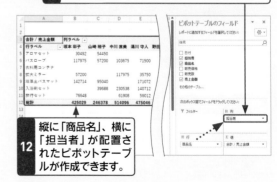

基本と入力 11
編集 12
書式設定 13
計算 14
関数 15
グラフ 16
データベース 17
印刷 18
ファイル 19
連携・共同編集 20

重要度 ★★★　ピボットテーブル

Q 822
ピボットテーブルを かんたんに作成するには？

A [挿入]タブの[おすすめピボット テーブル]を利用します。

[挿入]タブの[おすすめピボットテーブル]から目的 のピボットテーブルを作成することができます。

1 リスト形式の表内のセルを クリックして、

2 [挿入]タブを クリックし、

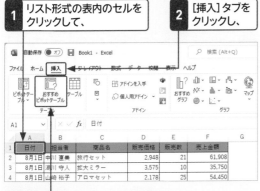

3 [おすすめピボットテーブル]を クリックします。

4 作成したいピボットテーブルをクリックして、

5 [OK]を クリックすると、

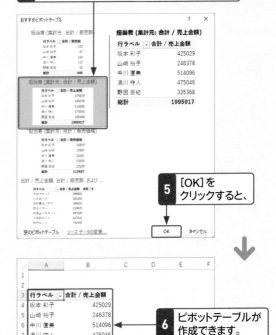

6 ピボットテーブルが 作成できます。

重要度 ★★★　ピボットテーブル

Q 823
フィールドリストが 表示されない！

A [ピボットテーブル分析]タブの [フィールドリスト]をクリックします。

ピボットテーブルをクリックして、[ピボットテーブル 分析]タブの[表示]（画面サイズが大きい場合は不要） から[フィールドリスト]をクリックすると、フィール ドリストが表示されます。

[表示]から[フィールドリスト]をクリックすると、 表示と非表示が切り替わります。

重要度 ★★★　ピボットテーブル

Q 824
ピボットテーブルの データを変更したい！

A もとの表のデータを変更して、 [更新]をクリックします。

ピボットテーブルでは直接データを変更できません。 データを変更するには、もとになったデータベース形 式の表のデータを変更し、[ピボットテーブル分析]タ ブの[更新]をクリックします。

もとになったデータベース形式の表を変更したあと、 [更新]をクリックします。

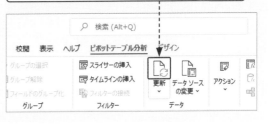

Q 825 ピボットテーブルの 行と列を入れ替えたい!

A [ピボットテーブルのフィールド リスト]のボックス間で移動します。

ピボットテーブルの行と列を入れ替えるなど、配置を変更する場合は、[ピボットテーブルのフィールドリスト]のボックス間で移動するフィールドをドラッグします。また、フィールドを削除する場合は、フィールドをフィールドリストの外へドラッグします。

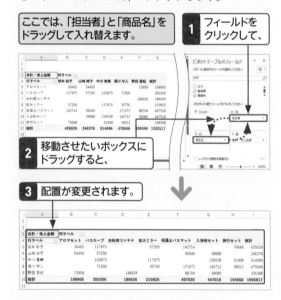

ここでは、「担当者」と「商品名」をドラッグして入れ替えます。

1 フィールドをクリックして、

2 移動させたいボックスにドラッグすると、

3 配置が変更されます。

Q 826 同じフィールドが 複数表示された!

A 全角と半角の違いなどに注意して、もとデータを修正します。

文字の全角と半角が混在していたり、日付が間違っていたりすると、別のデータと認識されるため、同じフィールドが複数表示される場合があります。
グループ化してまとめることもできますが、置換機能などを利用してデータを修正したほうが安全です。もとのデータを修正して、ピボットテーブルを更新しましょう。

Q 827 タイムラインって何?

A 日付フィールドのデータをすばやく絞り込むことができる機能です。

「タイムライン」とは、年や四半期、月、日ごとのデータをすばやく絞り込むことのできる機能です。タイムラインを利用するには、日付として書式設定されているフィールドが必要です。

1 ピボットテーブル内のセルをクリックして、

2 [ピボットテーブル分析]タブをクリックし、

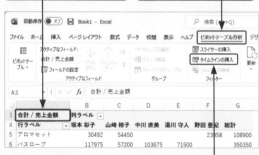

3 [タイムラインの挿入]をクリックします。

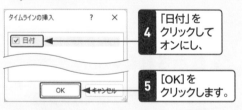

4 「日付」をクリックしてオンにし、

5 [OK]をクリックします。

6 タイムラインで絞り込みたい期間をクリック(あるいは)ドラッグすると、

ここをクリックすると、絞り込みが解除されます。

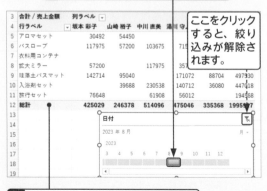

7 該当するデータだけが表示されます。

Q 828 特定のフィールドのデータだけを表示したい！

A フィルターボタンをクリックして設定します。

ピボットテーブルのフィールドの中から特定のフィールドのデータだけを表示するには、目的のフィールドの ▼ をクリックして一覧を表示し、表示したい項目だけをオンにします。ここでは、「商品名」を絞り込んでみます。

1 ここをクリックして、

2 表示したい項目だけをクリックしてオンにし、

3 [OK]をクリックすると、

4 選択した商品名のデータだけが表示されます。

Q 829 スライサーって何？

A データの絞り込みをかんたんに行える機能です。

「スライサー」とは、集計項目を絞り込める機能です。絞り込みに利用する項目を選択してスライサーを挿入すると、クリックするだけでかんたんに該当する項目だけを絞り込むことができます。

1 ピボットテーブル内のセルをクリックして、

2 [ピボットテーブル分析]タブをクリックし、

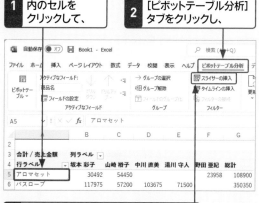

3 [スライサーの挿入]をクリックします。

4 絞り込みに利用する項目をクリックしてオンにし、

5 [OK]をクリックします。

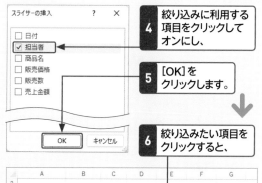

6 絞り込みたい項目をクリックすると、

7 該当する項目のデータだけが表示されます。

ここをクリックすると、絞り込みが解除されます。

基本と入力 11
編集 12
書式設定 13
計算 14
関数 15
グラフ 16
データベース 17
印刷 18
ファイル 19
連携・共同編集 20

11 基本と入力
12 編集
13 書式設定
14 計算
15 関数
16 グラフ
17 データベース
18 印刷
19 ファイル
20 連携・共同編集

重要度 ★★★　ピボットテーブル

Q 830 項目ごとにピボットテーブルを作成したい！

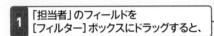

A レポートフィルターフィールドを利用して作成します。

担当者別や商品名別といったフィールド（項目）ごとにピボットテーブルを作成するには、まず、［フィルター］ボックスにアイテムを表示します。続いて、［レポートフィルターページの表示］ダイアログボックスを利用して、1つのピボットテーブルをフィールドごとの表に展開します。ここでは、「担当者」ごとにピボットテーブルを作成します。

1 「担当者」のフィールドを［フィルター］ボックスにドラッグすると、

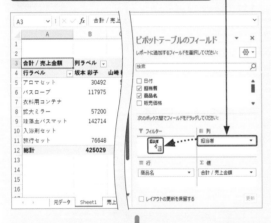

2 「担当者」フィールドがフィルターフィールドとして配置されます。

3 ［ピボットテーブル分析］タブをクリックして、

4 ［ピボットテーブル］をクリックし、

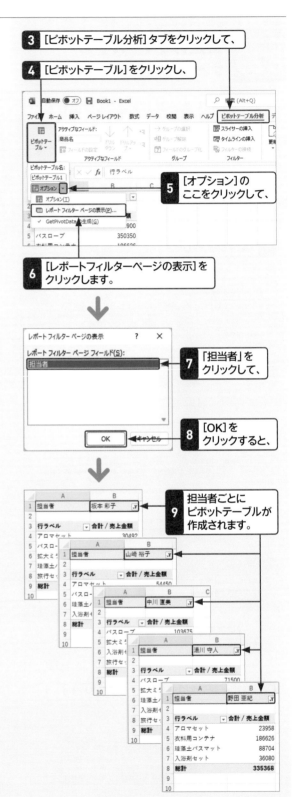

5 ［オプション］のここをクリックして、

6 ［レポートフィルターページの表示］をクリックします。

7 「担当者」をクリックして、

8 ［OK］をクリックすると、

9 担当者ごとにピボットテーブルが作成されます。

Q 831

ピボットテーブルを もとデータごとコピーしたい!

A コピーしたあとで、参照する セル範囲を指定し直します。

ピボットテーブルは、もとの表といっしょにほかの ブックにコピーできますが、ピボットテーブルはコ ピー後も前のブックのデータを参照しています。コ ピーした表のデータを参照させるようにするには、[ピ ボットテーブルの移動]ダイアログボックスで、参照す るセル範囲を指定し直す必要があります。

> ピボットテーブルともとの表を新規ブックに コピーしています。

1 ピボットテーブル 内のセルを クリックして、

2 [ピボットテーブル分析] タブをクリックし、

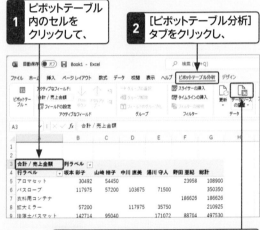

3 [データソースの変更]をクリックします。

4 コピーしたブックに切り替えて、

5 [テーブル/範囲]に 新しい参照範囲を 指定し、

6 [OK]を クリックします。

Q 832

集計された項目の内訳が 見たい!

A 集計結果が入力されているセルを ダブルクリックします。

ピボットテーブルの集計結果が入力されているセルを ダブルクリックすると、その内訳を一覧表示したワー クシートが新しいシート名で自動的に挿入されます。 このワークシートは完全に独立しているので、編集し たり削除したりしても、もとのピボットテーブルには 影響ありません。

1 この集計結果をダブルクリックすると、

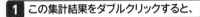

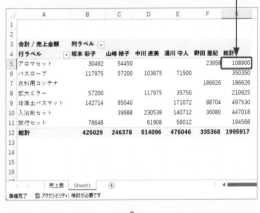

2 ダブルクリックしたセルのデータの詳細が 表示されます。

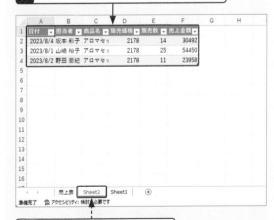

> 新規にシートが追加されています。

基本と入力 11
編集 12
書式設定 13
計算 14
関数 15
グラフ 16
データベース 17
印刷 18
ファイル 19
連携・共同編集 20

451

11 基本と入力
12 編集
13 書式設定
14 計算
15 関数
16 グラフ
17 データベース
18 印刷
19 ファイル
20 連携・共同編集

重要度 ★★★ ピボットテーブル

Q 833 日付のフィールドを 月ごとにまとめたい!

A₁ 日付のフィールドを [行]か[列]に配置します。

数か月分の日付が入力されているフィールドをグループ化する場合、日付が入力されているフィールドを[行]ボックスか[列]ボックスに配置すると、自動的に月ごとにグループ化されます。月以外の単位でグループ化する場合は、右の方法で設定します。

1 日付のフィールドを[行]ボックスにドラッグすると、

2 日付のフィールドが[行ラベル]に配置され、月ごとにグループ化されます。

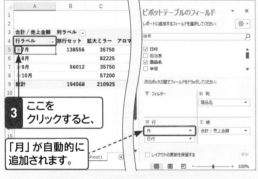

3 ここをクリックすると、

「月」が自動的に追加されます。

4 月のデータが展開されます。

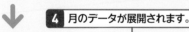

5 ここをクリックすると、月内のデータが折りたたまれます。

A₂ 日付のフィールドを グループ化します。

[ピボットテーブル分析]タブの[フィールドのグループ化]を利用してグループ化することもできます。この方法を使用すると、月以外の単位でグループ化することもできます。

1 グループ化するフィールドをクリックして、

2 [ピボットテーブル分析]タブをクリックし、

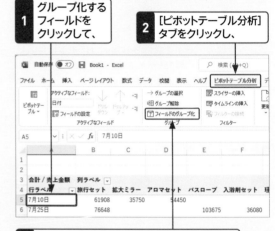

3 [フィールドのグループ化]をクリックします。

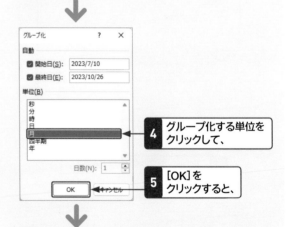

4 グループ化する単位をクリックして、

5 [OK]をクリックすると、

6 月ごとにグループ化されます。

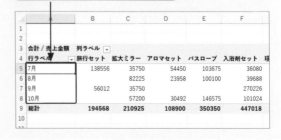

Q 834 ピボットテーブルの デザインを変更したい！

A [ピボットテーブルスタイル]を 利用します。

ピボットテーブルには、色や罫線などの書式があらか
じめ設定されたピボットテーブルスタイルがたくさん
用意されています。スタイルを設定するには、[デザイ
ン] タブの [ピボットテーブルスタイル] から選択しま
す。また、ピボットテーブルスタイルの一覧の最下行に
ある [クリア] をクリックすると、スタイルが解除され
ます。

1 ピボットテーブル内の セルをクリックして、

2 [デザイン] タブを クリックし、

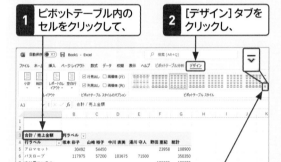

3 [その他]をクリックします。

4 設定したいスタイルをクリックすると、

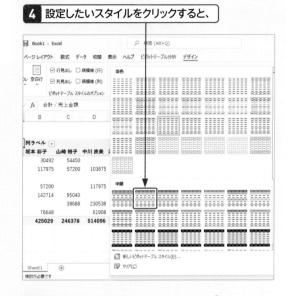

5 ピボットテーブルに スタイルが適用されます。

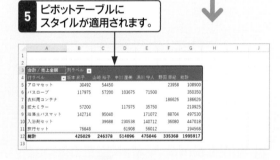

Q 835 ピボットテーブルを通常の 表に変換したい！

A ピボットテーブルをコピーして、 値だけを貼り付けます。

ピボットテーブルを通常の表に変換するには、コピー
と貼り付けを利用します。はじめに、ピボットテーブ
ル全体を選択して [ホーム] タブの [コピー] をクリッ
クします。続いて、コピー先のセルをクリックして [貼
り付け] の下の部分をクリックし、[値] をクリックしま
す。セルの幅やスタイルなどはコピーされませんので、
必要に応じて設定します。

1 ピボットテーブルをコピーして、 [貼り付け]のここをクリックし、

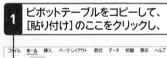

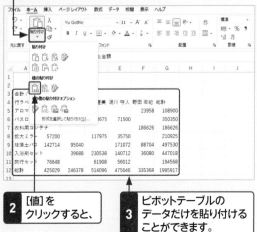

2 [値]を クリックすると、

3 ピボットテーブルの データだけを貼り付ける ことができます。

11 基本と入力
12 編集
13 書式設定
14 計算
15 関数
16 グラフ
17 データベース
18 印刷
19 ファイル
20 連携・共同編集

重要度 ★ ★ ★ 　自動集計

Q 836 データをグループ化して自動集計したい！

A [データ]タブの[小計]を利用します。

データをグループ化して集計するには、Excelに用意されている自動集計機能を利用します。あらかじめ集計するフィールドを基準に表を並べ替えておき、[データ]タブの[小計]を利用すると、リスト形式の表に集計や総計の行を自動挿入して、データを集計することができます。また、自動的にアウトラインが作成されます。「アウトライン」とは、データを集計した行や列と、もとになったデータをグループ化したものです。アウトラインが作成されると、行番号や列番号の外側に「アウトライン記号」が表示されます。

ここでは、担当者ごとに「数量」と「金額」を集計します。

1 集計の基準とするフィールドをクリックします。

2 [データ]タブをクリックして、

3 [昇順]をクリックし、

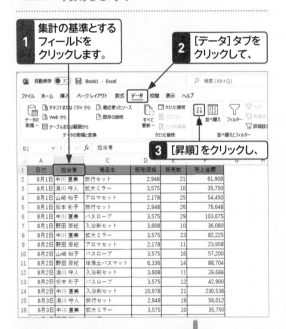

4 集計の基準とするフィールドをもとに表全体を並べ替えます。

5 [データ]タブをクリックして、

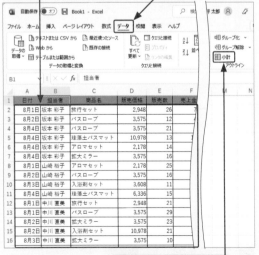

6 [小計]をクリックし、

7 グループ化の基準となる列見出しを選択して、

8 集計方法を選択します。

9 集計するフィールドをクリックしてオンにし、

10 [OK]をクリックすると、

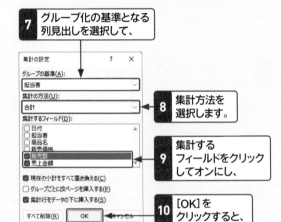

11 集計や総計行が自動的に追加され、合計が計算されます。

アウトラインが自動的に作成されます。

Q 837 自動集計の集計結果だけ表示したい！

A アウトライン記号をクリックして、詳細データを非表示にします。

小計や総計を自動集計すると、ワークシートの左側に「アウトライン記号」が表示されます。アウトライン記号を利用すると、詳細データを隠して集計行や総計行だけにするなどの表示／非表示をかんたんに切り替えることができます。

1 ここをクリックすると、

		A	B	C	D	E	F
	1	日付	担当者	商品名	販売価格	販売数	売上金額
2		8月1日	坂本 彩子	旅行セット	2,948	26	76,648
3		8月2日	坂本 彩子	バスローブ	3,575	12	42,900
4		8月4日	坂本 彩子	バスローブ	3,575	21	75,075
5		8月4日	坂本 彩子	珪藻土バスマット	10,978	13	142,714
6		8月4日	坂本 彩子	アロマセット	2,178	14	30,492
7		8月4日	坂本 彩子	拡大ミラー	3,575	16	57,200
8			坂本 彩子 集計			102	425,029
9		8月1日	山崎 裕子	アロマセット	2,178	25	54,450
10		8月2日	山崎 裕子	バスローブ	3,575	16	57,200
11		8月3日	山崎 裕子	入浴剤セット	3,608	11	39,688
12		8月4日	山崎 裕子	珪藻土バスマット	6,336	15	95,040
13			山崎 裕子 集計			67	246,378
14		8月1日	中川 直美	旅行セット	2,948	21	61,908

2 集計行だけが表示されます。

		A	B	C	D	E	F
	1	日付	担当者	商品名	販売価格	販売数	売上金額
8			坂本 彩子 集計			102	425,029
13			山崎 裕子 集計			67	246,378
19			中川 直美 集計			104	514,096
26			湯川 奈人 集計			115	475,046
31			野田 亜紀 集計			52	335,368
32			総計			440	1,995,917

3 ここをクリックすると、

4 クリックしたグループの詳細データが表示されます。

		A	B	C	D	E	F
	1	日付	担当者	商品名	販売価格	販売数	売上金額
2		8月1日	坂本 彩子	旅行セット	2,948	26	76,648
3		8月2日	坂本 彩子	バスローブ	3,575	12	42,900
4		8月4日	坂本 彩子	バスローブ	3,575	21	75,075
5		8月4日	坂本 彩子	珪藻土バスマット	10,978	13	142,714
6		8月4日	坂本 彩子	アロマセット	2,178	14	30,492
7		8月4日	坂本 彩子	拡大ミラー	3,575	16	57,200
8			坂本 彩子 集計			102	425,029
13			山崎 裕子 集計			67	246,378
19			中川 直美 集計			104	514,096
26			湯川 奈人 集計			115	475,046

5 ここをクリックすると、すべてのデータが表示されます。

Q 838 アウトライン記号を削除したい！

A アウトラインをクリアします。

アウトライン記号を削除するには、[データ]タブの[グループの解除]から[アウトラインのクリア]をクリックします。

1 [グループの解除]のここをクリックして、

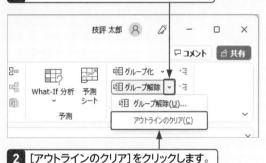

2 [アウトラインのクリア]をクリックします。

Q 839 自動集計を解除したい！

A [集計の設定]ダイアログボックスを利用します。

自動集計によって挿入された集計行や総計行を解除するには、[データ]タブの[小計]をクリックして、[集計の設定]ダイアログボックスを表示し、[すべて削除]をクリックします。

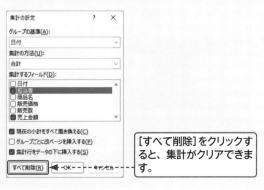

[すべて削除]をクリックすると、集計がクリアできます。

基本と入力 11
編集 12
書式設定 13
計算 14
関数 15
グラフ 16
データベース 17
印刷 18
ファイル 19
連携・共同編集 20

11 基本と入力
12 編集
13 書式設定
14 計算
15 関数
16 グラフ
17 データベース
18 印刷
19 ファイル
20 連携・共同編集

重要度 ★★★　自動集計

Q 840

折りたたんだ集計結果だけをコピーしたい！

A [可視セル]だけをコピーします。

アウトライン機能を利用すると、詳細データを非表示にして集計行だけを表示することができます。この集計行だけをコピーして別の場所に貼り付けたい場合、通常にコピー、貼り付けを実行すると、折りたたまれたデータもいっしょにコピーされてしまいます。

表示されている集計結果だけをコピーしたい場合は、下の手順で可視セルだけをコピーします。

参照▶ Q 837

1 アウトライン機能を利用して詳細データを非表示にし、集計行だけを表示します。

2 コピーする範囲を選択して、

3 [ホーム]タブの[検索と選択]をクリックし、

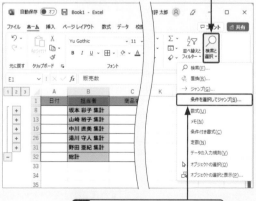

4 [条件を選択してジャンプ]をクリックします。

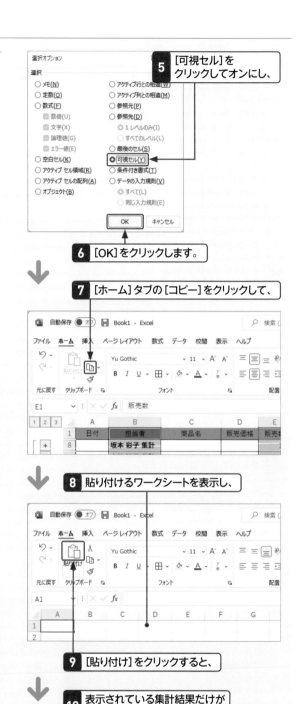

5 [可視セル]をクリックしてオンにし、

6 [OK]をクリックします。

7 [ホーム]タブの[コピー]をクリックして、

8 貼り付けるワークシートを表示し、

9 [貼り付け]をクリックすると、

10 表示されている集計結果だけがコピーされます。

印刷の
「こんなときどうする?」

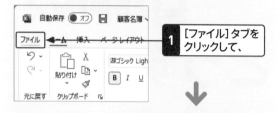

11 基本と入力
12 編集
13 書式設定
14 計算
15 関数
16 グラフ
17 データベース
18 印刷
19 ファイル
20 連携・共同編集

重要度 ★★★ ページの印刷

Q 841 印刷イメージを確認したい！

A [ファイル]タブをクリックして、[印刷]をクリックします。

実際に印刷する前に印刷結果のイメージを確認しておくと、意図したとおりの印刷ができます。印刷プレビューは、[印刷]画面で確認できます。

1 [ファイル]タブをクリックして、

2 [印刷]をクリックすると、

3 [印刷]画面が表示され、画面の右側に印刷プレビューが表示されます。

4 [次のページ]をクリックすると、

5 次のページが表示されます。

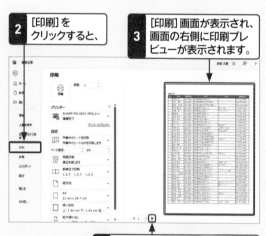

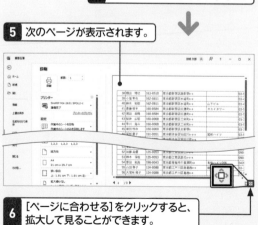

6 [ページに合わせる]をクリックすると、拡大して見ることができます。

重要度 ★★★ ページの印刷

Q 842 用紙の中央に表を印刷したい！

A [ページ設定]ダイアログボックスの[余白]で設定します。

用紙の中央に表を印刷するには、下の手順で[ページ設定]ダイアログボックスを表示して、[余白]で設定します。[ページ設定]ダイアログボックスは、[印刷]画面の最下段にある[ページ設定]をクリックしても表示されます。

1 [ページレイアウト]タブをクリックして、

2 ここをクリックします。

3 [余白]をクリックして、

4 [水平]と[垂直]をクリックしてオンにします。

5 [印刷]をクリックすると、

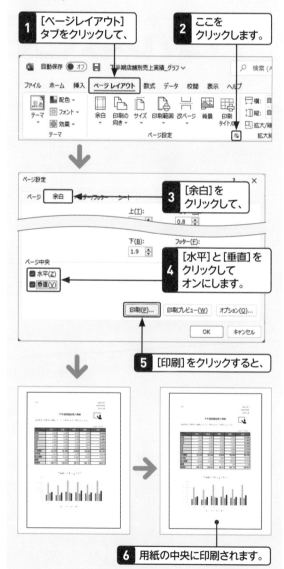

6 用紙の中央に印刷されます。

Q843 指定した範囲だけを印刷したい!

A1 印刷範囲を設定しておきます。

特定のセル範囲だけをいつも印刷する場合は、印刷するセル範囲を「印刷範囲」として設定しておきます。ワークシート内に複数の印刷範囲を設定した場合は、それぞれが異なる用紙に印刷されます。

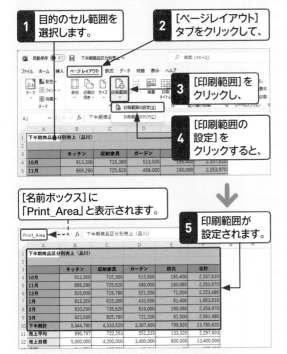

1 目的のセル範囲を選択します。

2 [ページレイアウト]タブをクリックして、

3 [印刷範囲]をクリックし、

4 [印刷範囲の設定]をクリックすると、

[名前ボックス]に「Print_Area」と表示されます。

 Print_Area

5 印刷範囲が設定されます。

A2 選択したセル範囲だけを印刷します。

特定のセルを一度だけ印刷する場合は、印刷するセル範囲を選択して[ファイル]タブから[印刷]をクリックし、下の手順で選択した部分を印刷します。

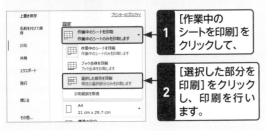

1 [作業中のシートを印刷]をクリックして、

2 [選択した部分を印刷]をクリックし、印刷を行います。

Q844 印刷範囲を変更したい!

A 再度、印刷範囲を設定します。

印刷範囲を変更するには、目的のセル範囲を選択し直し、再度[ページレイアウト]タブの[印刷範囲]をクリックして、[印刷範囲の設定]をクリックします。

Q845 指定した印刷範囲を解除したい!

A 印刷範囲をクリアします。

印刷範囲を解除するには、印刷範囲が設定されているワークシートを表示して、印刷範囲をクリアします。あらかじめセル範囲を指定する必要はありません。

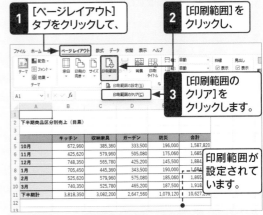

1 [ページレイアウト]タブをクリックして、

2 [印刷範囲]をクリックし、

3 [印刷範囲のクリア]をクリックします。

印刷範囲が設定されています。

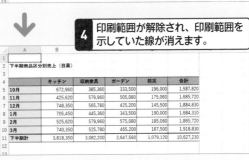

4 印刷範囲が解除され、印刷範囲を示していた線が消えます。

11 基本と入力
12 編集
13 書式設定
14 計算
15 関数
16 グラフ
17 データベース
18 印刷
19 ファイル
20 連携・共同編集

重要度 ★★★ ページの印刷

Q 846 白紙のページが印刷されてしまう！

A 白紙のページにスペースが入力されている可能性があります。

白紙のページが印刷される場合、何も入力されていないと思っても、ワークシートのどこかのセルにスペースが入力されていたり、文字がはみ出ていたりする可能性があります。このような場合は、印刷したいページに印刷範囲を設定して、印刷するとよいでしょう。

参照▶Q 843

重要度 ★★★ ページの印刷

Q 847 特定の列や行、セルを印刷しないようにしたい！

A 印刷しない列や行、セルを非表示にします。

特定の列や行を印刷しないようにするには、対象の列や行を非表示にして印刷を行います。
特定のセルを印刷したくない場合は、印刷したくないセル内の文字色を白に変更してから印刷します。また、セルに背景色を設定している場合は、文字を同じ色に変更してから印刷します。印刷が終了したら、設定をもとに戻します。

参照▶Q 521

> 非表示にした行や列は印刷されません。

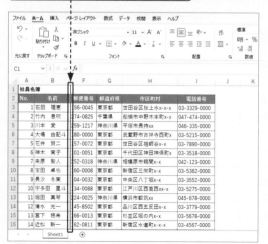

重要度 ★★★ ページの印刷

Q 848 大きい表を1ページに収めて印刷したい！

A1 [ファイル]タブの[印刷]から設定します。

1ページに収まらない大きな表を1ページに印刷するには、[ファイル]タブをクリックして、[印刷]をクリックし、下の手順で設定します。列や行だけがはみ出している場合は、[すべての列を1ページに印刷]または[すべての行を1ページに印刷]を選択しても1ページに収めることができます。

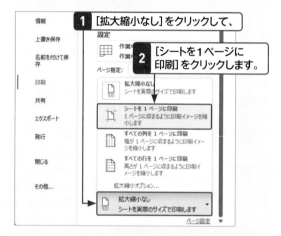

1 [拡大縮小なし]をクリックして、
2 [シートを1ページに印刷]をクリックします。

A2 [ページ設定]ダイアログボックスの[ページ]で設定します。

[ページ設定]ダイアログボックスの[ページ]を表示し、下の手順で操作します。

参照▶Q 842

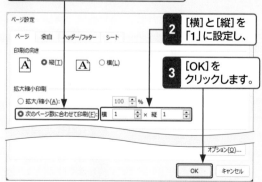

1 [次のページ数に合わせて印刷]をクリックしてオンにし、
2 [横]と[縦]を「1」に設定し、
3 [OK]をクリックします。

Q 849 小さい表を拡大して印刷したい！

A1 [ページレイアウト]タブで拡大率を指定します。

1ページ分の大きさに満たない小さな表を拡大して印刷するには、[ページレイアウト]タブの[拡大／縮小]に拡大率を指定して印刷します。

1 [ページレイアウト]タブをクリックして、

2 [拡大／縮小]で拡大率を指定します。

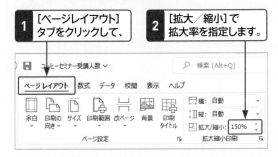

A2 [ページ設定]ダイアログボックスで拡大率を指定します。

[ページ設定]ダイアログボックスの[ページ]を表示して、[拡大／縮小]で拡大率を指定して印刷します。

参照▶Q 842

1 [拡大/縮小]をクリックしてオンにし、

2 拡大率を指定して、

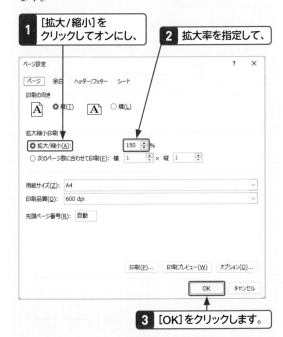

3 [OK]をクリックします。

Q 850 余白を減らして印刷したい！

A1 [ページレイアウト]タブの[余白]で設定します。

余白を狭くするには、[ページレイアウト]タブの[余白]をクリックして、表示される一覧から[狭い]をクリックします。

1 [ページレイアウト]タブをクリックして、

2 [余白]をクリックし、

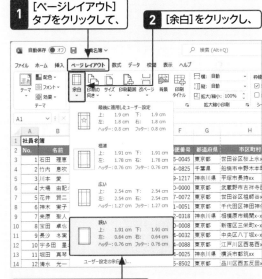

3 [狭い]をクリックします。

A2 [ページ設定]ダイアログボックスの[余白]で設定します。

[ページ設定]ダイアログボックスの[余白]を表示して、[上][下][左][右]の数値を小さくします。

参照▶Q 842

余白の数値を指定します。

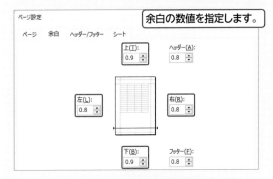

重要度 ★ ★ ★　大きな表の印刷

Q 851 改ページ位置を変更したい！

A 改ページプレビューを表示して、改ページ位置を変更します。

1ページに収まらない大きな表を印刷した場合、初期設定では、収まり切らなくなった位置で自動的に改ページされます。改ページ位置を変更するには、改ページプレビューを利用します。

なお、画面の表示が小さくて破線が見づらい場合は、表示倍率を変更します。　参照▶Q 553

標準ビューに戻すときは、[標準]をクリックします。

1 [表示]タブをクリックして、

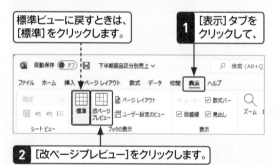

2 [改ページプレビュー]をクリックします。

3 改ページ位置を示す破線にマウスポインターを合わせて、

4 ドラッグすると、改ページ位置が変更できます。

重要度 ★ ★ ★　大きな表の印刷

Q 852 指定した位置で改ページして印刷したい！

A [ページレイアウト]タブで改ページを挿入します。

任意の位置で改ページしたい場合は、改ページしたい位置の直下の行を選択して改ページを挿入します。

1 改ページしたい位置の直下の行番号をクリックして、

2 [ページレイアウト]タブをクリックします。

3 [改ページ]をクリックして、

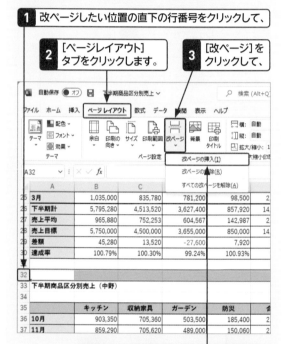

4 [改ページの挿入]をクリックすると、

5 改ページ位置が設定されます。

改ページ位置にはグレーの線が表示されます。

Q 853
改ページ位置を解除したい！

A [改ページ]から改ページを解除します。

設定した改ページ位置を解除するには、改ページが設定されている線の直下のセルや行を選択して、下の手順で解除します。なお、位置を指定せずに[すべての改ページを解除]をクリックすると、設定しているすべての改ページが解除されます。

1 改ページが設定されている線の直下の行番号をクリックして、

2 [ページレイアウト]タブをクリックします。

3 [改ページ]をクリックして、

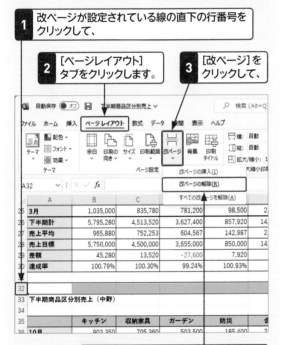

	A	B	C	D	E	
25	3月	1,035,000	835,780	781,200	98,500	2
26	下半期計	5,795,280	4,513,520	3,627,400	857,920	14
27	売上平均	965,880	752,253	604,567	142,987	2
28	売上目標	5,750,000	4,500,000	3,655,000	850,000	14
29	差額	45,280	13,520	-27,600	7,920	
30	達成率	100.79%	100.30%	99.24%	100.93%	
31						
32						
33	下半期商品区分別売上（中野）					
34						
35		キッチン	収納家具	ガーデン	防災	合
36	10月	903,350	705,360	503,500	185,400	2

4 [改ページの解除]をクリックすると、

5 改ページが解除されます。

	A	B	C	D	E	
25	3月	1,035,000	835,780	781,200	98,500	2
26	下半期計	5,795,280	4,513,520	3,627,400	857,920	14
27	売上平均	965,880	752,253	604,567	142,987	2
28	売上目標	5,750,000	4,500,000	3,655,000	850,000	14
29	差額	45,280	13,520	-27,600	7,920	
30	達成率	100.79%	100.30%	99.24%	100.93%	
31						
32						
33	下半期商品区分別売上（中野）					
34						
35		キッチン	収納家具	ガーデン	防災	合
36	10月	903,350	705,360	503,500	185,400	2

Q 854
印刷されないページがある！

A 印刷範囲が正しく設定されていない可能性があります。

印刷されないページがある場合は、設定した印刷範囲の外にデータを追加した可能性があります。この場合は、新しく追加したデータも印刷範囲として設定し直します。

参照▶Q 843

印刷範囲が設定されています。

1	下半期商品区分別売上（目黒）					
		キッチン	収納家具	ガーデン	防災	合計
5	10月	672,960	385,360	333,500	196,000	1,587,820
6	11月	425,620	579,960	505,080	175,060	1,685,720
7	12月	748,350	565,780	425,200	145,500	1,884,830
8	1月	705,450	445,360	343,500	190,000	1,684,310
9	2月	525,620	579,960	575,080	185,060	1,865,720
10	3月	740,350	525,780	465,200	187,500	1,918,830
11	下半期計	3,818,350	3,082,200	2,647,560	1,079,120	10,627,230
12	売上平均	636,392	513,700	441,260	179,853	1,771,205
13	売上目標	3,500,000	3,000,000	2,705,000	1,000,000	10,205,000
14	差額	318,350	82,200	-57,440	79,120	422,230
15	達成率	109.10%	102.74%	97.88%	107.91%	104.14%

印刷範囲外に追加したデータは、印刷されません。

Q 855
ページを指定して印刷したい！

A [印刷]画面で印刷したいページを指定します。

目的のページだけを印刷するには、[ファイル]タブから[印刷]をクリックして[印刷]画面を表示し、[ページ指定]に開始ページと終了ページを入力して印刷を行います。

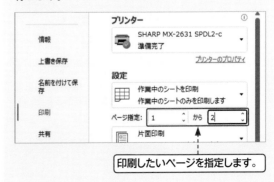

印刷したいページを指定します。

基本と入力 11

編集 12

書式設定 13

計算 14

関数 15

グラフ 16

データベース 17

18 印刷

ファイル 19

連携・共同編集 20

重要度 ★★★ 大きな表の印刷

Q 856 すべてのページに 見出し行を印刷したい！

A 印刷したい見出し行を タイトル行に設定します。

複数のページにまたがる表を印刷するとき、2ページ目以降にも表見出しや見出し行を表示すると、わかりやすくなります。すべてのページに表見出しや見出し行を付けて印刷するには、[ページレイアウト]タブの[印刷タイトル]をクリックして、[ページ設定]ダイアログボックスで設定します。

1 [ページ設定]ダイアログボックスの [シート]をクリックします。

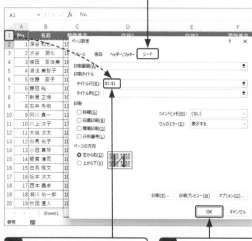

2 [タイトル行]に印刷したい 見出し行を指定して、

3 [OK]を クリックすると、

4 見出し行がすべてのページに印刷されます。

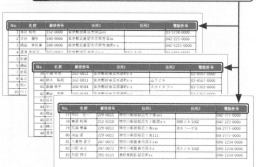

重要度 ★★★ 大きな表の印刷

Q 857 はみ出した列や行をページ 内に収めて印刷したい！

A [印刷]画面の [拡大縮小なし]から設定します。

印刷したときに行や列が少しだけページからはみ出してしまう場合は、列や行をページに収まるように縮小します。[ファイル]タブをクリックして[印刷]をクリックし、[印刷]画面で設定します。

1 [印刷]画面を表示して、

2 [拡大縮小なし]をクリックし、

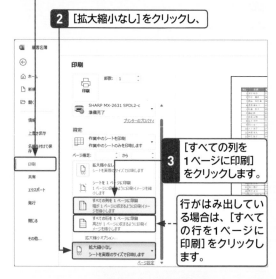

3 [すべての列を 1ページに印刷] をクリックします。

行がはみ出している場合は、[すべての行を1ページに印刷]をクリックします。

4 印刷を行うと、はみ出した列が ページ内に収まります。

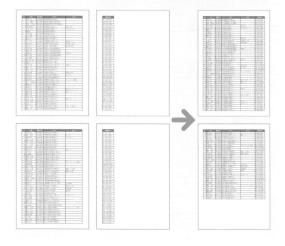

Q 858 すべてのページに 表のタイトルを印刷したい！

A ヘッダーやフッターに表のタイトルを入力します。

すべてのページに表のタイトルを印刷するには、ヘッダーやフッターを利用します。シートの上部余白に印刷される情報を「ヘッダー」、下部余白に印刷される情報を「フッター」といいます。

下の手順でページレイアウトビューを表示し、タイトルを印刷するエリアをクリックして、タイトルを入力します。フッターやヘッダーのエリアは、左側、中央部、右側の3つのブロックに分かれています。

1 [表示] タブをクリックして、

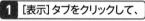

2 [ページレイアウト] をクリックします。

標準ビューに戻すときは、[標準] をクリックします。

3 タイトルを印刷するエリアをクリックして（ここでは左側）、タイトルを入力し、

4 ヘッダーエリア以外をクリックします。

すべてのページに表のタイトルが印刷されます。

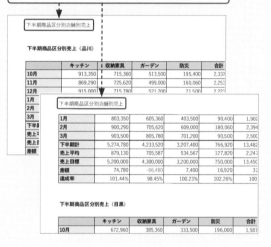

Q 859 ファイル名やワークシート名を印刷したい！

A ヘッダーやフッターにファイル名やワークシート名を設定します。

ファイル名やワークシート名を印刷するには、ヘッダーやフッターを利用します。ページレイアウトビューの [ヘッダーとフッター] タブにあるコマンドを利用すると、ファイル名やワークシート名だけでなく、現在の日付や時刻、画像などを挿入したり、任意の文字や数値を直接入力したりすることもできます。

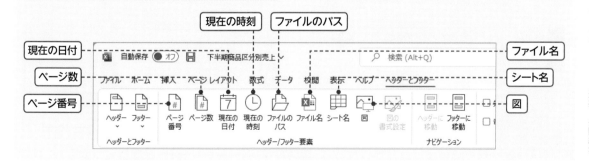

11 基本と入力
12 編集
13 書式設定
14 計算
15 関数
16 クラフ
17 データベース
18 印刷
19 ファイル
20 連携・共同編集

11 基本と入力
12 編集
13 書式設定
14 計算
15 関数
16 グラフ
17 データベース
18 印刷
19 ファイル
20 連携・共同編集

重要度 ★★★　ヘッダー／フッター

Q 860 「ページ番号／総ページ数」を印刷したい！

A [ページ番号]と[ページ数]を利用します。

ページ番号を「1／3」のように印刷するには、[表示]タブの[ページレイアウト]をクリックして、ページレイアウトビューを表示し、下の手順で操作します。

1 配置したいエリアをクリックして（ここでは、画面下部中央）、

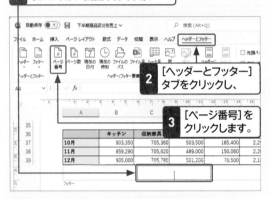

2 [ヘッダーとフッター]タブをクリックし、

3 [ページ番号]をクリックします。

4 表示された「&[ページ番号]」の後ろに「/」と入力して、

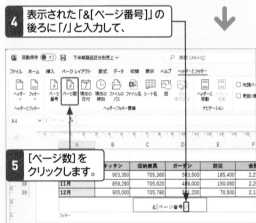

5 [ページ数]をクリックします。

6 ヘッダーエリア以外をクリックすると、「ページ番号／総ページ数」のフッターが表示されます。

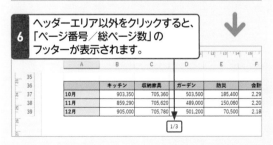

重要度 ★★★　ヘッダー／フッター

Q 861 ページ番号のフォントを指定したい！

A1 [ホーム]タブの[フォント]グループで指定します。

ヘッダーやフッターに入力した要素は、セル内の文字と同様、フォントやフォントサイズ、文字色などを設定できます。[ホーム]タブの[フォント]グループで設定します。

1 ページレイアウトビューを表示して、

2 フォントを設定するヘッダーやフッターをクリックします。

3 [ホーム]タブをクリックして、

4 [フォント]のここをクリックし、

5 使用するフォントをクリックします。

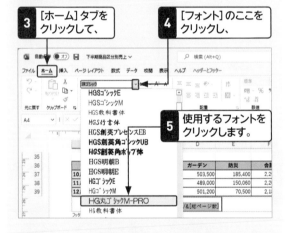

A2 ミニツールバーを利用します。

文字列をドラッグして選択すると表示されるミニツールバーで設定します。

1 フォントを設定するヘッダーやフッターをドラッグし、

2 ミニツールバーで設定します。

Q 862 先頭のページ番号を「1」以外にしたい！

A [ページ設定]ダイアログボックスでページ番号を指定します。

ページ番号を印刷するように設定している場合、通常は「1」からページ番号が振られます。先頭のページ番号を「1」以外にするには、[ページ設定]ダイアログボックスの[ページ]を表示して、番号を指定します。

参照▶Q 842, Q 859

フッターにページ番号を挿入しておきます。

1 [ページ設定]ダイアログボックスの[ページ]を表示します。

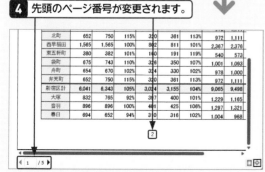

2 先頭のページ番号を「2」と入力して、

3 [OK]をクリックすると、

4 先頭のページ番号が変更されます。

北町	652	750	115%	320	361	113%	972	1,111
西早稲田	1,565	1,565	100%	802	811	101%	2,367	2,376
東五軒町	380	382	101%	160	191	119%	540	573
袋町	675	743	110%	326	350	107%	1,001	1,093
舟町	654	670	102%	324	330	102%	978	1,000
弁天町	652	750	115%	320	361	113%	972	1,111
新宿区計	6,041	6,343	105%	3,024	3,155	104%	9,065	9,498
大塚	832	765	92%	367	400	104%	1,229	1,165
音羽	896	896	100%	401	425	106%	1,297	1,321
春日	694	652	94%	310	316	102%	1,004	968

2

◀ 1 /5 ▶

Q 863 印刷範囲や改ページ位置を見ながら作業したい！

A1 改ページプレビューを利用します。

[表示]タブの[改ページプレビュー]をクリックして改ページプレビューを表示すると、現在の印刷範囲や改ページ位置を確認しながらデータの入力などが行えるほか、改ページ位置を変更することもできます。

改ページ位置を示す破線が表示されます。

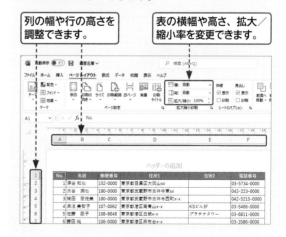

印刷されない範囲はグレーで表示されます。

A2 ページレイアウトビューを利用します。

[表示]タブの[ページレイアウト]をクリックしてページレイアウトビューを表示すると、列の幅や高さを個別に変更したり、表の横幅や高さ、拡大／縮小率を変更したりすることができます。

列の幅や行の高さを調整できます。

表の横幅や高さ、拡大／縮小率を変更できます。

基本と入力 11
編集 12
書式設定 13
計算 14
関数 15
グラフ 16
データベース 17
印刷 18
ファイル 19
連携・共同編集 20

基本と入力 11
編集 12
書式設定 13
計算 14
関数 15
グラフ 16
データベース 17
印刷 18
ファイル 19
連携・共同編集 20

重要度 ★★★ 印刷の応用

Q 864 印刷範囲や改ページ位置の破線などが表示されない!

A 改ページプレビューや印刷プレビューに切り替えます。

新しいブックやワークシートを作成した直後は、標準ビューに印刷範囲や改ページ位置を示す破線や直線が表示されません。この場合は、いったん改ページプレビューや印刷プレビューに切り替えてから、再び標準ビューにすると表示されます。

この操作を行っても表示されない場合は、[ファイル]タブをクリックして[その他]から[オプション]をクリックし、以下の手順で表示させます。

1 [詳細設定]をクリックして、

2 [改ページを表示する]をクリックしてオンにし、

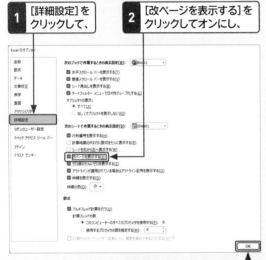

3 [OK]をクリックします。

4 印刷範囲を示す破線や線が表示されます。

重要度 ★★★ 印刷の応用

Q 865 白黒プリンターできれいに印刷したい!

A [ページ設定]ダイアログボックスで[白黒印刷]を設定します。

背景色や文字色を設定した表を白黒プリンターで印刷すると、色を設定した部分が網点になり、文字が読みにくくなります。この場合は、[ページ設定]ダイアログボックスの[シート]を表示して、[白黒印刷]をオンにすると、白黒印刷に適したデザインに変更され、白黒プリンターでも見やすい表が印刷できます。

参照▶Q 842

1 [ページ設定]ダイアログボックスの[シート]を表示します。

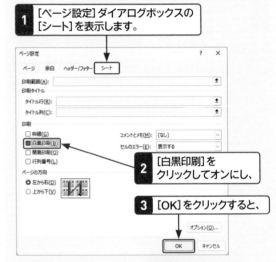

2 [白黒印刷]をクリックしてオンにし、

3 [OK]をクリックすると、

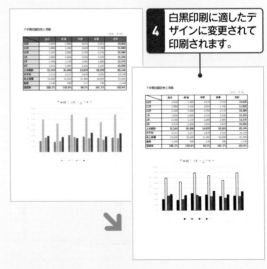

4 白黒印刷に適したデザインに変更されて印刷されます。

基本と入力 11
編集 12
書式設定 13
計算 14
関数 15
グラフ 16
データベース 17
印刷 18
ファイル 19
連携・共同編集 20

重要度 ★★★　印刷の応用

Q 866

印刷すると数値の部分が「###…」などになる！

A フォントを変更したり、セルの幅を変更したりしましょう。

セルの幅が、数値が表示されるぎりぎりの幅に設定されていると、画面上では正しく表示されていても、「###…」などと印刷される場合があります。このような場合は、フォントの種類やサイズを変更したり、セルの幅を広げたりして印刷を行います。また、印刷の前には必ず印刷結果のイメージを確認しましょう。

● Excelのワークシート

	A	B	C	D	E	F	G
1	四半期支店別商品売上						
2		1月	2月	3月	合計		
3	新宿	2,232,610	2,774,470	2,881,680	7,888,760		
4	品川	2,044,610	2,541,470	2,673,180	7,259,260		
5	目黒	1,781,310	1,885,800	2,060,030	5,727,140		
6	中野	1,992,610	2,480,470	2,602,180	7,075,260		
7	合計	8,051,140	9,682,210	10,217,070	27,950,420		
8							

画面上では表示されていても、

● 印刷結果

四半期支店別商品売上				
	1月	2月	3月	合計
新宿	2,232,610	2,774,470	2,881,680	7,888,760
品川	2,044,610	2,541,470	2,673,180	7,259,260
目黒	1,781,310	1,885,800	2,060,030	5,727,140
中野	1,992,610	2,480,470	2,602,180	7,075,260
合計	8,051,140	9,682,210	#######	#######

「###…」などと印刷される場合があります。

重要度 ★★★　印刷の応用

Q 867

印刷時だけ枠線を付けて印刷したい！

A ［ページレイアウト］タブの［枠線］で設定します。

ワークシート上で罫線を設定していなくても、［ページレイアウト］タブの［枠線］の［印刷］をオンにして印刷すると、印刷時に枠線を印刷できます。
この場合、表の左側や上側に空列や空行があると、その部分のセルにも枠が付いて印刷されてしまいます。これを避けたい場合は、印刷したい部分だけを印刷範囲として設定しておくとよいでしょう。　参照▶Q 843

1 ［ページレイアウト］タブをクリックして、

2 ［枠線］の［印刷］をクリックしてオンにし、印刷を行います。

● 印刷範囲が設定されていない場合

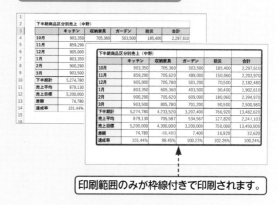

空列や空行の部分も含めて、枠線付きで印刷されます。

● 印刷範囲が設定されている場合

印刷範囲のみが枠線付きで印刷されます。

11 基本と入力
12 編集
13 書式設定
14 計算
15 関数
16 グラフ
17 データベース
18 印刷
19 ファイル
20 連携・共同編集

重要度 ★★★ 印刷の応用

Q 868 複数のワークシートをまとめて印刷したい！

A 印刷したいワークシートをグループ化します。

複数のワークシートをまとめて印刷するには、印刷したいワークシートのシート見出しを、Ctrl を押しながらクリックして選択し（グループ化し）、印刷を行います。

1 印刷したいワークシートの見出しをCtrl を押しながらクリックして選択します。

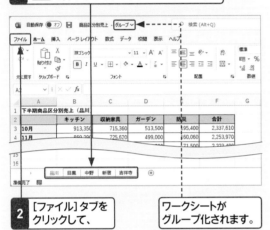

2 [ファイル] タブをクリックして、

ワークシートがグループ化されます。

3 [印刷] をクリックし、

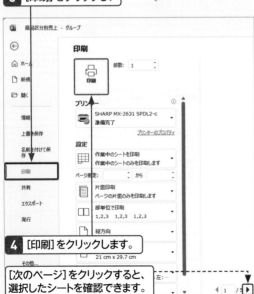

4 [印刷] をクリックします。

[次のページ] をクリックすると、選択したシートを確認できます。

重要度 ★★★ 印刷の応用

Q 869 印刷プレビューにグラフしか表示されない！

A グラフを選択した状態で表示している可能性があります。

印刷プレビューにグラフしか表示されない場合は、グラフを選択した状態で、印刷プレビューを表示している可能性があります。編集画面に戻り、ワークシートをクリックしてから、再び印刷プレビューを表示します。

グラフを選択した状態で印刷プレビューを表示すると、グラフだけが表示されます。

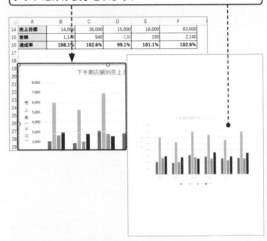

ワークシートの任意のセルをクリックして印刷プレビューを表示すると、ワークシート全体が表示されます。

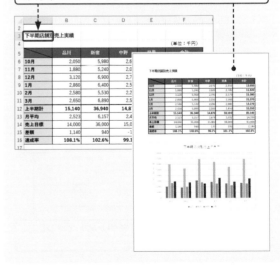

Q 870 セルのエラー値を印刷したくない！

A [ページ設定] ダイアログボックスで印刷しないように設定します。

セルに表示されたエラー値は、通常では印刷されてしまいます。エラー値を印刷したくない場合は、[ページ設定] ダイアログボックスの [シート] を表示して、セルのエラーを印刷しないように設定します。

参照▶Q 842

1 ここをクリックして、

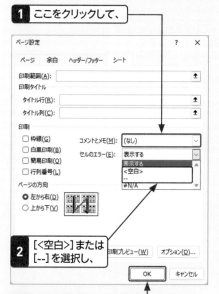

2 [<空白>] または [--] を選択し、

3 [OK]をクリックして印刷を行います。

● [<空白>] を選択した場合

売上明細

商品番号	商品名	価格	数量	売上金額
T0011	ティーポット	2,585	12	31,020
T0013	ストレーナー	715	保留	
T0016	電気ケトル	8,338	24	200,112
T0019	ティーマグ	1,243	24	29,832

● [--] を選択した場合

売上明細

商品番号	商品名	価格	数量	売上金額
T0011	ティーポット	2,585	12	31,020
T0013	ストレーナー	715	保留	--
T0016	電気ケトル	8,338	24	200,112
T0019	ティーマグ	1,243	24	29,832

Q 871 1つのワークシートに複数の印刷設定を保存したい！

A [ユーザー設定のビュー] ダイアログボックスを利用します。

1つのシートに複数の印刷設定を保存するには、[表示] タブの [ユーザー設定のビュー] をクリックして、[ユーザー設定のビュー] ダイアログボックスを表示し、下の手順で設定します。

1 [ユーザー設定のビュー] ダイアログボックスを表示して、　**2** [追加]をクリックし、

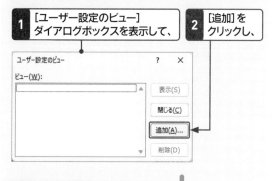

3 登録する名前を入力して、

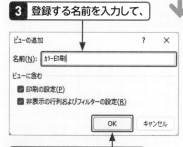

4 [OK]をクリックします。

5 別の印刷の設定を行い、同様の手順で、名前を付けて登録します。

6 [ユーザー設定のビュー]ダイアログボックスを表示して、利用したい設定をクリックし、

7 [表示]をクリックすると、印刷設定が切り替わります。

11 基本と入力
12 編集
13 書式設定
14 計算
15 関数
16 グラフ
17 データベース
18 印刷
19 ファイル
20 連携・共同編集

重要度 ★★★　印刷の応用

Q 872 行や列見出しの印刷設定ができない！

A [印刷]画面からは設定できません。

[印刷]画面の[ページ設定]をクリックすると表示される[ページ設定]ダイアログボックスの[シート]からは、印刷範囲や印刷タイトルを設定できません。これらの設定を行うには、[ページレイアウト]タブの[ページ設定]グループの [↘] をクリックして、[ページ設定]ダイアログボックスを表示します。

1 [印刷]画面で[ページ設定]をクリックすると、

2 これらの設定を行うことはできません。

重要度 ★★★　印刷の応用

Q 873 ブック全体を印刷したい！

A [印刷]画面の[ブック全体を印刷]を利用します。

ブックにあるすべてのワークシートを印刷するには、[印刷]画面を表示して、[作業中のシートを印刷]をクリックし、[ブック全体を印刷]をクリックして印刷します。また、ワークシートをグループ化してから印刷しても、ブック全体を印刷できます。

参照▶Q 868

1 [ファイル]タブをクリックして、[印刷]をクリックします。

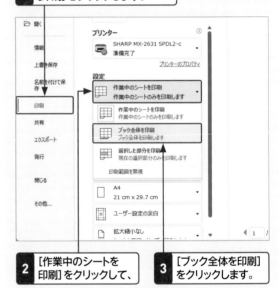

2 [作業中のシートを印刷]をクリックして、

3 [ブック全体を印刷]をクリックします。

重要度 ★★★　印刷の応用

Q 874 印刷の設定を保存したい！

A 印刷の設定を行ったブックをテンプレートとして保存します。

よく使う印刷の設定を保存しておくには、印刷の設定を行ったブックをテンプレートとして保存します。以降は作成したテンプレートを利用してブックを作成すると、印刷の設定を利用できます。

ファイルの
「こんなときどうする?」

11 基本と入力
12 編集
13 書式設定
14 計算
15 関数
16 グラフ
17 データベース
18 印刷
19 ファイル
20 連携・共同編集

重要度 ★★★　ファイルを開く

Q 875 保存されているブックを開きたい!

A [ファイルを開く]ダイアログボックスでブックを指定します。

パソコンに保存したブックを開くには、[ファイル]タブをクリックして、[開く]をクリックし、[参照]をクリックします。[ファイルを開く]ダイアログボックスが表示されるので、ブックを保存した場所を指定して、開きたいブックをクリックし、[開く]をクリックします。

1 [ファイル]タブをクリックして、[開く]をクリックし、

2 [参照]をクリックします。

3 ファイルの保存先を指定して、

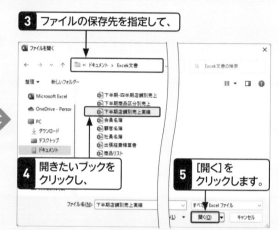

4 開きたいブックをクリックし、

5 [開く]をクリックします。

重要度 ★★★　ファイルを開く

Q 876 OneDriveに保存したブックを開きたい!

A [ファイル]タブの[開く]からOneDriveを開きます。

OneDriveは、マイクロソフトが無償で提供しているオンラインストレージサービス（データの保管場所）です。OfficeにMicrosoftアカウントでサインインしていると、OneDriveを通常のフォルダーと同様に利用することができます。　　　　参照▶Q 909, Q 926

1 [ファイル]タブをクリックして[開く]をクリックします。

2 [OneDrive-個人用]をクリックして、

3 [OneDrive-個人用]をクリックします。

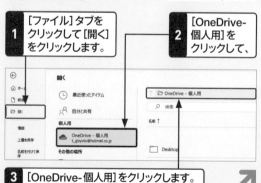

4 OneDrive内のフォルダーが表示されるので、保存先のフォルダーをダブルクリックして、

5 開きたいブックをクリックし、

6 [開く]をクリックします。

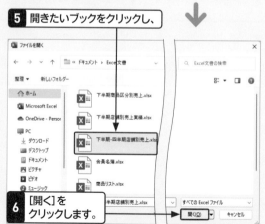

Q 877 ファイルを開こうとしたら パスワードを要求された！

A 開くためのパスワードを 入力します。

ファイルを開こうとしたとき、パスワードの入力を促すメッセージが表示される場合があります。これは、ファイルの作成者がパスワードを設定しているためです。ファイルを開くには、ファイルの作成者にパスワードを問い合わせます。

パスワードには、ファイルを開くためのパスワードと、上書き保存を許可するためのパスワードの2つがあります。上書き保存のパスワードが設定されたファイルは、パスワードを知らなくても、読み取り専用として開くことができます。

参照▶Q 902

● ファイルを開くためのパスワード

ファイルを開くには、ここにパスードを入力します。

● ファイルを上書き保存するためのパスワード

1 [読み取り専用]をクリックすると、

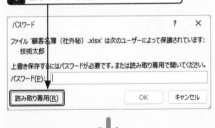

2 読み取り専用としてファイルが開かれます。

Q 878 パスワードを入力したら 間違えていると表示された！

A 大文字と小文字の違いなど パスワードの入力ミスが原因です。

パスワードは大文字と小文字が区別されるので、大文字と小文字の違いに注意して、再度パスワードを入力します。また、ひらがな入力モードにしている場合、そのままでは入力できません。半角英数字入力モードに変更してからパスワードを入力します。

それでもパスワードが間違っていると表示される場合は、ファイルの作成者に再度確認しましょう。

正しいパスワードを入力しないと、
警告のメッセージが表示されます。

Q 879 起動時に指定した ファイルを開きたい！

A [Excelのオプション] ダイアログボックスで指定します。

Excelの起動時に指定したファイルを開きたい場合は、[ファイル]タブの[その他]から[オプション]をクリックし、[Excelのオプション]ダイアログボックスを表示します。[詳細設定]をクリックして、[起動時にすべてのファイルを開くフォルダー]に、ブックを保存したフォルダーを指定します。

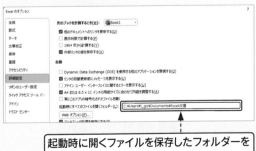

起動時に開くファイルを保存したフォルダーを
指定します。

11 基本と入力
12 編集
13 書式設定
14 計算
15 関数
16 グラフ
17 データベース
18 印刷
19 ファイル
20 連携・共同編集

重要度 ★★★　ファイルを開く

Q 880 ファイルを保存した日時を確認したい！

A ファイルの表示方法を[詳細]にします。

複数の場所に保存してしまった同一のファイルなど、どれが最新のファイルかわからなくなった場合は、ファイルの更新日時を確認するとよいでしょう。エクスプローラーを表示して、ファイルの保存先を指定し、[表示]をクリックして、[詳細]をクリックすると、ファイルの更新日時が表示されます。この方法は、[ファイルを開く]ダイアログボックスでも同様です。

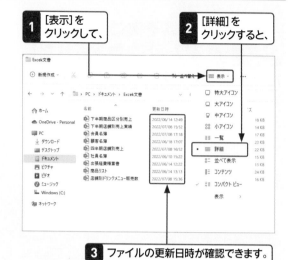

1 [表示]をクリックして、

2 [詳細]をクリックすると、

3 ファイルの更新日時が確認できます。

重要度 ★★★　ファイルを開く

Q 881 最近使用したブックをかんたんに開きたい！

A [最近使ったアイテム]から開きます。

最近使用したブックは、[ファイル]タブから[開く]をクリックし、[最近使ったアイテム]から開くことができます。一覧にはブックが開いた順番に表示されており、古い順から削除されますが、固定しておくこともできます。　参照▶Q 883

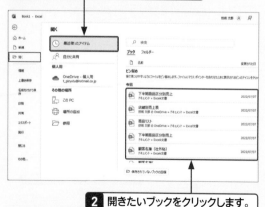

1 [最近使ったアイテム]をクリックして、

2 開きたいブックをクリックします。

重要度 ★★★　ファイルを開く

Q 882 もとのブックをコピーして開きたい！

A [ファイルを開く]ダイアログボックスの[コピーとして開く]を利用します。

パソコンに保存してあるブックをコピーして開きたい場合は、[ファイルを開く]ダイアログボックスでファイルの保存先とブックを指定し、[コピーとして開く]をクリックします。コピーとして開いたブックはファイル名の前に「コピー」と表示されます。　参照▶Q 875

1 [開く]のここをクリックして、

2 [コピーとして開く]をクリックします。

重要度 ★★★　ファイルを開く

Q 883 最近使用したブックを一覧に固定したい!

A [最近使ったアイテム]のファイル名横のピンマークを利用します。

Excelでブックを開くと、開いた順番に[最近使ったアイテム]にブック名が表示されます。再度同じブックを開く場合は、その一覧からすばやく開くことができますが、ほかのブックを開くと古いファイルから順に一覧から削除されてしまいます。ブックを[最近使ったアイテム]の一覧から削除されないようにするには、ブックをピン留め（固定）しておきます。

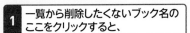

1 一覧から削除したくないブック名のここをクリックすると、

2 ブックが固定され、常に一覧に表示させておくことができます。

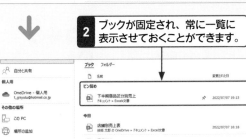

重要度 ★★★　ファイルを開く

Q 884 最近使用したブックをクリックしても開かない!

A 削除または移動されたか、ファイル名が変わっています。

ブックを閉じたあとで、ファイル名を変更したり、ファイルを移動したりすると、[最近使ったアイテム]の一覧から開くことはできません。ファイルを削除していなければ、[ファイルを開く]ダイアログボックスから開くことができます。

参照 ▶ Q 875

重要度 ★★★　ファイルを開く

Q 885 壊れたファイルを開くには?

A ファイルを開くときに修復できます。

[ファイルを開く]ダイアログボックスの[開いて修復する]を利用すると、可能な限りファイルを修復したり、修復不可能な場合はデータ（数式と値）だけを取り出したりすることができます。　参照 ▶ Q 875

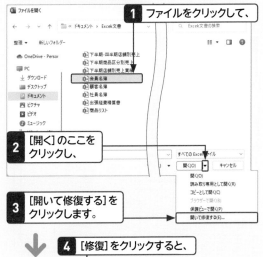

1 ファイルをクリックして、

2 [開く]のここをクリックし、

3 [開いて修復する]をクリックします。

4 [修復]をクリックすると、

[データの抽出]をクリックすると、データが抽出できます。

5 ブックを開くことができます。

「修復済み」と表示されます。

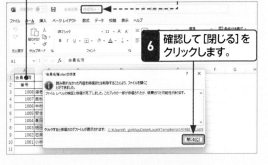

6 確認して[閉じる]をクリックします。

Q 886 Excelブック以外のファイルを開きたい！

A ファイルを開くときにファイル形式を選択します。

テキストファイルやXMLファイルなど、Excelブック以外のファイルを開くには、[ファイルを開く]ダイアログボックスを表示して、下の手順で目的のファイルを開きます。テキストファイルを開いた場合は、[テキストファイルウィザード]が表示されます。

参照 ▶ Q 875

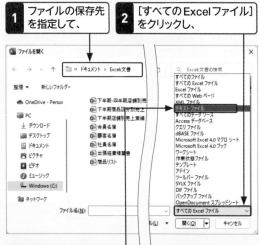

1 ファイルの保存先を指定して、

2 [すべてのExcelファイル]をクリックし、

3 開きたいファイルの形式をクリックします。

4 目的のファイルをクリックして、

5 [開く]をクリックします。

Q 887 ブックがどこに保存されているかわからない！

A エクスプローラー画面の検索ボックスを利用します。

ブックの保存場所を忘れてしまった場合は、エクスプローラー画面を表示して、検索したい場所を指定します。検索ボックスにファイル名、あるいはファイル名の一部を入力して Enter 押すと、入力したキーワードに該当するブックが検索されます。

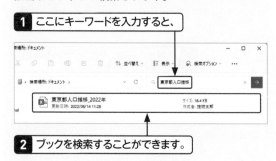

1 ここにキーワードを入力すると、

2 ブックを検索することができます。

Q 888 ブックを前回保存時の状態に戻したい！

A 自動保存されたバージョンから戻します。

Excelには、ブックを自動保存する機能が標準で用意されており、初期設定では10分ごとに保存されます。作業中のブックを前回保存時の状態に戻したい場合は、[ファイル]タブをクリックして、[情報]画面を表示し、[ブックの管理]欄に表示されている一覧から戻したいバージョンをクリックし、[復元]をクリックします。なお、自動保存の間隔は変更することができます。

参照 ▶ Q 897

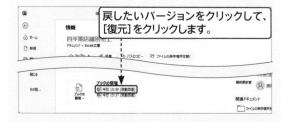

戻したいバージョンをクリックして、[復元]をクリックします。

Q 889 旧バージョンで作成したブックは開けるの？

重要度 ★★★ ファイルを開く

A 問題なく開くことができます。

旧バージョンのExcelで作成したファイルも、ファイルのアイコンをダブルクリックしたり、[ファイルを開く]ダイアログボックスで指定したりして開くことができます。開いたブックを新しいバージョン形式に変換することもできます。 参照▶Q 892

Q 890 「互換モード」って何？

重要度 ★★★ ファイルを開く

A 旧バージョンのファイルの互換性をチェックするモードです。

Excel 2016以降でExcel 97-2003形式のファイルを開くと、タイトルバーに「互換モード」と表示されます。これは、そのExcelファイルが、旧バージョンのExcelで開いた際に機能が大きく損なわれたり、再現性が低下したりする原因となるような、互換性の問題がないかどうかを確認するためのものです。
開いたファイルを旧バージョンのExcelで編集する必要がある場合は、互換モードのままで編集するとよいでしょう。

タイトルバーに表示されたファイル名の後ろに、「互換モード」と表示されます。

Q 891 ファイルを開いたら「保護ビュー」と表示された！

重要度 ★★★ ファイルを開く

A 問題のないファイルとわかっている場合は編集を有効にします。

電子メールで送られてきたExcelファイルを開いたときなど、画面の上部に「保護ビュー」と表示されたメッセージバーが表示される場合があります。これは、パソコンをウイルスなどの不正なプログラムから守るための機能です。
ファイルを見るだけの場合は保護ビューのままでも構いませんが、ファイルに問題がないとわかっている場合で、編集や印刷が必要な場合は、[編集を有効にする]をクリックします。

ファイルを開くと、「保護ビュー」というメッセージバーが表示されました。

編集を有効にする(E)

1 [編集を有効にする]をクリックすると、

2 「保護ビュー」の表示がなくなり、編集ができるようになります。

手順**1**で「保護ビュー」の右横のメッセージをクリックすると、保護ビューに関する詳細を確認することができます。

11 基本と入力
12 編集
13 書式設定
14 計算
15 関数
16 グラフ
17 データベース
18 印刷
19 ファイル
20 連携・共同編集

重要度 ★★★　ブックの保存

Q 892
旧バージョンのブックを新しい バージョンで保存し直したい！

A ［ファイル］タブの［情報］から ファイルを変換します。

Excel 97-2003形式のブックを開くと「互換モード」になりますが、Excel 2010以降の新機能を使用して編集した場合、互換モードでは正しく保存されません。この場合は、旧バージョンのブックを現在のファイル形式に変換します。

> タイトルバーに「互換モード」と表示されています。

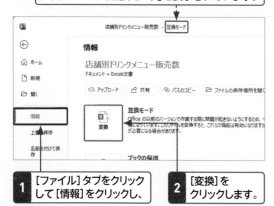

1 ［ファイル］タブをクリック して［情報］をクリックし、

2 ［変換］を クリックします。

3 ［OK］→［はい］の順にクリックすると、 変換された形式でブックが開きます。

重要度 ★★★　ブックの保存

Q 893
古いバージョンでも 開けるように保存したい！

A 保存形式を［Excel 97-2003 ブック］にします。

Excel 2010以降で作成したブックを旧バージョンのExcelで開けるようにするには、［名前を付けて保存］ダイアログボックスで［ファイルの種類］を［Excel 97-2003ブック］にして保存します。

1 ［名前を付けて保存］ダイアログボックスを 表示して、

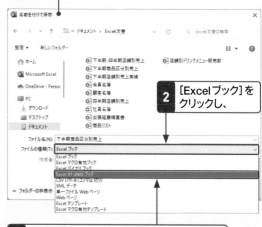

2 ［Excelブック］を クリックし、

3 ［Excel 97-2003ブック］をクリックします。

重要度 ★★★　ブックの保存　　❌2019 ❌2016

Q 894
自動保存って何？

A 作業中にファイルが 自動的に保存される機能です。

Excel 2021の画面の左上に表示されている［自動保存］は、作業中にファイルが数秒ごとに自動的に保存される機能です。自動保存は、ファイルがOneDriveに保存されているときに、有効になります。

参照▶Q 909

［自動保存］は、ファイルがOneDriveに 保存されているときに有効になります。

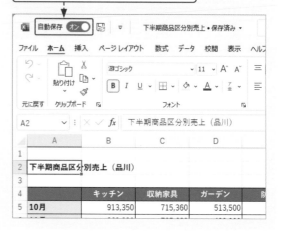

Q 895 [互換性チェック]って何？

A 以前のバージョンでサポートされていない機能があるかをチェックします。

Excel 2010以降で追加された機能を使用したブックを旧バージョンの形式で保存しようとすると、[互換性チェック]ダイアログボックスが表示され、問題のある箇所が指摘されます。[続行]をクリックすると保存できますが、サポートされていない機能は反映されず、使用した情報は削除されるか、旧バージョンのExcelの最も近い書式に変換されます。

また、互換性のチェックを手動で行うこともできます。[ファイル]タブをクリックして[情報]画面を表示し、[問題のチェック]をクリックして、[互換性チェック]をクリックします。

1 [互換性チェック]ダイアログボックスが表示された場合は、

2 内容を確認して[続行]をクリックするか、[キャンセル]をクリックして互換性の問題に対処します。

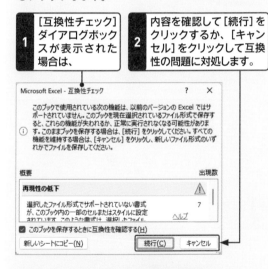

● [情報]画面から互換性をチェックする

1 [問題のチェック]をクリックして、

2 [互換性チェック]をクリックします。

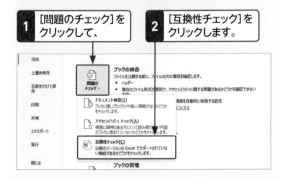

Q 896 ブックをPDFファイルとして保存したい！

A [ファイル]タブの[エクスポート]から保存します。

Excel文書をPDF形式で保存すると、Excelを持っていない人ともExcel文書を共有することができます。

PDFファイルは、アドビ社によって開発された電子文書の規格の1つで、レイアウトや書式、画像などがそのまま保持されるので、OSの種類に依存せずに、同じ見た目で文書を表示できます。

1 [ファイル]タブをクリックして、[エクスポート]をクリックし、

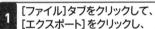

2 [PDF／XPSドキュメントの作成]をクリックして、

3 [PDF／XPSの作成]をクリックします。

4 保存先を指定して、

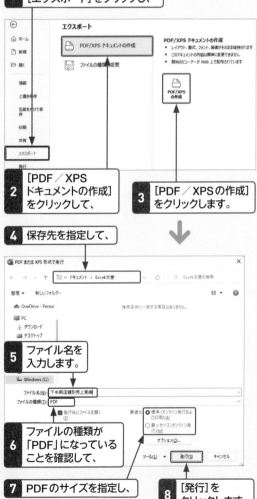

5 ファイル名を入力します。

6 ファイルの種類が「PDF」になっていることを確認して、

7 PDFのサイズを指定し、

8 [発行]をクリックします。

11 基本と入力
12 編集
13 書式設定
14 計算
15 関数
16 グラフ
17 データベース
18 印刷
19 ファイル
20 連携・共同編集

重要度 ★★★ ブックの保存

Q 897 作業中のブックを自動保存したい！

A 標準で自動保存の機能が用意されています。

Excelには、ブックを自動保存する機能が標準で用意されています。ユーザーが特に操作しなくても、開いているファイルが10分ごとに自動保存され、不正終了した場合は、次の起動時に［ドキュメントの回復］作業ウィンドウから復旧できます。また、4日以内であれば、保存し忘れたブックを回復することもできます。自動保存する間隔は、［Excelのオプション］ダイアログボックスの［保存］で変更することもできます。 **参照▶Q 906**

> 自動保存の間隔は変更できます。

重要度 ★★★ ブックの保存

Q 898 変更していないのに「変更内容を保存しますか？」と聞かれる！

A 自動再計算の関数が使われています。

ファイルを開いて閉じただけなのに、「変更内容を保存しますか？」というメッセージが表示される場合は、TODAY関数やNOW関数といった、ファイルを開いた時点で再計算される関数が使われていると考えられます。［保存しない］をクリックしても問題ありません。

参照▶Q 652

> この文書の場合はTODAY関数を使用しているため、ファイルを開いただけで再計算されます。

重要度 ★★★ ブックの保存

Q 899 既定で保存されるフォルダーの場所を変えたい！

A ［Excelのオプション］ダイアログボックスで保存先を指定します。

初期設定では、ユーザーフォルダー内のドキュメントフォルダーが保存先に指定されています。
既定で保存されるフォルダーの場所を変更するには、［Excelのオプション］ダイアログボックスの［保存］を表示し、［既定でコンピューターに保存する］をオンにして、［既定のローカルファイルの保存場所］に保存先のフォルダーのパス（フォルダーの場所を表す文字列）を入力します。

1 ［既定でコンピューターに保存する］をクリックしてオンにし、

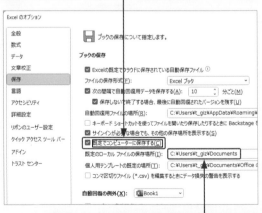

2 保存先のフォルダーのパスを入力します。

基本と入力 11
編集 12
書式設定 13
計算 14
関数 15
グラフ 16
データベース 17
印刷 18
ファイル 19
連携・共同編集 20

重要度 ★★★　ブックの保存

Q 900 バックアップファイルを作りたい！

A [名前を付けて保存]ダイアログボックスから設定します。

バックアップファイルを作成する設定にすると、ファイルを上書き保存した際に古いファイルがバックアップファイルとして保存されます。何らかの理由でファイルが壊れた場合に、バックアップファイルを開いて1つ前の状態に復帰できます。

1 [名前を付けて保存]ダイアログボックスを表示して、

2 [ツール]をクリックし、

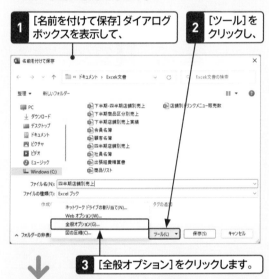

3 [全般オプション]をクリックします。

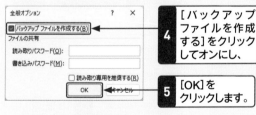

4 [バックアップファイルを作成する]をクリックしてオンにし、

5 [OK]をクリックします。

ファイルを上書き保存すると、バックアップファイルが作成されます。

重要度 ★★★　ブックの保存

Q 901 ファイル名に使えない文字は？

A 「/」「?」など9種類の記号が使用できません。

Windowsでは、ファイル名に以下の半角記号は使用できません。ただし、全角記号であれば使用できます。

￥（円記号）	"（ダブルクォーテーション）
?（疑問符）	<（不等号）
:（コロン）	>（不等号）
｜（縦棒）	*（アスタリスク）
/（スラッシュ）	

重要度 ★★★　ブックの保存

Q 902 ファイルにパスワードを設定したい！

A [全般オプション]ダイアログボックスを利用します。

パスワードを設定するには、[名前を付けて保存]ダイアログボックスから[全般オプション]ダイアログボックスを表示して、パスワードを入力します。パスワードには、ブックを開くために必要な「読み取りパスワード」と、ブックを上書き保存するために必要な「書き込みパスワード」があります。

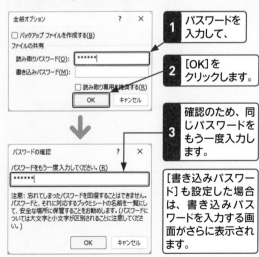

1 パスワードを入力して、

2 [OK]をクリックします。

3 確認のため、同じパスワードをもう一度入力します。

[書き込みパスワード]も設定した場合は、書き込みパスワードを入力する画面がさらに表示されます。

Q 903 上書き保存ができない！

A ブックが読み取り専用として開かれています。

ブックを読み取り専用で開いている場合、タイトルバーに「読み取り専用」と表示され、上書き保存ができません。読み取り専用で開いているブックを保存するには、[名前を付けて保存] ダイアログボックスを表示して、新しい名前を付けて保存します。

Q 904 ブックをテキストファイルとして保存したい！

A 保存する際にテキスト形式を選択します。

Excelのブックをテキスト形式で保存するには、[名前を付けて保存] ダイアログボックスを表示して、[ファイルの種類] で、タブやカンマ、スペース区切りなどの目的のテキスト形式を選択して保存します。
なお、保存するテキスト形式の種類やExcelのバージョンによっては、手順 3 のあとに確認のメッセージが表示される場合があります。その場合は、[はい] や [OK] をクリックします。

1 [Excel ブック]を クリックして、

2 目的のテキスト形式を クリックし、

3 [保存]をクリックします。

Q 905 ファイルから個人情報を削除したい！

A [ドキュメントの検査] ダイアログボックスを利用します。

ファイルのプロパティには、ファイルの作成者や作成日時、更新日時などの情報が記録されています。これらの情報を見られたくない場合は、下の手順で [ドキュメントの検査] ダイアログボックスを表示して、[検査] をクリックし、削除したい項目欄の [すべて削除] をクリックします。

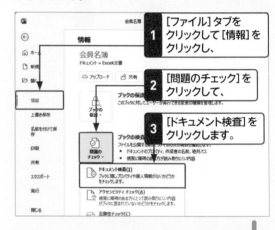

1 [ファイル]タブを クリックして[情報]を クリックし、

2 [問題のチェック]を クリックして、

3 [ドキュメント検査]を クリックします。

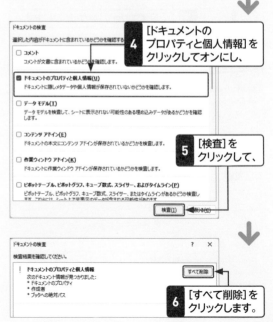

4 [ドキュメントの プロパティと個人情報]を クリックしてオンにし、

5 [検査]を クリックして、

6 [すべて削除]を クリックします。

基本と入力 11
編集 12
書式設定 13
計算 14
関数 15
グラフ 16
データベース 17
印刷 18
ファイル 19
連携・共同編集 20

重要度 ★★★　ブックの保存

Q 906 前回保存し忘れたブックを開きたい！

A 4日以内であればブックを回復できます。

Excelの初期設定では、ブックが10分ごとに自動保存されています。また、保存しないで終了した場合、最後に自動保存されたバージョンを残すように設定されています。これらの機能により、作成したブックを保存せずに閉じた場合や、編集内容を上書き保存せずに閉じた場合、4日以内であれば復元ができます。

参照 ▶ Q 897

● 保存を忘れたブックを回復する

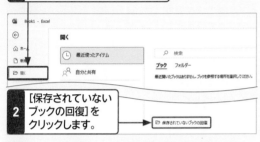

1 ［ファイル］タブをクリックして、［開く］をクリックし、

2 ［保存されていないブックの回復］をクリックします。

3 ［ファイルを開く］ダイアログボックスが表示されるので、開きたいブックをクリックして、［開く］をクリックします。

● 編集内容の上書き保存を忘れたファイルを開く

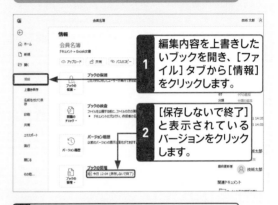

1 編集内容を上書きしたいブックを開き、［ファイル］タブから［情報］をクリックします。

2 ［保存しないで終了］と表示されているバージョンをクリックします。

3 表示された画面の［復元］をクリックすると、自動保存されたバージョンで上書きされます。

重要度 ★★★　ブックの保存

Q 907 使用したブックの履歴を他人に見せたくない！

A ［Excelのオプション］ダイアログボックスの［詳細設定］で設定します。

最近使用したブックの履歴を他人に見られたくない場合は、［Excelのオプション］ダイアログボックスの［詳細設定］を表示して、［最近使ったブックの一覧に表示するブックの数］を「0」に設定します。

［最近使ったブックの一覧に表示するブックの数］を「0」に設定します。

重要度 ★★★　ブックの保存

Q 908 「作成者」や「最終更新者」の名前を変更したい！

A ［Excelのオプション］ダイアログボックスの［全般］で変更します。

ファイルのプロパティに表示される「作成者」や「最終更新者」の名前は、Officeに設定されているユーザー名です。ユーザー名を変更するには、［Excelのオプション］ダイアログボックスの［全般］を表示して、［ユーザー名］で設定します。

［ユーザー名］を変更します。

重要度 ★★★　ブックの保存

Q 909 Excelのブックをインターネット上に保存したい！

A OneDriveを利用します。

OfficeにMicrosoftアカウントでサインインしていると、OneDriveを通常のフォルダーと同様に利用することができます。なお、ファイルをOneDriveに保存すると[自動保存]が[オン]になり、編集が自動的に保存されるようになります。　　参照▶Q 894

1 [ファイル]タブをクリックして、[名前を付けて保存]をクリックします。

2 [OneDrive-個人用]をクリックして、

3 [OneDrive-個人用]をクリックします。

4 OneDrive内のフォルダーが表示されるので、保存先を指定します。

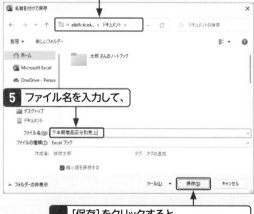

5 ファイル名を入力して、

6 [保存]をクリックすると、ファイルがOneDrive上に保存されます。

重要度 ★★★　ファイルの作成

Q 910 新しいブックをかんたんに作りたい！

A クイックアクセスツールバーに[新規作成]コマンドを追加します。

新しいブックを作成する場合、通常は、[ファイル]タブをクリックして[新規]をクリックし、[空白のブック]をクリックします。もっとかんたんに作成したい場合は、クイックアクセスツールバーに[新規作成]コマンドを追加するとよいでしょう。なお、クイックアクセスツールバーが表示されていない場合は、Q 025を参照して表示します。ここでは、クイックアクセスツールバーを画面の上に移動しています。　　参照▶Q 025, Q 026

1 [クイックアクセスツールバーのユーザー設定]をクリックして、

2 [新規作成]をクリックすると、

3 クイックアクセスツールバーに[新規作成]が表示されます。このコマンドをクリックすると、

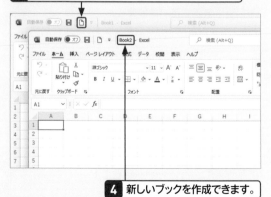

4 新しいブックを作成できます。

第**20**章

アプリの連携・共同編集の「こんなときどうする?」

基本と入力 11
編集 12
書式設定 13
計算 14
関数 15
グラフ 16
データベース 17
印刷 18
ファイル 19
連携・共同編集 20

重要度 ★★★　ワークシートの保護

Q 911 ワークシート全体を変更されないようにしたい！

A　「シートの保護」を設定します。

特定のワークシートのデータが変更されたり、削除されたりしないようにするには、「シートの保護」を設定します。[校閲]タブの[シートの保護]をクリックすると表示される[シートの保護]ダイアログボックスで設定します。初期設定では、セル範囲の選択だけが許可されていますが、必要に応じて許可する操作を設定できます。パスワードは省略可能です。

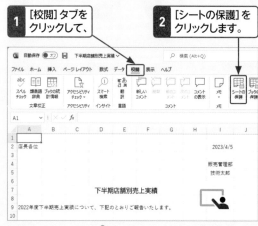

1 [校閲]タブをクリックして、

2 [シートの保護]をクリックします。

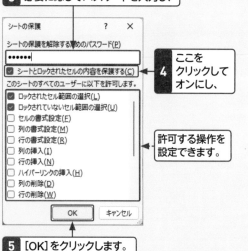

3 必要に応じてパスワードを入力し、

4 ここをクリックしてオンにし、

許可する操作を設定できます。

5 [OK]をクリックします。

重要度 ★★★　ワークシートの保護

Q 912 ワークシートの保護を解除したい！

A　[校閲]タブの[シート保護の解除]をクリックします。

ワークシートの保護を必要としなくなった場合など、シートの保護を解除するには、[校閲]タブの[シート保護の解除]をクリックします。シートの保護を設定する際にパスワードを入力した場合は、パスワードの入力が要求されるので、パスワードを入力します。

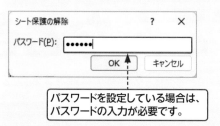

パスワードを設定している場合は、パスワードの入力が必要です。

重要度 ★★★　ワークシートの保護

Q 913 ワークシートの保護を解除するパスワードを忘れた！

A　セルの内容をコピーして別のワークシートに貼り付けます。

ワークシートの保護を解除するパスワードを忘れてしまうと、そのワークシートの保護を解除できませんが、セル範囲の選択が許可されていれば、データのコピーは可能です。ほかのブックにセル範囲をコピーして、データを利用できるようにします。

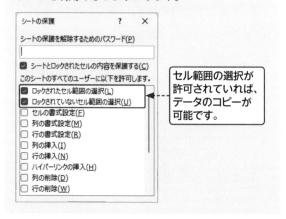

セル範囲の選択が許可されていれば、データのコピーが可能です。

Q 914 特定の人だけセル範囲を編集できるようにしたい！

A 編集を許可するパスワードを設定してからワークシートを保護します。

ワークシートを保護すると、すべてのセルの編集ができなくなりますが、特定のセル範囲だけ編集を許可することもできます。特定のセル範囲の編集を許可するパスワードを設定してからワークシートを保護すると、パスワードを知っている人だけが編集可能になります。

1 編集を可能にするセル範囲を選択します。

2 [校閲]タブをクリックして、

3 [範囲の編集を許可する]をクリックし、

4 [新規]をクリックします。

5 タイトルを入力して、

6 編集を許可するセル範囲を確認し、

7 パスワードを入力して、

8 [OK]をクリックします。

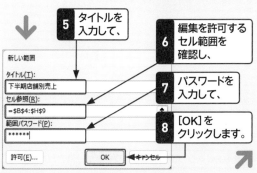

9 確認のために同じパスワードを入力して、

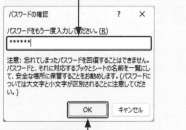

10 [OK]をクリックします。

11 [シートの保護]をクリックして、

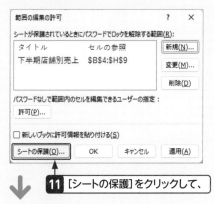

12 許可する操作を必要に応じて設定し、

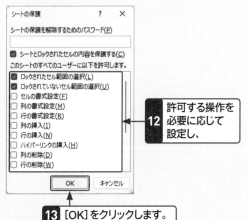

13 [OK]をクリックします。

編集が許可されたセルのデータを編集しようとすると、パスワードを要求されます。

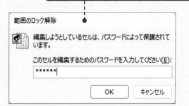

基本と入力 11
編集 12
書式設定 13
計算 14
関数 15
グラフ 16
データベース 17
印刷 18
ファイル 19
連携・共同編集 20

重要度 ★★★ ワークシートの保護

Q 915 特定のセル以外 編集できないようにしたい!

A 特定のセルだけロックを解除して、 ワークシートを保護します。

ワークシートを保護すると、すべてのセルが編集できなくなります。特定のセルだけを編集できるようにするには、あらかじめそのセルのロックを解除してから、シートの保護を設定します。　　　　参照▶Q 911

1 編集を可能にする セル範囲を選択して、

2 [ホーム] タブの [書式] をクリックし、

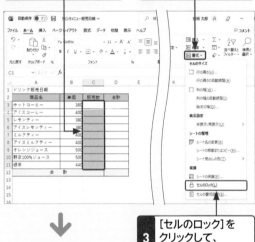

3 [セルのロック]を クリックして、 ロックを解除します。

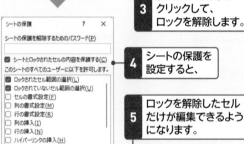

4 シートの保護を 設定すると、

5 ロックを解除したセルだけが編集できるようになります。

6 ロックされているセルを編集しようとすると、メッセージが表示されます。

重要度 ★★★ ワークシートの保護

Q 916 ワークシートの構成を 変更できないようにしたい!

A 「ブックの保護」を設定します。

ワークシートの移動や削除、追加など、ワークシートの構成を変更できないようにするには、ブックを保護します。[校閲]タブの [ブックの保護] をクリックして、[シート構成とウィンドウの保護]ダイアログボックスで設定します。

ブックの保護を解除するには、再度[ブックの保護]をクリックし、必要に応じてパスワードを入力します。

1 [校閲]タブを クリックして、

2 [ブックの保護]を クリックします。

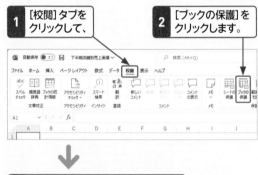

3 必要に応じてパスワードを入力し、

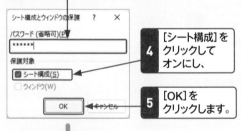

4 [シート構成]を クリックして オンにし、

5 [OK]を クリックします。

6 確認のために同じパスワードを入力して、

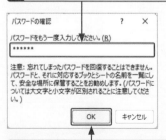

7 [OK]をクリックすると、ブックが保護されます。

重要度 ★★★ メモ

Q 917 セルに影響されないメモを付けたい！

A セルにメモを追加します。

セルに影響されないメモを付けたいときは、「メモ」を利用します。セルにメモを追加すると、Excel 2021/2019では常に表示された状態になります。Excel 2016では、通常は画面上に表示されず、セルにマウスポインターを合わせたときにメモが表示されます。

1 メモを挿入するセルをクリックして、[校閲]タブをクリックし、

2 [メモ]をクリックして、

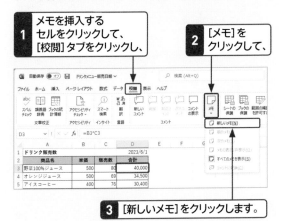

3 [新しいメモ]をクリックします。

Excel 2019/2016の場合は、[校閲]タブの[新しいコメント]をクリックします。

4 吹き出し状の枠が表示されるので、メモの内容を入力して、

	A	B	C	D	E	F	G
1	ドリンク販売数			2023/6/1			
2	商品名	単価	販売数	合計			
3	野菜100%ジュース	500	80	40,000	健康ブームもあり、野菜100%ジュースの売れ行きがアップしている。今後の展開に期待できる		
4	オレンジジュース	500	69	34,500			
5	アイスコーヒー	400	76	30,400			
6	ミルクティー	400	71	28,400			

5 枠の外をクリックします。

6 メモの付けたセルには赤い三角マークが表示されます。

	A	B	C	D	E	F	G
1	ドリンク販売数			2023/6/1			
2	商品名	単価	販売数	合計			
3	野菜100%ジュース	500	80	40,000	技術太郎：健康ブームもあり、野菜100%ジュースの売れ行きがアップしている。今後の展開に期待		
4	オレンジジュース	500	69				
5	アイスコーヒー	400	76				
6	ミルクティー	400	71				

重要度 ★★★ メモ

Q 918 メモの表示／非表示を切り替えたい！

A₁ [メモの表示／非表示]や[すべてのメモを表示]で切り替えます。

Excel 2021でメモの表示／非表示を切り替えるには、[校閲]タブの[メモ]をクリックして、[メモの表示／非表示]あるいは[すべてのメモを表示]をクリックします。前者は、メモの表示／非表示を個別に切り替えます。後者は、シート内のすべてのメモの表示／非表示を切り替えます。

[メモの表示／非表示]や[すべてのメモを表示]で切り替えます。

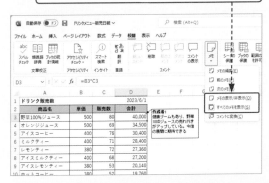

A₂ [コメントの表示／非表示]や[すべてのコメントの表示]で切り替えます。

Excel 2019/2016でメモの表示／非表示を切り替えるには、[校閲]タブの[コメントの表示／非表示]あるいは[すべてのコメントの表示]で切り替えます。

[コメントの表示／非表示]や[すべてのコメントの表示]で切り替えます。

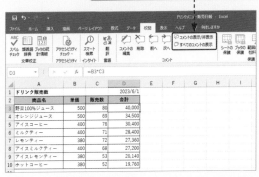

11 基本と入力
12 編集
13 書式設定
14 計算
15 関数
16 グラフ
17 データベース
18 印刷
19 ファイル
20 連携・共同編集

重要度 ★★★ メモ

Q 919 メモを編集したい！

A [校閲] タブの [メモ] から [メモの編集] を利用します。

メモを付けたセルをクリックして、[校閲] タブの [メモ] から [メモの編集] をクリックすると、メモ内にカーソルが表示され、内容が編集できるようになります。また、メモを削除するには、メモを表示して、[削除] をクリックします。

参照▶Q 918

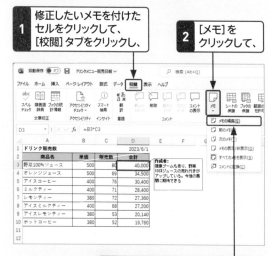

1 修正したいメモを付けたセルをクリックして、[校閲] タブをクリックし、

2 [メモ] をクリックして、

3 [メモの編集] をクリックします。

Excel 2019/2016の場合は、[校閲] タブの [コメントの編集] をクリックします。

4 メモ内にカーソルが表示され、メモが編集できるようになります。

メモ内を直接クリックして、編集状態にすることもできます。

重要度 ★★★ メモ

Q 920 メモのサイズや位置を変えたい！

A ハンドルをドラッグしたり、枠をドラッグしたりします。

メモを付けたセルをクリックして、[校閲] タブの [メモの編集] をクリックすると、メモの周囲に枠とハンドルが表示されます。サイズを変更するにはいずれかのハンドルをドラッグします。メモを移動するには枠をドラッグします。

ハンドルをドラッグすると、サイズを変更できます。

枠をドラッグすると、位置が移動できます。

重要度 ★★★ メモ

Q 921 メモ付きでワークシートを印刷したい！

A [ページ設定] ダイアログボックスで設定します。

ワークシートをメモ付きで印刷するには、メモを表示して、[ページ設定] ダイアログボックスの [シート] で印刷されるように設定します。

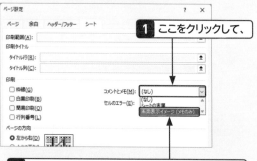

1 ここをクリックして、

2 [画面表示イメージ（メモのみ）] をクリックします。

Q 922
Excelの表やグラフをWordに貼り付けたい！

A [ホーム]タブの[コピー]と[貼り付け]を利用します。

ExcelとWordでは、それぞれで[ホーム]タブの[コピー]、[ホーム]タブの[貼り付け]を利用すると、クリップボードを経由してデータをやりとりできます。
Wordに貼り付けたExcelの表やグラフには、書式やスタイルをWordで自由に設定することができます。ただし、この方法でWordに貼り付けた表は、Excelのワークシートとしては編集できません。　参照▶Q 363

ExcelとWordの間では、コピーと貼り付けを利用してデータをやりとりできます。

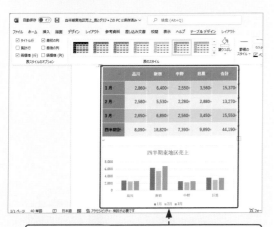

Wordに貼り付けたExcelの表やグラフには、書式やスタイルをWordで設定することができます。

Q 923
Wordに貼り付けた表やグラフを編集したい！

A Microsoft Excelワークシートオブジェクトとして貼り付けます。

Wordに貼り付けたExcelの表やグラフをExcelのワークシートとして編集するには、Wordに貼り付ける際に、[ホーム]タブの[貼り付け]の下の部分をクリックして、[形式を選択して貼り付け]をクリックし、貼り付ける形式を[Microsoft Excelワークシートオブジェクト]にして貼り付けます。グラフの場合は、[Microsoft Excelグラフオブジェクト]として貼り付けます。

1 [形式を選択して貼り付け]ダイアログボックスを表示して、

2 [Microsoft Excelワークシートオブジェクト]をクリックし、

3 [OK]をクリックします。

リボンもExcelのものに変わります。

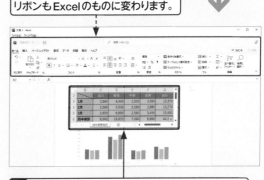

4 貼り付けた表やグラフをダブルクリックすると、Exceのワークシートと同じように編集できます。

連携・共同編集

493

11 基本と入力
12 編集
13 書式設定
14 計算
15 関数
16 グラフ
17 データベース
18 印刷
19 ファイル
20 連携・共同編集

重要度 ★★★ アプリの連携

Q 924 Excelの住所録をはがきの宛名印刷に使いたい！

A Wordの「はがき宛名面印刷ウィザード」を利用します。

Excelでは、はがきの宛名印刷を行うことができません。Excelで作成した住所録をはがきの宛名印刷に使う場合は、Wordの[差し込み文書]タブの[はがき印刷]から[宛名面の作成]をクリックして、「はがき宛名面印刷ウィザード」を起動し、差し込み印刷を行います。

参照▶Q 268

重要度 ★★★ アプリの連携

Q 925 テキストファイルのデータをワークシートにコピーしたい！

A [貼り付けのオプション]を利用します。

カンマ（,）区切りのテキストファイルのデータをコピーして、Excelに貼り付けると、1行分のデータが1つのセルにコピーされてしまいます。これを各セルに分けて表示するには、貼り付けたあとに表示される[貼り付けのオプション]を利用します。

1 カンマ(,)区切りのテキストデータをExcelに貼り付けると、1行分のデータが1つのセルにコピーされます。

2 [貼り付けのオプション]をクリックして、

3 [テキストファイルウィザードを使用]をクリックします。

4 [テキストファイルウィザード]ダイアログボックスが表示されるので、画面の指示に従って操作します。

重要度 ★★★ OneDrive

Q 926 Officeにサインインして OneDriveを使いたい！

A 画面右上の[サインイン]をクリックします。

Microsoftアカウントを取得してOfficeにサインインすると、ExcelからOneDriveに直接ブックを保存することができます。Officeにサインインするには、画面右上に表示されている[サインイン]をクリックして、Microsoftアカウントとパスワードを入力します。

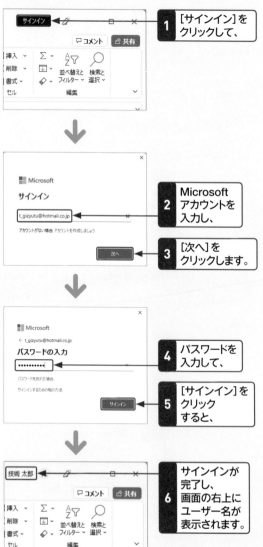

1 [サインイン]をクリックして、

2 Microsoftアカウントを入力し、

3 [次へ]をクリックします。

4 パスワードを入力して、

5 [サインイン]をクリックすると、

6 サインインが完了し、画面の右上にユーザー名が表示されます。

基本と入力 11
編集 12
書式設定 13
計算 14
関数 15
グラフ 16
データベース 17
印刷 18
ファイル 19
連携・共同編集 20

重要度 ★ ★ ★　OneDrive

Q 927
Webブラウザーを利用してOneDriveにブックを保存したい!

A WebブラウザーでOneDriveのページを開いて、アップロードします。

Webブラウザーを利用してOneDriveにブックを保存するには、Webブラウザーを起動して、「https://onedrive.live.com」にアクセスします。サインインの画面が表示された場合は、[サインイン]をクリックして、Microsoftアカウントでサインインすると、OneDriveが表示されます。

1 Webブラウザーを起動して、「https://onedrive.live.com」にアクセスします。

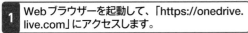

2 OneDriveのWebページが開くので、

3 ファイルの保存場所(ここでは[ドキュメント])をクリックします。

4 [アップロード]をクリックして、

5 [ファイル]をクリックします。

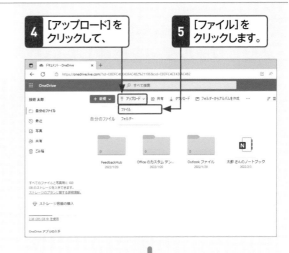

6 ファイルの保存先を指定して、

7 保存するファイルをクリックし、

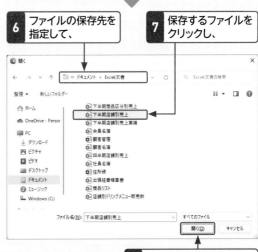

8 [開く]をクリックすると、

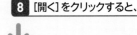

9 ブックがOneDriveに保存されます。

495

Q 928　OneDriveにフォルダーを作成したい!

A　OneDriveのページを表示して、[新規]から作成します。

OneDriveには、「ドキュメント」(あるいは「Documents」)や「画像」(あるいは「Pictures」)などのフォルダーが用意されていますが、フォルダーは必要に応じて作成できます。OneDriveの直下に作成したり、「ドキュメント」や「画像」の中に作成することができます。ここでは、OneDriveの直下にフォルダーを作成します。

参照 ▶ Q 927

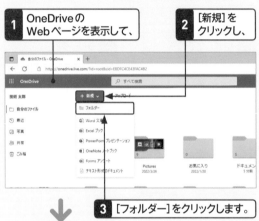

1 OneDriveのWebページを表示して、

2 [新規]をクリックし、

3 [フォルダー]をクリックします。

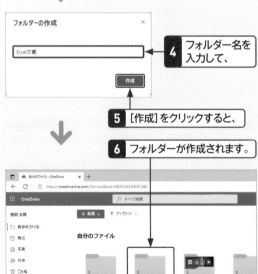

4 フォルダー名を入力して、

5 [作成]をクリックすると、

6 フォルダーが作成されます。

Q 929　エクスプローラーからOneDriveを利用したい!

A　MicrosoftアカウントでWindowsにサインインします。

MicrosoftアカウントでWindows 11/10にサインインしている場合は、エクスプローラーに[OneDrive]フォルダーが表示され、通常のパソコン内のフォルダーと同様にOneDriveを利用できます。

1 エクスプローラーを表示して、

2 [OneDrive Personal]をクリックすると、

3 OneDrive内のフォルダーが表示されます。

4 [ドキュメント]をダブルクリックすると、

5 [ドキュメント]フォルダーに保存されているファイルが表示されます。

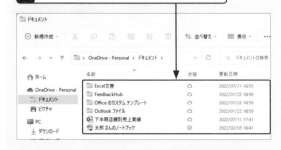

Q 930
OneDriveとPCで同期するフォルダーを指定したい!

A フォルダーごとに同期するかしないかを設定します。

Windows 11/10の初期設定では、パソコン内の［One Drive］フォルダーと、Webページ上のOneDriveはすべて同期しています。すべてのフォルダーを同期したくない場合は、フォルダーごとに同期するかしないかを設定します。

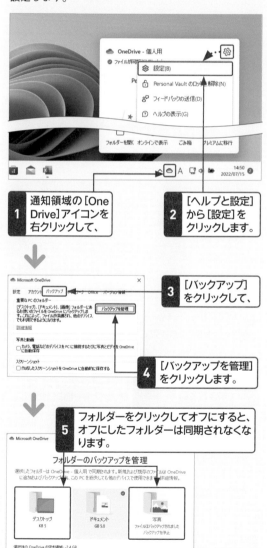

1 通知領域の［One Drive］アイコンを右クリックして、

2 ［ヘルプと設定］から［設定］をクリックします。

3 ［バックアップ］をクリックして、

4 ［バックアップを管理］をクリックします。

5 フォルダーをクリックしてオフにすると、オフにしたフォルダーは同期されなくなります。

Q 931
OneDriveでExcelのブックを共有したい!

A ブックを指定して［共有］をクリックします。

OneDriveでExcelのブックを共有するには、共有したいブックを選択して、［共有］をクリックします。［リンクの送信］画面が表示されるので、共有相手のメールアドレスを入力し、相手にブックへのリンクが付いたメールを送信します。　　　参照▶Q 927

1 OneDriveのWebページを表示して、共有するブックを表示します。

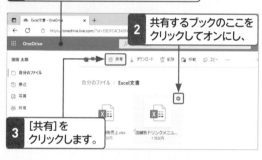

2 共有するブックのここをクリックしてオンにし、

3 ［共有］をクリックします。

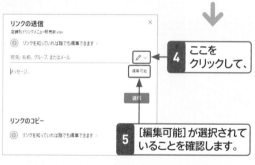

4 ここをクリックして、

5 ［編集可能］が選択されていることを確認します。

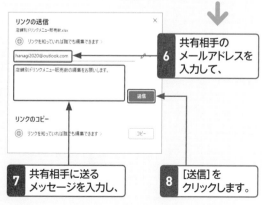

6 共有相手のメールアドレスを入力して、

7 共有相手に送るメッセージを入力し、

8 ［送信］をクリックします。

11 基本と入力
12 編集
13 書式設定
14 計算
15 関数
16 グラフ
17 データベース
18 印刷
19 ファイル
20 連携・共同編集

重要度 ★ ★ ★　ブックの共有

Q 932 ブックを共有する人の権限を指定したい！

A [リンクの送信]画面で権限を指定します。

OneDriveでExcelのブックを共有する場合、初期状態では、共有者に編集を許可する設定が選択されています。共有者に表示だけを許可したい場合は、[リンクの送信]画面で、[表示可能]を選択します。　参照▶Q 931

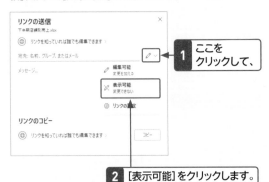

> 1 ここをクリックして、
> 2 [表示可能]をクリックします。

重要度 ★ ★ ★　ブックの共有

Q 933 共有されているブックを確認したい！

A [共有]フォルダーを表示して確認します。

共有しているファイルやフォルダーを確認するには、OneDriveのWebページの左側にある[共有]をクリックします。
なお、画面のサイズが小さい場合は、☰ をクリックしてメニューを表示し、[共有]をクリックします。

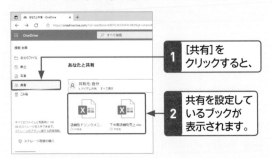

> 1 [共有]をクリックすると、
> 2 共有を設定しているブックが表示されます。

重要度 ★ ★ ★　ブックの共有

Q 934 ブックを複数の人と共有したい！

A [リンクのコピー]をクリックしてURLをコピーします。

複数の相手とブックを共有したい場合は、[リンクの送信]画面で [リンクのコピー]をクリックしてリンクを作成し、そのリンクをコピーしてメールで送信します。

> 1 共有するブックをクリックしてオンにし、

> 2 [共有]をクリックします。

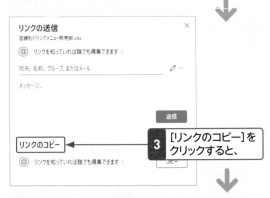

> 3 [リンクのコピー]をクリックすると、

> 4 ブックのリンクが表示されるので、
> 5 [コピー]をクリックして、クリップボードにコピーし、
> 6 [閉じる]をクリックします。
> 7 コピーしたリンクをメールに貼り付けて共有相手に送信します。

Q 935 ブックの共有設定を解除したい！

A [詳細]ウィンドウを表示して、共有を停止します。

OneDriveで共有したブックの共有設定を解除するには、共有されているブックを選択して[情報]をクリックし、[詳細]ウィンドウを表示して、下の手順で共有を停止します。

参照 ▶ Q 931

1 OneDriveで[共有]をクリックして、

2 共有を解除するブックのここをクリックしてオンにし、

3 [情報]をクリックします。

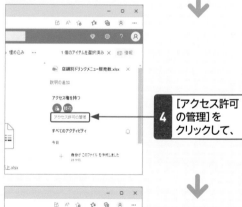

4 [アクセス許可の管理]をクリックして、

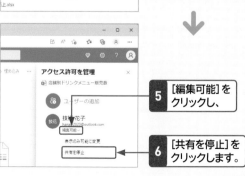

5 [編集可能]をクリックし、

6 [共有を停止]をクリックします。

Q 936 Excelからブックを共有したい！

A OneDriveにブックを保存して共有します。

Excelでは、MicrosoftアカウントでExcelにサインインすると、Excelからブックを共有することができます。はじめに、OneDriveにブックを保存する必要があります。

1 共有するブックを表示して、[共有]をクリックし、

2 [OneDrive-個人用]をクリックすると、

3 ブックがOneDriveに保存されます。

4 共有相手のメールアドレスを入力して、

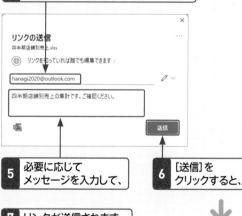

5 必要に応じてメッセージを入力して、

6 [送信]をクリックすると、

7 リンクが送信されます。

'四半期店舗別売上.xlsx' へのリンクを送信しました

---

11 基本と入力
12 編集
13 書式設定
14 計算
15 関数
16 グラフ
17 データベース
18 印刷
19 ファイル
20 連携・共同編集

重要度 ★★★ ブックの共有

Q 937 ブックを共同で編集したい!

A 共有ブックのリンクを開いて編集します。

ブックの所有者からメールなどで通知された共有ブックを開くと、ブックを共同で編集することができます。ブックの共同編集はExcel Onlineで行うことができます。Excel Onlineで編集した内容は、OneDriveに自動的に保存されます。

1 受信メールに記載された共有ブック名をクリックすると、

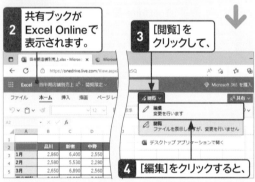

2 共有ブックがExcel Onlineで表示されます。

3 [閲覧]をクリックして、

4 [編集]をクリックすると、

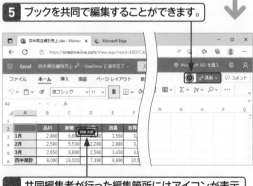

5 ブックを共同で編集することができます。

6 共同編集者が行った編集箇所にはアイコンが表示され、クリックすると編集者名が表示されます。

重要度 ★★★ Excel Online

Q 938 Excel Onlineって何?

A インターネット上で使える無料のオンラインアプリケーションです。

Excel Online（Office Online）は、インターネット上で利用できる無料のオンラインアプリケーションです。インターネットに接続できる環境であればどこからでもアクセスでき、Excel文書を作成、編集、保存することができます。「https://office.com」にアクセスしてMicrosoftアカウントでサインインすると、Excel Onlineが利用できます。

重要度 ★★★ Excel Online

Q 939 Excel Onlineの機能を知りたい!

A リボンを利用してコマンドを操作できますが機能は制限されます。

Excel Onlineは、パソコンにインストールされているExcel同様、リボンを利用してコマンドを操作できます。機能は一部制限されますが、複数人による共同編集や共有が可能で、編集内容はリアルタイムに反映されます。Excel Onlineで作成、編集したブックは、OneDriveに自動的に保存されます。

また、Excel Onlineでは、「シートビュー」機能が利用できます。シートビューとは、フィルターや並べ替えを行った状態を保存しておき、必要に応じて切り替えて利用できる機能です。

表の作成、書式の設定、関数の入力、グラフの作成など、基本的な作業が行えます。

Q940 スマートフォンやタブレットでExcelを使いたい！

A スマートフォン用Excelをダウンロードしてインストールします。

スマートフォンやタブレットでExcelを使用するには、それぞれのデバイス向けのExcelをダウンロードしてインストールする必要があります。iPad、iPhone（iOS）向けのExcelはApp Storeから、Android用のExcelはPlayストアから、Windows用のExcelはMicrosoft Storeからそれぞれ無料でダウンロードできます。

パソコン版のExcelと比較すると機能に制限はありますが、文書の閲覧や編集、作成など、Excelの基本機能は搭載されています。ただし、画面サイズが10.1インチ以上のデバイスやExcelの高度な機能を利用する場合は、有料のOffice 365のサブスクリプション契約が必要です。

Excelを起動すると、最近使ったファイルが表示されます。

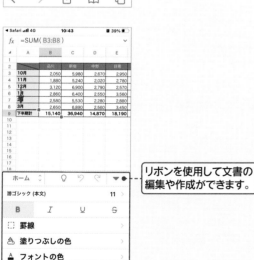

リボンを使用して文書の編集や作成ができます。

Q941 スマートフォンやタブレットでOneDriveのブックを開きたい！

A OneDriveに保存しておくと、どのデバイスからも利用できます。

ブックをOneDriveに保存しておくと、スマートフォンやタブレットなど、どのデバイスからでも利用できます。OneDriveから開いて編集したブックは、自動的に上書き保存されるので、手作業で保存する必要はありません。ブックを開く手順は、それぞれのデバイスによって多少異なります。ここでは、iPhoneでOneDriveを使用します。

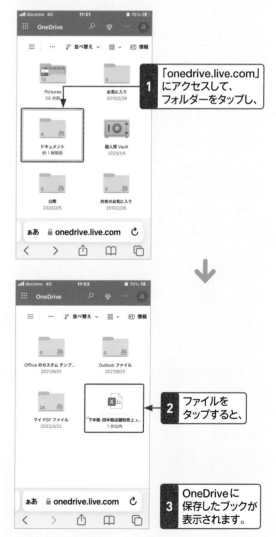

1 「onedrive.live.com」にアクセスして、フォルダーをタップし、

2 ファイルをタップすると、

3 OneDriveに保存したブックが表示されます。

11 基本と入力
12 編集
13 書式設定
14 計算
15 関数
16 グラフ
17 データベース
18 印刷
19 ファイル
20 連携・共同編集

ショートカットキー一覧

パソコンを活用するうえで覚えておくと便利なのがショートカットキーです。ショートカットキーとは、キーボードの特定のキーを押すことで、操作を実行する機能です。ショートカットキーを利用すれば、すばやく操作を実行できます。ここでは、WordやExcel、Windowsで利用できる主なショートカットキーを紹介します。なお、WordやExcelのショートカットキーは［ファイル］タブの画面では利用できません。また、ファンクションキーが割り当てられていないキーボードでは、ショートカットキーを利用できない場合があります。

Wordで利用できる主なショートカットキー

●基本操作

ショートカットキー	操作内容
Alt + F4	Wordを終了する。複数のウィンドウを表示している場合は、そのウィンドウのみが閉じる。
Ctrl + N	新規文書を作成する。
Ctrl + O	［ファイル］タブの［開く］画面を表示する。
Ctrl + P	［ファイル］タブの［印刷］画面を表示する。
Ctrl + S	文書を上書き保存する。
Ctrl + W	文書を閉じる。
Ctrl + Y	取り消した操作をやり直す。または、直前の操作を繰り返す。
Ctrl + Z	直前の操作を取り消してもとに戻す。
Esc	現在の操作を取り消す。
F4	直前の操作を繰り返す。
F12	［名前を付けて保存］ダイアログボックスを表示する。

●表示の切り替え

ショートカットキー	操作内容
Alt + F6	複数のウィンドウを表示している場合に、次のウィンドウを表示する。
Ctrl + Alt + I	［ファイル］タブの［印刷］画面を表示する。
Ctrl + Alt + N	下書き表示に切り替える。
Ctrl + Alt + O	アウトライン表示に切り替える。
Ctrl + Alt + P	印刷レイアウト表示に切り替える。

●選択範囲の操作

ショートカットキー	操作内容
Ctrl + A	すべてを選択する。
Ctrl + Shift + End	カーソルのある位置から文書の末尾までを選択する。
Ctrl + Shift + Home	カーソルのある位置から文書の先頭までを選択する。
Shift + ↑↓←→	選択範囲を上または下、左、右に拡張または縮小する。
Shift + End	カーソルのある位置からその行の末尾までを選択する。
Shift + Home	カーソルのある位置からその行の先頭までを選択する。

●データの移動／コピー

ショートカットキー	操作内容
Ctrl + C	選択範囲をコピーする。
Ctrl + V	コピーまたは切り取ったデータを貼り付ける。
Ctrl + X	選択範囲を切り取る。

●文書内の移動

ショートカットキー	操作内容
Ctrl + Home ／ Ctrl + End	文書の先端／終端へ移動する。
Ctrl + Page Down	次ページへスクロールする。
Ctrl + Page Up	前ページへスクロールする。
Home ／ End	カーソルのある行の先頭／末尾へカーソルを移動する。
Page Down	1画面下にスクロールする。
Page Up	1画面上にスクロールする。

●挿入

ショートカットキー	操作内容
Ctrl + K	[ハイパーリンクの挿入] ダイアログボックスを表示する。
Ctrl + Alt + M	コメントを挿入する。
Ctrl + Enter	改ページを挿入する。
Shift + Enter	行区切り（改行）を挿入する。

●検索／置換

ショートカットキー	操作内容
Ctrl + F	[ナビゲーション] 作業ウィンドウを表示する。
Ctrl + G ／ F5	[検索と置換] ダイアログボックスの [ジャンプ] タブを表示する。
Ctrl + H	[検索と置換] ダイアログボックスの [置換] タブを表示する。

●文字の書式設定

ショートカットキー	操作内容
Ctrl + 1 ／ Ctrl + 5 ／ Ctrl + 2	※行間を1行／1.5行／2行にする。
Ctrl + B	選択した文字に太字を設定／解除する。
Ctrl + D	[フォント] ダイアログボックスを表示する。
Ctrl + E	段落を中央揃えにする。
Ctrl + I	選択した文字に斜体を設定／解除する。
Ctrl + J	段落を両端揃えにする。
Ctrl + L	段落を左揃えにする。
Ctrl + M	インデントを設定する。
Ctrl + R	段落を右揃えにする。
Ctrl + U	選択した文字に下線を設定／解除する。
Ctrl +] ／ Ctrl + [	選択した文字のフォントサイズを1ポイント大きく／小さくする。
Ctrl + Shift + C	書式をコピーする。
Ctrl + Shift + D	選択した文字に二重下線を設定／解除する。
Ctrl + Shift + L	[箇条書き] スタイルを設定する。
Ctrl + Shift + M	インデントを解除する。
Ctrl + Shift + N	[標準] スタイルを設定する（書式を解除する）。
Ctrl + Shift + V	書式を貼り付ける。

※テンキーは利用できません。

Excelで利用できる主なショートカットキー

●基本操作

ショートカットキー	操作内容
Alt + F4	Excel を終了する。複数のウィンドウを表示している場合は、そのウィンドウのみが閉じる。
Ctrl + N	新しいブックを作成する。
Ctrl + O	[ファイル] タブの [開く] 画面を表示する。
Ctrl + P	[ファイル] タブの [印刷] 画面を表示する。
Ctrl + S	上書き保存する。
Ctrl + W ／ Ctrl + F4	ファイルを閉じる。
Ctrl + Y	取り消した操作をやり直す。または直前の操作を繰り返す。
Ctrl + Z	直前の操作を取り消す。
Ctrl + F1	リボンを表示／非表示する。
Ctrl + F12	[ファイルを開く] ダイアログボックスを表示する。
F1	[ヘルプ] 作業ウィンドウを表示する。
F7	[スペルチェック] ダイアログボックスを表示する。
F12	[名前を付けて保存] ダイアログボックスを表示する。

●データの入力・編集

ショートカットキー	操作内容
Alt + Shift + =	SUM関数を入力する。
Ctrl + C	セルをコピーする。

ショートカットキー	操作内容
Ctrl + D	選択範囲内で下方向にセルをコピーする。
Ctrl + F	[検索と置換] ダイアログボックスの [検索] を表示する。
Ctrl + H	[検索と置換] ダイアログボックスの [置換] を表示する。
Ctrl + R	選択範囲内で右方向にセルをコピーする。
Ctrl + V	コピーまたは切り取ったセルを貼り付ける。
Ctrl + X	セルを切り取る。
Ctrl + − (テンキー)	セルを削除する。
Ctrl + + (テンキー)	セルを挿入する。
Ctrl + :	現在の時刻を入力する。
Ctrl + ;	今日の日付を入力する。
F2	セルを編集可能にする。
Shift + F3	[関数の挿入] ダイアログボックスを表示する。

● セルの書式設定

ショートカットキー	操作内容
Ctrl + 1	[セルの書式設定] ダイアログボックスを表示する。
Ctrl + B	太字を設定／解除する。
Ctrl + I	斜体を設定／解除する。
Ctrl + U	下線を設定／解除する。
Ctrl + Shift + 1	[桁区切りスタイル] を設定する。
Ctrl + Shift + 3	[日付] スタイルを設定する。
Ctrl + Shift + 4	[通貨] スタイルを設定する。
Ctrl + Shift + 5	[パーセンテージ] スタイルを設定する。
Ctrl + Shift + 6	選択したセルに外枠罫線を引く。
Ctrl + Shift + ^	[標準] スタイルを設定する。

● セル・行・列の選択

ショートカットキー	操作内容
Alt + Page Up ／ Alt + Page Down	1画面左／右にスクロールする。
Ctrl + A	ワークシート全体を選択する。
Ctrl + End	データ範囲の右下隅のセルに移動する。
Ctrl + Home	ワークシートの先頭に移動する。
Ctrl + Page Down	後 (右) のワークシートに移動する。
Ctrl + Page Up	前 (左) のワークシートに移動する。
Ctrl + Shift + :	アクティブセルを含み、空白の行と列で囲まれるデータ範囲を選択する。
Ctrl + Shift + ↑ (↓←→)	選択範囲をデータ範囲の上 (下、左、右) に拡張する。
Ctrl + Shift + End	選択範囲をデータ範囲の右下隅のセルまで拡張する。
Ctrl + Shift + Home	選択範囲をワークシートの先頭のセルまで拡張する。
Page Up ／ Page Down	1画面上／下にスクロールする。
Shift + ↑ (↓←→)	選択範囲を上 (下、左、右) に拡張する。
Shift + Back space	選択を解除する。ワークシートの挿入・移動・スクロールする。
Shift + F11	新しいワークシートを挿入する。
Shift + Home	選択範囲を行の先頭まで拡張する。

Windows11で利用できる主なショートカットキー

ショートカットキー	操作内容
⊞	スタートメニューを表示／非表示する。
⊞ + 1 (2／3)	タスクバーに登録されたアプリを起動する。
⊞ + A	クイック設定を表示する。
⊞ + B	通知領域に格納されているアプリを順に切り替える。
⊞ + D	デスクトップを表示／非表示する。
⊞ + E	エクスプローラーを起動する。
⊞ + I	[設定] アプリを起動する。
⊞ + L	画面をロックする。

ショートカットキー	操作内容
⊞ + M	すべてのウィンドウを最小化する。
⊞ + R	[ファイル名を指定して実行] ダイアログボックス表示する。
⊞ + S	検索画面を表示する。
⊞ + T	タスクバー上のアプリを順に切り替える。
⊞ + U	[設定] アプリの [アクセシビリティ] を表示する。
⊞ + W	ウィジェットを表示する。
⊞ + X	クイックリンクメニューを表示する。
⊞ + Z	スナップのメニューを表示する。
⊞ + +	拡大鏡を表示して画面全体を拡大する。
⊞ + −	拡大鏡で拡大された表示を縮小する。
⊞ + ,	デスクトップを一時的にプレビューする。
⊞ + . / ⊞ + :	絵文字画面を開く。
⊞ + ↑	アクティブウィンドウを最大化する。
⊞ + →	画面の右側にウィンドウを固定する。
⊞ + ↓	アクティブウィンドウを最小化する。
⊞ + ←	画面の左側にウィンドウを固定する。
⊞ + Ctrl + → (←)	仮想デスクトップを切り替える。
⊞ + Ctrl + D	新しい仮想デスクトップを作成する。
⊞ + Ctrl + F4	仮想デスクトップを閉じる。
⊞ + Esc	拡大鏡を終了する。
⊞ + Home	アクティブウィンドウ以外をすべて最小化する。
⊞ + Print Screen	画面を撮影して [ピクチャ] フォルダーの [スクリーンショット] に保存する。
⊞ + Shift + 1 (2 / 3)	タスクバーに登録されたアプリを新しく起動する。
⊞ + Shift + ↑	アクティブウィンドウを上下に拡大する。
⊞ + Tab	タスクビューを表示する。
Alt + D	Web ブラウザーでアドレスバーを選択する。
Alt + P	エクスプローラーにプレビューウィンドウを表示する。
Alt + Enter	選択した項目の [プロパティ] ダイアログボックスを表示する。
Alt + F4	アクティブなアプリを終了する。
Alt + Space	作業中の画面のショートカットメニューを表示する。
Alt + Tab	起動中のアプリを切り替える。
Ctrl + 数字キー	Web ブラウザーでn番目のタブに移動する。
Ctrl + A	ドキュメント内またはウィンドウ内のすべての項目を選択する。
Ctrl + D	選択したファイルやフォルダーを削除する。
Ctrl + E / Ctrl + F	エクスプローラーで検索ボックスを選択する。
Ctrl + N	新しいウィンドウを開く。
Ctrl + P	Web ページなどの印刷を行う画面を表示する。
Ctrl + R / Ctrl + F5	Web ブラウザーなどで表示を更新する。
Ctrl + W	作業中のウィンドウを閉じる。
Ctrl + −	画面表示を縮小する。
Ctrl + +	画面表示を拡大する。
Ctrl + Alt + Delete	ロックやタスクマネージャーの起動が行える画面を表示する。
Ctrl + Shift + N	エクスプローラーでは、フォルダーを作成する。Web ブラウザーでは、新しいInPrivateウィンドウ（シークレットモード）を開く。
Ctrl + Shift + Esc	[タスクマネージャー] を表示する。
Ctrl + Shift + Tab	Web ブラウザーで後方のタブへ移動する。
Ctrl + Tab	Web ブラウザーで前方のタブへ移動する。
Esc	現在の操作を取り消す。
F2	選択した項目の名前を変更する。
F11	アクティブウィンドウを全画面表示に切り替える。
Print Screen	画面を撮影してクリップボードにコピーする。
Shift + ↑↓←→	ウィンドウ内やデスクトップ上の複数の項目を選択する。
Shift + Delete	選択した項目をゴミ箱に移動せずに削除する。
Shift + F10	選択した項目のショートカットメニューを表示する。

Word用語集

Microsoft 365 (マイクロソフトサンロクゴ)

Office製品のパッケージ版を購入するのではなく、月額や年額を支払って使用するサブスクリプション版の新しいOfficeのことです（以前からあるOffice 365サブスクリプションのサービスも提供されています）。個人用（Personal）とビジネス用（Family）があり、個人用ではPC、Mac、iPhone、iPad、Androidで最大5台までインストールして利用できます。

Microsoft Search (マイクロソフトサーチ)

Word画面の上部中央にある検索ボックスの機能です。ボックスをクリックするだけで、最近利用した操作やおすすめ操作などが表示されます。キーワードを入力すると、最適な操作やヒント情報の表示、さらにドキュメント内の検索も行います。

Microsoft (マイクロソフト) アカウント

マイクロソフトが提供するOneDrive、Word OnlineなどのWebサービスや各種アプリを利用するために必要な権利のことをいいます。マイクロソフトのWebサイトで取得できます（無料）。　　　**参考▶Q 009**

Office (オフィス)

マイクロソフトが開発・販売しているビジネス用のアプリをまとめたパッケージの総称です。ワープロソフトのWord、表計算ソフトのExcel、プレゼンテーションソフトのPowerPoint、電子メールソフトのOutlook、データベースソフトのAccessなどが含まれます。

OneDrive (ワンドライブ)

マイクロソフトが無料で提供しているオンラインストレージサービス（データの保管場所）です。最大5GBの容量を利用できます。　　　**参考▶Q 384**

PDF (ピーディーエフ) ファイル

アドビによって開発された電子文書の規格の1つです。レイアウトや書式、画像などがそのまま維持されるので、パソコンの環境に依存せず、同じ見た目で文書を表示することができます。Word文書をPDFファイルにすることもできます。　　　**参考▶Q 394**

SmartArt (スマートアート) グラフィック

アイディアや情報を視覚的な図として表現したものです。さまざまな図表の枠組みが用意されており、必要な文字を入力するだけで、グラフィカルな図表をかんたんに作成できます。　　　**参考▶Q 313**

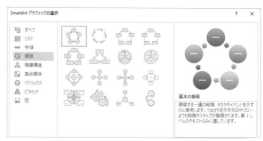

Word Online (ワードオンライン)

インターネット上で利用できる無料のオンラインアプリです。インターネットに接続する環境があれば、どこからでもアクセスでき、Word文書を作成、編集、保存することができます。　　　**参考▶Q 404**

アウトライン

表示モードの1つで、見出しに順位を付けて文書を構成することをアウトライン化といい、各階層で折りたたんだり、展開したりして、文書を扱いやすくします。

アクセシビリティ

アクセシビリティとはどんな人にも利用できるものという意味です。文書においても同様で、Wordでは視覚や聴覚に障がいのある人にも読める文書かどうかをチェックする機能があります。　　　**参考▶Q 122**

アドイン

作業向上のために追加するツールのことです。Wordに組み込まれているものは［Wordのオプション］の［アドイン］で有効にでき、マイクロソフトのWebサイトからインストールするものがあります。

✏ インク数式

計算式を入力する際に、マウスやデジタルペンで手書き入力した計算式を自動認識し、テキストに変換する機能です。Word 2019では［描画］タブの［インクを数式に変換］、Word 2016では［挿入］タブの［数式］から表示できます。

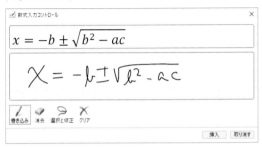

✏ 印刷プレビュー

印刷結果のイメージを画面で確認する機能です。実際に印刷する前に印刷プレビューで確認することで、印刷ミスを防ぐことができます。**参考▶Q 229**

✏ インデント

文書の左端（あるいは右端）から先頭文字（あるいは行の最終尾の文字）を内側に移動すること、またはその幅を指します。「字下げ」ともいいます。**参考▶Q 166**

✏ エクスポート

データをほかのアプリが読み込める形式に変換することです。［ファイル］タブのエクスポートでは、PDF形式などの変換を実行します。**参考▶Q 394**

✏ オートコレクト

英単語の先頭を大文字にしたり、2文字目を小文字にしたりするなど、特定の単語や入力ミスと思われる文字列を自動的に修正する機能です。**参考▶Q 064**

✏ オブジェクト

文字データ以外の、図や画像、表、ワードアート、テキストボックスなど総じてオブジェクトといいます。

✏ 改ページ

ページの途中で次ページに送ることです。通常、次ページに移動するには、Enter を押し続けて次ページまで移動しますが、改ページを挿入すると、すばやく次のペー

ジへ移動できます。**参考▶Q 193**

✏ 拡張子

ファイルの後半部分に「.」（ピリオド）に続けて付加される「docx」や「doc」「txt」などの文字列のことで、Windowsで扱うファイルを識別できます。**参考▶Q 376**

✏ 関数

特定の計算を行うために用意されている機能です。計算式を入力する際に、関数を利用することができます。

✏ 脚注

用語解説や記述に対するコメントなど補足事項を、ページの下部にメモとして挿入する機能です。該当する位置に番号が振られ、脚注文章が同じ番号で管理されます。**参考▶Q 133**

✏ 共有

同じ文書や写真などのファイルを複数のユーザーで編集したり、閲覧したりすることをいいます。文書をOneDriveに保存すると、インターネット経由で編集することができます。**参考▶Q 407**

✏ 均等割り付け

指定する文字数の幅で入力されている文字を均等に割り付けます。箇条書きの項目など、文字列の幅を揃える場合に利用します。**参考▶Q 154**

✏ クイックアクセスツールバー

よく使う機能をコマンドとして登録しておくことができる画面左上の領域のことです。タブを切り替えるより、つねに表示されているコマンドをクリックするだけですばやく操作できます。Word 2021の初期設定では非表示になっていますが、表示させたり、コマンドを追加したりすることができます。**参考▶Q 024～Q 026**

✏ グリッド線

レイアウト上で、文書に引かれた段落の横線のことです。図の移動の際、文章の段落の位置と揃える場合などに便利です。縦線の文字グリッド線も利用できます。**参考▶Q 299**

◆ クリップボード

コピーや切り取ったデータを一時的に保管しておく場所のことです。Office クリップボードには、Office の各アプリのデータを24個まで保管できます。**参考▶Q 100**

◆ グループ化

複数の図形などを1つの図形として扱えるようにまとめることをグループ化といいます。

◆ 互換性チェック

以前のバージョンのWordでサポートされていない機能を使用しているかどうかをチェックする機能です。互換性に関する項目がある場合は、[Microsoft Word互換性チェック]ダイアログボックスが表示されます。[ファイル]タブの[情報]の[互換性チェック]で行います。

◆ コメント

文書にメモを挿入できる機能です。共有する文書などでは、ほかの人のコメントに返答したりして、編集に関するやり取りができます。**参考▶Q 124, Q126**

◆ サインイン

ユーザー名とパスワードで本人の確認を行い、各種サービスや機能を利用できるようにすることです。「ログイン」「ログオン」などとも呼ばれます。

◆ 作業ウィンドウ

関連する設定機能をまとめたウィンドウのことです。[クリップボード]作業ウィンドウや、[スタイル]作業ウィンドウ、図形の詳細設定を行う[図形の詳細設定]作業ウィンドウなどがあります。**参考▶Q 207**

◆ 差し込み印刷

相手に渡す文書の宛名欄、はがきやラベルの住所欄、宛名欄などにフィールドを挿入して、住所録から差し込むことができる機能です。

◆ ショートカットキー

アプリの機能を画面上のコマンドで操作する代わりに、キーボードに割り当てられた特定のキーを押して操作することです。本書では、P.502に主なショートカットキーを掲載しています。

◆ 書式

Wordで作成した文書や表、図などの見せ方を設定するものです。フォント、フォントサイズ、フォントの色など文字に対する設定を文字書式、段落記号やインデントなど段落に対する設定を段落書式といいます。

◆ スクリーンショット

デスクトップ上にあるウィンドウを画像として保存（スナップショット）して、Wordの文書に貼り付ける機能です。Webページの地図などを貼り付ける際に便利です。

◆ スタイル

文字列や段落、文書を対象にして書式設定した形式をスタイルと呼びます。Wordにははじめからいくつかのスタイルが用意されています。**参考▶Q 181**

◆ セクション

ページ設定は、セクション単位で行います。通常は1文書を1セクションとして設定しますが、文書内をセクションで区切れば、1つの文書内で用紙サイズを変えたり、縦書きと横書きのページにしたりといったことが可能です。**参考▶Q 196**

◆ ダイアログボックス

Wordの詳細設定を行うウィンドウです。また、システム側からの確認のメッセージなどが通知される場合もあります。詳細設定を行うためのダイアログボックスは、各タブのグループの右下にある[ダイアログボックス起動ツール]をクリックしたり、メニューの末尾にある項目をクリックしたりすると表示されます。**参考▶Q 206**

◆ タイトルバー

ウィンドウの最上部に表示されるバーのことをいいます。作業中の文書ファイルやアプリの名前などが表示されます。

◆ タッチモード

タッチパネル対応のパソコンで、タッチ操作がしやすいようにコマンドの間隔を広げる表示モードです。クイックアクセスツールバーを表示して、[クイックアクセスツールバーのユーザー設定]▽ をクリックし、[タッチ/マウスモードの切り替え]をクリックすると切り替えられます。

◆ タブ（編集記号）

段落内での文字位置を設定するために挿入されるものです。[Tab]を押してタブを挿入すると、基本は4文字単位で先頭文字が配置されますが、ルーラー上をクリックするとタブ位置を指定できます。箇条書きや段落内で複数の文字列を区切りたいときに利用すると、先頭位置が揃うので便利です。　　　　　　**参考▶Q 173**

◆ タブ（リボン）

Wordの機能を実行するためのもので、タブの数はバージョンによって異なります。それぞれのタブには、コマンドが用途別にグループに分かれて配置されています。このほか、表や図、画像などを選択すると、編集が可能なタブが新たに表示されます。　　　　　　**参考▶Q 015**

◆ テーマ

配色とフォント、効果を組み合わせた書式のことです。テーマを変えると文書全体のデザインがまとめて変更されます。配色やフォントなど個別に変更することもできます。　　　　　　**参考▶Q 199**

◆ テキストボックス

自由な位置に配置できるボックスで、縦書きと横書きのほか、いくつかのデザインも用意されています。図形と同様に、塗りつぶしなどの書式設定ができます。　　　　　　**参考▶Q 306**

◆ テンプレート

定型文書のひな型となるファイルのことです。書式やデザインが設定されているので、目的の様式に変更するだけで済み、白紙の状態から作成するより効率的です。Word では、[ファイル]タブの [新規]からテンプレートを選択できます。

◆ ドキュメント検査

作成したWordの文書には、作成者名などが自動的に登録されます。[ファイル]タブの[情報]にある [ドキュメント検査]では、個人情報があるかどうかを検査し、それらの情報を削除することができます。**参考▶Q 395**

◆ ナビゲーションウィンドウ

文書内のキーワード検索を行う際に利用します。また、見出しにスタイルやレベルを設定しておくと、見出しのみを表示でき、文書内の構造を把握できます。

参考▶Q 103

◆ 入力オートフォーマット

入力中や作業中に自動で行われる処理のことをいいます。たとえば、メールアドレスやURLを入力すると自動的にハイパーリンクが設定されたり、「拝啓」と入力すると「敬具」が自動的に入力されたりするのはこの機能によるものです。　　　　　　**参考▶Q 086**

◆ 入力モード

日本語や英数字の入力を切り替えるためのIME（Input Method Editor）の機能です。タスクバーにある入力モードをクリックして切り替えます。　**参考▶Q 032**

◆ バージョン

アプリの仕様が変わった際に、それを示す数字や文字のことです。通常は、数字が大きいほど新しいものであることを示します。新しいバージョンに代わることを「バージョンアップ」や「アップグレード」といいます。Wordの場合は、「2010」→「2013」→「2016」→「2019」→「2021」のようにバージョンアップされています。

配置ガイド

図や画像を移動する際に、文書の中央位置、上下左右の端、段落にいくと、表示される緑色の線のことで、利用するには[レイアウト]タブの[配置]の[配置ガイドの使用]をオンにします。

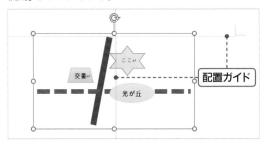

ハイパーリンク

文字列や画像にほかの文書やホームページのURLなどの情報を関連付ける機能です。クリックするだけで、特定のファイルを開いたり、ホームページを開いたりできます。単に「リンク」ともいいます。　**参考▶Q 073**

パスワード

正規の利用者であることを証明するために入力する文字列のことです。パスワードを使用して、文書を保護することもできます。　**参考▶Q 396**

バックアップファイル

本体の保存先以外に、ほかのドライブやフォルダー、USBなどの外部記憶装置にコピーしておくファイルのことです。ファイルを誤って削除してしまったり、何らかの原因でファイルが壊れてしまった場合に備えて、保存しておきます。　**参考▶Q 400**

ハンドル

図形や画像、テキストボックス、ワードアートなどをクリックしたときに周囲に表示されるマークのことです。ハンドル部分をドラッグしてサイズを変更したり、回転ハンドルをドラッグして回転させたりします。　**参考▶Q 282**

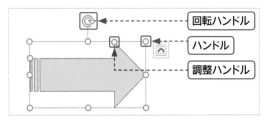

表示モード

Wordには、閲覧モード、印刷レイアウト、Webページ、アウトライン、下書きの5つの表示モードが用意されています。　**参考▶Q 200**

標準フォント

Wordで使用される基準のフォントのことです。Word 2013以前は「MS明朝」でしたが、現在は「游明朝」です。　**参考▶Q 150**

ピン留め

その位置に留めておく操作を「ピン留め」といいます。タスクバーにWordのアイコンをピン留めすると、Wordをすばやく起動できます。[開く]画面でファイルをピン留めしておくこともできます。　**参考▶Q 011**

フィールド

文書内に埋め込むスペース（ブレースホルダー）のことです。ページ番号、差し込み印刷の各項目、数式の挿入欄など、各機能を利用すると自動的に挿入されます。　**参考▶Q 252**

フォーカス

Word 2021の新機能で、文章に集中させるために1～数行のみを表示させる表示方法です。　**参考▶Q 200**

フッター

文書の下部余白部分に設定される情報、あるいはそのスペースをいいます。さまざまなデザインも用意されています。一般に、フッターにはページ番号や作成者名などを挿入します。　**参考▶Q 224**

プロパティ

特性や属性などの情報をまとめたものです。文書のプロパティには、ファイル名や作成日時、作成者などが自動的に保管されます。また、表のプロパティでは、表、行、列、セル単位で詳細な設定ができます。

文書の保護

文書内容を変更されたり、削除されたりしないように、特定の文書を保護する機能です。編集することができる人を指定することもできます。

ページ罫線

1ページ単位で文書の周りに罫線を配置する機能で、罫線の種類や色、絵柄を選択できます。

◆ ページ設定

作成する文書に対して、用紙サイズ、向き、1ページの文字数や行数、上下左右の余白などを設定することです。

◆ ページ番号

ページ番号は、ページの上下左右の余白部分に設定できます。「ページ」のほか「ページ／総ページ数」の形式で挿入することもできます。　　　　**参考▶Q 217, Q220**

◆ ヘッダー

文書の上部余白部分に設定される情報、あるいはそのスペースをいいます。一般に、ヘッダーには文書名や日付などのファイル情報を挿入します。　　**参考▶Q 224**

◆ 変更履歴

編集の操作履歴を記録して、変更した箇所を承認するか、取り消すかを判断し、最終的な文書を完成させる機能です。文書を複数人で作成する場合などに便利です。　　　　　　　　　　　　　　　　**参考▶Q 130**

◆ 編集記号

段落記号のほか、スペースやタブなど、文書内に挿入された操作を表示する記号です。　　　　**参考▶Q 089**

◆ ポイント

フォント（文字）の大きさを表す単位です。1pt（ポイント）は、1/72インチで約0.35mmです。Wordでの初期設定は10.5ptです。　　　　　　　　**参考▶Q 140**

◆ マクロ

一連の操作を自動的に実行できるようにする機能です。頻繁に使う操作を登録しておくと、作業が効率的に行えます。

◆ ミニツールバー

文字列を選択すると表示される小さなツールバーのことです。フォントやフォントサイズなど書式設定するための基本的なコマンドが用意されています。選択する対象によって、コマンドの内容も変わります。

◆ ユーザー定義

ユーザーが独自に定義する機能のことです。主に、余白などのページ設定や、スタイルなどで利用します。

◆ 予測入力

文字を入力しはじめると、入力履歴をもとに該当する文字を予測して入力文字候補を表示する機能です。これは、Microsoft IMEという日本語入力システムの機能です。表示させないようにすることも可能です。　　　　　　　　　　　　　　　　　　**参考▶Q 052**

◆ 読み取り専用

保存した内容を上書き保存できないように文書ファイルを保護する機能です。文書の閲覧はできても編集はできません。　　　　　　　　　　　**参考▶Q 380**

◆ ライセンス認証

ソフトウェアの不正コピーや不正使用などを防止するための機能です。ライセンス認証の方法は、Officeのバージョンや製品の種類、インターネットに接続しているかどうかによっても異なります。　　**参考▶Q 007**

◆ リアルタイムプレビュー

フォントやフォントサイズ、図形の塗りつぶしの色、枠線などを設定する際に、マウスポインターをメニューに合わせると、結果が一時的に適用される機能です。

◆ ルーラー

文字位置を設定する際に利用する目盛りで、タブやインデントと組み合わせて使用します。Wordの初期設定では表示されていません。　　　　　**参考▶Q 204**

◆ ワイルドカード

あいまいな用語を検索する際に利用する特殊文字のことです。任意の文字列を表す「*」（半角のアスタリスク）と、任意の1文字を表す「?」（半角のクエスチョン）などがあります。　　　　　　　　　　　**参考▶Q 108**

Excel用語集

◆ 3-D（スリーディー）参照

連続しているワークシートの同じセル位置を参照する参照方式のことをいいます。3D参照を使用して複数のワークシートを集計することもできます。この場合、複数のワークシートの同じ位置のセルを串刺ししているように見えることから「串刺し計算」とも呼ばれます。

参考▶Q 632

◆ 3D（スリーディー）モデル

3D（3次元）で作成された立体の画像データのことです。Excel 2019以降では、3D画像をパソコン内のファイルやオンラインソースからダウンロードして挿入することができます。挿入した3D画像は、任意の方向に回転させたり、上下に傾けて表示させたりできます。[挿入]タブの[図]から[3Dモデル]をクリックして、挿入します。

オンライン3Dモデル

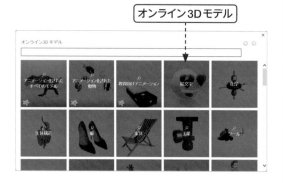

◆ Backstage（バックステージ）ビュー

[ファイル]タブをクリックしたときに表示される画面のことをいいます。Backstageには、新規、開く、保存、印刷などといったファイルに関する機能や、Excelの操作に関するさまざまなオプションが設定できる機能が搭載されています。

◆ Excel 97-2003ブック

Excel 97/2000/2002/2003に対応したファイル形式（拡張子「.xls」）のことです。Excel 2007からは新しいファイル形式（拡張子「.xlsx」）が採用されたため、Excel 2003以前のバージョンでブックを利用する場合は、[Excel 97-2003ブック]形式で保存する必要があります。

参考▶Q 893

◆ Excel Online（エクセルオンライン）

インターネット上で利用できる無料のオンラインアプリです。インターネットに接続する環境があれば、どこからでもアクセスでき、Excel文書を作成、編集、保存することができます。

参考▶Q 938, Q 939

◆ IME（アイエムイー）パッド

手書きで文字を描いて検索したり、文字一覧や総画数、部首などから文字を検索したりするためのツールです。タスクバーの入力モードを右クリックして[IMEパッド]をクリックすると、表示されます。IMEはInput Method Editorの略で、パソコン上で日本語などを入力するためのアプリです。

IMEパッドの文字一覧

◆ Microsoft 365（マイクロソフトサンロクゴ）

月額や年額の金額を支払って使用するサブスクリプション版のOfficeのことです。ビジネス用と個人用があり、個人用はMicrosoft 365 Personalという名称で販売されています。Windowsパソコン、Mac、タブレット、スマートフォンなど、複数のデバイスに台数無制限にインストールできます。

参考▶Q 004

◆ Microsoft（マイクロソフト）アカウント

マイクロソフトがインターネット上で提供するOneDriveやExcel OnlineなどのWebサービスや各種アプリを利用するために必要な権利のことをいいます。マイクロソフトのWebサイトから無料で取得できます。

参考▶Q 007

Office（オフィス）

マイクロソフトが開発・販売しているビジネス用のアプリをまとめたパッケージの総称です。表計算ソフトのExcel、ワープロソフトのWord、プレゼンテーションソフトのPowerPoint、電子メールソフトのOutlook、データベースソフトのAccessなどが含まれます。

OneDrive（ワンドライブ）

マイクロソフトが無料で提供しているオンラインストレージサービス（データの保管場所）です。標準で5GBの容量を利用できます。 **参考▶Q 927**

PDF（ピーディーエフ）ファイル

アドビ社によって開発された電子文書の規格の1つです。レイアウトや書式、画像などがそのまま維持されるので、パソコン環境に依存せずに、同じ見た目で文書を表示できます。 **参考▶Q 896**

POSA（ポサ）カード

支払いが確定した時点で商品を有効化するシステムのことです。Office 2021/2019/2016やMicrosoft 365 PersonalはPOSAカードとダウンロード版の2種類の形態で販売されています。POSAカードで購入した場合は、レジを通すことでプロダクトキーが有効になります。インストールする際に、マイクロソフトのWebサイトでプロダクトキーを入力してダウンロードし、インストールします。

Power Query（パワークエリ）

Excelのテーブルやセル範囲、テキスト／CSV／PDF形式のデータファイル、外部のデータベース、Webサイト上にあるデータなどからデータを取り込むための機能です。取り込んだデータを変換したり、加工したりして、Excelにテーブル形式で読み込みます。

SmartArt（スマートアート）グラフィック

アイディアや情報を視覚的な図として表現したものです。さまざまな図表の枠組みが用意されており、必要な文字を入力するだけで、グラフィカルな図表をかんたんに作成できます。

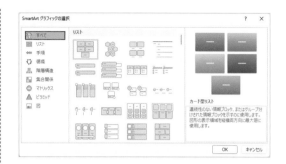

SVG（エスブイジー）ファイル

SVG（Scalable Vector Graphics）ファイルは、ベクターデータと呼ばれる点の座標とそれを結ぶ線で再現される画像です。ファイルサイズが小さく、拡大／縮小しても画質が劣化しないという特徴があります。Excel 2021/2019ではSVG形式のアイコンが多数用意されており、ワークシートにかんたんに挿入することができきます。

SVG形式のアイコン

アイコンセット

ユーザーが値を指定しなくても、選択したセル範囲の値を自動計算し、データを相対評価してくれる条件付き書式機能の1つです。値の大小に応じて、セルに3〜5種類のアイコンを表示します。 **参考▶Q 607**

	A	B	C	D	E	F	G
1	下半期商品区分別売上						
2		品川	新宿	中野	目黒		
3	キッチン	5,340	5,800	5,270	3,820		
4	収納家具	4,330	4,510	4,230	3,080		
5	ガーデン	3,310	3,630	3,200	2,650		
6	防災	800	860	770	1,080		
7	合計	13,780	14,800	13,470	10,630		
8							

アウトライン

データをグループ化する機能のことです。アウトラインを作成すると、アウトライン記号を利用して、各グループを折りたたんで集計行だけを表示したり、展開して詳細データを表示したりできます。

参考▶Q 836, Q 837

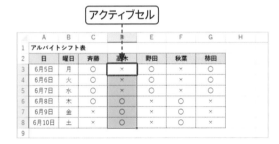

アウトライン記号

アクティブセル

現在操作の対象となっているセルをいいます。複数のセルを選択した場合は、その中で白く表示されているのがアクティブセルです。

参考▶Q 412

アクティブセル

アクティブセル領域

アクティブセルを含む空白行と空白列で囲まれた矩形のセル範囲をいいます。表のすぐ上に表見出しがある場合は、その見出しも含めた範囲がアクティブセル領域です。

参考▶Q 492

アドイン

Excelにコマンドや機能を追加するツールのことです。Excelに組み込まれているものや、マイクロソフトのWebサイトからダウンロードしてインストールするものがあります。あらかじめ組み込まれているアドインは、[Excelのオプション]ダイアログボックスの [アドイン]から有効にできます。

インク数式

デジタルペンやポインティングデバイス、マウス、指を使って手書きで入力した数式を自動認識し、数式に変換する機能です。インク数式で入力した数式は画像データとして扱われます。

印刷プレビュー

印刷結果のイメージを画面で確認する機能です。実際に印刷する前に印刷プレビューで確認することで、印刷の無駄を省くことができます。

参考▶Q 841

インデント

セル内のデータとセル枠線との間隔を広くする機能のことです。インデントを利用すると、セルに入力した文字列の左に1文字分ずつ空白を入れることができます。

参考▶Q 576

インデント

エラーインジケーター

入力した数式が正しくない場合や、計算結果が正しく求められない場合などにセルの左上に表示される記号です。数式のエラーがある場合は、エラーの内容に応じたエラー値が表示されます。

参考▶Q 644

エラーインジケーター

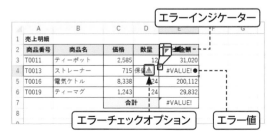

エラーチェックオプション　エラー値

514

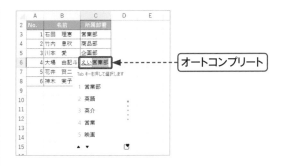

オートコンプリート

◆ エラー値

セルに入力した数式や関数に誤りがあったり、計算結果が正しく求められなかったりした場合に表示される「#」で始まる記号のことです。#VALUE!、#NAME?、#DIV/0!、#N/A、#NULL!、#NUM!、#REF!など、原因に応じて表示される記号が異なります。 参考▶Q 643

◆ エラーチェックオプション

エラーインジケーターが表示されたセルをクリックすると表示されます。このコマンドを利用すると、エラーの内容に応じた修正などを行うことができます。 参考▶Q 644

◆ 演算子

数式で使う計算の種類を表す記号のことです。Excelで使う演算子には、四則演算などを行うための算術演算子、2つの値を比較するための比較演算子、文字列を連結するための文字列連結演算子、セルの参照を示すための参照演算子の4種類があります。

◆ オートSUM(サム)

クリックするだけで計算対象のセル範囲を自動的に認識し、合計が求められるしくみのことです。計算結果が表示されたセルにはSUM関数が入力されます。 参考▶Q 660

◆ オートコレクト

英単語の2文字目を小文字にしたり、先頭の文字を大文字にしたりするなど、特定の単語や入力ミスと思われる文字列を自動的に修正する機能です。 参考▶Q 448, Q 454

◆ オートコンプリート

文字の入力中、同じ読みから始まるデータが自動的に入力候補として表示されるしくみのことです。[Enter]を押すと、表示されたデータが入力されます。オートコンプリートをオフにすることもできます。 参考▶Q 437, Q 438

◆ オートフィル

セルに入力したデータをもとにして、ドラッグ操作で連続するデータや同じデータを入力したり、数式をコピーしたりする機能です。オートフィルを行ったあとに表示される[オートフィルオプション]を利用して、オートフィルの動作を変更することもできます。 参考▶Q 475, Q 477

オートフィルオプション

◆ オートフィルター

指定した条件に合ったものを絞り込むための機能です。データベース形式の表にフィルターを設定すると、列見出しにフィルターボタンが表示され、オートフィルターが利用できるようになります。 参考▶Q 794

フィルターボタン

	A 日付	B 商品名	C 数量	D 価格	E 合計	F	G
3	5月10日	シウマイ弁当	81	820	66,420		
4	5月11日	ステーキ弁当	98	1,280	125,440		
8	5月13日	ステーキ弁当	59	1,280	75,520		
10	5月14日	ステーキ弁当	95	1,280	121,600		
13	5月16日	ステーキ弁当	98	1,280	125,440		

◆ オブジェクト

セルに入力されているデータ以外の図形やグラフ、画像、テキストボックスなどをいいます。

◆ カーソル

セルに文字を入力したり、セルをダブルクリックしたりすると、縦棒が表示されます。この縦棒をカーソルといい、文字の入力や編集するときの目安となります。マウスポインターのことをカーソルと呼ぶ場合もあります。 参考▶Q 417

◆ 改ページ

印刷時にページを改めて、続きを次のページから印刷することをいいます。Excelでは、1ページに収まらないデータを印刷すると自動的に改ページされますが、目的的位置で改ページされるように手動で設定することもできます。

参考▶Q 851

◆ 改ページプレビュー

文書を印刷したときに、どの位置で改ページされるかが表示される画面です。改ページ位置は破線で表示されます。破線をドラッグすることで、改ページ位置を変更することもできます。

参考▶Q 851, Q 863

	A	B	C	D	E	F	G	H	I
31									
32									
33	下半期商品区分別売上（中野）								
34									
35		キッチン	収納家具	ガーデン	防災	合計			
36	10月	903,350	705,360	503,500	185,400	2,297,610			
37	11月	859,290	705,620	489,000	150,060	2,203,970			
38	12月	905,000	705,780	501,200	70,500	2,182,480			
39	1月	803,350	605,360	403,500	90,400	1,902,610			
40	2月	900,290	705,620	609,000	180,060	2,394,970			
41	3月	903,500	805,780	701,200	90,500	2,500,980			
42	下半期計	5,274,780	4,233,520	3,207,400	766,920	13,482,620			
43	売上平均	879,130	705,587	534,567	127,820	2,247,103			
44	売上目標	5,200,000	4,300,000	3,200,000	750,000	13,450,000			
45	差額	74,780	-66,480	7,400	16,920	32,620			
46	達成率	101.44%	98.45%	100.23%	102.26%	100.24%			

改ページ位置

◆ 拡張子

ファイルの後半部分に「.」（ピリオド）に続けて付加される「.txt」や「.xlsx」「.docx」などの文字列のことです。Windowsで扱うファイルを識別できます。Windowsの初期設定では、拡張子は表示されないようになっています。

◆ 可視セル

非表示にした列や行に含まれるセルに対して、ワークシート上に見えているセルだけをいいます。

参考▶Q 840

◆ カラースケール

ユーザーが値を指定しなくても、選択したセル範囲の値を自動計算し、データを相対評価してくれる条件付き書式機能の1つです。値の大小に応じて、セルを色分けします。

参考▶Q 607

	A	B	C	D	E	F	G
1	下半期商品区分別売上						
2		品川	新宿	中野	目黒		
3	キッチン	5,340	5,800	5,270	3,820		
4	収納家具	4,330	4,510	4,230	3,080		
5	ガーデン	3,310	3,630	3,200	2,650		
6	防災	800	860	770	1,080		
7	合計	13,780	14,800	13,470	10,630		

◆ カラーリファレンス

数式内のセル参照とそれに対応するセル範囲に色を付けて、対応関係を示す機能です。数式の中で複数のセルを参照している場合は、それぞれが異なる色で表示されます。グラフの場合も、グラフをクリックすると、データ範囲を示すカラーリファレンスが表示されます。

参考▶Q 626, Q 756

	A	B	C	D	E	F	G
1	地区別売上実績						
2		東地区	西地区	合計			
3	1月	15,370	7,480	22,850			
4	2月	13,270	8,410	21,680			
5	3月	15,550	7,740	23,290			
6	四半期計	=B3+B4+B5	23,630	67,820			
7							

◆ 関数

特定の計算を行うためにExcelにあらかじめ用意されている機能のことです。関数を利用すると、複雑で面倒な計算や各種作業をかんたんに処理できます。文字列操作、日付／時刻、検索／行列、数学／三角など、たくさんの種類の関数が用意されています。

参考▶Q 648

◆ 行

ワークシートの横方向のセルの並びをいいます。行の位置は数字（行番号）で表示されます。1枚のワークシートには、最大1,048,576行あります。

◆ 共有

同じブックを複数のユーザーで同時に編集する機能のことをいいます。Excelではブックをオンラインに保存すると、インターネット経由で同時に編集することができます。OneDriveから共有したり、Excelから共有したりできます。

参考▶Q 931, Q 936

◆ 均等割り付け

セル内の文字をセル幅に合わせて均等に配置する機能のことです。表の行見出しなどに利用すると、見栄えのよい表が作成できます。

参考▶Q 581

均等割り付け

	A	B	C	D	E	F
1	紅茶人気プレゼント					
2	商品番号	商品名	単価	消費税	表示価格	
3	TG101	Tea トライアルセット	3,250	325	3,575	
4	TG102	フレーバーティー	3,250	325	3,575	
5	TG103	フルーツシリーズ	1,290	129	1,419	
6	TG104	Teaセットギフトボックス	6,450	645	7,095	
7	TG105	生紅茶6種セット	3,250	325	3,575	
8						

◆ クイックアクセスツールバー

よく使う機能をコマンドとして登録しておくことができる領域です。クリックするだけで必要な機能を実行できるので、タブを切り替えて機能を実行するよりすばやく操作できます。Excel 2021では、クイックアクセスツールバーの表示／非表示を切り替えることができます。　　　　　　　　　　　　　　**参考▶Q 024, Q 025**

クイックアクセスツールバー

◆ クイック分析

データをすばやく分析できる機能をいいます。セル範囲を選択すると、右下に［クイック分析］コマンドが表示されます。このコマンドをクリックして表示されるメニューから合計を計算したり、条件付き書式、グラフ、テーブルなどをすばやく作成したりすることができます。

クイック分析

	A	B	C	D	E	F	G	H
2		吉祥寺	府中	八王子	立川	合計		
3	1月	3,580	2,100	1,800	3,200	10,680		
4	2月	3,920	2,490	2,000	2,990	11,400		
5	3月	3,090	2,560	2,090	3,880	11,620		
6	四半期計	10,590	7,150	5,890	10,070	33,700		

書式設定(F)　グラフ(C)　合計(O)　テーブル(T)　スパークライン(S)

データバー　カラー　アイコン　指定の値　上位　クリア...

条件付き書式では、目的のデータを強調表示するルールが使用されます。

◆ グラフエリア

グラフ全体の領域をいいます。グラフを選択するときは、グラフエリアをクリックします。

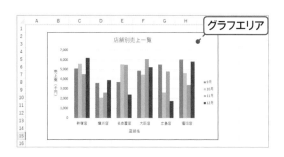

グラフエリア

店舗別売上一覧

◆ グラフシート

グラフのみが表示されるワークシートのことです。グラフだけを印刷したり、もとのデータとは別にグラフだけを表示したりするときに利用します。

◆ クリップボード

コピーや切り取ったデータを一時的に保管しておく場所のことです。Office クリップボードには、Office の各アプリケーションのデータを24個まで保管できます。　　　　　　　　　　　　　　　　　　**参考▶Q 498**

◆ グループ化

複数の図形を1つの図形として扱えるようにまとめることをいいます。また、複数のワークシートに同じ表を作成したり、表に同じ書式を設定したりできるようにまとめることもグループ化といいます。

◆ 互換性関数

Excel 2007以前のバージョンとの互換性を保つために、古い名前の関数が引き続き使用できるように用意されている関数のことです。［数式］タブの［その他の関数］から利用できます。　　　　　　　　　　　**参考▶Q 651**

◆ 互換性チェック

以前のバージョンのExcelでサポートされていない機能が使用されているかどうかをチェックする機能です。互換性に関する項目がある場合は、［互換性チェック］ダイアログボックスが表示されます。　　　　　　　**参考▶Q 895**

◆ 個人用マクロブック

Excelの起動時に非表示の状態で自動的に開かれるマクロ保存専用のブックです。通常、作成したマクロは、「作業中のブック」に保存されます。この場合にマクロを実行するには、マクロを保存したブックを開いておく必要がありますが、「個人用マクロブック」に保存しておけば、そのマクロをいつでも実行することができます。

◆ 再計算

セルのデータや数式を変更すると、計算結果が自動的に更新される機能のことです。Excelの初期状態では、再計算が自動で行われるように設定されています。

参考▶Q 635

◆ サインイン

ユーザー名とパスワードで本人の確認を行い、各種サービスや機能を利用できるようにすることです。「ログイン」「ログオン」などとも呼ばれます。Microsoftアカウントでサインインすると、OneDriveやExcel Onlineを利用することができます。

参考▶Q 926

◆ 作業ウィンドウ

関連する設定機能をまとめたウィンドウのことです。[クリップボード]作業ウィンドウや、グラフの編集を行う際に表示される[軸の書式設定]作業ウィンドウなどがあります。

参考▶Q 498, Q 764

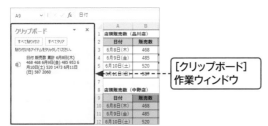

[クリップボード]作業ウィンドウ

◆ サブスクリプション

アプリなどの利用期間に応じて月額や年額の料金を支払うしくみのことをいいます。毎月あるいは毎年料金を支払えば、ずっと使い続けることができます。

◆ 算術演算子

数式の中で算術演算に用いられる記号のことです。単に「演算子」ともいいます。「＋」(足し算)、「－」(引き算)、「＊」(かけ算)、「／」(割り算)などがあります。

参考▶Q 616

◆ 参照演算子

数式の中でセルの参照を示すために用いられる記号のことです。「:」(コロン)、「,」(カンマ)などがあります。

参考▶Q 649

◆ シートの保護

データが変更されたり削除されたりしないように、保護する機能のことです。ワークシート全体を変更できないようにしたり、特定のセル以外を編集できないようにしたりと、目的に応じて設定できます。

参考▶Q 911, Q 914

◆ シート見出し

ワークシートの名前が表示される部分です。ワークシートを切り替える際に利用します。名前を変更したり、色を付けたりすることもできます。

参考▶Q 528, Q 531

◆ 自動集計

データをグループ化して、その小計や総計を自動的に集計する機能のことです。あらかじめ集計するフィールドを基準に表を並べ替えておき、[データ]タブの[小計]をクリックすると、表に小計行や総計行が自動的に挿入され、データが集計されます。

参考▶Q 836

◆ 循環参照

セルに入力した数式がそのセルを直接または間接的に参照している状態のことをいいます。循環参照していると、正しい計算ができません。

参考▶Q 647

◆ 条件付き書式

指定した条件に基づいてセルを強調表示したり、データを相対的に評価してカラーバーやアイコンを表示して視覚化したりする機能のことです。

参考▶Q 605

ショートカット

Windowsで別のドライブやフォルダーにあるファイルを呼び出すために機能するアイコンのことです。ショートカットの左下には矢印が付きます。「ショートカットアイコン」とも呼ばれます。

ショートカットキー

アプリの機能を画面上のコマンドから操作するかわりに、キーボードに割り当てられた特定のキーを押して操作することです。入力時など、マウスやタッチで操作するよりも、短時間で実行できます。

書式

Excelで作成した文書や表の見せ方を設定するものです。文字サイズやフォント、文字色、セルの背景色、表示形式、文字配置など、さまざまな書式が設定できます。

書式の設定例

	A	B	C	D	E	F	G
1			下半期売上実績				
2							
3			2022年度		2023年度		
4		前年度	今年度	前年度	今年度		
5	吉祥寺	18,750	20,210	20,210			
6	府中	13,240	13,680	13,680			
7	八王子	10,950	11,430	11,430			
8	立川	10,020	10,550	10,550			

書式記号

セルの表示形式で利用される書式を表す記号のことをいいます。たとえば、「8月8日」と表示されているセルに「mm/dd」という表示形式を設定すると、「08/08」という表示に変わります。この場合の「mm」や「dd」が書式記号です。

参考▶Q 569

シリアル値

Excelで日付と時刻を管理するための数値のことです。日付のシリアル値は、「1900年1月1日」から「9999年12月31日」までの日付に1～2958465までの値が割り当てられます。時刻の場合は、「0時0分0秒」から「翌日の0時0分0秒」までの24時間に0から1までの値が割り当てられます。

参考▶Q 695

数式

数値やセル参照、演算子などを組み合わせて記述する計算式のことです。はじめに「＝」(等号)を入力することで、そのあとに入力する数値や算術演算子が数式として認識されます。

参考▶Q 614

数式オートコンプリート

関数を直接入力する際に、関数を1文字以上入力すると表示される入力候補のことをいいます。

参考▶Q 653

	A	B	C	D	E	F
1	関東地区ブロック別販売数					
2	ブロック名	什器備品セット1	什器備品セット2			
3	北関東	68	71			
4	東 京	93	89			
5	南関東	85	83			
6	平均販売数	=AV				
7		AVEDEV				
8		AVERAGE	引数の平均値を返します。引数には、数値、数値を含む名前、配列、セル参照を指定			
9		AVERAGEA				
10		AVERAGEIF				
11		AVERAGEIFS				
12						

数式オートコンプリート

数式バー

現在選択されているセルのデータや数式を表示したり、編集したりする場所です。セルの表示形式を変更した場合でも、数式バーにはもとの値が表示されます。

数式バー

ズームスライダー

画面の表示倍率を拡大、縮小する機能です。ズームスライダーのつまみを左右にドラッグするか、スライダーの左右にある[拡大]、[縮小]をクリックすると、10%～400%の間で表示倍率を変更できます。

縮小 **拡大**

ズームスライダー

スクリーンショット

デスクトップ上に表示しているウィンドウを画像として保存（スナップショット）して、ワークシートに貼り付ける機能です。[挿入]タブの[図]から[スクリーンショット]をクリックして、貼り付ける画像を指定します。

スクロールバー

ワークシートを上下や左右にスクロールする（動かす）際に使用するバーのことです。上下にスクロールするバーを「垂直スクロールバー」、左右にスクロールするバーを「水平スクロールバー」といいます。

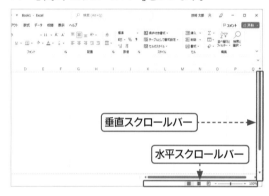

スクロールロック

アクティブセルを移動せずに、キーボード操作で画面をスクロールさせる機能のことをいいます。キーボードの Scroll Lock でオン／オフを切り替えることができます。

参考▶Q 427

スタイル

フォントやフォントサイズ、罫線、色などの書式があらかじめ設定されている機能のことです。セルのスタイルのほか、グラフ、ピボットテーブル、図形、画像などにもスタイルが用意されています。

参考▶Q 746, Q 834

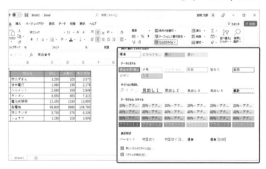

ステータスバー

画面下の帯状の部分をいいます。現在の入力モードや操作の説明などが表示されます。セル範囲をドラッグすると、平均やデータの個数、合計などが表示されます。

ステータスバー

スパークライン

セル内に表示できる小さなグラフのことをいいます。「折れ線」「縦棒」「勝敗」の3種類のグラフが作成できます。

スパークライン

スマート検索

調べたい用語などをExcelの画面で検索できる機能です。用語などを検索すると、Bingイメージ検索やウィキペディア、Web検索などのオンラインソースから情報が検索され、画面右側のウィンドウに表示されます。

スライサー

集計対象のデータを絞り込むための機能です。テーブルやピボットテーブルで利用できます。 参考▶Q 829

スライサー

絶対参照

参照するセルの位置を固定する参照方式のことです。数式をコピーしても、参照するセルの位置は変更されません。「$A$1」のように行番号と列番号の前に「$」を付けて入力します。

参考 ▶ Q 618, Q 623

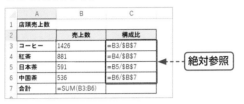

セル

ワークシートを構成する1つ1つのマス目のことをいいます。セルには数値や文字、日付データ、数式などを入力できます。

参考 ▶ Q 409

セル参照

数式内で数値のかわりに、セルの位置を指定することをいいます。セル参照を使うと、そのセルに入力されている値を使って計算が行われます。参照先のセルの数値が変わった場合、計算結果が自動的に更新されます。

参考 ▶ Q 618

セル番号

行番号と列番号を組み合わせて表すセルの位置のことをいいます。たとえば「C3」は、列番号「C」と行番号「3」との交差するセルの位置のことです。セル番地ということもあります。

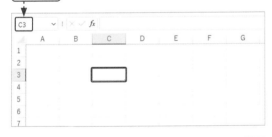

選択範囲の拡張モード

クリックするだけでセル範囲が選択されるモードのことです。このモードになったときはステータスバーに[選択範囲の拡張]と表示されます。大きい表を選択するときは便利ですが、意図せずに切り替わった場合は、再度 F8 を押すか Esc を押すと解除されます。

参考 ▶ Q 426

操作アシスト

使用したい機能などを検索する機能です。Excel 2021では画面の上部に表示されている[検索]ボックス、Excel 2019/2016ではタブの右側に「何をしますか」と表示されているボックスにキーワードを入力すると、関連する項目が表示され、使用したい機能をすぐに見つけて操作できます。ヘルプを表示することもできます。

参考 ▶ Q 028

相対参照

数式が入力されているセルを基点として、ほかのセルの位置を相対的な位置関係で指定する参照方式のことです。数式が入力されたセルをコピーすると、参照するセルの位置が自動的に変更されます。通常はこの参照方式が使われます。

参考 ▶ Q 618, Q 622

ダイアログボックス

Excelの詳細設定を行ったり、システム側からの確認のメッセージなどが通知されたりする際に表示されるウィンドウです。詳細設定を行うためのダイアログボックスは、各タブのグループの右下にあるダイアログボックス起動ツールをクリックしたり、メニューの末尾にある項目をクリックしたりすると表示されます。

タイトルバー

ウィンドウの最上部に表示されるバーのことをいいます。作業中のファイル名やアプリの名前などが表示されれます。

◆ タイムライン

ピボットテーブルで、日付データの絞り込みに使用する機能です。タイムラインを利用するには、日付フィールドが必要です。

参考 ▶ Q 827

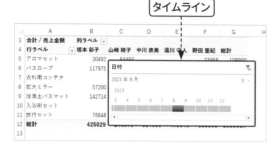

◆ タスクバー

Windowsの画面の下に表示されている横長のバーのことです。起動中のアプリのアイコンや現在の時刻、日付などが表示されます。頻繁に使うアプリのアイコンを登録しておくことができます。

タスクバー

◆ タッチキーボード

タッチ操作対応のパソコンで、画面上に表示されるキーボードのことをいいます。通常は入力欄をタップすると表示されますが、表示されない場合は、タスクバーにある [タッチキーボード] 🖮 をタップします。

◆ タッチモード

タッチ操作対応のパソコンで、操作がしやすいようにコマンドの間隔を広げる表示モードです。クイックアクセスツールバーの [タッチ／マウスモードの切り替え] をクリックして切り替えます。このコマンドが表示されていない場合は、[クイックアクセスツールバーのユーザー設定] から表示します。

◆ タブ

Excelの機能を実行するためのものです。タブの数は、Excelのバージョンによって異なりますが、Excel 2021では9個（あるいは10個）のタブが表示されています。それぞれのタブにはコマンドが用途別のグループに分かれて配置されています。そのほかのタブは作業に応じて新しいタブとして表示されるようになっています。

参考 ▶ Q 015

◆ データ系列

データをグラフ化するときの、もとデータの同じ行または同じ列にあるデータの集まりのことです。折れ線グラフの場合は同じ色の1本の線がデータ系列です。棒グラフの場合は同じ色の棒になるデータが系列です。

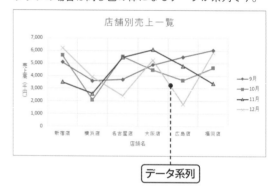

データ系列

◆ データの入力規則

セルに入力する数値の範囲を制限したり、データが重複して入力されるのを防いだり、入力モードを自動的に切り替えたりする機能です。セルにドロップダウンリストを設定して、入力するデータをリストから選択させることもできます。

参考 ▶ Q 481, Q 484

◆ データバー

ユーザーが値を指定しなくても、選択したセル範囲の値を自動計算し、データを相対評価してくれる条件付き書式機能の1つです。値の大小に応じて、セルにグラデーションや単色でカラーバーを表示します。

参考 ▶ Q 607

	A	B	C	D	E	F	G
1	下半期商品区分別売上						
2		品川	新宿	中野	目黒		
3	キッチン	5,340	5,800	5,270	3,820		
4	収納家具	4,330	4,510	4,230	3,080		
5	ガーデン	3,310	3,630	3,200	2,650		
6	防災	800	860	770	1,080		
7	合計	13,780	14,800	13,470	10,630		
8							

◆ データベース

住所録や売上台帳、蔵書管理など、さまざまな情報を一定のルールで蓄積したデータの集まりのことをいいます。また、データを管理するしくみ全体をデータベースと呼ぶこともあります。
Excel はデータベース専用のソフトではありませんが、表をリスト形式で作成することで、データベース機能を利用することができます。リスト形式の表とは、列ごとに同じ種類のデータが入力されていて、先頭行に列の見出しとなる列見出し（列ラベル）が入力されている一覧表のことです。

参考▶Q 780

◆ データマーカー

個々の数値を表すためのグラフ要素をいいます。特に折れ線グラフはデータポイントに●や■などの図形を表示できるようになっています。この図形をデータマーカーと呼びます。データマーカーの種類やサイズは変更することができます。

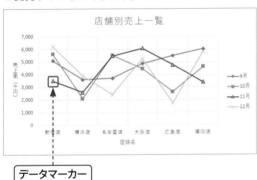

◆ テーブル

表をデータベースとして効率的に管理するための機能です。表をテーブルに変換すると、データの集計や抽出がかんたんにできるようになります。また、テーブルスタイルを利用して、見栄えのする表を作成することもできます。

参考▶Q 810

	A	B	C	D	E
1	日付	商品名	数量	価格	合計
2	5月10日	幕ノ内弁当	49	980	48,020
3	5月10日	シウマイ弁当	81	820	66,420
4	5月11日	ステーキ弁当	98	1,280	125,440
5	5月12日	幕ノ内弁当	62	980	60,760
6	5月12日	釜めし弁当	24	1,180	28,320
7	5月12日	シウマイ弁当	80	820	65,600
8	5月13日	ステーキ弁当	59	1,280	75,520
9	5月13日	幕ノ内弁当	54	980	52,920
10	5月14日	ステーキ弁当	95	1,280	121,600
11					
12					

◆ テーマ

配色とフォント、効果を組み合わせた書式のことです。テーマを変えると、ブック全体のデザインがまとめて変更されます。配色やフォントなどを個別に変更することもできます。テーマの色やフォントは、Excel のバージョンによって多少異なります。

参考▶Q 601, Q 602

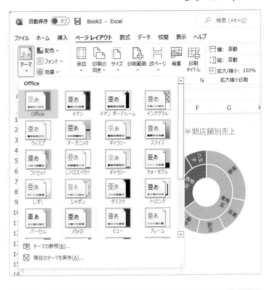

◆ テキストボックス

文字を入力するための図形で、セルの位置や行／列のサイズなどに影響されずに自由に文字を配置することができます。テキストボックス内に入力した文字は、セル内の文字と同様に書式を設定することができます。また、図形と同様に移動や拡大／縮小したり、スタイルを設定したりすることができます。

◆ テンプレート

ブックを作成する際にひな型となるファイルのことです。テンプレートを利用すると、書式や計算式などがすべて設定されているので、白紙の状態から文書を作成するより効率的です。自分で作成した文書をテンプレートとして保存しておくほか、マイクロソフトのWeb サイトからダウンロードして利用することもできます。

◆ トリミング

画像などの不要な部分を一時的に非表示にする機能のことをいいます。一時的に非表示にするだけなので、トリミングし直したり、取り消したりすることもできます。

名前

セルやセル範囲に付ける名前のことです。セル範囲に名前を付けておくと、「=AVERAGE(売上高)」のように数式でセル参照のかわりに利用できます。範囲名で指定した部分は絶対参照とみなされるので、数式を簡略化できます。 **参考▶Q 636, Q 638**

名前ボックス

現在選択されているセルの位置やセル範囲の名前を表示します。セル範囲に名前を付けるときにも利用されます。 **参考▶Q 424**

入力オートフォーマット

入力中や作業中に自動で行う処理のことをいいます。メールアドレスやURLを入力すると、自動的にハイパーリンクが設定されるのはこの機能によるものです。 **参考▶Q 449**

[入力]モード

新規にデータを入力するときのモードです。入力モードのときに文字を修正しようとして矢印キーを押すと、隣のセルにカーソルが移動します。

入力モード

日本語入力や英数字入力を切り替えるためのIME（Input Method Editor）の機能です。タスクバーにある入力モードアイコンをクリックして切り替えます。

入力モードアイコン

バージョン

アプリケーションの仕様が変わった際に、それを示す数字のことです。通常は数字が大きいほど新しいものであることを示します。新しいバージョンに交代することを「バージョンアップ」や「アップグレード」といいます。Excelの場合は、「2016→2019→2021」のようにバージョンアップされています。

ハイパーリンク

文字列や画像に、ほかの文書やホームページのURLなどの情報を関連付けて、クリックするだけで特定のファイルを開いたり、ホームページを開いたりする機能です。単に「リンク」ともいいます。 **参考▶Q 544**

配列数式

複数のセルを対象に1つの数式を作成する機能です。複数のデータからの計算結果を一度に複数のセルに出力したり、まとめて1つのセルに出力したりできます。

配列数式

パスワード

オンラインサービスやメールなどを利用する際に、正規の利用者であることを証明するために入力する文字列のことです。パスワードを使用してワークシートやブックを保護することもできます。

参考▶Q 911, Q 914, Q 916, Q 926

バックアップファイル

ファイルを誤って削除してしまったり、何らかの原因でファイルが壊れたりした場合に備えて保存しておくファイルのコピーのことをいいます。 **参考▶Q 900**

ハンドル

図形や画像、グラフ、テキストボックスなどをクリックしたときに周囲に表示されるマークです。調整ハンドルや回転ハンドルが表示されることもあります。サイズを変えたり、回転したりするときに利用します。

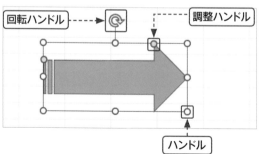

回転ハンドル　調整ハンドル　ハンドル

◆ 比較演算子

数式の中で2つの値を比較するときに用いられる記号のことです。「=」「<」「>」「<=」「>=」「<>」などがあります。
参考▶ Q 672

◆ 引数

関数を使って計算結果を求めるために必要な数値やデータのことです。引数に連続する範囲を指定する場合は、「=SUM(D3:D5)」のように開始セルと終了セルを「:」(コロン)で区切ります。引数が複数ある場合は、「=SUM(D3:D5,D7)」のように引数と引数の間を「,」(カンマ)で区切ります。
参考▶ Q 649

◆ ピボットテーブル

データベース形式の表から特定のデータを取り出して集計した表のことです。データをさまざまな角度から集計して分析できます。
参考▶ Q 821, Q 822

	A	B	C	D	E	F	G
1							
2							
3	合計 / 売上金額	列ラベル					
4	行ラベル	坂本 彩子	山崎 裕子	中川 直美	湯川 守人	野田 亜紀	総計
5	アロマセット	30492	54450			23958	108900
6	バスローブ	117975	57200	103675	71500		350350
7	衣料用コンテナ					186626	186626
8	拡大ミラー	57200		117975	35750		210925
9	珪藻土バスマット	142714	95040		171072	88704	497530
10	入浴剤セット		39688	230538	140712	36080	447018
11	旅行セット	76648		61908	56012		194568
12	総計	425029	246378	514096	475046	335368	1995917
13							
14							

◆ 表示形式

セルに入力したデータの見せ方のことです。表示形式を設定することで、「123.45」を「¥123」「123.45%」などと、さまざまな見た目で表示させることができます。表示形式を変えても、セルに入力されているデータそのものは変わりません。
参考▶ Q 457

◆ 標準フォント

Excelで使用される基準のフォントのことです。Excel 2021/2019/2016の標準フォントは「游ゴシック」、サイズは11ポイントです。
参考▶ Q 579

◆ フィルハンドル

セルやセル範囲を選択したときに右下に表示される小さな四角形のことをいいます。フィルハンドルをドラッグすることで、連続データを入力したり、数式をコピーしたりできます。
参考▶ Q 475

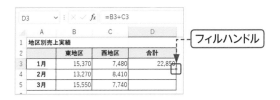

◆ フォント

文字のデザインのことです。書体ともいいます。日本語書体には明朝体、ゴシック体、ポップ体、楷書体、行書体など、さまざまな種類があります。

◆ 複合参照

列または行を固定して参照する方式をいいます。「$A1」「A$1」のようにセル参照の列または行のどちらか一方に「$」を付けて表現します。
参考▶ Q 618, Q 624

◆ ブック

1つあるいは複数のワークシートから構成されたExcelの文書(ドキュメント)のことです。ブックは1つのファイルになります。
参考▶ Q 411

◆ ブックの保護

誤ってワークシートが削除されてしまったり、ブックの構造が変更されてしまったりしないように、ワークシートの構成の変更を禁止する機能です。
参考▶ Q 916

◆ フッター

ワークシートの下部余白に印刷される情報、あるいはそのスペースのことをいいます。ページ番号やページ数などを挿入できます。
参考▶ Q 858

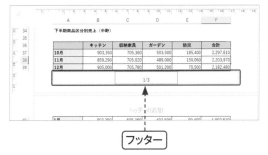

◆ フラッシュフィル

データをいくつか入力すると、入力したデータのパターンに従って残りのデータが自動的に入力される機能です。
参考▶ Q 441

◆ プリインストール

Office製品などのアプリが、あらかじめパソコンにインストールされている状態のことをいいます。

◆ プロットエリア

グラフ系列や目盛線など、グラフそのものが表示される領域のことをいいます。

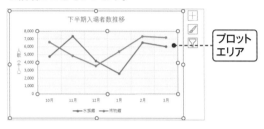

◆ プロパティ

特性や属性などの情報をまとめたものです。ブックのプロパティには、ファイル名や作成日時、更新日時、保存場所、サイズ、作成者などの情報が記録されています。

◆ ヘッダー

ワークシートの上部余白に印刷される情報、あるいはそのスペースのことをいいます。ファイル名や作成日時、画像などを挿入できます。　**参考▶Q 858**

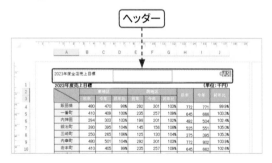

◆ [編集]モード

セル内のデータを修正するときのモードです。セル内の文字を修正するときは、セルをダブルクリックしたり F2 を押したりして、[入力]モードから[編集]モードに切り替えます。

◆ ポイント

フォント（文字）の大きさを表す単位です。1ポイントは1/72インチで約0.35mmです。

◆ 保護ビュー

メールで送信されてきたファイルや、インターネット経由でやりとりされたファイルをコンピューターウイルスなどの不正なプログラムから守るための機能です。保護ビューのままでもファイルを閲覧することはできますが、編集や印刷が必要な場合は、編集を有効にすることもできます。　**参考▶Q 891**

◆ マクロ

一連の操作を自動的に実行できるようにする機能のことをいいます。頻繁に行う作業をマクロとして登録しておくことで作業が効率化できます。

◆ ミニツールバー

セルを右クリックしたり、文字をドラッグしたりした際に表示される小さなツールバーのことで、書式を設定するためのコマンドが表示されます。操作する対象によって表示されるコマンドは変わります。

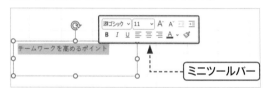

◆ メモ（コメント）

セルにメモを追加する機能です。メモ（コメント）を挿入したセルには右上に赤い三角マークが表示されます。メモは表示／非表示を切り替えることができます。　**参考▶Q 917**

◆ 文字列連結演算子

数式中で複数の文字列を連結するときに用いられる記号のことです。Excelでは「&」（アンパサンド）を使います。　**参考▶Q 788**

◆ 戻り値

数式や関数を実行した結果、返ってくる値（＝計算結果）をいいます。たとえば、「=2*3*4」の戻り値は「24」です。　**参考▶Q 649**

◆ ユーザー定義

ユーザーが独自に定義する機能のことをいいます。主に表示形式で利用されますが、テーマなどでも利用されます。

◆ 予測シート

過去のデータをもとに、将来のデータを予測する機能です。Excel 2016で搭載されました。時系列のデータを選択して[データ]タブの[予測シート]をクリックすると、予測値を計算したテーブルと予測グラフが作成されます。

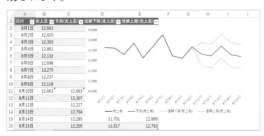

◆ 読み取り専用

編集した内容を上書き保存できない状態でブックを表示することをいいます。ブックの内容は確認できます。
参考▶Q 877

◆ ラインセンス認証

ソフトウェアの不正コピーや不正使用を防止するための機能です。ライセンス認証の方法は、Officeのバージョンや製品の種類、インターネットに接続しているかどうかなどによって異なります。 **参考▶Q 007**

◆ リアルタイムプレビュー

フォントやフォントサイズ、フォントの色、塗りつぶしの色などを設定する際、いずれかの項目にマウスポインターを合わせるだけで、結果が一時的に適用されて表示される機能のことです。
参考▶Q 574, Q 575

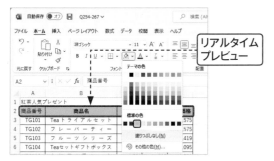

◆ リボン

Excelの操作に必要なコマンドが表示されるスペースです。コマンドは用途別のタブに分類されています。
参考▶Q 015

◆ 両端揃え

セル内の行の端がセルの端に揃うように、文字間隔を調整する機能です。 **参考▶Q 577**

> Windows版のExcelには「2021」「2019」「2016」などのバージョンがあります。

◆ リンク貼り付け

データの貼り付け方法の1つで、コピーもとのデータが変更されると、貼り付け先のデータも自動的に変更されるように貼り付ける方法です。 **参考▶Q 505**

◆ 列

ワークシートの縦方向のセルの並びをいいます。列の位置はアルファベット(列番号)で表示されます。1枚のワークシートには、最大16,384列あります。

◆ ロック

セル内のデータが勝手に変更されたり、削除されたりしないようにする機能のことをいいます。ワークシートに保護を設定すると、ロック機能が有効になります。
参考▶Q 915

◆ ワークシート

Excelの作業領域のことで、単に「シート」とも呼ばれます。ワークシートは、格子状に分割されたセルによって構成されています。1枚のワークシートは最大104万8,576行×1万6,384列のセルから構成されています。
参考▶Q 410

◆ ワイルドカード

あいまいな文字を検索する際に利用する特殊文字のことをいいます。0文字以上の任意の文字列を表す「＊」(アスタリスク)と、任意の1文字を表す「？」(クエスチョン)があります。

Word 目的別索引

さ行

た・な行

は行

ま行

や行

Word 用語索引

Excel 目的別索引

ま・や行

ら行

わ行

Excel 用語索引

記号・数字

お問い合わせについて

本書に関するご質問については、本書に記載されている内容に関するもののみとさせていただきます。本書の内容と関係のないご質問につきましては、一切お答えできませんので、あらかじめご了承ください。また、電話でのご質問は受け付けておりませんので、必ず FAX か書面にて下記までお送りください。

なお、ご質問の際には、必ず以下の項目を明記していただきますよう、お願いいたします。

1 お名前
2 返信先の住所または FAX 番号
3 書名（今すぐ使えるかんたん Word&Excel 完全ガイドブック 困った解決&便利技 [Office 2021/2019/2016/Microsoft 365 対応版]）
4 本書の該当ページ
5 ご使用の OS とソフトウェアのバージョン
6 ご質問内容

なお、お送りいただいたご質問には、できる限り迅速にお答えできるよう努力いたしておりますが、場合によってはお答えするまでに時間がかかることがあります。また、回答の期日をご指定なさっても、ご希望にお応えできるとは限りません。あらかじめご了承くださいますよう、お願いいたします。

■お問い合わせの例

FAX	
1 お名前	技術 太郎
2 返信先の住所または FAX 番号	03-XXXX-XXXX
3 書名	今すぐ使えるかんたん Word&Excel 完全ガイドブック 困った解決&便利技 [Office 2021/2019/2016/Microsoft 365 対応版]
4 本書の該当ページ	359 ページ　Q 632
5 ご使用の OS とソフトウェアのバージョン	Windows 11 Pro Excel 2021
6 ご質問内容	3-D 参照で計算できない

※ご質問の際に記載いただきました個人情報は、回答後速やかに破棄させていただきます。

今すぐ使えるかんたん Word&Excel
完全ガイドブック 困った解決&便利技
[Office 2021/2019/2016
/Microsoft 365 対応版]

2023 年 11 月 3 日　初版　第 1 刷発行
2024 年 5 月15日　初版　第 2 刷発行

著　者● AYURA ＋技術評論社編集部
発行者●片岡 巌
発行所●株式会社 技術評論社
　　　　東京都新宿区市谷左内町 21-13
　　　　電話 03-3513-6150 販売促進部
　　　　　　 03-3513-6160 書籍編集部
カバーデザイン●田邉 恵里香
本文デザイン●リンクアップ
編集● AYURA ＋技術評論社編集部
DTP ● AYURA ＋技術評論社出版業務課
担当●佐久 未佳
製本／印刷●大日本印刷株式会社

定価はカバーに表示してあります。

©2023-2024　技術評論社

ISBN978-4-297-13735-9 C3055
Printed in Japan

問い合わせ先

〒 162-0846
東京都新宿区市谷左内町 21-13
株式会社技術評論社　書籍編集部
「今すぐ使えるかんたん Word&Excel 完全ガイドブック 困った解決&便利技 [Office 2021/2019/2016/Microsoft 365 対応版]」質問係
FAX 番号　03-3513-6167

URL：https://book.gihyo.jp/116